DER INNERE AUFBAU DER STERNE

VON

A. S. EDDINGTON

M. A., LL. D., D. Sc., F. R. S.
PLUMIAN PROFESSOR FÜR ASTRONOMIE AN DER UNIVERSITÄT
CAMBRIDGE

NACH ERGÄNZUNG DER
ENGLISCHEN AUSGABE DURCH PROF. A. S EDDINGTON
INS DEUTSCHE ÜBERTRAGEN VON

DR. E. VON DER PAHLEN

ASTROPHYSIKALISCHES OBSERVATORIUM
POTSDAM

MIT 5 ABBILDUNGEN

BERLIN
VERLAG VON JULIUS SPRINGER
1928

ISBN 978-3-642-50562-1 ISBN 978-3-642-50872-1 (eBook)
DOI 10.1007/978-3-642-50872-1

Softcover reprint of the hardcover 1st edition 1928

Vorwort zur englischen Ausgabe.

Die Untersuchung der mechanischen und physikalischen Bedingungen im tiefen Inneren der Sterne wird hauptsächlich in der Hoffnung unternommen, daß ein Verständnis des inneren Mechanismus ein neues Licht auf die der Beobachtung zugänglichen äußeren Phänomene werfen kann. Seit der Aufstellung der ersten Angriffsmethode sind bereits mehr als fünfzig Jahre verflossen, und das Feld der Untersuchung hat inzwischen eine so gewaltige Ausdehnung erfahren, daß es gegenwärtig einen großen Teil der in jüngster Zeit über die Atome und die Strahlung gewonnenen Kenntnisse umfaßt und die tiefen inneren Beziehungen, welche die reine Physik mit der Astrophysik verknüpfen, deutlich zu erkennen gestattet. Es würde uns gegenwärtig sogar schwer fallen, eine Antwort auf die Frage zu geben, ob der Stern oder das Elektron der eigentliche Held unseres Epos ist.

Der Leser wird selber zu entscheiden haben, ob ein solider Fortschritt erreicht worden ist. Er kann sich auf einen weniger optimistischen Standpunkt stellen als der von mir eingenommene und mit Shakespeare sagen:

> Studium vergleich' ich mit dem Strahl der Sonnen:
> Kein frecher Blick darf ihren Glanz ergründen;

ich hoffe aber, daß er nicht die Bosheit haben wird, dieses Zitat fortzusetzen:

> Was hat solch armer Grübler sich gewonnen,
> Als Satzung, die im fremden Buch zu finden?

Beim erneuten Durchlesen dieser Arbeit finde ich einige Stellen, an denen ich mich zu übertrieben zuversichtlichen Behauptungen habe hinreißen lassen. Es ist nur zu wahr, daß die augenfälligsten Anzeichen oft irreführend sein können, und die hier allein möglichen rohen Beobachtungskontrollen schmeicheln zuweilen, nur um zu täuschen. Der Gegenstand bietet aber ein würdiges Feld für das Ringen nach neuen Erkenntnissen mittels wissenschaftlicher Schlußfolgerungen, und wir erleben dabei, wie das endgültige Ergebnis auch ausfallen mag, die Freude am Kampfe.

Die beiden letzten Kapitel gehen über die durch die Überschrift dieses Buches gezogenen Grenzen hinaus. Diese Ausdehnung kann vielleicht eine Rechtfertigung finden; ich bin mir aber völlig bewußt, daß der wahre Grund für sie, unabhängig von allen Entschuldigungen, die ich anführen könnte, in dem für mich unwiderstehlichen Wunsche lag, einige der hoch bedeutungsvollen Untersuchungen derjenigen Gelehrten, die sich mit den äußeren Schichten der Sterne beschäftigt haben, zu sammeln und zusammenzufassen.

Das Buch ist im Zeitraume zwischen Mai 1924 und November 1925 geschrieben worden. Eine gewisse Zeit mußte auf eine Reihe kleinerer Untersuchungen verwendet werden, deren Zweck in der Ausfüllung von Lücken bestand, die sich bei der Zusammenstellung des Materials offenbart haben. Wer über ein Thema schreibt, an dessen Bearbeitung zahlreiche Arbeiter aktiv beteiligt sind, wird oft die Erfahrung machen, daß seine Feder mit der schnellen Entwicklung des Gegenstandes nicht Schritt zu halten vermag. Während des oben angeführten Zeitabschnittes überstiegen die in den *Monthly Notices* allein erschienenen theoretischen Arbeiten über den Aufbau der Sterne an Umfang 400 Seiten. Noch größere Schwierigkeiten bereitete mir die Bewältigung der Fortschritte und Änderungen derjenigen Gebiete der Atomtheorie, auf denen sich die astronomische Untersuchung aufbauen muß. Im Augenblicke der Drucklegung ist eine „Neue Quantentheorie" gerade im Entstehen begriffen, welche möglicherweise berufen ist, wenn sie ausführlicher ausgebaut sein wird, eine starke Rückwirkung auf das stellare Problem auszuüben.

Ich bin bestrebt gewesen, alle Neuerscheinungen, die ich für wichtig hielt, bis zum November 1925 zu berücksichtigen; natürlich konnte das ganze Buch im Laufe des letzten Monats nicht umgeschrieben werden, so daß die letzten Entwicklungen auf den bereits vorhandenen Stamm aufgepfropft werden mußten. Weitere Zusätze sind bei der Korrektur, bis März 1926, hinzugefügt worden; die in eckige Klammern eingeschlossenen Fußnoten enthalten Tatsachen, die zu spät zu meiner Kenntnis gelangt sind, um im Texte verwendet zu werden.

Die Frage der Bezeichnungen hat mir viel Kopfzerbrechen verursacht, da hier verschiedene, gewöhnlich weit auseinanderliegende Gebiete der Physik zusammengebracht werden. Auch, abgesehen von der Unzulänglichkeit des Alphabets, erschien mir die völlige Beseitigung von gleichlautenden Symbolen und die Einführung eines in sich widerspruchslosen Bezeichnungssystems für das ganze Buch als unpraktisch. Unsere Duldsamkeit in bezug auf Abänderungen von vertraut gewordenen Bezeichnungen ist denn doch an gewisse Grenzen gebunden. Eine Rose würde zwar unter jedem Namen gleich süß duften, aber der Gleichung $p\omega = U_2 - U_1$ würde der vertraute Geschmack der Quantenbeziehung entschieden fehlen. Der Gebrauch von m für die absolute Helligkeit und die Masse des Elektrons, von R für die BOLTZMANNsche Konstante und den Radius des Sternes, von a für die Strahlungskonstante und die halbe große Achse der Bahn, von e für die Ladung des

Elektrons und die Basis der natürlichen Logarithmen, kann vielleicht zu augenblicklichen Mißverständnissen führen, aber hoffentlich doch nicht zu ernsten Schwierigkeiten. Ähnliches gilt auch von der astronomischen Flächengleichung in ihrer gebräuchlichsten Schreibweise, in solchen Abschnitten, in denen der Ausdruck $h^2 = \mu l$ nicht leicht für eine Beziehung zwischen der PLANCKschen Konstanten und dem Molekulargewichte mißverstanden werden kann. Ich möchte dem Leser anheimstellen, in Zweifelsfällen den Anhang I zu Rate zu ziehen und nachzusehen, ob das betreffende Symbol nicht in der dort angeführten Liste der Naturkonstanten enthalten ist, was vermutlich oft der Fall sein dürfte.

Ich habe von Seiten vieler Kollegen wertvolle Unterstützung erhalten. Herr R. H. FOWLER ist in schwierigen Fragen der Theoretischen Physik gewöhnlich mein Berater gewesen und ich habe mich in gleicher Weise in experimentellen Fragen an Dr. C. D. ELLIS wenden dürfen. Prof. E. A. MILNE, der die Korrekturfahnen durchgelesen und eine Reihe von Fehlern und Unklarheiten beseitigt hat, bin ich zu besonderem Danke verpflichtet. Ich muß auch dem Stabe der University Press für den sorgfältigen Druck meine hohe Anerkennung aussprechen

A. S. EDDINGTON.

Vorwort zur deutschen Ausgabe.

Die vorliegende deutsche Übersetzung des Buches von Professor A. S. EDDINGTON „The Internal Constitution of the Stars" unterscheidet sich von dem englischen Originale (Cambridge, University Press, 1926) durch eine Reihe mehr oder minder umfangreicher Zusätze und Ergänzungen, die von Professor EDDINGTON dem Übersetzer während der Übersetzungsarbeit zugeschickt wurden. Wenn diese Ergänzungen ganz neue Paragraphen darstellen, sind sie durch ihre Numerierung (ein beigefügtes a. sofort erkenntlich, so z. B. § 43a (S. 73), der einen kurzen Umriß der SCHRÖDINGERschen Theorie gibt, oder § 138a (S. 249), der die mathematische Behandlung der Phasenbeziehung zwischen Licht- und Geschwindigkeitskurve bei den Cepheiden enthält. An vielen Stellen sind aber auch neue Absätze eingeschaltet worden, die von dem ursprünglichen Texte nicht mehr unterschieden werden können, so daß die in den Fußnoten beibehaltenen eckigen Klammern wohl die allerletzten Zusätze zu der im Herbste 1926 erschienenen englischen Ausgabe, jedoch nicht zu der vorliegenden deutschen Ausgabe bezeichnen. Die wichtigsten, nicht besonders bezeichneten Änderungen und Ergänzungen in dieser letzteren sind: im dritten

Kapitel, die Einführung eines den modernen Anschauungen der Physik entsprechenden neuen Gewichtssystems für gequantelte Bahnen und die hiermit zusammenhängenden Abänderungen der Formeln, namentlich der Ionisationsgleichung (s. S. 72, 79, 85); im siebenten Kapitel (S. 209) eine Darstellung der interessanten Schlüsse, zu denen R. H. FOWLER, auf Grund der „Neuen Statistik" von EINSTEIN und BOSE, in bezug auf die zukünftige Entwicklung der weißen Zwerge gelangt; im zehnten Kapitel (S. 347) eine ausführlichere Behandlung der von J. H. JEANS entwickelten Theorie der Viskosität der Strahlung. Schließlich ist das dreizehnte (letzte) Kapitel, über „Diffuse Materie im Raume", vom Verfasser für die deutsche Ausgabe vollständig umgeschrieben worden.

Das Literaturverzeichnis ist durch den Einschluß aller wichtigen, seit dem Erscheinen der englischen Ausgabe neu hinzugekommenen Arbeiten ergänzt worden.

Es darf nicht unerwähnt bleiben, daß Professor EDDINGTON die große Freundlichkeit gehabt hat, die Korrekturbogen der deutschen Ausgabe persönlich durchzusehen, und auch bei dieser Durchsicht noch verschiedene Ergänzungen eingefügt hat, die zur Erhöhung des Interesses und des wissenschaftlichen Wertes des Buches in nicht unbeträchtlichem Maße beitragen dürften.

Potsdam, im Dezember 1927.

E. V. D. PAHLEN.

Inhaltsverzeichnis.

Tabellen.

Diese Liste enthält nur die Tabellen, welche für den praktischen Gebrauch hauptsächlich in Betracht kommen.

Erstes Kapitel.

Überblick über das Problem.

1. Auf den ersten Blick könnte es erscheinen, daß das tiefe Innere der Sonne und der Sterne der wissenschaftlichen Forschung schwerer zugänglich sein muß, als irgendein anderes Gebiet des Weltalls. Unsere Fernrohre vermögen wohl immer weiter und weiter in die Tiefen des Weltraumes einzudringen; aber wie sollten wir jemals sichere Kunde von dem erhalten können, was hinter materiellen Hindernissen verborgen liegt? Welche Vorrichtungen sind imstande, durch die äußeren Schichten eines Sternes zu dringen, und die in seinem Inneren herrschenden Verhältnisse zu erforschen?

Das Problem erscheint weniger hoffnungslos, wenn wir solche irreführende Metaphern von vornherein beseitigen. Unsere Aufgabe besteht nicht in einer aktiven „Erforschung"; was wir überhaupt erfahren, erfahren wir in der Weise, daß wir die Nachrichten abwarten und deuten, welche uns von den Gegenständen der Natur gesandt werden. Und das Innere eines Sternes ist von einer solchen Verbindung mit der Außenwelt nicht völlig abgeschlossen. Von ihm breitet sich ein Gravitationsfeld aus, welches durch materielle Hindernisse nicht wesentlich verändert werden kann; ferner gelingt es auch der aus dem heißen Inneren stammenden Strahlungsenergie, nach mannigfachen Ablenkungen und Verwandlungen, sich bis zur Oberfläche durchzuschlagen und die Reise durch den Weltraum anzutreten. Allein von diesen beiden Anhaltspunkten ausgehend, kann eine Kette von Schlüssen gebildet werden, welche vielleicht um so zuverlässiger ist, als wir bei ihrer Bildung nur die allerallgemeinsten Regeln der Natur anwenden können, wie die Erhaltung der Energie und des Impulses, die Gesetze des Zufalls und des Mittelwertes, den zweiten Hauptsatz der Thermodynamik, die Grundeigenschaften des Atoms, und so weiter. Die Unsicherheit der auf diesem Wege erreichten Erkenntnis ist nicht wesentlich größer, als die, welche den meisten wissenschaftlichen Induktionen anhaftet.

Es wäre unklug von uns, einer wissenschaftlichen Induktion, zu deren Prüfung durch die Beobachtung sich keine Gelegenheit bietet, ein zu großes Vertrauen entgegenzubringen. Wir studieren aber das Innere eines Sternes nicht bloß aus Neugier, um die ungewöhnlichen Verhältnisse, die in ihm vorherrschen, kennen zu lernen. Es zeigt sich, daß ein Verständnis des inneren Mechanismus auch auf die äußeren Erscheinungen auf dem Sterne ein Licht wirft, und die ganze Theorie wird auf diese Weise mit der Beobachtung in Berührung gebracht. Wenigstens ist dies das Ziel, daß wir immer im Auge behalten wollen.

2. Das Gravitationsfeld, das vom Inneren des Sternes ausgeht, und die Strahlungsenergie, die aus dem Inneren herausströmt, bestimmen den Zustand der dünnen Schicht, oder Atmosphäre, die mit dem Fernrohre und Spektroskopen untersucht wird. Wir glauben, daß diese beiden Faktoren bei weitem die wichtigsten sind. Die Spektralanalyse zeigt uns in den Sternatmosphären chemische Stoffe, die von Stern zu Stern verschieden sind; in einigen überwiegt Helium, in anderen Sauerstoff, Wasserstoff, Kalzium, Eisen, Titanoxyd und so weiter. Es darf aber nicht angenommen werden, daß hieraus etwa ein Schluß auf die wirklich vorhandenen relativen Mengen der chemischen Elemente gezogen werden kann, daß z. B. ein Stern, welcher ein starkes Eisenspektrum zeigt, reicher an diesem Element ist, als andere Sterne; es ist vielmehr lediglich ein Zeichen dafür, daß die physikalischen Bedingungen der Temperatur und Dichte günstig sind für die Erregung des entsprechenden Spektrums. Ohne die Möglichkeit tatsächlicher Unterschiede in der chemischen Zusammensetzung, die vielleicht zur Erklärung einiger ungewöhnlicher Typen von Spektren notwendig sein könnten, von vornherein zu leugnen, nehmen wir an, daß die beobachteten Unterschiede in den Oberflächenphänomenen im allgemeinen mit der chemischen Zusammensetzung in keinem Zusammenhange stehen.

Wir haben demnach eine Atmosphäre zu betrachten, deren Material eine bei allen Sternen gleichartige Zusammensetzung zeigt, die eine freie Oberfläche besitzt und deren Dichte nach unten zunimmt. Ihr physikalischer Zustand — Dichteverteilung, Temperatur- und Druckverteilung — daher auch ihre Strahlungs- und optischen Verhältnisse — hängt dann ausschließlich von den äußeren Einflüssen ab, denen sie ausgesetzt ist; und diese äußeren Einflüsse sind, wie schon erwähnt, die Gravitationskraft, welche sie nach unten auf den Stern drückt, und der Strom von strahlender Wärme, der von unten in sie hineingegossen wird. Um in einem stationären Zustande zu bleiben, muß sich diese Atmosphäre den Verhältnissen so anpassen, daß sie den Strom von strahlender Wärme durch sich hindurchgehen lassen kann. Daher hängen die Oberflächenbedingungen von zwei Parametern ab: dem Werte von g an der Oberfläche und der „effektiven Temperatur" T_e. Die effektive Temperatur ist ein konventionelles Maß für die Intensität des durch die Oberflächeneinheit heraustretenden Stromes strahlender Wärme; sie darf nicht als die Temperatur irgendeiner ausgezeichneten Schicht im Sterne aufgefaßt werden.

Durch Änderung der bestimmenden Faktoren g und T_e kann der Zustand der Sternatmosphäre in zwei verschiedenen Richtungen verändert werden. Wir müssen daher erwarten, daß die möglichen Typen von Sternspektren eine zweifache Mannigfaltigkeit bilden, d. h. daß sie sich in einem zweidimensionalen Bilde anordnen lassen werden. Dies ist tatsächlich der Fall. Während einer langen Zeit war nur eine eindimensionale Sequenz bekannt, nämlich die wohlbekannte Draper-Reihenfolge von Typen. Aber die spektroskopische Methode der Bestimmung von absoluten Helligkeiten, von ADAMS und KOHLSCHÜTTER, führte 1914 eine zur Draper-Klassifizierung transversale Klassifizierung der Sternspektren ein. Grob gesagt, folgt das Kriterium von DRAPER dem Parameter T_e, das Kriterium der absoluten Helligkeiten dem Parameter g; jedoch scheint der Zusammenhang mit diesen Parametern nicht so eng zu sein wie eine Zeitlang angenommen wurde. Die Beobachtungskriterien ordnen die zweidimensionale Mannigfaltigkeit von Zuständen in ein bestimmtes System von Maschen ein, die Parameter T_e und g — in ein anderes System. Es liegt kein Grund vor, eine enge Übereinstimmung dieser beiden Einteilungsmethoden von vornherein zu erwarten.

Dieselbe zweifache Mannigfaltigkeit von möglichen Zuständen tritt uns auch dann entgegen, wenn wir den Stern als Ganzes betrachten. Augenscheinlich erhalten wir eine Sequenz, wenn wir Sterne verschiedener Massen betrachten. Eine transversale Sequenz bilden die Sterne einer und derselben Masse, aber verschiedenen Durchmessers (oder mittlerer Dichte). Auf diese Weise wird eine dritte Einteilung der zweidimensionalen Mannigfaltigkeit von Zuständen in Maschen erhalten, wenn man als Parameter die Massen M und die Radien R der Sterne wählt.

3. Betrachten wir nun den Zusammenhang unserer drei Parameterpaare: g und T_e; Draper-Typus und Absolutes Helligkeitskriterium; M und R — deren jedes den Zustand des Sternes eindeutig definiert. Die Beziehungen der spektralen Kriterien zu g und T_e bilden ein außerordentlich wichtiges Problem, dessen Erforschung in neuerer Zeit große Fortschritte gemacht hat; es ist aber kein Problem des inneren Aufbaues der Sterne und liegt daher abseits von der Hauptrichtung, in der sich unsere Untersuchung zu bewegen hat. Was nun den Zusammenhang von g und T_e mit M und R betrifft, so erfordert g keine weitere Erörterung und die Hauptfrage ist: Wie wird T_e, oder, was gleichbedeutend ist, die Intensität des Strahlungsstromes, durch die Masse und den Radius des Sternes bestimmt? Diese Frage bildet das Kernproblem dieses Buches. Von ihm werden sich verschiedene Forschungsrichtungen abzweigen; aber es wird uns immer den kontinuierlichen Faden der Untersuchung liefern, solange wir uns mit dem inneren Aufbaue der Sterne beschäftigen werden.

Dies ist nun wirklich im wesentlichen ein Problem des inneren

Aufbaues der Sterne und nicht der Oberflächenbedingungen. Die Sonne strahlt nicht $6 \cdot 10^{10}$ erg pro Quadratzentimeter und Sekunde aus, *weil* die Temperatur ihrer Photosphäre 6000^0 C beträgt, sondern ihre Photosphäre wird auf 6000^0 C gehalten, weil $6 \cdot 10^{10}$ erg durch sie herausströmen. Der Temperaturgradient im Inneren erzeugt den Strahlungsstrom; die Oberflächenschichten können diesen Strom nicht eindämmen, weil ihre Fähigkeit, Energie aufzuspeichern, unbedeutend ist; sie können sich nur anpassen, um ihm einen Durchlaß zu gewähren. Qualitativ wird der Strahlungsstrom beim Durchgange durch die letzten paar tausend Kilometer des Sternes sehr stark verwandelt, und die wirklichen Wellen, die sich im Raume ausbreiten, werden in der Photosphärenschicht geboren; quantitativ aber haben wir es mit einem kontinuierlichen Strome zu tun, der aus dem Inneren in den äußeren Raum fließt.

Die Intensität dieses nach außen gerichteten Energiestromes, der durch das Innere des Sternes fließt, hängt von zwei Faktoren ab, einem fördernden und einem hemmenden. Wärme fließt von höherer zu tieferer Temperatur, und die Ursache des Stromes im Inneren des Sternes muß daher in einer allmählich von der Oberfläche bis zum Mittelpunkte wachsenden Temperatur gesucht werden. Der hemmende Faktor ist der von der Materie dem Durchgange des Stromes entgegengesetzte Widerstand. Wir werden sehen, daß in einem Sterne der Wärmetransport beinahe ausschließlich durch die Strahlung bewirkt wird, und der Widerstand gegen den Strahlungsstrom ist hier die *Undurchsichtigkeit* (Opazität) oder der Absorptionskoeffizient der Sternmaterie. Unser Problem besteht daher erstens in der Ermittelung der Temperaturverteilung innerhalb eines Sternes, um den Temperaturgradienten, der den Strom antreibt, zu bestimmen; zweitens, in der Bestimmung der Undurchlässigkeit (Opazität) der Materie, unter den im Inneren obwaltenden Bedingungen.

4. Hier müssen wir, gleich zu Anfang, auf einen kritischen Einwand antworten, der von NERNST, JEANS und anderen erhoben worden ist. Es ist gesagt worden, daß dieser Weg der Berechnung des nach außen gerichteten Energiestromes zu einem unvermeidlichen Mißerfolge verurteilt ist, weil die von einem Sterne erzeugte Menge von Wärmeenergie durch ganz andere Ursachen bestimmt wird. Die Wärmezufuhr, welche im Inneren des Sternes die von ihm in den Raum ausgestrahlte Wärme immer wieder ersetzt, kann nur aus der Verwandlung anderer Energieformen in Wärme herstammen; und da ein Stern augenscheinlich während einer sehr langen Zeit stabil bleibt, muß seine Ausstrahlung genau gleich der Menge der im Inneren verwandelten Energie sein. Es wird gegenwärtig angenommen, daß diese Verwandlung in einer Befreiung subatomarer Energie besteht. Der erwähnte Einwand besteht nun darin, daß, da die abfließende Energie die durch subatomare Prozesse befreite Energie vertritt, ihre Menge nur dann berechnet werden könnte, wenn uns die Gesetze, welche die Befreiung von subatomarer Energie regulieren, bekannt wären, und daß jedes Verfahren, das dieses schwierige Problem umgeht, eine Antwort auf die Hauptfrage schuldig bleibt.

Nun ist es ganz richtig, daß eine Theorie des Prozesses der Befreiung von subatomarer Energie einen denkbaren Weg zur Lösung des Problems der Sternstrahlung darstellt. Beim gegenwärtigen Stande unseres Wissens sind jedoch solche Theorien wenig mehr als grundlose Spekulationen und die Resultate, zu denen sie führen, äußerst rohe. Es ist aber unrichtig, zu behaupten, daß kein anderes Verfahren zulässig ist. Die Wassermenge, die einer Stadt geliefert wird, ist natürlich die Menge, welche vom Wasserwerke gepumpt wird; daraus folgt aber nicht, daß eine Berechnung, die sich auf den Niveauunterschied und den Durchmesser der Leitungsröhren gründet, notwendig falsch sein muß, weil sie die Probleme der Pumpstation umgeht.

Es kann schwer verständlich erscheinen, wie zwei radikal verschiedene Wege der Berechnung der theoretischen Strahlung eines Sternes dazu gebracht werden können, miteinander übereinzustimmen. Indem wir uns der obigen Analogie bedienen, können wir sagen, daß beide Methoden der Berechnung der an eine Stadt gelieferten Wassermenge nicht unbedingt zu übereinstimmenden Resultaten zu führen brauchen; aber in diesem Falle entsteht bei der Pumpstation eine Überschwemmung. Ebenso würde bei einem Sterne ein sich ergebender Widerspruch eine Explosion oder ein Zusammenklappen des Sternes zur Folge haben. Lassen wir die Behauptung gelten, daß die Sterne sich im allgemeinen in einem nahezu stabilen Zustande befinden, so müssen wir schließen, daß bei den wirklichen Sternen (aber nicht notwendig bei einem Sternmodell von willkürlich vorgeschriebener Zusammensetzung) die beiden Berechnungsmethoden dasselbe Resultat für die Strahlung ergeben werden; und im elften Kapitel werden wir auch die Frage weiter zu verfolgen suchen, auf welchem Wege diese Anpassung, dank derer das Angebot der subatomaren Energie gerade der Nachfrage entspricht, entstanden sein kann. Inzwischen merken wir uns nur, daß, ganz unabhängig von der Tatsache, ob dabei eine Überschwemmung entsteht oder nicht, der Wasserfluß in der Leitung sich notwendig dem Druckgradienten und dem Durchmesser der Leitungsröhren anpassen muß; und ebenso muß sich die Strahlung eines Sternes in jedem Falle dem Temperaturgradienten und der Opazität im Inneren anpassen.

Die Theorie von LANE.

5. Die erste bahnbrechende Untersuchung der Temperaturverteilung in einem Sterne ist in einer im Jahre 1870 von J. HOMER LANE veröffentlichten Abhandlung unter dem Titel enthalten: „Über die theoretische Temperatur der Sonne, unter der Hypothese einer Gasmasse, die ihr Volumen auf Kosten ihrer inneren Wärme aufrechterhält, und die Gasgesetze, wie sie aus irdischen Experimenten bekannt sind, befolgt"[1]. Dieser folgten ausführlichere Untersuchungen von A. RITTER[2], Lord KELVIN[3] und anderen, die sich in derselben Richtung bewegten und in der systematischen und erschöpfenden Arbeit von R. EMDEN gipfelten. Trotzdem wir es für notwendig halten, uns in einem fundamentalen Punkte, nämlich dem der Art des Wärmetransportes innerhalb eines Sternes, von diesen früheren Untersuchungen zu entfernen, enthalten diese zweifellos vieles, was wegen seiner Allgemeinheit sich auch den modernen Theorien anpassen läßt. Die in EMDENS bemerkenswertem Buche über *Gaskugeln* enthaltenen Berechnungen und Tabellen sind vom Verfasser ausgiebig benutzt worden.

LANE kam zu dem merkwürdigen Resultate, daß die Temperatur eines sich kontrahierenden Sternes so lange steigen muß, als das Material noch, wegen seiner Verdünnung, die Gesetze der idealen Gase befolgt. Bis vor kurzem war man noch allgemein der Ansicht, daß die durch die Kontraktion in Wärme verwandelte Gravitationsenergie die einzige in Betracht kommende Quelle für die Erhaltung der inneren Wärme eines Sternes darstellt. In diesem Falle muß sich ein Stern, durch Ausstrahlung von Wärme, kontrahieren, und die durch das Herabsinken der Materie erzeugte Wärme muß nicht nur zur Deckung der verlorenen Strahlung, sondern auch zur Hebung der inneren Temperatur auf ein höheres Niveau ausreichen. Das Resultat von LANE nahm also die paradoxe Form an, daß ein Stern, durch Wärmeverlust, automatisch immer heißer wird.

Die Untersuchungen von LANE sind aber keineswegs an eine bestimmte Annahme über die Quellen der inneren Wärme eines Sternes gebunden. Sie stellen nur die Temperaturänderungen fest, die zur Erhaltung des Gleichgewichtes notwendig sind. Der Stern hat die Wahl, entweder das LANEsche Gesetz zu befolgen, oder zusammenzuklappen; es ist klar, daß die wirklichen Sterne diese letzte Alternative nicht gewählt haben, aber der Grund dafür liegt außerhalb der Theorie von LANE. Trotzdem wir uns auf den modernen Standpunkt stellen, daß die Wärme durch die Befreiung subatomarer Energie geliefert wird, nehmen wir immer noch an, daß die Sterne aus einer allmählichen Verdichtung der Urmaterie entstehen, so daß der Weg der Evolution von kleinen zu großen Dichten führt, und daher, nach dem LANEschen Gesetze, von tiefen zu hohen Temperaturen. Die innere Temperatur eines Sternes ist, wenigstens in den frühen Stadien seiner Entwicklung, im Steigen begriffen. Wenn in den späteren Stadien hoher Dichte die

[1] American Journ. of Science and Arts, Serie 2, 4 S. 57.
[2] WIEDEMANNsche Annalen 1878—1889.
[3] Phil. Mag. Serie 5, 23, S. 287 (1887).

Materie nicht mehr die Gesetze idealer Gase befolgt kann die Temperatur schließlich wieder abzunehmen beginnen.

6. Zu LANES Zeit fehlte noch jeder experimentelle Hinweis darauf, daß es wirkliche Sterne geben könnte, auf die die Theorie der idealen Gase anwendbar wäre. Die mittlere Dichte der Sonne ist 1,41 gr pro cm^3, und irdische Gase hören schon bei viel kleineren Dichten auf, den idealen Gasgesetzen zu folgen. Man hatte damals auch keinen Grund, daran zu zweifeln, daß die Dichte der Sonne für Sterndichten im allgemeinen typisch wäre. Wir wissen aber jetzt, daß es Sterne gibt („Riesensterne"), deren mittlere Dichte mit der Dichte der Luft oder sogar der Gasreste in einer gewöhnlichen Vakuumröhre vergleichbar ist. Solche Sterne wenigstens können als aus idealen Gasen bestehend betrachtet werden, so daß wir keinen Mangel an Gelegenheiten haben werden, die für ideale Gase erhaltenen Resultate auf Sterne anzuwenden.

Die Existenz von Sternen mit kleiner Dichte ist jetzt in der Astronomie zu einem Gemeinplatze geworden, und es ist daher überflüssig, die zahlreichen indirekten, aus dem Studium der absoluten Helligkeiten und Spektraltypen, und die unmittelbareren, aus den berechneten Dichten von Verfinsterungsveränderlichen abgeleiteten Beweise für diese Tatsache durchzunehmen. Die einleuchtendste Bestätigung liefern die modernen Interferometermessungen von Winkeldurchmessern von Sternen, die auf Mount Wilson ausgeführt wurden. Diese zeigen, daß einzelne Sterne, wie Beteigeuze, Antares und *o* Ceti, ein riesiges Volumen besitzen, in dem die ganze Erdbahn Platz finden könnte. Wir sind daher gezwungen, unsere Begriffe von der Natur der Sterne in einer Weise zu erweitern, die uns durch unsere Kenntnisse über die Sonne keineswegs nahegelegt wird.

Ihr großes Volumen verdanken diese Sterne vielmehr ihrer geringen Dichte als einer großen Masse. Beteigeuze z. B. hat einen Radius von der Größenordnung von 250 Millionen km und ihr Volumen ist 50 Millionen mal größer als dasjenige der Sonne. Aber die Masse oder die Menge der Materie, die in ihr enthalten ist, dürfte nur 10 bis 100mal größer sein, so daß die Dichte etwa eine Million mal kleiner ist. Es ist nicht uninteressant zu bemerken, daß die EINSTEINsche Gravitationstheorie zu diesem Punkte etwas zu sagen hat. Nach dieser Theorie kann ein Stern mit einem Radius von 250 Millionen km unmöglich eine so große Dichte haben, wie die Sonne. Erstens würde die Schwerkraft so groß sein, daß das Licht nicht imstande wäre, in den Weltraum zu entweichen, da die Strahlen auf den Stern zurückfallen müßten, wie Steine auf die Oberfläche der Erde. Zweitens würde die Rotverschiebung eine Größe erreichen, die das ganze Spektrum „wegverschieben" würde. Drittens würde die Masse eine solche Krümmung der Raum-Zeitmetrik hervorrufen, daß sich der Raum um den Stern schließen und uns draußen (d. h. nirgends) lassen würde. Die zweite Bemerkung gibt uns die Möglichkeit, eine genauere Aussage zu formulieren, indem sie uns zeigt, daß die Dichte kleiner als 0,001 sein muß; denn schon bei diesem Werte würde das Spektrum eine so große Rotverschiebung zeigen, daß sie durch keinen zu erwartenden Dopplereffekt verdeckt werden könnte.

Für den Fall, daß diese Schlußfolgerungen dem konservativer gesinnten Teile unserer Leser als zu modern erscheinen sollten, beeilen wir uns, hinzuzufügen, daß sie schon in den Schriften von LAPLACE zu finden sind:

«Ein leuchtender Stern von derselben Dichte wie die Erde, und dessen Durchmesser zweihundertmal größer als der Sonnendurchmesser wäre, würde, wegen seiner Anziehungskraft, keinem der von ihm ausgehenden Strahlen erlauben, bis zu uns zu gelangen; es ist daher ganz gut möglich, daß die größten leuchtenden Körper der Welt, aus diesem Grunde, für uns unsichtbar bleiben[1].»

7. Während langer Jahre übte die Entdeckung von LANE wenig Einfluß auf die vorherrschenden Theorien der Sternentwicklung aus. Sir NORMANN LOCKYER nahm sie zwar rückhaltlos an und ordnete entsprechend die Sterne in zwei Reihen mit wachsender und abnehmender Temperatur ein; aber er blieb mit dieser Anschauung so gut wie ganz allein. Die meisten Astrophysiker betrachteten die heißesten Sterne als die frühesten, die kühlsten als die spätesten Stadien der Sternentwicklung[2]. Wahrscheinlich kamen sie gar nicht auf den Gedenken, daß ein Körper, dessen Materie einen so hohen Grad der Verdünnung zeigt, daß die idealen Gasgesetze auf ihn angewandt werden dürfen, einen der von den Sternen her bekannten Spektraltypen emittieren könnte, und glaubten daher, daß die LANEsche Theorie, falls sie überhaupt eine Bedeutung für die Astronomie beanspruchen dürfe, sich auf irgendein, dem Sterne vorausgehendes Stadium der Entwicklung beziehen müsse. Um das Jahr 1913 erfolgte in diesen Anschauungen eine Revolution, und die „Theorie der Riesen und Zwerge" von E. HERTZSPRUNG und H. N. RUSSELL gewann in kurzer Zeit allgemeine Geltung.

Indem wir gewisse, seit 1924 entstandene Bedenken zunächst unberücksichtigt lassen, werden wir hier die Hauptzüge dieser Theorie zusammenfassen. Im Prinzipe stellte sie eine Wiederaufnahme der Gedanken von LANE und LOCKYER dar; das neue Element war die Anpassung dieser Gedanken an die Beobachtungstatsachen, so daß es möglich wurde, jedem Sterne seinen besonderen Platz in dem Schema

---

[1] LAPLACE: Système du Monde, Buch 5, Kap. VI. Ich verdanke dieses Zitat Herrn Dr. JEFFREYS.

[2] Die Ausdrücke „früh" und „spät" werden auch jetzt noch gebraucht, zur Bezeichnung der hochtemperierten Typen (*B* und *A*) bzw. der tieferen Temperaturen entsprechenden Typen (*K* und *M*).

zuzuweisen. Die Sterne treten als kühle rote Sterne vom M-Typus mit kleiner Dichte und riesigem Volumen in Erscheinung. Sie ziehen sich zusammen und ihre Temperatur wächst dabei, gemäß dem LANEschen Gesetze[1], so daß sie der Reihe nach die Spektraltypen K, G, F bis zu dem A- und B-Typus, also in einer der früheren Annahme entgegengesetzten Reihenfolge, durchlaufen. In einem bestimmten Stadium der Entwicklung wird die Dichte so groß, daß die idealen Gasgesetze ihre Gültigkeit verlieren, das Anwachsen der Temperatur wird aufgehalten und schließlich kühlt sich der Stern wieder ab, ebenso wie es ein fester oder flüssiger Körper tun würde; in diesem letzten Stadium kehrt der Stern längs der Spektralserie wieder zu dem M-Typus zurück und beendet seine Laufbahn durch Erlöschen. Nach dieser Theorie müssen die Sterne, die früher unterschiedslos z. B. als G-Sterne klassifiziert worden waren, in zwei Gruppen zerlegt werden — die aufsteigenden und absteigenden Sterne, die Sterne, die sich beinahe wie ideale Gaskugeln verhalten, und die Sterne, die nur sehr unvollkommen die Gasgesetze befolgen und sich eher den Flüssigkeiten nähern. Da die Oberflächenbedingungen für beide Sternarten analog sind, wie aus der Übereinstimmung der Spektren hervorgeht, liegt der wesentliche Unterschied zwischen beiden Sternarten darin, daß die auf dem aufsteigenden Aste befindlichen Sterne, oder *Riesen*-Sterne, viel größere Volumina haben, als die Sterne des absteigenden Astes, oder *Zwerg*-Sterne. Das größere Volumen und die entsprechend größere Oberfläche der Riesensterne bedingen auch eine größere Leuchtkraft dieser Sterne und, wenn man die absoluten Helligkeiten untersucht, tritt die erwähnte Einteilung in zwei Gruppen tatsächlich sofort zutage. Die Typen M, K, G und F zeigen diese Trennung; sie ist nicht zu erwarten beim Typus A, der den Wendepunkt in der Entwicklung der meisten Sterne bezeichnet. Natürlich ist sie beim M-Typus am deutlichsten ausgeprägt, weil hier die allerdiffusesten und die allerdichtesten Sterne miteinander verglichen werden; die absoluten Helligkeiten der einen Gruppe häufen sich um die Größe $+ 1^m,5$, die der anderen um $+ 10^m,5$ und dazwischen liegt eine Lücke von etwa sechs Größenklassen, in der noch kein einziger M-Stern entdeckt worden ist.

Die Statistik zeigt, daß auf dem Riesenaste nur sehr kleine, oder überhaupt keine Änderungen der absoluten Helligkeit mit fortschreitendem Spektraltypus zu bemerken sind; dies ist ja auch zu erwarten, da das Wachsen der Temperatur und die Abnahme der Oberfläche die gesamte Lichtmenge ziemlich unverändert lassen. Beim Durchlaufen des Zwergastes aber tragen sowohl die abnehmende Temperatur, als auch die abnehmende Oberfläche dazu bei, einen schnellen Abfall

[1] Die Theorie bezieht sich auf die innere Temperatur, und es wurde allgemein angenommen, daß die beobachtete Photosphärentemperatur mit ihr Schritt halten muß; dies ist aber keineswegs unbedingt notwendig.

der Leuchtkraft herbeizuführen. Diese Theorie wird durch viele neu hinzukommende Tatsachen gestützt. Die von ihr verlangte Zweiteilung in bezug auf Dichte ist durch die Arbeiten von RUSSELL und SHAPLEY über Verfinsterungsveränderliche bestätigt worden. Die Sonne und eine Reihe von anderen Zwergsternen der G-Klasse haben Dichten, die in der Nähe der Dichte des Wassers liegen; es erweist sich aber, daß wenigstens drei Verfinsterungsveränderliche vom Typus G geringere Dichten besitzen als die atmosphärische Luft[1]. Das Beobachtungsmaterial zeigt, daß die Sterne der G-Klasse nicht alle zwischen diesen beiden Grenzwerten liegenden Werte der Dichte annehmen können, sondern daß sie deutlich in zwei Gruppen zerfallen; die Sterne mittlerer Dichten gehören den höheren Typen F, A, B an, die zwischen den beiden Stadien des G-Typus durchlaufen werden. Wie schon oben erwähnt ist, bestätigen auch die Interferometermessungen das überraschend große Volumen, welches diese Theorie den Riesensternen zuschreibt.

Die Riesen- und Zwergsterne können gegenwärtig durch besondere charakteristische Merkmale in ihren Spektren, die bei der Draper-Klassifizierung unberücksichtigt geblieben waren, voneinander unterschieden werden. Dies bildet eine besondere Anwendung der spektroskopischen Methode der Bestimmung von absoluten Helligkeiten. Wie wir später sehen werden, stellen sich der rückhaltlosen Annahme der Theorie der Riesen- und Zwergsterne gewisse Schwierigkeiten entgegen. Der aufsteigende Ast bietet keinerlei Schwierigkeiten; aber der absteigende Ast scheint gegenwärtig nicht mehr in der Weise erklärbar zu sein, die LOCKYER, RUSSEL und HERTZSPRUNG vorgeschlagen hatten, weil wir jetzt Anzeichen dafür besitzen, daß die Sonne und andere Sterne, die sich auf diesem Aste befinden, sich wie ideale Gaskugeln verhalten, trotzdem sie dichter als Wasser sind. Tatsächlich sind die Bedingungen im Inneren eines Sternes derartig, daß die Gasgesetze wahrscheinlich bis zu viel höheren Dichten, als unter irdischen Verhältnissen, ihre Gültigkeit bewahren. Die Theorie der Sternentwicklung befindet sich heutzutage in einem sehr verworrenen Zustande, und die sich in ihr ergebenden Schwierigkeiten werden noch an geeigneter Stelle näher betrachtet werden müssen.

8. Die von LANE gegebenen allgemeinen Richtlinien zur Berechnung der inneren Temperaturverteilung sind in allen späteren Untersuchungen befolgt worden. Wir betrachten den Fall eines Sternes, der aus einem idealen Gase besteht. Dann kann jede von den drei Variablen, Druck (P), Dichte (ϱ), Temperatur (T) aus den beiden anderen auf Grund des Gesetzes

$$P = \mathfrak{R} \varrho T / \mu \tag{8.1}$$

[1] SCHAPLEY, Astrophys. Journ. Bd. 38. S. 158.

berechnet werden, wo $\mathfrak{R}$ die universelle Gaskonstante $8{,}26 \cdot 10^7$ und μ das Molekulargewicht in Vielfachen des Wasserstoffatoms bedeuten. Es sind also in Wirklichkeit nur zwei unabhängige Veränderliche, die den Zustand der Materie bestimmen. Die Differentialgleichungen, welchen diese zu genügen haben, werden dadurch erhalten, daß man zwei Bedingungen zum Ausdruck bringt: 1. das *mechanische Gleichgewicht* des Sternes, welches verlangt, daß der Druck in jedem im Innern gelegenen Punkte gerade ausreichen muß, um das Gewicht der oberhalb liegenden Schichten zu tragen, und 2. das *thermische Gleichgewicht* eines Sternes, welches verlangt, daß die Temperaturverteilung imstande sein soll, sich automatisch zu erhalten, trotz des ununterbrochen erfolgenden Wärmetransportes von einem Teile des Sternes zum anderen. Es ist notwendig, die beiden Gleichungen, welche diese zwei Bedingungen ausdrücken, zu bilden und zu integrieren- und diese reichen aus zur Bestimmung der beiden unabhängigen Variablen, die den Zustand der Materie in jedem beliebigen Punkte angeben. Auf diese Weise wird die Druck-, Dichte- und Temperaturverteilung erhalten. Das allgemeine Schema dieser Verteilungen ist (in erster Annäherung) von Stern zu Stern homolog; das heißt, daß alle gasförmigen Sterne dasselbe Modell, jeder in seinem geeigneten Maßstabe von Masse, Länge, Temperatur usw. kopieren. Die mühsame Arbeit der Auflösung kann ein für allemal ausgeführt werden, und die Frage besteht dann nur noch in einer Anpassung der Lösung an den für den gerade betrachteten Stern geeigneten Maßstab. Wir wollen hier auf keine Einzelheiten eingehen; das Problem wird im vierten Kapitel erschöpfend behandelt werden.

Nach der LANEschen Theorie war es notwendig, um bestimmte numerische Werte der Temperatur im Inneren eines Sternes zu erhalten, die folgenden Daten zu besitzen:

M — die Masse,
R — den Radius,
μ — das mittlere Molekulargewicht des Materials,
γ — das Verhältnis der spezifischen Wärmen des Materials.

Die beiden ersten definieren den betrachteten Stern; bezüglich der beiden letzten aber könnte man glauben, daß man ihre Werte nur auf Grund einer Betrachtung der wahrscheinlichen chemischen Zusammensetzung des Sterninnern abschätzen kann — von der uns so gut wie gar nichts bekannt ist. Wir wollen zeigen, wie diese Schwierigkeit überwunden worden ist.

In Wirklichkeit bereitet uns der Wert von γ keine ernsten Schwierigkeiten. Er kann den für ein einatomiges Gas gültigen Wert $\frac{5}{3}$ nicht übersteigen und er kann andererseits nicht kleiner sein als $\frac{4}{3}$, ohne daß der Stern instabil wird — was, wie wir wissen, nicht der Fall ist.

Der Unterschied der den Grenzwerten $\frac{5}{3}$ und $\frac{4}{3}$ entsprechenden Temperaturverteilungen ist wohl merklich; ihr allgemeiner Charakter ist aber nicht wesentlich verschieden, und jeder der beiden Grenzwerte führt zu einer Näherung, die für viele Zwecke vollkommen ausreicht. Wir haben uns aber heute mit der Konstanten γ überhaupt nicht mehr zu beschäftigen. Indem wir die LANEsche Hypothese eines *Konvektionsgleichgewichtes* durch die eines *Strahlungsgleichgewichtes* ersetzen, werden wir gerade denjenigen Teil seiner Theorie beseitigen, der für die Einführung der Konstanten γ verantwortlich ist. In allen früheren Untersuchungen wurde nämlich die Annahme gemacht, daß die Wärme aus dem Inneren eines Sternes an seine Oberfläche durch Konvektionsströme getragen wird, so daß das Innere in einem vollständig durchgemischten Zustande erhalten bleibt und dasselbe Gesetz des thermischen Gleichgewichtes befolgt, wie die unteren Teile der Erdatmosphäre. Es erweist sich aber jetzt als wahrscheinlicher, daß die Wärme auf dem Wege der Strahlung übertragen wird, und die Temperaturverteilung durch den Strahlungsstrom bestimmt wird; sollten Konvektionsströme wirklich vorhanden sein, so würden sie die Bestrebung zeigen, eine andere Verteilung herbeizuführen, jedoch würde die Temperatur immer zu der vom Strahlungsgleichgewicht verlangten Verteilung zurückgleiten, da die Übertragung durch Strahlung viel schneller erfolgt. Der Begriff des Strahlungsgleichgewichtes ist zuerst von R. A. SAMPSON[1] im Jahre 1894 eingeführt worden, konnte aber ohne die neueren Fortschritte der Thermodynamik nicht vollständig entwickelt werden. K. SCHWARZSCHILD[2] lenkte auf ihn die allgemeine Aufmerksamkeit in einer berühmten Abhandlung über die Verhältnisse in der Sonnenatmosphäre. Unsere Aufgabe wird es sein, dieses selbe Prinzip auf das Innere der Sonne und der Sterne anzuwenden. Durch die Substitution des Strahlungsgleichgewichtes an Stelle des Konvektionsgleichgewichtes verschwindet die Konstante γ; an ihre Stelle tritt die numerische Konstante $\frac{4}{3}$, die in gewissem Sinne als das Verhältnis der spezifischen Wärmen des Äthers betrachtet werden kann, da der Äther nunmehr die Materie als Agens bei der Wärmeübertragung ersetzt.

9. Es bleibt also nur noch die passende Wahl des Wertes von μ übrig, und diese muß mit einer gewissen Sorgfalt getroffen werden, weil μ in vielen wichtigen Formeln der Theorie mit hohen Potenzen eingeht. Wir dürfen wohl annehmen, daß bei der hohen Temperatur des Sterninneren alle chemischen Fesseln gelöst sind, so daß die Atome als frei zu betrachten sind. Auf den ersten Impuls sind wir geneigt, für den Wert von μ das mittlere Atomgewicht derjenigen Elemente zu wählen, die uns als die am häufigsten vorkommenden erscheinen.

[1] Memoirs R. A. SAMPSON, Bd. 51, S. 123.

[2] Göttinger Nachrichten 1906, S. 41.

Da Eisen vielfach als das verbreitetste Element betrachtet wird und dazu ein mittelgroßes Atomgewicht besitzt, scheint sich ein um 50 liegender Wert für μ zu empfehlen. Verfasser hat auch bei seinen ersten Untersuchungen[1] diese Annahme stets gemacht. Er ist aber von NEWALL, JEANS und LINDEMANN, unabhängig voneinander, darauf aufmerksam gemacht worden, daß unter den in einem Sterne herrschenden Bedingungen auch die Atome teilweise zertrümmert sein werden, indem sie viele von ihren Begleitelektronen verloren haben könnten. Das Atom wird oft mit einem winzigen Sonnensysteme verglichen. Beinahe seine ganze Masse ist in dem mit einer positiven Ladung versehenen Kerne vereinigt; negative Elektronen kleiner Masse, deren Zahl gerade ausreicht, um die positive Ladung des Kernes zu neutralisieren, beschreiben Bahnen um diesen. Bei hohen Temperaturen setzt ein „Ionisierung" genannter Prozeß ein, durch den diese Begleiter nacheinander abgetrennt werden und sich in der Materie als selbständige Teilchen zu bewegen anfangen. Das Molekulargewicht, welches in unseren Formeln [z. B. in (8.1)] auftritt, ist die mittlere Masse eines unabhängigen Teilchens. Wir gebrauchen die Bezeichnung *Molekel* für jedes sich unabhängig bewegende Teilchen, also sowohl für Atomverbindungen, als auch für Atomreste. Wenn die Ionisierung die äußerste mögliche Grenze erreicht, tritt eine sehr bemerkenswerte Vereinfachung ein: *das Molekulargewicht wird genähert gleich* 2, *ganz unabhängig von der chemischen Zusammensetzung des Stoffes,* unter der einzigen Bedingung, daß kein zu starker Überschuß an Wasserstoff vorhanden ist.

Die Anzahl der Bahnelektronen ist gleich der Ordnungszahl Z des Elementes, so daß, wenn alle befreit werden, die Anzahl der entstehenden unabhängigen Teilchen oder Molekeln gleich $Z + 1$ wird. Wir haben daher, wenn wir mit A das Atomgewicht bezeichnen:

$$\mu = A/(Z + 1)\ .$$

Nach einer bekannten Regel ist die Ordnungszahl nahezu gleich dem halben Atomgewichte, so daß μ nahezu gleich 2 wird. Tabelle 1 enthält einige Beispiele hierfür.

Augenscheinlich ist die Unbestimmtheit der chemischen Zusammensetzung keine so schwerwiegende Tatsache, wenn man bedenkt, daß uns die Zahlen der vierten Kolonne, und nicht die der dritten Kolonne, in erster Linie angehen.

Unter den im Inneren eines Sternes tatsächlich bestehenden Bedingungen ist die Ionisierung nicht ganz vollständig, und es bleiben bei den schwereren Elementen noch einige Bahnelektronen nicht abgelöst. Dadurch wird das Molekulargewicht etwas vergrößert. Da es gegenwärtig möglich ist, den Ionisierungsgrad der verschiedenen Elemente unter gegebenen Druck- und Temperaturbedingungen genähert zu berechnen,

[1] Monthly Notices Bd. 77, S. 16.

kann auch ein genauerer Wert des Molekulargewichtes ermittelt werden. Die freien Elektronen bilden aber einen so beträchtlichen Teil des Gesamtsystems, daß diese Verbesserung eine ziemlich unbedeutende ist, und wenn wir ein Molekulargewicht von 2,2 annehmen, können wir von der Wahrheit nicht weit entfernt sein. Da die Ionisierung mit der in einem Sterne nach außen abfallenden Temperatur abnehmen muß, können wir, um eine noch größere Annäherung an die Wirklichkeit zu erzielen, ein vom Mittelpunkte nach außen sehr langsam zunehmendes Molekulargewicht einführen.

Tabelle 1. Mittleres Molekulargewicht.

Element	Z	A	$A/(Z+1)$	Element	Z	A	$A/(Z+1)$
Wasserstoff. .	1	1	0,50	Eisen	26	56	2,07
Helium . . .	2	4	1,33	Silber	47	108	2,25
Lithium . . .	3	7	1,75	Barium	56	137	2,40
Sauerstoff . .	8	16	1,78	Gold	79	197	2,46
Kalzium . . .	20	40	1,91	Uran	92	238	2,56

10. Nachdem wir auf diese Weise die in der Wahl der beiden Konstanten γ und μ liegende Schwierigkeit aus dem Wege geräumt haben, können wir numerische Werte für die Temperatur, die Dichte und den Druck in einem gasförmigen Sterne von bekannter Masse und Radius erhalten. Um die wirklichen physikalischen Bedingungen, mit denen wir uns zu beschäftigen haben werden, anschaulich vor Augen zu führen, sollen hier zunächst die für einen bestimmten Stern erhaltenen Resultate gegeben werden. Als Beispiel wählen wir die lichtstärkere Komponente der Capella. Capella ist der einzige diffuse (Riesen-)Stern, für den die erforderlichen Beobachtungsdaten einen hohen Grad von Genauigkeit erreichen; die allermeisten erstklassigen astronomischen Daten beziehen sich auf dichte (Zwerg-)Sterne. Ein weiterer Vorzug liegt darin, daß Capella als ein typischer diffuser Stern zu betrachten ist, da sie eine mittlere Stellung in der spektralen Serie einnimmt. Wir benutzen die Gelegenheit, um (für die mit der Astronomie der Doppelsterne weniger vertrauten Leser) zu erklären, wie die Daten über Masse, Leuchtkraft usw. aus astronomischen Beobachtungen erhalten werden konnten.

Capella.

11. Capella ist im Jahre 1899 von CAMPBELL und NEWALL, unabhängig voneinander, als spektroskopischer Doppelstern erkannt worden. Die beiden Komponenten zeigen keinen sehr großen Unterschied in bezug auf Leuchtkraft, so daß die von beiden herrührenden Linien im Spektrum sichtbar sind; man kann das Hin- und Herschwanken der beiden Liniensysteme übereinander im Spektrum beobachten, das durch die Änderungen der Dopplereffekte, je nach dem sich die eine oder andere Komponente uns nähert oder entfernt, hervorgerufen wird.

Die Periode beträgt 104,022 Tage. Eine eingehendere Erforschung der Capella ist dadurch ermöglicht worden, daß sie uns auch als visueller Doppelstern erscheint, und die Elemente der visuellen Bahn anscheinend gut bestimmt worden sind. Der Abstand der beiden Komponenten beträgt nur etwa 0″,05, was jenseits des Trennungsvermögens der größten für solche Untersuchungen verwendbaren Fernrohre liegt; aber der Interferometermethode von MICHELSON gelang es im Jahre 1920 am 100-zölligen Reflektor von Mount Wilson, ihren ersten durchgreifenden Erfolg zu erringen, durch die Messung der Distanzen und der Positionswinkel der Capella. Diese, von ANDERSON angefangenen, von MERRILL fortgesetzten Beobachtungen haben eine gute visuelle Bahn ergeben. Es darf nicht vergessen werden, daß die Spektrallinien *beider* Komponenten nur bei einem kleinen Prozentsatze der spektroskopischen Doppelsterne beobachtbar sind, und daß es zu den größten Seltenheiten gehört, daß eine visuelle und eine spektroskopische Bahn für einen und denselben Stern bestimmt werden kann. Unsere Kenntnisse über das Doppelsternsystem Capella zeichnen sich daher durch einen ganz ungewöhnlichen Grad der Vollständigkeit aus.

Die Radialgeschwindigkeit der helleren Komponente schwankt zwischen + 4 und + 56 km/sec, also in einem Intervalle von 52 km; die der schwächeren Komponente zwischen + 63 und — 3 km/sec, also einem Intervalle von 66 km. Wenn wir von den Exzentrizitäten absehen, ist die mittlere Geschwindigkeit von + 30 km/sec (die notwendig dieselbe für beide Komponenten sein muß) die Geschwindigkeit, mit der sich der Schwerpunkt des Systems von der Sonne entfernt. Da sich die Massen umgekehrt wie die Amplituden der Geschwindigkeitsschwankungen verhalten müssen, hat die hellere Komponente eine 66/52 oder 1,26mal größere Masse als die schwächere Komponente.

Die Exzentrizität erweist sich als außerordentlich klein (0,0086), so daß wir die Bahnen als kreisförmig und die Bahngeschwindigkeiten als konstant betrachten dürfen. Wenn die Gesichtslinie in der Bahnebene läge, wären die Bahngeschwindigkeiten gleich den halben Amplituden, d. h. 26 bzw. 33 km/sec; da dies aber nicht der Fall ist, müssen diese Werte noch mit cosec i multipliziert werden, wo i die Neigung der Bahnebene zur Projektionsebene (Tangentialebene zur Himmelssphäre) bedeutet. Der Umfang der Bahn kann sofort durch Multiplikation der Bahngeschwindigkeit mit der Periode gefunden werden. Auf diese Weise finden wir, wenn a_1 und a_2 die Radien (oder halben großen Achsen) der beiden Bahnen bezeichnen,

$$a_1 \sin i = 36\,800\,000 \text{ km}, \quad a_2 \sin i = 46\,400\,000 \text{ km}.$$

Wir wenden uns nun den visuellen Beobachtungen zu. Aus diesen läßt sich nach den gewöhnlichen Methoden die Neigung der Bahnebene $i = 41^{\circ}{,}1$ bestimmen. Es sind daher:

$$a_1 = 56000000 \text{ km},$$
$$a_2 = 70600000 \text{ km},$$
$$a_1 + a_2 = 126600000 \text{ km} = 0{,}847 \text{ astronomische Einheiten.}$$

Nach dem dritten KEPLERschen Gesetze ist die Masse des Systems

$$M_1 + M_2 = (a_1 + a_2)^3/P^2,$$

wo die Masseneinheit die Sonnenmasse ist, $a_1 + a_2$ in astronomischen Einheiten (d. h. in Vielfachen der Entfernung der Erde von der Sonne) und P in Jahren ausgedrückt sein müssen. Wir erhalten daher:

$$M_1 + M_2 = (0{,}847)^3/(0{,}285)^2 = 7{,}5$$

und, indem wir diese Masse im oben gefundenen Verhältnisse 1,26 : 1 auf die beiden Komponenten verteilen:

$$M_1 = 4{,}18 \qquad M_2 = 3{,}32 .$$

12. In der aus visuellen Messungen abgeleiteten Bahn ergibt sich die halbe Achse der relativen Bahn ($a_1 + a_2$) gleich $0'',0536$. Wir haben oben gesehen, daß in linearem Maße diese Strecke 0,847 astronomische Einheiten beträgt. Daher entspricht einer astronomischen Einheit der Winkel $0'',0632$. Die Parallaxe π von Capella ist somit

$$\pi = 0'',0632 .$$

Eine genäherte Parallaxe, die schon früher auf trigonometrischem Wege bestimmt worden war, stimmt mit dieser gut überein, jedoch dürfte die aus den auf die Bahn bezüglichen Daten abgeleitete Parallaxe bei weitem die genauere sein.

Die beobachtete scheinbare Helligkeit der Capella ist $0^m,21$. Um daraus die absolute Helligkeit, d. h. die Helligkeit in der normalen Entfernung von 10 parsec (Parallaxe $= 0'',1$) zu erhalten, müssen wir zu diesem Werte

$$5 \log_{10}\left(\frac{\pi}{0'',1}\right)$$

addieren, was uns $0^m,21 - 1^m,00 = -0^m,79$ gibt. Dies stellt die Summe der Helligkeiten der beiden Komponenten dar. Der Unterschied ihrer visuellen Helligkeiten wird auf $0^m,5$ geschätzt. Die absoluten visuellen Helligkeiten ergeben sich dann zu: $-0^m,26$ und $+0^m,24$, da sich diese Werte zu der Gesamthelligkeit $-0^m,79$ kombinieren.

Dem Spektraltypus nach gehört die hellere Komponente der Klasse *G0* an, derselben also, der auch die Sonne angehört. Die effektive Temperatur der Sonne ist 5740°, aber die Theorie sowohl wie die Beobachtung legen die Vermutung nahe, daß bei einem diffusen Sterne wie Capella, die gleichen spektralen Charakteristiken bei einer etwas tieferen Temperatur erscheinen müssen, als bei der Sonne. Wir nehmen daher den Wert 5200° für die effektive Temperatur der Capella an. Dies ist natürlich nur die Randtemperatur des gewaltigen Ofens, und gibt uns noch keinen Begriff von der ungeheueren Temperatur des Inneren.

Es ist bequem, die *bolometrische Helligkeit* einzuführen, die ein Maß für die Wärmeintensität eines Sternes darstellt, in genau derselben Weise wie die visuelle Helligkeit ein Maß für seine visuelle Intensität oder die photographische Helligkeit ein Maß für seine photographische Intensität ist, wobei sich alle diese Maße auf eine logarithmische Skala beziehen. Die schwarze Strahlung hat die größte optische Wirksamkeit, wenn sie einer Temperatur von 6500° entspricht, und der Nullpunkt der Skala der bolometrischen Helligkeiten wird dementsprechend so gewählt, daß letztere mit der visuellen Helligkeit für Sterne gerade dieser effektiven Temperatur übereinstimmt. Bei jeder anderen Temperatur ist eine größere Menge von Strahlungsenergie erforderlich, um dieselbe Lichtintensität zu erzeugen, so daß die bolometrische Helligkeit größer (in Größenklassen ausgedrückt numerisch kleiner) ist als die visuelle Helligkeit. Bei 5200° beträgt die Reduktion auf bolometrische Helligkeit $0^m,10$, so daß die absolute bolometrische Helligkeit der Capella gleich

$$-0^m,26-0^m,10=-0^m,36$$

ist. Da die bolometrische Helligkeit die gesamte vom Sterne ausgesandte Strahlung angibt, und die effektive Temperatur die pro cm² ausgesandte Strahlung ist, können wir aus diesen beiden Daten die Größe der Oberfläche und daher auch den Radius der Capella berechnen. Diese Rechnung wird am einfachsten unter Benutzung der auf die Sonne bezüglichen Daten (absolute bolometrische Helligkeit $+4^m,9$; effektive Temperatur 5740°, Radius $6,95\cdot10^{10}$ cm) ausgeführt. Die Differenz der absoluten Helligkeiten m wird in das Verhältnis der gesamten Leuchtkräfte L mit Hilfe der Formel verwandelt[1]

$$m-m_\odot=-\frac{5}{2}\log_{10}(L/L_\odot)\,.$$

Andererseits haben wir:

$$\frac{L}{L_\odot}=\frac{R^2\,T_e^4}{R_\odot^2\,T_\odot^4}\,,$$

da die Leuchtkraft proportional zu der vierten Potenz der effektiven Temperatur ist. Hieraus folgt:

$$m-m_\odot=-5\log_{10}(R/R_\odot)-10\log_{10}(T_e/T_\odot)\,. \tag{12.1}$$

13. Indem wir die in den folgenden Kapiteln entwickelte Theorie

[1] Nach Definition bedeutet eine Änderung von fünf Größenklassen eine hunderfache Zu- oder Abnahme der Leuchtkraft; eine Größenklasse entspricht einem Verhältnisse der Leuchtkräfte von $(100)^{\frac{1}{5}}$ oder 2,512.

auf die Beobachtungsdaten anwenden, erhalten wir die nachstehend zusammengestellten Resultate[1].

Capella (lichtstärkere Komponente).

Parallaxe = 0'',0632.
Scheinbare visuelle Helligkeit = + 0^m,74.
Spektraltypus = $G0$.
Effektive Temperatur = 5200°.
Masse = 4,18 × ⊙ = $8{,}30 \cdot 10^{33}$ gr.
Absolute bolometrische Helligkeit = — 0^m,36 [5^m,26 heller als die Sonne].
Gesamtstrahlung = 127 × ⊙ = $4{,}80 \cdot 10^{33}$ erg/sec.
Radius = 13,74 × ⊙ = $9{,}55 \cdot 10^{11}$ cm.
Mittlere Dichte = 0,00227 gr/cm³.

Im Mittelpunkte:
Temperatur = $7{,}20 \cdot 10^6$ Grad.
Dichte = 0,0547 gr/cm³.
Druck = $2{,}23 \cdot 10^{13}$ dyn/cm² = 22 Millionen Atmosphären.

Von diesem Drucke ist der Bruchteil 0,694 gewöhnlicher Gasdruck und 0,306 Strahlungsdruck.

Die mittlere Temperatur der ganzen Masse ist 4½ Millionen Grad. Eine Kugel mit einem Radius von 0,646 des Sternradius enthält 93,4% der Gesamtmasse. An der Oberfläche dieser Kugel sind:
Temperatur = $1{,}89 \cdot 10^6$ Grad,
Dichte = 0,00121 gr/cm³,
Druck = $1{,}07 \cdot 10^{11}$ dyn/cm².

Eine Kugel mit einem Radius von 0,831 des Sternradius enthält 99,5% der Masse. In einem an der Oberfläche dieser Kugel gelegenen Punkte sind:
Temperatur = $0{,}81 \cdot 10^6$ Grad,
Dichte = 0,000107,
Druck = $3{,}62 \cdot 10^9$ dyn/cm².

Die ganze Masse, mit Ausnahme von nur 10%, befindet sich bei einer Temperatur von über einer Million Grad, aber dieser Rest hat eine äußerst kleine Dichte und nimmt beinahe die Hälfte des Volumens des Sternes ein. Der größte Wert des Temperaturgradienten im Inneren ist 1°,1 pro Kilometer, also sehr viel kleiner als der Temperaturgradient in unserer Atmosphäre. Dieser größte Wert wird in einem Abstande vom Mittelpunkte von ⅓ des Sternradius erreicht; das Maximum ist ein sehr flaches, so daß sich der Gradient im ganzen Sterninneren nur wenig von seinem Maximalwerte unterscheidet.

---

[1] Diese Resultate sind mit einem *zentralen* Molekulargewichte von 2,1 berechnet und die Abnahme der Ionisierung nach außen zu ist durch die Annahme berücksichtigt worden, daß sich das Molekulargewicht proportional zu $T^{-\frac{1}{7}}$ ändert (§ 94).

Die Schwerkraft an der Oberfläche beträgt etwa 1/45,2 der Schwerkraft an der Oberfläche der Sonne, also etwa $\frac{3}{5}$ der Schwerkraft auf der Erde. Der absolute Betrag der Schwerkraftsbeschleunigung ist 606 $\mathrm{cm} \cdot \mathrm{sec}^{-2}$. Im Inneren wächst sie zunächst bis zum Vierfachen dieses Betrages an und fällt dann im Mittelpunkte bis auf Null herab.

Die mittlere Energiebefreiung im Inneren, die notwendig ist, um die durch Strahlung der Oberfläche verlorengehende Wärme zu ersetzen, ist 58 erg pro sec und gr. Durch ihre Strahlung verliert Capella in jeder Sekunde ungefähr 500 Millionen Tonnen ihrer Masse.

Der Strahlungsdruck.

14. Es ist notwendig, ein bei den früheren Untersuchungen vernachlässigtes Phänomen zu berücksichtigen, das auf das Gleichgewicht eines Sternes einen beträchtlichen Einfluß haben kann, nämlich den Strahlungsdruck. Es ist wohl bekannt, daß elektromagnetische Wellen, also auch Lichtwellen, Masse und Impuls besitzen und daher auf jedes sich auf dem Wege ihrer Ausbreitung befindliche Hindernis eine Kraft ausüben. Gewöhnlich ist dieser Strahlungsdruck außerordentlich klein und kann nur durch äußerst feine terrestrische Experimente nachgewiesen werden; im Inneren eines Sternes aber ist die Intensität der Strahlung so groß, daß dieser Druck bei der Untersuchung der Gleichgewichtsbedingungen der Materie keineswegs als verschwindend klein betrachtet werden darf. In einem inneren Punkte teilen sich Strahlungsdruck und Gasdruck in der Aufgabe, das Gewicht der höherliegenden Schichten der Materie zu tragen. Der Strahlungsdruck ist der vierten Potenz der Temperatur proportional; er beträgt

$$2550 \text{ Atmosphären bei } 1000000^{0},$$
$$25500000 \text{ Atmosphären bei } 10000000^{0}.$$

Die nach außen strömende Strahlung kann daher mit einem Winde verglichen werden, der durch den Stern bläst und ihn, gegen die Wirkung der Schwere, auszudehnen bestrebt ist. Die später zu entwickelnden Formeln geben uns die Möglichkeit, den Bruchteil des Gewichtes der Materie, der durch diesen Wind getragen wird, sowie das auf den Gasdruck entfallende Restgewicht zu berechnen. In erster Annäherung stehen beide in allen Teilen des Sternes in einem konstanten Verhältnisse zueinander. Dieses Verhältnis hängt weder von der Dichte noch von der Opazität des Sterns ab[1], sondern nur von seiner Masse und

[1] Die Unabhängigkeit des Strahlendruckes von der Opazität kann auf den ersten Blick paradox erscheinen, da bei einem gegebenen Strahlungsstrome durchsichtiges Material natürlich weniger Widerstand leistet und daher auch eine kleinere Druckkraft erfährt als undurchsichtiges Material. Diese Wirkung wird aber dadurch kompensiert, daß der Strahlungsstrom mit der Durchsichtigkeit des Materials wächst.

dem Molekulargewichte. Übrigens sind alle zu seiner Berechnung erforderlichen physikalischen Konstanten im Laboratorium gemessen worden, so daß gar keine astronomischen Daten herangezogen zu werden brauchen. Wir können uns vorstellen, daß ein auf einem von dichten Wolken umhüllten Planeten befindlicher Physiker, der niemals von den Sternen etwas gehört hätte, sich die Aufgabe stellen könnte, das Verhältnis von Strahlungsdruck zu Gasdruck für eine Reihe von Gaskugeln verschiedener Größe zu berechnen und, etwa mit einer Kugel der Masse 10 gr anfangend, dieses Verhältnis dann der Reihe nach für Kugeln von 100 gr, 1000 gr usw. berechnen würde, so daß seine n-te Kugel eine Masse von 10^n gr hätte. Tabelle 2 gibt den uns interessierenden Teil seiner Resultate.

Tabelle 2.

Der Kugel	Strahlungsdruck	Gasdruck
30	0,00000016	0,99999984
31	0,000016	0,999984
32	0,0016	0,9984
33	0,106	0,894
34	0,570	0,430
35	0,850	0,150
36	0,951	0,049
37	0,984	0,016
38	0,9951	0,0049
39	0,9984	0,0016
40	0,99951	0,00049

Der übrige Teil der Tabelle würde überwiegend aus langen Ketten der Zahlen 9 und 0 bestehen. Aber gerade für das Massenintervall, das etwa zwischen der 33. und der 35. Kugel liegt, wird die Tabelle interessant, um dann sehr bald wieder zu den Zahlen 9 und 0 zurückzukehren. Als ein Ringen zwischen Materie und Äther betrachtet (Gasdruck und Strahlungsdruck) ist der Kampf ein hoffnungslos einseitiger, mit Ausnahme des Bereiches zwischen Nr. 33—35, wo wir auf interessante Ereignisse gefaßt sein dürfen.

Die „Ereignisse" sind die Sterne.

Nun ziehen wir den Wolkenvorhang zurück, hinter dem unser Physiker gearbeitet hat, und erlauben ihm auf den Himmel zu schauen. Da wird er tausend Millionen Gaskugeln erblicken, deren Massen beinahe alle zwischen seiner 33. und seiner 35. Kugel liegen — d. h. zwischen $\frac{1}{2}$ und 50 Sonnenmassen. Der leichteste uns bekannte Stern hat eine Masse von etwa $3 \cdot 10^{32}$ gr und der schwerste von etwa $2 \cdot 10^{35}$ gr. Die Mehrzahl liegt zwischen 10^{33} und 10^{34} gr, wo der Strahlungsdruck den Gasdruck ernstlich zum Zweikampfe herauszufordern beginnt.

15. Es ist bemerkenswert, daß sich die Einheiten, in die sich die Weltmaterie ursprünglich zusammengeballt hat, ihrer Masse nach so sehr gleichen. Die Sterne weichen voneinander in bezug auf ihre Leuchtkraft, ihre Dichte und ihre physikalischen Bedingungen in weiten Grenzen ab, aber sie enthalten meistenteils ungefähr dieselbe Menge von Materie. Es sieht beinahe so aus, als ob die Natur, beim Erzeugen von Sternen, ein normales Modell vor Augen gehabt und keine starken Abweichungen (abgesehen von einzelnen Fällen, in denen ihre Wachsamkeit erlahmt ist) geduldet hätte. Die größte beobachtete Schwankung (etwa $\frac{1}{6}$ bis 100 Sonnenmassen) gibt keine zutreffende Vorstellung von der tatsächlich herrschenden Gleichförmigkeit in bezug auf Masse; unsere Beobachtungsmethoden begünstigen eine Auswahl der die Ausnahmen bildenden Individuen — sehr lichtstarke Sterne, die besonders große Massen haben, und Doppelsterne, in denen sich die ursprüngliche Einheit geteilt hat — aus der nach vielen Millionen zählenden Menge der Sterne normaler Größe. Ich glaube, daß ein Massenintervall von 5 : 1 über 90% sämtlicher Sterne enthalten würde.

Die Ursache dieser Gleichförmigkeit können wir schon in ihren Umrissen erkennen, obwohl die Einzelheiten der Erklärung noch ganz im Dunkeln liegen. Die Schwerkraft ist es, welche die Materie sammelt und, indem sie immer mehr und mehr Material zusammenträgt, bestrebt ist, Kugeln von riesiger Größe aufzubauen. Im Gegensatze zu ihr müssen wir den Strahlungsdruck als die wichtigste auseinandertreibende Kraft betrachten[1]. Nur wenn die Masse die Größenordnung von 10^{33} gr erreicht hat, tritt dieser die sammelnde Wirkung der Gravitation kreuzende Faktor, der bis dahin unmerklich geblieben war, in Erscheinung; aber dann fängt er an, rasch zu wachsen. Die Zunahme des relativen Wertes des Strahlungsdrucks in Tabelle 2 ist ein Maß für das Wachsen der der Einheit des Sternes drohenden Gefahr. Die Stabilität einer dem Strahlungsdrucke unterworfenen Flüssigkeitsmasse ist noch nicht untersucht worden; da uns aber einige Sterne bekannt sind, für die sich ein Strahlungsdruck vom Betrage von 80 bis 90% des Gesamtdrucks ergibt, darf wohl angenommen werden, daß er allein noch nicht imstande ist, eine Instabilität hervorzurufen. Er vermag aber

[1] Ein mathematischer Beweis kann hierfür nicht gegeben werden, und die Annahme, daß ein hoher Strahlungsdruck für den Stern gefährlich ist, beruht nur auf der numerischen Übereinstimmung. Wir wissen, daß ein Stern ohne Strahlungsdruck stabil ist (außer wenn die Rotation sehr schnell erfolgt), aber die Stabilität eines Sternes bei Strahlungsdruck ist noch niemals eingehend untersucht worden. Es ist zwar richtig, daß sich die Strahlung in vielen Beziehungen wie ein Gas verhält, so daß wir zunächst keinen Grund dafür sehen, warum ihr Druck explosiver wirken sollte, als der Gasdruck; aber die Untersuchungen v. Zeipel's (§ 198) zeigen, daß sie gewisse Wirkungen auf das Gleichgewicht eines Sternes ausübt, die bei der Untersuchung der gewöhnlichen Stabilitätsbedingungen rotierender Massen nicht auftreten. Ich lege den in diesem Paragraphen enthaltenen Andeutungen über die Art dieser Einwirkungen keine besondere Bedeutung bei, da sie lediglich der Veranschaulichung der Verhältnisse dienen sollen.

wohl eine Zerstörung des Sternes durch eine hinzukommende kleine Rotation oder Inhomogenität oder Störung der Symmetrie zu begünstigen, so daß die Wahrscheinlichkeit des Weiterbestehens eines Sternes um so kleiner wird, je größer seine Masse geworden ist. Als plausible Werte können wir etwa folgende betrachten: Unter 15% wird der Strahlungsdruck keinen beträchtlichen Einfluß gewinnen, und die Gravitation wird bis zu der entsprechenden Masse ziemlich ungestört aufbauen können, wenn sich der Stern nicht schon früher, wegen sehr großer Rotationsgeschwindigkeit, nach der bekannten Theorie, in zwei Komponenten aufspaltet; ein Strahlungsdruck von 50% würde aber schon eine ernste Gefahr bedeuten, und die entsprechende Masse würde nur unter außerordentlich ruhigen Verhältnissen erreicht werden können. Wir können uns zunächst noch keine bestimmten Vorstellungen über das Stadium in der Entstehungsgeschichte eines Sternes bilden, in dem der Massenansammlung durch die Wirkung oder die Drohung des Strahlungsdruckes eine Grenze gesetzt wird. Wir können gegenwärtig nur auf die bedeutsame Tatsache hinweisen, daß sich die Sternmassen um denjenigen Punkt häufen, wo der Strahlungsdruck die Sicherheit zu gefährden anfängt, und daß größere Massen in rasch abnehmenden Zahlen vorkommen, als ob ihr Fortbestehen nur unter selten vorkommenden Bedingungen erlaubt wäre. Dieses Zusammentreffen veranlaßt uns, gerade im Strahlungsdrucke den Faktor zu erblicken, der das Chaos in Sterne aufgespalten hat.

Es kann noch bemerkt werden, daß bei kleinerem Molekulargewichte dieselben Verhältnisse erst bei größeren Massen eintreten, so daß ein niedriges Molekulargewicht die Bildung von großen Massen begünstigt. Ein Blick auf Tabelle 1 zeigt nun, daß, obwohl die chemische Zusammensetzung im allgemeinen nur wenig das Molekulargewicht beeinflußt, ein Überschuß an Wasserstoff letzteres doch beträchtlich herabdrücken würde. Es ist nicht ganz ausgeschlossen, daß die Sterne von ausnahmsweise großer Masse gerade diejenigen sind, die aus einem an Wasserstoff zufällig besonders reichhaltigen Material entstanden sind.

Es muß noch hinzugefügt werden, daß in Tabelle 2 (die einer Veröffentlichung des Verfassers aus dem Jahre 1923 entnommen ist) der für das Molekulargewicht angenommene Wert gleich 4 ist, während gegenwärtig für normale Sterne der Wert 2,2 als der wahrscheinlichste betrachtet wird. Um zu diesem überzugehen, müssen wir die Massen mit $(4/2{,}2)^2 = 3{,}3$ multiplizieren. Dadurch würde die numerische Übereinstimmung allerdings etwas weniger eindrucksvoll werden. Aber jeder Stern hat notwendig ein kühles, diffuses (vor-stellares) Stadium durchgemacht, in dem die Ionisierung kleiner und das Molekulargewicht höher war, und es dürfte vernünftig sein, die Berechnung gerade für diese, für sein Leben gefährlichste Periode zu machen[1]. Auf

[1] Andererseits würde der störende Einfluß der Rotation erst in einem späteren Stadium Bedeutung gewinnen können.

diese Weise kann der Wert 4 gerechtfertigt werden. Es gibt noch eine andere Möglichkeit. Gegenwärtig wird die Frage ernstlich erörtert, ob die Masse eines Sternes im Laufe seiner Entwicklung nicht beträchtlich abnimmt, indem sie die Energie für seine Ausstrahlung liefert. In diesem Falle würde die mitgeteilte Berechnung nur die Anfangsmassen der Sterne voraussagen und es müßte der Massenverbrauch bei einem Vergleiche mit den wirklichen Sternen berücksichtigt werden. Dieser Punkt wird in § 214 näher erörtert werden. Dort wird gezeigt, daß das Massenintervall, in dem die *dem frühesten diffusen Stadium* angehörigen Sterne liegen, mit dem in bezug auf Strahlungsdruck kritischen Intervall sehr genau zusammenfällt.

16. Ebenso wie der Druck in einem Sterne zu einem Teile als Druck von Ätherwellen, zu einem anderen Teile als solcher materieller Molekeln betrachtet werden muß, zerfällt auch sein Wärmevorrat in einen ätherischen und einen materiellen Teil. Das Verhältnis von ätherischer zu materieller Wärme weicht nur wenig von dem Verhältnisse des ätherischen zum materiellen Drucke ab; in der Tat sind beide Verhältnisse, wenn die adiabatische Konstante des Materials $\gamma = \frac{4}{3}$ ist, einander gleich. Wir stoßen daher bei Massen, die 10^{33} gr übersteigen, auf völlig neue Verhältnisse, für die uns unsere im Laboratorium an erwärmten Körpern gewonnene Erfahrung kein einziges Beispiel liefert: anstatt wie hier zum allergrößten Teile in den Bewegungen und inneren Schwingungen der Molekeln enthalten zu sein, tritt ein beträchtlicher Teil der Wärme in Form von Ätherwellen auf. Diese Wellen rasen in allen Richtungen durch das Innere des Sterns. Sie werden durch die Materie wie durch ein Sieb gefangen gehalten, so daß sie nur langsam in den äußeren Raum durchsickern können. Auf ihrem Wege zur Freiheit wird eine Ätherwelle von einem Atome eingefangen und absorbiert, dann wieder in einer neuen Richtung herausgeschleudert und an ein anderes Atom weitergegeben; sie wird auf diese Weise Jahrhunderte lang im Labyrinth von Atomen herumirren müssen, bis sie zufällig an die Grenze des Sternes gerät und nun auf einmal die Freiheit erlangt, sich unbeschränkte Zeit ungestört durch den Raum fortpflanzen zu können, bis sie irgendeine entfernte neue Welt erreicht, und, indem sie auf das Auge eines Astronomen fällt, ihm davon Kunde bringt, daß in den Tiefen des Weltraumes ein Stern leuchtet. Nun findet in jedem beliebigen erwärmten Körper ein ständiger Umsatz von materieller Wärme in ätherische Wärme und umgekehrt statt. In einer rotglühenden Eisenmasse z. B. muß die materielle Wärme natürlich zuerst in ätherische übergehen, damit eine Ausstrahlung überhaupt möglich ist. Aber die in einem heißen Metallstück zu jeder Zeit eingeschlossene ätherische Wärme beträgt kaum ein Billionstel seines gesamten Wärmevorrats; nur in den Sternen erlangt der ätherische Wärmeteil eine mit dem materiellen gleiche Bedeutung. Bei kleinen Massen erfolgt die

Ausstrahlung sozusagen aus der Hand zum Mund; aber ein Stern hält einen tausendjährigen Vorrat stets bereit, und seine Ausstrahlung ist ein Durchsickern von Ätherwellen aus diesem Vorrate. Durch dieses Bild wird uns auch die Notwendigkeit des Überganges von der ursprünglichen LANEschen Theorie des Konvektionsgleichgewichtes zur Theorie des Strahlungsgleichgewichtes verständlich. Die älteren Forscher hielten die Existenz von Konvektionsströmen für notwendig, damit immer neue Vorräte von materieller Wärme an die Oberfläche gelangen könnten, um dort in Strahlung umgewandelt zu werden. Für uns ist das Problem das entgegengesetzte: wir haben zu erklären, wie es der Stern fertig bringt, seinen Vorrat an ätherischer Wärme so einzudämmen, daß kein größerer Teil von ihm entweicht, als uns die Beobachtungen zeigen.

Das Innere eines Sternes.

17. Das Innere eines Sternes ist ein wüstes Gewirr von Atomen, Elektronen und Ätherwellen. Wir müssen schon die allerneuesten Entdeckungen der Atomphysik zu Hilfe nehmen, um den tollen Reigen in seinen verwickelten Einzelheiten verfolgen zu können. Wir hatten uns anfänglich vorgenommen, das Innere eines Sternes zu erforschen, aber bald sehen wir, daß wir eigentlich mit der Erforschung des Inneren der Atome beschäftigt sind. Man versuche sich den Wirrwarr vorzustellen! Zerzauste Atome, die nur noch spärliche Fetzen ihrer ihnen im Gedränge vom Leibe heruntergerissenen zierlichen Elektronenmäntel tragen, rasen herum mit Geschwindigkeiten von 50 Meilen in der Sekunde. Verlorene Elektronen sausen noch hundertmal schneller an uns vorbei, auf der Suche nach einem neuen Zufluchtsorte. Obacht! Beinahe wäre ein in die Nähe eines Atomkernes geratenes Elektron mit diesem zusammengestoßen; aber es sammelt Schwung und fliegt an ihm in einer scharfen Kurve vorbei. Tausendmal entgeht das Elektron solchen Gefahren im Laufe eines 10^{-10} Teiles einer Sekunde; zuweilen rutscht es beim Beschreiben der Kurve aus, fliegt aber trotzdem weiter mit vergrößerter oder verminderter Energie. Dann kommt ein schlimmerer Rutsch als gewöhnlich; das Elektron ist richtig gefangen und an das Atom gebunden, seine freie Laufbahn ist zu Ende. Aber nur für einen Augenblick. Kaum hat das Atom den neuen Skalp an seinem Gurte befestigt, da kommt schon ein Quant Ätherwellen dahergerast. Mit einer großen Explosion fliegt das Elektron wieder heraus, neuen Abenteuern entgegen. An einer anderen Stelle treffen zwei Atome voll aufeinander und prallen zurück, wobei ihre spärlichen Kleidungsreste noch weitere Einbuße erleiden.

Angesichts dieses Schauspiels fragen wir uns unwillkürlich, ob dies wirklich das feierliche Drama der Sternentwicklung sein kann? Es erinnert mehr an die heitere Nummer eines Tingeltangels, bei der das Tischgeschirr zerschlagen wird. Die derbe Posse der Atomphysik scheint auf unsere ästhetischen Ideale wenig Rücksicht zu nehmen; in Wirklichkeit aber ist alles nur eine Frage der Zeitskala. Die Bewegungen der Elektronen sind nicht minder harmonisch als die Bewegungen der Sterne, jedoch in einem anderen raumzeitlichen Maßstabe und die Sphärenharmonie wird hier auf einer Klaviatur gespielt, die 50 Oktaven höher gestimmt ist. Um die Eleganz der Prozesse empfinden zu können, müssen wir die Handlung verlangsamen, oder unseren Verstand beschleunigen; genau so wie die Zeitlupe im Film die wuchtigen Schläge eines Boxkämpfers in äußerst graziöse — und langweilige — Bewegungen auflöst.

Was ist nun das Resultat dieses ganzen Trubels? Ein äußerst geringes. Wenn wir nicht eine außerordentlich lange Zeit ins Auge fassen, bleibt der allgemeine Zustand des Sternes ganz unverändert. Genau so viele Atome werden ausgebessert, als zerschlagen werden; genau so viele Strahlungsbündel werden ausgesandt, als absorbiert werden; genau so viele Elektronen werden eingefangen, als unter Explosionen herausgeschleudert worden sind. Trotz der großen Eile erreichen die Atome und Elektronen niemals ein Ziel; sie ändern nur ihre gegenseitigen Lagen. Die Ätherwellen sind die einzigen Elemente der Bevölkerung, die tatsächlich etwas vollbringen; trotzdem sie scheinbar planlos herumrasen, bewegen sie sich in Wirklichkeit langsam nach außen. Dieser Fluß würde, wenn er unkompensiert bliebe, eine allmähliche Änderung des ganzen Zustandes des Sternes herbeiführen, die allerdings sehr langsam, aber immerhin, wie wir glauben, zu schnell erfolgen würde, um mit den Beobachtungsergebnissen verträglich zu sein. Es ist daher notwendig, die Annahme zu machen, daß im Inneren des Sternes in irgendeiner Weise subatomare Energie befreit wird, die den Vorrat an Strahlungsenergie aufrechterhält. Damit wird auch eine allmähliche Verwandlung der Materie des Sternes angenommen, die uns aber an dieser Stelle kaum zu beschäftigen braucht. Die Frage, die wir hier aufklären wollen, besteht vielmehr darin, warum dieses Gedränge von Atomen, Elektronen und Ätherwellen für den Astronomen eine praktische Bedeutung gewinnt, trotzdem jeder Prozeß scheinbar nur das Ziel verfolgt, die Arbeit anderer Prozesse wieder rückgängig zu machen. Und im besonderen, wie kann die Absorption von Ätherwellen zu einem bestimmten Ergebnisse führen, da doch für jede absorbierte Strahlungsmenge eine gleiche Menge Strahlungsenergie wieder emittiert wird? Wir können uns einen Stern als eine Überlagerung von zwei Körpern denken — eines materiellen (Atome und Elektronen) und eines ätherischen (Strahlung). Der materielle Körper befindet sich in dynamischem Gleichgewichte, der ätherische dagegen nicht; die Gravitation sorgt dafür, daß die Materie nicht herausströmt, ein Ausströmen von Strahlung findet aber tatsächlich statt. Wenn keine Wechselwirkung zwischen den beiden Körpern vorhanden wäre, würde sich der ganze Vorrat an Strahlung in wenigen Minuten verflüchtigen; nur dem Umstande, daß diese durch die Prozesse der Absorption und Emission an den materiellen Körper gebunden ist, ist der langsame Verlauf des Diffusionsprozesses der Strahlung zu verdanken. Die Absorption mit unmittelbar darauffolgender Emission läßt zwar die Menge der Strahlung unverändert, ruft aber doch den folgenden Effekt hervor: eine Strahlungsmenge, in der die nach außen gerichtete Strahlung ein wenig überwiegt, wird dem ätherischen Körper entzogen und ihm sofort wieder zurückgegeben, jedoch ohne diese Bevorzugung einer Richtung. Je schneller diese Verwandlungen aufeinanderfolgen, um so stärker wird der nach außen gerichtete Strom gebremst. Dies entspricht dem von uns schon früher erreichten Schlusse, daß der dem Ausströmen der Strahlung entgegenwirkende Faktor der Absorptionskoeffizient oder die Opazität der Sternmaterie ist.

Opazität der Sternmaterie.

18. Um die Opazität — d. h. den die Ausstrahlung hemmenden Faktor zu bestimmen, müssen wir die physikalischen Theorien der Absorption heranziehen. Die Frage, die wir dem Physiker vorlegen müssen, lautet etwa folgendermaßen: wenn eine Schicht Materie von einem Zentimeter Dicke und bekannter Dichte und Temperatur gegeben ist, auf die von einer Seite Strahlung auffällt, welches ist der Bruchteil dieser Strahlung, der dann von der Schicht durchgelassen wird? Bevor der Physiker diese Frage beantwortet, ist er allerdings berechtigt, seinerseits an uns die Frage zu richten: was für Materie soll denn gegeben sein? Fragt er das, dann sind wir erledigt, denn wir wissen wenig oder nichts von der Zusammensetzung des Materials, aus dem die Sterne aufgebaut sind. Wir haben keinen Grund anzunehmen, daß die spektroskopische Untersuchung der Oberflächenschichten uns über die Zusammensetzung des Inneren irgendwelchen Aufschluß geben könnte. Glücklicherweise besteht der Physiker nicht auf dieser Frage, sondern ersetzt sie durch eine andere, nämlich: Wie soll die Strahlung beschaffen sein? Darauf können wir antworten. Die Strahlung im Inneren des Sternes befindet sich virtuell in einem Hohlraume mit Wänden, deren Temperatur konstant bleibt; ja die idealen Bedingungen eines Hohlraumes sind sogar in einem Sterne viel genauer realisiert, als in dem allerbesten Laboratoriumsexperimente auf der Erde. Die Zusammensetzung der Strahlung in einem Hohlraume — die relativen Mengen von Strahlen verschiedener Frequenzen — hängt nur von der Temperatur ab und wird durch das PLANCKsche Gesetz bestimmt.

Bei der im Inneren der Capella, sowie aller typischen Sterne, herrschenden Temperatur von mehreren Millionen Grad besteht die Strahlung aus Röntgenstrahlen. Ein Physiker würde diese Strahlen als ziemlich weiche Röntgenstrahlen klassifizieren, von größerer Wellenlänge und geringerem Durchdringungsvermögen als die in der Röntgenographie (Radiographie) gewöhnlich benutzten. Z. B. liegt bei 10000000° die Hauptstrahlung zwischen den Wellenlängen 3 Å und 9 Å, und wir müssen daher den Absorptionskoeffizienten der Materie in erster Linie für Strahlung dieser Art untersuchen. Solche Röntgenstrahlen können im Laboratorium erzeugt werden, so daß ihre Eigenschaften experimentell untersucht werden können. Es liegt nahe, den Absorptionskoeffizienten gewöhnlicher irdischer Stoffe mit dem nach der hier zu schildernden Methode für die Sternmaterie ermittelten Absorptionskoeffizienten zu vergleichen. Wir erinnern daran, daß unser vornehmlichstes Ziel bei dieser Untersuchung die Ermittelung der Temperaturverteilung und der Opazität im Inneren eines Sternes ist, um daraus den gesamten den Stern verlassenden Strahlungsstrom abzuleiten; umgekehrt können wir aber auch, wenn uns der Temperaturgradient und die Ausstrahlung bekannt sind, aus diesen die Opazität berechnen. Für die Capella ist der Temperaturgradient auf Grund der oben skizzierten Theorie gefunden worden, während die Ergiebigkeit ihrer Strahlung bolometrisch gemessen oder (wahrscheinlich mit größerer Genauigkeit) aus ihrer Leuchtkraft erschlossen werden konnte. Die hieraus berechnete durchschnittliche Opazität in einem inneren Punkte ergibt sich zu etwa 100 c. g. s. Einheiten. Um uns eine anschauliche Vorstellung von der Bedeutung dieses Wertes zu verschaffen, wollen wir uns in das Innere der Capella begeben und eine Gegend aufsuchen, wo die Dichte denselben Wert hat, wie in unserer Atmosphäre. Hier betrachten wir eine Gasschicht von 6 Zoll Dicke. Von der auf diese von einer Seite auffallenden Strahlung werden $\frac{2}{3}$ absorbiert und nur $\frac{1}{3}$ durchgelassen. Dies scheint eine sehr beträchtliche Opazität zu bedeuten, wenn wir sie mit dem Transmissionsvermögen der Gase für Licht vergleichen; dem experimentellen Physiker ist aber wohl bekannt, wie stark die weicheren Röntgenstrahlen schon durch eine Luftschicht von wenigen Zentimetern absorbiert werden. In Tabelle 3 führen wir einige Beispiele der im Laboratorium bestimmten Absorptionskoeffizienten für Röntgenstrahlen an, die mit dem für Capella gefundenen Werte 100 verglichen werden mögen.

Tabelle 3. Massen-Absorptionskoeffizienten für Röntgenstrahlen[1].

Wellenlänge	Luft	Al	Cu	Ag
0,5	0,5	2,0	19	12
1,0	3,2	14	140	82
1,5	9,2	46	52	260
2,0	19	110	120	580
3,0	53	360	350	—
5,0	190	1600	—	—

[1] Aus M. Siegbahn: Die Spektroskopie der Röntgenstrahlen, Anhang, Tabelle III.

Der stellare Wert erweist sich somit als von derselben Größenordnung wie die im Laboratorium bestimmten Werte.

19. Eine genauere Betrachtung der Tabelle lehrt, daß der Zusammenhang der stellaren Opazität mit der irdischen doch kein so unmittelbarer sein kann, wie man auf den ersten Blick zu glauben geneigt wäre. Man sieht, daß die irdische Opazität mit der Wellenlänge sehr schnell zunimmt; abgesehen von einigen Unstetigkeiten (die durch die Kolonne für Cu veranschaulicht werden) wächst die Opazität ungefähr proportional zu der dritten Potenz der Wellenlänge. Nun ist aber die mittlere Wellenlänge in der Capella beträchtlich größer, als alle in der Tabelle enthaltenen, und es ist daher klar, daß, wenn wir Werte der Absorptionskoeffizienten z. B. für die Wellenlänge 7 Å genommen hätten, diese beträchtlich größer als 100 gewesen wären.

Des weiteren müßte, wegen des starken Ganges mit der Wellenlänge, die Opazität eines Sternes auch sehr stark mit der inneren Temperatur variieren, da die mittlere Wellenlänge umgekehrt proportional der Temperatur ist. Dies stimmt keineswegs mit den astronomischen Beobachtungen überein, es erweist sich vielmehr, daß die ganze Reihe der Riesensterne, vom M-Typus bis zum A-Typus, trotz der großen Unterschiede der inneren Temperaturen, nahezu die gleiche Opazität zeigt.

Es besteht also irgendein Unterschied zwischen den Bedingungen in einem Sterne und im Laboratorium, der die Absorption von Röntgenstrahlen beeinflußt. Es ist auch nicht schwer einzusehen, worin dieser zu suchen ist. Der grundsätzliche Unterschied ist die außerordentlich hohe Temperatur des Sternmaterials; es ist wohl naheliegend (aber irreführend) zu glauben, daß die Temperatur keinen starken Einfluß auf einen Prozeß haben kann, der, wie die Absorption, von den individuellen Atomen ausgeführt wird, wobei jedes seinen selbständigen Beitrag, unabhängig von der Anwesenheit anderer Atome, zu dem Gesamtprozesse liefert. Haben wir denn wirklich in beiden Fällen mit gleichartigen Atomen zu tun? Das hängt davon ab, wie wir das Wort *Atom* definieren. Der Atomkern, den wir als für das Element charakteristisch ansehen, ist unverändert, und in diesem Sinne können wir sagen, daß im Sterne dieselben Elemente vorhanden sind wie auf der Erde. Verstehen wir aber unter einem Atom das gesamte System von Kern und Begleitelektronen, dann müssen wir sagen, daß die Atome in den Sternen nicht dieselben sind wie auf der Erde. Der größte Teil dieses den Kern umkreisenden Systems ist in der Sternmaterie abgebaut. Die „Billardkugel"-Atome von etwa 10^{-8} cm Radius, die uns von dem Bilde der irdischen Gase her so geläufig sind, existieren in den Sternen nicht mehr; und insbesondere finden diejenigen Eigenschaften irdischer Gase, die auf der beträchtlichen Größe der Gasatome beruhen (Grenze der Kompressibilität), keine unmittelbare Anwendung mehr auf die Sterne. Für alle auf die Absorption und Opazität bezüglichen Fragen gewinnt die Verstümmelung des Elektronensystems des Atoms eine ausschlaggebende Bedeutung, weil es gerade dieses System ist, welches den Mechanismus der Absorption enthält.

Bei den Elementen mittleren Atomgewichts wird die Absorption von Röntgenstrahlen im wesentlichen von den zehn innersten Elektronen ausgeführt, die in zwei Gruppen eingeteilt werden, nämlich 2 K-Elektronen und 8 L-Elektronen. Die äußeren Elektronen sind nur an der Absorption größerer Wellenlängen (einschließlich des sichtbaren Lichtes) beteiligt; ihr Verlust kann das Absorptionsvermögen des Atoms für Röntgenstrahlen nicht ernstlich beeinträchtigen. Die Verstümmelung greift aber auch auf die zehn inneren Elektronen über, die sonst bei der Absorption von Röntgenstrahlen im Sterne tätig gewesen wären; und dadurch wird das Absorptionsvermögen des Atoms, im Vergleiche zu demjenigen irdischer Atome, natürlich herabgesetzt. Die Absorption ist selbst eine Ursache des Verlustes von Elektronen, so daß gerade derjenige absorbierende Mechanismus, der unter den bestehenden Bedingungen besonders stark beansprucht wird, auch die größten Zerstörungen aufweisen wird. Es findet in der Tat ein Sättigungseffekt statt.

Wir können den Unterschied zwischen irdischer und stellarer Absorption noch von einem anderen Standpunkt aus betrachten. Wenn Ätherwellen auf ein Atom fallen, werden sie nicht ununterbrochen absorbiert. Das Atom wartet ruhig eine günstige Gelegenheit ab, und schluckt dann plötzlich ein ganzes Quant auf einmal herunter. Der Bissen ist für das Verdauungsvermögen des Atoms zu groß; folglich platzt das Atom auseinander. Eines seiner Begleitelektronen fliegt mit großer Geschwindigkeit heraus, und nimmt mit sich die überschüssige Energie, die das Atom nicht assimilieren konnte. Nun ist das Atom, als Falle für diese spezielle Absorptionsart, erledigt und muß eine Zeitlang unbeteiligt die Quanten vorbeifliegen lassen. Natürlich könnten solche Zersprengungsvorgänge nicht unbeschränkte Zeit fortgesetzt werden, wenn nicht irgendwelche entgegengesetzte Prozesse der Ausbesserung von Atomen vorhanden wären. Das Atom muß eines der vorbeifliegenden freien Elektronen einfangen und es zwingen können, bei ihm zu bleiben, um die Bresche auszufüllen. Dann ist die Absorptionsfalle wieder aufgespannt, und das Atom ist zur Absorption eines neuen Quants bereit. Die Emission von Strahlung findet gerade während dieses Reparaturprozesses statt, da das freie Elektron überschüssige Energie besitzt, die ausgestrahlt werden muß. Jeder Explosion muß eine Ausbesserung entsprechen, daher jeder Absorption eine Emission.

Im Laboratorium können wir wohl Röntgenstrahlen von der in den Sternen vorkommenden Art erzeugen, aber nicht von derselben Intensität. Wir können daher den Versuch, die Atome mit Quanten zu füttern, nur in einem sehr langsamen Tempo ausführen. Lange bevor das Atom die Gelegenheit bekommt, einen neuen Bissen zu schlucken, hat es schon Zeit gehabt, seine Falle auszubessern und ist wieder in Bereitschaft. In den Sternen dagegen fliegen die Röntgenstrahlen in solchen Mengen vorbei, daß die Atome überfüttert sind und die zahlreichen sich ihnen bietenden Gelegenheiten nicht ausnützen können. In dem Augenblicke, in dem die Falle aufgestellt ist, wird sie schon wieder gesprengt. Zu jeder gegebenen Zeit ist nur ein kleiner Bruchteil der Absorptionsfallen gebrauchsfertig und der Absorptionskoeffizient erscheint in demselben Verhältnisse herabgesetzt. Dieser Sättigungseffekt ist für den Abfall des stellaren Koeffizienten gegenüber den aus Tabelle 3 extrapolierten Werten verantwortlich. Die irdischen Experimente sind im wesentlichen so eingerichtet, daß sie die Fähigkeit des Atoms, Röntgenstrahlen einzufangen, zu messen gestatten, während die astronomischen seine Fähigkeit messen, sich nach der Absorption wieder zu erholen. Die Nahrungsmenge, die ein hungriger Jäger verzehrt, hängt von seiner Kunst ab, das Wild zu fangen; bei dem wohlhabenden Bürger dagegen hängt sie nur von der Güte seiner Verdauung ab.

Bei der Erforschung der Sterne erweist es sich daher als zweckmäßiger, nicht den Prozeß der Zersprengung, sondern den Prozeß der Ausbesserung (Einfangen von Elektronen) in den Vordergrund zu stellen. Mit anderen Worten sind es nicht Absorptionskoeffizienten, sondern Emissionskoeffizienten, denen wir unsere Aufmerksamkeit zuwenden müssen. Bei einem Sterne, der sich im Gleichgewichte befindet, müssen sich Absorption und Emission gegenseitig kompensieren, so daß es gleichgültig ist, welche von den beiden Erscheinungen wir als Ausgangspunkt der Untersuchung wählen. Es kann sich für uns dabei nur darum handeln, welcher Weg uns praktisch als der einfachste erscheint.

Wir werden später über die verschiedenen Versuche der Berechnung der Emission oder der Absorption, bei gegebener Temperatur und Druck, auf Grund einer rein physikalischen Theorie des Prozesses des Einfangens von Elektronen, ausführlich berichten. Wie es schon für das Molekulargewicht der Fall war, scheint die chemische Zusammensetzung des Materials auf die Resultate keinen großen Einfluß zu haben. Wenn wir imstande wären, dieses Problem vollständig zu lösen, könnten wir das dem wolkenumhüllten Physiker des § 14 vorgelegte Problem erweitern und ihn bitten, die von seinen Kugeln gegebener Masse und Dichte ausgestrahlte Wärme und Lichtmenge ohne jede Hilfe seitens der astronomischen Beobachtungen vorauszusagen. Die Theorie, welche unseren allgemeinen physikalischen Erfahrungen am besten zu entsprechen scheint, führt denn auch zu Voraussagen, die der Wirklichkeit ziemlich nahe kommen, jedoch, wie ich glaube, nicht so nahe wie sie müßten. Dieser Teil unserer Aufgabe befindet sich noch in dem interessanten Stadium, bei dem wir unwillkürlich das Gefühl haben, daß wir uns auf der richtigen Fährte befinden, und daß die richtige Lösung gleich hinter der Ecke auf uns wartet.

20. Indem wir die durch die oben erwähnte Unstimmigkeit verursachten Schwierigkeiten, so gut es geht, überspringen, kombinieren wir unsere fördernden und hemmenden Faktoren miteinander und bestimmen die theoretische Ergiebigkeit des Strahlungsflusses eines Sternes. Das Resultat ist die in Kapitel VII erklärte und dort mit der Erfahrung verglichene Beziehung zwischen der Masse und der Leuchtkraft. Wir wollen hier die Resultate nicht vorwegnehmen, welche sich ergeben, wenn die Theorie endlich in direkte Berührung mit den Beobachtungstatsachen kommt. Der Zweck dieser einleitenden Übersicht besteht nur darin, uns, vor Eintritt in die mathematischen Entwicklungen, einen Überblick über die zu untersuchenden Bedingungen und das Wechselspiel der verschiedenen Faktoren zu geben.

Noch andere Probleme werden sich im Verlaufe unserer Untersuchungen ergeben. Die Cepheiden-Veränderlichen, die wir als pulsierende Sterne betrachten, werden uns die Gelegenheit bieten, unsere Theorie weiter auszubauen und an der Erfahrung zu prüfen. Besonders interessant ist die Theorie der weißen Zwerge — zwar unglaublich, aber scheinbar doch wahr. Wir werden auch das Problem der Quelle der Sternstrahlung zu erörtern haben, wobei wir uns, durch Erschöpfen aller anderen Erklärungsmöglichkeiten, zu dem Schlusse gedrängt sehen werden, daß die Energie eines Sternes nur aus einer subatomaren Quelle entspringen kann; es muß jedoch freimütig zugegeben werden, daß die Theorie wenig Neigung zeigt, sich bis in alle Einzelheiten hinein den Forderungen der Beobachtung anzupassen, so daß ein Kritiker zahlreiche „vernichtende" Einwände gegen sie vorbringen könnte.

Die für unsere astronomische Untersuchung unentbehrlichen Teile der Thermodynamik und der Quantentheorie werden im zweiten und dritten Kapitel ab initio entwickelt. Es wird nicht angenommen, daß diese Kapitel eine regelrechte Abhandlung über die einschlägigen Fragen ersetzen könnten; es war auch nicht unsere Absicht, eine besonders elementare, für die erste Orientierung geeignete Darstellung zu geben. Es darf wohl vorausgesetzt werden, daß jeder, der für astrophysikalische Probleme Interesse hat, die grundlegenden neuen Gedanken über Atomstruktur und Quanten sporadisch in sich aufgenommen hat und mit einigen ihrer zahlreichen experimentellen Anwendungen vertraut ist. Der hier gegebene systematische Umriß soll ihm nur helfen, diese Gedanken zu ordnen und die in ihrer Reihenfolge auftretenden Lücken auszufüllen. Trotzdem für die Darstellung die Form der mathematischen Deduktion gewählt worden ist, muß ausdrücklich darauf hingewiesen werden, daß wenn die Resultate, wie das in diesen zwei Kapiteln geschieht, nach jedem neuen Schritte einer scharfen Prüfung an der Erfahrung unterzogen werden, das Ziel in der Herausarbeitung des inneren Zusammenhanges der verschiedenen Phänomene besteht und nicht in der Überzeugung eines Skeptikers, daß die Phänomene wirklich eintreten müssen. Aus diesem Grunde ist, trotzdem ein vernünftiges Maß von Strenge unentbehrlich erscheint, das umständliche Aufsuchen und Verschließen jeder nur denkbaren Ausfluchtsmöglichkeit von sekundärer Bedeutung und würde in einer kurzen Übersicht wenig am Platze sein.

Das vierte bis elfte Kapitel enthalten das Hauptthema der Untersuchung — die Erforschung der im Inneren eines Sternes bestehenden Bedingungen. Den Höhepunkt bildet das siebente Kapitel, in dem der Vergleich mit der Erfahrung stattfindet. Grob gesagt, geht ihm die Mechanik des Problems voraus, während die Physik hinter ihm steht. Der Grund dafür ist der, daß die Untersuchung der Absorption, der Ionisierung, der elektrischen Energie usw. vom Standpunkte der Atomphysik uns von den astronomischen Problemen weit abführen könnte und es daher notwendig ist, zuerst die Punkte zu bestimmen, die astronomisch besonders wichtig sind, sowie die sich ergebenden Zweifel und Schwierigkeiten durchzusprechen. Wir müssen uns klar vorstellen können, in welcher Weise unsere Resultate auf die beobachtbaren Eigenschaften der Sterne zurückwirken werden. Ich glaube nicht, daß die zahlreichen Hinweise, sowohl auf das vorangehende, als auch auf das nachfolgende, durch irgendeine andere Anordnung des Stoffes hätten vermieden werden können.

In den beiden letzten Kapiteln erlauben wir uns einen Ausflug in den äußeren Raum und bemerken, wie schnell die Schwierigkeiten des Problems wachsen, wenn die Bedingungen des thermodynamischen Gleichgewichts in einem Hohlraume allmählich aufgehoben werden. Das „Äußere" eines Sterns stellt ein Problem dar, welches sich unbeschränkt über das ganze Gebiet der Spektroskopie der Sterne und der Sternbeobachtung überhaupt erstreckt. Wir gehen im allgemeinen nur denjenigen Fragen nach, die uns Gelegenheit zur Anwendung und Erweiterung der bei der Untersuchung des Sterninneren verwendeten Methoden und Theorien bieten.

Zweites Kapitel.

Thermodynamik der Strahlung.

Strahlungsdruck.

21. Strahlungsenergie besteht aus elektromagnetischen Wellen im Äther. Die elektromagnetische Theorie Maxwells hat gezeigt, daß diese Wellen Impuls besitzen. Wenn E die Energie der Wellen bedeutet, c die Lichtgeschwindigkeit, dann ist der Impuls gleich E/c und seine Richtung fällt mit der Richtung der Ausbreitung der Wellen zusammen.

Nach der modernen Anschauung ist Energie von Masse untrennbar, wobei c^2 erg einem Gramm entsprechen. Das führt unmittelbar zu demselben Resultate. Denn eine Energie von E erg zeigt eine Masse von E/c^2 gr an, und da die Geschwindigkeit gleich c ist, folgt für den Impuls der Wert $(E/c^2) \cdot c = E/c$.

Ein materieller Schirm, der die Wellen absorbiert, absorbiert zugleich auch ihren Impuls. Daher ändert sich der Impuls des Schirmes, was nur eine andere Ausdrucksweise dafür ist, daß auf ihn eine Kraft wirkt. Nehmen wir an, daß Wellen, die E erg pro cm^3 enthalten, normal auf eine vollständig absorbierende Oberfläche auffallen. In jeder Sekunde geht eine Säule von Strahlung, von der Höhe c, durch jedes Quadratzentimeter dieser Oberfläche hindurch und wird von ihr absorbiert; diese Säule enthält Ec erg und der Impuls beträgt daher Ec/c oder E Einheiten. Die auf den Schirm wirkende Kraft ist also gleich E dyn pro cm^2. Bei unvollständig absorbierenden Körpern müssen wir den Bruchteil des Impulses abziehen, der auf den materiellen Schirm nicht übertragen wird, d. h. den Impuls der durchgelassenen, gestreuten oder reflektierten Wellen. Eine vollkommen spiegelnde Wand würde z. B. einen Druck $2E$ erfahren; die Hälfte dieses Druckes rührt davon her, daß die einfallenden Wellen durch den Schirm aufgehalten werden, und die andere Hälfte stellt den Rückstoß dar, den der reflektierte Wellenzug ausübt. Ist der Schirm dagegen halbdurchsichtig und läßt Wellen von der verminderten Energiedichte E' durch, dann ist die Druckkraft pro cm^2 gleich $E - E'$. Diese können wir in einen Druck E der einfallenden Wellen und einen Rückstoß $-E'$ der durchgelassenen Wellen zerlegen, als ob der Schirm das einfallende Bündel vollständig absorbiert und das durchgelassene Bündel auf der anderen Seite selbst erzeugt hätte.

Wenn wir uns der Vorstellung bedienen, daß jedes einfallende, reflektierte, durchgelassene oder emittierte Strahlenbündel auf die Seite des Schirmes, auf die es auftrifft oder an der es entsteht, seinen eigenen Druck ausübt, brauchen wir uns mit der Unterscheidung der verschiedenen Fälle der Absorption, Reflexion usw. nicht mehr abzugeben. Der Druck an beiden Seiten des Schirmes ist gleich der Energiedichte der Strahlung an der betreffenden Seite, und die auf den Schirm wirkende Kraft entspricht der Differenz der Drucke auf seine beiden Seiten. Im Falle des vollkommen reflektierenden Schirmes z. B. ist der Druck gleich der gesamten Energiedichte $2E$ auf der einen Seite des Schirmes, nämlich der Energiedichte E der auffallenden $+$ der Energiedichte E der reflektierten Wellen. Es ist dabei gleichgültig, ob sich die Wellen nach dem Schirm zu oder von ihm fort bewegen; denn wir müssen, wenn wir die Richtung, in der ein Impuls übertragen wird, umkehren, auch das Vorzeichen des Impulses umkehren, so daß ein Wellenzug, der einen positiven Impuls von dem Schirme fortführt, denselben

Druck erzeugt wie ein Wellenzug, der einen negativen Impuls auf den Schirm wirft. Ein Drucksystem kann nicht durch einen Vektor dargestellt werden; es kann wohl auf eine Achse, aber nicht auf eine Richtung bezogen werden.

Die Regel

$$\text{Druck} = \text{Energiedichte}$$

ist nur auf normal einfallende Strahlung anwendbar; der schiefe Einfall muß besonders behandelt werden.

22. Wir betrachten wieder, wie im vorhergehenden Paragraphen, eine Säule von Strahlung, die sich in einer festen Richtung fortpflanzt, und stellen auf ihrem Wege einen schrägen Schirm vom Flächeninhalte S auf, so daß der Einfallswinkel gleich Θ ist. Der Querschnitt der durch den Schirm aufgefangenen Säule ist dann $S \cos \Theta$ und die Druckkraft, die für senkrechte Inzidenz gleich $E S$ wäre, ist für schiefe Inzidenz entsprechend gleich $E S \cos \Theta$. Diese Kraft ist parallel zum Impulse des Strahlenbündels; wenn wir sie in eine zum Schirme normale und eine tangentiale Komponente zerlegen, erhalten wir:

$$E S \cos^2 \Theta \quad \text{— Normale Komponente,}$$

$$E S \cos \Theta \sin \Theta \quad \text{— Tangentiale Komponente.}$$

Einen wichtigen Spezialfall stellt die isotrope Strahlung dar, d. h. der Fall, in dem die Strahlung aus Wellen besteht, die in allen Richtungen dieselbe Intensität besitzen. Da der Mittelwert von $\cos^2 \Theta$ über eine Kugeloberfläche gebildet, gleich $\frac{1}{3}$ ist und der Mittelwert von $\cos \Theta \sin \Theta$ gleich Null ist, wird die Kraft in diesem Fall gleich $\frac{1}{3} E S$ und steht normal zu der Oberfläche. Wir haben daher das wichtige Gesetz:

Der Druck einer isotropen Strahlung ist gleich ein Drittel ihrer Energiedichte.

Dieser Druck wird auf jede der Strahlung ausgesetzte Fläche normal ausgeübt und ist dem hydrostatischen Drucke einer Flüssigkeit vollkommen analog. In einem Gase wird der Impuls durch die Molekeln übertragen, und ein ruhendes Gas, in dem die Geschwindigkeiten der Molekeln in bezug auf Richtung symmetrisch verteilt sind, so daß in der Zeiteinheit in allen Richtungen gleichviel Impuls übertragen wird, ist analog einer isotropen Strahlung. Bei nicht-isotroper Strahlung oder in einem gestörten Gase mit unsymmetrischer Verteilung der Molekulargeschwindigkeiten, besteht kein einfacher hydrostatischer Druck mehr, sondern ein Spannungstensor mit sechs verschiedenen Komponenten.

Wenn die Strahlung nicht isotrop ist, kann der normale Druck auf eine Oberfläche dadurch erhalten werden, daß man statt des Faktors $\frac{1}{3}$ den mit Gewichten versehenen Mittelwert von $\cos^2 \Theta$ bildet.

Man beachte, daß ein Überschuß an Strahlung in einer bestimmten Richtung Θ, auf Kosten der Strahlung in der entgegengesetzten Richtung, den Druck nicht ändert. Im Inneren eines Sternes werden wir oft eine beinahe isotrope Strahlung zu betrachten haben, die nur einen kleinen, nach außen gerichteten Überschuß aufweist; diese Art von Asymmetrie würde an sich den Druck nicht beeinflussen können, aber sie wird wohl in den meisten Fällen kleinere asymmetrische Effekte zur Folge haben, die den Druck um Beträge von der zweiten Größenordnung ändern.

Der innere Druck, sei es der Strahlung oder einer Flüssigkeit, kann auch ohne Heranziehung irgendeines fremden Stoffes, wie z. B. eines eingetauchten materiellen Schirmes, definiert werden.

Der isotrope Druck $\frac{1}{3}E$ bedeutet, daß durch jede beliebige Flächeneinheit, z. B. in der yz-Ebene, eine Impulsübertragung stattfindet, so daß das auf der positiven Seite liegende Gebiet $\frac{1}{3}E$ Einheiten positiven x-Impulses von dem auf der negativen Seite liegenden erhält, während dieses seinerseits $\frac{1}{3}E$ Einheiten negativen x-Impulses von der positiven Seite gewinnt. Der innere Druck bestimmt also den durch die Begrenzung stattfindenden Impulsfluß, der bei der Aufstellung der Gleichung der Erhaltung des Impulses für ein beliebiges, abgeschlossenes Gebiet in Betracht gezogen werden muß.

23. Die Beziehungen zwischen der Energie, dem Impulse und dem Drucke von Ätherwellen können mit denjenigen, welche für die entsprechenden Größen für die Materie gelten, in Parallele gebracht werden, wenn wir uns die Energie der Ätherwellen als zur Hälfte aus kinetischer, zur Hälfte aus potentieller Energie bestehend denken. Dann sind Masse E/c^2, Geschwindigkeit c, Impuls E/c und kinetische Energie $\frac{1}{2}E$ in derselben Weise miteinander verknüpft, wie die entsprechenden Größen

$$m, \; V, \; mV, \; \tfrac{1}{2}mV^2$$

für die Materie. Für isotrope Strahlung ist dann auch der innere Druck gleich $\frac{2}{3}$ der kinetischen Energiedichte $\frac{1}{2}E$, in Übereinstimmung mit dem bekannten Satze, daß der Gasdruck gleich $\frac{2}{3}$ der Dichte der kinetischen (Translations-)Energie der Gasmolekeln ist.

Dementsprechend wird die Analogie zwischen Strahlung und Gas eine noch vollkommenere werden, wenn wir ein Gas wählen, bei dem die kinetische Energie der Molekeln gleich der Hälfte ihrer Gesamtenergie ist. Ein solches Gas muß (nach der elementaren Theorie) drei innere oder Rotations-Freiheitsgrade besitzen, die sich, zusammen mit den drei äußeren Freiheitsgraden jeder Molekel, zu gleichen Beträgen an der Äquipartition der Energie beteiligen. Das Verhältnis der spezifischen Wärmen ist für ein solches Gas $\gamma = \frac{4}{3}$; und es ist oft bequem, auch die Strahlung als ein Gas mit einem Verhältnisse der spezifischen Wärmen vom Betrage $\frac{4}{3}$ zu betrachten.

Diese Analogie ermöglicht es uns, einige Resultate vorwegzunehmen, die wir erst später strenger beweisen werden. Für $\gamma = \frac{4}{3}$ ändert sich der Druck bei adiabatischer Kompression oder Dilatation proportional zu T^4; dieses Gesetz gilt auch für Strahlung (STEFANsches Gesetz). Ferner können wir, bei der Berechnung der Verteilung von Dichte und Temperatur im Innern eines Sternes, von der Theorie des Konvektionsgleichgewichtes zum Strahlungsgleichgewicht übergehen, indem wir das Verhältnis der spezifischen Wärmen der Sternmaterie einfach durch die Konstante $\frac{4}{3}$ ersetzen. Da das Strahlungsgleichgewicht statt der materiellen Übertragung von Wärme eine Übertragung durch Ätherwellen postuliert, erscheint es durchaus vernünftig, das Verhältnis der spezifischen Wärmen für Ätherwellen an Stelle desjenigen für die Materie treten zu lassen.

Entropie.

24. Quantitativ wird die Energie stets erhalten; qualitativ aber findet eine ununterbrochene einseitige Änderung des Charakters der Energie im Weltall statt.

Letzten Endes scheint diese Änderung in allen Fällen in einem Übergange von einem höher organisierten zu einem chaotischeren Zustande zu bestehen. Z. B. kann ein Zug ebener Wellen durch unregelmäßige Reflexion oder Streuung in eine Strahlung verwandelt werden, die sich regellos in allen Richtungen ausbreitet. Wir können diesen Prozeß nicht umkehren oder eine Vorrichtung erfinden, die eine solche desorganisierte Strahlung automatisch in ebene Wellen zu verwandeln vermöchte. Kugelwellen können allerdings durch einen parabolischen Spiegel in ebene Wellen und durch einen zweiten Spiegel wieder in Kugelwellen verwandelt werden. Aber Kugelwellen sind in ihrer Art ebenso hoch organisiert wie ebene Wellen; es finden daher bei diesem Prozesse keine zufälligen Störungen ihrer Regelmäßigkeit statt. Ist aber dieses Element des Zufalls einmal eingeführt worden, so kann es durch keinen natürlichen Prozeß wieder ausgeschieden werden. Wenn wir eine Maschine konstruieren, die chaotische Strahlung auffängt und diese in Gestalt von ebenen Wellenzügen wieder aussendet, so müssen wir schließen, daß letztere ihre Organisation auf Kosten irgendeiner anderen, durch die Maschine gegangenen Energie erhalten haben; und diese Energie ist von der Maschine ihrer Organisation beraubt und in einem chaotischeren Zustande herausgeworfen worden, als der, in dem sie sich ursprünglich befand. Eine solche Maschine verlangt eine ständige Zufuhr von Energie, nicht weil sie Energie verbraucht, sondern weil sie Organisation von Energie verbraucht.

Die Energie zeigt also die Tendenz, beim natürlichen Verlaufe der Ereignisse auf eine niedrigere Rangstufe herabzusinken, von der sie sich durch keinen natürlichen Prozeß wieder erheben kann. Die Möglichkeiten, die der Organisation innewohnen — und die für die praktische Nutzbarmachung der Energie von ausschlaggebender Bedeutung sind — gehen der Welt, soweit wir übersehen können, unwiderruflich verloren.

25. Wir führen ein numerisches Maß für die Desorganisation ein, die durch diese irreversiblen, abwärtsgerichteten Schritte verursacht wird. Ein solches Maß muß selbstverständlich der Menge der desorganisierten Energie proportional sein; der zweite Faktor, der den Grad der Desorganisation mißt, wird aus der Differenz zweier Terme bestehen, die von dem Anfangs- bzw. Endzustande der Energie abhängen und daher Funktionen derjenigen physikalischen Variablen sein müssen, die wir zur Bestimmung jener Zustände benutzen.

Das Maß der Desorganisation drückt sich also durch eine Größe S aus, die so beschaffen sein muß, daß:

$$dS = dQ(\Theta_2 - \Theta_1), \tag{25.1}$$

wo dQ die Energiemenge bedeutet, die vom Zustande 1 in den Zustand 2 übergeht und Θ eine Funktion der physikalischen Variablen ist, die den Zustand beschreiben.

Betrachtet man mehrere solche Übergänge, so ist es bequem, das Resultat als Summe der Zuwachse, welche die in den verschiedenen Zuständen befindlichen Energiemengen erfahren, zu schreiben. So erfährt in dem oben betrachteten Beispiele die Energie im Zustande 1 einen Zuwachs $dQ_1 = -dQ$ und die Energie im Zustande 2 einen Zuwachs $dQ_2 = dQ$. Dementsprechend können wir (25.1) in der Form schreiben:

$$dS = \Theta_1 dQ_1 + \Theta_2 dQ_2 .$$

Indem wir eine beliebige Anzahl von Übergängen durch Summation oder Integration kombinieren, erhalten wir für die Gesamtänderung von S:

$$\delta S = \int \Theta \cdot dQ , \tag{25.2}$$

wo dQ den unendlich kleinen Energiezuwachs für den Zustand bedeutet, auf den sich der Koeffizient Θ bezieht.

Haben wir es mit einem Systeme von mehreren Körpern $A, B, C \ldots$ zu tun, so verteilen wir die Größe S unter ihnen so, daß

$$S = S_A + S_B + S_C + \cdots$$

Erfolgt der oben betrachtete Übergang vom Zustande 1 im Körper A zum Zustande 2 im Körper B, so müssen wir schreiben:

$$dS_a = \Theta_1 dQ_1 \qquad dS_b = \Theta_2 dQ_2 .$$

Hieraus folgt, daß (25.2) auf jeden Körper des Systems einzeln anwendbar ist, wenn man δS allein auf diesen Körper bezieht und dQ auf der rechten Seite auf die ihm zugeführte oder von ihm abgeführte oder in ihm selbst übertragene Energie beschränkt. Damit S den Zweck, zu dem es eingeführt worden ist, erfüllen kann, nämlich ein Maß für die fortschreitende Degradation der Energie des Weltalls zu sein, muß es bei jedem natürlichen Prozesse der Bedingung genügen:

$$\sum \delta S \geqq 0, \tag{25.3}$$

wobei die Summation über alle an dem betrachteten Prozesse beteiligten Körper zu erstrecken ist. Der Koeffizient Θ muß aus der Anwendung dieser Bedingung ermittelt werden.

Die Größe S wird *Entropie* genannt. Sie nimmt unter den fundamentalen physikalischen Größen insofern eine Sonderstellung ein, als sie einem einseitigen Erhaltungsgesetze unterworfen ist, d. h. sie ist unzerstörbar, aber nicht unerzeugbar. Da nur das Gesetz der Änderung von S definiert worden ist, enthält die Entropie eines jeden Körpers eine willkürliche additive Konstante.

Als Anfangspunkt, von dem aus die wachsende Desorganisation der Energie zu messen ist, wird die mechanische Arbeit genommen, so daß der Koeffizient Θ für die der mechanischen Arbeit hinzugefügte oder entnommene Energie dQ gleich Null ist. Wir brauchen die Möglichkeit des Bestehens von Energieformen, für die die auf diesen Anfangspunkt bezogene Entropie einen negativen Wert haben könnte, nicht auszuschließen, trotzdem uns noch keine solche Energieform bekannt geworden ist. Subatomare Energie ist wohl schon in Wärme verwandelt worden, aber der entgegengesetzte Prozeß ist nicht bekannt; es ist denkbar (aber unwahrscheinlich), daß die Verwandlung von Wärme in subatomare Energie einen größeren Verbrauch von Organisation bedingen würde, als ihre Verwandlung in Arbeit.

26. Ein Prozeß, der mit Entropieerzeugung verbunden ist, kann nicht umgekehrt werden, weil seine Umkehrung Vernichtung von Entropie verlangen würde, was unmöglich ist. Wenn also gezeigt werden kann, daß irgendein Prozeß tatsächlich umkehrbar ist, so dürfen wir mit Sicherheit annehmen, daß die Entropie durch ihn nicht verändert wird. Alle reversiblen Prozesse sind notwendig ein wenig idealisiert, weil es in der Praxis kaum möglich ist, die Energie vollkommen vor Desorganisation zu schützen. Bei thermodynamischen Überlegungen ist aber die praktische Ausführbarkeit der betrachteten Prozesse gewöhnlich ziemlich belanglos. Wenn wir einen Prozeß haben, der unter gewissen praktischen Bedingungen in einer Richtung irreversibel arbeitet, und unter sehr wenig veränderten Bedingungen in der entgegengesetzten Richtung irreversibel arbeitet, können wir den Schluß ziehen, daß es gewisse mittlere Grenzbedingungen geben muß, unter denen der Prozeß in beiden Richtungen ohne Entropieänderung verläuft.

Ein irreversibler Prozeß von großer Bedeutung ist der spontane Wärmefluß (durch Leitung oder durch Strahlung) von einem heißen Körper nach einem benachbarten kalten Körper, der die Temperaturen beider Körper auszugleichen bestrebt ist. Da der Übergang spontan, d. h. ohne die Bereitstellung anderer Energiequellen, denen ihre Organisation entzogen werden könnte, einsetzt, können wir ihn als isoliert betrachten. Es seien zwei Körper A_1, A_2 gegeben, mit den Temperaturen T_1 und T_2. Wenn T_2 nur wenig kleiner als T_1 ist, wird eine kleine Energiemenge von A_1 nach A_2 fließen; ändern wir die Bedingungen ein wenig ab, so daß T_2 ein klein wenig größer wird als T_1, so wird der Prozeß in entgegengesetzter Richtung verlaufen. Es ist daher $T_2 = T_1$ die Grenzbedingung, bei der der Übergang einer kleinen Wärmemenge von A_1 nach A_2 oder von A_2 nach A_1 keine Änderung der Entropie hervorruft. Wir haben daher, indem wir in (25.1) $dS = 0$ setzen:

$$\Theta_2 = \Theta_1 \quad \text{sobald} \quad T_2 = T_1 . \tag{26.1}$$

Wenn also dQ Wärmeenergie darstellt, ist Θ eine Funktion der Temperatur allein.

Nehmen wir nun wieder an, daß die Temperaturen der beiden Körper verschieden sind und daß $T_1 > T_2$ ist; dann wird eine Wärmemenge dQ spontan von der Temperatur T_1 zur Temperatur T_2 hinüberfließen; und nach (25.1) wird

$$dS = dQ\{\Theta(T_2) - \Theta(T_1)\}$$

sein. Da dS nicht negativ sein kann, ist

$$\Theta\,(T_2) > \Theta\,(T_1) \quad \text{sobald} \quad T_1 > T_2 . \tag{26.2}$$

Also nimmt Θ mit wachsender Temperatur ab.

Es darf nicht übersehen werden, daß sich der Koeffizient $\Theta\,(T)$ nur auf die Übertragung einer unendlich kleinen Wärmemenge bezieht. Wenn eine endliche Wärmemenge aus einem begrenzten Reservoir in ein anderes übertragen wird, ändern sich die Temperaturen während des Verlaufes des Prozesses, und es ist dann notwendig, die entsprechenden Änderungen von Θ in Betracht zu ziehen.

Die Temperatur, von der bei dieser Betrachtung die Rede war, ist die *thermometrische*[1]. Die Grundannahme der Thermometrie besteht darin, daß ein Probekörper A_2, der in genügend große Nähe von einem Körper A_1 gebracht wird, bis zur Temperatur von A_1 hinaufsteigt oder herabsinkt; sie verlangt daher, daß der spontane Wärmestrom von A_1 nach A_2 oder umgekehrt erfolgen soll, je nachdem $T_2 > T_1$ ist, oder umgekehrt — genau so wie wir es bei unserer Überlegung angenommen hatten. Die betrachtete Wärme (ob molekulare Bewegung oder strahlende Wärme) ist „gewöhnliche" Wärmeenergie, d. h. es wird vorausgesetzt, daß die Energie in den Zuständen 1 und 2 keine besondere Organisation besitzt, außer derjenigen, die durch eine einzige physikalische Variable, nämlich die Temperatur, definiert wird.

[1] Die in einigen Lehrbüchern eingeführte sogenannte *thermodynamische Temperatur* wird in diesem Buche nicht betrachtet werden.

Die Energie kann aber auch eine speziellere Organisation besitzen, und in diesem Falle wird der Koeffizient Θ keine reine Funktion der thermometrischen Temperatur mehr sein; monochromatische Strahlung z. B. muß als eine im Vergleiche zur schwarzen Strahlung höher organisierte Energieform betrachtet werden. Wenn man aber einer solchen Wärme gestattet, in den Probekörper zu fließen, ohne spezielle Vorkehrungen zu treffen, wie das ja bei der gewöhnlichen Thermometrie der Fall ist, geht dieser Überschuß an Organisation unvermeidlich verloren, und es besteht keine Grenzbedingung mehr für den reversiblen Fluß, bei der $dS = 0$ wäre. Ein Übergang, bei dem $dS = 0$ ist, kann dann nur durch besondere Vorrichtungen (z. B. Farbenfilter) herbeigeführt werden, und der Koeffizient Θ, der sich auf diesen Organisationszustand bezieht, muß aus dem Verhalten bei Anwendung der erwähnten Vorrichtungen, und nicht unter den gewöhnlichen, bei der Thermometrie üblichen Bedingungen ermittelt werden.

27. Betrachten wir nun eine Grammolekel eines idealen einatomigen Gases, welches das Gesetz

$$pv = \mathfrak{R}T \tag{27.1}$$

befolgt, wo $\mathfrak{R}$ die universelle Gaskonstante ist.

In einem idealen einatomigen Gase besteht die Wärmeenergie ausschließlich aus der kinetischen Energie der Molekelbewegungen. Da der Druck gleich $\frac{2}{3}$ der kinetischen Energie pro Volumeneinheit ist, beträgt die Wärmeenergie des Volumens v:

$$Q = \tfrac{3}{2} pv = \tfrac{3}{2} \mathfrak{R}T. \tag{27.2}$$

Nun verändern wir den Zustand des Gases, so daß die ursprünglichen Werte von Volumen und Temperatur, v_1 und T_1, in die neuen Werte v_2, T_2 übergehen. Im allgemeinen ist hierzu eine Wärmezufuhr oder -abfuhr erforderlich, und es wird von dem Drucke oder gegen ihn eine mechanische Arbeit zu leisten sein. Bei einer Änderung der Werte um dv und dT wird die Wärmezufuhr gleich

$$dQ = \tfrac{3}{2} \mathfrak{R} dT + p\,dv \tag{27.3}$$

sein müssen, wobei der erste Summand die Temperatur gemäß (27.2) erhöht, während der zweite die von dem Drucke bei der Leistung mechanischer Arbeit verausgabte Energie ersetzt. Dabei wird vorausgesetzt, daß das Gas in allen Stadien des Prozesses eine überall gleiche Temperatur besitzt, daß also die Wärme dQ den einzelnen Teilen des Gases unmittelbar zugeführt wird, nicht etwa an einer Ecke einströmt und von dort aus zu ihrem Bestimmungsorte fließt. Unter diesen Bedingungen bestehen für die Vorzeichen von dT, dv, dQ in (27.3) keine Einschränkungen, und alle Änderungen sind daher umkehrbar. (Wenn die obigen Bedingungen nicht erfüllt wären, würden augenscheinlich irreversible Prozesse stattfinden müssen.)

Die Änderung der Entropie des Gases ist nach (25.2)

$$S_2 - S_1 = \delta S = \int \Theta(T)\, dQ\,, \tag{27.4}$$

$$= \tfrac{3}{2}\Re \int \Theta(T)\, dT + \int \Theta(T)\, p\, dv\,,$$

$$= \tfrac{3}{2}\Re \int_{T_1}^{T_2} \Theta(T)\, dT + \Re \int_{v_1}^{v_2} T\,\Theta(T)\, \frac{dv}{v}\,. \tag{27.5}$$

Nun kann $S_2 - S_1$ nur von den Anfangs- und Endwerten der Temperatur und des Volumens abhängen. Dies folgt unmittelbar aus der Theorie der Gase, nach der zwei Mengen eines und desselben Gases, bei derselben Temperatur und unter demselben Drucke, in bezug auf alle ihre Eigenschaften vollkommen gleich sind. Allgemeiner kann dasselbe auch aus der Tatsache der Reversibilität gefolgert werden. Denn würde $S_2 - S_1$, je nach den intermediären Werten von v und T, verschieden ausfallen, so könnten wir die Entropie vergrößern, indem wir das Gas auf einem Wege aus dem Anfangszustande in den Endzustand und auf einem anderen Wege von diesem wieder in den Anfangszustand überführten. Wegen der Reversibilität wird keine Entropie erzeugt, daher verlangt die Zunahme der Entropie eine Abnahme der Entropie unserer Wärmereservoire. Der Zyklus kann beliebig oft wiederholt werden, so daß eine kleine Gasmasse imstande wäre, eine unendliche Abnahme von S (d. h. Steigerung der Organisation) im übrigen Weltall herbeizuführen.

Der Ausdruck auf der rechten Seite von (27.5) muß also ausschließlich vom Anfangs- und Endstadium abhängen. Der erste Summand genügt augenscheinlich dieser Forderung, und daher muß auch der zweite Summand, trotzdem man es ihm nicht unmittelbar ansehen kann, von den Zwischenstufen unabhängig sein. Dafür muß aber $T \cdot \Theta(T)$ eine Konstante sein. Um dies zu zeigen, können wir das zweite Integral in der Form schreiben:

$$\int_{\log v_1}^{\log v_2} T\,\Theta(T)\, d\,(\log v)\,.$$

Betrachten wir einen elementaren Schritt $d\,(\log v)$. Während dieser Volumenänderung kann das Gas jede beliebige Temperatur besitzen; wenn es also möglich wäre, $T \cdot \Theta\,(T)$ durch Änderung von T zu verändern, so könnten wir auch den durch diesen Schritt gelieferten Beitrag zum Integrale ändern. Das Integral kann also von den intermediären Bedingungen nur dann unabhängig sein, wenn

$$T \cdot \Theta(T) = \text{const}$$

ist. Durch passende Wahl der Einheiten für die Entropie und die Temperatur kann die Konstante gleich 1 gemacht werden, so daß wir schließlich erhalten:

$$\Theta(T) = 1/T. \tag{27.6}$$

Hier wird T mit der an der Skala eines idealen Gasthermometers abgelesenen Temperatur identifiziert; der gefundene Wert von $\Theta(T)$ ist aber natürlich auf den Übergang „gewöhnlicher“ Wärme von oder auf jede beliebige Art von Materie, gemäß der Gleichung (26.1), anwendbar.

Die Gleichung (27.4) kann nun in der Form geschrieben werden:

$$S_2 - S_1 = \int dQ/T. \tag{27.7}$$

28. Indem wir uns wieder dem einatomigen Gase zuwenden, erhalten wir aus (27.5) und (27.6)

$$S_2 - S_1 = \tfrac{3}{2}\mathfrak{R}\log(T_2/T_1) + \mathfrak{R}\log(v_2/v_1)$$
$$= \mathfrak{R}\{\log(v_2 T_2^{\frac{3}{2}}) - \log(v_1 T_1^{\frac{3}{2}})\}.$$

so daß die Entropie einer Gramm-Molekel des Gases gleich

$$S = \mathfrak{R}\log(v T^{\frac{3}{2}}) + C$$

wird, wo C eine Konstante bedeutet, die wohl von der Beschaffenheit, aber nicht mehr von dem Zustande des Gases abhängen kann. Wenn sich das Gas adiabatisch ausdehnt oder kontrahiert, d. h. ohne Wärmezufuhr von der Umgebung oder Wärmeabgabe an die Umgebung, bleibt die Entropie konstant, da die in Form von mechanischer Arbeit aufgenommene oder abgegebene Energie die Entropie Null besitzt. Wir haben dementsprechend für adiabatische Änderungen

$$v T^{\frac{3}{2}} = \text{const} \tag{28.1}$$

eine Gleichung, die auch direkt aus (27.3) erhalten werden kann, wenn man dort $dQ = 0$ setzt.

Allgemeiner ist für ein Gas, in dem die gesamte Wärmeenergie gleich dem e-fachen der Translationsenergie der Molekeln ist, der Druck gleich $\frac{2}{3}e$ der Energiedichte, und das adiabatische Gesetz nimmt daher die Form an

$$v T^{\frac{3}{2}e} = \text{const}, \tag{28.2}$$

woraus sich ferner ergibt:

$$\varrho \propto T^{\frac{3}{2}e}, \qquad p \propto T^{1+\frac{3}{2}e}, \qquad p \propto \varrho^{1+{}^2/_3 e} \tag{28.3}$$

Die letzte Gleichung wird gewöhnlich in der Form $p \propto \varrho^{\gamma}$ geschrieben, wo also die adiabatische Konstante γ durch

$$\gamma = 1 + {}^2/_3 e \tag{28.4}$$

gegeben wird. Es kann gezeigt werden, daß γ gleich dem Verhältnisse der spezifischen Wärme bei konstantem Drucke zu der spezifischen Wärme bei konstantem Volumen ist.

Gleichgewicht von Strahlung.

29. Der spontane Übergang von Wärme von einem heißen Körper auf einen kühleren stellt den Nettogewinn dieses letzteren dar. In Wirklichkeit fließt Wärme in beiden Richtungen, so daß jeder der beiden Körper von dem anderen Wärme erhält; doch verliert der heiße Körper mehr als er gewinnt, während der kühlere Körper mehr gewinnt als er verliert. Die Ungleichheit gleicht sich von selbst aus, weil die Temperatur eines Körpers, der Wärme verliert, sinken muß, wodurch der von ihm in die Umgebung fließende Wärmestrom abnimmt; schließlich erreicht der Körper einmal einen Zustand, bei dem sein Wärmeverlust seinen Gewinn an Wärme von der Umgebung gerade kompensiert.

Diese „Theorie des Austausches" ist auf Wärmeübertragung sowohl durch Leitung als auch durch Strahlung anwendbar, jedoch werden wir uns hier vor allem mit letzterer zu beschäftigen haben.

Betrachten wir einen Hohlraum, dessen Wände auf einer konstanten Temperatur gehalten werden. Von den Wänden wird Strahlung in den Hohlraum emittiert und die aus diesem auf die Wände fallende Strahlung wird von letzteren ganz oder zum Teile absorbiert werden. Je größer die Strahlungsmenge im Hohlraum ist, um so größer wird auch die auf die Wände fallende Menge sein und um so größer auch die von ihnen absorbierte Menge. Die Menge der Strahlung im Hohlraume wird daher zu- oder abnehmen, bis der Verlust durch Absorption der von den Wänden ununterbrochen emittierten Strahlung gerade das Gleichgewicht hält. In der Praxis ist die zur Erreichung dieses Gleichgewichtszustandes erforderliche Zeit außerordentlich kurz[1]. *Die Gleichgewichtsverteilung der Strahlung, sowohl in bezug auf ihre Dichte als auch auf ihre Beschaffenheit (Wellenlängen), wird durch die Temperatur der Wände vollkommen bestimmt.*

Nehmen wir an, wir könnten durch verschiedene Wahl des Materials der Wände zwei Hohlräume A und B herstellen, deren Wände die gleiche Temperatur T besäßen, in denen aber die dem Gleichgewichtszustande entsprechende Strahlungsdichte innerhalb eines gewissen Wellenlängenintervalles $\delta\lambda$ verschieden, z. B. in A größer als in B, wäre. Nehmen wir ferner an, wir hätten A und B für einen Augenblick durch einen Gang verbunden, der durch einen nur für die im Intervalle $\delta\lambda$ liegende Strahlung durchlässigen Schirm versperrt wäre. Dann würde auf die A-Seite dieses Schirmes mehr Strahlung der betrachteten Art fallen, als auf die B-Seite und es würde auch mehr Strahlung dieser Art von A nach B als von B nach A übergehen. Schließen wir den Gang wieder,

[1] Bei theoretischen Betrachtungen setzen wir zuweilen die Wände als vollkommen reflektierend voraus (für einige oder alle Frequenzen). Die Annäherung an den Gleichgewichtszustand erfolgt dann unendlich langsam.

nachdem eine kleine, aber endliche, Energieübertragung stattgefunden hat. Der Hohlraum B enthält jetzt mehr Strahlung als ursprünglich, also auch mehr als mit der Emission seiner Wände bei der Temperatur T im Gleichgewicht sein kann; der Überschuß wird daher in die Wände übergehen, deren Temperatur steigen wird. Entsprechend wird die Temperatur der Wände in A fallen müssen. Nun bringen wir die Wände von B und A auf gleiche Temperatur, indem wir der dazu nötigen Wärmemenge von B nach A hinüberzufließen gestatten. Dieser Wärmefluß von einer höheren Temperatur T_1 zu einer tieferen Temperatur T_2 ist irreversibel und erzeugt eine Entropiemenge $dQ\left(\frac{1}{T_1} - \frac{1}{T_2}\right)$. Aber das ganze System ist dabei zu seinem Anfangszustande zurückgekehrt, so daß eine Erzeugung von Entropie unmöglich stattgefunden haben kann. Der Widerspruch kann vielleicht in noch prägnanterer Weise vor Augen geführt werden, wenn wir annehmen, daß der Verbindungsgang periodisch auf- und zugemacht wird. Dann wird die Temperaturdifferenz zwischen A und B immer wieder erneuert, und wir können B und A als das obere und untere Reservoir einer Wärmemaschine benutzen, die mechanische Arbeit liefert. Eine solche kontinuierliche Verwandlung von Wärme, bei ursprünglich gleicher Temperatur T, in mechanische Arbeit widerspricht augenscheinlich den Prinzipien der Thermodynamik. Da die Energiedichte der Strahlung in dem Hohlraume ausschließlich von der Temperatur abhängt, müssen wir schließen, daß auch der Strahlungsdruck allein von der Temperatur abhängig ist.

Es ist vielleicht nicht überflüssig, an dieser Stelle ein paar Worte der Erläuterung einzufügen über die Verwendung bei thermodynamischen Überlegungen von idealen Vorrichtungen, wie der oben eingeführte, nur für einen bestimmten Wellenlängenbereich durchlässige Schirm. Es ist für die Schlußfolgerungen gänzlich unwesentlich, ob die betrachteten Prozesse praktisch ausführbar sind oder nicht; wesentlich ist aber, daß die idealen Prozesse Entropie nicht zerstören dürfen, wenn bei den Schlußfolgerungen, wie gewöhnlich, angenommen wird, daß die Entropie unzerstörbar ist. Der ideale Prozeß darf das ungeordnete Element im Zustande der Energie nicht beseitigen. Solange wir praktisch ausführbare Prozesse betrachten, befinden wir uns auf sicherem Boden; bei idealen Prozessen müssen wir uns aber vorsehen, um nicht in unbedachter Weise einen „sortierenden Dämon" einzuführen. Auf den ersten Blick scheint ein nur für ein bestimmtes Wellenlängenintervall durchlässiger Schirm einem sortierenden Dämon gefährlich ähnlich zu sein; da aber in hohem Maße auswählende Schirme tatsächlich bekannt sind, ist es klar, daß eine solche Auswahl keine Zerstörung der Entropie bedingt; und wenn es uns für irgendein bestimmtes Wellenlängenintervall $\delta\lambda$ vielleicht nicht gelingen sollte, einen passenden, natürlichen Schirm zu finden, so würde dieser Umstand durch unwesentliche Beschränkungen der Natur bedingt sein und nicht durch einen Verstoß gegen die Gesetze der Thermodynamik.

Von einer Strahlung von solcher Dichte und Beschaffenheit, daß sie mit materiellen Körpern der Temperatur T im Gleichgewicht sein würde, sagt man, daß sie die Temperatur T besitzt. Ein Gemisch von Strahlungen verschiedener Wellenlängen in willkürlich vorgegebenen Mengen wird im allgemeinen mit der Materie bei keiner Temperatur derselben im Gleichgewicht sein können, und besitzt daher auch keine einheitliche Temperatur; wenn aber ihre Gesamtdichte dieselbe ist, wie für Strahlung der Temperatur T, wird T ihre „effektive Temperatur" genannt. Wenn eine solche Strahlung in einen Hohlraum eingeschlossen wird, dessen Wände die Temperatur T besitzen, wird sie in sehr kurzer Zeit in eine Strahlung von der echten Temperatur T verwandelt, d. h. der Hohlraum ist bald von einer gleichen Energiemenge mit einer echten Temperatur erfüllt, und die Wände haben dabei im Endergebnisse Wärme weder gewonnen noch verloren. Da diese Verwandlung nicht umkehrbar ist, muß die Entropie in ihrem Verlaufe zugenommen haben. Der Überschuß an Organisation in der Strahlung, die keine echte Temperatur besaß, hätte auch mittels selektiv durchlassender Schirme dazu benutzt werden können, einen materiellen Körper auf eine, ihre eigene effektive Temperatur T übersteigende Temperatur zu bringen. Ein bemerkenswertes Beispiel hierfür liefert die den Raum durchquerende Strahlung, die von den Sternen herrührt; ihre effektive Temperatur beträgt etwa 3^0 absolut, sie ist aber imstande, selektiv absorbierende Materie spontan auf viel höhere Temperaturen zu bringen. Eine Strahlung mit der echten Temperatur von 3^0 abs. könnte dagegen einem Körper, dessen Temperatur höher als 3^0 wäre, keine Wärme spontan zuführen.

Der Koeffizient Θ für Strahlung, die eine echte Temperatur T besitzt, ist derselbe wie für molekulare Wärme, nämlich $1/T$. Dies wird aus der Tatsache gefolgert, daß in einem Hohlraume Wärme aus der Strahlung in die Wände oder umgekehrt von selbst übergeht, je nachdem die Temperatur der Strahlung höher oder niedriger ist als die Temperatur der Wände; die Grenzbedingung für die Wärmeübertragung ohne Entropieänderung ist daher die Gleichheit der Temperaturen, woraus sich nach (25.1) die Gleichheit der Koeffizienten Θ ergibt.

Nachdem bewiesen ist, daß Strahlung bei einer Temperatur T eine ganz bestimmte Dichte und Zusammensetzung hat, müssen noch die Formeln, welche diese Dichte und Zusammensetzung zu berechnen gestatten, gefunden werden. Diese Untersuchung wird in mehreren Schritten ausgeführt. Zuerst wird das Stefansche Gesetz (30.3) abgeleitet, welches die Gesamtdichte bestimmt; darauf das Wiensche Verschiebungsgesetz (32.1), welches das Problem der Bestimmung der Zusammensetzung der Strahlung für alle Temperaturen auf die Bestimmung ihrer Zusammensetzung bei irgendeiner Temperatur zurückführt; dann das PLANCKsche Gesetz (37.9), das die Form der in dem WIENschen Gesetze noch unbestimmt gelassenen Funktion angibt; und schließlich wird in (40.7) die Ermittlung der im PLANCKschen Gesetze enthaltenen physikalischen Konstante vorgenommen.

Das Gesetz von STEFAN.

30. Betrachten wir eine Strahlungsmenge, die in einen Hohlraum eingeschlossen ist, dessen Volumen verändert werden kann und ändern wir dieses Volumen von v_1 auf v_2 und die Temperatur der Wände (also auch der eingeschlossenen Strahlung) von T_1 auf T_2; die Temperaturen bei den zwischenliegenden Werten des Volumens können ganz beliebige sein. Ist E die Energiedichte der Strahlung, so beträgt die während der Änderung dv, dT hinzugefügte Wärme

$$dQ = d(Ev) + p\,dv \tag{30.1}$$

oder, da $E = 3p$

$$dQ = 4p\,dv + 3v\,dp$$
$$= 4p^{\frac{1}{4}}\,d(p^{\frac{3}{4}}v). \tag{30.2}$$

Die Änderung der Entropie der Strahlung ist daher nach (27.7)

$$S_2 - S_1 = 4\int \frac{p^{\frac{1}{4}}}{T}\,d(p^{\frac{3}{4}}\cdot v).$$

Durch eine der im § 27 mitgeteilten analoge Überlegung gelangt man zu dem Schlusse, daß das Integral auf der rechten Seite von den zwischenliegenden Stadien unabhängig sein muß, und daß $p^{\frac{1}{4}}/T$ folglich durch Änderung der Temperatur nicht geändert werden darf. Nach § 29 ist aber p eine Funktion von T allein. Daher muß $p^{\frac{1}{4}}/T$ eine Konstante sein. Wir können also schreiben

$$p = \tfrac{1}{3}aT^4, \qquad E = aT^4, \tag{30.3}$$

wo a eine universelle Konstante bedeutet. Der experimentell bestimmte Wert von a ist $7{,}64\cdot 10^{-15}$ für c. g. s. Einheiten und Celsiusgrade.

Das Resultat $p \propto T^4$ erhalten wir auch, wenn wir in (28.3) $e = 2$ setzen (den passenden Wert für Strahlung). Es hat aber für Strahlung eine allgemeinere Bedeutung als für Gase, da es hier nicht auf adiabatische Zustandsänderungen beschränkt ist. (Die oben gegebene Ableitung würde, auf ein Gas angewandt, bei der Behauptung „p ist eine Funktion von T allein", zusammenbrechen.) Das Resultat, daß *die Energiedichte der Strahlung proportional der vierten Potenz der absoluten Temperatur* ist, wird das STEFANsche Gesetz genannt.

31. Unter gewissen Vorbehalten wird die Gleichgewichtsverteilung der Strahlung durch die Zulassung von Molekeln in dem Hohlraume nicht gestört. Die Wellen breiten sich im Raume zwischen den Molekeln und in den Molekeln frei aus, und die Verringerung des von der Strahlung eingenommenen Volumens ist unbedeutend. Die im Hohlraume befindliche Materie muß dieselbe Temperatur annehmen wie die Wände und die Strahlung. So wird Strahlung von der Dichte aT^4 auch jedes beliebige, von einer bei der Temperatur T gehaltenen Materie eingenommene Gebiet ausfüllen — mit Ausnahme der Randpartien, wo die Strahlung nicht mehr richtig „eingeschlossen" ist. Der Vorbehalt wird notwendig, wenn die im Hohlraume enthaltene Materie einen für die betrachteten Wellenlängen merklichen Brechungsexponenten besitzt. In diesem Falle ist die innere Energie der Molekeln mit der Energie der Ätherwellen in einer Weise verknüpft, die die oben geschilderte Schlußfolgerung kaum mehr als berechtigt erscheinen läßt. Ein wirkliches Versagen des STEFANschen Gesetzes (oder des PLANCK-schen Gesetzes) scheint auch in diesem Falle nicht vorzuliegen; es müssen aber die Bedingungen sorgfältig definiert werden, da die Energie der Polarisation der Materie bei einigen Anwendungen mit der Strahlungsenergie in geeigneter Weise gruppiert erscheint, während sie bei anderen von dieser vollkommen getrennt bleibt. Soweit diese Frage für stellare Verhältnisse in Betracht kommt, wird sie in § 164 weiter behandelt werden.

Die Menge isotroper Strahlung, welche durch ein ebenes Flächenstück S in beiden Richtungen durchgeht, ist $\frac{1}{2} EcS$ pro Sekunde. (Der Faktor $\frac{1}{2}$ entsteht durch Mittelwertbildung über $\cos\Theta$ auf jeder Halbkugel, da der Querschnitt eines durch S schräg durchgehenden Strahlenbündels gleich $S\cos\Theta$ ist.) Die in einer Richtung hindurchgehende Menge ist $\frac{1}{4} EcS$. Wenn also aus einem Körper der Temperatur T ein Querschnitt ausgeschnitten und plötzlich freigelegt wird, so tritt durch diesen Querschnitt eine Strahlung vom Betrage $\frac{1}{4} Ec$ pro cm^2 und sec aus dem Körper heraus. Dies ist augenscheinlich die maximale Strahlungsintensität, die von einem bei der allgemeinen Temperatur T gehaltenen Körper gewonnen werden kann. In der Praxis wird es niemals möglich sein, eine kleine Temperaturabnahme in der Nähe der Oberfläche zu vermeiden. Diese kann dadurch auf ein Minimum herabgedrückt werden, daß man einen guten Wärmeleiter nimmt und ihn mit einem Überzuge aus einer sehr stark absorbierenden Substanz versieht; der Leiter ist notwendig, damit die volle Temperatur bis in die Nähe der Oberfläche noch aufrechterhalten bleibt, die absorbierende Schicht — damit die Strahlung wirklich „eingeschlossen" ist. Die Gleichgewichtsstrahlung wird wegen dieser bei ihrer experimentellen Untersuchung zur Verwendung kommenden Beobachtungsanordnung oft auch „Strahlung eines schwarzen Körpers" oder „Schwarze Strahlung" genannt. Eine andere Methode, um beinahe vollkommen schwarze Strahlung zu erhalten, besteht darin, in einem bei der gewünschten Temperatur gehaltenen Hohlkörper eine kleine Öffnung zu machen.

Die volle Ausstrahlung der Materie bei der Temperatur T ist also:

$$\tfrac{1}{4} E c = \tfrac{1}{4} a c T^4 \text{ pro cm}^2 \text{ pro sec}. \tag{31.1}$$

Die Konstante $\sigma = \frac{1}{4} ac$ heißt die STEFANSCHE Konstante, wir werden aber bei unseren Rechnungen gewöhnlich nicht diese, sondern die früher definierte Konstante a gebrauchen.

Das Gesetz von WIEN.

32. Wir wollen nun auf Grund von thermodynamischen Überlegungen beweisen, daß die Zusammensetzung der Gleichgewichtsstrahlung bei der Temperatur T dem WIENschen Verschiebungsgesetze

$$I(\nu, T) = \nu^3 f(\nu/T) \tag{32.1}$$

genügt, wo $I(\nu, T)\, d\nu$ die Energiedichte der Strahlung der zwischen ν und $\nu + d\nu$ liegenden Frequenzen bedeutet und f eine gewisse Funktion von ν/T ist. Da die Form dieser Funktion durch unsere Betrachtung zunächst nicht berührt wird, bestimmt das WIENsche Gesetz noch nicht die Zusammensetzung der Strahlung; wenn diese aber für irgendeine Temperatur bekannt ist, ermöglicht uns dieses Gesetz ihre Berechnung für andere Temperaturen.

Lemma. Eine Kammer mit vollkommen spiegelnden Wänden möge ursprünglich von Gleichgewichtsstrahlung erfüllt sein. Wenn sich diese Kammer ausdehnt oder zusammenzieht, wird die Strahlung automatisch in Gleichgewichtsstrahlung verwandelt von derjenigen Temperatur, die ihrer neuen Dichte entspricht.

Die vollkommene Spiegelung zieht zwei Folgen nach sich: 1. sie bürgt dafür, daß keine Wärme aus der Kammer entweicht oder ihr zugeführt wird, so daß die Zustandsänderungen adiabatisch erfolgen ($dQ = 0$); 2. sie schaltet die gewöhnlichen Prozesse (Absorption und Emission), durch die eine Hohlraumstrahlung in den Gleichgewichtszustand übergeleitet wird, aus, so daß wir nicht, wie gewöhnlich, von vornherein die Sicherheit haben, daß die Strahlung in der Kammer, nach der Volumenänderung, Gleichgewichtsstrahlung sein wird.

Wir wollen für einen Augenblick nur die erste Folge gelten lassen, die zweite aber dadurch beseitigen, daß wir ein absorbierendes Massenkörnchen von verschwindend kleiner Wärmekapazität in die Kammer einführen; hierdurch werden Absorption und Emission aufs neue eingeführt und die Strahlung wird genau so in Gleichgewicht mit dem materiellen Teilchen gebracht, als ob es die Wände der Kammer bildete[1].

[1] Die Schlußfolgerungen bleiben ebenso richtig, wenn die fortwährende Verwandlung von Nicht-Gleichgewichtsstrahlung in Gleichgewichtsstrahlung durch das *fiat* des Mathematikers erfolgt.

Nun soll die Kammer eine beliebige Anzahl von Ausdehnungen und Zusammenziehungen erfahren und schließlich zu ihrem Anfangsvolumen zurückkehren. Da die Bedingung der Adiabasie bestehen bleibt, ist der Druck eine reine Funktion des Volumens; in der Tat erhalten wir, indem wir in (30.2) $dQ = 0$ setzen: $p^{\frac{3}{4}} v = \text{const.}$ Der Strahlungsdruck hat daher wieder denselben Wert wie zu Anfang und folglich ist auch die Energiedichte die anfängliche; und da die Strahlung immer noch Gleichgewichtsstrahlung ist, befindet sie sich genau in ihrem Anfangszustande.

Auch die Entropie der Strahlung ist unverändert geblieben. Da $dQ = 0$ ist, hat keine Übertragung von Entropie von der Strahlung auf die Umgebung stattgefunden. Also ist auch keine Entropie neu entstanden. Die Funktion des materiellen Körnchens sollte darin bestehen, die Strahlung, sobald sich in ihr eine Abweichung von der Zusammensetzung der Gleichgewichtsstrahlung zeigte, wieder in solche zurückzuverwandeln. Wir wissen aber schon, daß dieser Prozeß ein irreversibler ist und daß die Nicht-Gleichgewichtsstrahlung eine kleinere Entropie hat, als die Gleichgewichtsstrahlung (§ 29), so daß diese Verwandlung mit Entropieerzeugung verbunden ist. Da keine Entropie erzeugt worden ist, schließen wir, daß das Körnchen überhaupt nicht funktioniert hat — es hat also im Verlaufe des ganzen Prozesses keine von der Gleichgewichtszusammensetzung abweichende Strahlung gefunden, die es zu verwandeln gehabt hätte. Dies zeigt, daß die Anpassung der Strahlung an das neue Volumen automatisch durch die spiegelnden Wände besorgt wird, ohne die Hilfe irgendwelcher absorbierender materieller Körper.

33. Unter diesen Bedingungen ist die einzige Ursache für eine Änderung in der Zusammensetzung der Strahlung der Dopplereffekt an den während der Volumenänderung in Bewegung befindlichen Wänden der Kammer. Wenn die Wand zurückweicht, wird eine einfallende Welle mit verminderter Frequenz reflektiert, so daß eine allgemeine Verwandlung in kleinere Frequenzen jede Abnahme der Energiedichte und Temperatur begleitet.

Es mögen Wellen von der Energiedichte E und Frequenz ν *normal* auf einen mit der Geschwindigkeit V zurückweichenden Spiegel fallen. Es seien E', ν' die Energiedichte und Frequenz der reflektierten Wellen. Die bekannte Formel für den Dopplereffekt lautet:

$$\frac{\nu'}{\nu} = \frac{c - V}{c + V}. \tag{33.1}$$

Der Druck auf die Wand ist $E + E'$ (§ 21). Die an der Wand pro cm^2 und sec geleistete Arbeit ist daher $(E + E')\,V$. Diese muß gleich der Energiedifferenz der einfallenden und reflektierten Wellen sein, also gleich $Ec - E'c$ pro cm^2 und sec. Daher ist:

$$(E - E')\,c = (E + E')\,V\,. \tag{33.2}$$

Aus (33.1) und (33.2) folgt

$$\frac{\nu'}{\nu} = \frac{E'}{E} = \frac{c - V}{c + V}\,. \tag{33.3}$$

Bei schrägem Einfalle ergibt sich dasselbe Resultat, mit dem einzigen Unterschiede, daß V nun die Projektion der Geschwindigkeit des Spiegels auf die schräge Einfallsrichtung bedeuten muß.

Wir drücken die Größe E/ν in Einheiten aus, die *Quanten*[1] genannt werden. Aus (33.3) folgt, daß $E/\nu = E'/\nu'$ ist, mit anderen Worten, *daß die Anzahl der Quanten durch Reflexion an bewegten Wänden nicht geändert wird.*

Betrachten wir eine kleine Volumenänderung der Kammer, die eine Änderung der Temperatur der Strahlung von T auf $T + dT$ bedingt. Während dieser Änderung lassen wir ein Quant der Frequenz ν durch eine oder mehrere Spiegelungen an den bewegten Wänden in ein solches der Frequenz ν' übergehen und schreiben:

$$\nu = \nu'(1 + s)\,. \tag{33.4}$$

Dann ist s, gemäß (33.3) wohl von den Bedingungen, unter denen die Reflexionen stattfinden, abhängig, *nicht aber von der Frequenz* ν. Wenn wir also mit $g(s)$ den Prozentsatz der reflektierten Quanten bezeichnen, für welche dieser Koeffizient zwischen s und $s + ds$ liegt, dann wird $g(s)$ eine und dieselbe Funktion sein, welche Frequenzen ν wir auch betrachten mögen, da ja zwischen ν und s keine Beziehung besteht. Definitionsmäßig haben wir

$$\int g(s)\,ds = 1$$

und setzen wir noch

$$\left.\begin{aligned}&\int g(s)\,ds = 1\\ &\int s\,g(s)\,ds = s_0\,,\end{aligned}\right\} \tag{33.5}$$

dann ist s_0 unabhängig von ν.

Es sei $J(\nu, T)\,d\nu$ die Anzahl der Quanten der Frequenzen ν bis $\nu + d\nu$, die bei der Temperatur T in der Kammer enthalten sind. Dann ist:

$$J(\nu', T + dT)\,d\nu' = \int g(s)\cdot ds\cdot J(\nu, T)\,d\nu\,,$$

wo das Integral auf der rechten Seite über alle Werte s zu erstrecken ist und (für jeden Wert von s) ν und $d\nu$ mit den festgehaltenen Werten ν', $d\nu'$ durch die Beziehung (33.4) verbunden sind. Durch Substitution von ν', $d\nu'$ für ν und $d\nu$ ergibt sich daher:

$$J(\nu', T + dT) = \int g(s)\,ds\,(1 + s)\cdot J(\nu'(1 + s), T)\,.$$

[1] Wir verwenden hier die moderne Bezeichnung, ohne an dieser Stelle irgendwelche von den Prinzipien der Quantentheorie einzuführen. Die „Anzahl der Quanten" wird nicht notwendig als ganzzahlig vorausgesetzt.

Indem wir J auf beiden Seiten in TAYLORsche Reihen entwickeln und die Quadrate der unendlich kleinen Größen s und dT vernachlässigen, erhalten wir:

$$J(\nu', T) + dT \frac{\partial}{\partial T} J(\nu', T) = J(\nu', T) \int g(s)\, ds$$
$$+ \left\{ J(\nu', T) + \nu' \frac{\partial}{\partial \nu'} J(\nu', T) \right\} \cdot \int s g(s)\, ds .$$

Nach (33.5) reduziert sich dieser Ausdruck, indem wir nun die überflüssig gewordenen Striche weglassen, auf:

$$\frac{\partial J}{\partial T} \cdot dT = s_0 \left\{ J + \nu \frac{\partial J}{\partial \nu} \right\}$$

oder

$$\frac{\partial(\nu J)}{\partial T} = \frac{\nu s_0}{dT} \frac{\partial(\nu J)}{\partial \nu} . \tag{33.6}$$

Nun ist s_0/dT wohl unabhängig von ν, wir haben aber gar keinen Grund anzunehmen, daß es auch von T unabhängig sein sollte und nehmen daher an, daß es eine unbekannte Funktion von T ist. Dann kann (33.6) in der Form geschrieben werden

$$\frac{\partial(\nu J)}{\partial(\log f(T))} = \frac{\nu \partial(\nu J)}{\partial \nu} = \frac{\partial(\nu J)}{\partial(\log \nu)} .$$

Die Lösung dieser partiellen Differentialgleichung ist

$$\nu J = F(\nu/f(T)), \tag{33.71}$$

wo F eine neue unbekannte Funktion bedeutet.

Die Energie wird (nach der oben gegebenen Definition) durch Multiplikation der Anzahl der Quanten mit ν erhalten. Es ist daher

$$\nu J(\nu, T) = v I(\nu, T) \tag{33.72}$$

wo v das Volumen des Hohlraumes und $I(\nu, T)\, d\nu$ die Energiedichte der Strahlung zwischen ν und $\nu + d\nu$ bedeutet. Indem wir über alle Werte von ν integrieren und die gesamte Energiedichte mit E bezeichnen, erhalten wir

$$E v = \int_0^\infty \nu J\, d\nu = \int_0^\infty F(\nu/f(T))\, d\nu = C f(T), \tag{33.73}$$

wo

$$C = \int_0^\infty F(x)\, dx .$$

Da die Zustandsänderung adiabatisch erfolgt, haben wir, indem wir in (30.2) $dQ = 0$ setzen.

$$p^{\frac{3}{4}} v = \text{const}$$

oder, da $E = 3p$ ist,

$$E^{\frac{3}{4}} v = \text{const} . \tag{33.74}$$

Nach (33.73) und (33.74) ist $E^{\frac{1}{4}}$ proportional zu $f(T)$. Nach dem STEFANschen Gesetze ist aber $E^{\frac{1}{4}}$ proportional zu T. Daher muß $f(T)$ ein konstantes Vielfaches von T sein und wir können, ohne an Allgemeinheit einzubüßen, in (33.71)

$$f(T) = T$$

setzen. Dann ist, nach (33.71) und (33.72)

$$v I(\nu, T) = F(\nu/T) .$$

Nach (33.74) ist aber $v \propto T^{-3}$, so daß wir, indem wir den Proportionalitätsfaktor in die Funktion F einbeziehen, schreiben können:

$$I(\nu, T) = T^3 F(\nu/T) .$$

Schließlich ergibt sich, wenn wir eine neue unbekannte Funktion

$$f_1(x) = F(x)/x^3$$

einführen,

$$I(\nu, T) = \nu^3 f_1(\nu/T) ,$$

womit unser Theorem bewiesen ist.

Um diese etwas weitläufige Ableitung überblicken zu können, bemerken wir, daß sie aus den folgenden vier Schritten besteht:

1. Dem Beweise, daß die Änderung der Zusammensetzung der Gleichgewichtsstrahlung mit der Temperatur durch Reflexion an den bewegten Wänden, ganz unabhängig von den Prozessen der Absorption und Emission herbeigeführt wird; 2. dem Beweise, daß die Anzahl der Quanten unverändert bleibt; 3. der Aufstellung und Integration der partiellen Differentialgleichung, welche die Tatsache ausdrückt, daß zwischen s und ν keine Beziehung besteht; 4. der Bestimmung einer der zwei eingeführten Funktionen, aus der Bedingung, daß die gesamte Dichte der Strahlung dem STEFANschen Gesetze genügen muß.

Drittes Kapitel.

Quantentheorie.

Wechselwirkung zwischen Strahlung und Materie.

34. Die Theorie des Gleichgewichts zwischen Materie und Strahlung bei konstanter Temperatur stützt sich auf ein Prinzip, welches eine Verallgemeinerung der Theorie des Austausches (§ 29) darstellt. Nachdem das Gleichgewicht erreicht ist, finden keine sichtbaren Änderungen mehr statt; die Dichte und Zusammensetzung der Strahlung, die Verhältniszahlen der Atome in den verschiedenen Zuständen der Kombination und Ionisation, die Anzahl der freien Elektronen, der Bruchteil der Molekulargeschwindigkeiten, die zwischen gegebenen Grenzen liegen — bleiben alle stationär; aber unter dieser statistischen Unveränderlichkeit verbergen sich ununterbrochene Änderungen, die die einzelnen Atome, Elektronen und Elemente der Strahlung erleiden.

Betrachten wir die Atome irgendeines herausgegriffenen Elementes, die nicht mit anderen Atomen kombiniert sind und sich in ihrem normalen, neutralen Zustande befinden. Die Anzahl n dieser Atome bleibt im Systeme, wenn der Gleichgewichtszustand einmal erreicht ist (abgesehen von zufälligen Schwankungen) konstant. Die Individuen aber, die diese Anzahl bilden, wechseln ununterbrochen. Neue Atome treten in diesen Zustand ein, durch Auflösung von chemischen Molekeln, in denen sie enthalten waren, durch Neutralisierung ionisierter Atome mittelst Einfangens von freien Elektronen, und durch Rückfall von erregten Atomen in den Normalzustand. Atome treten aus dem betrachteten Zustande heraus, durch die inversen Prozesse — also durch Kombinationen mit anderen Atomen zu chemischen Molekeln, Ionisation durch Ausstoßen eines Elektrons, Anregung durch Absorption von Strahlung oder Zusammenstoß mit Elektronen oder Atomen. Die Beständigkeit der Zahl n wird durch ein gegenseitiges Aufheben der Gewinne und Verluste herbeigeführt.

Das oben erwähnte Prinzip begnügt sich aber nicht damit, diese allgemeine Kompensation von Gewinnen und Verlusten zu formulieren — was eine bloße Umschreibung des Wortes „Gleichgewicht" bedeuten würde. Es behauptet vielmehr, daß der durch jeden einzelnen Prozeß herbeigeführte Gewinn den durch den zu ihm inversen Prozeß verursachten Verlust kompensiert. Die durch das Einfangen eines freien Elektrons entstehenden Gewinne kompensieren die Verluste, die durch das Ausstoßen eines Elektrons entstehen, ganz unabhängig von den anderen Quellen von Gewinn und Verlust. Dieses Prinzip der Ausbalancierung der Elementarprozesse (getrennten Kompensation) erstreckt sich bis in die kleinsten Einzelheiten. Die Gewinne, bei denen ein eingefangenes Elektron eine Lücke in einem bestimmten Niveau ausfüllt, kompensieren die Verluste, bei denen ein Elektron *aus diesem speziellen Niveau* ausgestoßen wird; die Gewinne, bei denen ein Elektron von bestimmter Geschwindigkeit eingefangen wird, werden durch die Verluste kompensiert, bei denen das ausgestoßene Elektron *die nämliche Geschwindigkeit erhält.*

Wir können dieses Prinzip auch folgendermaßen ausdrücken: Jede, auch noch so detaillierte Aufzählung der in einem im Gleichgewichte befindlichen Systeme bei konstanter Temperatur erfolgenden Veränderungsprozesse würde auch dann richtig bleiben, wenn wir die Richtung des zeitlichen Verlaufes ändern könnten[1]. Für unsere Zwecke formulieren wir das Prinzip in der folgenden Weise:

[1] Die letzten Gesetze der Natur (soweit sie uns bekannt sind), lassen die Richtung der Zeit unbestimmt und geben keinen Anhaltspunkt, um die Vergangenheit von der Zukunft zu unterscheiden. Die Richtung, in der die Zeit fortschreitet,

Erstes Gesetz (Verallgemeinertes Prinzip des Austausches). Jeder Verwandlungsprozeß, der in einem im thermodynamischen Gleichgewichte befindlichen Systeme stattfindet, kann auch in umgekehrter Richtung verlaufen; und die Häufigkeiten der in beiden Richtungen erfolgenden Verwandlungen sind gleich[1].

Ein formaler Beweis kann hierfür nicht gegeben werden, aber eine kurze Überlegung zeigt schon, wie schwer es ist, dieses Gesetz zu umgehen — d. h. eine allgemeine Kompensation ohne die Kompensation im einzelnen zu erhalten. Das typische Phänomen, welches geeignet erscheint die Kompensation zu stören, ist eine zyklische Reihe von Prozessen. Ein Atom könnte z. B. zuerst in einen Anregungszustand versetzt werden, dann, durch Ausstoßen eines Elektrons, vom angeregten Zustande aus ionisiert werden und schließlich, durch Anlagerung eines Elektrons in dem normalen Niveau (d. h. ohne den Umweg über den angeregten Zustand zu machen) in den Anfangszustand zurückkehren. Dies würde die Zahl n unverändert lassen, trotzdem die individuellen Prozesse unkompensiert bleiben würden. Der Gesamteffekt ist aber hierdurch nicht erschöpft. Die Anregung des Atoms setzt die Absorption eines Strahlungsquants von einer bestimmten Frequenz voraus; seine Ionisation — die Absorption eines Strahlungsquants einer anderen Frequenz; und das Wiedereinfangen eines Elektrons (dem wir der Einfachheit halber dieselbe Geschwindigkeit zuschreiben können wie dem ausgestoßenen Elektron, damit die Verteilung der Elektronengeschwindigkeiten ungestört bleibt), bedingt die Emission eines Quants von einer dritten Frequenz. Der Effekt des beschriebenen Zyklus besteht also noch darin, daß durch ihn die Zusammensetzung des Strahlungsfeldes geändert wird. Um das Gleichgewicht der Strahlung zu retten, müssen wir in dieser einen anderen Zyklus voraussetzen, der die Folgen des ersten Zyklus wieder rückgängig macht. Hierbei stoßen wir aber auf folgende Schwierigkeit: wenn wir einen Mechanismus zur Rückverwandlung der Strahlung einführen, wie können wir es verhindern, daß dieser Mechanismus, auch bei Abwesenheit der speziellen von uns betrachteten Atome, in Tätigkeit tritt? Der Mechanismus wird mit derselben Zusammensetzung der Strahlung zu tun haben, ganz gleich ob die erwähnten Atome vorhanden sind oder nicht, denn es ist in § 29 bewiesen worden, daß die dem Gleichgewichte entsprechende Zusammensetzung der Strahlung unabhängig ist von der chemischen

kann nur durch statistische Prüfungsmittel, die auf Abzählungen von großen Mannigfaltigkeiten beruhen, gefunden werden. Die Entropie stellt dazu die bequemste statistische Größe dar, und die anzuwendende Regel besteht darin, daß t so gemessen werden muß, daß dS/dt positiv wird. Unser Gesetz behauptet, daß, wenn dieses Prüfungsmittel versagt ($dS/dt = 0$), auch alle anderen statistischen Mittel außerstande sind, die Fortschreitungsrichtung der Zeit festzulegen.

[1] Dies wird oft das „Prinzip der Kompensation bis ins Einzelne" genannt.

Natur der anwesenden Materie. Augenscheinlich kann ein Funktionieren des Mechanismus in den Fällen, in denen es notwendig ist, und seine Ausschaltung in allen anderen Fällen nur dadurch erreicht werden, daß man die speziellen Atome eine wesentliche Rolle in ihm spielen läßt; und diese Rolle muß darin bestehen, daß sie die früher emittierte Strahlung wieder absorbieren und die früher absorbierte Strahlung von neuem befreien, wobei sie die entsprechenden Änderungen ihrer eigenen Energie erleiden. Mit Ausnahme einiger ganz spezieller Fälle bedeutet das aber, daß der neu einzuführende Zyklus die genaue Umkehrung des zuerst betrachteten sein muß, wodurch dann alle drei Prozesse, aus denen er besteht, einzeln durch die ihnen entgegengesetzten Prozesse kompensiert werden.

Indem wir die Frage von einem allgemeineren Gesichtspunkte aus betrachten, bemerken wir, daß wir hier mit drei verschiedenen Typen von Energie zu tun haben:

1. Strahlungsenergie.
2. Kinetische (Translations-) Energie von Elektronen und Molekeln.
3. Innere Energie von Molekeln und Atomen.

Die Zusammensetzung der ersteren hängt nur von der Temperatur ab. Die zweite ist zwar in einer Weise verteilt, die nur von der Temperatur abhängt, ihre Gesamtmenge aber wird durch die vorhandene Materie bestimmt. Die dritte zeigt eine Verteilung, die für die anwesenden chemischen Elemente charakteristisch ist. Die gleichartigen Verteilungsgesetze der beiden ersten Energiearten und die willkürliche Veränderlichkeit der dritten machen es beinahe unmöglich, durch Erfindung komplizierter Zyklen die allgemeine Kompensation zu gewährleisten. Die einfache, im ersten Gesetze vorgeschlagene Kompensationsmethode erscheint daher zum mindesten als recht plausibel[1].

Viele wohlbekannte Experimente — besonders mit Röntgenstrahlen und Kathodenstrahlen — erfolgen unter Bedingungen, die von denjenigen des thermodynamischen Gleichgewichts weit entfernt sind. Bei solchen spielen dann unkompensierte Zyklen allerdings eine hervorragende Rolle.

35. Ein zweites allgemeines Prinzip gibt uns die Quantentheorie: *Zweites Gesetz* (Quantengesetz). In allen Fällen, in denen Strahlungsenergie in andere Formen verwandelt wird, oder umgekehrt, erfolgt die Verwandlung in endlichen Beträgen, sog. Quanten; die Energiemenge, welche ein Quant bildet, ist gleich $h\nu$, wo ν die Frequenz der Strahlung und h eine universelle Konstante bedeutet.

[1] Die hier angeführte Überlegung schließt augenscheinlich einen Zyklus, an dem nur 1. und 2. beteiligt sind, nicht aus; wir glauben aber, daß uns das Gesetz, welches die Verwandlung von Strahlungsenergie in kinetische Energie und umgekehrt reguliert, genügend bekannt ist (Compton-Effekt, § 52), um uns zu zeigen, daß ein solcher Zyklus in Wirklichkeit nicht vorkommt.

Wir brauchen uns die Emission eins Quants nicht notwendig als zeitlos oder nicht-analysierbar zu denken. Die wesentliche Aussage des zweiten Gesetzes besteht in der Behauptung, daß die Emission eines Quants einen einzigen „Verwandlungsprozeß" im Sinne des ersten Gesetzes darstellt. Wenn zwei Quanten gleichzeitig emittiert werden, ist dies nur als ein zufälliges Zusammentreffen zu betrachten, während die Emission der zweiten Hälfte eines Quants die unvermeidliche Folge der Emission der ersten Hälfte ist.

Die Gleichung von EINSTEIN.

36. Wir betrachten zwei Zustände eines und desselben Atoms, denen die inneren Energien χ_1 bzw. χ_2 entsprechen ($\chi_2 > \chi_1$). Das Atom kann aus dem Zustande 2 in den Zustand 1 durch Ausstrahlung eines Energiebetrages ($\chi_2 - \chi_1$) übergehen, und der hierzu entgegengesetzte Prozeß ist ein Übergang vom Zustande 1 in den Zustand 2 unter Absorption eines gleichen Betrages von Strahlungsenergie. Nach dem zweiten Gesetze ist die Frequenz ν_{12} der hierbei emittierten oder absorbierten Strahlung gegeben durch

$$\chi_2 - \chi_1 = h\nu_{12}, \tag{36,1}$$

und nach dem ersten Gesetze kompensieren sich die Anzahlen der Übergänge in beiden Richtungen, im thermodynamischen Gleichgewichtszustande der Materie, unabhängig von allen anderen Prozessen, an denen die beiden betrachteten Zustände eventuell noch beteiligt sein könnten.

Nach der BOHRschen Atomtheorie bilden die möglichen Werte von χ_1 und χ_2 eine diskontinuierliche Reihe; wir werden aber diese Tatsache zunächst nur zu einer Vereinfachung der Ausdrucksweise gebrauchen: sie gestattet uns nämlich, von der Anzahl der Atome mit der inneren Energie χ, statt von der Anzahl der Atome im Energieintervalle χ bis $\chi + d\chi$ zu sprechen.

Es seien n_1 und n_2 die Anzahlen der Atome in den Zuständen 1 und 2, und es sei $I(\nu_{12})$ die Energiedichte der Strahlung der Frequenz ν_{12}. Einen Gleichgewichtszustand setzen wir zunächst nicht voraus.

Ein mit Absorption verbundener Übergang vom Zustand 1 in den Zustand 2 wird unmöglich sein, wenn keine Strahlung von der erforderlichen Frequenz vorhanden ist. Die Anzahl der Übergänge wird also gleich Null werden müssen, wenn $I(\nu_{12})$ gleich Null wird, und sie wird, bei wachsendem $I(\nu_{12})$, vermutlich proportional zu dieser Größe wachsen; sie wird ferner proportional sein zu der Anzahl n_1 der Atome, die zu einem solchen Übergange befähigt sind. Wir setzen daher die Anzahl der in der Zeit dt erfolgenden Übergänge der betrachteten Art gleich

$$a_{12} n_1 I(\nu_{12}) dt, \tag{36.21}$$

wo a_{12} eine atomare Konstante ist.

Ein Übergang vom Zustande 2 in den Zustand 1 unter Emission von Strahlung kann auch spontan, bei Abwesenheit eines äußeren Strahlungsfeldes erfolgen. Die Verhältniszahl der Atome, die in der Zeiteinheit diesen Sprung spontan ausführen, muß daher eine atomare Konstante sein. Wir setzen die Anzahl dieser Übergänge gleich:

$$b_{21} n_2 dt. \tag{36.22}$$

Es ist denkbar, daß diese Übergänge durch die Anwesenheit von Strahlung der Frequenz ν_{12} gehemmt oder gefördert werden können. Wenn dies der Fall ist, wird die Verringerung oder Vergrößerung der Zahl der Übergänge vermutlich proportional zu der Intensität der vorhandenen Strahlung sein. Wir setzen daher die Anzahl der zusätzlichen Übergänge gleich:

$$a_{21} n_2 I(\nu_{12}) dt, \tag{36.23}$$

wo a_{21} positiv oder negativ sein kann.

Die Konstanten a_{12}, a_{21}, b_{21} beziehen sich auf Prozesse, bei denen die Atome individuell wirken, und hängen daher von keiner einzigen der statistischen Eigenschaften der Mannigfaltigkeit ab. Sie hängen insbesondere nicht von der Temperatur ab — da wir ja zunächst noch gar nicht vorausgesetzt haben, daß die Mannigfaltigkeit eine Temperatur besitzt.

Wenden wir diese Resultate auf eine im thermodynamischen Gleichgewichte, bei der Temperatur T befindliche Mannigfaltigkeit an, so müssen die Übergänge (36.22) und (36.23) durch die Übergänge (36.21), gemäß dem ersten Gesetze kompensiert sein. Das Ergebnis ist die Gleichung von EINSTEIN:

$$a_{12} n_1 I(\nu_{12}, T) = b_{21} n_2 + a_{21} n_2 I(\nu_{12}, T), \tag{36.3}$$

wo I nicht mehr willkürlich ist, sondern das Verteilungsgesetz der Gleichgewichtstrahlung bei der Temperatur T bedeutet.

Wir erhalten hieraus:

$$\frac{n_1}{n_2} = \frac{a_{21}}{a_{12}} \left(1 + \frac{b_{21}}{a_{21} I(\nu_{12}, T)}\right), \tag{36.4}$$

eine Formel, welche die relativen Häufigkeiten der Atome in den beiden Zuständen in einem bei der Temperatur T befindlichen Stoffe ausdrückt.

37. Wir führen nun einen dritten Zustand mit der Energie χ_3, ($\chi_3 > \chi_2 > \chi_1$) ein. Wegen

$$\frac{n_1}{n_2} \cdot \frac{n_2}{n_3} = \frac{n_1}{n_3}$$

ist

$$\frac{a_{21}}{a_{12}} \left(1 + \frac{b_{21}}{a_{21} I(\nu_{12}, T)}\right) \frac{a_{32}}{a_{23}} \left(1 + \frac{b_{32}}{a_{32} I(\nu_{23}; T)}\right) = \frac{a_{31}}{a_{13}} \left(1 + \frac{b_{31}}{a_{31} I(\nu_{13}, T)}\right) \tag{37.1}$$

und nach (36.1)

$$\nu_{13} = \nu_{12} + \nu_{23}. \tag{37.2}$$

Dies gilt für alle Temperaturen T, und T kommt in (37.1) nur in der Weise vor, die durch unsere Bezeichnungsweise explizit zum Ausdruck gebracht wird. Wir dürfen wohl annehmen, daß $I(\nu, T)$ bei festgehaltenem ν, mit unendlich wachsendem T über alle Grenzen wachsen würde[1], so daß bei genügend hoher Temperatur der zweite Term in den Klammerausdrücken beliebig klein gemacht werden kann. Indem wir T unendlich groß werden lassen, erhalten wir daher:

$$\frac{a_{21}}{a_{12}} \cdot \frac{a_{32}}{a_{23}} = \frac{a_{31}}{a_{13}}. \tag{37.3}$$

Durch Substitution in (37.1) ergibt sich dann:

$$\left(1 + \frac{b_{21}}{a_{21} I(\nu_{12}, T)}\right)\left(1 + \frac{b_{32}}{a_{32} I(\nu_{23}, T)}\right) = \left(1 + \frac{b_{31}}{a_{31} I(\nu_{13}, T)}\right).$$

Durch Einführung des WIENschen Gesetzes (32.1) wird dieser Ausdruck zu

$$\left(1 + \frac{C_{12}}{f(\nu_{12}/T)}\right)\left(1 + \frac{C_{23}}{f(\nu_{23}/T)}\right) = \left(1 + \frac{C_{13}}{f(\nu_{13}/T)}\right) \tag{37.4}$$

wo

$$C_{12} = b_{21}/a_{21}\nu_{12}^3 \tag{37.5}$$

und C_{12} unabhängig von T ist.

Dieser Ausdruck kann auch in der folgenden Form geschrieben werden:

$$\left.\begin{aligned} &\frac{1}{f(\nu_{12}/T)} \cdot \frac{1}{C_{23}} + \frac{1}{f(\nu_{23}/T)} \cdot \frac{1}{C_{12}} - \frac{1}{f(\nu_{12}/T + \nu_{23}/T)} \cdot \frac{C_{13}}{C_{12} \cdot C_{23}} \\ &\qquad = -\frac{1}{f(\nu_{12}/T)\, f(\nu_{23}/T)}. \end{aligned}\right\} \tag{37.6}$$

Schreiben wir nun diese Gleichung dreimal hin, indem wir T der Reihe nach gleich drei verschiedenen Werten T_1, T_2 und T_3 setzen, und eliminieren $1/C_{12}$ und $C_{13}/C_{12}\,C_{23}$ aus diesen drei Gleichungen, so erhalten wir C_{23}, ausgedrückt als Funktion von sechs Argumenten ν_{12}/T_1, ν_{12}/T_2, ν_{12}/T_3, ν_{23}/T_1, ν_{23}/T_2, ν_{23}/T_3. Letztere lassen sich wiederum auf vier unabhängige Argumente

$$\nu_{12}/T_1 \quad \nu_{12}/T_2 \quad \nu_{12}/T_3 \quad \nu_{12}/\nu_{23}$$

zurückführen. Augenscheinlich kann C_{23} nicht von den drei ersten Argumenten abhängen; es kann aber auch nicht von dem vierten abhängen, da ν_{12} ja willkürlich gewählt werden kann, ohne daß C_{23} dadurch beeinflußt wird. Da C_{23} von keinem seiner Argumente abhängt, muß es eine bestimmmte Naturkonstante sein, die in der unbekannten Funktion $f(\nu/T)$ enthalten ist. Wir haben also

---

[1] $I(\nu, T)$ kann bei wachsendem T nicht *abnehmen*; denn dann würde es möglich sein, Wärme aus einem kühleren in einen heißeren Hohlraum überzuführen, indem man ein nur für ν durchlässiges Fenster öffnete. Es scheint aber nicht möglich zu sein, auf Grund von rein thermodynamischen Überlegungen zu zeigen, daß es über alle Grenzen wächst (siehe § 40).

$$C_{12} = C_{23} = C_{13} = C. \qquad (37.7)$$

(37.4) wird daher:

$$\left(1 + \frac{C}{f(\alpha)}\right)\left(1 + \frac{C}{f(\beta)}\right) = 1 + \frac{C}{f(\alpha + \beta)}, \qquad (37.8)$$

wo $\alpha = \nu_{12}/T$, $\beta = \nu_{23}/T$.

Es ist wohl bekannt, daß die einzige Lösung dieser Gleichung die Exponentialfunktion

$$1 + \frac{C}{f(\alpha)} = e^{k\alpha}$$

ist, wo k eine Konstante bedeutet. Hieraus folgt

$$f(\alpha) = C/(e^{k\alpha} - 1),$$

und das WIENsche Gesetz (32. 1) erhält mithin die Form:

$$I(\nu, T) = \frac{C\nu^3}{e^{k\nu/T} - 1}. \qquad (37.9)$$

Das Strahlungsgesetz ist somit vollständig bestimmt, bis auf die beiden Konstanten C und k, die später zu ermitteln sein werden. Die Form (37.9) ist das Gesetz von PLANCK.

38. Wir können nun die relativen Häufigkeiten der bei der Temperatur T in den Zuständen 1 und 2 befindlichen Atome berechnen.

Nach (36.4) ist:

$$\frac{n_1}{n_2} = \frac{a_{21}}{a_{12}}\left(1 + \frac{C}{f(\nu_{12}/T)}\right) = \frac{a_{21}}{a_{12}} e^{k\nu_{12}/T} = \frac{a_{21}}{a_{12}} e^{(\chi_2 - \chi_1)/RT},$$

wo

$$R = h/k \qquad (38.1)$$

und allgemein:

$$\frac{n_r}{n_s} = \frac{a_{sr}}{a_{rs}} e^{(\chi_s - \chi_r)/RT}. \qquad (38.2)$$

Es seien $q_1, q_2 \ldots q_r$ die relativen Häufigkeiten der Atome in den Zuständen $1, 2, \ldots . r$ bei *unendlich hoher Temperatur*. Dann ist nach (38.2)

$$a_{sr}/a_{rs} = q_r/q_s, \qquad (38.25)$$

so daß wir, indem wir zu endlichen Temperaturen zurückkehren, erhalten:

$$n_1 : n_2 : \cdots : n_r = q_1 e^{-\chi_1/RT} : q_2 e^{-\chi_2/RT} : \cdots : q_r e^{-\chi_r/RT} \ldots \qquad (38.3)$$

Die Faktoren $q_1, q_2, \ldots$ werden die *Gewichte* der entsprechenden Zustände genannt. Die Theorie dieser Gewichtsfaktoren wird später behandelt werden. Sie sind bestimmt, sobald die Zusammensetzung bei irgendeiner gegebenen Temperatur bekannt ist; und (38.3) lehrt dann, wie sich die Zusammensetzung mit der Temperatur ändert. Das Resultat (38.3) heißt die Formel von BOLTZMANN.

In der ursprünglichen Arbeit von EINSTEIN[1] wurde die BOLTZMANNsche Formel als ein gesichertes Resultat der statistischen Mechanik übernommen, wodurch die Ableitung des PLANCKschen Gesetzes entsprechend verkürzt werden konnte. Wir haben es vorgezogen, hier eine solche Abschweifung in ein fremdes Gebiet zu vermeiden, so daß bei unserer Ableitung die BOLTZMANNsche Formel als eine reine Folge der Quantentheorie erscheint.

Nach (37.5) ist:

$$C = \frac{b_{21}}{a_{21}\nu_{12}^3} = \frac{b_{21}}{a_{12}} \cdot \frac{q_2}{q_1} \cdot \frac{1}{\nu_{12}^3},$$

woraus sich

$$\frac{b_{21}}{a_{12}} = C \frac{q_1}{q_2} \nu_{12}^3 \tag{38.4}$$

als der Ausdruck für das Verhältnis des Absorptionskoeffizienten zu dem Koeffizienten der spontanen Emission ergibt. Ferner ist, nach (36.3), wenn wir die im Zustande 2 befindlichen Atome betrachten, das Verhältnis der Emission bei der Temperatur T zu der Emission bei der Temperatur Null gleich

$$b_{21} + a_{21} I(\nu_{12}, T) : b_{21}\,.$$

Dieser Ausdruck ist aber gleich:

$$C\nu_{12}^3 + \frac{C\nu_{12}^3}{e^{h\nu_{12}/RT} - 1} : C\nu_{12}^3 = (1 - e^{-h\nu_{12}/RT})^{-1}\,. \tag{38.5}$$

Das Verhältnis ist größer als eins, also wird Ausstrahlung durch die im Felde anwesende Strahlung begünstigt. Diese angeregte Strahlung nennt EINSTEIN *negative Absorption.*

Als Beispiel für die Anwendung dieser Formel betrachten wir einen radioaktiven Prozeß, der in einer einfachen Umgruppierung eines Atomkernes besteht, bei der ein γ-Strahl der Frequenz ν_{12} emittiert wird. Der durch Temperaturerhöhung hervorgerufene Effekt besteht in einer Steigerung der Radioaktivität in dem durch (38.5) angegebenen Verhältnisse. Die Frequenz der γ-Strahlen ist aber so groß, daß sogar eine Temperatur von 10^7 Grad (im Inneren eines Sternes) noch keinen merklichen Einfluß auf die Radioaktivität ausübt.

Wenn die Atome, bei großer Dichte des Materials, stark zusammengedrängt sind, können Absorptions- und Emissionsvermögen der einzelnen Atome durch die große Nähe der benachbarten Atome bis zu einem gewissen Grade verändert werden, so daß in solchen Fällen die Größen a_{12}, a_{21} und b_{21} keine rein atomaren Konstanten mehr sein werden. Der Betrag dieser Änderung wird von den Werten von ϱ und T abhängen und die vorhergehende Überlegung, bei der die Unabhängigkeit von

[1] Phys. Zeitschr. Bd. 18, S. 112 (1917). EINSTEIN verfolgte den entgegengesetzten Weg, weil er das Quantengesetz (36.1) aus seiner Gleichung ableiten wollte.

a_{12} usw. von T vorausgesetzt wurde, ist nicht mehr zutreffend. Der Beweis des PLANCKschen Gesetzes wird aber dadurch in keiner Weise erschüttert, weil wir bereits bewiesen haben, daß das Gesetz der Zusammensetzung der Strahlung für verdünnte wie für dichte Materie dasselbe ist; wir bestimmen ein für allemal die Form der universellen Funktion f aus der Betrachtung eines verdünnten Stoffes, weil sich dieser verhältnismäßig leichter behandeln läßt. Die BOLTZMANNsche Formel ist dagegen nur für verdünnte Materie bewiesen, in der die Atome so weit auseinander liegen, daß sie unabhängig voneinander wirken; sie wird ungenau, wenn man sie auf dichte Materie anwendet.

39. Unsere Überlegungen beschränken sich keineswegs auf die Übergänge, bei denen die Atome unversehrt bleiben. Sie finden auch auf solche Übergänge Anwendung, bei denen ein Elektron unter Absorption von Strahlung aus einem Atome herausgeschleudert oder unter Emission von ihm eingefangen wird. Wenn wir in üblicher Weise die Energie des Systems von einem Nullpunkte aus messen, bei dem das Elektron aus dem Atomverbande gerade befreit ist, aber keine kinetische Energie besitzt, wird χ_1 die Bahnenergie des Elektrons innerhalb des Atoms im ersten Zustande bezeichnen (eine negative Größe) und χ_2 die positive kinetische Energie des freien Elektrons. Wenn sich das freie Elektron in einer Gegend befindet, in der das Potential gleich Null ist, und dort die Geschwindigkeit (u, v, w) besitzt, ist

$$\chi_2 = \frac{1}{2} m (u^2 + v^2 + w^2) . \qquad (39.1)$$

Nach dem ersten Gesetze dürfen wir bei der Beschreibung der Zustände die Spezialisierung so weit treiben, als uns beliebt. Wir wollen als ein System im Zustande 2 ein solches System betrachten, welches aus einem Atome besteht, das ein Elektron verloren hat, und aus einem freien Elektron, dessen Geschwindigkeit im Intervalle u, v, w bis $u + du$, $v + dv$, $w + dw$ enthalten ist, und das sich in einem, eine bestimmte vorgegebene räumliche Lage in bezug auf das Atom einnehmenden Volumenelemente $dx\, dy\, dz$ befindet, in dem das Potential gleich Null ist. Die Energie des Systems im Zustande 2 ist dann durch (39.1) gegeben.

Nach (38.3) ist

$$\frac{n_2}{n_1} = \frac{q_2 e^{-m(u^2+v^2+w^2)/2RT}}{q_1 e^{-\chi_1/RT}} .$$

Wenn n' die Anzahl der ionisierten Atome im System bezeichnet und dN die mittlere Anzahl[1] der freien Elektronen in einem Bereiche $dx\, dy\, dz\, du\, dv\, dw$, dann ist

[1] Die Zahl dN ist ein infinitesimaler Bruch. Wenn ein infinitesimaler Bruchteil einer kontinuierlichen Verteilung von Zuständen betrachtet wird, so daß die Anzahl der Systeme im Zustande 2 nicht mehr als groß betrachtet werden darf, wird es notwendig, zeitliche Mittelwerte (bzw. Wahrscheinlichkeiten) einzuführen, um die zufälligen Schwankungen auszuglätten.

$$n_2 = n' dN,$$

so daß

$$dN = \left(\frac{n_1 e^{\chi_1/RT}}{n' q_1}\right) \cdot q_2 e^{-m(u^2+v^2+w^2)/2RT}. \tag{39.2}$$

Der eingeklammerte Faktor bleibt konstant für alle verschiedenen Werte von u, v, w, so daß wir das MAXWELLsche Verteilungsgesetz der Geschwindigkeiten

$$dN \propto e^{-m^2(u^2+v^2+w^2)/2RT} du\, dv\, dw\, dx\, dy\, dz \tag{39.3}$$

erhalten, wobei aber die Proportionalität des Gewichtsfaktors q_2 des betrachteten Zustandes mit $du\, dv\, dw\, dx\, dy\, dz$ allerdings noch nicht bewiesen ist. Er könnte ja eventuell noch eine Funktion von u, v, w sein. Inzwischen zeigt ein Vergleich von (39.2) mit (39.3), daß die Konstante R, die bis jetzt noch unbestimmt geblieben war, dieselbe (BOLTZMANNsche) Konstante ist, die in der Gastheorie vorkommt. Wenn wir die Gültigkeit von (39.3) annehmen, ist der Mittelwert von u^2

$$\int_{-\infty}^{+\infty} u^2 e^{-mu^2/2RT} du \div \int_{-\infty}^{+\infty} e^{-mu^2/2RT} du = \frac{RT}{m}.$$

Die mittlere kinetische Energie $\frac{1}{2}m(u^2 + v^2 + w^2)$ ist daher gleich

$$\tfrac{3}{2} RT. \tag{39.4}$$

Der Wert von R ergibt sich somit gleich $\frac{2}{3}$ der mittleren kinetischen Energie einer Molekel bei 1^0 absoluter Temperatur.

Dasselbe Gesetz läßt sich auch für die Verteilung der Geschwindigkeiten in einem Gemische von Atomen und Molekeln ableiten. Der Beweis bleibt unverändert, wenn irgendein Dissoziations- und Kombinationsprozeß von Atomen stattfindet, der dem Prozesse der Ionisation und des Wiedereinfangens von Elektronen analog ist, jedoch unter der Bedingung, daß sich auch die Strahlung an diesem Prozesse beteiligt. Es ist durchaus nicht erforderlich, daß der Prozeß bei der Herbeiführung der Geschwindigkeitsverteilung eine hervorragende Rolle spielt; nach dem ersten Gesetze muß die Geschwindigkeitsverteilung, ganz unabhängig von ihrer Entstehungsart, immer eine derartige sein, daß sie durch diesen Prozeß unter keinen Umständen gestört wird. Wir können auch folgendermaßen verfahren. In jeder Mannigfaltigkeit wird es eine gewisse Anzahl von freien Elektronen geben. Es seien n_r, n_s, die Anzahlen der Elektronen mit den kinetischen Energien χ_r, χ_s; und es seien n'_r, n'_s, die Anzahlen der Atome mit den nämlichen kinetischen Energien. Es sei a_{rs} die Wahrscheinlichkeit dafür, daß in der Zeiteinheit ein bestimmtes in einem cm³ bezeichnetes Atom, welches die Energie χ_r besitzt, mit einem in einem cm³ bezeichneten Elektron, das die Energie χ_s besitzt, zusammentrifft und daß beide Energien dabei ausgetauscht werden. Dann haben wir, indem wir den direkten Prozeß im Gleichgewichtzustande durch den inversen kompensieren:

$$a_{rs}\, n'_r \cdot n_s = a_{sr}\, n'_s\, n_r\,,$$

hieraus folgt:

$$\frac{n'_r}{n'_s} = \frac{a_{sr}}{a_{rs}}\,\frac{n_r}{n_s} = \frac{a_{sr}}{a_{rs}}\,\frac{q_r}{q_s}\,\frac{e^{-\chi_r/RT}}{e^{-\chi_s/RT}}$$

und da a_{sr}, a_{rs} unabhännig von der Temperatur sind, befolgt die Verteilung der Atome dasselbe Gesetz (38. 3) wie die Verteilung der Elektronen. Über den Gewichtsfaktor läßt sich auch hier nichts aussagen.

Die Ableitung des MAXWELLschen Gesetzes aus der EINSTEINschen Gleichung zeigt, daß die Strahlungsprozesse allein schon genügen würden, um einer Mannigfaltigkeit die MAXWELLsche Geschwindigkeitsverteilung aufzuzwingen, ganz abgesehen von den Zusammenstößen, die bei den gewöhnlichen Ableitungen dieses Gesetzes betrachtet werden. Es muß aber betont werden, daß die Weitläufigkeit und Schwierigkeit (und vielleicht auch die ungenügende Strenge) der üblichen Beweise gerade durch den Gewichtsfaktor $du\, dv\, dw$ bedingt wird, den wir hier nicht betrachtet haben.

40. Ziehen wir es vor, von der zu (37.3) führenden Annahme keine Gebrauch zu machen, dann muß auf der rechten Seite von (37.4) der Faktor

$$a_{123} = \frac{a_{31}\, a_{12}\, a_{23}}{a_{13}\, a_{21} \cdot a_{32}}$$

hinzugefügt werden. Der Beweis, daß C_{23} eine bestimmte Naturkonstante C ist, erfolgt wie früher mit dem Unterschiede, daß nun vier Gleichungen, die vier verschiedenen Werten der Temperatur entsprechen, benutzt werden müssen, um die anderen Unbekannten zu eliminieren. Es folgt dann, indem man $T = \infty$ setzt

$$a_{123} = 1 + C/f(0)\,,$$

so, daß wir statt (37.8) die Gleichung erhalten:

$$\{1 + C/f(\alpha)\} \cdot \{1 + C/f(\beta)\} = \{1 + C/f(0)\}\{1 + C/f(\alpha+\beta)\}$$

Die Lösung dieser Gleichung ist

$$\{1 + C/f(\alpha)\} = a e^{k\alpha}\,,$$

wo a und k Konstanten sind. Das WIENsche Gesetz gibt dann

$$I(\nu, T) = \frac{C\nu^3}{a e^{k\nu/T} - 1}\,, \tag{40.1}$$

während das BOLTZMANNsche Gesetz (38.3) unverändert bleibt.

Es ist bemerkenswert, daß die Wahl des Wertes 1 für die Konstante a, durch die die Formel in das PLANCKsche Gesetz übergeführt wird und $I(\nu, \infty)$ unendlich wird, anstatt einer endlichen Grenze zuzustreben, recht schwer zu rechtfertigen ist. In § 37 umgingen wir die Frage, indem wir als selbstverständlich annahmen, daß $I(\nu, \infty) = \infty$ ist. Der Beweis kann ohne gewisse zusätzliche Annahmen, betreffend die Gesetze, welche die Wechselwirkung von Materie (oder elektrischer Ladungen) und Strahlung regeln, nicht zu Ende geführt werden. Als eine solche Annahme kann das Korrespondenzprinzip angesehen werden, welches behauptet, daß die klassischen Gesetze der Dynamik und Elektrodynamik die Grenze darstellen, der sich die Quantengesetze (die wirklichen Gesetze) asymptotisch nähern, wenn die Anzahl der an einem Prozesse beteiligten Quanten sehr groß wird — mit anderen Worten, daß die älteren Theorien statistisch richtig sind, sobald das Material, durch seine Reichhaltigkeit, eine statistische Behandlung als gerechtfertigt erscheinen läßt. Nun müßte, nach dem klassischen Äquipartitionsgesetze der Energie, $I(\nu, T)$ proportional zu T sein, genau so wie die mittlere Energie der Molekeln proportional zu T ist. Bei genügend hoher Temperatur wird diese klassische Energie eine sehr große Anzahl von Quanten $h\nu$ darstellen, und muß daher, gemäß dem Korrespondenzprinzipe, mit dem wahren Gesetze (40.1) übereinstimmen. Eine solche Übereinstimmung findet nicht statt, wenn $a \neq 1$ ist; ist aber $a = 1$, so haben wir, wenn $T \to \infty$

$$I(\nu, T) = \frac{C R \nu^2}{h} T, \tag{40.2}$$

so daß $I(\nu, T)$ proportional zu T ist, wie in der klassischen Theorie.

Wir können das Planckсche Gesetz auch auf anderen Wegen erhalten, durch die Betrachtung des Mechanismus irgend eines speziellen Übertragungsprozesses, z. B. der Streuung von Strahlung durch freie Elektronen, denn, sobald $I(\nu, T)$ aus irgendeinem Prozesse bestimmt ist, müssen alle anderen Prozesse dasselbe Resultat ergeben. Alle anerkannten quantenmäßigen Theorien von speziellen Prozessen benutzen aber das Korrespondenzprinzip, und gerade diese Eigenschaft der Prozesse führt zu dem Werte $a = 1$.

Die Konstante C im Planckschen Gesetze kann mit Hilfe des Korrespondenzprinzips bestimmt werden. Betrachten wir die Strahlung in einem würfelförmigen Hohlraume der Seitenlänge l. Zu irgendeiner gegebenen Anfangszeit kann der elektromagnetische Vektor im ganzen Hohlraume durch eine dreifache Fourrier-Reihe dargestellt werden, deren typischer Term

$$A_{n_1, n_2 n_3} \begin{smallmatrix}\sin\\ \cos\end{smallmatrix} 2\pi n_1 x/l \cdot \begin{smallmatrix}\sin\\ \cos\end{smallmatrix} 2\pi n_2 y/l \cdot \begin{smallmatrix}\sin\\ \cos\end{smallmatrix} 2\pi n_3 z/l \tag{40.3}$$

ist, wo n_1, n_2, n_3 alle ganzzahligen Werte annehmen. Dadurch werden Wellen von der Form

$$\sin 2\pi \left(\pm n_1 \frac{x}{l} \pm n_2 \frac{y}{l} \pm n_3 \frac{z}{l} + \nu t\right)$$

bedingt, wobei (da c die Fortpflanzungsgeschwindigkeit ist),

$$\nu^2 = c^2 (n_1^2 + n_2^2 + n_3^2)/l^2. \tag{40.4}$$

Da die Wellen zwei unabhängige, senkrecht zueinander polarisierte Komponenten enthalten, haben wir (indem wir das doppelte Vorzeichen berücksichtigen) **16** unabhängige Wellen für jedes System von positiven Werten n_1, n_2, n_3.

Die Anzahl der ganzen Zahlen, die der Bedingung

$$n_1^2 + n_2^2 + n_3^2 < n^2$$

genügen, nähert sich, bei großem n, dem Volumen eines Oktanten einer Kugel vom Radius n, also

$$\frac{1}{6}\pi n^3 .$$

Die Anzahl der unabhängigen Wellen, deren Frequenzen kleiner als ν sind, wird daher nach (40.4) gleich

$$16 \cdot \frac{1}{6}\pi \left(\frac{\nu l}{c}\right)^3$$

und die zwischen den Frequenzen ν und $\nu + d\nu$ liegende Anzahl ist folglich

$$\frac{8\pi l^3}{c^3}\nu^2 d\nu .$$

Nach dem klassischen Äquipartitionsgesetze der Energie erhält jede von diesen unabhängigen Schwingungen des Äthers die mittlere Energie RT[1]. Die den Frequenzen ν bis $\nu + d\nu$ entsprechende Energie des Hohlraumes ist daher

$$8\pi R T l^3 \nu^2 d\nu / c^3 .$$

Nach dem Korrespondenzprinzipe muß dieser Wert mit dem Grenzwerte der PLANCKschen Formel übereinstimmen, welche nach (40.2) den Wert

$$l^3 C R T \nu^2 d\nu / h$$

gibt. Hieraus folgt:

$$C = 8\pi h / c^3 . \tag{40.5}$$

Nachdem wir nun den Wert der Konstanten C ermittelt haben, können wir auch die Beziehung zwischen dem Absorptions- und Emissionskoeffizienten, die sich auf Grund der EINSTEINschen Gleichung ergibt, in expliziterer Form schreiben. Nach (38.4) ist

$$\frac{b_{21}}{a_{12}} = C\frac{q_1}{q_2}\nu_{12}^3 = \frac{q_1}{q_2}\frac{8\pi h \nu_{12}^3}{c^3} . \tag{40.61}$$

Nach (36.21) ist $a_{12} n_1 I(\nu_{12})$ die Anzahl der in der Zeiteinheit absorbierten Quanten, und daher ist $a_{12} n_1 I(\nu_{12}) \cdot h\nu_{12}$ die Energie, welche in der Zeiteinheit absorbiert wird, d. h. in einer Zeit, während der ein Betrag an monochromatischer Strahlungsenergie $c\,I(\nu_{12})\,d\nu$ durch

[1] Nämlich $\frac{1}{2} RT$ kinetischer $+ \frac{1}{2} RT$ potentieller Energie. Ein freies Teilchen erhält $\frac{1}{2} RT$ kinetischer Energie für jeden seiner drei Freiheitsgrade (39.4).

ein cm² hindurchgegangen ist. Wenn also die n_1 Atome (im Zustande 1) einen absorbierenden Schirm vom Flächeninhalte 1 cm² bilden, ist der absorbierte Bruchteil der Strahlungsenergie

$$a_{12}\, n_1\, h\nu_{12}/c\, d\nu.$$

Der atomare Absorptionskoeffizient oder der Absorptionskoeffizient pro Atom pro cm² ist daher für monochromatische Strahlung gleich

$$\alpha = a_{12}\, h\nu_{12}/c\, d\nu \tag{40.62}$$

oder, nach (40.61)

$$\alpha = \frac{q_2}{q_1}\, \frac{c^2}{8\pi\nu_{12}^2} \cdot \frac{b_{21}}{\delta\nu}, \tag{40.63}$$

wo $1/b_{21}$ einfach als die mittlere Verweilszeit im Zustande 2, bis zum Eintritte eines spontanen Rückfalles, zu deuten ist, und $\delta\nu$ die Breite der Spektrallinie ist, die bei solchen Rückfällen emittiert wird[1].

Die Anzahl der Atome in einem Gramm ist $1/AH$, wo A das Atomgewicht und H die Masse eines Wasserstoffatoms bedeuten. Daher ist der Massen-Absorptionskeffizient k, oder der Absorptionskoeffizient pro gr. pro cm² gleich

$$k = \frac{\alpha}{AH} = \frac{q_2}{q_1}\, \frac{c^2}{8\pi\nu_{12}^2} \cdot \frac{b_{21}}{AH\,\delta\nu}. \tag{40.64}$$

Die Absorptionskoeffizienten (40.63) und (40.64) beziehen sich auf die Absorption von monochromatischer Strahlung der Frequenz ν_{12} durch einen Stoff, der ganz aus Atomen besteht, die sich im Zustande 1 befinden. Wenn das Atom mehrere Elektronen besitzt, die bei Anregung die Frequenz ν_{12} absorbieren können, müssen diese Koeffizienten mit dem entsprechenden Faktor multipliziert werden.

Das Planck sche Gesetz kann nunmehr endgültig in der vollständigen Form geschrieben werden:

$$I(\nu, T) = \frac{8\pi h\nu^3}{c^3} \cdot \frac{1}{e^{h\nu/RT} - 1}. \tag{40.7}$$

Nach dem Stefanschen Gesetze ist

$$a\,T^4 = \int_0^\infty I(\nu, T)\, d\nu = \frac{8\pi h}{c^3}\left(\frac{RT}{h}\right)^4 \int_0^\infty \frac{x^3\, dx}{e^x - 1} \qquad (x = h\nu/RT).$$

Das Integral ist gleich $\frac{\pi^4}{15}$, so daß

$$a = \frac{8\pi^5}{15}\, \frac{R^4}{c^3 h^3}. \tag{40.8}$$

---

[1] Genauer ist α der mittlere Absorptionskoeffizient über eine beliebige Breite $\delta\nu$, welche die Absorptionslinie vollständig enthält, so daß $\alpha\,\delta\nu$ die totale Absorption der Linie gibt. Wenn wir $\delta\nu$ so gewählt hätten, daß es nur einen Teil der Absorptionslinie enthielte, würde sich der Koeffizient b_{21} nur auf einen Bruchteil der Emissionen beziehen, und nicht mehr gleich der inversen Verweilszeit im angeregten Zustande sein.

Einige wichtige Eigenschaften des PLANCKschen Gesetzes sollen hier, für den späteren Gebrauch, zusammengestellt werden. Die mittlere Frequenz der Strahlung ist gegeben durch:

$$\bar{x} = \int_0^\infty \frac{x^4\,dx}{e^x - 1} \div \int_0^\infty \frac{x^3\,dx}{e^x - 1},$$

$$= 24\,(1^{-5} + 2^{-5} + 3^{-5} + \cdots) \div 6\,(1^{-4} + 2^{-4} + 3^{-4} + \cdots),$$

$$= 3{,}8322,$$

so daß

$$h\bar{\nu} = 3{,}83\,RT \tag{40.91}$$

ist.

Die Anzahl der Quanten pro cm³ ist

$$8\pi\left(\frac{RT}{hc}\right)^3 \int_0^\infty \frac{x^2\,dx}{e^x - 1}.$$

Das Intregal ist gleich 2,40411. Wir erhalten daher[1]:

$$\text{Anzahl der Quanten pro cm}^3 = 20{,}62\,T^3. \tag{40.92}$$

Die mittlere Energie eines Quants ist

$$aT^4 : 20{,}62\,T^3 = 2{,}70\,RT. \tag{40.93}$$

Der Maximalwert von $I(\nu, T)$ liegt bei einer Frequenz, die durch

$$h\nu = 2{,}821\,RT \tag{40.94}$$

gegeben wird.

Wenn aber das PLANCKsche Gesetz als Funktion von λ, statt von ν, ausgedrückt wird, so daß $I'(\lambda, T)\,d\lambda$ die zwischen λ und $\lambda + d\lambda$ enthaltene Energiedichte bedeutet, liegt der Maximalwert von $I'(\lambda, T)$ bei einer Frequenz, die durch

$$h\nu = 4{,}965 \cdot RT \tag{40.95}$$

gegeben wird.

Zur Veranschaulichung dieser Zahlen sei noch hinzugefügt, daß gelbes Licht gerade merklich zu werden anfängt, wenn 500 Quanten pro Sekunde in das Auge eindringen.

41. Die Überlegung, durch die wir zu der EINSTEINschen Gleichung geführt worden sind, ist plausibel; es soll aber hier nicht behauptet werden, daß die Richtigkeit dieser Gleichung durch eine Betrachtung *a priori* bewiesen werden kann. Besonders die Annahme, daß $I(\nu_{12})$ in (36.21) und (36.23) linear eingeht, kann füglich in Zweifel gezogen werden; es ist durchaus denkbar, daß die Anzahl der Übergänge nicht einfach proportional zu der Intensität der Strahlung zu sein braucht. Es

[1] Die numerischen Werte aller physikalischen Konstanten sind im Anhange I gegeben.

ist aber klar, daß, wenn die zweite oder noch höhere Potenzen von $I(\nu_{12})$ in der Gleichung enthalten wären, wir in keinem Falle das PLANCKsche Gesetz erhalten hätten, welches ja durch das Experiment bestätigt wird. Hieraus schließen wir, daß unsere Annahmen in der Natur tatsächlich erfüllt sind, und die ganze Betrachtung gibt uns eine anschauliche Vorstellung von der Weise, in der eine große Mannigfaltigkeit von Prozessen ganz einfach zu gleichartigen Verteilungsgesetzen für die Strahlung führen kann.

Es ist bemerkenswert, daß die EINSTEINsche Gleichung in gewissem Sinne einen Verstoß gegen das erste Gesetz bedeutet. Betrachten wir die Übergänge, welche $a_{21} n_2 I(\nu_{12})$ entsprechen, deren Zahl sowohl der Anzahl der geeigneten Atome als auch der Menge der entsprechenden Strahlung proportional ist. Die natürlichste Deutung des Prozesses besteht darin, daß, wenn ein Strahlungsquant mit einem angeregten Atome zusammentrifft, eine bestimmte Wahrscheinlichkeit für das Stattfinden eines Überganges besteht, dessen Endergebnis ein normales (oder weniger angeregtes) Atom und zwei sich von ihm entfernende Quanten — das ursprüngliche und das neu emittierte — sind. Augenscheinlich besteht der inverse Prozeß in der gleichzeitigen Annäherung von zwei Quanten an ein normales Atom, die als Endzustand ein angeregtes Atom und ein sich von ihm entfernendes Strahlungsquant ergibt. Die Wahrscheinlichkeit eines gleichzeitigen Zusammenstoßes von zwei Quanten mit einem und demselben Atome müßte, wenn die Quanten selbständige Elemente der Strahlung wären, proportional zu $\{I(\nu_{12})\}^2$ sein. In der EINSTEINschen Gleichung werden aber die Übergänge $a_{21} n_2 I(\nu_{12})$ nicht durch einen zu $\{I(\nu_{12})\}^2$ proportionalen Term kompensiert, sondern durch einen Teil des durch die Zusammenstöße mit einzelnen Quanten entstehenden Termes. Wir stellen also, wenigstens formal betrachtet, die Bilanz für einen Zyklus von Prozessen auf, anstatt für einen direkten und einen inversen Prozeß.

Im Gegensatze hierzu betrachten wir die Vorgänge, die sich abspielen, wenn ein Atom, statt eines Strahlungsquants, ein Elektron emittiert. Wenn ein Elektron mit einem normalen Atome zusammentrifft, besteht eine gewisse Wahrscheinlichkeit dafür, daß das Atom ionisiert wird, so daß zwei Elektronen (das ursprüngliche und ein weiteres Elektron) das Atom verlassen. Der inverse Prozeß findet statt, wenn zwei Elektronen gleichzeitig mit einem ionisierten Atome zusammentreffen und eines von diesen (welches entkommen wäre, wenn es allein gewesen wäre) dank der durch das Eindringen des anderen verursachten Verwirrung, eingefangen wird. In diesem Falle wenden wir das erste Gesetz an und schließen, daß die durch Zusammenstöße verursachten Ionisationen durch die bei gleichzeitigen Zusammenstößen mit zwei Elektronen (Dreierstößen) erfolgenden Anlagerungen von Elektronen compensiert werden müssen.

Dieser auffallende Unterschied in der Behandlung von Elektronen und Strahlung wird nun aber durch das Experiment gerechtfertigt. Dadurch wird die Vermutung sehr nahe gelegt, daß die freie Strahlung überhaupt keine atomare Struktur besitzt. Wenn sie nämlich aus unabhängigen Atomen bestünde, würde es kaum möglich sein, die Effekte, die durch gleichzeitige Einwirkung von zwei Strahlungsatomen hervorgerufen werden, zu vermeiden, deren Häufigkeit dann aber dem Quadrate der Intensität proportional sein müßte. Es genügt nicht anzunehmen, daß diese kombinierten Effekte zu schwach sind, um beobachtet werden zu können; in der EINSTEINschen Gleichung wird die Stelle, die ihnen von Rechts wegen zukäme, ausdrücklich, wegen ihres Ausbleibens, anderen Agenten zugewiesen.

Die moderne Quantentheorie scheint denn auch zu der Ansicht zu neigen, daß freie Strahlung kontinuierlich ist, und daß das Quant nur bei der Wechselwirkung von Strahlung und Materie in Erscheinung tritt[1].

Da die Grundgedanken der Quantentheorie in den letzten Jahren gewisse Veränderungen erfahren haben, wird es gut sein, die gegenwärtig herrschenden Anschauungen kurz zu schildern. Wir gehen von einem elektromagnetischen Felde aus, auf das die MAXWELLschen Gleichungen in voller Strenge anwendbar sind. Diese geben den Tensor $F_{\mu\nu}$ der Relativitätstheorie oder $(X, Y, Z, \alpha, \beta, \gamma)$ der klassischen Theorie; und von ihm behaupten die MAXWELLschen Gleichungen 1. daß er die Rotation eines elektromagnetischen Potentials ist, 2. daß seine Divergenz die elektrische Ladung und der Stromvektor sind. Nach der MAXWELLschen Theorie stellen Störungen dieses Vektors elektromagnetische Wellen dar, die sich mit der Fundamentalgeschwindigkeit c fortpflanzen und in Übereinstimmung mit der Undulationstheorie die Phänomene der Interferenz, Beugung usw. zeigen. Diesem Felde ist keinerlei Diskontinuität oder quantenhafte Struktur eigen. Wir müssen ferner die Frage betrachten, wie dieses Feld mit seinen Wellen der experimentellen Wahrnehmung zugänglich wird — eine Frage, über die zunächst noch nichts gesagt worden ist. Seine Wahrnehmung erfolgt vermittelst der Energieänderungen, die von ihm in materiellen Systemen hervorgerufen werden. Die elektrischen und magnetischen Kräfte sind an sich nicht beobachtbar; die beobachtbaren Effekte entstehen als Folgen der mechanischen oder ponderomotorischen Kraft des Feldes, die durch einen neuen Vektor ($F_{\mu\nu} F_{\sigma}{}^{\nu\sigma}$ in der Relativitätstheorie)

[1] Dieser Abschnitt, sowie der unmittelbar auf ihn folgende, sind im Iahre 1925 geschrieben worden. Seitdem sind viele neue, in Verbindung mit der „Neuen Quantenmechanik" entstandene Gedanken hinzugekommen. Ich glaube aber, daß der wesentliche Inhalt der hier ausgesprochenen Gedanken in irgendeiner Form noch weiter lebt. Es erscheint bei dem gegenwärtigen Stande der neuen Theorie kaum möglich, eine der obenstehenden entsprechende, zusammenfassende Darstellung von ihrem Standpunkte aus zu geben.

dargestellt wird. Die einfachste Beschreibung der durch das elektromagnetische Feld hervorgerufenen beobachtbaren Effekte, auf Grund der klassischen Theorie, besteht in der Aussage, daß es erstens einen Energiestrom bedingt, der durch den POYNTINGschen Vektor, oder das vektorielle Produkt der elektrischen und magnetischen Kraft, gemessen wird, und ferner einen Impulsstrom, der durch die bekannten MAXWELLschen Spannungen dargestellt wird; auf diese Weise können die auf ein materielles System übertragenen Energie und Impuls berechnet, und die beobachtbare Reaktion des Systems angegeben werden. In diesem Punkte bringt die Quantentheorie eine Abänderung ein. Nach ihr mißt der POYNTINGsche Vektor nicht den Energiefluß, sondern die Wahrscheinlichkeit eines Flusses. Wenn wir eine Fläche betrachten, durch die Energie in ein materielles System hinein- oder aus ihm herausfließt, so kann dieser Fluß nur in ganzen Quanten erfolgen; und wo die klassische Theorie einen Fluß vom Betrage eines Bruchteiles p eines Quants verlangt, nimmt die Quantentheorie eine Wahrscheinlichkeit p für einen Fluß vom Betrage eines ganzen Quants an.

Für diese Anschauungsweise sprechen sehr gewichtige Gründe. Erstens läßt sie die Wellentheorie der Ausbreitung des Lichtes im Vakuum vollkommen unberührt; Interferenzstreifen werden also überall dort erscheinen, wo sie von der Undulationstheorie vorausgesagt werden. Gleichzeitig werden aber die Energieelemente vor einer Schwächung durch Ausbreitung bewahrt, weil sich in den Wellen nicht die Energie, sondern ein Zustand des Äthers ausbreitet, der die Wahrscheinlichkeit eines Energiesprunges mißt. Zweitens wird die klassische Theorie an einer Stelle abgeändert, an der sie schon sowieso dunkel war. Eines der noch ungelösten Probleme der Relativitätstheorie ist die Frage nach dem Grunde, warum ein bestimmter aus $F_{\mu\nu}$ gebildeter Tensor gerade die Energie, den Impuls und die Spannungen darstellen soll; denn der Tensor *sieht nicht aus* (wenn man sich so ausdrücken darf) wie Energie, Impuls und Spannungen, und es ist noch keiner Untersuchung gelungen, den Zusammenhang weniger künstlich erscheinen zu lassen. Nach der quantentheoretischen Auffassung mißt der Tensor eine Wahrscheinlichkeit und stellt nicht den wirklichen Energietensor des Feldes dar. Drittens gibt die erwähnte Anschauungsweise einen Grund für die nicht-quantenhafte Struktur der freien Strahlung, die in den Postulaten der EINSTEINschen Gleichung enthalten ist; und sie befindet sich in Übereinstimmung mit dem Korrespondenzprinzipe, nach dem die klassischen Formeln Grenzausdrücke für große Anzahlen von Quanten darstellen, da Wahrscheinlichkeiten bei großen Zahlen mit Mittelwerten gleichbedeutend werden.

Nichtsdestoweniger ist der auf diese Weise erreichte Fortschritt zunächst noch ein sehr bescheidener, und wenn dieser Schlüssel uns auch eine Tür öffnet, so tut er das nur, um uns andere, noch fest verschlossene Türen zu zeigen.

Quantelung des Wasserstoffatoms.

42. Betrachten wir einen Kern von der Ladung Ze, der von einem einzigen Elektron der Masse m und Ladung $-e$, welches um ihn eine KEPLERsche Ellipse beschreibt, begleitet ist. Die Masse des Kernes wird, im Vergleiche zur Masse m, als unendlich groß angenommen.

Die Beschleunigung des Elektrons ist Ze^2/mr^2, so daß die Bewegung unter dem Einflusse einer Zentralbeschleunigung μ/r^2 erfolgt, wo

$$\mu = Ze^2/m \tag{42.1}$$

ist.

Die Lage des Elektrons kann mit Hilfe der kanonischen Variablen der DELAUNEYschen Planetentheorie beschrieben werden:

$$\left.\begin{aligned} q_1 &= l_0 - \bar{\omega}, & q_2 &= \bar{\omega} - \Omega, & q_3 &= \Omega, \\ p_1 &= m(\mu a)^{\frac{1}{2}}, & p_2 &= m(\mu a)^{\frac{1}{2}}(1-\varepsilon^2)^{\frac{1}{2}}, & p_3 &= m(\mu a)^{\frac{1}{2}}(1-\varepsilon^2)^{\frac{1}{2}}\cos i \end{aligned}\right\} \tag{42.2}$$

wo l_0 die mittlere Länge des als Planet betrachteten Elektrons, ε die Exzentrizität, a die halbe große Achse, $\bar{\omega}$ die Länge des Perihels, i die Neigung und Ω die Knotenlänge bedeuten. Die Variablen sind so gewählt, daß p_1, p_2, p_3 die den Koordinaten q_1, q_2, q_3 durch die HAMILTONschen Gleichungen

$$\frac{dq_r}{ds} = \frac{\partial H}{\partial p_r}, \qquad \frac{dp_r}{ds} = -\frac{\partial H}{\partial q_r} \tag{42.3}$$

zugeordneten Impulse darstellen, wobei die HAMILTONsche Funktion H als Funktion von diesen sechs Variablen und der Zeit s ausgedrückt zu denken ist.

Das Prinzip der Quantelung besteht nun darin, daß für Variable die (42.3) genügen

$$\int p_r\,dq_r = n_r h \tag{42.4}$$

sein muß, wo n_r eine ganze Zahl (oder Null) bedeutet, h — die PLANCKsche Konstante, und das Integral über eine vollständige Periode der Koordinate q_r erstreckt werden muß.

Bei Benutzung der Variablen (42.2) sind p_1, p_2, p_3 Konstanten und q_1, q_2, q_3 sind zyklische Variablen, deren Periode also gleich 2π ist. Die Bedingungen (42.4) werden daher

$$\left.\begin{aligned} 2\pi m(\mu a)^{\frac{1}{2}} &= nh, \\ 2\pi m(\mu a)^{\frac{1}{2}}(1-\varepsilon^2)^{\frac{1}{2}} &= n'h, \\ 2\pi m(\mu a)^{\frac{1}{2}}(1-\varepsilon^2)^{\frac{1}{2}}\cos i &= n''h, \end{aligned}\right\} \tag{42.5}$$

wo n, n', n'' ganze Zahlen sind. Damit ε und i reell bleiben, müssen wir haben

$$n \geqq n' \geqq n''.$$

Wir werden n als die Hauptquantenzahl, n', n'' — als Nebenquantenzahlen bezeichnen[1]. Die negative Energie des Systems ist (wie bei einer astronomischen Bahn)

$$-\chi = \frac{m\mu}{2a} \tag{42.61}$$

oder wegen (42.1) und (42.5)

$$-\chi = K/n^2, \qquad K = 2\pi^2 m Z^2 e^4/h^2. \tag{42.62}$$

Die Energie wird also durch die Hauptquantenzahl bestimmt und ist unabhängig von n', n''.

Die möglichen Exzentrizitäten und Neigungen der gequantelten Bahnen sind gegeben durch

$$1 - \varepsilon^2 = \frac{n'^2}{n^2}, \qquad \cos i = \frac{n''}{n'}. \tag{42.7}$$

Da n'' alle Werte von 0 bis n' annehmen kann und n' alle Werte von 1 bis n, müßte es $\frac{1}{2}\, n\,(n+3)$ Bahnen mit der Hauptquantenzahl n geben, die sich durch verschiedene Kombinationen der Werte n', n'' voneinander unterscheiden. Es hat sich aber erwiesen, daß dem BOHRschen Atommodell noch irgendein Mangel anhaftet, und diese Unterscheidung von Bahnen nach verschiedenen Quantenzahlen n'' unannehmbar ist.

An Stelle der Quantenzahl n'' werden gegenwärtig (hauptsächlich aus empirischen Gründen) zwei Quantenzahlen verwendet. Die eine nimmt ganzzahlige Werte, von $-(n'-1)$ bis $+(n'-1)$ (auch den Wert Null) an, d. h. im ganzen $2n'-1$ Werte. Die andere hat nur zwei mögliche Werte (für die man gewöhnlich $+\frac{1}{2}$ und $-\frac{1}{2}$ wählt) von denen angenommen wird, daß sie zwei Rotationsrichtungen des Elektrons um sich selbst — im Sinne der Bahnbewegung oder in dem zu ihr entgegengesetzten Sinne — entsprechen oder, vielleicht, zwei Polarisationsebenen der mit dem Elektron assoziierten Wellen. Es sind daher $4n'-2$ Bahnen vom Typus (n, n') vorhanden, was für die Gesamtzahl der der Hauptquantenzahl n entsprechenden Bahnen die Zahl $2n^2$ ergibt.

43. In dem hier betrachteten ungestörten Systeme durchlaufen die Koordinaten q_2 und q_3 niemals ihre Perioden. Findet die entsprechende Quantelung trotzdem statt?

In dieser Form hat die Frage keinen Sinn, da die Quantelung keine beobachtbaren Effekte erzeugen würde, wenn sie auch stattfände. Das BOHRsche Modell ist kein so naturgetreues Bild eines Atoms, daß es, unabhängig von den beobachtbaren Effekten, die es verkörpert, eine innere Wahrheit beanspruchen dürfte. Die Bedeutung der Quantelung liegt darin, daß sie die Energieänderung beim Übergange aus einem Zustand in einen anderen und daher die Frequenz der emittierten Strahlung

[1] n' wird auch die *azimutale* Quantenzahl genannt, $n - n'$ die *radiale* Quantenzahl und n die Gesamtquantenzahl.

bestimmt; in dem hier betrachteten einfachen Systeme hängt aber die Energie weder von n' noch von n'' ab, so daß es ganz gleichgültig ist, ob diese Quantelungen stattfinden oder nicht.

Wenn wir die etwas gestörte KEPLERsche Bewegung betrachten, die sich bei Berücksichtigung der durch die veränderliche Geschwindigkeit verursachten Änderung der Masse (Relativitätskorrektion) ergibt, oder durch die Anwesenheit anderer Elektronen im Systeme bedingt wird, dann erhalten wir eine Umdrehung der Apsidenlinie; jetzt durchläuft q_2 tatsächlich seine Periode 2π, und die zweite Quantelung muß in Erscheinung treten. Gleichzeitig erfährt der Ausdruck für die Energie eine Änderung, indem er nunmehr auch n' enthält, und die Quantelung kann daher durch eine Reihe diskreter Energiewerte, die den verschiedenen ganzzahligen Werten n' entsprechen, dem Beobachter ihre Existenz verraten. Andererseits bedingt ein äußeres elektrisches oder magnetisches Feld eine Umdrehung der Knoten; q_3 durchläuft nun auch seine Periode und führt eine dritte Quantelung ein. Gleichzeitig liefert das äußere Feld eine (früher nicht vorhandene)Bezugsebene für i, und der Energieausdruck erhält eine kleine Korrektion, die $\cos i$ und daher n'' enthält. Die diskreten Werte der Energie, die den verschiedenen ganzzahligen Werten von n'' entsprechen, verraten diese Quantelung. Das Bestehen der Quantelung ist nur für den Fall zweifelhaft, in dem sie keine beobachtbaren Effekte hervorrufen kann.

In einer etwas abgeänderten Form erhält die Frage einen wohl definierten Sinn. In den wirklichen Atomen ist die Quantelung nicht vollkommen scharf, d. h. die Energie kann alle in einem engen Bereiche um den Mittelwert liegenden Werte annehmen, und die Spektrallinien, welche bei Übergängen zu anderen Zuständen emittiert werden, haben eine kleine, aber endliche Breite. Es unterliegt keinem Zweifel, daß die Schärfe der Quantelung mit der Anzahl der von der entsprechenden Koordinate beschriebenen Perioden verknüpft ist; wenn daher die Bewegung von q_2 und q_3 immer langsamer und langsamer wird, verschwimmen die Nebenquantelungen immer mehr ins Unbestimmte. In diesem Sinne können wir mit Bestimmtheit sagen, daß, wenn q_2 und q_3 stationär sind, die Hauptquantelung allein bestehen bleibt. Wir können uns die Quantelung als eine Art Resonanzeffekt vorstellen, der um so stärker wirkt, je größer die Zahl der ohne Unterbrechung beschriebenen Zyklen ist; oder, wir können die Umdrehungen der Koordinate mit den Strichen eines Gitters (in der Zeitdimension) vergleichen, das ein um so größeres Auflösungsvermögen besitzt, je größer die Anzahl der Wellen ist, die es zur Überlagerung bringt.

43a. Seit 1925 ist das BOHRsche Modell durch eine von W. HEISENBERG vorgeschlagene Auffassung des Atoms in weitem Maße ersetzt worden. Die neuen Gedanken haben aber in der kurzen Zeit ihres Bestehens auf die astronomischen Untersuchungen noch keinen Einfluß ausüben können, und wir werden daher in diesem Buche immer nur auf das BOHRsche Modell Bezug nehmen.

Trotzdem wir von der neuen Theorie keinen Gebrauch zu machen beabsichtigen, halten wir es dennoch für richtig, ihren allgemeinen Charakter an dieser Stelle zu skizzieren, da sie wahrscheinlich berufen ist, bei zukünftigen Anwendungen der Atomphysik auf astronomische Probleme eine wichtige Rolle zu spielen.

Durch eine Kombination der HEISENBERGschen Gedanken mit der Wellentheorie von L. DE BROGLIE ist es E. SCHRÖDINGER gelungen, ein ziemlich abgeschlossenes Modell des Wasserstoffatoms zu entwerfen. Seine Theorie der Quantelung dieses Atoms mag mit der in § 42 gegebenen Theorie des BOHRschen Atoms verglichen werden.

Wir postulieren die Existenz eines Subäthers, in dem Wellenbewegungen normalerweise mit einer Geschwindigkeit fortgepflanzt werden, die der Quadratwurzel aus der Frequenz proportional ist. Die Wellengeschwindigkeit wird gleich

$$u = \sqrt{\frac{h\nu}{2m}} \tag{43.1}$$

angenommen, wo m die Naturkonstante ist, die in der klassischen Mechanik als die Masse eines Elektrons gedeutet wird.

Die Wellengleichung, welcher eine Störung ψ genügen muß, lautet dementsprechend

$$\frac{\partial^2 \psi}{\partial t^2} = u^2 \nabla^2 \psi = \frac{h\nu}{2m} \nabla^2 \psi\,. \tag{43.21}$$

Da ν die Frequenz bedeutet, ist ψ proportional zu $e^{2\pi i\nu t}$ und (43.21) reduziert sich daher auf

$$\nabla^2 \psi + \frac{8\pi^2 m\nu}{h} \psi = 0. \tag{43.22}$$

Eine Veränderung des normalen Zustandes des Subäthers (in klassischer Ausdrucksweise — ein Kraftfeld) wird sich in einer Änderung der Fortpflanzungsgeschwindigkeit von Störungen äußern oder, was auf dasselbe hinauskommt, in dem Auftreten eines geeigneten additiven Termes in (43.22). Die veränderte Gleichung, die wir in diesem Falle zu betrachten haben, lautet daher

$$\nabla^2 \psi + \frac{8\pi^2 m}{h} (\nu - \nu_0) \psi = 0\,, \tag{43.23}$$

wo ν_0 (eine Funktion der räumlichen Koordination) ein Maß für die Änderung der Bedingungen im Medium darstellt. Die veränderte Fortpflanzungsgeschwindigkeit, welche der Gleichung (43.23) entspricht, ist, wie leicht einzusehen:

$$u = \sqrt{\frac{h\nu^2}{2m(\nu - \nu_0)}}\,. \tag{43.31}$$

Unsere groben Experimente gestatten uns niemals die Beobachtung einzelner Wellen, aber eine Gruppe von Wellen großer Amplituden kann unter Umständen von uns wahrgenommen werden. Ein Elektron wird als ein derartiges Sturmgebiet aufgefaßt. Da das Medium eine Dispersion besitzt, stimmt die Gruppengeschwindigkeit mit der Wellengeschwindigkeit nicht überein. Das Elektron, oder Wellengruppe, bewegt sich mit der Gruppengeschwindigkeit, die nach der gewöhnlichen hydrodynamischen Formel gleich

$$v = d\nu / d(\nu/u) = \sqrt{\frac{2h(\nu - \nu_0)}{m}} \tag{43.32}$$

ist. Die kinetische Energie des Elektrons ist daher

$$T = \tfrac{1}{2} m v^2 = h(\nu - \nu_0)\,. \tag{43.33}$$

Es sei V die potentielle Energie und E die Gesamtenergie des Elektrons, so daß $T = E - V$ ist. Der Umstand, daß ν_0 ein Maß für das Kraftfeld darstellt, führt uns naturgemäß zu der Identifizierung

$$E = h\nu\,, \qquad V = h\nu_0\,. \tag{43.34}$$

Die Frequenzen der SCHRÖDINGERschen Theorie sind somit mit den Energien der klassischen Theorie durch die gewöhnliche Quantenbeziehung verknüpft. Insbesondere stellt die in (43.23) eingeführte Größe ν_0 die Frequenz dar, welche der potentiellen Energie des Elektrons im betrachteten Punkte entspricht.

Unter Zugrundelegung dieser Deutung für ν und ν_0 kann nun gezeigt werden, daß die Bewegung einer Wellengruppe, die stark genug konzentriert ist, um als Teilchen aufgefaßt werden zu können, dem Prinzip der kleinsten Wirkung genügt, genau so wie der Weg einer Lichtwellengruppe, die stark genug konzentriert ist, um als Strahl behandelt werden zu können, dem FERMATschen Prinzip der kleinsten Zeit entspricht.

Bei dem BOHRschen Wasserstoffatommodelle wird eine Bewegung in einem symmetrischen Kraftfelde betrachtet, bei der $V = -\frac{e^2}{r}$ ist; dementsprechend betrachten wir beim SCHRÖDINGERschen Modelle eine Wellenbewegung, die der Gleichung (43.23) genügt und für die[1]

$$\nu_0 = -\frac{e^2}{h r}$$

[1] Die potentielle Energie der inneren Zusammensetzung des Elektrons (und vielleicht auch diejenige des Atomkernes) müßte in ν_0 mit aufgenommen werden. Die Hinzufügung einer additiven Konstanten zu ν_0 hat aber nur zur Folge, daß dieselbe Konstante zu den für die Lösungen geltenden Werten von ν additiv hinzutritt. Diese additive Konstante hat für die beobachtbaren Erscheinungen keine Bedeutung, weil alle beobachtbaren Folgen der Theorie von *Differenzen* von ν-Werten abhängen; sie bewirkt aber eine sehr beträchtliche Erhöhung der Eigenfrequenzen (s. unten) des Atoms im Vergleiche zu den spektralen Frequenzen und läßt somit die Tatsache verständlich erscheinen, daß nur letztere für uns wahrnehmbar sind. Der Umstand, daß in unseren Werten von ν eine additive Konstante vernachlässigt ist, muß im Auge behalten werden, wenn wir in (43.53) negativen Werten von ν begegnen.

ist, so daß (43.23) die Form annimmt

$$\nabla^2 \psi + \frac{8\pi^2 m}{h}\left(\nu + \frac{e^2}{h r}\right)\psi = 0\,. \tag{43.4}$$

Wir wollen jede Lösung der Gleichung (43.4) als eine Darstellung irgendeines möglichen Zustandes des Wasserstoffatoms betrachten. Diesen Lösungen legen wir keinerlei Bedingungen auf außer der physikalisch selbstverständlichen Einschränkung, daß ψ in keinem Punkte unendlich werden darf. Die Lösungen der Gleichung sind additiv, so daß sich die allgemeine Lösung als Summe einer Anzahl unabhängiger Elementarlösungen darstellen lassen wird. Wir versuchen diese Elementarlösungen oder Zusätnde des Atoms so erschöpfend wie möglich zu bestimmen.

Es wird gewöhnlich angenommen, daß eine Elementarlösung die Form hat: $\psi = \chi(r) \times$ einer Funktion der Winkelkoordinaten. (Es ist nicht ganz klar, ob durch diese Spezialisierung nicht doch vielleicht gewisse Lösungen ausgeschlossen werden, sie scheint aber allgemein für unschädlich gehalten zu werden.) Die Funktion der Winkelkoordinaten kann in eine Reihe nach Kugelfunktionen ganzzahligen Grades entwickelt werden, so daß die Elementarlösung in der Form angesetzt werden kann

$$\psi = \chi(r)\cdot S_k\,, \tag{43.51}$$

wo S_k eine Kugelfunktion von ganzzahliger (oder nullter) Ordnung k bezeichnet und χ eine noch zu bestimmende Funktion von r ist. Indem wir ∇^2 auf Polarkoordinaten umrechnen und von der wohlbekannten Eigenschaft der Kugelfunktionen Gebrauch machen, erhalten wir aus (43.4) und (43.51)

$$\frac{1}{r}\frac{d^2}{dr^2}(r\chi) + \frac{k(k+1)}{r^2}\chi + \frac{8\pi^2 m}{h}\left(\nu + \frac{e^2}{h r}\right)\chi = 0\,. \tag{43.52}$$

Setzen wir noch

$$\left.\begin{aligned} w &= r\chi\,,\\ r' &= r\sqrt{\frac{-32\pi^2 m\nu}{h}}\,,\\ n &= \sqrt{\frac{-2\pi^2 m e^4}{h^3\nu}}\,, \end{aligned}\right\} \tag{43.53}$$

so reduziert sich (43.52) auf die Normalform

$$\frac{d^2 w}{dr^2} + \left(-\frac{1}{4} + \frac{n}{r'} + \frac{\frac{1}{4} - (k+\frac{1}{2})^2}{r'^2}\right) w = 0\,. \tag{43.54}$$

Wir betrachten ν als eine negative Größe, weil die Energie E eines Elektrons innerhalb eines Atoms negativ ist. Da r' weiter nichts als das in einer neuen Einheit gemessene r ist, wollen wir fortan den Strich weglassen.

Die allgemeine Lösung von (43.54) ist bekannt und lautet

$$w = A W_{n,k+\frac{1}{2}}(r) + B W_{-n,k+\frac{1}{2}}(-r), \tag{43.61}$$

wo W eine (in der reinen Mathematik sehr wichtige) von E. T. WHITTAKER[1] eingeführte Funktion ist.

Für große Werte von r gilt für diese Funktion die asymptotische Darstellung

$$W_{n,k+\frac{1}{2}}(r) \sim$$
$$\sim e^{-\frac{1}{2}r} r^n \left\{1 + \sum_{p=1}^{\infty} \frac{\{(k+\frac{1}{2})^2-(n-\frac{1}{2})^2\}\{(k+\frac{1}{2})^2-(n-\frac{3}{2})^2\}\ldots\{(k+\frac{1}{2})^2-(n-p+\frac{1}{2})^2\}}{p!\, r^p}\right\} \tag{43.62}$$

Hieraus ergibt sich, daß der zweite Term in (43.61) für $r = \infty$ wie $e^{\frac{1}{2}r} r^{-n}$ unendlich wird; er ist daher auf das physikalische Problem unanwendbar. Wir müssen also $B = 0$ setzen und die Elementarlösung erhält somit die vereinfachte Form

$$r\chi = w = W_{n,k+\frac{1}{2}}(r) \tag{43.63}$$

oder

$$\psi = \frac{W_{n,k+\frac{1}{2}}(r)}{r} S_k e^{2\pi i \nu t}. \tag{43.64}$$

Aus (43.62) ersehen wir, daß dieser Ausdruck für $r = \infty$ dem Werte Null zustrebt und die Gefahr eines Unendlichwerdens besteht nur noch für den Punkt $r = 0$. Die Lösung hat einen exzeptionellen Charakter für

$$k + \tfrac{1}{2} = n - \tfrac{1}{2}, \quad n - \tfrac{3}{4}, \quad n - \tfrac{5}{2}, \quad \ldots$$

d. h. für

$$n = k + 1 \quad k + 2, \quad k + 3, \quad \ldots \tag{43 7}$$

Wenn nämlich $k + \frac{1}{2} = n - p + \frac{1}{2}$ ist, verschwindet der letzte Faktor im Zähler von $\frac{1}{r^p}$ und dieser Nullfaktor tritt auch in allen weiteren Termen der Reihe auf. Die Reihe wird also endlich und (43.62) wird in diesem Falle nicht nur asymptotisch, sondern streng richtig. Die absteigende Reihe für w bricht mit dem Gliede $e^{-\frac{1}{2}r} r^{n-p+1}$ oder $e^{-\frac{1}{2}r} r^{k+1}$ ab, und die Reihe für χ schließt mit dem Gliede $e^{-\frac{1}{2}r} r^k$. Eine Singularität tritt folglich im Anfangspunkte nicht auf; ψ ist überall endlich und die Lösung genügt somit den physikalischen Anforderungen.

Wenn n nicht gleich einem der speziellen Werte (43.7) ist, bricht die Reihe nicht ab, und die späteren Glieder werden für kleine Werte von r sehr groß. Wir können hieraus den Verdacht schöpfen, daß uns die Reihe dadurch mitzuteilen versucht, daß w im Anfangspunkte unendlich ist, obwohl dies natürlich aus einer asymptotischen Entwicklung nicht regelrecht gefolgert werden kann. Eine strenge mathematische Untersuchung der W-Funktion bestätigt indessen diesen Verdacht.

[1] Eine erschöpfende Behandlung dieser Funktion ist von WHITTAKER und WATSON: Moderne Analyse, Kap. XVI, gegeben worden.

Die Ausnahmswerte (43.7) sind demnach die einzigen Werte, welche eine endliche Wellenverteilung ergeben. Da k ganzzahlig ist (einschließlich des Wertes Null), werden die möglichen Werte von n durch alle ganzen Zahlen (ausschließlich der Null) gegeben.

Nach (43.53) ist

$$-\nu = \frac{2\pi^2 m e^4}{h^3 n^2} \quad (n = 1, 2, 3, \ldots), \tag{43.8}$$

so daß die möglichen Frequenzen der Wellen (die man als Eigenfrequenzen bezeichnet) eine Serie von diskreten Werten bilden. Für die zwischenliegenden Frequenzen sind stabile Wellenbewegungen unmöglich, weil sie in gewissen Punkten des Raumes unendliche Amplituden erhalten müßten. Ein Vergleich mit (42.62) zeigt uns, daß die SCHRÖDINGERsche Serie diskreter Frequenzen ν mit der BOHRschen Serie diskreter Energiewerte χ mittels der gewöhnlichen Quantenbeziehung $\chi = h\nu$ zusammenhängt; SCHRÖDINGER gelangt aber zu dieser Serie, ohne irgendwelche willkürliche Regeln für die Quantelung einführen zu müssen. Augenscheinlich kann n nunmehr mit der Hauptquantenzahl identifiziert werden. Für ein gegebenes n kann die Ordnungszahl k der Kugelfunktion jeden beliebigen ganzzahligen Wert von 0 bis $n - 1$ annehmen. Diese Zahl tritt an die Stelle der Nebenquantenzahl n' (deren Werte von 1 bis n variieren), welche beim BOHRschen Modell mit der Elliptizität der Bahn zusammenhing. Die zwischen beiden Zahlen bestehende Beziehung ist $k = n' - 1$. Die allgemeine Kugelfunktion der Ordnung k enthält $2k + 1$ willkürliche Konstanten, so daß wir bei vorgegebenen n und k im ganzen $2k + 1$ unabhängige Lösungen oder Elementarzustände des Atoms haben; dagegen ergab das BOHRsche Modell $n' + 1$ $(= k + 2)$ verschiedene Werte für die dritte Quantenzahl n''. SCHRÖDINGERs Aufzählung kommt der Wahrheit näher, jedoch muß die Zahl $2k + 1$ auch noch verdoppelt werden. Diese Verdoppelung wird dem Umstande zugeschrieben, daß sich das rotierende Elektron in zwei entgegengesetzten Richtungen drehen kann; es ist aber bis jetzt noch nicht gelungen, diese Vorstellung dem SCHRÖDINGERschen Modelle organisch einzuverleiben.

Im Gegensatze zu den BOHRschen Bahnen können beliebig viele der unabhängigen Elementarwellensysteme gleichzeitig in einem und demselben Atome koexistieren. Wenn Wellen zweier verschiedener Eigenfrequenzen ν_1 und ν_2 in einem Atome gleichzeitig vorhanden sind, entstehen Schwebungen der Frequenz $(\nu_1 - \nu_2)$. Aus (43.8) (sowie aus der Beziehung zwischen Eigenfrequenzen und BOHRschen Energien sehen wir, daß die Frequenzen dieser Schwebungen gerade diejenigen Frequenzen sind, die wir im Spektrum des Atoms beobachten. Die Ursache der spektralen Emission wird also nicht mehr in dem Übergange zwischen zwei Zuständen erblickt, sondern in der Wechselwirkung zweier im Atome koexistierender Wellensysteme.

Die konzentrierte Wellengruppe, welche das Elektron darstellt, wird aufgelöst, wenn das Elektron einem Atome einverleibt wird; ein lokalisierbares Elektron ist im Atommodelle nicht mehr vorhanden. Trotzdem erweist sich das Gebiet größter Störungen (beträchtlicher Werte von ψ) als mehr oder weniger äquivalent dem Volumen, welches dem Atom gewöhnlich zugeschrieben wird, und es treten sogar gewisse Verdichtungen von ψ in der Nachbarschaft der BOHRschen Bahnen auf. Vom Standpunkte der klassischen Theorie müßte die Auflösung eines Elektrons bei seinem Eintritte in ein Atom die Befreiung großer Energiemengen bedingen; die Energie tritt aber in der Wellentheorie nicht unmittelbar auf, da ihre Funktionen hier vollständig der *Frequenz* überantwortet werden. Wir halten es für wahrscheinlich, daß die Weiterentwicklung dieser Gedanken zu einer völligen Umgestaltung gewisser Probleme wie z. B. des Problems des gegenseitigen Aufhebens von Protonen und Elektronen (§ 204) führen könnte.

Zum Schlusse muß noch hervorgehoben werden, daß das hier besprochene Modell eben nichts weiter als ein neues Modell ist. Es stellt ein nützliches, aber (wahrscheinlich) gänzlich künstliches Hilfsmittel dar zur Veranschaulichung derjenigen Phänomene, welche in der Matrizenmechanik von HEISENBERG, BORN und JORDAN und DIRAC einen allgemeineren Ausdruck finden. SCHRÖDINGER hat selbst nachdrücklich betont, daß die Wellenausbreitung im Konfigurationsraume und nicht im wirklichen Raume stattfindet; wenn wir in diesem Falle noch in der Lage waren, den Wellen dadurch eine Art physikalischer Realität zu verleihen, daß wir einen mit dem wirklichen Raume eng verbundenen Konfigurationsraum benutzten, so bleibt die Wellenmethode doch ebenso anwendbar auf Probleme, bei denen verallgemeinerte Koordinaten verwendet werden müssen, für die eine realistische Deutung nicht möglich ist. Die neue Quantenmechanik ist im Anschlusse an die Theorie der Spektren entstanden, in der die Probleme der Periodizität naturgemäß die Hauptrolle spielen. Eine Wellenanalyse eignet sich augenscheinlich gut zur Behandlung solcher Probleme; hieraus folgt aber keineswegs, daß sie bei allen physikalischen Problemen überhaupt die geeignetste sein würde.

Bahnen mit großen Quantenzahlen.

44. Hochtemperierte Materie enthält, außer den an die Atome gebundenen Elektronen, eine Anzahl freier, von den Atomen losgelöster Elektronen, die sich wie unabhängige Molekeln bewegen. Die Statistik der gebundenen Elektronen wird naturgemäß in der Form gegeben: Anzahl der Elektronen in Bahnen der und der Quantenzahlen. Die Statistik der freien Elektronen wird aber in der Form gegeben: Anzahl der Elektronen, deren räumliche Lage und Geschwindigkeit in gewissen vorgegebenen Grenzen enthalten sind. Nun besteht ein äußerst wichtiger kontinuierlicher Übergang von der Statistik der gebundenen zu der Statistik der freien Elektronen, der aber verborgen bleibt, wenn man sie nach verschiedenen Prinzipien klassifiziert. Unsere Aufgabe wird in diesem Abschnitte darin bestehen, die Statistik der am allerlosesten gebundenen Elektronen in einer solchen Weise zu transformieren, daß sie mit der Statistik der freien Elektronen vergleichbar wird.

Wie wir oben gesehen haben, verhalten sich die Anzahlen der Systeme, die sich in zwei, den Energien χ_1 und χ_2 entsprechenden Zuständen befinden, wie

$$q_1\, e^{-\chi_1/RT} : q_2\, e^{-\chi_2/RT},$$

wo die Gewichte von den Zuständen, aber nicht von der Temperatur abhängen. Wir können daher in einer beliebigen Mannigfaltigkeit die Anzahl der Systeme, die sich in dem Zustande mit der Energie χ_n befinden, gleich

$$B\, q_n\, e^{-\chi_n/RT} \tag{44.1}$$

setzen, wo B eine Konstante ist, die von dem Umfange der Mannigfaltigkeit abhängt.

Wir werden nun die Annahme machen, daß das Gewicht aller gequantelten Bahnen dasselbe ist. Der innere Zusammenhang dieser Annahme mit den Grundgedanken der statistischen Mechanik wird erst später ersichtlich werden. Das Gewicht jeder gequantelten Bahn wird gleich $\frac{1}{2}$ angenommen, wodurch die Einheit von q, die bis jetzt noch unbestimmt gelassen war, nunmehr festgelegt ist[1].

Betrachten wir wieder, wie im letzten Paragraphen, das aus einem Kerne und einem Begleitelektron bestehende System. Es sind dann $2n^2$ verschiedene Bahnen mit der Hauptquantenzahl n vorhanden, so daß $q_n = n^2$ ist.

Die Anzahl der Systeme mit der Energie χ_n wird daher:

$$B\, n^2\, e^{-\chi_n/RT}, \tag{44.2}$$

wo, nach (42.62)

$$-\chi_n = K/n^2, \qquad K = 2\pi^2 m\, e^4 Z^2/h^2. \tag{44.3}$$

[1] Wenn wir die vierte Quantenzahl ($\frac{1}{2}, -\frac{1}{2}$) berücksichtigen, muß das Gewicht, wie wir es getan haben, gleich $\frac{1}{2}$ angesetzt werden. Aber, außer in den allerneusten Untersuchungen, wird eine vierte Quantenzahl nicht unterschieden, und die beiden Bahnen vom Gewicht $\frac{1}{2}$ werden wie eine einzige Bahn vom Gewicht 1 behandelt. An anderen Stellen dieses Buches (so z. B. in § 48) werden wir für die Quantenbahnen das Gewicht 1 annehmen; in solchen Fällen ignorieren wir die vierte Quantenzahl. Der Hauptfehler der älteren Theorie entstand aus der Tatsache, daß zwei einquantige Bahnen experimentell erkannt waren, und jeder das Gewicht 1 erteilt wurde. Diese Bahnen werden aber nur durch die vierte Quantenzahl voneinander unterschieden und müssen bei allen Untersuchungen, in denen die vierte Quantenzahl nicht berücksichtigt wird, wie eine einzige Bahn behandelt werden.

Elektronen mit sehr kleinen negativen Energien entsprechen großen Werten von n. Wir wollen n so groß wählen, daß die Reihe der Energiewerte praktisch in einen kontinuierlichen Bereich übergeht. Dann folgt aus (44.3)

$$d\chi_n = \frac{2K}{n^3}\,dn,$$

so daß sich die Anzahl der ganzzahligen Werte von n im Bereiche $d\chi_n$ dem Werte

$$n^3\,d\chi_n/2K \tag{44.4}$$

nähert.

Es sei nun

$$\varepsilon'^2 = 1 - \varepsilon^2,$$

also, nach (42.7)

$$\varepsilon' = n'/n. \tag{44.5}$$

Jedem ganzzahligen Werte von n' entsprechen $4n' - 2$ oder, mit genügender Annäherung, $4n'$ Bahnen. Jedem ganzzahligen Werte von n entsprechen daher $4n'\,dn'$ Bahnen im Intervalle dn'. Nach (44.5) ist aber

$$n'\,dn' = n^2\,\varepsilon'\,d\varepsilon'. \tag{44.6}$$

Aus (44.4) und (44.6) folgt für die Anzahl der Bahnen in einem Bereiche $d\chi\,d\varepsilon'$

$$\frac{n^3}{2K}\,d\chi_n \cdot 4\,n^2\,\varepsilon'\,d\varepsilon'$$

und die Anzahl der Systeme, deren Elektronen in diesem Bereiche enthaltene Bahnen beschreiben, ist nach (44.1):

$$B\,\frac{n^5}{K}\,e^{-\chi_n/RT}\,\varepsilon'\,d\varepsilon'\,d\chi_n. \tag{44.7}$$

45. Nach der Theorie der elliptischen Bewegung ist die Flächenkonstante

$$r^2\frac{d\Theta}{dt} = \{\mu a(1-\varepsilon^2)\}^{\frac{1}{2}} = (\mu a \varepsilon'^2)^{\frac{1}{2}},$$

so daß, wenn w die transversale Geschwindigkeit bezeichnet:

$$w^2 = \left(r\frac{d\Theta}{dt}\right)^2 = \frac{\mu a \varepsilon'^2}{r^2}.$$

Es sei V die Gesamtgeschwindigkeit und u ihre radiale Komponente (dr/dt). Dann ist

$$u^2 = V^2 - w^2 = V^2 - \frac{\mu a \varepsilon'^2}{r^2},$$

so daß in einer gegebenen festen Entfernung vom Kerne und für eine vorgegebene Energie χ_n

$$u\,du = -\frac{\mu a}{r^2}\,\varepsilon'\,d\varepsilon'. \tag{45.1}$$

Man beachte, daß V unabhängig von ε' ist, da die Energie n' nicht enthält.

Nun ist die Zeit, die das Elektron bei jedem Durchgange durch eine Kugelschale r bis $r + dr$ in dieser verbringt, gleich $dt = \frac{dr}{u}$; und nach dem dritten KEPLERschen Gesetze ist die Zeit einer halben Revolution $\pi a^{\frac{3}{2}}/\mu^{\frac{1}{2}}$. Jedes Elektron verbringt daher in der Kugelschale den Bruchteil

$$\mu^{\frac{1}{2}}\, dr/\pi a^{\frac{3}{2}} u$$

seiner Zeit. Indem wir die Anzahl der Elektronen (44.7) mit dem Bruchteile ihrer Zeit, den sie in der Kugelschale verbringen, multiplizieren, erhalten wir die mittlere Anzahl der Elektronen, die sich in jedem Augenblicke in der Schale befinden. Unter Benutzung von (45.1) erhalten wir für diese Anzahl

$$-\frac{B n^5}{K} e^{-\chi_n/RT} d\chi_n \cdot \frac{r^2\, dr}{\pi \mu^{\frac{1}{2}} a^{\frac{5}{2}}} \cdot du\,. \tag{45.2}$$

Wir bemerken zuerst, daß die Anzahl in einem Intervall du proportional zu du ist. *Dies zeigt, daß die Verteilung der Geschwindigkeiten bei r sphärisch-symmetrisch ist.* Die Gesamtgeschwindigkeit V ist ja dieselbe für alle Elektronen der Energie χ_n. Wir können ferner annehmen, daß um den Radius Kreissymmetrie herrscht[1]. Dann ist, bei vollständiger Kugelsymmetrie, die Anzahl der Geschwindigkeiten, die in einer zwischen den Winkelabständen Θ bis $\Theta + d\Theta$ (von der radialen Richtung gemessen) eingeschlossenen Zone liegen, proportional dem Flächeninhalte der Zone $2\pi \sin\Theta\, d\Theta$, d. h. proportional zu $d\,(\cos\Theta)$ und daher zu du, da ja $u = V\cos\Theta$.

Nun integrieren wir in bezug auf u. Da n' von 0 bis n geht, geht ε' von 0 bis 1; w geht von 0 so weit es kann, nämlich bis V, wobei das vorzeitige Aufhören seiner Veränderlichkeit dadurch bedingt ist, daß Bahnen mit zu schwacher Exzentrizität ganz außerhalb r liegen. Daher ändert sich u von V bis 0, und das Integral von du ist V. Das Resultat der Integration ist somit

$$\frac{B n^5}{K} e^{-\chi_n/RT} d\chi_u \frac{V r^2\, dr}{\pi \mu^{\frac{1}{2}} a^{\frac{5}{2}}} = 4\pi \varrho r^2\, dr\,, \tag{45.3}$$

wo ϱ die Dichte der Elektronen bei r bedeutet, deren Energie in ein Intervall $d\chi_n$ fällt[2].

Nach (42.61) und (42.62) ist

$$n^5/a^{\frac{5}{2}} = (2K/m\mu)^{\frac{5}{2}}$$

---

[1] Dies könnte durch eine Betrachtung der Verteilung von $\cos i$ bewiesen werden, erscheint aber auch so schon einleuchtend genug.

[2] Der Gebrauch des Wortes „Dichte" ist bequem, jedoch darf nicht vergessen werden, daß die Schale r bis $r + dr$ für jedes Elektron auf einen anderen Kern bezogen ist. Hier stellen wir uns diese Schalen als übereinander gelagert vor. Wir können auch, wenn wir wollen, statt einer großen Anzahl von verschiedenen Atomen, den zeitlichen Mittelwert für ein Atom betrachten.

und wir können, indem wir die Werte von μ und K aus (42.1) und (42.62) einsetzen, das Resultat (45.3) auf die Form bringen:

$$\varrho = B \frac{4\pi m^2}{h^3} e^{-\chi_n/RT} V d\chi_n .$$

Wenn $-\psi(r)$ die potentielle Energie des Elektrons bei r bedeutet, die durch das Feld des Kernes bedingt wird, ist

$$\chi_n = -\psi(r) + \tfrac{1}{2} m V^2$$

und

$$d\chi_n = m V dV .$$

Es ist daher

$$\varrho = B \frac{m^3}{h^3} e^{-\chi_n/RT} 4\pi V^2 dV . \qquad (45.4)$$

Da wir gezeigt haben, daß die Geschwindigkeitsverteilung kugelsymmetrisch ist, können wir die Schale des „Geschwindigkeitsraumes" in gleich große rechtwinklige Elemente $du\,dv\,dw$ zerlegen, genau so wie eine Kugelschale $4\pi r^2 dr$ in ihre Elemente $dx\,dy\,dz$ aufgespaltet werden kann. Die Dichte der Elektronen, deren Geschwindigkeiten zwischen u, v, w und $u + du$, $v + dv$, $w + dw$ liegen, ist dann

$$B \frac{m^3}{h^3} e^{-\chi_n/RT} du\,dv\,dw$$

und ihre Anzahl in einem Raum- und Geschwindigkeitsbereiche $dx\,dy\,dz\,du\,dv\,dw$ ist

$$B \frac{m^3}{h^3} e^{-\chi_n/RT} dx\,dy\,dz\,du\,dv\,dw . \qquad (45.5)$$

Ein Vergleich mit (44.1) lehrt, daß das Gewicht, welches diesem Bereiche zugeschrieben werden muß, gleich

$$\frac{m^3}{h^3} dx\,dy\,dz\,du\,dv\,dw \qquad (45.6)$$

ist. Wir haben auf diese Weise eine Beziehung hergestellt zwischen den Gewichten von Zuständen, die durch eine Raum- und Geschwindigkeitsverteilung gegeben sind, und den Gewichten von Zuständen, die durch Angabe von Quantenbahnen definiert sind.

Wenn wir in (45.5) $\chi_n = -\psi + \frac{1}{2} m (u^2 + v^2 + w^2)$ schreiben, sehen wir, daß diese Elektronen mit kleiner negativer Energie genau ebenso das MAXWELLsche Gesetz befolgen, wie freie Elektronen mit positiver Energie.

Ionisation.

46. Wir wollen nun annehmen, daß in der oben betrachteten Mannigfaltigkeit auch freie Elektronen vorhanden sind, deren Verteilung in den Gebieten, in denen das Potential gleich Null ist, die Dichte σ_0 besitzt. Nach dem MAXWELLschen Gesetze ist dann ihre Anzahl in einem Bereiche $dx\,dy\,dz\,du\,dv\,dw$[1]

[1] Die Konstante $(m/2\pi RT)^{\frac{3}{2}}$ wird erhalten, indem man das Integral über alle Werte von u, v, w der Größe $\sigma_0\,dx\,dy\,dz$ gleichsetzt.

$$\left(\frac{m}{2\pi R T}\right)^{\frac{3}{2}} \sigma_0 \, e^{-m(u^2+v^2+w^2)/2RT} \, dx\,dy\,dz\,du\,dv\,dw$$

und allgemeiner ist die Anzahl in den Gebieten, in denen das Potential nicht gleich Null ist,

$$\left(\frac{m}{2\pi R T}\right)^{\frac{3}{2}} \sigma_0 \, e^{-\chi/RT} \, dx\,dy\,dz\,du\,dv\,dw\,, \tag{46.1}$$

wo χ die kinetische und potentielle Energie bedeutet.

Wir haben nun zwei Formeln (45.5) und (46.1) für die Berechnung der Verteilung der Elektronen *mit der Energie Null,* je nachdem wir die Energie Null als den Grenzwert der kleinen negativen oder der kleinen positiven Energien betrachten. Es erscheint vernünftig anzunehmen, daß beide Formeln übereinstimmende Resultate ergeben müssen. Wir haben also hierin ein Mittel, um die Konstante B durch die Konstante σ_0 auszudrücken. Wenn die Konstanten in den beiden Formeln einmal zur Übereinstimmung gebracht sind, dann erhalten wir einen vollkommen kontinuierlichen Übergang bei der Energie Null. Die klassische Formel (46.1) versagt nicht sofort, wenn man sie auf gebundene Elektronen anwendet, die schon Quantenbedingungen unterworfen sind; nur wenn n klein wird, zeigt sich die Abweichung. Dies ist ein Beispiel für die Gültigkeit des Korrespondenzprinzips, welches behauptet, daß sich die Quantengesetze mit wachsendem n den klassischen Gesetzen als Grenze nähern.

Bei der Formulierung der erwähnten Kontinuität müssen wir mit großer Vorsicht vorgehen, weil unsere Untersuchung von vornherein auf den Fall beschränkt war, in dem nur ein einziges Elektron an den Kern gebunden ist. Wir müssen daher den kontinuierlichen Übergang betrachten von der Anzahl der aus einem Kern und einem gebundenen Elektron bestehenden Systeme, in einem gegebenen Volumenelemente, zu der Anzahl der aus einem *ionisierten* Kerne und einem freien Elektron gebildeten Systeme in einem entsprechenden Volumenelemente. Es sei N die Anzahl der Kerne mit höchstens einem gebundenen Elektron, und Nx die Anzahl derjenigen unter ihnen, die kein gebundenes Elektron haben. Dann ist die Anzahl der Systeme ohne ein gebundenes Elektron, aber mit einem freien Elektron im Bereiche $dx\,dy\,dz\,du\,dv\,dw$ nach (46.1)

$$Nx\left(\frac{m}{2\pi R T}\right)^{\frac{3}{2}} \sigma_0 \, e^{-\chi/RT} \, dx\,dy\,dz\,du\,dv\,dw$$

und diese muß kontinuierlich in die durch (45.5) gegebene Zahl übergehen. Wir haben daher:

$$B\frac{m^3}{h^3} = Nx\left(\frac{m}{2\pi R T}\right)^{\frac{3}{2}} \cdot \sigma_0\,. \tag{46.2}$$

Die Anzahl $N\,(1-x)$ der Systeme mit nur einem gebundenen Elektron wird erhalten, indem man (44.2) über alle möglichen Bahnen dieses Elektrons summiert. Es ist also

$$N(1-x) = B\left\{e^{-\chi_1/RT} + 4e^{-\chi_2/RT} + \cdots + r^2 e^{-\chi_r/RT} + \cdots\right\}. \tag{46.3}$$

Aus (46.2) und (46.3) folgt

$$(1-x)/x = \sigma_0 \left(\frac{h^2}{2\pi m R T}\right)^{\frac{3}{2}} \left\{e^{-\chi_1/RT} + 4e^{-\chi_2/RT} + \cdots\right\}, \tag{46.4}$$

wodurch die Ionisation x bestimmt wird, wenn die Temperatur T und die Dichte der freien Elektronen σ_0 gegeben sind.

Formel (46.4) entspricht der modernsten Erkenntnis in der Unterscheidung von Quantenbahnen. Die ältere Form der Ionisationsgleichung war

$$(1-x)/x = \sigma_0 \left(\frac{h^2}{2\pi m R T}\right)^{\frac{3}{2}} \left\{2e^{-\chi_1/RT} + 6e^{-\chi_2/RT} + \cdots + r(r+1)e^{-\chi_r/RT} + \cdots\right\}, \tag{46.4a}$$

wobei das Gewicht der n-quantigen Bahn gleich $n(n+1)$ statt n^2 angenommen wurde. Alle bis jetzt erfolgten Anwendungen der Gleichung beruhen auf dem gegenwärtig überholten Systeme von Gewichten[1].

47. Trotzdem wir nur ein einziges, besonders einfaches System betrachtet haben, ist die mit seiner Hilfe abgeleitete Formel (46.2) in allen Fällen gültig. Die betrachtete Mannigfaltigkeit braucht kein einziges solches System zu enthalten — kein einziges bis auf das letzte Elektron ionisiertes Atom oder keines, das von Störungen durch freie Elektronen oder Nachbaratome genügend frei wäre. Es besteht aber immer eine Wahrscheinlichkeit für das Vorkommen eines solchen Systems, und diese Wahrscheinlichkeit, so unendlich klein sie auch sein mag, genügt, um die Formel zu rechtfertigen. Es kann nur eine Gleichung geben, die B als Funktion von σ_0 bestimmt, so viele verschiedene Systeme die Mannigfaltigkeit auch enthalten mag, und daher müssen alle Systeme dasselbe Resultat ergeben wie das einfache System, für das wir die Überlegung vollständig durchführen konnten. Hieraus folgt insbesondere, daß für jede beliebige Atomart das Gewicht eines Raum-Geschwindigkeitsbereiches für gebundene Elektronen sich der Grenze (45.6) nähern muß, wenn sich die negative Energie dem Werte Null nähert. Um diese Schlußfolgerung zu präzisieren, definieren wir als ein System A ein solches System, welches aus einem Kern besteht und einem an diesen gebundenen Elektron mit (auf den Kern bezogenen), zwischen x, y, z und $x + dx$, $y + dy$, $z + dz$ liegenden Koordinaten und einer im Intervalle $du\,dv\,dw$ liegenden, einer kleinen negativen Energie entsprechenden Geschwindigkeit, wenn sich innerhalb einer Entfernung δ vom Kern kein anderer Kern oder Elektron befinden. Ein System der Klasse B sei ein solches, in dem ein Kern und ein freies Elektron vorhanden sind, mit analog

[1] In der englischen Ausgabe sind durchweg die älteren Gewichte benutzt worden. Es schien mir wünschenswert diesen Abschnitt durch Einführung der modernen Gewichte zu verbessern, um die richtige Ionisationsgleichung zu erhalten. Diese Änderung konnte aber natürlich nicht mehr bei allen, an anderen Stellen dieses Buches beschriebenen Anwendungen der Gleichung durchgeführt werden, so daß bei diesen meistenteils auf die Form (46.4a) Bezug genommen wird.

definierten Koordinaten und einer in einem gleich großen Intervalle liegenden Geschwindigkeit, die aber einer kleinen positiven Energie entspricht, vorausgesetzt, daß innerhalb der Entfernung δ kein anderer Kern oder Elektron liegt. Unser Postulat lautet, daß die Anzahl der Systeme A kontinuierlich in die Anzahl der Systeme B übergeht. Der Faktor, der die Relativzahl der durch Eindringen fremder Materie in die Kugel vom Radius δ verdorbenen Systeme gibt, wird für beide Klassen derselbe sein. Da δ beliebig groß gewählt werden kann, behält die für ungestörte Systeme durchgeführte Rechnung ihre Gültigkeit.

Für komplizierte Systeme muß (46.3) abgeändert werden, und wir müssen (46.4) in der allgemeineren Form schreiben

$$(1-x)/x = \sigma_0 \, (h^2/2\pi m R T)^{\frac{3}{2}} \{q_1 e^{-\chi_1/RT} + q_2 e^{-\chi_2/RT} + \cdots\}. \quad (47.1)$$

Hier bezieht sich x auf die Systeme, bei denen ein bestimmtes Elektron beseitigt ist, wobei $-\chi_1$, $-\chi_2$ usw. die Energien bedeuten, die zu seiner Entfernung aus der normalen und den verschiedenen höheren Bahnen erforderlich sind. Streng genommen sind $q_1, q_2 \ldots$ alle gleich ein Halb, da in einem komplizierten Systeme keine zwei Bahnen genau dieselbe Energie haben werden; in der Praxis fassen wir aber oft die Bahnen mit derselben Hauptquantenzahl zusammen, wobei wir die kleinen Unterschiede von χ vernachlässigen. Wir müßten, streng genommen, auch die Systeme, in denen andere Elektronen als dasjenige, dessen Loslösung betrachtet wird, angeregt sind, als besondere Systeme behandeln, da ihre Anregung die Energien χ_1, χ_2 etwas verändern würde; in der Praxis ist es aber kaum nötig, diesen Umstand zu berücksichtigen. Die Anregung der anderen Elektronen findet unabhängig davon statt, ob das betrachtete Elektron vorhanden ist oder nicht, d. h. daß die angeregten Systeme sowohl in $N(1-x)$ als auch in Nx enthalten sind. Unsere Annäherung schließt also die angeregten Systeme nicht aus, obwohl sie ihr Vorkommen nicht ganz streng berücksichtigt, indem sie ihre Energiestufen mit denen der normalen Systeme zusammenwirft.

Wenn wir eine Anzahl τ von Elektronen in symmetrischen Bahnen haben, so daß dieselbe Energie $-\chi$ zu ihrer Loslösung aus dem Systeme erforderlich ist, würde es unbequem sein, diese Loslösungen als τ verschiedene Ionisationen zu betrachten. Es sei z. B. N die Anzahl der Atome, die ihre M-Elektronen und alle höheren Elektronen verloren haben. Teilen wir diese in $N(1-x)$ Atome ein, die ein *bezeichnetes* L-Elektron beibehalten, und Nx in bezug auf dieses Elektron ionisierte Atome, dann wird x durch (47.1) gegeben; es ist für uns aber viel interessanter, sie in $N(1-y)$ Atome einzuteilen, die noch alle L-Elektronen besitzen, und Ny in bezug auf ein *nicht-bezeichnetes* L-Elektron ionisierte Atome.

Bei der Behandlung der $N(1-y)$ nichtionisierten Atome muß die Verhältniszahl der Atome mit einem stark angeregten L-Elektron in einem vorgegebenen Raum-Geschwindigkeitsbereiche mit τ multipliziert werden, da ja jedes der τ Elektronen dieser Gruppe, das zufällig in diesen Bereich fällt, mitgezählt werden muß. Um die oben betrachtete Kontinuität mit den aus ionisierten Atomen und freien Elektronen bestehenden Systemen zu erzielen, müssen wir auch τmal mehr Systeme letzterer Art haben. Die Übereinstimmung kann augenscheinlich dadurch erreicht werden, daß wir in den oben stehenden Gleichungen σ_0/τ statt σ_0 schreiben. (Wir schreiben jedem der L-Elektronen virtuell einen Teil $1/\tau$ des Partialdruckes der freien Elektronen zu, so daß seine hoch angeregten Zustände kontinuierlich in seinen Anteil an der Verteilung der freien Elektronen übergehen.)

Wenn wir diese Substitution in (47.1) machen, erhalten wir dementsprechend:

$$\frac{1-y}{y} = \frac{\sigma_0}{\tau}\,(h^2/2mRT)^{\frac{3}{2}}\,(q_1 e^{-\chi_1/RT} + \cdots)\,. \tag{47.2}$$

Bei komplizierten Systemen ist die Berechnung von $\chi_1, \chi_2 \ldots q_1, q_2 \ldots$ nicht mehr streng durchführbar, und die theoretische Abschätzung dieser Größen beruht zum Teile auf hypothetischen Annahmen. Eine gewisse Menge experimentellen Wissens steht aber für die meisten Elemente schon zur Verfügung. Insbesondere sind die Werte von χ für die Hauptniveaus bei vollständigen Atomen aus Messungen der Frequenzen der bei Übergängen gemäß (36.1) emittierten Strahlung bekannt. Inwieweit diese Werte bei den unvollständigen Ionen modifiziert erscheinen, können wir nur, so gut es geht, abschätzen. Eine scheinbare Schwierigkeit entsteht aus der Tatsache; daß die Reihe auf der rechten Seite von (46.4) divergent ist, da die Exponenten für große Werte von n der Einheit zustreben, so daß sich die Reihe wie Σn^2 verhält. Die höheren Glieder der Reihe sind aber fiktiv. Die Halbachse der Bahn wächst proportional zu n^2, so daß sich die Bahnen, welche großen Werten von n entsprechen, in Gebiete erstrecken, die nicht mehr dem überwiegenden Einflusse der Anziehung des Kernes unterliegen. Die Reihe in (47.1) ist also in Wirklichkeit nicht unendlich, sondern bricht bei einer größten Bahn ab, jenseits der er das Elektron als einem anderen Atome angehörig zu betrachten ist. Die willkürliche Vereinbarung, durch die diese Grenze festgesetzt wird, muß auch auf die linke Seite der Gleichung Anwendung finden, da wir nur dann entscheiden können, ob ein Atom ionisiert ist, oder nicht, wenn wir eine bestimmte Regel besitzen, um jedes entlegene Elektron mit negativer Energie dem ihm zugehörigen Kerne zuzuweisen. Die einfache Berechnungsmethode ist aus drei Gründen unzulänglich: 1. das Feld des Kernes wird durch die ihn umgebenden (freien oder gebundenen) Elektronen abgeschirmt, 2. die Periodizität ist unvollkommen, wodurch die Quantelung verwischt wird, 3. es wird jedes Raumgebiet mehrmals gezählt, als ein Teil des Feldes eines jeden Kernes der Mannigfaltigkeit[1].

Beispiele für die Anwendung von (47.1) auf die Berechnung des Ionisationsgrades bei gegebener Temperatur und Dichte sind in dem zehnten Kapitel gegeben.

Theorie der Gewichte von Zuständen.

48. Es seien $q_1, q_2 \ldots, p_1, p_2 \ldots$ die HAMILTONschen Variablen, die den Zustand eines Systems zu einer Zeit s bestimmen und den Gleichungen (42.3) genügen. Der Bequemlichkeit halber nehmen wir ihre Anzahl, wie in § 42, gleich sechs an, die Betrachtung bleibt aber für eine beliebige Anzahl von Freiheitsgraden dieselbe.

Fassen wir die in dem Bereiche q_1 bis $q_1 + \delta q_1 \ldots p_3$ bis $p_3 + \delta p_3$ enthaltenen Zustände ins Auge. Einen solchen Bereich werden wir eine *Zelle* nennen, und das Volumen V der Zelle durch

$$V = \delta q_1 \cdot \delta q_2 \delta q_3 \delta p_1 \delta p_2 \delta p_3$$

definieren, oder allgemeiner, für eine Zelle beliebiger Gestalt durch:

$$V = \int\!\!\int\!\!\int\!\!\int\!\!\int\!\!\int dq_1\, dq_2\, dq_3\, dp_1\, dp_2\, dp_3 \,. \tag{48.1}$$

Wenn die Quantelung vollkommen ist, können wir den ganzen Variabilitätsbereich der Koordinaten in *Einheitszellen* einteilen, so daß jede Zelle nur eine einzige Quantenbahn enthält[2]. Dies kann in der Weise geschehen, daß man δq_1 einem vollständigen Zyklus von q_1 entsprechen läßt, und δp_1 — einer Zunahme der zugehörigen Quantenzahl um den Betrag 1 (die man am zweckmäßigsten so wählt, daß die ganze Zahl der Mitte der Zelle entspricht). Es ist also zu setzen:

$$\begin{aligned} \int\!\!\int dp_1\, dq_1 &= \int (p_1 + \delta p_1)\, dq_1 - \int p_1\, dq_1 \,, \\ &= (n_1 + \tfrac{1}{2})\, h - (n_1 - \tfrac{1}{2})\, h \,, \qquad \text{(nach 42.4)} \\ &= h \,. \end{aligned}$$

Für eine Einheitszelle ist daher:

$$V = h^3 \,. \tag{48.2}$$

Wir haben schon oben die Hypothese eingeführt, daß alle Quantenbahnen dasselbe Gewicht haben. Wir wollen das nun als einen Spezial-

[1] Es muß betont werden, daß das Versagen von (46.4) in keinem Widerspruche zu dem steht, was über die allgemeine Gültigkeit von (46.2) gesagt worden ist. Gleichung (47.1) gilt ganz allgemein, unter der Bedingung, daß die Ionisationsenergien $\chi_1, \chi_2 \ldots$ unter Berücksichtigung der tatsächlichen Verhältnisse für die Atome berechnet werden; sie können daher von den für isolierte Atome gültigen Werten verschieden sein.

[2] Streng genommen enthält die Zelle zwei Bahnen, jede vom Gewicht $\frac{1}{2}$, aber die vierte Quantenzahl wird ignoriert, wenn nur drei Freiheitsgrade betrachtet werden.

fall der allgemeineren Hypothese betrachten, daß alle Zellen vom Volumen h^3 das gleiche Gewicht (eins) haben, so daß für große Zellen

$$q = V/h^3 \tag{48.3}$$

ist.

Wenn keine Quantelung vorhanden ist (wie bei der nichtperiodischen Bewegung), sind die Zustände, und daher auch das Gewicht, kontinuierlich über die Zelle verteilt. Wenn die Periodizität unvollkommen ist, konzentriert sich das Gewicht gegen die in der Zelle enthaltenen Quantenbahnen. Bei vollkommener Periodizität ist es vollständig in den Quantenbahnen konzentriert.

Bei einem in einem elektrischen Felde beweglichen Elektron genügen die rechtwinkeligen Koordinaten x, y, z und die entsprechenden Impulse mu, mv, mw den HAMILTONschen Gleichungen und können als Variable $q_1 \ldots p_3$ gewählt werden. Es ist daher nach (48.1)

$$V = m^3 \int\int\int\int\int\int dx\,dy\,dz\,du\,dv\,dw$$

und folglich

$$q = \frac{m^3}{h^3} \int\int\int\int\int\int dx\,dy\,dz\,du\,dv\,dw\,. \tag{48.4}$$

Dieser Ausdruck ist mit (45.6) identisch, aber nicht mehr auf den speziellen, dort betrachteten Typus von Systemen beschränkt. Wegen der hier gemachten allgemeineren Annahme ist (48.4) im allgemeinen sowohl auf gebundene als auch auf freie Elektronen anwendbar, mit der Einschränkung, daß, wenn Periodizität vorhanden ist, die Zelle groß genug sein muß, um die durch die Quantelung verursachte *zackige* Verteilung der Gewichte auszuglätten.

49. Es ist notwendig zu zeigen, daß das Volumen einer Zelle invariant ist, d. h. daß es von der speziellen Wahl der Koordinaten $q_1 \ldots p_3$ — wenn sie nur den HAMILTONschen Gleichungen genügen — nicht abhängt. Wäre nämlich das Volumen der Zelle nicht invariant, dann wären die auf ihm beruhenden Gewichte, und daher auch die Quantelung, nicht eindeutig. Für die mit der Tensorrechnung vertrauten Leser ist der nachfolgende Beweis wahrscheinlich der einfachste.

Wir schreiben q_4, q_5, q_6 für p_1, p_2, p_3, so daß die HAMILTONschen Gleichungen (42.3) die Form annehmen:

$$\frac{dq_1}{ds} = \frac{\partial H}{\partial q_4}, \qquad \frac{dq_4}{ds} = -\frac{\partial H}{\partial q_1}$$

oder in tensorieller Schreibweise:

$$\frac{\partial H}{\partial q_\mu} = a_{\mu\nu} \frac{dq_\nu}{ds}, \tag{49.1}$$

wo

$$\left.\begin{aligned} a_{\mu\nu} &= \tfrac{1}{3}(\mu - \nu) \quad \text{wenn dieser Ausdruck gleich } \pm 1 \text{ ist,} \\ &\text{und} \\ a_{\mu\nu} &= 0 \quad \text{in allen anderen Fällen.} \end{aligned}\right\} \tag{49.2}$$

Betrachten wir nun eine allgemeine Koordinatentransformation (die nicht auf HAMILTONsche Koordinaten beschränkt ist) und lassen wir $a_{\mu\nu}$ einen kovarianten Tensor sein, mit den Werten (49.2) in unserem ursprünglichen Systeme. Da H und s Invarianten sind, werden dH/dq_μ und dq_ν/ds kovariante bzw. kontravariante Vektoren sein. (49. 1) ist daher eine Tensorgleichung und gilt für alle Koordinatensysteme. Unter diesen sind die möglichen HAMILTONschen Systeme durch die Bedingung ausgezeichnet, daß sich $a_{\mu\nu}$ in seine ursprünglichen Werte transformiert. Wenn $|a_{\mu\nu}|$ die aus den Elementen von $a_{\mu\nu}$ gebildete Determinante bezeichnet, ist[1]

$$\int \sqrt{|a_{\mu\nu}|} \cdot dV$$

invariant für alle Koordinatensysteme und, da $|a_{\mu\nu}|$ denselben Wert hat für alle HAMILTONschen Systeme, folgt hieraus

$$\int dV$$

— invariant für alle HAMILTONschen Koordinaten, wodurch das Theorem bewiesen ist.

Es sei noch bemerkt, daß sich die HAMILTONschen Koordinaten in der Mechanik von allgemeinen Koordinaten in ähnlicher Weise unterscheiden wie in der Geometrie die GALILEIschen Koordinaten (unbeschleunigte rechtwinkelige Koordinaten und die Zeit) von den allgemeinen Koordinaten, nämlich dadurch, daß für sie ein Fundamentaltensor, der das Kontinuum charakterisiert, gewisse einfache numerische Werte annimmt.

Die *K*- und *L*-Niveaus.

50. Wenn der Kern von mehr als einem Elektron begleitet wird, finden gegenseitige Störungen statt, deren Gesetze noch nicht formuliert worden sind. Das Atommodell läßt sich nicht bis in alle Einzelheiten ausführen, aber eine gewisse Kenntnis der Anordnung der Elektronen konnte doch mit Hilfe von experimentellen Daten gewonnen werden.

Trotzdem die Störungen recht beträchtlich sein können, besteht eine ein-eindeutige Beziehung zwischen den gestörten und ungestörten Bahnen, und die Anzahl der den verschiedenen Quantenzahlen entsprechenden Bahnen ist dieselbe wie in dem einfachen Falle eines von nur einem Elektron begleiteten Kernes. So verwickelt die Struktur des Atoms sonst auch sein mag, ist die Anzahl der Bahnen, die der Hauptquantenzahl n entsprechen, immer gleich $2n^2$, und die Anzahl der Bahnen vom Typus (n, n') ist $4n' - 2$. Jedes Elektron im Atome muß eine Bahn beschreiben, deren quantenmäßige Definition von derjenigen aller anderen Bahnen verschieden ist, so daß ein Atom nicht mehr als 2 Elektronen in 1-Quanten-Bahnen, nicht mehr als 8 in 2-Quanten-Bahnen, als 18 in 3-Quanten-Bahnen usw. besitzen kann.

---

[1] EDDINGTON: Relativitätstheorie in mathematischer Behandlung, §§ 48, 49.

Bei normalen Atomen, die nicht durch hohe Temperatur angeregt sind, gehen die zwei ersten Elektronen in 1-Quanten-Bahnen und die folgenden acht Elektronen in 2-Quanten-Bahnen. Die Elektronen dieser zwei Gruppen heißen bzw. K- und L-Elektronen. Diese Struktur ist bei Neon ($Z = 10$) abgeschlossen und bleibt, als ungestörte Grundlage, auch bei allen höheren Elementen erhalten. Die M-Elektronen in 3-Quanten-Bahnen erscheinen zuerst bei Natrium (11) und erreichen ihre abschließende Zahl 8 bei Argon (18), worauf 4-Quanten-Bahnen in Erscheinung treten. Aber im Gegensatze zur K, L-Struktur wird die M-Struktur später abgeändert und erst bei Kupfer (29) auf 18 Elektronen erweitert. In ähnlicher Weise erreicht die Zahl der N-Elektronen in 4-Quanten-Bahnen bei acht einen vorläufigen Abschluß, um erst später auf 18 und dann auf 32 anzusteigen.

In einem Sterne ist die Ionisation so stark, daß nur wenige Kerne imstande sind, mehr als zehn Elektronen zu behalten. Unser Interesse beschränkt sich daher auf die K- und L-Struktur. Bezüglich der L-Elektronen muß daran erinnert werden, daß es zwei Arten von 2-Quanten-Bahnen gibt, je nachdem die Nebenquantenzahl n' gleich 2 oder gleich 1 ist. Dementsprechend unterscheiden wir 2_2 oder kreisförmige Bahnen und 2_1 oder elliptische Bahnen. Die vollständige Struktur besteht aus zwei Elektronen in elliptischen Bahnen und sechs Elektronen in kreisförmigen Bahnen. Die K-Bahnen sind notwendig kreisförmig (1_1-Bahnen). Um z. B. ein K-Elektron aus dem Atomverbande zu entfernen, ist eine gewisse Arbeitsmenge W_K erforderlich und dieses W_K kann aus dem Experimente ermittelt werden. Wenn nämlich Strahlung der Frequenz ν durch die Materie hindurchgeht, wird das Quant $h\nu$ nur dann eine genügende Energie besitzen, um das Elektron herauszureißen, wenn $h\nu > W_K$ ist. Findet die Entfernung des Elektrons wirklich statt, dann wird das Strahlungsquant absorbiert, wobei die etwa vorhandene überschüssige Energie dem befreiten Elektron als kinetische Energie mitgeteilt wird. Wenn aber $h\nu < W_K$ ist, kann das Elektron nicht herausgerissen werden, und die Strahlung geht durch, ohne eine Absorption zu erleiden, — wenigstens soweit dieser spezielle Absorptionsmechanismus in Betracht kommt. Die kritische Frequenz $\nu_K = W_K/h$ ist im Spektrum durch eine scharfe Absorptionskante gekennzeichnet, so daß ν_K und W_K aus spektroskopischen Messungen ermittelt werden können. Außer bei den leichtesten Elementen liegen ν_K und ν_L im Röntgengebiete. Die durch eine solche Ionisation im K-Niveau entstehende Lücke kann durch Einfangen eines freien Elektrons unter Emission der entsprechenden Strahlung wieder ausgefüllt werden. Bei Laboratoriumsversuchen sind aber freie Elektronen nur spärlich vorhanden, und bevor das Atom Zeit gehabt hat, ein solches einzufangen, fällt gewöhnlich ein Elektron aus einem höheren Niveau in die Lücke ein und füllt diese aus. Im Anschlusse hieran fallen dann gewöhnlich noch weitere Elektronen aus höheren in tiefere Niveaus, bis die Lücke schließlich in das höchste Niveau hinübergewandert ist, wo sie bis zum Einfangen eines freien Elektrons bestehen bleibt. Wenn der erste Fall aus dem L-Niveau erfolgt, ist die Differenz der Energien des Atoms vor und nach dem Falle $W_K - W_L$ und diese muß in Form eines Quants der Frequenz $(W_K - W_L)/h$ ausgestrahlt werden. Die Linien, welche den verschiedenen möglichen Fällen entsprechen, bilden das Röntgen- (Emissions-) Spektrum des Elementes. Die Ausmessung dieser Linien liefert ein weiteres Material für die Bestimmung der Energiekonstanten W_K, W_L usw.

Die scheinbare Dissymmetrie zwischen Absorption und Emission von Röntgenstrahlen ist eine Folge der künstlichen Erzeugung dieser Strahlen bei niedriger Temperatur in terrestischen Experimenten. Im Inneren eines Sternes besteht thermodynamisches Gleichgewicht; Ionisation und Einfangen, Fall und Aufstieg kommen gleich häufig vor. Es findet sowohl Linienabsorption als Linienemission, sowohl kontinuierliche Emission mit Emissionskanten als kontinuierliche Absorption mit Absorptionskanten statt.

Die zur Entfernung eines L-Elektrons aus dem Atomverbande notwendige Energie ist etwas verschieden, je nachdem das Elektron aus einer kreisförmigen oder einer elliptischen Bahn entnommen wird. Folglich muß es zwei L-Niveaus geben. Die Beobachtung zeigt, daß in Wirklichkeit drei L-Niveaus vorhanden sind, die man mit L_1, L_2 und L_3 bezeichnet, wobei L_3 das tiefste, d. h. das dem K-Niveau am nächsten benachbarte Niveau bedeutet. In bezug auf die richtige Klassifizierung der L-Niveaus hat lange Zeit eine ziemlich große Unsicherheit geherrscht; in dem Augenblicke, in dem diese Zeilen geschrieben werden, scheint aber die Schwierigkeit schon behoben zu sein. Es scheint, daß L_3 den elliptischen Bahnen entspricht, während L_1 und L_2 beide zu der Kreisbahn 2_2 gehören und durch eine dritte Quantenzahl voneinander unterschieden werden.

Hier muß noch ein für astronomische Anwendungen möglicherweise wichtiger Punkt berührt werden. Elektronen, die aus den L_1- und L_2-Niveaus in das K-Niveau fallen, erzeugen ein Emissionslinienpaar, in dem die dem L_1-Niveau entsprechende Komponente die intensivere ist. Eine Emissionslinie, die L_3 entspräche, tritt aber überhaupt nicht auf. Hieraus ziehen wir den Schluß, daß Sprünge aus den elliptischen Bahnen, wenn überhaupt, dann nur äußerst selten stattfinden. Dies entspricht dem „Auswahlprinzip", welches die optischen Spektra (§ 51) und die molekularen Spektra (§ 244) beherrscht, und besagt, daß sich die zweite Quantenzahl bei allen Übergängen um ± 1 ändern muß, so daß ein Sprung aus einer 2_1-Bahn in eine 1_1-Bahn ausgeschlossen ist. Von diesem Resultate werden wir in § 166 Gebrauch machen.

Das folgende Beispiel gibt einen Begriff von der Größe der Störungen, welche die Elektronen eines Atoms aufeinander ausüben. Wir betrachten einen Eisenkern, der nur noch von einem K-Elektron begleitet ist, nachdem alle übrigen Elektronen entfernt worden sind. Die Ionisationsenergie wird erhalten, indem man in (42.62) $n = 1$, $Z = 26$ setzt. Die entsprechende Wellenlänge erweist sich gleich 1,35 Å. Die K-Absorptionsgrenze liegt aber für Eisen bei 1,74 Å. Der Unterschied rührt daher, daß wir im ersten Falle den nackten Eisenkern betrachtet haben, während wir es im zweiten Falle mit dem vollständigen Eisenatome zu tun haben. Nun ist die Wellenlänge der beobachteten Grenze für Kupfer ($Z = 29$) 1,38 Å, d. h. praktisch gleich der für den Eisenkern theoretisch berechneten Grenze; wir können daher annehmen, daß die Begleitelektronen des Kupferatoms die positive Ladung des Kernes um etwa drei Einheiten abschirmen, insofern sie für die Bewegung eines K-Elektrons in Betracht kommen. Betrachten wir ferner einen Platinkern ($Z = 78$) mit zwei K-Elektronen und einem L-Elektron. Da die K-Elektronen verhältnismäßig sehr nahe am Kerne liegen, kann man annehmen, daß sie dessen Ladung um zwei Einheiten schwächen, und die Ionisationsenergie des L-Elektrons kann daher aus (42.62) genähert erhalten werden, wenn man dort $n = 2$, $Z = 76$ setzt. Die entsprechende Wellenlänge ist 0,63 Å, der beobachtete Wert für das vollständige Platinatom ist aber 1,07 Å, so daß auch hier offenbar eine beträchtliche Abschirmung stattfindet.

In gewissem Sinne ist die Ionisationsenergie W nicht unmittelbar an das Elektron gebunden, das aus dem Verbande entfernt wird; sie stellt vielmehr die Differenz der Energien des gesamten Atoms dar vor und nach der Entfernung. Man könnte glauben, daß ein beträchtlicher Teil dieser Differenz auf die Änderung der Quantelung der Bahnen der anderen Elektronen im veränderten Kraftfelde entfallen müßte. Es gibt aber in der Quantentheorie ein wichtiges Prinzip — das *adiabatische* Prinzip — welches besagt, daß diese neue Quantelung während der Loslösung des Elektrons automatisch erfolgt, und keine Nachwirkung letzterer ist. Wenn z. B. ein gleichförmiges magnetisches Feld langsam erzeugt wird, verwandeln die während seiner Entstehung wirkenden klassischen elektromagnetischen Kräfte die Bahnen der Elektronen in neue Bahnen, die den von den neuen Bedingungen verlangten Quantelungsregeln entsprechen; die Wirkung des magnetischen Feldes zerfällt nicht in zwei Effekte, eine klassische Störung und eine neue Quantelung. In gleicher Weise kann die Entfernung eines Elektrons nicht in eine progressive Störung und eine endgültige Anpassung zerlegt werden.

Schließlich darf nicht übersehen werden, daß das Bohrsche Atom nur ein Modell und kein naturgetreues Bild des Atoms ist, trotzdem wir es in den meisten Fällen als ein solches betrachten. Niemand hat diese Einschränkung mit größerem Nachdrucke betont, als Prof. BOHR selbst. Der Versuch, die Theorie von ihren geometrischen Fesseln zu befreien, hat zwar schon zu einem gewissen Erfolge geführt, es ist für uns aber heute noch unmöglich, ganz ohne das Modell auszukommen.

Optische Spektra.

51. Die chemisch indifferenten Gase Helium, Neon, Argon usw. bezeichnen die (vorübergehende oder endgültige) Vollendung der K, L, M ... Schalen von Elektronen. Die unmittelbar auf die Edelgase folgenden Elemente besitzen ein ziemlich lose gebundenes Elektron, mit dem jeweils eine neue Schale anfängt; dieses wird das *Valenzelektron* genannt und bedingt ihr chemisches Verhalten als monovalente Elemente. Ihnen folgen die divalenten Elemente, mit zwei losen Elektronen usw.

Die Linien, welche das optische Spektrum eines Elements bilden, werden gewöhnlich beim Übergang eines Valenzelektrons aus einer gequantelten Bahn in eine andere absorbiert oder emittiert.

Die Kompliziertheit des Spektrums wächst mit der Zahl der Valenzelektronen, und der hier zu erstattende Bericht bezieht sich daher hauptsächlich auf Elemente oder Ionen mit einem oder zwei Valenzelektronen. Wie in § 42, beschreiben wir die Bahn eines Elektrons mit Hilfe von zwei Quantenzahlen n und n', wobei $n' \leqq n$. Die dritte Quantenzahl wird zunächst vernachlässigt werden. Den Bahnen im normalen Atome schreiben wir die Zahlen $n, n' = (1,1), (2,1), (3,1) \ldots$ zu, je nachdem das Valenzelektron die $K, L, M \ldots$ Schale eröffnet. Die möglichen Bahnen zerfallen in eine Anzahl von Serien. Wenn wir z. B. Natrium nehmen, bei dem die normale Bahn des Valenzelektrons eine (3,1)-Bahn ist, sind die Serien, in der gebräuchlichen Bezeichnungsweise:

S-Serie	(3,1),	(4,1),	(5,1),	(6,1),	(7,1),	...
P-Serie	(3,2),	(4,2),	(5,2),	(6,2),	(7,2),	...
D-Serie	(3,3),	(4,3),	(5,3),	(6,3)	(7,3),	...
F-Serie		(4,4),	(5,4),	(6,4),	(7,4),	...
—			(5,5),	(6,5),	(7,5),	...

Die möglichen Übergänge zwischen diesen Bahnen werden durch das schon oben erwähnte *Auswahlprinzip* gegeben, welches verlangt, daß sich n' um $+ 1$ oder $- 1$ ändern soll. Hieraus folgt, daß es keine Übergänge zwischen Bahnen innerhalb derselben Serie geben kann; das Elektron muß zu einer, in der nächstbenachbarten oberen oder unteren Zeile enthaltenen Bahn übergehen[1].

[1] Die SCHRÖDINGERsche Theorie (§ 43, a), in der $n' - 1$ oder k die Ordnungszahl der in Betracht kommenden Kugelfunktion bedeutet, liefert eine einfache Erklärung für das Auswahlprinzip. Als Quelle der Emission wird die Kombination $\psi\psi'$ zweier unabhängiger Wellensysteme ψ und ψ' betrachtet; das Hinundherschwanken dieser Quelle in der x-Richtung erzeugt die in der x-Richtung polari-

Bei praktischen Untersuchungen werden in erster Linie Emissionsspektren studiert. Wenn infolge elektrischen Bombardierens ein Elektron in eine der oben aufgezählten angeregten Bahnen gerät, wird es gewöhnlich vorziehen, in das allerniedrigste mit dem Auswahlprinzip verträgliche Energieniveau zurückzufallen. Augenscheinlich ist (3,1) das niedrigste Niveau, das von der P-Serie aus erreicht werden kann; (3,2) ist von der S- und D-Serie aus erreichbar, und (3,3) von der F-Serie aus. Wenn auch andere Linien (*Kombinationslinien*), die einem Fall in ein Energieniveau entsprechen, welches nicht das niedrigste zulässige ist, vorkommen können, haben doch die stärksten Linien stets als Endbahnen (3,1), (3,2), (3,3) usw.

Atome, die sich im normalen, unangeregten Zustande befinden, können nur die P-Serie (Hauptserie) absorbieren, da der einzige zulässige Übergang aus (3,1) in eine Bahn der unmittelbar darunter stehenden Zeile führt.

Die Frequenz der bei einem Übergange absorbierten oder emittierten Strahlung wird durch die fundamentale Quantenbeziehung (36.1) gegeben. Aber die Energien der Bahnen können gegenwärtig, außer für einen Kern mit nur einem Begleitelektron (H und He_+), noch nicht theoretisch berechnet werden. In welcher Weise die klassischen Störungen, welche die Elektronen aufeinander ausüben, durch die Quantelung modifiziert werden, ist uns zur Zeit noch unbekannt. Wir müssen uns daher immer noch mit dem schwerfälligen Notbehelfe der Beobachtung der Spektren begnügen. Wenn die Quantenzahl sehr groß ist, bewegt sich das angeregte Elektron auf dem größten Teile seiner Bahn in beträchtlicher Entfernung von dem Reste des Atoms, welches dann genähert wie eine Punktladung wirkt mit der Intensität $+e$ bei einem neutralen Atome, $+2e$ — bei einem einfach ionisierten, $+3e$ — bei einem zweifach ionisierten usw. Die Energie konvergiert dann gegen die durch (42.62) gegebenen Werte, für $Z = 1, 2, 3, \ldots$ oder gegen χ_n, $4\chi_n$, $9\chi_n \ldots$ wenn χ_n die Energie der n-ten Bahn im Wasserstoffatome bedeutet. Wenn einige Linien einer Serie beobachtet sind, ist es gewöhnlich nicht schwer zu entscheiden, ob die Differenzen der Frequenzen der aufeinanderfolgenden Linien gegen die einfachen, die vierfachen oder die neunfachen Werte der entsprechenden Frequenzdifferenzen der Wasserstoffserie konvergieren, so daß die Serie dem richtigen Ion zugeschrieben werden kann.

---

sierten Lichtwellen. Die mittlere x-Verschiebung der Quelle wird durch das über das ganze Volumen der Quelle erstreckte Integral von $x\psi\psi'$ gemessen. Der in $x\psi\psi'$ auftretende, die Winkelvariablen enthaltende Faktor ist $\cos\Theta\, S_k\, S_k'$ (wenn $x = r\cos\Theta$ gesetzt wird). Nach der Theorie der Kugelfunktionen verschwindet das über eine Kugel erstreckte Integral dieser Größe in allen Fällen, außer wenn $k = k' \pm 1$ ist. Die Quelle erfährt also im Mittel keine hinundherschwankende Verschiebung und erzeugt keine Strahlung, außer wenn diese Bedingung erfüllt ist.

Die gebräuchliche Nomenklatur[1] der Spektrallinien beruht auf den empirischen Serienzusammenhängen und steht in keiner unmittelbaren Beziehung zu ihrer quantentheoretischen Deutung auf Grund von n und n'. Für $n' = 1, 2, 3, 4$ werden die Buchstaben S, P, D, F gebraucht, und die Bahnen werden dementsprechend mit mS, mP, mD, mF bezeichnet, wo m eine ganze Zahl ist. Die niedrigsten Bahnen werden mit $1S, 1P, 2D$ bezeichnet, so daß die vier wichtigsten Serien die Bezeichnungen erhalten:

Scharfe Serie	$mS \longrightarrow 1P$
Hauptserie	$mP \longrightarrow 1S$
Diffuse Serie	$mD \longrightarrow 1P$
Fundamental- (oder Bergmann-) Serie .	$mF \longrightarrow 2D$

Eine Ausnahme entsteht aber in folgender Weise. Betrachten wir z. B. das ionisierte Kalzium Atom-Ca_+; die normale Bahn $1S$ wird durch die Quantenzahlen (4,1) gegeben, und es werden wie gewöhnlich die (4,2)-Bahn mit $1P$ und die (4,3)-Bahn mit $2D$ bezeichnet. Nun stellt aber, bei so komplizierten Systemen, die Hauptquantenzahl nur eine ganz ungenaue Aussage über die Energie des Systems dar, und die Energien in den (4,3) und (4,1)-Bahnen stimmen keineswegs genau überein. Bei den auf Kalzium unmittelbar folgenden Elementen setzt ein Ausbau der M-Elektronenschale (3-Quanten-Bahnen) ein; und das kommende Ereignis wirft insofern seinen Schatten voraus, als die Energie einer (3,3)-Bahn zwar immer noch größer als die einer (4,1)-Bahn, jedoch kleiner als die Energie einer (4,3)-Bahn ist[2]. Die Bahn kleinster Energie ist daher in der D-Serie eine (3,3)-Bahn, die mit $1D$ bezeichnet wird. Die Bergmann-Serie ist mithin: $mF \longrightarrow 1D$.

Im oben betrachteten Falle ist die $1D$-Bahn *metastabil*, d. h. das Elektron kann aus ihr (gewöhnlich) nicht herauskommen, ohne zuerst ein Quant zu *absorbieren*. Nach dem Auswahlprinzipe kann es von $1D$ aus nur in eine Bahn der P- oder F-Serie übergehen; die niedrigsten Bahnen dieser Serien (4,2) und (4,4) entsprechen aber schon größeren Energien.

Eine dritte Quantenzahl n'' (die man als innere Quantenzahl bezeichnet) spielt auch bei optischen Spektren eine hervorragende Rolle. Die Energie hängt von ihr nur zu einem geringen Maße ab, so daß zwei Bahnen, die sich nur durch ihre n'' unterscheiden, ein dicht beieinander-

[1] Ich folge hier der Nomenklatur, welche in A. FOWLER: Report on Series in Line Spectra, S. 87, gegeben ist.

[2] Ein Element fängt oft an, eine neue Elektronenschale aufzubauen, nicht weil in der niedrigeren Gruppe „kein Platz mehr" vorhanden ist, sondern weil es auf diese Weise eine Konfiguration von kleinerer Energie erzielt. So enthält z. B. normales Kalzium (4,1)-Bahnen, trotzdem noch zehn 3-Quanten-Bahnen frei sind; die Valenzelektronen können durch Anregung in diese übergehen.

liegendes Linienpaar — ein Dublett — ergeben. Die Quantentheorie der Dublette erlebt, wie wir glauben, gerade jetzt eine grundsätzliche Umgestaltung, und wir wollen daher an dieser Stelle die Fragen der Dublett- und Multiplett-Struktur nicht weiter verfolgen.

Streuung von Röntgenstrahlen durch Elektronen.

52. Es ist für ein isoliertes Elektron nicht möglich, ein Strahlungsquant zu absorbieren und dessen Energie der eigenen kinetischen Energie hinzuzufügen. Dies ist auf Grund der Relativitätstheorie ganz verständlich. Wir können nicht bestimmen, ob die kinetische Energie eines Teilchens zugenommen oder abgenommen hat, solange wir kein Bezugssystem festgelegt haben; das Verschwinden eines Strahlungsquants kann aber unabhängig von jedem Bezugssysteme festgestellt werden. Aus diesem Grunde kann zwischen dem Verschwinden eines Strahlungsquants und der Energieänderung eines Elektrons, die wir willkürlich, je nach dem Standpunkte des Beobachters, als eine Zunahme oder Abnahme betrachten können, keine Beziehung bestehen. Die Absorption eines Strahlungsquants bedeutet, daß die Wellen irgendeiner Frequenz ν um den Betrag $h\nu$ weniger Energie enthalten, als sie früher enthielten. Wenn wir zu einem anders bewegten Bezugssystem übergehen, ändert sich zwar, nach dem DOPPLERschen Prinzipe, auch die Frequenz, und die Messung der Strahlungsenergie wird durch die Änderung der zeitlichen und räumlichen Maßstäbe beeinflußt; wir werden daher feststellen müssen, daß nunmehr die Wellen der Frequenz ν' um den Betrag $h\nu'$ weniger Energie enthalten. Es handelt sich aber auch hier immer noch um einen Energieverlust, und es kann von einer Verwandlung der Absorption in Emission durch eine bloße Koordinatentransformation nicht die Rede sein. Dagegen hängt die Antwort auf die Frage, ob die Geschwindigkeit des Elektrons zu- oder abgenommen hat, ausschließlich von dem Bewegungszustande des gewählten Bezugssystems ab.

Ein Elektron kann sich nur dann an Absorptions- oder Emissionsprozessen beteiligen, wenn es sich im Felde eines Kernes oder eines anderen Elektrons befindet — wenn wir nicht voraussetzen wollen, daß es seine innere Energie ändern kann. Gegenseitige Energie und innere Energie können wohl durch die Absorption eines Quants vergrößert werden, und wir können in solchen Fällen, unabhängig von allen Bezugssystemen, immer mit Bestimmtheit sagen, daß die Änderung eine Zunahme und nicht eine Abnahme bedeutet. Mit anderen Worten liefert uns das Feld des Kernes das Bezugssystem, welches eine eindeutige Bestimmung der kinetischen Energie des Elektrons gestattet.

Die Wechselwirkung zwischen isolierten Elektronen und Strahlung äußert sich in einem etwas komplizierteren Prozesse, den man die Streuung nennt. Ein Strahlungsquant der Frequenz ν_1 wird durch ein Quant der Frequenz ν_2 ersetzt, und die Differenz $h(\nu_1 - \nu_2)$ addiert sich zu der kinetischen Energie des Elektrons, so daß das Gesetz der Erhaltung der Energie gewahrt bleibt. Da ν_1 und ν_2 durch Dopplereffekte verändert werden können, kann in gewissen Bezugssystemen $\nu_1 > \nu_2$, in anderen $\nu_1 < \nu_2$ sein. Auf diese Weise ist für die Zunahme der kinetischen Energie in einigen Bezugssystemen und ihre Abnahme in anderen gesorgt. Um die Widerspruchslosigkeit zu erzielen, ist es aber notwendig, daß sich das zweite Quant in einer anderen Richtung als das erste bewegt, da sonst der Dopplereffekt ν_1 und ν_2 immer im selben Verhältnisse ändern würde. Diese Änderung der Richtung der Strahlung ist viel auffallender, als die winzigen Energie- und Frequenzänderungen, weshalb der Prozeß den Namen „Streuung" erhalten hat.

Betrachten wir ein Elektron, das sich ursprünglich in einem irgendwie gewählten Bezugssysteme in Ruhe befindet. Auf dieses Elektron möge ein sich längs der x-Achse bewegendes Quant der Energie E_1 einfallen und die Bewegungsrichtung des gestreuten Quants, der Energie E_2, möge den Winkel Θ mit der x-Achse bilden. Die zu der x-Achse parallelen und senkrechten Komponenten der Geschwindigkeit des Elektrons nach der Streuung seien u bzw. v. Wir setzen ferner:

$$\beta = \left(1 - (u^2 + v^2)/c^2\right)^{-\frac{1}{2}}. \tag{52.1}$$

Die Masse des Elektrons ändert sich, wegen der Änderung der Geschwindigkeit, von m auf βm und seine Gesamtenergie ändert sich entsprechend von mc^2 auf βmc^2. Indem wir diesen Betrag der Änderung der Strahlungsenergie gleichsetzen, erhalten wir:

$$E_1 - E_2 = (\beta - 1)\, mc^2.$$

Der Satz von der Erhaltung des Impulses gibt:

$$\frac{E_1}{c} - \frac{E_2}{c}\cos\Theta = \beta m\cdot u,$$

$$-\frac{E_2}{c}\sin\Theta = \beta m\cdot v.$$

Hieraus folgt:

$$\begin{aligned}(E_1 - E_2 + mc^2)^2 - (E_1 - E_2\cos\Theta)^2 - E_2^2\sin^2\Theta \\ = (\beta mc)^2\,(c^2 - u^2 - v^2) = m^2c^4,\end{aligned}$$

was sich auf den Ausdruck

$$-2E_1E_2(1 - \cos\Theta) + 2mc^2(E_1 - E_2) = 0 \tag{52.2}$$

zurückführen läßt.

Nun ist aber

$$E/c = h\nu/c = h/\lambda$$

und (52.2) gibt daher, wenn λ_1, λ_2 die Wellenlänge des einfallenden und gestreuten Quants bezeichnen

$$\lambda_2 - \lambda_1 = \frac{h}{mc}(1 - \cos\Theta) \tag{52.31}$$

oder, indem wir die numerischen Werte einsetzen:

$$\lambda_2 - \lambda_1 = 0{,}0242\,\mathring{A} \cdot (1 - \cos\Theta) \qquad (52.32)$$

Die Konstante kann als die Wellenlänge eines Quants gedeutet werden, das gerade soviel Energie enthält, als zur Bildung eines Elektrons erforderlich ist.

Die durch ruhende Elektronen gestreute Strahlung hat im Vergleiche zu der einfallenden eine größere Wellenlänge, und zwar um einen Betrag, der vom Streuungswinkel, aber nicht von der Wellenlänge abhängig ist. Dieses Röterwerden ist unter dem Namen des Compton-Effektes bekannt. Es ist im Laboratorium nicht möglich, eine genügende Anzahl freier Elektronen zu erhalten, um an diesen das Experiment auszuführen; es erweist sich aber, daß, wenn Röntgenstrahlen hoher Frequenzen gebraucht werden, die loser gebundenen Elektronen in der gewöhnlichen Materie als hinreichend frei betrachtet werden dürfen, um nach der oben gegebenen Formel zu streuen. Auf diese Weise konnte die Richtigkeit der Formel experimentell bewiesen werden.

Die entsprechende Formel für die Streuung an einem bewegten Elektron kann durch Anwendung der Lorenz-Transformation erhalten werden. Die Wellenlänge wird nicht immer vergrößert. Wenn die Geschwindigkeiten der Elektronen so verteilt sind, daß sie mit der Strahlung im thermodynamischen Gleichgewicht stehen, müssen Verkürzungen von Wellenlängen ebenso oft vorkommen wie Verlängerungen. Ein Beweis des PLANCKschen Gesetzes kann auch aus der genauen Untersuchung dieser Bedingung gewonnen werden[1].

53. Um den Betrag der Streuung durch freie Elektronen zu berechnen, ziehen wir zunächst die klassischen Formeln heran.

Bezeichnen wir die elektrische Kraft in den die Strahlung bildenden elektromagnetischen Schwingungen mit X. Wenn diese Kraft auf ein Elektron der Ladung $-e$ und der Masse m wirkt, teilt sie letzterem eine Beschleunigung

$$\Gamma = -eX/m$$

mit. Nun muß nach der klassischen elektromagnetischen Theorie ein beschleunigtes Elektron, in der Zeiteinheit, die Energie

$$\tfrac{2}{3}\, e^2\, \Gamma^2/c^3 = \tfrac{2}{3}\, e^4\, X^2/m^2\, c^3 \qquad (53.1)$$

ausstrahlen. Diese Ausstrahlung erfolgt nicht in der Richtung des einfallenden Strahlenbündels und ist daher gestreute Strahlung. Nach dem Satze von der Erhaltung der Energie muß sie auf Kosten des einfallenden Strahlenbündels entstehen.

Wenn wir einen Schirm haben, der N Elektronen pro cm² enthält, wird die pro Sekunde gestreute Strahlung gleich

[1] PAULI: Z. f. Phys. Bd. 18, S. 272.

$$\frac{2}{3}\frac{N e^4}{m^2 c^3}\overline{X^2} \qquad (53\text{-}2)$$

sein, wo $\overline{X^2}$ den Mittelwert von X^2 bedeutet. Hierbei wird vorausgesetzt, daß die Bedingungen so gewählt sind, daß alle Elektronen unabhängig voneinander streuen und daß keine systematischen Phasenbeziehungen zwischen den von den verschiedenen Elektronen ausgehenden Wellenzügen bestehen. Die Energie der einfallenden Strahlung ist gleich $\overline{X^2}/4\pi$ pro cm^3 (zur Hälfte elektrisch und zur Hälfte magnetisch); daher ist der in einer Sekunde auf die N Elektronen einfallende Betrag

$$c\,\overline{X^2}/4\pi\,. \qquad (53.3)$$

Indem wir (53.2) durch (53.3) dividieren, erhalten wir für den durch den Schirm gestreuten Bruchteil der einfallenden Strahlung:

$$\frac{8\pi}{3}\frac{N e^4}{m^2 c^4} = \frac{8\pi}{3} N b^2\,, \qquad (53.4)$$

wo $b = e^2/mc^2 = 2{,}81 \cdot 10^{-13}$ cm[1].

Der Streuungskoeffizient wird gewöhnlich als der Bruchteil der Strahlung definiert, der von einem 1 gr. pro cm^2 enthaltenden Schirme gestreut wird; da uns aber ein ganz aus freien Elektronen bestehender Schirm wohl niemals begegnen wird, ziehen wir es vor, in diesem Falle die Definition abzuändern. Statt eines Gramms von Elektronen nehmen wir die Anzahl der Elektronen, die in einem Gramme Materie enthalten sind, indem wir die (mit Ausnahme von Wasserstoff genähert richtige) Annahme machen, daß ein Elektron auf je zwei Einheiten des Atomgewichts kommt, also $3{,}01 \cdot 10^{23}$ Elektronen pro Gramm. Dann ist der Streuungskoeffizient nach (53.4)

$$s = 3{,}01 \cdot 10^{23} \cdot \frac{8\pi}{3} b^2 = 0{,}200\,. \qquad (53.5)$$

Ebenso wie der Compton-Effekt ist auch dieser Streuungskoeffizient mit Hilfe von harten Röntgenstrahlen an den gebundenen Elektronen der leichteren Elemente, die sich hierbei praktisch wie freie Elektronen verhalten, experimentell bestätigt worden. Wenn die Wellenlänge von der Größenordnung des Atomdurchmessers ist, wird die Streuung beträchtlich größer, weil dann die Z Elektronen des Atoms gestreute Wellen bedingen, die mehr oder weniger dieselbe Phase haben; die Amplitude der resultierenden Wellen ist daher proportional zu Z und die Intensität ist proportional zu Z^2.

Wir nehmen nicht an, daß freie Elektronen die Strahlung in der hier geschilderten Weise kontinuierlich streuen. In Wirklichkeit streuen einige Elektronen ganze Quanten, während sich andere ganz passiv

[1] Der Radius eines Elektrons wird gleich $^2/_3\, b$ angenommen; (53.4) bedeutet daher, daß jedes Elektron für die Strahlung ein Hindernis darstellt, das sechsmal größer ist als sein eigener Querschnitt.

verhalten. Nach dem Korrespondenzprinzipe ist aber (53.1) die Grenze, der sich die richtigen Formeln nähern müssen, wenn jedes Elektron sehr viele Quanten streut, und es ist gebräuchlich, sich auf den optimistischen Standpunkt zu stellen, daß solche Formeln auch in größerer Entfernung von der Grenze noch anwendbar bleiben, ohne zu groben Ungenauigkeiten zu führen.

Für sehr kurze Wellenlänge (z. B. für γ-Strahlen) ist der Streuungskoeffizient kleiner als 0,2. Dies hängt mit dem Umstande zusammen, daß das Elektron beim Streuen eines Quants einer solchen Strahlung eine mit der Lichtgeschwindigkeit vergleichbare Geschwindigkeit erhält; seine Trägheit wird vergrößert und das Problem wird durch neu hinzukommende Umstände erschwert.

Viertes Kapitel.

Polytrope Gaskugeln.

54. Wir wollen die Gleichgewichtsbedingungen einer isolierten Gasmasse betrachten, die durch ihre eigenen Gravitationskräfte zusammengehalten wird. Wenn weder Rotation noch andere störende Ursachen vorhanden sind, wird die Masse eine kugelsymmetrische Dichteverteilung annehmen. Im Hinblick auf die Anwendungen, die wir von den zu gewinnenden Resultaten machen wollen, werden wir eine solche Gaskugel einen „Stern" nennen.

In einer im Gleichgewicht befindlichen Flüssigkeit herrscht in jedem Punkte ein in allen Richtungen gleicher hydrostatischer Druck P. Wenn wir eine ganz im Innern der Flüssigkeit verlaufende geschlossene Fläche betrachten, äußert sich die Reaktion der außerhalb der Fläche befindlichen Flüssigkeit auf die in der Fläche eingeschlossene Flüssigkeit in einer auf die Flächeneinheit bezogenen, längs der inneren Normalen gerichteten Kraft P; und diese flächenhaften Kräfte müssen im Gleichgewichtszustande die auf die eingeschlossene Flüssigkeit wirkenden räumlichen Kräfte, wie z. B. die Gravitationskräfte, gerade kompensieren.

Es sei ϱ die Dichte in irgendeinem Punkte und g die Beschleunigung der Schwerkraft. Wegen der Kugelsymmetrie hängen P, ϱ und g nur von der Entfernung r vom Mittelpunkt ab. Die Gravitationskraft bei r ist ausschließlich durch die innerhalb der Kugel vom Radius r liegende Masse M_r bedingt, da die symmetrische Schale außerhalb von r auf innere Punkte keine resultierende Anziehung ausübt. Es ist daher

$$g = G\,M_r/r^2\,, \tag{54.1}$$

wo G die Gravitationskonstante $6{,}66\cdot 10^{-8}$ in c. g. s. Einheiten bedeutet. Ferner haben wir, wenn φ das Gravitationspotential bezeichnet, definitionsmäßig:

$$g = -d\varphi/dr. \tag{54.2}$$

Die erste Bedingung, die bei Gleichgewicht erfüllt sein muß, ist die wohlbekannte hydrostatische Gleichung

$$dP = -g\varrho\, dr, \tag{54.3}$$

welche die Zunahme des Druckes angibt, wenn wir uns längs einer Flüssigkeitssäule abwärts bewegen.

Aus (54.2) und (54.3) folgt

$$dP = \varrho\, d\varphi. \tag{54.4}$$

Eine zweite Bedingung wird durch die POISSONsche Gleichung der Gravitationstheorie gegeben.

$$\nabla^2\varphi = -4\pi G\varrho, \tag{54.5}$$

die bei Kugelsymmetrie die Form annimmt

$$\frac{d^2\varphi}{dr^2} + \frac{2}{r}\frac{d\varphi}{dr} = -4\pi G\varrho. \tag{54.6}$$

55. Wir haben nun zwei Beziehungen (54.4) und (54.6) zwischen den drei unbekannten Funktionen P, ϱ, φ, von r. Um weiterzukommen, brauchen wir noch eine dritte Beziehung. Die Aufsuchung dieser Beziehung wird uns tief in das Studium der Thermodynamik eines Sternes hineinführen. In diesem Kapitel begnügen wir uns aber damit, eine zunächst willkürliche Verknüpfung von P mit ϱ anzunehmen und die Konsequenzen, zu denen sie führt, zu verfolgen. Im allgemeinen kann, sowohl bei idealen als auch bei nicht-idealen Gasen, jeder beliebige Wert des Druckes einer beliebig vorgegebenen Dichte zugeordnet werden, wenn nur die Temperatur in passender Weise gewählt wird. Unser Verfahren besteht also im wesentlichen darin, daß wir dem Sterne zwangsweise eine ganz bestimmte Temperaturverteilung auferlegen. Dies führt aber nur dann zu tatsächlich möglichen Verhältnissen, wenn die Temperaturverteilung so beschaffen ist, daß sie sich automatisch aufrechterhalten kann.

Für die dritte Beziehung wählen wir nun die Form

$$P = \varkappa\varrho^{\gamma}, \tag{55.1}$$

wo $\varkappa$ und γ noch verfügbare Konstanten sind. Indem wir für γ verschiedene Werte einsetzen, können wir eine Reihe von Temperaturverteilungen durchmustern, und unter diesen wird sich auch die wirkliche Verteilung oder eine ihr sehr nahe benachbarte befinden.

Wenn die Bedingung (55.1) erfüllt ist, nennt man die Verteilung eine *polytrope*.

Durch Differentiation erhalten wir

$$dP = \gamma\varkappa\varrho^{\gamma-1}\, d\varrho,$$

daher nach (54.4)

$$\gamma \varkappa \varrho^{\gamma-2} d\varrho = d\varphi$$

und durch Integration

$$\frac{\gamma}{\gamma-1} \varkappa \varrho^{\gamma-1} = \varphi + \text{const}. \tag{55.2}$$

Der Nullpunkt, von dem aus das Gravitationspotential φ gemessen wird, ist willkürlich. Es ist gebräuchlich, die Konstante in solcher Weise zu wählen, daß φ in unendlicher Entfernung von jeder Materie verschwindet. Bei dem uns beschäftigenden Probleme ist es aber bequemer, den Nullwert von φ an die Begrenzung des Sternes zu verlegen; dann ist die additive Konstante in (55.2) gleich Null. Setzen wir noch

$$\gamma = 1 + 1/n\,, \tag{55.3}$$

dann ergibt sich aus (55.2)

$$\varrho = \left\{\frac{\varphi}{(n+1)\varkappa}\right\}^n \tag{55.41}$$

und

$$P = \frac{\varrho\varphi}{n+1}. \tag{55.42}$$

Die Gleichung (54.6) nimmt daher die Form an:

$$\frac{d^2\varphi}{dr^2} + \frac{2}{r}\frac{d\varphi}{dr} + \alpha^2 \varphi^n = 0\,, \tag{55.5}$$

wo

$$\alpha^2 = \frac{4\pi G}{\{(n+1)\varkappa\}^n}. \tag{55.6}$$

Der Weg, den wir zur Lösung unseres Problems einschlagen, wird darin bestehen, daß wir zunächst die Differentialgleichung (55.5) lösen, um φ als Funktion von r zu erhalten. Dann können auch ϱ und P aus (55.41) und (55.42) ermittelt werden. Um die Lösung zu normieren, führen wir zwei neue Variablen, u und z, ein, die bzw. zu φ und r proportional sind. Es sei φ_0 der Wert von φ im Mittelpunkt des Sternes und

$$\varphi = \varphi_0 u\,, \qquad r = z/\alpha\varphi_0^{\frac{1}{2}(n-1)}. \tag{55.7}$$

Substituieren wir diese Werte in (55.5), so erhalten wir

$$\frac{d^2u}{dz^2} + \frac{2}{z}\frac{du}{dz} + u^n = 0 \tag{55.8}$$

mit den Bedingungen für den Mittelpunkt

$$u = 1\,, \quad du/dz = 0\,, \quad \text{für } z = 0\,.$$

Der Übergang von den Variablen φ, r zu u, z stellt eine einfache Änderung der Einheiten dar, mittels derer die Differentialgleichung und ihre Grenzbedingungen auf eine normale Form gebracht werden. Die Bedingung $du/dz = 0$ im Mittelpunkt folgt aus dem Verschwinden von $g = -d\varphi/dr$ in diesem Punkte.

56. Die Lösung der Gleichung (55.8) kann in geschlossener Form erhalten werden, wenn $n = 0{,}1$ oder 5 ist (§ 61). Für andere Werte von n nehmen wir versuchsweise an, daß u für kleine Werte von z in eine unendliche Reihe von der Form

$$u = 1 - \tfrac{1}{6} z^2 + a_3 z^3 + a_4 z^4 + \cdots$$

entwickelt werden kann, und bestimmen die Koeffizienten a_3, a_4 ... so, daß (55.8) befriedigt wird. Dies gibt uns eine Lösung für ein verhältnismäßig nur kleines Gebiet, da die Reihe sehr bald zu divergieren anfängt. Wir können aber, indem wir von den Werten von u und du/dz ausgehen, die mit Hilfe der Reihe noch bequem erreichbar sind, die Lösung durch Quadraturen schrittweise nach außen über den ganzen Stern fortsetzen. Wenn u gleich Null wird, verschwindet die Dichte, wodurch die Begrenzung des Sterns gekennzeichnet wird.

Ausführliche Tabellen der Lösungen für eine Reihe von Werten von n sind von R. Emden gerechnet worden[1]. Wir geben hier drei von diesen Tabellen wieder, mit denen wir uns letzten Endes am meisten zu befassen haben werden. Die Werte von z, u, du/dz sind die unmittelbaren Resultate der Quadraturen; die übrigen Kolonnen sind aus

Polytrope Lösungen.

Tabelle 4.

($n = 2$, $\gamma = 1{,}5$.)

z	u	u^n	u^{n+1}	$-du/dz$	$-z\,dz/3\,du$	$-z^2 du/dz$
0,00	1,00000	1,00000	1,00000	0,00000	1,0000	0,0000
0,25	0,98969	0,97950	0,96940	0,08247	1,0105	0,0052
0,50	95937	92040	88302	15865	1,0750	0,0388
0,75	91128	83042	75675	22386	1,1168	0,1259
1,00	84864	72018	61117	27453	1,2142	0,2745
1,25	77533	60114	46609	30937	1,3468	0,4834
1,50	69531	48346	33615	32825	1,5232	0,7386
1,75	61238	37501	22965	33307	1,7514	1,0200
2,00	52974	28062	14866	32640	2,0425	1,3056
2,50	37463	14035	05258	29023	2,8713	1,8140
3,00	24166	05840	01411	24067	4,1550	2,1660
3,50	13379	01790	002395	19169	6,0863	2,3482
4,00	04866	002368	000115	15040	8,8653	2,4064
4,25	01326	000176	000002	13346	10,615	2,4106
4,3518	00000	000000	000000	12729	11,396	2,4107

ihnen berechnet und werden zu verschiedenen Zwecken gebraucht werden. Die Kolonnen geben, der Reihe nach, die folgenden physikalischen Größen, in Einheiten ausgedrückt, die von dem jeweils betrachteten Sterne abhängen:

1. Abstand vom Mittelpunkt,
2. Gravitationspotential. Temperatur (für ein ideales Gas von konstantem Molekulargewichte).

[1] Gaskugeln. Kapitel V. Leipzig 1907.

Tabelle 5.
($n = 2{,}5, \quad \gamma = 1{,}4.$)

z	u	u^n	u^{n+1}	$-du/dz$	$-zdz/3\,du$	$-z^2du/dz$
0,00	1,00000	1,00000	1,00000	0,00000	1,0000	0,0000
0,25	0,98971	0,97450	0,96447	08226	1,0130	0,0051
0,50	95961	90202	86560	15676	1,0632	0,0392
0,75	91242	79520	72555	21798	1,1469	0,1226
1,00	85196	66997	57079	26282	1,2683	0,2628
1,25	78246	54156	42375	29036	1,4350	0,4537
1,50	70809	42192	29876	30213	1,6549	0,6798
1,75	63246	31811	20119	29532	1,9753	0,9044
2,00	55961	23428	13111	28614	2,3298	1,1446
2,50	42473	11756	04993	25080	3,3227	1,5675
3,00	31000	05351	01659	20793	4,8093	1,8714
3,50	21752	02207	004800	16783	6,9517	2,0560
4,00	14300	007733	001106	13445	9,9170	2,1512
4,50	08263	001963	000162	10813	10,539	2,1896
5,00	03384	000211	000007	08796	18,948	2,1990
5,4172	00000	000000	000000	07500	24,076	2,2010

Tabelle 6.
($n = 3, \quad \gamma = 1{,}3333.$)

z	u	u^n	u^{n+1}	$-du/dz$	$-zdz/3\,du$	$-z^2du/dz$
0,00	1,00000	1,00000	1,00000	0,00000	1,0000	0,0000
0,25	0,98975	0,96960	0,95966	08204	1,0158	0,0051
0,50	95987	88436	84886	15495	1,0756	0,0387
0,75	91355	76242	69650	21270	1,1754	0,1196
1,00	85505	62513	53451	25219	1,3218	0,2522
1,25	78897	49111	38747	27370	1,5224	0,4276
1,50	71948	37244	26797	27993	1,7862	0,6298
1,75	64996	27458	17847	27460	2,1243	0,8410
2,00	58282	19796	11538	26149	2,5495	1,0450
2,50	46109	09803	04520	22396	3,7210	1,3994
3,00	35921	04635	01665	18393	5,4370	1,6553
3,50	27629	02109	005828	14859	7,8697	1,8203
4,00	20942	009185	001923	11998	11,113	1,9197
4,50	15529	003746	000582	09748	15,387	1,9740
5,00	11110	001371	000152	08003	20,826	2,0007
6,00	04411	000086	000004	05599	35,720	2,0156
6,80	00471	000001	000000	04360	51,987	2,0161
6,9011	00000	000000	000000	04231	54,360	2,0150

3. Dichte.
4. Druck.
5. Schwerkraftsbeschleunigung.
6. Inverse mittlere Dichte innerhalb einer durch den betrachteten Punkt gelegten Kugel.
7. Masse innerhalb einer durch den betrachteten Punkt gelegten Kugel.

Gleichungen (55.41) und (55.42) zeigen, daß für verschiedene Punkte ein und desselben Sternes $\varrho \propto \varphi^n$ und $P \propto \varphi^{n+1}$ ist. Es ist daher:

$$\varphi/\varphi_0 = u \qquad \varrho/\varrho_0 = u^n, \quad P/P_0 = u^{n+1}. \tag{56.1}$$

Die Kolonnen 2, 3 und 4 der Tabellen geben also das Potential, die Dichte und den Druck in Einheiten der Mittelpunktswerte von Potential, Dichte und Druck[1].

57. Unser Problem wird gewöhnlich darin bestehen, die innere Verteilung der Dichte und des Druckes in einem Sterne von gegebener Masse und Radius (oder mittlerer Dichte) zu berechnen. Die vorgeschriebenen Werte werden also die Masse M und der Radius R (oder die mittlere Dichte ϱ_m) sein, sowie der Parameter n (oder γ), der das angenommene Gesetz für die Abhängigkeit des Druckes von der Dichte definiert. Wir müssen uns daher Formeln verschaffen, in die M und R eingehen.

Da die Begrenzung des Sternes durch $u = 0$ gegeben wird, haben wir

$$R = (r)_{u=0}, \qquad GM = (-r^2\, d\varphi/dr)_{u=0}. \tag{57.11}$$

Es bedeute

$$R' = (z)_{u=0}, \qquad M' = (-z^2\, du/dz)_{u=0}. \tag{57.12}$$

Die Werte von R' und M' sind in der letzten Zeile jeder Tabelle zu finden. Dann ist, nach (55.7)

$$\frac{R}{R'} = \frac{1}{\alpha\,\varphi_0^{\frac{1}{2}(n-1)}}, \qquad \frac{GM}{M'} = \frac{1}{\alpha\,\varphi_0^{\frac{1}{2}(n-3)}} \tag{57.2}$$

und folglich

$$\left.\begin{aligned} &\frac{GM}{M'}\cdot\frac{R'}{R} = \varphi_0\,,\\ &\left(\frac{GM}{M'}\right)^{n-1}\left(\frac{R'}{R}\right)^{n-3} = \frac{1}{\alpha^2} = \frac{\{(n+1)\,\varkappa\}^n}{4\pi G} \end{aligned}\right\} \tag{57.3}$$

Auf diese Weise können φ_0 und $\varkappa$ aus den vorgegebenen Daten berechnet werden und die Werte von ϱ_0 und P_0 werden dann aus (55.41) und (55.42) erhalten.

Eine bequemere Methode zur Bestimmung von ϱ_0 erhalten wir, indem wir diese Größe als Funktion der mittleren Dichte ϱ_m ausdrücken. Es ist

$$\varrho_m = \frac{M}{\frac{4}{3}\pi R^3} = \frac{1}{G}\left(-\frac{1}{\frac{4}{3}\pi r^3}\cdot r^2\frac{d\varphi}{dr}\right)_{u=0}.$$

Nach (55.7) ist aber

$$\frac{1}{r}\frac{d\varphi}{dr} = \alpha^2\,\varphi_0^n\cdot\frac{1}{z}\frac{du}{dz}.$$

Daher

$$\varrho_m = \frac{3\,\alpha^2\,\varphi_0^n}{4\pi G}\left(-\frac{1}{z}\frac{du}{dz}\right)_{u=0}. \tag{57.4}$$

[1] In diesem Kapitel bezeichnen wir Mittelpunktswerte durch eine angehängte 0; an anderen Stellen dieses Buches gebrauchen wir dafür im allgemeinen den Index c.

Andererseits ist aber, nach (55,41) und (55.6)

$$\alpha^2 \varphi_0^n = 4\pi G \varrho_0 \tag{57.5}$$

eine Beziehung, die auch sofort aus dem Vergleiche von (54.6) mit (55.5) erhalten werden kann. Es ist somit

$$\frac{\varrho_m}{\varrho_0} = \left(-\frac{3}{z}\frac{d u}{d z}\right)_{u=0}. \tag{57.6}$$

Das Verhältnis ϱ_0/ϱ_m ist in den Tabellen am Fuße der sechsten Kolonne zu finden. Die anderen Zahlen derselben Kolonne geben das Verhältnis der Mittelpunktsdichte zur mittleren Dichte innerhalb einer durch den jeweils betrachteten Punkt gelegten Kugel.

Die letzte Kolonne jeder Tabelle enthält Zahlen, die proportional sind zu der innerhalb einer Kugel vom Radius r enthaltenen Masse M_r.

Die Einheit von M_r läßt sich sofort bestimmen, da die letzte Eintragung (M') der Gesamtmasse des Sternes entspricht. In ähnlicher Weise gibt die erste Kolonne den Abstand vom Mittelpunkt an, in Einheiten, die aus der Bedingung erhalten werden, daß die abschließende Zahl R' dem Radius des Sternes entspricht.

58. Wir werden uns besonders mit Sternen zu beschäftigen haben, die aus idealen Gasen bestehen. Die Temperatur wird dann aus P und ϱ vermittels der Gasgleichung

$$P = \frac{\mathfrak{R}}{\mu} \varrho T \tag{58.1}$$

bestimmt, wo $\mathfrak{R}$ die universelle Gaskonstante $8{,}26 \cdot 10^7$ ist, und μ das Molekulargewicht in Einheiten des Wasserstoffatoms bedeutet[1].

Bevor wir jedoch diese Gleichung anwenden, müssen wir bemerken, daß P in ihr ausschließlich den Gasdruck vertritt, während wir in der vorhergehenden Entwicklung mit P den Gesamtdruck, gleichviel welchen Ursprungs, der auf eine im Inneren des Sternes gedachte Fläche wirkt, bezeichnet haben (s. § 54, wo P zuerst eingeführt worden ist). Der Strahlungsdruck muß daher auch in P aufgenommen werden. Wenn β das Verhältnis des Gasdruckes p_G zum Gesamtdrucke P bezeichnet, muß also die verbesserte Gleichung lauten

$$p_G = \beta P = \frac{\mathfrak{R} \varrho T}{\mu}. \tag{58.2}$$

Dann ist, nach (55.42)

$$\frac{\varrho \varphi}{n+1} = P = \frac{\mathfrak{R} \varrho T}{\beta \mu}.$$

[1] Das Molekulargewicht wird in diesem Buche, wenn nicht ausdrücklich eine andere Festsetzung getroffen wird, stets in Vielfachen des Wasserstoffatoms gemessen. Wenn aber μ in Gramm gemessen wird, ist die Konstante im Zähler die Boltzmannsche Konstante $R = 1{,}372\ 10^{-16}$. Die Beziehung zwischen beiden Konstanten ist $\mathfrak{R} = R/H$, wo H die Masse des Wasserstoffatoms in Gramm bedeutet.

Hieraus folgt

$$T = \frac{\beta\mu}{(n+1)\,\Re}\,\varphi\,. \tag{58.3}$$

Nach (57.3) wird die Mittelpunktstemperatur durch

$$T_0 = \frac{R'}{(n+1)\,M'}\cdot\frac{G}{\Re}\,\frac{\beta\mu M}{R} \tag{58.4}$$

bestimmt.

Wenn $\beta\mu$ im ganzen Stern als konstant angenommen werden darf (was in Wirklichkeit eine gute Näherung darstellt), so ist nach (58.3) $T \propto \varphi$ und daher

$$T/T_0 = u\,. \tag{58.5}$$

59. Um den Gebrauch der oben angeführten Formeln und Tabellen zu erläutern, wollen wir einige Berechnungen für die helle Komponente der Capella geben. Für die anzusetzende Beziehung zwischen Druck und Dichte nehmen wir $P \propto \varrho^{\frac{4}{3}}$ an, so daß $n = 3$ wird, und die zu gebrauchende Tabelle in diesem Falle Tabelle 6 ist. Die Masse und der Durchmesser der Capella (§ 13) sind

$$M = 8.3\cdot 10^{33}\,g \qquad R = 9{,}55\cdot 10^{11}\,\text{cm}\,,$$

woraus sich die mittlere Dichte

$$\varrho_m = 0{,}00227$$

ergibt. Aus Tabelle 6, Kolonne 6 entnehmen wir den Wert $\varrho_0/\varrho_m = 54{,}36$. Es ist daher

$$\varrho_0 = 0{,}1234 \text{ gr pro cm}^3.$$

Aus der letzten Zeile der Tabelle 6 entnehmen wir gleichfalls

$$M' = 2{,}015\,, \qquad R' = 6.901\,.$$

Daher ist nach (57.3)

$$\varphi_0 = \frac{6{,}66\cdot 10^{-8}\cdot 8{,}3\cdot 10^{33}\cdot 6{,}901}{2{,}015\cdot 9{,}55\cdot 10''} = 1{,}982\cdot 10^{15}$$

und nach (55.42)

$$P_0 = \tfrac{1}{4}\,\varrho_0\,\varphi_0 = \tfrac{1}{4}\,0{,}1234\cdot 1{,}982\cdot 10^{15} = 6{,}11\cdot 10^{13} \text{ dynen pro cm}^2.$$

Um die Mittelpunktstemperatur zu ermitteln, müssen wir ein Molekulargewicht ansetzen, und, wenn der Strahlungsdruck nicht vernachlässigt wird, einen Faktor β. Wir nehmen an, daß $\mu\beta = 2{,}0$ ist, was der Wirklichkeit ziemlich nahe entsprechen dürfte, dann ist nach (58.3)

$$T_0 = \frac{2{,}0\cdot 1{,}982\cdot 10^{15}}{4\cdot 8{,}20\cdot 10^{7}} = 1{,}20\cdot 10^{7} \text{ Grad.}$$

Um die Bedingungen in einem anderen Punkte des Sternes zu finden, nehmen wir z. B. die Zeile $z = 3{,}5$ in Tabelle 6. Sie entspricht einem Abstande vom Mittelpunkte, der durch

$$\frac{r}{R} = \frac{z}{R'} = \frac{3{,}5}{6{,}901} = 0{,}507$$

gegeben wird, oder etwa dem halben Wege vom Mittelpunkte bis zur Oberfläche. Hier ist

$$T = 0{,}27629\ T_0 = 3{,}32 \cdot 10^6\,,$$
$$\varrho = 0{,}02109\ \varrho_0 = 0{,}00260\,,$$
$$P = 0{,}005828\ P_0 = 3{,}56 \cdot 10^{11}.$$

In diesem Punkte ist ferner

$$\frac{M_r}{M} = \frac{1{,}8203}{2{,}0150} = 0{,}90\,,$$

so daß, trotzdem nur etwa ein Achtel des Volumens innerhalb dieses Radius liegt, bereits 90% der Masse in ihm enthalten sind[1]. In Abb. 1 ist ein Stern dargestellt, der in Schalen aufgeteilt ist, welche (*a*) zehn gleichen Temperaturschritten und (*b*) zehn gleichen Massen entsprechen.

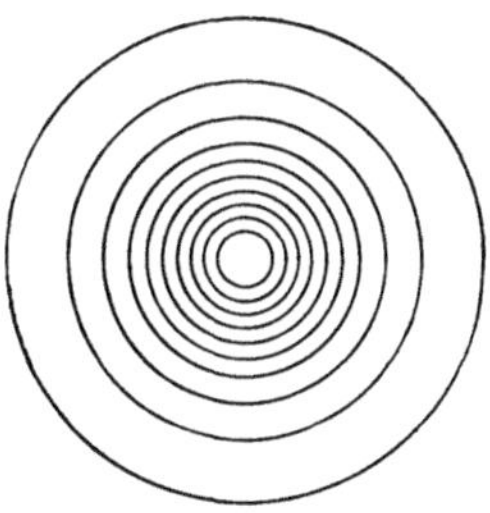

Abb. 1a. Zehn gleiche Temperaturintervalle.

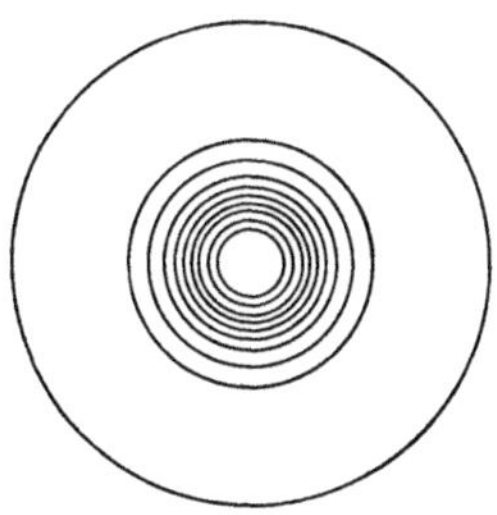

Abb. 1b. Zehn Schalen gleicher Masse.

Mit anderen Worten entsprechen die Kreise auf der linken Seite den Werten $T/T_0 = 0{,}9,\ 0{,}8,\ 0{,}7$ usw. und die Kreise auf der rechten Seite den Werten $M_r/M = 0{,}1,\ 0{,}2,\ 0{,}3$ usw. Diese Diagramme beziehen sich auf die Polytrope $n = 3$, die, wie wir glauben, beinahe genau den wahren Verhältnissen in einem Sterne entspricht.

Potentielle Energie.

60. Wir sind gegenwärtig imstande, die negative potentielle Energie eines polytropen Sternes zu bestimmen, d. h. die Arbeit zu berechnen, welche die Gravitationskräfte, bei der Zusammenziehung des Materials von einem Zustande unendlicher Verdünnung aus, geleistet haben. Diese Berechnung ist von Emden ausgeführt worden.

Betrachten wir zwei konzentrische Kugelschalen der Massen M_r und M_s. Die innere Schale zieht die äußere an, aber nicht umgekehrt. Die gegenseitige (negative) potentielle Energie ist daher

[1] Es muß betont werden, daß es uns hier nur darauf ankommt, den Gebrauch der Formeln zu veranschaulichen und daß die Resultate der Berechnung (trotzdem sie der Wahrheit wahrscheinlich schon ziemlich nahe kommen) nicht als unsere endgültigen Schlüsse über den Zustand der Capella zu betrachten sind (s. § 13).

$$\frac{G\,dM_r\,dM_s}{r},$$

wo r den Radius der *äußeren* Schale bedeutet.

Die gegenseitige Energie der Schale dM_r und aller Schalen, die in ihrem Inneren liegen, ist dementsprechend

$$\frac{G\,dM_r}{r}\int\limits_0^{M_r} dM_s = \frac{G\,M_r\,dM_r}{r}.$$

Die negative potentielle Energie des ganzen Sternes ist somit:

$$\Omega = G\int\limits_0^{M}\frac{M_r\,dM_r}{r}, \tag{60.11}$$

$$= \tfrac{1}{2}G\int\limits_0^{M^2}\frac{d\,(M_r^2)}{r},$$

$$= \tfrac{1}{2}G\,\frac{M^2}{R} + \tfrac{1}{2}G\int\limits_0^{R}\frac{M_r^2}{r^2}\,dr$$

durch partielle Integration. Oder, da $GM_r/r^2 = -\,d\varphi/dr$

$$\Omega = \tfrac{1}{2}G\,\frac{M^2}{R} - \tfrac{1}{2}\int M_r\,d\varphi\,. \tag{60.12}$$

Andererseits folgt aus (60.11), da $GM_r = -\,r^2\,d\varphi/dr$ und $dM_r = 4\,\pi\,r^2\,\varrho\,dr$,

$$\Omega = -\,4\pi\int\limits_0^{R} r^3\,\varrho\,\frac{d\varphi}{dr}\,dr.$$

Indem wir in Übereinstimmung mit (55.41) $\varrho = \lambda\varphi^n$ schreiben, erhalten wir hieraus

$$\Omega = -\frac{4\pi\lambda}{n+1}\int\limits_{r=0}^{\varphi=0} d\,(\varphi^{n+1})\,r^3,$$

$$= \frac{12\,\pi\,\lambda}{n+1}\int\varphi^{n+1}\,r^2\,dr \qquad \text{durch partielle Integration,}$$

$$= \frac{3}{n+1}\int\varphi\cdot 4\,\pi\,\varrho\,r^2\,dr, \tag{60.21}$$

$$= \frac{3}{n+1}\int\varphi\cdot dM_r, \tag{60.22}$$

$$= -\frac{3}{n+1}\int M_r\,d\varphi \tag{60.3}$$

durch partielle Integration.

Ein Vergleich von (60.12) mit (60.3) ergibt

$$\Omega = \tfrac{1}{2}G\,\frac{M^2}{R} + \frac{n+1}{6}\,\Omega,$$

und es ist daher

$$\Omega = \frac{3}{5-n} G \frac{M^2}{R}. \tag{60.4}$$

Für den späteren Gebrauch merken wir uns noch

$$\Omega = 3 \int_0^R P \cdot 4\pi r^2 \, dr = 3 \int P \, dv, \tag{60.5}$$

wo dv das Volumenelement bedeutet. Dies folgt aus (60.21) und (55.42). Konstante Dichte wird durch die Bedingung $n = 0$ gegeben, und (60.4) geht in diesem Falle in den gewöhnlichen Ausdruck für eine Kugel konstanter Dichte, $\Omega = \frac{3}{5} GM^2/R$ über. Bei anderen Dichteverteilungen ist der numerische Koeffizient größer, da die Masse stärker um den Mittelpunkt verdichtet ist.

61. Das Resultat (60.4) zeigt, daß die Betrachtung in irgendeiner Weise versagen muß, wenn $n > 5$ wird. Das Versagen wird dadurch bedingt, daß solche Verteilungen keine Begrenzung haben; der „Stern" dehnt sich ins Unendliche aus und die Masse wird gleichfalls unendlich. Mit solchen Verteilungen brauchen wir uns hier nicht zu befassen.

Im kritischen Falle $n = 5$ besitzt die Differentialgleichung (55.8) eine endliche Lösung

$$u = (1 + \tfrac{1}{3} z^2)^{-\frac{1}{2}}.$$

Die Verteilung ist also unendlich ausgedehnt und R ist unendlich. Die Gesamtmasse ist aber endlich, da $(-z^2 \, du/dz)_{z=\infty}$, gleich $\sqrt{3}$ ist.

Eine andere einfache Lösung haben wir im Falle $n = 1$, nämlich

$$u = \sin z/z.$$

Die Begrenzung des Sternes liegt hier bei $z = \pi$. Es ist daher

$$R' = \pi, \quad M' = \pi, \quad \varrho_0/\varrho_m = \frac{\pi^2}{3}.$$

Die Lösung für $n = 0$ ist auch sehr einfach, da dieser Wert einer Kugel konstanter Dichte entspricht.

62. Wenn die Materie des Sternes ein ideales Gas ist und $\beta\mu$ einen konstanten Wert hat, kann die mittlere Temperatur des Sternes berechnet werden. Die mittlere Temperatur T_m, in bezug auf Masse gebildet, wird gegeben durch

$$T_m = \int_0^M T \, dM_r \div M.$$

Da nun $T/T_0 = \varphi/\varphi_0$ ist, folgt hieraus

$$\frac{T_m}{T_0} = \frac{1}{M\varphi_0} \int_0^M \varphi \, dM_r;$$

$$= \frac{(n+1)\,\Omega}{3\,M\,\varphi_0} \quad \text{wegen (60.22)},$$

$$= \frac{n+1}{5-n}\,\frac{GM^2}{R} \cdot \frac{1}{M\varphi_0},$$

$$= \frac{n+1}{5-n}\,\frac{M'}{R'} \quad \text{wegen (57.3)}. \tag{62.1}$$

Für $n = 3$ gibt dies

$$T_m/T_0 = 0{,}584.$$

Indem wir für T_0 seinen Wert aus (58,4) einsetzen, wird

$$T_m = \frac{1}{5-n}\,\frac{G}{\mathfrak{R}}\,\frac{\beta\mu M}{R}. \tag{62.2}$$

Es bietet für uns ein beträchtliches Interesse, schon in diesem frühen Stadium unserer Entwicklungen einen einfachen Ausdruck für die mittlere Temperatur des Sternmaterials erhalten zu haben. Wenn wir mit Bestimmtheit behaupten können, daß die Temperatur einige Millionen Grad beträgt, dann wissen wir, wie die Bedingungen aussehen werden, mit denen die ausführlichere Theorie zu tun haben wird. Gegenwärtig ist der wichtigste, noch unbestimmt gelassene Punkt der numerische Wert von n, der erst später auf Grund der Theorie des Strahlungsgleichgewichts ermittelt werden kann. Gleichung (62.2) zeigt uns, bis zu welchem Grade die mittlere Temperatur durch die nähere Bestimmung von n beeinflußt wird. Indem wir den Wert von n variieren, erhalten wir eine Reihe von Modellen mit verschieden starker Massenverdichtung um den Mittelpunkt. Die nachfolgenden Zahlen (die den EMDENschen Tafeln entnommen sind) veranschaulichen diesen Gang.

n =	0	$\frac{1}{2}$	1	$1\frac{1}{2}$	2	$2\frac{1}{2}$	3	4	$4\frac{1}{2}$	4.9
ϱ_0/ϱ_m =	1	1,84	3,29	6,00	11,40	24,08	54,36	623,4	6378	934800
$5/(5-n)$ =	1	1,11	1,25	1,43	1,66	2,00	2,50	5,00	10,0	50,0

Die letzte Zeile gibt an, wie die mittlere Temperatur mit der Konzentration wächst (wenn Masse, Radius und Molekulargewicht konstant gehalten werden).

Wenn man die Fälle ausschließt, in denen die Dichte nach innen abnimmt, tritt ein Minimalwert der mittleren Temperatur für die Form $n = 0$ auf. In § 66 wird hierfür ein allgemeinerer Beweis gegeben werden, bei dem sich die Diskussion nicht mehr auf polytrope Modelle beschränken wird. Wie aus den Zahlen der zweiten Zeile hervorgeht, ist die wirkliche mittlere Temperatur nicht viel höher als ihr Minimalwert, solange wir es nicht mit ganz außerordentlich starken Konzentrationen der Masse gegen den Mittelpunkt zu tun haben; in solchen Fällen enthalten aber die äußeren Teile des Sternes so gut wie keine Masse, so daß wir es praktisch mit einem Stern von kleinerem Radius zu tun haben.

Die hohen Temperaturen, die sich für das Innere der Sterne ergeben, wirken etwas überraschend, und es ist daher gut, sich darüber im klaren zu sein, daß sie nicht erst durch den weiteren Ausbau der Theorie bedingt sind.

Die isotherme Gaskugel.

63. Eine ideale Gasmasse mit gleichmäßiger Temperatur stellt die Grenze der polytropen Verteilung für $n = \infty$ dar. Zur Behandlung dieses Falles sind einige Änderungen in der vorhergehenden Diskussion erforderlich. Trotzdem sie auf wirkliche Sterne keine Anwendung findet, ist eine Untersuchung der isothermen Verteilung zu Vergleichszwecken nützlich. Wir werden sie auch bei der Untersuchung der diffusen Nebel (XIII. Kapitel) brauchen.

Nach (58.2) ist

$$P = k\varrho\,, \qquad \varkappa = \Re T/\mu\beta \tag{63.1}$$

und (54.4) gibt

$$d\varphi = dP/\varrho = \varkappa d\,(\log\varrho).$$

Hieraus folgt durch Integration

$$\varrho = \varrho_0\, e^{\varphi/\varkappa}\,, \tag{63.2}$$

wo ϱ_0 die Dichte bei $\varphi = 0$ bedeutet. Da $n > 5$ ist, dehnt sich die Verteilung ins Unendliche aus und die Masse ist unendlich groß. Unsere früheren Verabredungen, als Nullpunkt von φ dessen Wert an der Begrenzung des Sternes oder im Unendilchen zu nehmen, können also hier nicht mehr aufrechterhalten werden. Der Bequemlichkeit halber setzen wir nun den Wert von φ im Mittelpunkt gleich Null, so daß ϱ_0, wie früher, die Mittelpunktsdichte bezeichnet.

Die POISSONsche Gleichung wird nun

$$\frac{d^2\varphi}{dr^2} + \frac{2}{r}\frac{d\varphi}{dr} + 4\pi G\varrho_0 e^{\varphi/\varkappa} = 0\,. \tag{63.3}$$

Wir setzen

$$\varphi = \varkappa u\,, \qquad r = \left(\frac{k}{4\pi G\varrho_0}\right)^{\frac{1}{2}} z\,. \tag{63.4}$$

Dann geht (63.3) in die Normalform über

$$\frac{d^2u}{dz^2} + \frac{2}{z}\frac{du}{dz} + e^u = 0 \tag{63.5}$$

mit den Mittelpunktsbedingungen $u = 0$, $du/dz = 0$.

Die von EMDEN berechnete Lösung ist in Tabelle 7 gegeben. Die aufeinanderfolgenden Kolonnen sind proportional zu den Werten 1. des Abstandes vom Mittelpunkte, 2. des Potentials, 3. der Dichte und des Druckes, 4. der Beschleunigung der Schwerkraft, 5. der Mittelpunktsdichte, dividiert durch die mittlere Dichte der Kugel vom jeweiligen Radius r, 6. der innerhalb r liegenden Masse.

Tabelle 7. Isotherme Gaskugel.

z	$-u$	e^u	$-du/dz$	$-z\,dz/3\,du$	$-z^2 du/dz$
0,00	0,00000	1,00000	0,00000	1,000	0,0000
0,25	0,01037	98969	08290	1,005	0,0052
0,50	0,04113	95971	16225	1,027	0,0406
0,75	0,09113	91290	23819	1,050	0,1340
1,00	0,15903	85296	30370	1,097	0,3037
1,25	0,24225	78486	36045	1,156	0,5632
1,50	0,33847	71285	40432	1,237	0,9097
1,75	0,44488	64090	44390	1,314	1,3595
2,00	0,55967	57140	47286	1,410	1,8914
2,5	0,80584	44671	50694	1,644	3,1684
3	1,06226	34537	51625	1,937	4,6462
3,5	1,31937	26730	51006	2,287	6,2483
4	1,57071	20790	49403	2,699	7,9045
4,5	1,81246	16325	47234	3,176	9,5650
5	2,04264	12968	44813	3,719	11,203
6	2,46598	08493	39879	5,015	14,353
7	2,84160	05833	35334	6,604	17,214
8	3,17489	04180	31372	8,500	20,078
9	3,47128	03108	27989	10,718	22,670
10	3,73646	02384	25121	13,269	25,121
100	8,59506	000175	01843	1808,6	184,3
1000	13,09847	000002	002045	163000	2045,1

Minimalprobleme.

64. Wir haben bis jetzt unsere Untersuchung auf solche Verteilungen beschränkt, die dem polytropen Modell entsprechen. Bei den nachfolgenden Theoremen legen wir der Verteilung diese Bedingung nicht mehr auf, verlangen aber, daß die Dichte nach innen nicht abnehmen soll. Durch diese neue Beschränkung werden vermutlich keine der für die Anwendung auf Sterne ernstlich in Betracht kommenden Fälle ausgeschlossen. Es ist nicht wahrscheinlich, daß eine Verteilung mit positivem $d\varrho/dr$ stabil sein könnte. Im Probleme II werden wir ferner verlangen, daß auch die Temperatur nach innen nicht abnimmt. Diese Beschränkung ist nun eine gänzlich harmlose. Ein positiver Wert von dT/dr an irgendeinem Punkt des Sterninneren würde eine Energiesenke im Inneren des Sterns verlangen, da Wärme notwendig in der Richtung des Temperaturgradienten fließen muß.

Problem I. Es soll der Minimalwert des Mittelpunktsdruckes in einem Sterne von der Masse M und dem Radius R gefunden werden, der nur der Bedingung unterworfen ist, daß die Dichte nach innen nicht abnimmt.

Man gehe von einer beliebigen Dichteverteilung aus, die der Bedingung $d\varrho/dr \leqq 0$ genügt. Man entferne einen kleinen Teil $\delta\varrho_1$ der Dichte einer Schale, die zwischen r_1 und $r_1 + dr_1$ eingeschlossen ist und addiere die Materie zu der Schale r_2 bis $r_2 + dr_2$, wodurch ihre Dichte um den Betrag $\delta\varrho_2$ vergrößert wird. Wenn δM die übertragene Masse bedeutet, ist

$$\delta M = 4\pi r_1^2 dr_1\, \delta\varrho_1 = 4\pi r_2^2 dr_2 \cdot \delta\varrho_2\,. \tag{64.1}$$

Natürlich muß dabei auch die Temperaturverteilung so abgeändert werden, daß die neue Dichteverteilung im Gleichgewicht bleibt. Wir nehmen an, daß $r_2 < r_1$ ist. Der Druck in jedem innerhalb r_2 belegenen Punkte wird aus zwei Gründen zunehmen. Erstens steht nun die Materie zwischen r_1 und r_2 unter der Anziehung der Masse δM, während anfänglich δM keine resultierende Anziehung auf sie ergab. Das Gewicht dieser Materie ist also größer geworden und trägt mehr zum Gesamtdrucke bei. Zweitens liefert auch δM in seiner neuen Lage einen größeren Beitrag zu dem Gesamtdrucke, nämlich $g_2 \delta \varrho_2 dr_2$ anstatt $g_1 \delta \varrho_1 dr_1$. Nach (64.1) stehen diese Beträge im Verhältnisse

$$g_2/r_2^2 : g_1/r_1^2,$$

zu einander welches größer ist als

$$1/r_2 : 1/r_1,$$

weil g nicht schneller als r zunehmen kann, wenn die Dichte nicht nach außen wächst.

Somit wird der Mittelpunktsdruck durch eine Übertragung von Masse nach innen stets vergrößert. Der Minimaldruck wird daher in dem Falle erhalten, wenn sich die Materie so weit vom Mittelpunkte befindet, als mit den Bedingungen des Problems verträglich ist. Wir können durch wiederholte Übertragung von Masse nach außen den Druck im Mittelpunkte so lange verkleinern, bis wir eine gleichmäßige Dichteverteilung erreichen. Der Mittelpunktsdruck hat dann den für eine homogene Kugel geltenden Wert

$$P = \frac{3}{8\pi} \frac{GM^2}{R^4},$$

der also den gesuchten Minimalwert darstellt.

65. *Problem II. Es soll der Minimalwert der Mittelpunktstemperatur in einem aus idealem Gase des Molekulargewichts μ bestehenden Sterne von der Masse M und dem Radius R gefunden werden, der nur der Bedingung unterworfen ist, daß die Dichte und die Temperatur nach innen nicht abnehmen.* (*Der Strahlungsdruck wird vernachlässigt.*)

Wir zeigen zuerst, daß bei der Verteilung, welche die kleinste Mittelpunktstemperatur ergibt, *entweder* der Dichtegradient *oder* der Temperaturgradient in allen Punkten verschwindet. Wäre dies nämlich nicht der Fall, so könnten wir drei aufeinanderfolgende Kugelschalen mit den Dichten $\varrho_1 > \varrho_2 > \varrho_3$ und den Temperaturen $T_1 > T_2 > T_3$ herausgreifen. Bringen wir eine kleine Masse aus der zweiten in die dritte Schale hinüber. Da $\varrho_2 > \varrho_3$ ist, kann dies für eine kleine Masse ohne Umkehrung des Dichtegradienten erfolgen. Bei der Behandlung des Problems I ist gezeigt worden, daß durch diese Übertragung der Druck innerhalb der von der Schale ϱ_2 eingeschlossenen Kugel um einen konstanten Betrag vermindert wird. Da $\delta P = \Re \varrho \delta T/\mu$ ist, wird die

Temperaturabnahme umgekehrt proportional zu der Dichte sein und ist daher im Mittelpunkt am kleinsten und nach außen hin wachsend (oder stationär). Der Temperaturgradient innerhalb ϱ_2 wird also nicht umgekehrt; ferner bleibt die Temperaturverteilung außerhalb von ϱ_3 überhaupt unbeeinflußt. Die Temperaturen der beiden Schalen werden sich in komplizierterer Weise ändern, da aber $T_1 > T_2 > T_3$ ist, bleibt immer noch ein kleiner Spielraum für solche Änderungen vorhanden, ohne daß sich der Temperaturgradient umzukehren braucht.

Hiermit ist gezeigt, daß es immer möglich sein muß, die Mittelpunktstemperatur durch eine kleine Massenübertragung an einer Stelle, an der sowohl $\varrho_1 > \varrho_2 > \varrho_3$ als auch $T_1 > T_2 > T_3$ ist, zu verkleinern, ohne daß die Bedingungen verletzt werden. Hieraus folgt, daß wenn die Mittelpunktstemperatur tatsächlich schon ein Minimum ist, eine dieser beiden Ungleichungen durch eine Gleichung ersetzt werden muß (nicht notwendig dieselbe in allen Teilen des Sternes).

Der mittlere Teil des Sternes muß isotherm sein. Denn nimmt man aus dem äußeren Teile eine Masse δM heraus und verteilt sie gleichmäßig auf eine kleine Kugel vom Radius r_1 um den Mittelpunkt, so wird der Druck dem Werte Unendlich zustreben, wie $\delta M/r_1$ während die Zunahme der Dichte proportional zu $\delta M/r_1^3$ ist. Wenn also r_1 genügend klein genommen wird, muß die Temperatur fallen. Wenn aber der mittlere Teil des Sternes isotherm ist, wird diese Übertragung ausgeschlossen, da sie die Mittelpunktstemperatur kleiner machen würde, als die umgebenden Temperaturen. Der isotherme Bereich muß beschränkt sein, weil ein durchweg isothermer Stern keine Begrenzung hat. Wir haben somit gezeigt, daß da, wo der Stern nicht isotherm ist, seine Dichte konstant sein muß.

Der Stern minimaler Mittelpunktstemperatur besteht also aus einem Kerne konstanter Temperatur, der von einer Schale konstanter Dichte umgeben ist. Es bleibt nur noch die Ausdehnung dieser beiden Gebiete zu bestimmen.

Es sei T_1 die Temperatur des isothermen Gebietes, ϱ_1 die konstante Dichte des äußeren Gebietes. Dann ist der Druck P an der Übergangsfläche

$$P_1 = \frac{\Re T_1}{\mu} \varrho_1 .$$

Es sei R_1 der Radius dieser Grenzfläche und ϱ_m die mittlere Dichte innerhalb dieser Kugel. Ferner sei

$$\frac{R_1}{R} = \alpha , \qquad \frac{\varrho_m - \varrho_1}{\varrho_1} = \beta . \tag{65.1}$$

Wir haben dann:

$$\begin{aligned} M &= \tfrac{4}{3}\pi \varrho_1 R^3 + \tfrac{4}{3}\pi (\varrho_m - \varrho_1) R_1^3 \\ &= \tfrac{4}{3}\pi \varrho_1 R^3 (1 + \alpha^3 \beta) . \end{aligned} \tag{65.2}$$

In einem Punkte des äußeren Gebietes ist

$$g = \tfrac{4}{3}\pi G \varrho_1 r + \tfrac{4}{3}\pi G (\varrho_m - \varrho_1) R_1^3/r^2$$

und daher nach (54.3)

$$-dP = \tfrac{4}{3}\pi G \varrho_1^2 dr (r + \beta \alpha^3 R^3/r^2).$$

Durch Integration zwischen αR und R erhält man hieraus:

$$P_1 = \tfrac{2}{3}\pi G \varrho_1^2 R^2 \{1 - \alpha^2 + 2\beta\alpha^2 (1 - \alpha)\}. \tag{65.3}$$

Nach (65.2) und (65.3) ist daher

$$\frac{\Re T_1}{\mu} = \frac{P_1}{\varrho_1} = \frac{GM}{2R} \frac{(1-\alpha)(1+\alpha+2\beta\alpha^2)}{1+\beta\alpha^3}. \tag{65.4}$$

Die Verknüpfung der Größen α und β wird durch die Theorie des isothermen Teiles des Sternes gegeben. Unter Benutzung der Bezeichnungen des § 63 ist

$$\varrho_1/\varrho_0 = e^u, \qquad \varrho_m/\varrho_0 = -\frac{3}{z}\frac{du}{dz}.$$

Daher ist

$$\beta = -\frac{3}{z}\frac{du}{dz} e^{-u} - 1. \tag{65.51}$$

Ferner, da $\alpha R = (\varkappa/4\pi G \varrho_0)^{\frac{1}{2}} z$ und $P_1 = \varkappa \varrho_0 e^u$ ist, gibt (65.3)

$$\frac{6}{z^2 e^u} = \frac{(1-\alpha)(1+\alpha+2\beta\alpha^2)}{\alpha^2}. \tag{65.52}$$

Indem wir einen willkürlichen Wert für z nehmen, erhalten wir e^u und du/dz aus Tabelle 7. Dann werden β und α aus (65.51) und (65.52) gefunden, worauf der Faktor

$$S = (1-\alpha)(1+\alpha+2\beta\alpha^2)/(1+\beta\alpha^3) \tag{65.6}$$

berechnet werden kann. Es ergeben sich die nachfolgenden Resultate:

z	β	α	S
4	0,782	0,663	0,646
4,5	0,929	673	641
5	1,073	680	640
6	1,348	687	645

Wir sehen, daß S einen Minimalwert von etwa 0,640 in der Nähe von $\alpha = 0,676$ hat. Nach (65.4) hat also ein Stern, der aus einem sich bis $0,676\,R$ erstreckenden isothermen Kerne und einem diesen umgebenden Gebiete konstanter Dichte besteht, die minimale Mittelpunktstemperatur:

$$T_1 = 0,32 \frac{G\mu}{\Re}\frac{M}{R}. \tag{65.7}$$

Es sei noch bemerkt, daß für einen Stern von durchweg konstanter Dichte der numerische Faktor gleich 0,5 ist und daß für die Polytrope $n = 3$ (das in diesem Buche am häufigsten zu verwendende Modell) dieser Faktor den Wert 0,856 erhält. Die Temperaturen, die sich aus unserer eingehenderen Untersuchung ergeben werden, sind also nicht beträchtlich höher als die Minimalwerte.

66. *Problem III. Es soll der Minimalwert der mittleren Temperatur eines Sternes von der Masse M und dem Radius R gefunden werden, der aus idealem Gase vom Molekulargewichte μ besteht und nur der Bedingung unterworfen ist, daß die Dichte nach innen nicht abnimmt.* (*Der Strahlungsdruck wird vernachlässigt.*)

Wenn T_m die mittlere Temperatur bezeichnet, ist

$$M T_m = \int T\, 4\pi \varrho r^2 dr = \frac{\mu}{\Re}\int P\cdot 4\pi r^2 dr\,,$$

$$= -\frac{\mu}{\Re}\int \frac{4}{3}\pi r^3\cdot dP \quad \text{durch partielle Integration},$$

$$= \frac{\mu}{3\Re}\int 4\pi r^3 g\varrho\, dr \qquad \text{nach (54.3)},$$

$$= \frac{G\mu}{3\Re}\int \frac{M_r}{r}\, dM_r = \frac{G\mu}{6\Re}\int \frac{d\,(M_r)^2}{r}\,. \tag{66.1}$$

Dies ist ein Minimum, wenn r für jeden Schritt in $(M_r)^2$ den größtmöglichen Wert hat. Dies füht augenscheinlich zu einer homogenen Kugel. Daher ist nach (62.2) der Minimalwert

$$T_m = 0{,}2\,\frac{G\mu M}{\Re R}\,. \tag{66.2}$$

Es ist interessant, diesen Wert mit (65.7) zu vergleichen.

Unvollständige polytrope Gebiete.

67. Es gibt eine Klasse von Problemen, in denen die Polytropenbedingung (55.1) nur in einem Teile des Sternes erfüllt ist. Wenn das nicht-polytrope Gebiet *innerhalb* des polytropen Gebietes liegt, können die Tabellen 4—7 nicht angewandt werden, denn sie geben Partikularlösungen der allgemeinen Differentialgleichung, die bestimmten Grenzbedingungen im Mittelpunkte genügen; wenn das mittlere Gebiet ausgeschlossen wird, sind diese Bedingungen nicht mehr maßgebend, und es muß eine andere Lösung der Differentialgleichung gesucht werden. Das Gravitationsfeld, welches im polytropen Teil herrscht, wird durch die überschüssige oder die fehlende Masse im zentralen, nicht-polytropen Teile modifiziert.

Ein Beispiel hierfür würde uns ein Stern geben, in dem die Bedingung (55.1) nur so lange erfüllt bleibt, als das Material wie ein ideales Gas behandelt werden darf. Dann versagt die Gleichung bei genügend großer Dichte, in der Umgebung des Mittelpunktes. Tabellen 4—7 sind nicht anwendbar, auch nicht auf das äußere Gebiet, in dem (55.1) erfüllt ist, und eine neue Lösung der Differentialgleichung muß durch eine numerische Berechnung *de novo* gefunden werden. Über diese

Klasse von Problemen läßt sich nur wenig Allgemeingültiges aussagen; in den auftretenden speziellen Fällen führt aber die numerische Berechnung gewöhnlich zu einem Einblicke in die Verhältnisse.

Wenn das nicht-polytrope Gebiet *außen* liegt, können Tabellen 4 bis 7 für das innere polytrope Gebiet verwendet werden. Ein Beispiel hierfür ist bereits in § 65 behandelt worden, wo Tabelle 7 benutzt wurde. Ein wichtigeres Problem desselben Typus entsteht in folgender Weise. Wir dürfen kaum erwarten, daß irgendein einfaches physikalisches Gesetz in einem wirklichen Sterne von einer Mittelpunktstemperatur von 10000000° bis zu einer äußeren Temperatur von 10000° gleichmäßig anwendbar bleiben wird. Indem wir von den vereinfachten Eigenschaften der Materie bei Temperaturen von mehreren Millionen Grad Gebrauch machen, werden wir Gesetze ableiten, von denen erwartet werden darf, daß sie etwa von 10000000° bis zu, sagen wir, 1000000° mit einigermaßen befriedigender Genauigkeit gelten werden. Wir wissen nicht viel über die Eigenschaften der Materie bei Temperaturen unterhalb einer Million Grad und können daher wenig oder gar nichts über das aussagen, was in den übrigen Teilen des Sternes geschieht.

Nehmen wir nun an, wir hätten uns davon vergewissert, daß zwischen 10000000° und 1000000° das Sternmaterial das polytrope Gesetz $n = 3$ befolgt. Tabelle 6 wird auf den Teil des Sternes, dessen Temperatur über 1000000° liegt, anwendbar sein, weil das Versagen des Gesetzes erst in einem außerhalb dieses liegenden Teile eintritt, der das Gravitationsfeld im Innern nicht beeinflußt. In Wirklichkeit führen wir die ganze Lösung so aus, als ob dieselbe Bedingung vom Mittelpunkt bis an die Oberfläche heran erfüllt wäre — nicht weil wir es für wahrscheinlich halten, daß sie bei den tieferen Temperaturen noch erfüllt sein könnte, sondern weil es nicht wesentlich darauf ankommt, was in dem äußeren Teile geschieht und (innerhalb vernünftiger Grenzen) jedes beliebige Gesetz für unseren Zweck ausreichen würde. Da dieses Verfahren als ein etwas zu leichtsinniges erachtet werden könnte, wollen wir seine Berechtigung hier untersuchen. Betrachten wir einen Stern, für den die Mittelpunktswerte von Temperatur und Dichte

$$T_0 = 10^7, \qquad \varrho_0 = 0{,}1$$

sind, und $\mu\beta = 2$, $n = 3$.

Wir erhalten

$$P_0 = 4{,}13 \cdot 10^{13}, \quad \varphi_0 = 1{,}65 \cdot 10^{15}, \quad \varkappa = 8{,}84 \cdot 10^{14}, \quad \alpha = 4{,}31 \cdot 10^{-27},$$

und (57.2) gibt

$$R = 1{,}405 \cdot 10^{11}\, R' = 9{,}70 \cdot 10^{11}\,\text{cm},$$

$$M = 3{,}48 \cdot 10^{33}\, M' = 7{,}02 \cdot 10^{33}\,\text{gr.}.$$

Diese Werte der Masse und des Radius würden für einen Stern gelten, der vollständig nach dem polytropen Modelle aufgebaut wäre.

Wenn dieses Modell aber bei Temperaturen unter einer Million Grad versagt, müssen wir die Lösung bei $z = 5$ abbrechen. Indem wir die für diesen Punkt geltenden Werte durch einen unteren Index 1 bezeichnen, erhalten wir auf Grund der Tabelle 6

$$T_1 = 1{,}111 \cdot 10^6, \quad \varrho_1 = 0{,}0001371, \quad P_1 = 6{,}29 \cdot 10^9,$$
$$R_1 = 7{,}02 \cdot 10^{11}, \quad M_1 = 6{,}96 \cdot 10^{33}.$$

Um diese Kugel herum muß irgendeine Verteilung hinzugefügt werden, die imstande ist, einen Druck P_1 von 6290 Atmosphären zu erzeugen. Wenn M und R die Masse und den Radius des vervollständigten Sternes bezeichnen, ist

$$P_1 = \int_{R_1}^{R} g\,\varrho\,dr = \frac{G}{4\pi} \int_{M_1}^{M} \frac{M_r}{r^4}\,dM_r < \frac{G}{4\pi}\frac{M}{R_1^4} \int_{M_1}^{M} dM_r,$$

so daß

$$\Delta M = M - M_1 > \frac{4\pi P_1 R_1^4}{G M}. \tag{67.1}$$

Dies ergibt

$$\Delta M > 0{,}041 \cdot 10^{33}\,\text{gr}.$$

Die hinzukommende Masse wird diese untere Grenze nahezu in demselben Verhältnisse übersteigen, wie R_1^{-4} den mittleren Wert von r^{-4} für das hinzugefügte Material. Obwohl keine obere Grenze für diesen Faktor angegeben werden kann, ist es schwer vorstellbar, daß er größer als 2 oder 3 sein könnte, wenn nicht zu ganz unwahrscheinlichen Annahmen gegriffen wird. Wir werden ein ausgedehntes Gebiet von möglichen Bedingungen in unsere Betrachtungen einbeziehen, wenn wir die Annahme machen, daß das Material jenseits von R_1 ein neues polytropes Gesetz $P = \varkappa_1\, \varrho^{(1+1/s)}$ befolgt, wo s von n und $\varkappa_1$ von $\varkappa$ verschieden ist. Die Gravitationskraft kann in diesem Gebiete gleich GM_1/r^2 gesetzt werden, da seine eigene Masse im Vergleich zu der übrigen Masse des Sternes sehr klein ist. Dann haben wir, analog zu (55.42)

$$\frac{P}{\varrho} = \frac{GM_1}{s+1}\left(\frac{1}{r} - \frac{1}{R}\right),$$

da nun φ gleich $GM_1/r - GM_1/R$ ist. Hieraus folgt, wenn wir $r = R_1$ setzen,

$$\frac{1}{R_1} - \frac{1}{R} = \frac{(s+1)\,P_1}{GM_1\varrho_1} = 9{,}90 \cdot 10^{-14} \cdot (s+1), \tag{67.2}$$

woraus R berechnet werden kann. Für die jenseits von R_1 hinzuzufügende Masse finden wir

$$\Delta M = 4\pi\varrho_1 R^3 \int_{\alpha_1}^{1} \left(\frac{1}{\alpha} - 1\right)^s \alpha^2\,d\alpha \div \left(\frac{1}{\alpha_1} - 1\right)^s, \tag{67.3}$$

wo $\alpha_1 = R_1/R$ gesetzt ist.

Aus (67.2) und (67.3) ergeben sich folgende numerische Werte:

s	R	ΔM
0	$7{,}54 \cdot 10^{11}$	$0{,}0479 \cdot 10^{33}$
1	8,15	0508
3	9,72	0534
5	12,04	0549
7	15,81	0561

Trotzdem sich der Radius des Sternes im Intervalle zwischen $s = 0$ und $s = 7$ verdoppelt, beträgt die dadurch bedingte Änderung der Masse $(M_1 + \Delta M)$ nicht viel mehr als $^1/_{1000}$.

Die Masse ist also sehr unempfindlich gegenüber Änderungen der Bedingungen in dem bei tiefer Temperatur befindlichen Teile des Sternes, und unser Verfahren ist daher, soweit die Masse in Betracht kommt, vollauf berechtigt. Eine Unsicherheit von etwa 30% im Radius müssen wir allerdings in den Kauf nehmen. Es darf aber nicht vergessen werden, daß wenn das Material in den äußeren Teilen sehr stark verstreut ist, wie das z. B. bei dem Gesetze $s = 7$ der Fall ist, der Radius der Photosphäre beträchtlich kleiner sein kann als der Radius R, der die äußerste Begrenzung der Sternatmosphäre angibt. Wenn wir zu noch größeren Werten von s übergehen, kann R sogar über alle Grenzen wachsen; ich glaube aber nicht, daß die Photosphäre (die ja in der Praxis als die Oberfläche des Sternes betrachtet wird) dabei sehr viel an Ausdehnung gewinnen würde.

Fünftes Kapitel.

Strahlungsgleichgewicht.

68. Von der Oberfläche eines Sternes strömt ununterbrochen Energie in Form von strahlender Wärme in den Weltraum. Die Oberflächenschichten der Materie können diese Energie auf die Dauer nur in dem Falle liefern, wenn ihr Wärmevorrat von unten her ständig ergänzt wird. Wir müssen daher den Prozeß der Energieübertragung aus dem Inneren an die Oberfläche eines Sternes einer näheren Betrachtung unterziehen.

Es gibt zwei Arten von Wärmeübertragung in einem im statischen Gleichgewicht befindlichen Materiale, nämlich *Leitung* und *Strahlung*. In beiden Fällen erfolgt der resultierende Fluß in der Richtung des Temperaturgradienten von höheren zu tieferen Temperaturen. In beiden Fällen setzt sich dieser resultierende Fluß aus Energieströmen zusammen, die in entgegengesetzten Richtungen verlaufen; der aus den höher temperierten Gebieten kommende Strom ist etwas intensiver als der aus den tiefer temperierten Gebieten kommende, und ihre Differenz stellt den resultierenden Fluß dar. Bei der Wärmeleitung geben die

Molekeln der wärmeren Gebiete ihre Energie den umgebenden Gebieten durch Diffusion und Zusammenstöße ab; bei der Wärmestrahlung emittiert die heiße Materie Ätherwellen, die in den umgebenden Gebieten absorbiert werden. In beiden Fällen wird diese Energieübertragung in weitem Maße durch eine ähnliche Energieübertragung aus den umgebenden Gebieten neutralisiert und die resultierende Übertragung wird durch den kleinen Überschuß des aus den heißeren Gebieten kommenden Stromes bedingt.

Wenn man die Bedingung des statischen Gleichgewichts fallen läßt, ist noch eine dritte Art von Wärmeübertragung möglich. Es kann im Sterne ein System von aufsteigenden und niedersteigenden Strömungen bestehen, durch die das Sternmaterial ständig durchmischt wird. In diesem Falle wird die Wärmeenergie aus einem Gebiete in ein anderes durch eine tatsächliche Bewegung der die Wärme enthaltenden Materie übertragen — wie das z. B. in den unteren Teilen unserer Atmosphäre geschieht. Wenn die Materie in der Nähe der Oberfläche mehr Wärme verliert, als durch Strahlung und Leitung ersetzt werden kann, so daß sie sich auf eine Temperatur abkühlt, die unter der für ihr Niveau normalen Temperatur liegt, dann versinkt sie und wird durch frische, noch nichtexponierte von unten kommende Materie ersetzt. Diese Art der Übertragung heißt *Konvektion.*

Es wurde schon sehr früh erkannt, daß die Leitungsfähigkeit der Materie viel zu gering ist, um die erforderlichen Wärmemengen durch den Stern zu befördern. In den ersten Untersuchungen des inneren Aufbaues der Sterne wurde aber die Bedeutung der Wärmeübertragung durch Strahlung übersehen. Es wurde daher die Existenz eines Systems von Konvektionsströmen angenommen, und alle anderen Prozesse der Wärmeübertragung, außer der Konvektion, vernachlässigt. Der Zustand des Sternes wurde als ein Zustand konvektiven (oder adiabatischen) Gleichgewichtes bezeichnet.

69. Auf Grund der Hypothese des konvektiven Gleichgewichts läßt sich eine ganz bestimmte Beziehung zwischen dem Drucke, der Dichte und der Temperatur in verschiedenen Höhenniveaus aufstellen. Betrachten wir einen aufsteigenden Strom von Materie. Nach der Hypothese findet kein merklicher Wärmegewinn oder Verlust durch Leitung und Strahlung statt; die Materie dehnt sich daher ohne Zu- oder Abfuhr von Wärme aus, d. h. adiabatisch. Für ein ideales Gas ist die Beziehung zwischen Druck und Dichte bei adiabatischer Ausdehnung

$$P = \varkappa \varrho^{\gamma}, \tag{69.1}$$

wo γ das Verhältnis der spezifischen Wärme bei konstantem Drucke zu der spezifischen Wärme bei konstantem Volumen (§ 28) bedeutet. Da die verschiedenen Höhenniveaus durch die aufsteigenden und absteigenden Ströme kontinuierlich miteinander verbunden sind, muß der

Gleichgewichtszustand so beschaffen sein, daß Gleichung (69.1) im ganzen Inneren des Sternes gilt. Die Hypothese, daß der Wärmeverlust durch Strahlung vernachlässigt werden darf, bricht augenscheinlich in der Nähe der Oberfläche zusammen, so daß die Gleichung in den äußersten Schichten des Sternes nicht streng erfüllt sein kann.

Da (69.1) gerade diejenige Beziehung ist, die wir in dem vierten Kapitel eingeführt haben, wird die Lösung für ein ideales Gas im Konvektionsgleichgewichte durch die dort erklärten Formeln und Tafeln gegeben. Der Wert von γ für Sternmaterial muß geschätzt oder erraten werden; jedoch ist die hierdurch entstehende Unsicherheit in verhältnismäßig enge Grenzen eingeschlossen. γ kann in keinem Falle den Wert $\frac{5}{3}$ übersteigen, der einem einatomigen Gase entspricht; und es kann andererseits gezeigt werden, daß, wenn γ kleiner als $\frac{4}{3}$ ist, die Verteilung instabil wird. (siehe § 104). Die Lösung ist daher auf Werte von γ beschränkt, die zwischen den Grenzen $\frac{5}{3}$ und $\frac{4}{3}$ liegen, oder auf Werte von n, zwischen den Grenzen 1,5 und 3.

Wir werden auf das historische Problem des Konvektionsgleichgewichtes nicht näher eingehen, weil die modernen Untersuchungen gezeigt haben, daß diese Hypothese unhaltbar ist. Unter den in einem Sterne herrschenden Bedingungen ist der wichtigste Prozeß der Wärmeübertragung die Strahlung, und alle anderen Arten der Wärmeübertragung können gegen diese vernachlässigt werden.

Wir bemerken nur, daß die Übertragung durch Konvektion in bezug auf die Möglichkeit ihres Bestehens eine ganz andere Stellung einnimmt als Strahlung und Leitung. Strahlung und Leitung müssen in einer Masse mit ungleichmäßiger Temperatur immer vorhanden sein, wenn auch ihre Wirkungen unter Umständen verschwindend klein sein können. Dagegen braucht Konvektion überhaupt nicht vorzukommen. Sie wird nur unter solchen Bedingungen stattfinden, die imstande sind, zirkulierende Strömungen hervorzubringen und aufrechtzuerhalten.

70. Da die Strahlungsdichte proportional zu T^4 ist, nimmt ihre Bedeutung bei den hohen, im Inneren eines Sternes herrschenden Temperaturen ganz gewaltig zu, und es ist daher nicht überraschend, daß sie alle anderen Arten der Energieübertragung in den Schatten stellt. Eine große Intensität der Strahlung ist aber, obwohl sie deren Einfluß auf die entstehende Temperaturverteilung natürlich erhöht, keineswegs wesentlich. Ich glaube, daß eine isolierte Gasmasse ganz niedriger Temperatur[1] eher einem Zustand des Strahlungsgleichgewichts als einem solchen des Konvektionsgleichgewichts zustreben würde.

Betrachten wir eine geschichtete Gasmasse im Strahlungsgleichgewichte. Wie in § 23 auseinandergesetzt, verhält sich die Strahlung

[1] Jedoch nicht so niedriger Temperatur, daß der Einfluß der Wärmeleitung mit dem der Wärmestrahlung vergleichbar wird.

so, als ob für sie das Verhältnis der spezifischen Wärmen $\gamma = \frac{4}{3}$ wäre, und die Beziehung zwischen P und T ist daher

$$P \propto T^4 .$$

Es bestehe eine Zirkulationsströmung, die zwischen zwei verschiedenen Druckniveaus Wärme überträgt. Wenn eine Masse zu einem Niveau geringeren Druckes aufsteigt, ändert sich während des Aufstieges ihre Temperatur nach dem adiabatischen Gesetze

$$P \propto T^{\gamma/(\gamma-1)}.$$

Bei stabilem Gleichgewichte muß $\gamma > \frac{4}{3}$ sein, daher ist $P \propto T^{(<4)}$. Die von unten aufgestiegene Materie ist also immer kühler als ihre Umgebung und empfängt Wärme von ihr; die niedergesunkene Materie ist dagegen heißer als die Umgebung und gibt Wärme an diese ab[1]. Der Zirkulationsstrom überträgt also Wärme *entgegen* dem Temperaturgradienten, und kann, nach dem zweiten Hauptsatze der Thermodynamik, dies nur auf Kosten seiner mechanischen Energie tun. Die Strömungen haben daher die Tendenz von selbst aufzuhören, und es ist nichts vorhanden, was sie wieder in Gang bringen könnte[2].

Das Strahlungsgleichgewicht besitzt also einen natürlichen Vorrang vor dem Konvektionsgleichgewichte, weil bei Strahlungsgleichgewicht die Konvektion aufhören muß, während beim Konvektionsgleichgewichte die Strahlung bestehen bleibt und ersteres zu zerstören sucht. Tatsächlich kann das Konvektionsgleichgewicht nur von einer Seite automatisch erreicht werden; um sich ihm von der anderen Seite zu nähern, muß äußere mechanische „Energie der Durchmischung“ zugeführt werden.

Die Gleichung des Strahlungsgleichgewichts.

71. Wir nehmen nunmehr an, daß die einzige Art der Wärmeübertragung die Übertragung durch Strahlung ist, und stellen die Gleichung des Strahlungsgleichgewichts auf. Hierzu brauchen wir drei Resultate, die wir in dem zweiten Kapitel erhalten haben.

1. Der Impuls der Strahlung ist E/c, wo E die Energie und c die Geschwindigkeit des Lichts bedeutet. Der Impuls liegt in der Richtung, in der sich die Wellen fortpflanzen.

---

[1] Es sei z. B. $\gamma = \frac{5}{3}$, und es möge eine Strömung aus einem Niveau, in dem der Druck und die Temperatur P und T sind, zu einem Niveau aufsteigen, in dem sie gleich $\frac{1}{10000} P$ und $\frac{1}{10} T$ sind. Wegen der Verkleinerung des Druckes fällt die Temperatur der übertragenen Materie adiabatisch auf

$$\left(\frac{1}{10000}\right)^{\frac{2}{5}} \cdot T = 0{,}025\ T,$$

so daß sie sehr viel niedriger wird als die Temperatur $0{,}1\ T$ der Umgebung. Siehe H. N. Russell, Astrophys. Journ. Bd. **54**, S. **293**.

[2] Außer dem Umstande, daß in einem rotierenden Sterne eine kleine Zirkulation aufrechterhalten bleibt, wie in § 199 erklärt wird.

2. In einem Hohlraume mit absorbierenden Wänden, die auf konstanter Temperatur T gehalten werden, ist die Strahlung isotrop in bezug auf Strömungsrichtung und hat eine Energiedichte

$$E = a T^4,$$

wo $a = 7{,}64 \cdot 10^{-15}$ in c. g. s. Einheiten und Zentesimalgrad.

3. Unter den gleichen Bedingungen übt die Strahlung einen hydrostatischen Druck aus, von dem Betrage

$$p_R = \tfrac{1}{3} E = \tfrac{1}{3} a T^4 .$$

Die zwei letzten Resultate sind mit einem sehr hohen Grade von Genauigkeit unmittelbar auf das Innere eines Sternes anwendbar. Zwar befindet sich dort die Strahlung nicht in einem idealen Hohlraume mit undurchlässigen Wänden konstanter Temperatur; jedoch kommen die stellaren Verhältnisse diesem Ideale unvergleichlich viel näher, als es für Laboratoriumsexperimente möglich ist. Das Material eines Sternes ist sehr undurchsichtig für die in ihm bestehende Art von Strahlung. Die für Capella abgeleiteten Zahlen ergeben, daß ein 0,1 gr. pro cm^2 enthaltender Schirm nur e^{-12} oder 0,000006 der auf ihn fallenden Strahlung durchlassen würde; bei der mittleren Dichte der Capella würde ein solcher Schirm eine Dicke von 50 cm haben. Wenn wir also um einen Punkt im Inneren der Capella eine Kugel mit einem Radius von 50 cm beschreiben, wird die Strahlung im Inneren dieser Kugel praktisch von allem, was sich außerhalb dieser Kugel befindet, isoliert sein. Der Temperaturgradient in der Capella beträgt ungefähr 1^0 pro Kilometer, so daß die Temperatur der umschließenden Wände, mit denen wir den Punkt umgeben haben, bis auf $0{,}001^0$ konstant ist — eine Gleichmäßigkeit, die im Laboratorium kaum jemals zu erzielen sein wird.

Wir legen die x-Achse in die Richtung des Temperaturgradienten und betrachten eine dünne, senkrecht zu Ox stehende Platte aus Sternmaterial, die einen Flächeninhalt von 1 cm^2 und eine Dicke dx hat. Es seien die Temperaturen an beiden Grenzflächen der Platte T bzw. $T + dT$. Der Strahlungsdruck, der normal auf beide Grenzflächen wirkt, wird sich in zwei Kräften, p_R und $-(p_R + dp_R)$ äußern, so daß die resultierende Kraft in der Richtung Ox

$$-dp_R$$

sein wird. Diese Resultierende gibt die Impulsmenge an, die wegen des Bestehens eines Strahlungsstromes in dem von der Platte eingenommenen Gebiete pro Sekunde gewonnen wird.

Da Gleichgewicht besteht, muß dieser Impuls wieder abgegeben werden; und er kann nur in der Weise abgegeben werden, daß er zuerst der Materie der Platte mitgeteilt wird. (Das endgültige Schicksal des Impulses braucht uns hier nicht zu beschäftigen; wir erwähnen nur beiläufig, daß er, nachdem er der Materie überantwortet worden ist, dazu beiträgt, den der Materie durch die Gravitation mitgeteilten Impuls zu neutralisieren.) Der Impuls geht in die Materie vermittelst des Prozesses der Absorption (einschließlich der Streuung) über.

Es sei k der Massen-Absorptionskoeffizient. Die Definition von k besagt, daß ein dünner materieller Schirm, der Masse w pro cm^2, den Bruchteil kw der senkrecht durch ihn durchgehenden Strahlung absorbiert. In unserer Aufgabe ist $w = \varrho\,d\,x$, so daß, wenn sich H erg Strahlungsenergie pro cm^2 und pro sec längs Ox fortpflanzen, der absorbierte Betrag gleich $H k \varrho\, d x$ sein wird und sein x-Impuls — gleich $H k \varrho\, d x/c$ pro cm^2 und pro sec.

Betrachten wir nun H erg pro sec, die schief, unter einem Einfallswinkel Θ, durch die Platte hindurchgehen. Der in der Platte durchlaufene Weg ist jetzt $d x \cdot \sec \Theta$, und die Absorption ist entsprechend größer. Der absorbierte Impuls ist nunmehr $H k \varrho\, d x \sec \Theta / c$; wenn wir ihn aber mit $\cos \Theta$ multiplizieren, um seine x-Komponente zu erhalten, wird die Absorption des x-Impulses wie früher

$$H k \varrho\, d x / c$$

für jeden Einfallswinkel bis zu 90°. Wenn der Winkel größer als 90° ist, so daß die Strahlung in der entgegengesetzten Richtung durch die Platte durchgeht, muß natürlich das Vorzeichen umgekehrt werden. Man beachte, daß H pro cm^2 der Platte, und nicht des Querschnittes des Strahlenbündels, gerechnet wird.

Im allgemeinen fließt Strahlung in beiden Richtungen durch die Platte durch. Dem Strome H_+ durch ein cm^2 von der negativen zur positiven Seite der Platte wird eine Absorption von $H_+ k \varrho\, d x/c$ Einheiten positiven Impulses entsprechen, und dem Strome H_-, von der positiven zur negativen Seite, eine Absorption von $H_- k \varrho\, d x/c$ Einheiten negativen Impulses. Bei einem resultierenden positiven Strom $H = H_+ - H_-$ werden wir daher einen Reingewinn von $H k \varrho\, d x/c$ Einheiten positiven Impulses erhalten, der der Materie der Platte zugute kommt.

Wir haben gesehen, daß der x-Impuls $-d p_R$, der in dem von der Platte eingenommenen Raume gewonnen wird, durch diesen Prozeß restlos auf die Materie übertragen werden muß. Es ist daher

$$-d p_R = H k \varrho\, d x / c$$

oder

$$H = -\frac{c}{k \varrho} \cdot \frac{d p_R}{d x}. \tag{71.1}$$

Indem wir für p_R seinen Wert $\frac{1}{3} a T^4$ einsetzen, erhalten wir:

$$H = -\frac{a c}{3 k \varrho} \cdot \frac{d T^4}{d x}. \tag{71.2}$$

Gleichung (71.1) zeigt, daß der resultierende Strahlungsfluß, wie zu erwarten war, proportional zu dem inneren Druckgradienten der Strahlung ist und umgekehrt proportional zu einem, die obstruktive Fähigkeit des materiellen Schirmes, durch den sie durchgedrückt wird, messenden Faktor $k\varrho$. Die obere Gleichung ist vollkommen analog zu der Gleichung, welche die Strömung einer materiellen Flüssigkeit durch einen Kanal oder ein Sieb beschreibt. Die Gleichung versagt unter genau denselben Umständen, wie die ihr entsprechende Gleichung für eine materielle Flüssigkeit, nämlich wenn der Strom so stark wird, daß der Druckgradient nicht mehr hydrostatisch berechnet werden darf. Dies tritt in der Nähe der Oberfläche des Sternes ein. Unsere Schlußfolgerungen dürfen auf keinen Teil des Sternes angewandt werden, den wir *sehen* können; denn die Tatsache, daß wir ihn sehen, beweist schon, daß seine Strahlung nicht „eingeschlossen" ist. Jedoch wird die Gleichung bereits in einer geringen Tiefe unter der Photosphäre zu einer brauchbaren Näherung, und ihre Genauigkeit übersteigt beinahe im ganzen Inneren des Sternes das erforderliche Genauigkeitsmaß in so hohem Grade, daß wir sie ohne jegliche Bedenken anwenden dürfen[1].

72. Die Ableitung dieser Gleichung hat zu einer Kontroverse Anlaß gegeben, in der sich der seit Urzeiten bestehende Unterschied in den Anschauungen des Physikers und des Mathematikers widerspiegelt. Es sei hier eine kurze Abschweifung über diesen Gegensatz gestattet, da er geeignet ist, noch zu zahlreichen anderen Mißverständnissen bei Problemen der hier zu behandelnden Art zu führen. Nach meiner Auffassung besteht bei der Behandlung eines theoretischen Problems das Hauptziel des Physikers darin, „Einsicht" zu gewinnen, d. h. zu übersehen, welche von den zahlreichen Faktoren bei jedem Effekte hauptsächlich in Betracht kommen, und wie sie bei seiner Erzeugung zusammenarbeiten. Für diesen Zweck ist eine zulässige Näherung nicht bloß ein unvermeidliches Übel; sie bedeutet die Erkenntnis, daß gewisse Faktoren — gewisse Verwicklungen des Problems — nichts Wesentliches zu dem Resultate beitragen. Wir überzeugen uns davon, daß sie nicht betrachtet zu werden brauchen; und der Mechanismus erscheint uns dann, von diesen unwesentlichen Zutaten befreit, verständlicher. Die Gewinnung dieser Einsicht stellt nur die Fortsetzung einer Arbeit dar, die der Physiker beginnen muß, noch bevor die mathematischen Voraussetzungen des Problems formuliert werden können; denn die wirklichen Bedingungen jedes naturwissenschaftlichen Problems sind außerordentlich kompliziert, und der erste Schritt besteht immer darin,

[1] Überraschenderweise bleibt die Gleichung eine gute Näherung auch noch in den äußersten Schichten eines Sternes. Die in § 226 beschriebene und im ganzen zwölften Kapitel verwendete „erste Annäherung" liefert unmittelbar die Gleichung (71.2). Ein Vergleich mit der in § 230 entwickelten „zweiten Annäherung" lehrt, daß der begangene Fehler nicht groß ist.

diejenigen, welche einen wesentlichen Einfluß auf das Resultat haben, herauszusondern, — kurz gesagt, das richtige Ende der Schnur zu fassen. Der richtige Gebrauch dieses Einsichtsvermögens, ob vor oder nach der mathematischen Formulierung des Problems, ist eine Fähigkeit, die gepflegt werden muß, und keine lasterhafte Neigung, die vor dem Auge der Öffentlichkeit zu verbergen wäre. Selbstverständlich muß der Physiker bereit sein, den Gebrauch, den er von seiner Einsicht gemacht hat, auf Verlangen zu rechtfertigen; aber, mit Ausnahme von Fällen, in denen diese Rechtfertigung gewisse besonders feine oder schwierige Punkte berühren müßte, kann sie sehr wohl so lange hinausgeschoben werden, bis ein Widerspruch tatsächlich erfolgt ist.

Ich glaube, daß eine ähnliche Art von Einsicht auch dem Mathematiker als Werkzeug bei seinen Untersuchungen oft nützlich ist; er ist aber bemüht, die Spuren des Werkzeugs von seinen Fertigfabrikaten — seinen Beweisen — sorgfältig zu verwischen. Er begnügt sich mit einem strengen, aber wenig einleuchtenden Beweise, daß aus seinen Voraussetzungen gewisse Resultate folgen, und hat im allgemeinen kein Verständnis dafür, daß der Physiker mehr als das braucht. Denn der Physiker muß immer tausend und einen andere Faktoren des natürlichen Problems im Auge behalten, die in der mathematischen Aufgabe nicht formuliert sind, und nur ein Beweis, der die relative Bedeutung der verschiedenen zu dem Effekte beitragenden Ursachen stets gegeneinander abwägt, kann ihm zeigen, ob er zu ihrer Vernachlässigung berechtigt war. In bezug auf Strenge kann der Physiker bei einem mathematischen Beweise ruhig ein gewisses Risiko in den Kauf nehmen, wenn dieses Risiko nicht größer ist, als das bei der mathematischen Formulierung bereits übernommene. In bezug auf Genauigkeit ist die Beibehaltung lächerlich kleiner Terme in einer physikalischen Gleichung in seinen Augen eine ebenso große Ungeschicklichkeit wie der Gebrauch einer sinnlos großen Stellenzahl bei einer arithmetischen Berechnung.

Nachdem wir in dieser Weise den Standpunkt der einen Seite zum Ausdruck gebracht haben, können wir uns nun auch der Würdigung des Luxus eines strengen mathematischen Beweises zuwenden. Wenn die erhaltenen Resultate mit der Beobachtung nicht übereinstimmen, muß der Fehler gewiß in den gemachten Voraussetzungen enthalten sein. Die Fähigkeit des Mathematikers, die Möglichkeiten einzuengen, ergänzt die Fähigkeit des Physikers, die Wahrscheinlichkeiten auszusondern. Wenn wir über unbeschränkten Raum verfügten, könnten wir versuchen, wo nötig, die Untersuchungen doppelt auszuführen, um beide Parteien zufriedenzustellen. Wenn aber eine einzige Untersuchung genügen muß, glaube ich, daß wir dem Mathematiker in der Regel nicht nachgeben sollen. Es könnten wohl Fälle angeführt werden, in denen Physiker durch ungenügende Beachtung der mathematischen

Strenge irregeführt worden sind; sie sind aber selten im Vergleich zu den Fällen, in denen sich Mathematiker durch mangelnde physikalische Einsicht schlimmen Mißgeschicken ausgesetzt haben.

Was wir uns aus dieser Betrachtung zu merken haben, ist folgendes: wenn wir ein Resultat *beweisen*, ohne es zu verstehen, — wenn es also aus einem Gewirr von mathematischen Formeln gewissermaßen unerwartet herausfällt, — dürfen wir nicht hoffen, daß es auch anwendbar sein wird, mit Ausnahme der Fälle, in denen die mathematischen Voraussetzungen streng erfüllt sind — also eigentlich niemals, wenn wir es nicht zufällig mit einem Dinge zu tun haben wie der Äther, dem die Eigenschaft der „Vollkommenheit" bis zu einem gewissen Grade vernünftigerweise zugeschrieben werden kann. Wenn wir aber durch mathematische Analyse zu dem *Verständnis* eines Resultats gelangen — wenn wir die zu dem Resultate wesentlich beitragenden Bedingungen von den verhältnismäßig unwichtigen zu unterscheiden gelernt haben — dann haben wir eine Erkenntnis erlangt, die den flüssigen Voraussetzungen eines natürlichen physikalischen Problems angepaßt ist.

Ich halte den Gedanken, daß das Ziel der Wissenschaft in der Aufstellung einer Kette von Beweisen von Lehrsätzen besteht, schon in der reinen Mathematik für etwas überspannt. Unser Ziel bei der Erforschung der physikalischen Welt schließt vieles in sich, was sich in die engen Grenzen eines solchen Ideals nicht einfassen läßt. Ja wir könnten sogar sagen, daß, während für den Mathematiker die Einsicht nur eines der Werkzeuge, und der Beweis das fertige Produkt ist, für den Physiker der Beweis nur ein Werkzeug und die Einsicht das fertige Produkt darstellt. Das Werkzeug darf sich die Rolle des Produktes nicht anmaßen, wenn wir auch rückhaltlos zugeben müssen, daß eine nicht sachgemäße Handhabung des Werkzeugs zu unheilvollen Folgen führen kann.

73. Wir werden nun eine andere Ableitung der Fundamentalgleichung (71.1) geben, die uns die Erörterung einiger interessanter Einzelfragen ermöglichen wird.

Bei einer isotropen Strahlung der Dichte E ist die Dichte desjenigen Teiles, der sich in den im Raumwinkel $d\omega$ eingeschlossenen Richtungen fortpflanzt, gleich

$$E\frac{d\omega}{4\pi}.$$

Da der Energiestrom in einem Sterne nicht vollkommen isotrop ist, sondern von dem Winkel Θ zwischen $d\omega$ und der Richtung des Radius abhängt, werden wir die Energiedichte der Strahlung innerhalb des Elementarkegels $d\omega$ mit

$$E(\Theta)\frac{d\omega}{4\pi}$$

bezeichnen.

Betrachten wir einen kleinen Zylinder von der Länge ds und dem Querschnitte dS, der seiner Länge nach in der Richtung Θ liegt. Die unendlich kleine Größe $d\omega$ soll klein sein im Vergleiche zu dS/ds^2, so daß die Verbreiterung des Bündels im Zylinder vernachlässigt werden kann, und sich die Strahlung innerhalb $d\omega$ längs der Zylinderachse fortpflanzt.

Die in einer Sekunde durch die Grundfläche in den Zylinder eintretende Energiemenge ist

$$E(\Theta)\frac{d\omega}{4\pi}\cdot c\,dS. \tag{73.1}$$

Die Menge, welche oben heraustritt, ist

$$\left(E(\Theta)+\frac{d}{ds}E(\Theta)\cdot ds\right)\frac{d\omega}{4\pi}\cdot c\,dS. \tag{73.2}$$

Die im Zylinder absorbierte Menge ist

$$E(\Theta)\frac{d\omega}{4\pi}c\,dS.\,k\varrho\,ds\,. \tag{73.3}$$

Schließlich wird noch eine gewisse Menge von Strahlung auch durch das im Zylinder eingeschlossene Material emittiert. Diese wird in allen möglichen Richtungen ausgestrahlt, so daß der in $d\omega$ enthaltene Betrag der Bruchteil $\frac{d\omega}{4\pi}$ des ganzen Betrages sein wird. Soweit gewöhnliche thermische Emission in Betracht kommt, wird diese Menge von der Temperatur abhängen; wir müssen hier aber jede Art von subatomarer Energie, die in Form von Ätherwellen befreit wird, in unsere Betrachtung hineinbeziehen. Wenn j die gesamte, pro Gramm und Sekunde emittierte Energie bedeutet, ist der von der Masse $\varrho\,ds\,dS$ im Zylinder in der Richtung von $d\omega$ emittierte Betrag gleich

$$j\frac{d\omega}{4\pi}\cdot\varrho\,ds\,dS\,. \tag{73.4}$$

Indem wir die Gewinne (73.1) und (73.4) und die Verluste (73.2) und (73.3) gegeneinander ausgleichen, erhalten wir

$$\frac{d}{ds}E(\Theta)=\frac{j\varrho}{c}-k\varrho E(\Theta). \tag{73.5}$$

Wenn $E(\Theta)$ eine Funktion von r und Θ ist, wie das in einem Sterne der Fall sein wird, haben wir

$$\frac{d}{ds}=\cos\Theta\frac{d}{dr}-\frac{\sin\Theta}{r}\frac{d}{d\Theta}\,.$$

Der zweite Term auf der rechten Seite trägt dem Umstande Rechnung, daß bei einem Fortschreiten längs ds die Achse des Zylinders die aufeinanderfolgenden Radien unter abnehmenden Winkeln schneidet. Es ist daher

$$\cos\Theta\frac{d}{dr}E(\Theta)-\frac{\sin\Theta}{r}\frac{d}{d\Theta}E(\Theta)=\frac{j\varrho}{c}-k\varrho E(\Theta)\,. \tag{73.6}$$

74. Betrachten wir zunächst den Fall, daß r groß ist und die Krümmung der Schichten im Stern vernachlässigt werden darf. Dann reduziert sich (73.6) auf

$$\cos\Theta \frac{d}{dr} E(\Theta) = \frac{j\varrho}{c} - k\varrho E(\Theta). \tag{74.1}$$

Es seien E die totale Energiedichte der Strahlung, H der reine nach außen gerichtete Fluß pro Sekunde durch eine auf r senkrechte Flächeneinheit, und p_R' der wirkliche Druck der Strahlung in radialer Richtung (bei Berücksichtigung der unvollkommenen Isotropie). Dann haben wir:

$$\left.\begin{aligned} E &= \frac{1}{4\pi}\int E(\Theta)\,d\omega, \\ H/c &= \frac{1}{4\pi}\int E(\Theta)\cos\Theta\,d\omega, \\ p_R' &= \frac{1}{4\pi}\int E(\Theta)\cos^2\Theta\,d\omega. \end{aligned}\right\} \tag{74.2}$$

Der Beweis der beiden letzten Gleichungen ergibt sich sofort aus den Betrachtungen der §§ 31 bzw. 22.

Wir multiplizieren (74.1) erstens mit $d\omega/4\pi$ und integrieren, zweitens mit $d\omega\cos\Theta/4\pi$ und integrieren wieder. Auf diese Weise erhalten wir:

$$\frac{1}{c}\frac{dH}{dr} = \frac{j\varrho}{c} - k\varrho E, \tag{74.3}$$

$$\frac{dp_R'}{dr} = -\frac{k\varrho H}{c}. \tag{74.4}$$

Die zweite Gleichung stimmt mit (71.1) überein, bis auf den Umstand, daß in ihr die wirklich wirkende Spannungskomponente p_R', statt ihrer hydrostatischen Näherung p_R, auftritt. Aus (74.2) ist zu ersehen, daß der durch den Gebrauch von p_R begangene Fehler von der Asymmetrie zwischen vorwärts- und rückwärtsgerichtetem Energiestrome, die durch das Bestehen eines reinen Flusses H hervorgerufen wird, nicht abhängt, sondern nur von der viel kleineren Asymmetrie zwischen radialem und transversalem Strome, durch die eine geringe Abweichung des mit Gewichten versehenen Mittelwertes von $\cos^2\Theta$ vom Werte $\frac{1}{3}$ bedingt wird.

Gleichung (74.3) kann in der Form geschrieben werden:

$$cE = \frac{j}{k} - \frac{1}{k\varrho}\frac{dH}{dr}.$$

Bei strengem thermodynamischen Gleichgewichte, in Abwesenheit eines nach außen gerichteten Flusses H, wird dies

$$cE = j/k$$

oder

$$j = kacT^4, \tag{74.5}$$

woraus sich das wohlbekannte Gesetz ergibt, daß für verschiedene Arten von Materie, bei gleicher Temperatur, der Emissionskoeffizient dem Absorptionskoeffizienten proportional ist.

75. Es sei $E(\Theta)$ in eine Reihe nach zonalen Kugelfunktionen entwickelt:

$$E(\Theta) = A + B\,P_1(\cos\Theta) + C\,P_2(\cos\Theta) + D\,P_3(\cos\Theta) + \cdots \quad (75.1)$$

Durch Integration über eine Kugel erhalten wir

$$E = \frac{1}{4\pi}\int E(\Theta)\,d\omega = A\,.$$

Indem wir die Reihe mit $\cos\Theta$ multiplizieren und integrieren, erhalten wir ferner:

$$H/c = \frac{1}{4\pi}\int E(\Theta)\,P_1(\cos\Theta)\,d\omega = \frac{B}{4\pi}\int\{P_1(\cos\Theta)\}^2\,d\omega = \tfrac{1}{3}B\,.$$

Indem wir mit $P_2(\cos\Theta) = \frac{3}{2}\cos^2\Theta - \frac{1}{2}$ multiplizieren und integrieren:

$$\begin{aligned}\frac{3}{2}(p'_R - p_R) &= \frac{1}{4\pi}\int\left(\frac{3}{2}E(\Theta)\cos^2\Theta - \frac{1}{2}E(\Theta)\right)d\omega\,,\\ &= \frac{C}{4\pi}\int\{P_2(\cos\Theta)\}^2\,d\omega\,,\\ &= \tfrac{1}{5}C\,.\end{aligned}$$

Die Bedeutung der drei ersten Koeffizienten der Entwicklung ist daher

$$A = E\,,\qquad B = 3H/c\,,\qquad C = \tfrac{15}{2}(p'_R - p_R)\,. \quad (75.2)$$

Wenn wir von der genauen Formel (73.6) ausgehen, in der die Krümmung berücksichtigt ist, erhalten wir

$$\begin{aligned}&\left(\cos\Theta\frac{d}{dr} - \frac{\sin\Theta}{r}\frac{d}{d\Theta}\right)(A + BP_1 + CP_2 + \cdots)\\ &\qquad = \frac{j\varrho}{c} - k\varrho\,(A + BP_1 + CP_2 + \cdots)\,.\end{aligned}$$

Auf Grund der Eigenschaften der zonalen Kugelfunktionen ist

$$\begin{aligned}\cos\Theta\cdot P_n &= (n\,P_{n-1} + (n+1)\,P_{n+1})/(2n+1)\,,\\ -\sin\Theta\frac{dP_n}{d\Theta} &= \frac{2(n+1)}{2n+1}(P_{n-1} - P_{n+1})\,.\end{aligned}$$

Wir erhalten somit durch Gleichsetzung der Koeffizienten der entsprechenden Kugelfunktionen auf beiden Seiten die nachfolgende Serie von Gleichungen:

$$\frac{1}{3}\frac{dB}{dr} + \frac{2}{3}\frac{B}{r} = -k\varrho A + \frac{j\varrho}{c}\,, \quad (75.31)$$

$$\frac{dA}{dr} + \left(\frac{2}{5}\frac{dC}{dr} + \frac{6}{5}\frac{C}{r}\right) = -k\varrho B\,, \quad (75.32)$$

$$\left(\frac{2}{3}\frac{dB}{dr} - \frac{2}{3}\frac{B}{r}\right) + \left(\frac{3}{7}\frac{dD}{dr} + \frac{12}{7}\frac{D}{r}\right) = -k\varrho C\,, \quad (75.33)$$

$$\left(\frac{3}{5}\frac{dC}{dr} - \frac{6}{5}\frac{C}{r}\right) + \cdots = -k\varrho D\,. \quad (75.34)$$

Wie wir oben gesehen haben, ist die Undurchsichtigkeit des Sternmaterials eine so große, daß ein typischer Punkt im Inneren eines Sternes von jeder direkten Bestrahlung durch Materie, deren Temperatur um mehr als $0{,}001^0$ schwankt, beinahe vollständig abgeschirmt ist (§ 71). Wenn wir den vollen Wert $0{,}001^0$ für die Temperaturunterschiede gelten lassen, können wir uns vorstellen, daß der Punkt aus irgendeiner Richtung Strahlung erhält, von einer Materie, die, sagen wir, die Temperatur 4000000,001 Grad besitzt, und aus einer anderen Richtung, von einer Materie, deren Temperatur 4000000,000 Grad beträgt. Diese ungleiche Bestrahlung ist es, die für die Asymmetrie in $E(\Theta)$ verantwortlich ist. Mit den obenstehenden Zahlen ist der relative Intensitätsunterschied der Strahlung in den beiden betrachteten Richtungen etwa gleich 1 Teil in 10^9. Es kann daher keiner von den Koeffizienten $B, C, D \ldots$ in (75.1) den Wert $10^{-9} A$ übersteigen.

Wir wählen eine mit dem Sternradius vergleichbare Längeneinheit und betrachten einen dem Mittelpunkt nicht zu naheliegenden Punkt, so daß dB/dr und B/r von derselben Größenordnung sind wie B; und ebenso für die anderen Koeffizienten. Da in (75.32) dC/dr und C/r der Größenordnung nach nicht größer als $10^{-9} A$ sein können folgt, daß $k\varrho B$ von der selben Größenordnung wie dA/dr oder A sein muß. Es muß daher $k\varrho$ von der Größenordnung 10^9 sein (was mit Hilfe der von uns gegebenen Werte für die Undurchsichtigkeit des Sternmaterials unmittelbar nachgeprüft werden kann.) Dann sehen wir aus (75.33), daß $k\varrho C$ von der Ordnung $10^{-9} A$ ist, so daß C von der Ordnung $10^{-18} A$ sein muß. Es kann nun leicht gezeigt werden, daß D, $(E) \ldots$ bzw. von den Ordnungen $10^{-27} A$, $10^{-36} A$ usw. sind[1]. Für das Gebiet innerhalb einiger Tausende von Kilometern vom Mittelpunkte, muß die Schlußweise abgeändert werden, weil hier B/r viel größer als B ist. Aber in diesem Gebiete, wo die Asymmetrie gerade nur in Erscheinung zu treten anfängt und der Temperaturgradient gegen Null abnimmt, ist B viel kleiner als $10^{-9} A$. Die Gleichungen zeigen übrigens, in welcher Weise die Koeffizienten B, C, D usw. mit r dem Werte Null zustreben.

Durch die Vernachlässigung von C im Vergleiche zu A, und von B im Vergleiche zu $k\varrho A$, begehen wir also, bei normalen Anwendungen auf das Innere eines Sternes, Fehler von der Größenordnung 1 zu 10^{18}.

Die nachfolgenden Resultate aus (75.31) und (75.32) sind daher im allgemeinen bis auf 18 Stellen genau:

[1] Da die Gleichungen zeigen, daß $k\varrho C$, $k\varrho D$, $k\varrho (E)$ der Größenordnung nach nicht größer als $10^{-9} A$ sind, müssen C und *alle* weiteren Koeffizienten nicht größer als $10^{-18} A$ sein. Nachdem dieses bewiesen ist, zeigen nun die Gleichungen, daß $k\varrho D$, $k\varrho (E)$ usw. nicht größer als $10^{-18} A$ sind; daher sind D und *alle* weiteren Koeffizienten nicht größer als $10^{-27} A$, und so weiter. (Das Symbol (E) wird gebraucht, um eine Verwechslung mit der Energiedichte E zu vermeiden.)

$$\left.\begin{aligned} k\varrho A &= j\varrho/c, \\ \frac{dA}{dr} &= -k\varrho B \end{aligned}\right\} \tag{75.4}$$

und wegen (75.2)

$$p'_{R^k} = p_R$$

oder, da $A = E$, $B = 3H/c$ ist,

$$\left.\begin{aligned} cE &= j/k, \\ H &= -\frac{c}{3k\varrho}\frac{dE}{dr}. \end{aligned}\right\} \tag{75.5}$$

Diese Resultate stimmen mit früher erhaltenen überein, wir können aber jetzt auch den Grad der Genauigkeit unserer Näherung angeben.

76. Wir können ferner fragen, wie nahe man an die Oberfläche des Sternes mit den Gleichungen (75.5) herangehen darf, ohne ein Versagen der benutzten Näherung befürchten zu müssen. Unser Fehler ist von der Ordnung $(B/A)^2$. In kleinen Tiefen unter der Oberfläche stellt H den Strahlungsfluß dar, der sehr bald aus der Oberfläche heraustreten wird, so daß nach (31.1) $H = \frac{1}{4} a c T_e^4$, wo T_e die effektive Temperatur des Sternes bedeutet. Daher ist nach (75.2) $B = \frac{3}{4} a T_e^4$; $A = a T^4$. Wir haben demnach genähert

$$(B/A)^2 = (T_e/T)^8.$$

Die Näherung bleibt also gut, bis zu einer Temperatur herunter, die ungefähr gleich der dreifachen effektiven Temperatur des Sternes ist.

Das mögliche[1] Versagen der Gleichung des Strahlungsgleichgewichtes bei Temperaturen, die etwa unter 30000° liegen, braucht uns bei den von uns beabsichtigten Untersuchungen nicht zu bekümmern. Wie in § 67 erklärt wurde, hört unsere Arbeit lange bevor dieser Punkt erreicht ist, schon auf, und wir können sehr gut ohne eine Kenntnis der Bedingungen auskommen, die bei beträchtlich unter 1000000° liegenden Temperaturen bestehen.

Das Verhältnis $(T_e/T)^8$ kann allgemein als ein Maß für die Genauigkeit der Gleichungen, auch in anderen Teilen des Sternes, verwendet werden. Es ist zwar möglich, daß H, bevor es die Oberfläche erreicht, an der sein Wert mit T_e direkt verbunden ist, bereits abzunehmen anfängt[2]; der Faktor ist aber unbeträchtlich. Hieraus kann man ersehen, daß der Anspruch auf eine durchschnittliche Genauigkeit bis zu etwa einem Teile in 10^{18} keineswegs eine Übertreibung bedeutet.

In der genauen Gleichung (75.31) ist die linke Seite gleich

$$\frac{1}{3r^2}\frac{d}{dr}(Br^2) = \frac{1}{cr^2}\frac{d}{dr}(Hr^2).$$

[1] In Wirklichkeit findet kein ernst zu nehmendes Versagen statt (§ 231).

[2] Die Schwächung der sphärischen Welle durch Ausbreitung kann ihre Verstärkung durch Zufuhr von freiwerdender Energie in dem durchquerten Gebiete überwiegen.

Nun ist $4\pi r^2 H$ der Nettofluß nach außen durch die Oberfläche einer Kugel vom Radius r. Dieser Fluß würde für aufeinanderfolgende Kugeloberflächen konstant sein, wenn er keinen Zuwachs durch freiwerdende subatomare Energie oder aus anderen Quellen erhielte. In Wirklichkeit muß irgendeine derartige Energiebefreiung stattfinden, damit ein stabiler Zustand aufrechterhalten werden kann, so daß $d(Hr^2)/dr$ positiv ist. Gleichung (75.31) zeigt daher, daß $k\varrho A < j\varrho/c$ ist oder

$$cE < j/k,$$

wobei die Ungleichheit, durch die in j einbegriffene, von der gewöhnlichen thermischen Emission verschiedene Emission bedingt wird.

Sobald wir den Versuch machen, Glieder von der Größenordnung 10^{-18} beizubehalten, entsteht eine Reihe subtiler Schwierigkeiten, bei denen wir uns lange Zeit aufhalten müßten, wenn sie irgendeine praktische Bedeutung hätten. Es entsteht z. B. die Frage nach der exakten Definition der Temperatur. Die effektive Temperatur der Strahlung ist durch die Beziehung $E = aT^4$ *definiert* (§ 29). Wie genau stimmt nun aber diese Temperatur mit der Temperatur der Materie überein, die durch die mittlere Geschwindigkeit der Molekeln definiert ist? Wenn subatomare Energie in Form von Ätherwellen frei wird, muß es eine Nettoübertragung von Energie vom Äther auf die Materie geben, so daß die Strahlungstemperatur um ein Geringes höher als die materielle Temperatur ist. Wenn Gravitationsenergie durch Kontraktion befreit wird, dann tritt sie zunächst als Energie der Molekularbewegung in Erscheinung und die materielle Temperatur ist die höhere. Da die Gleichgewichtsbeziehung $cE = j/k$ höchstens um einen Teil in 10^{18} unrichtig ist, können sich beide Temperaturen höchstens um den 10^{-11}-ten Teil eines Grades unterscheiden.

Da die Gravitationsenergie bei einer Kontraktion nicht in Form von Strahlung frei wird, darf sie in j nicht aufgenommen werden. Andererseits sind, die beiden Seiten von (73.5) wenn sich der Stern zusammenzieht, nicht mehr genau ausbalanciert; wenn also Glieder von der Ordnung 10^{-18} beibehalten werden sollen, muß auch die sich im Zylinder, infolge der langsamen Temperaturänderung des Sternes, ansammelnde Strahlung in Rechnung gestellt werden. Eine weitere Diskussion dieser Fragen kann dem Leser überlassen werden. Sollte die Weitläufigkeit dieser Untersuchung ein Gefühl der Verwirrung hervorrufen, so können wir immer auf die parallel laufende Untersuchung des § 71 zurückgreifen, welche direkt auf das Ziel lossteuert und das Problem in klarerer Perspektive zeigt.

Absorption und Opazität.

77. Bei den vorhergehenden Untersuchungen ist stets angenommen worden, daß der Absorptionskoeffizient k von der Richtung Θ des Strahlungsbündels unabhängig ist. Dies würde nur dann genau zutreffen, wenn die Zusammensetzung der sich in verschiedenen Richtungen fortpflanzenden Strahlung dieselbe wäre. In Wirklichkeit ist die mittlere Frequenz der nach innen strömenden Strahlung etwas kleiner als die der nach außen strömenden, weil sich erstere aus Emissionen zusammensetzt, die von einer bei etwas tieferer Temperatur befindlichen Materie ausgehen. Da sich k mit dem Charakter der absorbierten Strahlung ändert, muß eigentlich für jeden Strom der seiner Zusammensetzung entsprechende Koeffizient gebraucht werden.

S. ROSSELAND[1] hat darauf hingewiesen, daß dieser Umstand zu wichtigen Folgen führt. Betrachten wir die Gleichungen (75.5)

$$\left.\begin{aligned} j &= c\,k\,E\,, \\ H &= -\frac{c}{3\,k\,\varrho}\,\frac{d\,E}{d\,r}\,. \end{aligned}\right\} \tag{77.1}$$

Wenn sich die Größen j, H, E auf eine Strahlungsmenge beziehen, deren Frequenzen zwischen engen Grenzen ν bis $\nu + d\nu$ eingeschlossen sind, werden diese Gleichungen richtig sein, weil k in diesem Falle eine Konstante k_ν ist. Sie sind daher auch richtig in der differentiellen Form

$$\left.\begin{aligned} d\,j &= c\,k_\nu\,I(\nu)\,d\,\nu\,, \\ d\,H &= -\frac{c}{3\,k_\nu\,\varrho}\cdot\frac{d\,I(\nu)}{d\,r}\,d\,\nu\,, \end{aligned}\right\} \tag{77.15}$$

wo wir für die Energiedichte zwischen ν und $\nu + d\nu$, wie gewöhnlich, $dE = I(\nu)\,d\nu$ schreiben. Durch Integration erhalten wir

$$\left.\begin{aligned} j &= c\int\limits_0^\infty k_\nu\,I(\nu)\,d\,\nu\,, \\ H &= -\frac{c}{3\,\varrho}\int\limits_0^\infty \frac{1}{k_\nu}\,\frac{d\,I(\nu)}{d\,r}\cdot d\,\nu\,. \end{aligned}\right\} \tag{77.2}$$

Um (77.2) auf die Form von (77.1) zu bringen, schreiben wir

$$j = c\,k_1\,E\,, \tag{77.31}$$

$$H = -\frac{c}{3\,k_2\,\varrho}\cdot\frac{d\,E}{d\,r}\,, \tag{77.32}$$

wo

$$\left.\begin{aligned} k_1 &= \int k_\nu\,I(\nu)\,d\,\nu \div \int I(\nu)\,d\,\nu \\ \frac{1}{k_2} &= \int \frac{1}{k_\nu}\,\frac{\partial\,I(\nu)}{\partial\,T}\,d\,\nu \div \int \frac{\partial\,I(\nu)}{\partial\,T}\,d\,\nu \end{aligned}\right\} \tag{77,4}$$

und in der letzten Gleichung

$$\frac{d\,I(\nu)}{d\,r} = \frac{\partial\,I(\nu)}{\partial\,T}\cdot\frac{d\,T}{d\,r}$$

[1] Monthly Notices Bd. 84, S. 525.

eingesetzt ist. Das Resultat ist, kurz gesagt, daß die beiden Gleichungen (77.1) verschiedene Arten von Mittelwertsbildung für k verlangen und daß, wenn wir sie gleichzeitig anwenden, unsere Resultate um einen Mittelungsfaktor verfälscht sein werden. Um beide Mittelwerte voneinander zu unterscheiden, nennen wir

k_1 den mittleren Absorptionskoeffizienten,

k_2 den Koeffizienten der Opazität.

Da (77.32) die Fundamentalgleichung ist, die in der astronomischen Theorie verwendet wird, führen die astronomischen Untersuchungen unmittelbar zu einer Bestimmung des Opazitätskoeffizienten. Versuche einer Berechnung der Absorption auf Grund der in der Materie bei gegebener Temperatur und Dichte stattfindenden physikalischen Prozesse gehen aber meistens von der Gleichung (77.31) aus und führen naturgemäß zu dem mittleren Absorptionskoeffizienten. Die physikalischen und die astronomischen Resultate sind also streng genommen miteinander nicht vergleichbar, solange der Mittelungsfaktor unberücksichtigt bleibt. Wir werden die ROSSELANDsche Korrektion natürlich, soweit möglich, berücksichtigen. In einigen Fällen sind aber die zu diskutierenden Theorien nicht ausführlich genug, um dj für verschiedene Frequenzen zu liefern, und es kann nur die Gesamtemission gefunden werden; eine genaue Korrektion läßt sich dann nicht anbringen. Mittelungsfaktoren kommen bei statistischen Untersuchungen sehr häufig vor, und sind gewöhnlich nicht so beträchtlich, als daß sie die rohe Übereinstimmung, die das Äußerste darstellt, worauf wir bei diesen Problemen hoffen dürfen, ernstlich stören könnten. Der ROSSELANDsche Faktor kann aber unter Umständen eine ganz überraschende Bedeutung gewinnen, und wir müssen uns daher etwas ausführlicher mit ihm beschäftigen.

78. Da k_2 den Charakter eines harmonischen Mittelwertes und k_1 den eines arithmetischen Mittelwertes hat, erscheint es von vornherein wahrscheinlich, daß k_2 kleiner als k_1 sein wird. Diese Erwartung wird jedoch nicht in allen Fällen erfüllt, weil die Gewichtsfaktoren für k_1 und k_2 verschieden sind.

Die Tatsache, daß k_2 einen *harmonischen* Mittelwert darstellt, ist von sehr großer Bedeutung, weil sie das Gebiet einengt, in dem wir nach Absorptionsquellen zu suchen haben, die zu der Opazität eines Sternes wesentlich beitragen können. Nehmen wir z. B. an, wir hätten einen Bereich von Frequenzen, ν_1 bis ν_2, erschöpfend untersucht, der $\frac{2}{3}$ des ganzen Gewichtes von k_2 enthält, also einen Bereich für den

$$\int_{\nu_1}^{\nu_2} \frac{\partial I(\nu)}{\partial T}\, d\nu = \frac{2}{3} \int_0^{\infty} \frac{\partial I(\nu)}{\partial T}\, d\nu .$$

ist. Es sei der mit Gewichten versehene Mittelwert von $1/k_\nu$ für diesen Bereich gleich $1/k'$. Wir können dann eine obere Grenze für k_2 angeben; denn, sollte auch k_ν — im schlimmsten Falle — außerhalb des Bereiches unendlich groß werden, so liefert (77.4) immer noch

$$\frac{1}{k_2} = \frac{2}{3}\frac{1}{k'} + \frac{1}{3}\cdot\frac{1}{\infty},$$

also

$$k_2 = \tfrac{3}{2} k'.$$

Was auch außerhalb der Grenzen ν_1 und ν_2 geschehen mag, es kann die Opazität nicht mehr als um 50% vergrößert werden.

Eine *obere* Grenze für k_2 ist für uns besonders wertvoll, weil die Gefahr für uns darin besteht, daß uns irgendein wichtiger Mechanismus der Absorption und Emission verborgen geblieben sein könnte. Tatsächlich scheint die physikalische Theorie gegenwärtig noch nicht so viel Absorption zu liefern, als zur Erreichung einer Übereinstimmung mit den astronomischen Beobachtungen erforderlich wäre, und wir würden froh sein, wenn wir eine weitere Art von Absorption entdecken könnten. Das eben bewiesene Resultat zeigt uns nun, daß wir unsere Untersuchung auf Prozesse beschränken dürfen, die imstande sind, solche Frequenzen zu absorbieren und zu emittieren, die zwischen ν_1 und ν_2 liegen, und uns eine erschöpfende Behandlung sehr kleiner und sehr großer Frequenzen, die ebenso schwer als auch unsicher wäre, ersparen dürfen. Natürlich dürfen wir die Gebiete außerhalb ν_1 und ν_2 nicht völlig ignorieren, da etwas in der Art einer durchsichtigen Lücke, wo sie auch liegen möge, den Wert von k_2 sehr viel kleiner als k' machen könnte. Es ist aber nicht schwer, auch ohne erschöpfende Behandlung, sich durch die Untersuchung irgendeines einzelnen Absorptionsprozesses davon zu überzeugen, daß alle solche Fenster gründlich verrammelt sind. Der Gegensatz zwischen einem arithmetischen Mittelwerte k_1 und einem harmonischen Mittelwerte k_2 besteht, grob gesagt, darin, daß wir bei einem arithmetischen Mittelwerte unendlich große Werte, bei einem harmonischen Mittelwerte dagegen unendlich kleine Werte zu befürchten haben. Letztere Befürchtung läßt sich viel leichter beruhigen als erstere.

Als Anwendung hierfür weist ROSSELAND auf die Tatsache hin, daß feine Linienabsorption keinen merklichen Einfluß auf die Opazität ausübt. Fassen wir nämlich alle in einem Bereiche ν_1 bis ν_2 liegenden Spektrallinien (aller Elemente) zusammen — hauptsächlich K- und L-Linien des Röntgenspektrums, die nicht übermäßig zahlreich sind —, so überdecken diese, wenn sie von normaler Schmalheit sind, nur einen kleinen Teil des Bereiches; so undurchsichtig sie auch sein mögen, können sie die mittlere Opazität nur im Verhältnisse der von ihnen beschatteten Fläche oder genauer, des von ihnen beschatteten Gewichts vergrößern. Dies führt uns zu der Vermutung, daß die Hauptursache der stellaren Opazität nicht in der durch Anregung von Atomen hervorgerufenen Linienabsorption zu suchen ist, sondern vielmehr in der durch Ionisationen verursachten kontinuierlichen Absorption. Trotzdem erscheint es doch zweifelhaft, ob wir die Linienabsorption in dieser summarischen Weise abtun dürfen.

Es ist wohl bekannt, daß unter gewissen Umständen die Spektrallinien außerordentlich breit werden können, und obwohl die Theorie der Linienverbreiterung gegenwärtig noch unvollkommen verstanden wird, läßt sich doch vermuten, daß die L-Linien der Elemente im Inneren eines Sternes stark verbreitert sind. In diesem Falle könnten aber die Linien der verschiedenen Elemente zusammengenommen den ganzen Frequenzenbereich überdecken.

79. Nach dem PLANCKschen Gesetze ist

$$I(\nu) = \frac{C\nu^3}{e^{h\nu/RT} - 1},$$

und daher

$$\frac{\partial I(\nu)}{\partial T} = \frac{Ch}{RT^2} \frac{\nu^4 e^{h\nu/RT}}{(e^{h\nu/RT} - 1)^2}.$$

Wenn wir hierin $h\nu/RT = x$ setzen, ist das Gewicht eines beliebigen Intervalls dx, welches bei der Bildung des Mittelwertes k_2 zu verwenden ist, proportional zu

$$\frac{x^4 e^x dx}{(e^x - 1)^2}. \tag{79.1}$$

Mit Hilfe dieses Wertes ist die Tabelle 8 berechnet worden, die in ihrer zweiten Kolonne das relative Gewicht für jeden Wert von x, und in ihrer dritten Kolonne das Gewicht des sich von 0 bis x erstreckenden Bereiches enthält.

Tabelle 8. Gewichte für die Berechnung der Opazität.

$x = h\nu/RT$	Gewicht bei x	Gewicht 0 bis x
0	0,000	0,0000
$\frac{1}{2}$	0,244	0,0016
1	0,921	0,0121
$1\frac{1}{2}$	1,872	0,038
2	2,897	0,084
$2\frac{1}{2}$	3,806	0,150
3	4,467	0,230
4	4,864	0,413
5	4,270	0,591
6	3,229	0,736
7	2,194	0,840
8	1,375	0,908
9	0,810	0,949
10	0,454	0,973
∞	0,000	1,000

Aus der dritten Kolonne ersehen wir, daß 69% des Gesamtgewichtes von Frequenzen beigesteuert werden, die zwischen

$$2{,}5\, RT/h \quad \text{und} \quad 7\, RT/h$$

liegen.

Bei 10 Millionen Grad entspricht die Frequenz RT/h einer Wellenlänge von 14,3 Å, so daß 69% des Gesamtgewichtes auf das Intervall zwischen 6 und 2 Å entfallen. Für Elemente mittleren Atomgewichtes entspricht dieses Intervall der L-Strahlung. Das ist also das Gebiet, welches wir in erster Linie nach Quellen der stellaren Opazität zu durchforschen haben.

Bei der Behandlung der Quellen der kontinuierlichen Absorption, die hauptsächlich in dem oben angegebenen Spektralbereiche wirksam sind, werden wir oft bei genäherter Rechnung den Unterschied zwischen Absorption und Opazität vernachlässigen dürfen. Die zur Reduktion von k_1 auf k_2 anzubringende Korrektion wollen wir als die ROSSELANDsche Korrektion bezeichnen.

80. Betrachten wir zwei Frequenzen ν' und ν'', von denen die erste innerhalb einer starken Absorptionslinie oder Bande und die zweite in einem Gebiete schwacher Absorption liegt. Wenn wir mit der Untersuchung der äußeren Atmosphäre des Sternes beschäftigt wären, würde sich die Absorption in einem Fehlen der Komponente ν' in der Strahlung äußern. Anders liegen die Verhältnisse im Inneren eines Sternes, wo das thermodynamische Gleichgewicht beinahe vollkommen ist. Starke Absorption wird hier durch entsprechend starke Emission kompensiert, und die Strahlungen ν' und ν'' sind daher in den gewöhnlichen, durch das PLANCKsche Gesetz angegebenen Mengen vorhanden. Der zwischen beiden Strahlungsarten bestehende Unterschied liegt aber darin, daß, während die ν''-Strahlung im großen und ganzen nach außen fließt, die ν'-Strahlung praktisch zum Stillstand gebracht wird.

Wenn z. B. ν'' im Mittel auf je 100 cm Weglänge einmal absorbiert und reemittiert wird, und ν' einmal auf je 1 cm Weglänge, so entspricht die Differenz der Intensitäten der nach außen und nach innen gerichteten Ströme von ν'' der Temperaturdifferenz der Punkte, in denen diese Ströme emittiert worden sind, d. h. dem Temperaturgefälle auf 200 cm; die Differenz der Intensitäten der nach innen und außen gerichteten Ströme der ν'-Strahlung entspricht aber dem Temperaturgefälle auf 2 cm. Der nach außen gerichtete Nettofluß beträgt daher für ν' nur ein Hundertstel von der entsprechenden Größe für ν''.

Wenn ν' nur 1% der Gesamtstrahlung und ν'' die übrigen 99% ausmacht, wird die Absorptionslinie bei ν' die Gesamtmenge der stattfindenden Absorption und Emission verdoppeln; trotzdem ν' nur einen kleinen Teil der Strahlung darstellt, macht es ebensoviel Geschäfte wie die ganze übrige Strahlung zusammengenommen. Dies bedeutet, daß k_1 verdoppelt wird. Für die Opazität aber bedeutet das nur, daß nunmehr 1% der Strahlung beinahe vollständig aufgehalten wird, während der übrige Teil wie früher durchfließt. Daher wird k_2 nur um 1% vergrößert.

Sechstes Kapitel.

Lösung der Gleichungen.

81. Die Fundamentalgleichungen der Theorie des Sterninneren sind die hydrostatische Gleichung (54.3) und die Gleichung des Strahlungsgleichgewichtes (71.1), also

$$\frac{dP}{dr} = -g\varrho\,, \tag{81.1}$$

$$\frac{dp_R}{dr} = -\frac{k\varrho H}{c} \tag{81.2}$$

Der Gesamtdruck P setzt sich aus dem Gasdrucke p_G und dem Strahlungsdrucke p_R zusammen, so daß

$$P = p_G + p_R \tag{81.3}$$

ist. Aus (81.1) und (81.2) ergibt sich

$$dp_R = \frac{kH}{cg}\,dP\,. \tag{81.4}$$

Bei einem stationären Zustande muß die Strahlungsmenge $4\pi r^2 H$, die in einer Sekunde durch die Oberfläche einer Kugel vom Radius r nach außen fließt, gleich der Energiemenge sein, die in derselben Zeit im Innern der Kugel, wahrscheinlich aus subatomaren Quellen, befreit wird. Indem wir die in der Kugel in einer Sekunde freiwerdende Energie mit L_r bezeichnen, haben wir

$$H = L_r/4\pi r^2\,, \qquad g = GM_r/r^2$$

und daher

$$\frac{H}{g} = \frac{1}{4\pi G}\cdot\frac{L_r}{M_r}\,. \tag{81.5}$$

Die Größe $\frac{L_r}{M_r}$ ist die mittlere Ergiebigkeit der Energiequellen pro Gramm für das Gebiet innerhalb von r. Wahrscheinlich ist die Energiebefreiung größer in den heißen und dichten Zentralgebieten, als in den äußeren Teilen des Sternes, und $\frac{L_r}{M_r}$ wird daher mit wachsendem r, d.h. wenn immer kühlere Teile zu dem Mittelwerte beitragen, abnehmen. Wir werden aber keine sehr schnelle Abnahme dieser Größe erwarten dürfen. Die Geschwindigkeit der Energieerzeugung kann wohl mit der Temperatur schnell abnehmen, aber die Änderung von L_r/M_r wird viel langsamer sein, weil sie durch die Mittelwertbildung gedämpft wird.

Es sei M die Masse des Sternes und L die gesamte Energieausstrahlung pro Sekunde von seiner Oberfläche. (Die beobachtete bolometrische Helligkeit wird durch L bestimmt.) Dann ist L/M der Grenzwert von L_r/M_r. Wir setzen

$$\frac{L_r}{M_r} = \frac{\eta L}{M}\,, \tag{81.6}$$

so daß η, vom Werte 1 an der Oberfläche, bis zu irgendeinem unbekannten, aber nicht sehr großen Werte im Mittelpunkte wächst. Die Form der Funktion η hängt von dem unbekannten Gesetze der Befreiung subatomarer Energie ab, von dem jedoch erwartet werden darf, daß es für alle Sterne ungefähr dasselbe sein wird.

Indem wir η in (81.4) einführen, erhalten wir

$$d p_R = \frac{L}{4 \pi c G M} \cdot \eta k d P . \tag{81.7}$$

82. Wir gehen nun daran, eine Annäherung für das Verhalten von ηk einzuführen; bevor wir das aber tun, bemerken wir, daß schon die strenge Gleichung (81.7) uns die Möglichkeit gibt, eine obere Grenze für die Opazität k eines beliebigen Sternes (ob aus idealem Gase bestehend oder nicht) anzugeben, für den L und M aus der Beobachtung bekannt sind.

Die Temperatur muß in allen Fällen nach innen zunehmen, und es erscheint äußerst unwahrscheinlich, daß die Dichte nach innen abnehmen könnte. Wenn sowohl Temperatur als Dichte nach innen wachsen, muß auch der materielle Druck p_G dabei zunehmen. Daher ist $d p_G$ bei einem Fortschreiten nach innen positiv, so daß nach (81.3)

$$d p_R < d P$$

sein muß.
Dann ist aber wegen (81.7):

$$\frac{L \eta k}{4 \pi c G M} < 1$$

und da $\eta > 1$

$$k < 4 \pi c G M / L ,$$
$$< 25100 \, M / L .$$

Für die Capella hatten wir (§ 13): $M = 8{,}3 \cdot 10^{33}$, $L = 4{,}8 . 10^{35}$. Daher ist

$$k < 435 \; c \cdot g \cdot s\text{-Einheiten.}$$

In ähnlicher Weise findet man für Sirius $k < 630$ und für die Sonne $k < 13200$. Es muß bemerkt werden, daß *k in keinem Teile* des Sternes diese Werte übersteigen kann, solange keine Umkehrung des Dichtegradienten stattfindet.

Die physikalische Erklärung dieser oberen Grenzen liegt darin, daß sich die beobachtete, tatsächlich emittierte Strahlung durch den Stern emporarbeiten muß, und daß sie, bei zu großem Widerstande, den Stern zersprengen würde.

Die für Capella und Sirius gefundenen oberen Grenzen sind genügend klein, um das Feld unserer Überlegungen beträchtlich einzuengen. Bei Laboratoriumsexperimenten sind schon mehrfach Absorptionskoeffizienten von höherem Betrage als die oben angeführten gemessen worden. Tatsächlich sind diese oberen Grenzen nur 4 oder 5 mal größer als die endgültigen Werte von k, die sich aus unseren Rechnungen ergeben werden.

83. Wir werden nun den Fall durchrechnen, in dem ηk im ganzen Sterne konstant ist. Dies verlangt, daß der Absorptionskoeffizient beinahe konstant bleibt, und nur ein wenig gegen den Mittelpunkt des Sternes abnimmt, um die Zunahme von η zu kompensieren. Wir werden an geeigneter Stelle die Gründe anführen, die uns ein solches Verhalten des Absorptionskoeffizienten tatsächlich als wahrscheinlich, und die Bedingung $\eta k = \text{const}$ als eine sehr genaue Annäherung erscheinen lassen.

Eine erste Vereinfachung, die sich aus der Annahme der Konstanz von ηk ergibt, besteht darin, daß der Strahlungsdruck nunmehr zu dem Gasdrucke im ganzen Sterne in einem konstanten Verhältnisse steht. Es sei also

$$\eta k = \text{const} = k_0, \tag{83.1}$$

so daß k_0 in gewissem Sinne den Grenzwert von k darstellt. Es muß aber gleich betont werden, daß der Wert von k in der Photosphäre von k_0 sehr stark abweichen kann. Wie in § 67 erörtert, gehen uns die äußeren Teile des Sternes wenig an, und wir brauchen daher die Annahme (83.1) auf die Gebiete niedriger Temperatur nicht auszudehnen. Durch Integration von (81.7) ergibt sich

$$p_R = \frac{L\,k_0}{4\pi c G M}\cdot P\,. \tag{83.2}$$

Streng genommen, wäre noch eine kleine Integrationskonstante von der Größenordnung 1 dyne pro cm^2 hinzuzufügen, da der Strahlungsdruck an der Oberfläche nicht verschwindet. Wir vernachlässigen sie aber gegenüber dem Druck von der Ordnung von 10^{12} dyn pro cm^2, der in dem größten Teile des Inneren herrscht.

Wir führen nun eine Konstante β ein, die wir folgendermaßen definieren:

$$\left.\begin{aligned} p_R &= (1-\beta)\,P \\ p_G &= \beta P\,. \end{aligned}\right\} \tag{83.3}$$

Dann ist nach (83.2)

$$L = \frac{4\pi c G M\,(1-\beta)}{k_0}\,. \tag{83.4}$$

Die wichtige Gleichung (83.4) setzt keineswegs eine genauere Kenntnis des niedrig-temperierten Teiles des Sternes voraus. Wir haben zwar für den Grenzwert von L_r/M_r einfach L/M geschrieben; unsere „Grenze" braucht aber nicht notwendig mit der Oberfläche des Sternes zusammenzufallen. Der einzige Grund, warum wir sie an die Oberfläche oder in ihre Nähe verlegen, besteht darin, daß wir in unserer Gleichung Größen haben wollen, die unmittelbar aus der Beobachtung bestimmt werden können; hierfür ist aber schon in genügendem Maße gesorgt, wenn wir die „Begrenzung" dort ziehen, wo die Temperatur auf etwa $\frac{1}{10}$ der Mittelpunktstemperatur gesunken ist. Nach der in § 67 angegebenen Methode kann nämlich leicht gezeigt werden, daß die innerhalb dieser Begrenzung liegende Masse praktisch schon die ganze Masse des Sternes ist. Auch die Strahlung, welche durch diese Begrenzung herausfließt, ist praktisch die ganze Ausstrahlung des Sternes, da die geringe, außerhalb noch liegende Masse keine merkliche Quelle oder Senke für die Energie darstellen kann. Es genügt daher, die Theorie nur so weit zu entwickeln, daß sie den Ausdruck von L/M für den hochtemperierten Teil des Sternes ergibt; dann ist es in der Praxis immer zulässig, für diesen Wert den beobachteten Oberflächenwert L/M einzusetzen.

Bis hierhin ist die Richtigkeit der abgeleiteten Formeln unabhängig davon, ob das Material ein ideales Gas ist oder nicht.

Ideale Gase.

84. Betrachten wir nun einen aus idealem Gase gebildeten Stern, dessen Materie also das Gasgesetz

$$p_G = \frac{\mathfrak{R}}{\mu} \varrho T$$

befolgt. Da andererseits

$$p_R = \tfrac{1}{3} a T^4$$

ist, haben wir nach (83.3)

$$P = \frac{\mathfrak{R} \varrho T}{\beta \mu} = \frac{a T^4}{3(1-\beta)}. \tag{84.1}$$

Durch Elimination von T erhalten wir

$$P = \varkappa \varrho^{\frac{4}{3}}, \tag{84.2}$$

wo

$$\varkappa = \left\{ \frac{3 \mathfrak{R}^4 (1-\beta)}{a \mu^4 \beta^4} \right\}^{\frac{1}{3}}. \tag{84.3}$$

Die Verteilung stellt also eine der polytropen Formen dar, die wir im vierten Kapitel besprochen haben, und zwar diejenige, welche durch die Werte $\gamma = \frac{4}{3}$, $n = 3$ (Tabelle 6) gekennzeichnet wird. Indem wir in der zweiten Gleichung (57.3) $n = 3$ setzen, wird diese

$$\left(\frac{G M}{M'}\right)^2 = \frac{(4\varkappa)^3}{4\pi G}$$
$$= \frac{4^3}{4\pi G} \, \frac{3 \mathfrak{R}^4 (1-\beta)}{a \mu^4 \beta^4}.$$

Daher ist

$$1 - \beta = C M^2 \mu^4 \beta^4, \tag{84.4}$$

wo

$$C = \frac{4\pi G^3 a}{3 \cdot 4^3 \mathfrak{R}^4 M'^2} = 7{,}83 \cdot 10^{-70}. \tag{84.5}$$

Hier ist die Masse des Sternes in Gramm und das Molekulargewicht in Vielfachen des Wasserstoffatoms ausgedrückt. Es ist aber bequemer, die Masse des Sterns in Einheiten der Sonnenmasse (⊙) auszudrücken. Da $\odot = 1{,}985 \cdot 10^{33}$ gr. ist, wird (84·4)

$$1 - \beta = 0{,}00309\,(M/\odot)^2\,\mu^4\,\beta^4. \tag{84.6}$$

Der Wert von β wird durch Auflösung dieser Gleichung vierten Grades erhalten; er kann dann in (83.4) eingesetzt werden. Wir bemerken, daß β ausschließlich von der Masse und dem mittleren Molekulargewichte des Sterns abhängt, und von dem Radius und der Opazität gänzlich unabhängig ist.

Die Abschätzung des Wertes von μ hängt von einer Diskussion des Ionisationszustandes im Inneren des Sternes ab (zehntes Kapitel). Für die meisten Sterne liegt der Wert wahrscheinlich in der Nähe von 2,2; er kann sich aber von Stern zu Stern, je nach den besonderen Temperatur- und Dichteverhältnissen, in geringem Maße ändern. Tabelle 9, welche die Werte von $1 - \beta$ für verschiedene Massen und angenommene Molekulargewichte enthält, soll einen Überblick über die Verhältnisse gewähren. Eine ausführlichere Tabelle, die für den praktischen Gebrauch bei Rechnungen bestimmt ist, findet sich in § 100.

Tabelle 9. Werte von $1 - \beta$.

Masse (Sonne = 1)	$\mu = 2{,}2$	$\mu = 3{,}5$	$\mu = 30$
$\frac{1}{4}$	0,004	0,026	0,738
$\frac{1}{2}$	017	082	810
1	057	195	864
2	151	344	903
4	292	492	931
8	444	620	951
50	747	836	980

85. Die Größe $1 - \beta$ stellt das Verhältnis des Strahlungsdruckes zum Gesamtdrucke dar. Wir haben in § 15 gesehen, daß diese Größe wahrscheinlich in enger Beziehung zu der Tatsache steht, daß sich die Weltmaterie zu Sternen einer normalen Masse zusammengeballt hat. Wir haben dort die Vermutung ausgesprochen, daß Sterne mit einem Strahlungsdrucke von 15 bis 50% des Gesamtdruckes wahrscheinlich am häufigsten gebildet werden, weil ein höherer Strahlungsdruck für die Stabilität des Sternes schon sehr gefährlich sein würde, und die Massenansammlung, bei ungestörtem Verlaufe, vermutlich bis zu einer solchen Masse fortschreitet, bei der die Gefahr beginnt.

Bei Anwendung dieses Kriteriums entspricht der Wert $\mu = 2{,}2$ einer Normalmasse von 2 — 10 Sonnenmassen, und $\mu = 3{,}5$ einer Masse von $\frac{3}{4}$ bis 4 Sonnenmassen. Letzteres Ergebnis kommt dem allgemeinen Durchschnitte der Sterne näher, und ein noch höheres Molekulargewicht würde die wirklichen Verhältnisse vielleicht in noch befriedigenderer Weise darstellen. Wir haben für diese Tatsache zwei mögliche Erklärungen vorgeschlagen: 1. daß die kritische Periode schon sehr früh bei der Zusammenballung der Materie zu Sternen eintritt, also zu einer Zeit, da die Temperatur und Ionisation noch niedrig sind, und μ daher einen höheren Wert hat, als bei den voll entwickelten Sternen, 2. daß die Sternmassen im Laufe der Entwicklung etwas abnehmen. Nach ihrer Leuchtkraft zu urteilen, haben Sterne der frühesten Stadien (K- und M-Riesen) selten Massen unter $2\odot$. Wie dem auch sei, sind wir kaum in der Lage, einem Faktor der Größe 2 oder 3 eine ernste Bedeutung beizumessen, und müssen schon mit einer allgemeinen Übereinstimmung der Größenordnungen der wirklichen Sternmassen und des für den Strahlungsdruck kritischen Massenbereiches zufrieden sein.

Sollte das Bestehen hochgradiger Ionisation im Inneren eines Sternes in Zweifel gezogen werden, so könnten wir uns auf die dritte Kolonne der Tabelle 9 berufen. Bei nicht dissoziierten Atomen würden wir ein Molekulargewicht 30, oder evtl. ein noch höheres, erwarten müssen, und die Tabelle zeigt, daß dies zu einem außerordentlich hohen Strahlungsdruck führen würde. Es würde uns aber schwer fallen, den Schluß zu akzeptieren, daß in der Capella 93% des Gewichts des Materials durch den Druck der herausbrechenden Strahlung getragen werden, und es ist daher durchaus befriedigend, daß die von der thermodynamischen Theorie vorausgesagte Ionisation, den Zustand des Sternes zu einem viel weniger heiklen macht.

Leuchtkraft und Opazität.

86. Wenn man die kleinen Änderungen von μ, welche durch die Temperatur und die Dichte bedingt sein können, vernachlässigt, ist $1-\beta$ eine reine Funktion der Masse. Aus (83.4) folgt daher der Satz:

Bei gasförmigen Sternen derselben Masse ist die Gesamtausstrahlung L umgekehrt proportional zu der Opazität k_0.

Dieses grundlegende Ergebnis kann auch auf einer breiteren Basis, ohne die Benutzung der Näherung $\eta k = \text{const}$, erhalten werden. Betrachten wir zwei homologe Sterne, in denen entsprechende Gebiete dieselbe Masse enthalten, sich aber durch ihren linearen Maßstab voneinander unterscheiden. Wir wollen annehmen: 1. daß die relative Verteilung der Energiequellen in beiden Sternen dieselbe ist, so daß L_r/L für entsprechende Punkte denselben Wert hat, und 2. daß k mit ϱ und T nach irgendeinem Gesetze der Form $\varrho^x T^y$ variiert, so daß die Verteilung auch in k homolog ist, wenn die Verteilungen von ϱ und T in beiden Sternen homolog sind.

Eine Änderung der linearen Dimensionen im Verhältnisse l ändert ϱ im Verhältnisse l^{-3} und g im Verhältnisse l^{-2}. Damit die Homologie gewahrt bleibt, müssen p_G und p_R in entsprechenden Punkten im selben Verhältnisse zueinander stehen. Dies bedeutet, daß sich ϱT im selben Verhältnisse wie T^4 ändern muß. Daher ändert sich T im Verhältnisse l^{-1} und p_R und p_G im Verhältnisse l^{-4}.

Wenn wir diese Änderungen in die Gleichgewichtsgleichungen (81.1) und (81.7) einführen, bleibt die erste erfüllt, und die zweite ist auch erfüllt, wenn

$$\eta k L$$

in allen Punkten unverändert bleibt. Die oben formulierten Annahmen sorgen dafür, daß η überhaupt unverändert bleibt und daß k in allen Punkten im selben Verhältnisse verändert wird. Die genügende Bedingung ist also, daß kL unverändert bleibt, oder daß sich L umgekehrt proportional zu k ändert.

Als sie ihre Theorie der Riesen- und Zwergsterne schufen, legten Russell und Hertzsprung besonderes Gewicht auf die Tatsache, daß die Statistik der Sternbeobachtungen sowohl eine Serie von hellen (Riesen-) Sternen zeigt, die vom M-Typus bis zum A-Typus alle ungefähr dieselbe Leuchtkraft besitzen, als auch eine Serie, in der die Leuchtkraft vom A-Typus zum M-Typus schnell abnimmt (Zwergsterne). Die Riesen haben alle geringe Dichte, so daß unsere für ein ideales Gas erhaltenen Resultate fraglos auf sie anwendbar sind. Unter der Annahme, daß längs der Riesenserie, keine beträchtliche Änderung der mittleren Massen stattfindet[1], zeigt die genäherte Konstanz von L, daß auch k_0 längs dieser Serie genähert konstant bleibt.

Es muß allerdings zugegeben werden, daß dieses experimentelle Ergebnis zunächst noch ein ganz rohes ist. Im Russellschen Typenhelligkeitsdiagramm verläuft der Riesenast ziemlich horizontal, und zeigt damit konstante absolute visuelle Helligkeit an. Die Werte müßten aber noch auf bolometrische Helligkeiten umgerechnet und wegen der durch die Auswahl der Daten bedingten Effekte korrigiert werden. Ferner offenbart sich hier der schwache Punkt, daß wir sehr wenig direkte Angaben über die Konstanz der Massen längs dieser Serie besitzen. Schließlich wäre vielleicht auch noch das etwas kleinere Molekulargewicht am heißeren Ende der Serie zu berücksichtigen.

Aber so roh sie auch sein mag, ist diese im Materiale enthaltene Andeutung doch außerordentlich aufschlußreich, weil der innere Zustand eines Sternes zwischen den Typen M und A eine gewaltige Veränderung erleidet und seine innere Temperatur, wie wir gleich sehen werden, auf das Zehnfache ansteigt. Es hätte für uns schon einen gewissen Wert, wenn wir bestimmt aussagen könnten, daß sich k_0 nicht stärker als im Verhältnisse 20 : 1 ändert. Bei physikalischen Experimenten ist die

[1] Wir sind absichtlich bei dem A-Typus stehen geblieben, weil bei den darauffolgenden Typen (B und O) die mittlere Masse bekanntlich bedeutend größer ist.

Absorption der Röntgenstrahlen eine rasch variierende Funktion der Wellenlänge der Strahlung und folglich auch der Temperatur; eine Änderung von 1000 : 1 erscheint daher von vornherein durchaus nicht ausgeschlossen.

87. Um weiterzukommen, müssen wir in der Lage sein, die inneren Temperaturen von Sternen verschiedener Spektraltypen miteinander zu vergleichen. Die in diesem Kapitel bis jetzt erhaltenen Grundformeln sind

$$1-\beta = 0{,}00309\,(M/\odot)^2\,\mu^4\,\beta^4,$$
$$L = 4\,\pi\,c\,G\,M\,(1-\beta)/k_0.$$

Diesen müssen wir noch die Formel

$$\frac{T^3}{\varrho} = \frac{3\,\Re\,(1-\beta)}{a\,\mu\,\beta} \tag{87.1}$$

hinzufügen, die in (84.1) enthalten ist. Sie zeigt, daß die Größe T^3/ϱ, die im ganzen Inneren eines einzelnen Sternes konstant ist, auch für alle Sterne derselben Masse konstant bleibt. (Wie gewöhnlich, vernachlässigen wir mögliche kleine Unterschiede in μ). Wir haben daher den folgenden Satz: in Sternen gleicher Masse *ändert sich die Temperatur in homologen Punkten im Inneren wie die Kubikwurzel aus der mittleren Dichte.*

Die effektive Temperatur befolgt ein anderes Gesetz. Die Niveaus, in denen die Temperatur gleich T_e ist (irgendwo in der Photosphäre) entsprechen nicht homologen Punkten; tatsächlich rückt bei wachsender Dichte und Temperatur des Sternes die Photosphäre verhältnismäßig immer näher an die Oberfläche heran. Nach (31.1) ist die schwarze Strahlung der Materie bei der Temperatur T

$$\tfrac{1}{4}\,a\,c\,T^4 \text{ pro cm}^2 \text{ pro sec},$$

daher ist die Ausstrahlung einer Kugel vom Radius R pro Sekunde

$$L = 4\,\pi\,R^2\cdot\tfrac{1}{4}\,a\,c\,T^4 = \pi\,a\,c\,R^2\,T^4.$$

Dementsprechend wird die effektive Temperatur eines Sternes durch die Beziehung *definiert*

$$L = \pi\,a\,c\,R^2\,T_e^4, \tag{87.2}$$

da dies die Temperatur eines schwarzen Körpers gibt, der dieselbe Strahlungsmenge wie der Stern aussendet.

Die mittlere Dichte des Sternes ist

$$\varrho_m = \frac{M}{\frac{4}{3}\,\pi\,R^3} = \frac{3\sqrt{\pi}}{4}\,(a\,c)^{\frac{3}{2}}\,\frac{M}{L^{\frac{3}{2}}}\,T_e^6 \tag{87.3}$$

nach (87.2). Da die Mittelpunktsdichte ein konstantes Vielfaches von ϱ_m ist, haben wir

$$\varrho_c \propto M\,L^{-\frac{3}{2}}\,T_e^6,$$

so daß wegen (87.1) für Sterne einer und derselben Masse

$$T_c \propto L^{-\frac{1}{2}} T_e^2 \tag{87.4}$$

ist.

Wir können die effektive Temperatur für den M-Typus gleich 3000^0 und für den A-Typus gleich 10500^0 annehmen. Wenn also L konstant bleibt (wie die Beobachtungen zu zeigen scheinen) ist die entsprechende Temperaturänderung 12 : 1. Die Änderung der mittleren Dichte muß gleich der dritten Potenz dieses Verhältnisses sein, — also etwa 2000 : 1 — und dies stimmt mit unseren allgemeinen Kenntnissen über die Dichten dieser beiden Spektraltypen überein.

Aus den oben angegebenen Gründen ist es schwer zu entscheiden, wie genau die Regel von der Konstanz von L für Sterne gleicher Masse durch die Beobachtung bestätigt wird. Da Voreingenommenheit unser Urteil beeinflussen könnte, wird es wohl das Beste sein, eine Meinung anzuführen, die Verfasser zu einer Zeit ausgesprochen hat, als er noch zu keiner Theorie betreffend die Veränderlichkeit von k_0 gelangt war[1]. Er schloß damals aus den Beobachtungen, daß sich k_0 etwa ebenso rasch wie $T^{\frac{1}{2}}$ oder $T^{-\frac{1}{2}}$ ändern könnte, jedoch kaum diese Grenzen überschreiten dürfte. Das entspricht einer Spanne von 3,5 : 1 für k_0 beim Durchlaufen der Sternserie von M bis A, und daher einem gleichen Variationsbereiche für L. Dies würde einer Änderung von 1,4 bolometrischen Größenklassen entsprechen. Es konnte damals keine bestimmtere Meinung darüber geäußert werden, welche Richtung für diese Änderung die wahrscheinlichere sei.

Nachdem sich nun ergeben hat, daß k_0 bei einer Änderung der Temperatur vom Einfachen auf das Zwölffache leidlich konstant bleibt, könnte es plausibel erscheinen, hieraus den Schluß zu ziehen, daß sich k_0 bei Sterntemperaturen einem von den physikalischen Bedingungen gänzlich unabhängigen Werte nähert. Dann würde die Opazität für alle Sterne, gleichgültig welcher Masse, dieselbe sein. Dieser Schluß, der vom Verfasser bei seinen ersten Untersuchungen akzeptiert worden war, erweist sich aber als trügerisch. Wir sind gegenwärtig davon überzeugt, daß sich k tatsächlich, und zwar rasch, mit der Temperatur ändert, es ändert sich aber auch mit der Dichte. Der überwiegende Teil der Änderung ist proportional zu ϱ/T^3, was für Sterne gleicher Masse (und auch innerhalb eines einzelnen Sternes) eine Konstante ist. Die Hauptänderung tritt also bei unserer ersten Untersuchung der Beobachtungsdaten zunächst nicht in Erscheinung, und überrascht uns durch ihr plötzliches Auftreten, sobald wir dazu übergehen, Sterne verschiedener Massen miteinander zu vergleichen.

88. Die von uns *gefundene* genäherte Konstanz von k_0 für alle Sterne des Riesenastes muß von der genäherten Konstanz von k (oder strenger

[1] Z. f. Phys. Bd. 7, S. 368.

von ηk) innerhalb eines einzelnen Sternes, die wir *vorausgesetzt* haben, scharf unterschieden werden. Es ist leicht einzusehen, daß hier kein circulus vitiosus vorliegt. Wenn $\eta\, k$ innerhalb eines Sternes veränderlich wäre, dürften wir immer noch erwarten, daß durch Gleichung (83.4) irgendein Mittelwert dieser Größe definiert wird; darauf liefert uns der Vergleich mit der Beobachtung das unerwartete Resultat, daß sich beinahe derselbe Mittelwert auch für die anderen Sterne ergibt, ungeachtet der großen Unterschiede in ihren physikalischen Bedingungen. Da wir nunmehr gefunden haben, daß sich die Absorption von Stern zu Stern, trotz der großen Temperaturunterschiede nur sehr wenig ändert, erscheint uns unsere Annahme, daß ihre Änderung innerhalb eines Sternes vernachlässigt werden darf, um so wahrscheinlicher. Eine Änderung der Temperatur vom Einfachen auf das Zehnfache umfaßt auch das ganze innere Gebiet eines Sternes, welches bei unserer Untersuchung in Betracht kommt, und wir haben somit die genäherte Konstanz unserer Größe innerhalb des für uns in Betracht kommenden Temperaturintervalls von Stern zu Stern geprüft. Wir haben sie für Sterne geprüft, von denen wir annehmen zu dürfen glaubten, daß sie alle die gleiche Masse besitzen, und daher der Bedingung $\varrho/T^3 =$ constans unterworfen sind; das ist aber gerade die Bedingung, der auch die verschiedenen Teile eines und desselben Sternes genügen. Auf diese Weise haben wir schon einen ersten Beleg dafür erhalten, daß unser erster Probeschuß vermutlich eine leidliche Annäherung an die Wirklichkeit ergibt. Wir wenden uns nun der Betrachtung einiger weiteren Ergebnisse zu, die darauf zu deuten scheinen, daß er sogar eine besonders gute Näherung darstellen könnte.

Die Näherung $\eta k =$ constans.

89. Indem wir die Resultate der im neunten Kapitel enthaltenen theoretischen Untersuchung der Absorption vorwegnehmen, setzen wir das Absorptionsgesetz in der Form an

$$k \propto \varrho/\mu\, T^{\frac{7}{2}}, \tag{89.1}$$

welche sich bei Anwendung auf die verschiedenen Teile eines und desselben Sternes (oder auf Sterne gleicher Masse) wegen (87.1) auf

$$k \propto T^{-\frac{1}{2}} \tag{89.2}$$

reduziert. Dies stimmt mit einem der von uns in § 87 gefundenen und mit den beobachteten Helligkeiten der Sterne des Riesenastes als verträglich erkannten Grenzwerte überein. Die physikalische Theorie der Absorption kann gegenwärtig noch nicht als abgeschlossen gelten, und wir dürfen daher dem Exponenten $\frac{1}{2}$ der Temperatur zunächst noch keine allzu große Bedeutung beimessen. Formel (89. 1) stellt aber dasjenige Gesetz dar, welches unseren beschränkten Kenntnissen am besten zu entsprechen scheint, und wir sind jedenfalls berechtigt, die Folgen, zu denen es führt, ausführlich zu entwickeln, um sie mit den Ergebnissen der astronomischen Beobachtungen zu vergleichen.

Die Funktion η hängt von der relativen Verteilung der Quellen der stellaren Energie im Inneren des Sternes ab — einer Verteilung, die uns allerdings zur Zeit noch unbekannt ist. Ein Fortschritt wird aber hier durch den Umstand ermöglicht, daß η gegen sehr starke Änderungen der angenommenen Verteilung der Quellen verhältnismäßig unempfindlich ist. In welcher Weise solche Änderungen im allgemeinen wirken, kann folgendermaßen gezeigt werden. Durch den Temperaturgradienten in einem Sterne werden zwei verschiedene Wirkungen erzielt; er bedingt erstens einen Druckgradienten, der stark genug ist, um die Masse M des Sternes entgegen der Gravitation auszudehnen, und er treibt zweitens die Strahlung L entgegen der ihr im Wege stehenden Opazität an die Oberfläche. Nun kommt L je nach der Verteilung der Quellen aus verschiedenen Tiefen. Wenn wir die Quellen von L stärker um den Mittelpunkt konzentrieren, kommt ein größerer Bruchteil von L aus den tieferen Schichten, und es ist ein größerer Temperaturgradient am Mittelpunkt erforderlich, um die Strahlung durch den Stern zu treiben. Wenn aber der verfügbare Temperaturabfall durch die bekannte Masse und Ausdehnung des Sternes (also durch den zur Erreichung des ersten Zieles notwendigen Betrag) bereits beschränkt ist, dann müssen wir uns mit einem kleineren L begnügen. Es wird also im allgemeinen L/M durch eine Konzentration der Quellen um den Mittelpunkt verkleinert werden. Was für uns hier vor allem in Betracht kommt, ist die mittlere optische Tiefe der Energiequellen unter der Oberfläche. Um diese genau zu bestimmen, müßten wir allerdings das Verteilungsgesetz der Quellen kennen. Es ist aber klar, daß der Unterschied der mittleren Tiefen, bei gleichmäßiger Verteilung der Quellen über die ganze Masse und bei ihrer starken Anhäufung im Mittelpunkte, nur in einem Faktor der Größenordnung 2 oder 3 bestehen wird, der für eine erste Näherung keine große Bedeutung hat.

90. Es sei ε die in der Zeiteinheit pro Gramm erfolgende Energiebefreiung. Wir können die verschiedenen Konzentrationsgrade der Energiequellen gegen den Mittelpunkt in der Weise berücksichtigen, daß wir die Änderung von ε in einem Sterne proportional zu T^s ansetzen.

Betrachten wir zuerst das Gesetz $\varepsilon \propto T$. Dann ist der mittlere Wert von ε in einer Kugel vom Radius r proportional zu der mittleren Temperatur dieser Kugel. Indem wir die Werte für $r = 0$ und $r = R$ vergleichen, erhalten wir

$$\frac{\eta_c}{1} = \frac{T_c}{T_m},$$

weil das Verhältnis der η für zwei Kugeln gleich dem Verhältnis der Mittelwerte von ε für diese Kugeln ist. (Mittelpunktswerte sollen mit dem unteren Index c bezeichnet werden.) Nach (62.1) ist $T_m/T_c = 0{,}584$. Daher ist

$$\eta_c = 1{,}7\,.$$

Wenn wir vom Mittelpunkte aus bis zu einer Kugelfläche gehen, die 95 % der Gesamtmasse einschließt, fällt die Temperatur im Verhältnisse 1 : 0,21 ab (Tabelle 6). Daher wächst k, nach (89.2) im Verhältnisse 1 : 2,2. Inzwischen hat aber η praktisch seine volle Abnahme, im Verhältnisse 1,7 : 1 erfahren. Es ist klar, daß ηk in dem überwiegenden Teile der Masse eines Sternes merkwürdig konstant bleibt. Eine ausführlichere Rechnung auch für zwischenliegende Punkte ist in Tabelle 10 gegeben.

Das Gesetz $\varepsilon \propto T$ entspricht einer mäßigen Verdichtung der Energiequellen gegen den Mittelpunkt[1]. Wenn diese Quellen wirklich subatomarer Natur sind, können wir uns sehr wohl vorstellen, daß ihre Konzentration eine beträchtlich stärkere sein könnte. Es erscheint daher erwünscht, auch die Gesetze $\varepsilon \propto T^2$ und $\varepsilon \propto T^4$ zu betrachten. Die Resultate einer rohen Berechnung von η für vier verschiedene Gesetze sind in Tabelle 10 zusammengestellt. Der Stern ist in 10 Schalen gleicher Masse zerlegt worden, und die Werte von T, η und $\eta T^{-\frac{1}{2}}$ sind für die Begrenzung jeder Schale gegeben, wobei die Mittelpunktstemperatur gleich Eins gesetzt ist[2].

Tabelle 10. Prüfung der Konstanz von $\eta T^{-\frac{1}{2}}$.

M_r/M	T	$\varepsilon = \text{const}$	$\varepsilon \propto T$		$\varepsilon \propto T^2$		$\varepsilon' \propto T^4$	
		$\eta T^{-\frac{1}{2}}$	η	$\eta T^{-\frac{1}{2}}$	η	$\eta T^{-\frac{1}{2}}$	η	$\eta T^{-\frac{1}{2}}$
0,0	1,00	1,00	1,70	1,70	2,57	2,57	4,71	4,71
0,1	0,88	1,07	1,57	1,68	2,18	2,32	3,38	3,60
0,2	0,80	1,12	1,49	1,67	1,97	2,20	2,81	3,14
0,3	0,73	1,17	1,41	1,65	1,81	2,12	2,40	2,81
0,4	0,66	1,23	1,36	1,67	1,67	2,06	2,07	2,55
0,5	0,60	1,29	1,31	1,69	1,54	1,99	1,80	2,33
0,6	0,53	1,37	1,25	1,72	1,41	1,94	1,58	2,17
0,7	0,46	1,47	1,19	1,76	1,31	1,93	1,40	2,06
0,8	0,38	1,62	1,13	1,84	1,20	1,95	1,24	2,02
0,9	0,28	1,89	1,07	2,02	1,10	2,08	1,11	2,10
Mittel		1,32		1,74		2,12		2,75

Die Konstanz von $\eta T^{-\frac{1}{2}}$ ist bei dem Gesetze $\varepsilon \propto T$ am besten erfüllt, bleibt aber auch bei den anderen Gesetzen innerhalb der zu erwartenden

[1] Das Gesetz $\varepsilon \propto T$ gilt auch in der Kontraktionstheorie der stellaren Energie, wenn der Stern eine Reihe von homologen Zuständen durchläuft.

[2] Zur Berechnung dieser Werte ist die auf der Näherung $\eta k = \text{const}$ begründete Lösung benutzt worden, so daß z. B. die Werte von $\eta T^{-\frac{1}{2}}$ nur in dem Falle Vertrauen verdienen, wenn sie sich als genähert konstant erweisen. Die Tabelle stellt eine Prüfung der ersten Annäherung dar; es wäre ein gewagtes Unternehmen, sie auch als Ausgangspunkt für eine zweite Näherung zu benutzen.

Genauigkeitsgrenzen erhalten. In Tabelle 10 ist T_c als Einheit angenommen worden, so daß

$$T^{-\frac{1}{2}} = k/k_c\,.$$

Hieraus folgt

$$\eta\, T^{-\frac{1}{2}} = \eta\, k/k_c = k_0/k_c\,,$$

wo k_0 die in § 83 eingeführte Konstante bedeutet.

Wenn $\eta\, T^{-\frac{1}{2}}$ nicht ganz konstant ist, erhält man den besten Näherungswert für k_0/k_c indem man den am Fuße der Tabelle angegebenen mittleren Wert von $\eta\, T^{-\frac{1}{2}}$ benutzt. Formel (83.4) kann daher in der Form geschrieben werden

$$L = \frac{4\pi c G M (1-\beta)}{\alpha\, k_c}\,, \tag{90.1}$$

wo

$$\alpha = 1{,}32 \qquad 1{,}74 \qquad 2{,}12 \qquad 2{,}75$$

für

$$\varepsilon \propto \text{const} \qquad T \qquad T^2 \qquad T^4\,.$$

Die Leuchtkraft nimmt ab, wenn die Häufung der Energiequellen gegen den Mittelpunkt zunimmt, was wir bereits vorausgesehen hatten. Wenn numerische Werte benötigt werden, wollen wir im allgemeinen von dem Werte $\alpha = 2{,}5$ Gebrauch machen, der schon einer ziemlich starken Häufung der Quellen gegen den Mittelpunkt entspricht.

Punktförmige Energiequellen.

91. Es wird sich in den nachfolgenden Kapiteln erweisen, daß die beobachtete Helligkeit der Sterne in Wirklichkeit kleiner ist, als die durch die gegenwärtigen physikalischen Theorien vorausgesagte Helligkeit, und daß eine plausible Erklärung für diese Abweichung außerordentlich schwer zu finden ist. Die vorausgesagte Helligkeit wird nun aber durch eine Konzentration der Energiequellen gegen den Mittelpunkt verkleinert, wodurch auch die erwähnte Abweichung verringert wird. Wir stellen uns daher die Frage, wie groß die maximale Änderung ist, die auf diesem Wege, unter den extremsten Voraussetzungen, erreicht werden kann. Zu diesem Zwecke wollen wir den Grenzfall betrachten, in dem die Konzentration vollständig ist und sich die Quellen der stellaren Energie auf eine einzige Punktquelle im Mittelpunkte des Sternes reduzieren[1].

Dieses Problem kann nur durch sehr mühsame numerische Rechnungen gelöst werden; eine genaue Durchrechnung dieses Grenzfalles scheint uns aber trotzdem der Mühe wert zu sein, um die äußersten Werte des Fehlers abschätzen zu können, der durch unsere gegenwärtige Unkenntnis der Gesetze der Befreiung subatomarer Energie bedingt wird.

[1] Monthly Notices Bd. 85, S. 408.

Die Differentialgleichungen der Theorie sind

$$d p_R = -k \varrho H \, dr/c, \tag{91.1}$$

$$dP = -g \varrho \, dr. \tag{91.2}$$

Für eine punktförmige Quelle im Mittelpunkte, welche die ganze, von dem Sterne schließlich ausgestrahlte Energie L emittiert, ist

$$H = \frac{L}{4\pi r^2}$$

und das hier angenommene Absorptionsgesetz ist

$$k = k_1 \varrho / T^{\frac{7}{2}},$$

wo k_1 eine Konstante bedeutet. Wir nehmen an, daß μ im ganzen Sterne konstant ist, und behalten uns vor, die Wirkungen einer Veränderlichkeit von μ in § 94 zu diskutieren. Gleichung (91.1) wird dann

$$d p_R = -\frac{k_1 L}{4\pi c} \frac{\varrho^2}{r^2 T^{\frac{7}{2}}} dr. \tag{91.3}$$

Mit Hilfe der Gleichungen (91.2) und (91.3) führen wir eine Quadratur für P und p_R aus. Nach jedem Schritte berechnen wir die Werte von T und ϱ aus P und p_R. Die Masse der hinzukommenden Schale wird mit Hilfe der Werte von ϱ berechnet und zu dem jeweiligen laufenden Werte der bereits vorhandenen Masse hinzuaddiert, woraus sich der neue Wert von g ergibt. Darauf sind wir wieder imstande, $d p_R$ und dP für den nächsten Schritt zu berechnen. Es werden die gebräuchlichsten Rechenmethoden der mechanischen Quadratur verwendet, einschließlich des Ansetzens von Halbwegswerten, die nachträglich kontrolliert werden. Die einzige beträchtlichere Schwierigkeit liegt in der Wahl der Anfangswerte. Die Masse M und der Radius R ergeben sich erst am Schlusse der Rechnung, und wir müssen daher statt ihrer irgendwelche zwei andere verfügbare Anfangsbedingungen beim Beginn der Rechnung haben. Unglücklicherweise können wir die Rechnung nur anfangen, nachdem wir *drei* verfügbare Konstanten fixiert haben, nämlich die Konstante $k_1 L$ für den ganzen Stern, und die Temperatur T und Dichte ϱ im Anfangspunkte[1]. Wir gehen also von vornherein an die Lösung eines überbestimmten Problems heran und erhalten daher im allgemeinen überhaupt keine Lösung. Der Mißerfolg äußert sich gewöhnlich darin, daß p_G gleich Null wird, während p_R noch einen beträchtlichen Wert hat, oder umgekehrt, wodurch die Grenzbedingung, welche das beinahe gleichzeitige Verschwinden beider Größen verlangt, verletzt

[1] Die Dichte im Mittelpunkt ist Null, da die Masse durch den intensiven Strahlungsdruck dort weggetrieben wird; wir beginnen daher in irgendeinem festgesetzten Abstande vom Mittelpunkte, wo die Dichte immer noch sehr klein ist, und die innere Masse gerade nur anfängt, einen merklichen Einfluß auszuüben.

wird. In solchen Fällen müssen wir den Anfangswert einer der drei Größen, z. B. den Wert von T, abändern und den Versuch wiederholen. Nach zahlreichen Versuchen gelingt es uns endlich, die wahre Lösung zwischen genügend engen Grenzen einzuklemmen. Natürlich geht eine große Rechenarbeit in erfolglosen Versuchen verloren.

Es wurde folgender Wert angesetzt

$$\log_{10} k_1 L = 62{,}6590$$

und die Lösung begann bei $r = 0{,}9.10^{11}$ cm mit einer angenommenen Dichte 0,01. Diese Werte bestimmen schließlich M und R. Die Temperatur im Ausgangspunkte wurde so lange variiert, bis zwei Lösungen erhalten wurden, die bis zu einer nicht zu großen Entfernung vom Rande des Sternes nahe zusammenblieben und dann in entgegengesetzten Weisen versagten, indem bei der einen p_G, bei der anderen p_R vorzeitig gleich Null wurde. Die Lösungen gaben für die Masse M_r des Sternes, bis zu $r = 8{,}1 \cdot 10^{11}$ die Werte $9{,}687 \cdot 10^{33}$ bzw. $9{,}706 \cdot 10^{33}$; und da nur noch wenig Masse hinzuzufügen gewesen wäre, lagen diese Grenzen eng genug beieinander, um die Masse mit ausreichender Genauigkeit zu fixieren.

Zum Schlusse wurden, zwecks vollständiger Kontrolle, passende[1] Werte von P, p_R und M_r für $r = 8{,}1 \cdot 10^{11}$ interpoliert und die Lösung, mit einer doppelten Zahl von Zwischenstufen, wieder nach dem Mittelpunkte zurückgerechnet. Beim Fortschreiten in dieser Richtung, werden die Massen aufeinanderfolgender Schalen allmählich abgetragen, und die Prüfung besteht darin, daß M_r im Mittelpunkte gerade wieder den Wert Null erreichen muß. Diese Bedingung wurde als in befriedigender Weise erfüllt gefunden, und es erwies sich sogar als möglich, über den ursprünglichen Ausgangspunkt hinaus bis zu $r = 0{,}5 \cdot 10^{11}$ zu gehen; die kleine dann noch übrig bleibende Masse würde das Innere mit einer Dichte 0,0038 erfüllen, was (soweit sich übersehen läßt) im richtigen Verhältnisse zu der wirklichen Dichte 0,0065 in dem tatsächlich erreichten Punkte steht. Diese letzte Berechnung bestand aus 76 Schritten, und die für jeden vierten Schritt erhaltenen Resultate sind in Tabelle 11 angegeben. Der für μ angenommene Wert war 2,2.

Aus dem Gange der Zahlen in der Kolonne M_r sehen wir, daß nach der letzten Zeile der Tabelle nicht mehr viel Masse hinzuzuaddieren ist. Der kleine noch fehlende Betrag berechnet sich nach der Methode des § 67 zu: $\Delta M = 0{,}26 \cdot 10^{33}$ gr. Der zu dem Radius hinzukommende Betrag, dessen genaue Kenntnis nicht erforderlich ist, ergiebt sich genähert zu: $\Delta R = 3{,}25 \cdot 10^{11}$ cm.

[1] D. h. solche Werte, die es ermöglichten, die Lösung noch beträchtlich weiter nach außen fortzusetzen, ohne daß p_G oder p_R durch den Wert Null gingen.

Tabelle 11. Lösung für eine punktförmige Quelle.

r	M_r	ϱ	T	p_R	p_G
0,5	0,0020	0,652	6,93	5,889	1,697
0,9	0,0234	0,989	6,68	5,065	2,477
1,3	0,0941	1,273	6,43	4,344	3,070
1,7	0,2536	1,501	6,16	3,675	3,473
2,1	0,5435	1,659	5,88	3,043	3,660
2,5	0,997	1,726	5,57	2,452	3,609
2,9	1,628	1,697	5,24	1,916	3,336
3,3	2,422	1,578	4,88	1,448	2,892
3,7	3,337	1,391	4,51	1,058	2,356
4,1	4,313	1,166	4,14	0,7489	1,811
4,5	5,286	0,934	3,77	0,5144	1,321
4,9	6,198	0,719	3,41	0,3441	0,9202
5,3	7,012	0,535	3,07	0,2250	0,6162
5,7	7,707	0,388	2,74	0,1443	0,3990
6,1	8,278	0,274	2,44	0,0909	0,2511
6,5	8,734	0,1895	2,17	0,05641	0,1543
6,9	9,088	0,1288	1,92	0,03448	0,09268
7,3	9,356	0,0861	1,69	0,02071	0,05456
7,7	9,554	0,0567	1,48	0,01215	0,03146
8,1	9,699	0,0372	1,28	0,00675	0,01780
Einheit 10^{11}	10^{33}	10^{-2}	10^{6}	10^{12}	10^{12}

92. Das von uns erreichte Resultat besteht also darin, daß ein Stern, für den

$$M = 9{,}96 \cdot 10^{33}\,\text{gr} = 5{,}02\,\odot\,,$$
$$R = 11{,}35 \cdot 10^{11}\,\text{cm}$$

sind, in der Zeiteinheit eine Strahlungsmenge emittiert, die gegeben ist durch

$$\log_{10} k_1 L = 62{,}6590\,.$$

Zum Vergleiche berechnen wir, nach unserer früheren Methode, die Strahlung L' desselben Sternes, wenn die Verteilung der Energiequellen das Gesetz $\varepsilon \propto T$ befolgt, weil für dieses Gesetz unsere gewöhnliche Methode die genauesten Resultate liefert. Wir erhalten

$$\log_{10} k_1 L' = 63{,}0467\,,$$

so daß

$$\log (L'/L) = 0{,}388\,,$$

was einem Größenklassenunterschiede von $0^m{,}97$ entspricht.

Die Punktquelle liefert die kleinste mögliche Helligkeit und wir dürfen wohl annehmen, daß das Gesetz $\varepsilon \propto T$ die größte mögliche Helligkeit ergibt, da die Häufung der Quellen gegen den Mittelpunkt kaum noch schwächer sein kann, als in diesem Falle. Wir können die Differenz halbieren, indem wir in Formel (90.1) $\alpha = 2{,}75$ annehmen. Der größte zu befürchtende Fehler (nicht der wahrscheinliche Fehler), der durch die Unkenntnis des Gesetzes der subatomaren Energie bedingt wird, beträgt dann $\pm 0^m{,}5$. Die oben angegebene numerische

Lösung bezieht sich nur auf Sterne der Masse 5,02 $\times$ ⊙, sie kann aber jedem vorgegebenen Werte des Radius angepaßt werden, da man leicht zeigen kann, daß eine Änderung des Radius die Lösung homolog läßt. Die Helligkeitsdifferenz von $0^{m},97$ zwischen L und L' hängt von dem Radius nicht ab. Sie wird sich mit der Masse des Sternes wahrscheinlich ändern, wobei sie für Sterne kleinerer Masse voraussichtlich kleiner sein wird. Prüfen ließe sich dies nur durch Wiederholung der ganzen Arbeit mit anderen Konstanten. Unser Hauptziel ist aber schon durch die Rechnung für eine einzige Masse erreicht, da die zu Anfang des § 91 erwähnte Unstimmigkeit bei allen Sternen auftritt. Es war besonders wünschenswert, das Problem für eine Masse zu untersuchen, die sich wenig von derjenigen der Capella unterscheidet, da uns für letztere die besten Beobachtungsdaten zur Verfügung stehen[1].

Einige interessante Eigenschaften der in Tabelle 11 enthaltenen Lösung verdienen noch erwähnt zu werden. Das Verhältnis von p_G zu p_R nähert sich in den äußeren Teilen immer mehr einem in der Nähe von 0,37 liegenden Werte; bei der gewöhnlichen Lösung für denselben Stern hat das Verhältnis $(1-\beta)/\beta$ durchweg den Wert 0,52. Im überwiegenden Teile der Masse gibt die Punktquelle eine etwas gleichmäßigere Temperatur und eine beträchtlich gleichmäßigere Dichte, als die gewöhnliche Lösung.

93. Die in der Probelösung erreichten numerischen Ergebnisse führen uns in sehr prägnanter Weise die Tatsache vor Augen, daß es die allgemeinen inneren Verhältnisse eines Sternes sind, welche die Oberflächenverhältnisse bestimmen, und nicht umgekehrt. Wir sehen, daß zwei Lösungen, die sich, bei vierstelliger Rechnung, in $\frac{9}{10}$ der Sternmasse kaum voneinander unterscheiden, kurz vor Erreichung der Grenzfläche rapide in zwei entgegengesetzten Richtungen zu divergieren anfangen. Praktisch kann jede beliebige Verteilung in den äußeren Schichten an eine und dieselbe Lösung für die Hauptmasse angefügt werden (d. h. dieselbe bis zu der gewöhnlich gebräuchlichen Stellenzahl).

Auf den ersten Blick könnte es scheinen, daß die Lösung von den Oberflächenbedingungen abhängig sein muß, weil wir tatsächlich eine Grenzbedingung, benutzt haben, um den Wert von T bei $r = 0{,}9$, $\varrho = 0{,}01$ festzulegen, nämlich die, daß p_R und p_G zusammen verschwinden sollen; andere probeweise angesetzte Werte von T wurden ja gerade aus dem Grunde verworfen, weil sie diese Bedingung nicht erfüllen konnten. Das „Verschwinden" von p_R und p_G ist hier aber in einem physikalischen Sinne, als „unmerklich klein werden", zu verstehen; p_R und p_G sind für unsere Zwecke unmerklich klein, wenn sie kleiner als etwa 10^8 dyn pro cm^2 werden. Eine schärfere Fassung der Grenzbedingung

[1] Es schien auch zweckmäßig, einen Stern mit ziemlich großem Strahlungsdruck zu wählen, da hierdurch eine Verwicklung hineingebracht wird, die eine Voraussage des Resultates erschwert.

wäre gänzlich überflüssig. Es ist ja schließlich nur vernünftig, daß wir die inneren Verhältnisse eines Sternes nicht ernstlich stören können, indem wir auf seine Oberfläche einen kleinen Strahlungsdruck oder Gasdruck von der Größenordnung von 100 Atmosphären wirken lassen; es ist aber interessant, bei der numerischen Rechnung zu verfolgen, wie schnell sich die Wirkung solcher Oberflächenstörungen beim Übergange zu tieferen Schichten verflüchtigt.

Veränderliches Molekulargewicht.

94. Die Ionisation der Atome wird sowohl durch hohe Temperatur als auch durch kleinen Druck begünstigt. Im allgemeinen überwiegt der Einfluß der Temperatur, und wir müssen daher erwarten, daß die Ionisation, bei Annäherung an den Mittelpunkt, zunehmen wird. Hierdurch wird eine stetige Abnahme des Molekulargewichtes gegen den Mittelpunkt bedingt, da sich dasselbe Atomgewicht auf eine immer größer werdende Anzahl von sich unabhängig bewegenden Teilchen oder „Molekeln" verteilt. Um ein nach innen abnehmendes Molekulargewicht zu studieren, betrachten wir Gesetze von der Form

$$\mu = \mu_1 T^{-s}$$

und leiten die Änderungen ab, die an unsere in § 84 für konstantes μ erhaltenen Resultate anzubringen sind. Wir machen auch hier von der Näherung $\eta k = \text{const.}$ Gebrauch.

Gleichung (84.1) wird nun

$$P = \frac{\Re \varrho T^{1+s}}{\beta \mu_1} = \frac{a T^4}{3(1-\beta)}, \tag{94.1}$$

so daß

$$\varrho = \frac{a \mu_1 \beta}{3 \Re (1-\beta)} T^{3-s} \tag{94.21}$$

wird. Es ist daher

$$P = \varkappa \varrho^{\gamma}, \tag{94.22}$$

wo

$$\gamma = 4/(3-s) \tag{94.23}$$

$$\varkappa = \frac{a}{3(1-\beta)} \left\{ \frac{3 \Re (1-\beta)}{a \mu_1 \beta} \right\}^{\gamma}. \tag{94.24}$$

Indem wir wie gewöhnlich

$$\gamma = 1 + \frac{1}{n}$$

setzen, erhalten wir:

$$n = \frac{3-s}{1+s} \tag{94.3}$$

und auch diese Verteilung gehört dem im vierten Kapitel behandelten polytropen Typus an.

Nach (57.2) ist

$$\left(\frac{G\,M}{M'}\right)^2 = \frac{1}{\alpha^2\,\varphi_0^{n-3}} = \frac{(n+1)^n\,\varkappa^n}{4\pi G}\,(n+1)^{3-n}\left(\frac{P_0}{\varrho_0}\right)^{3-n},$$

wegen (55.6) und (55.42). Der Index 0 bezeichnet hier die Mittelpunktswerte. Hieraus folgt:

$$\left(\frac{G\,M}{M'}\right)^2 = \frac{(n+1)^3}{4\pi G}\left\{\frac{a}{3(1-\beta)}\right\}^n \cdot \left\{\frac{3\,\Re\,(1-\beta)}{a\,\mu_1\,\beta}\right\}^{n+1}\left\{\frac{\Re\,T_0^{\,1+s}}{\beta\,\mu_1}\right\}^{3-n}$$
$$= \frac{(n+1)^3}{4\pi G}\,\frac{3(1-\beta)}{a}\left(\frac{\Re}{\beta\,\mu_1}\right)^4 T_0^{4s}$$
$$= \frac{(n+1)^3}{4\pi G}\,\frac{3(1-\beta)}{a}\left(\frac{\Re}{\beta\,\mu_0}\right)^4.$$

Dies ergiebt

$$1-\beta = C_n\,(M/\odot)^2\cdot\mu_0^4\,\beta^4\,, \tag{94.4}$$

wo

$$C_n = \frac{4\pi G^3\,a\,\odot^2}{3\,\Re^4\,(n+1)^3\,M_n^2} \tag{94.5}$$

und M_n den Wert von M' für das Gesetz $P \propto \varrho^{1+1/n}$ bedeutet. Wir erhalten somit eine der Gleichung (84.4) analoge Gleichung vierten Grades (94.4) für β, in welcher der Koeffizient C_n wegen der Beziehung (94.3) von dem für die Änderung des Molekulargewichtes angenommenen Gesetze abhängt. Konstantes Molekulargewicht entspricht dem Falle $n = 3$. Nun enthält aber Gleichung (94.4) das dem Mittelpunkte entsprechende (kleinste) Molekulargewicht μ_0. Zum Zwecke eines Vergleichs mit dem für konstantes Molekulargewicht erhaltenen Resultate wäre der Gebrauch eines mittleren Wertes von μ an Stelle des Minimalwertes zweckmäßiger.

Die Wirkung eines veränderlichen Molekulargewichtes läßt sich am bequemsten übersehen, wenn wir in allen Fällen von der Normalformel

$$1-\beta = 0{,}00309\,(M/\odot)^2\,\mu^4\,\beta^4 \tag{94.6}$$

Gebrauch machen und eine Vorschrift geben, in welcher Weise das μ gewählt werden muß, damit die Formel richtig bleibt. Die Bedingung, welche die Übereinstimmung von (94.4) und (94.6) herbeiführt, ist

$$C_n\,\mu_0^4 = C_3\,\mu^4\,, \tag{94.71}$$

da $0{,}00309 = C_3$ ist. Der sich aus ihr ergebende Wert von μ kommt in einem Punkte des Sternes vor, in dem die Temperatur T_n einen solchen Wert hat, daß

$$\mu_0\,T_0^s = \mu\,T_n^s\,, \tag{94.72}$$

ist, und daher

$$\frac{T_n}{T_0} = \left(\frac{C_3}{C_n}\right)^{\frac{1}{4s}}. \tag{94.8}$$

Tabelle 12 enthält numerische Resultate, die für verschiedene Gesetze $\mu \propto T^{-s}$ berechnet sind. Die Kolonnen M_n und ϱ_c/ϱ_m sind den

EMDENschen Tafeln entnommen, mit Ausnahme der Werte für $s = \frac{1}{5}$, die eine rohe Interpolation darstellen. Wir haben ein viel ausgedehnteres Intervall von s-Werten studiert, als praktisch in Betracht kommen dürfte, mit Einschluß sogar solcher Gesetze, bei denen μ nach außen abnimmt. Die vierte Kolonne gibt den an Stelle von 0,00309 in (94.4) einzusetzenden Koeffizienten. Will man aber in allen Fällen von der Formel (94.6) Gebrauch machen, dann muß das μ für einen solchen Punkt im Sterne berechnet werden, in dem die Temperatur den in der sechsten Kolonne gegebenen Wert hat.

Aus den Zahlen der Tabelle geht hervor, daß, wenn wir einen Wert von μ benutzen, der sich auf eine Gegend im Sterne bezieht, deren Temperatur $\frac{2}{3}$ der Mittelpunktstemperatur beträgt, das Resultat für alle zwischen $s = 0$ und $s = \frac{1}{3}$ enthaltenen Gesetze verwendbar sein wird.

Der Wert $s = \frac{1}{5}$ würde eine vernünftige Darstellung des zu erwartenden Effektes geben. Bei diesem Gesetze würde ein der Temperatur $10\,000\,000^0$ entsprechendes Molekulargewicht 2.1 (Eisen, das noch 1 oder 2 Elektronen beibehält) in ein Molekulargewicht 3,3 (Eisen mit vollständigen K- und L-Ringen) bei $1\,000\,000^0$ und in 8,3 (Eisen mit nur sechs fehlenden Elektronen) bei $10\,000^0$ übergehen. Wenn die vorhandenen Elemente zum größten Teile leichter als Eisen sind, könnte durch diese Zahlen der Effekt bereits überkorrigiert sein. Es ist möglich, daß durch die Tendenz der Elemente mit hohem Molekulargewichte, sich gegen den Mittelpunkt zu konzentrieren, eine gewisse Kompensation zustandekommt, jedoch scheint dies, nach dem jetzigen Stande unseres Wissens ziemlich unwahrscheinlich zu sein (§ 196). Bei der Ableitung der numerischen Resultate für Capella (§ 13) ist der Wert $s = \frac{1}{7}$ benutzt worden der kaum weniger geeignet sein dürfte als $s = \frac{1}{5}$*.

Tabelle 12. Änderung des Molekulargewichtes proportional zu T^{-s}.

s	n	M_n	C_n	ϱ_c/ϱ_m	T_n/T_c
$-\frac{3}{11}$	4,5	1,7357	0,00160	6377	0,548
$-\frac{1}{5}$	4	1,8064	00197	623	570
0	3	2,0150	00309	54,36	—
$\frac{1}{7}$	2,5	2,2010	00387	24,08	675
$\frac{1}{5}$	2,33	(2,27)	00421	(20)	679
$\frac{1}{3}$	2	2,4107	00512	11,40	685
$\frac{3}{5}$	1,5	2,7176	00696	6,00	713
1	1	3,1416	01002	3,29	742

Man sieht, daß die Mittelpunktsdichte bei Berücksichtigung der Veränderlichkeit von μ etwa 20—25 mal größer als die mittlere Dichte wird, während sie bei konstanten μ, 54 mal größer als die mittlere Dichte

* Die Resultate für $s = \frac{1}{5}$ konnten nicht mit derselben Genauigkeit gegeben werden, weil EMDENS Tafeln diesen Wert nicht enthalten. Die Rechnungen von FOWLER und GUGGENHEIM zeigen, daß der Wert $s = \frac{1}{7}$ sicher auch groß genug ist (§ 180).

war. Auch die Mittelpunktstemperatur wird ein wenig herabgesetzt. Diese Änderungen haben für uns keine sehr große Bedeutung, weil schon durch unsere Unkenntnis der tieftemperierten Teile des Sternes ein Unsicherheitsfaktor etwa von der Größe 2 bedingt wird (§ 67). Es darf auch nicht übersehen werden, daß, die Angabe der Mittelpunktstemperatur und der Mittelpunktsdichte eigentlich nur zu Vergleichszwecken bequem ist, und die durchschnittlichen Verhältnisse in einem Sterne in Wirklichkeit ein beträchtlich größeres Interesse für uns haben, als diese extremen Werte.

Dichte Sterne.

95. Nach der Riesen- und Zwergtheorie verdankt die Zwergserie der Sterne ihre Entstehung dem Umstande, daß sich das Sternmaterial bei großer Dichte nicht mehr wie ein ideales Gas verhält. Die Theorie nimmt an, daß die Abweichungen von den idealen Gasgesetzen in den Sternen ungefähr bei denselben Dichten merklich zu werden anfangen, wie bei irdischen Gasen. In den früheren Arbeiten des Verfassers ist die Theorie der nichtidealen Gase, zwecks Anwendung auf die Zwergsterne, mit ziemlicher Ausführlichkeit entwickelt worden.

Gegenwärtig erscheint es sehr unwahrscheinlich, daß es (vielleicht mit Ausnahme der geheimnisvollen „weißen Zwerge"), überhaupt Sterne gibt, die in ihrem Verhalten merklich von idealen Gasen abweichen, weshalb diese ersten Versuche einer Theorie der Zwergsterne kein Interesse mehr für uns haben. Trotzdem können wir aber die Theorie der nicht-idealen Gase nicht völlig ignorieren. Wir betrachten es als einen wesentlichen Teil unserer Aufgabe, das astronomische Beweismaterial zusammenzutragen, welches uns zu dem Schlusse führt, daß auch die Zwergsterne die idealen Gasgesetze befolgen, und zu diesem Zwecke ist es notwendig, zunächst die Frage zu erörtern, was geschehen würde, wenn sie dies nicht täten.

Die VAN DER WAALSsche Gleichung für nichtideale Gase lautet

$$(p + a/v^2)\,(v - b) = \mathfrak{R}\,T/\mu\,,$$

wo unter dem Volumen v die reziproke Dichte zu verstehen ist. Der Term a/v^2 darf gegen den enormen Druck im Inneren eines Sternes vernachlässigt werden. Die Gleichung kann daher in der Form geschrieben werden,

$$p_G = \frac{\mathfrak{R}}{\mu} \cdot \varrho' T \tag{95.1}$$

wo

$$\varrho' = \varrho\,(1 - \varrho/\varrho_0)^{-1} \tag{95.2}$$

ist, und ϱ_0 die Grenzdichte bei unendlich großem Drucke bedeutet.

Es würde müßig sein, die Gültigkeit dieser Gleichung unter den in einem Sterne tatsächlich herrschenden Bedingungen zu erörtern, da ja unser endgültiger Schluß darin bestehen wird, daß sie überhaupt nicht anwendbar ist, weil die angebliche durch die endliche Größe der Atome bedingte Abweichung in Wirklichkeit gar nicht vorhanden ist. Wir betrachten (95.1) als eine Formel, die uns ein Sternmodell gibt, das von einem idealen Gase in ähnlicher Weise abweicht, wie die irdischen Gase.

Wir nehmen wie früher, an, daß ηk konstant ist. Die Resultate (84.1), (84.2) und (84.3) bleiben anwendbar, wenn man in ihnen ϱ durch ϱ' ersetzt, und die Gleichungen des Gleichgewichts sind dem entsprechend:

$$\frac{dP}{dr} = -g\varrho \qquad P = \varkappa \varrho'^{\frac{4}{3}}.$$

Hieraus folgt

$$\frac{1}{\varrho} d(\varrho'^{\frac{1}{3}}) = -\frac{g}{\varkappa} dr.$$

Die linke Seite dieses Ausdruckes kann integriert werden, worauf sich ergibt

$$d\{4\varrho'^{\frac{1}{3}}(1 + \varrho'/4\varrho_0)\} = -(g/\varkappa)\,dr. \qquad (95.3)$$

Durch die Wahl von ϱ_0 bestimmen wir den Grad der Abweichung von einem idealen Gase, den wir betrachten wollen. Hierauf fangen wir die Rechnung im Mittelpunkte des Sternes an mit willkürlich gewählten Werten für $\varkappa$ und die Mittelpunktsdichte ϱ_c und bauen eine Lösung von (95.3) durch Quadraturen auf. Die Masse M und der Radius R ergeben sich am Schlusse der Rechnung, wenn ϱ durch eine Reihe von Schritten auf Null gebracht worden ist. Zum Unterschiede von dem Problem der punktförmigen Quelle bietet die Lösung keinerlei Schwierigkeiten, und die Quadratur ist von der allereinfachsten Art.

Wenn in irgendeiner Lösung von (95.3) alle Massen im Verhältnisse M und alle Längen im Verhältnisse $M^{\frac{1}{3}}$ geändert werden, bleiben die Dichten unverändert, und die linke Seite der Gleichung bleibt daher gleichfalls unverändert. Da sich $g\,dr$ hierbei im Verhältnisse $M^{\frac{2}{3}}$ ändert, muß $\varkappa$ im Verhältnisse $M^{\frac{2}{3}}$ geändert werden.

Wenn wir also irgendein zusammengehöriges Wertepaar M und $\varkappa$ gefunden haben, können wir das $\varkappa$ für jeden anderen Stern beliebiger Masse, aber derselben Dichte finden. Um zu einer anderen mittleren Dichte überzugehen, ist eine neue Quadratur erforderlich. Wenn $\varkappa$ bekannt ist, ergibt sich $1-\beta$ aus (84.3).

Die Resultate einer Reihe solcher Rechnungen sind in Tabelle 13 gegeben[1].

[1] Z. f. Phys. Bd. 7, S. 379. Die neueren Werte der Konstanten (Anhang 1) würden alle Zahlen der letzten Kolonne der Tabelle 13 um den Betrag 0,0096 vergrößern.

Tabelle 13. Lösung für dichte Sterne ($\varkappa = 2{,}22 \cdot 10^{-8}$).

ϱ_c/ϱ_0	R	M	ϱ_m/ϱ_0	$\log_{10} \varkappa$ ($M = \odot$)
0,9	2,294	29,70	0,587	13,5564
0,8	1,800	8,325	0,340	13,9247
0,7	1,717	4,112	0,194	14,1289
0,6	1,790	2,592	0,1078	14,2625
0,5	1,958	1,884	0,0600	14,3549
0,4	2,223	1,483	0,0322	14,4241
0,3	2,616	1,245	0,0166	14,4748
0,0	—	0,884	—	14,5739

Die bei der Berechnung dieser Tabelle benutzten Werte waren $\varkappa = \frac{1}{8} G$ und $\varrho_0 = 1$. Diese ergeben „Sterne“ von nur wenigen Gramm Masse, aber die Resultate lassen sich nachträglich auf den stellaren Maßstab transformieren. Kolonnen 2 und 3 geben die aus den Quadraturen folgenden Radien (in Zentimetern) und Massen (in Gramm). Aus diesen finden wir sofort die in Kolonne 4 tabulierten mittleren Dichten. Wir können nun $\varkappa$ für jede andere Masse nach der Regel $\varkappa \propto M^{\frac{2}{3}}$ finden, und die letzte Kolonne enthält die Werte von $\varkappa$, die der Masse der Sonne entsprechen. Eine Vergrößerung der Masse von 29,70 gr auf $1{,}98 \cdot 10^{33}$ gr entspricht z. B. in der ersten Zeile einer Vergrößerung von $\varkappa$ von $2{,}22 \cdot 10^{-8}$ auf den in der letzten Kolonne eingetragenen Wert.

Wenn ϱ_0 und überhaupt alle Dichten[1] durch Änderung der Längen bei konstant gehaltenen Massen im selben Verhältnisse verändert werden, wird (95.3) immer noch durch denselben Wert von $\varkappa$ befriedigt. Die Tabelle ist also für alle Werte von ϱ_0 zu gebrauchen, wenn nur die in der mit R überschriebenen Kolonne enthaltenen Werte im richtigen Verhältnisse verändert werden. Bei dem praktischen Gebrauche der Tabelle kommen für uns nur die beiden letzten Kolonnen in Betracht.

96. Als Anwendung der Theorie wollen wir ausrechnen, welche Abweichung von einem idealen Gase notwendig wäre, um die Helligkeit der Sonne um drei Größenklassen unter die Helligkeit eines aus idealem Gase bestehenden Sternes derselben Masse herabzudrücken. (Dies ist ungefähr der Helligkeitsunterschied, der von der Riesen- und Zwergtheorie angenommen wird.) Nehmen wir zunächst an, daß k für beide Sterne denselben Wert hat. Die Abnahme von L, welche einer Schwächung um drei Größenklassen entspricht, wird durch das Verhältnis 1 : 16 ausgedrückt, und wir müssen daher wegen (83.4) annehmen, daß $1 - \beta$ im selben Verhältnisse abgenommen hat. Aus Tabelle 9 sehen wir, daß $1 - \beta$ für ideale Gase den Wert 0,05* hat, so daß wir es für die Sonne auf 0,0031 verkleinern müssen.

[1] Die frühere Behauptung, daß eine Änderung der mittleren Dichte eine neue Quadratur erforderlich macht, bezog sich auf Probleme, bei denen ϱ_0 unverändert bleibt.

* Die Berechnung wird hier für $\mu = 2{,}1$ durchgeführt.

Nach (84.3) ist $\varkappa$ proportional zu $(1-\beta)^{\frac{1}{8}}/\beta^{\frac{4}{8}}$; wir finden also für die Abnahme von $\log_{10}\varkappa$ den Wert 0,4280. Der Wert von $\log_{10}\varkappa$ für ein ideales Gas und die Masse der Sonne, ist in der letzten Zeile der Tabelle **13** zu **14,5739** angegeben; der reduzierte Wert **14,1459** entspricht, wie man sieht, sehr nahe der in der dritten Zeile der Tabelle stehenden Zahl. Durch eine kleine Interpolation ergibt sich der entsprechende Wert von ϱ_m/ϱ_0 zu 0,18. Da ϱ_m für die Sonne gleich 1,41 ist, folgt $\varrho_0 = 7{,}8$.

Das Resultat ist also, daß, wenn der Grenzwert der Dichte bei unendlichem Drucke für die Sternmaterie 7,8 ist, die Helligkeit der Sonne um drei Größenklassen unter die für ein ideales Gas vorausgesagte Helligkeit herabsinkt, und zwar wegen der rein mechanischen Beeinflussung des Gleichgewichtes.

Es tritt aber noch eine weitere Abnahme der Helligkeit hinzu, die durch die Änderung von k bedingt ist, und die wir in der folgenden Weise genähert abschätzen können.

Das Versagen der Gasgesetze würde auch die Dichteverteilung in der Sonne etwas verändern, doch hat dieser Effekt eine untergeordnete Bedeutung, da ja die mittlere Dichte vorgeschrieben ist. Der Haupteffekt besteht in einer Abnahme der inneren Temperatur; bei der herabgesetzten Kompressibilität genügt schon eine kleinere Temperatur, um der komprimierenden Wirkung der Schwerkraft zu widerstehen. Der nach außen gerichtete Strahlungsstrom, der dem Gradienten von T^4 proportional ist, wird entsprechend geschwächt und dies ist gerade der Effekt, den wir vorhin berechnet haben. Nach unserem Absorptionsgesetze wächst aber, wenn die Temperatur, bei unveränderter Dichte, verkleinert wird, die Opazität im Verhältnisse $T^{-\frac{7}{2}}$. Der Faktor, der die Ausströmung verhindert, wird beinahe in demselben Maße vergrößert, in dem der die Ausströmung verursachende Faktor verkleinert wird. Die volle Helligkeitsabnahme ist also etwa doppelt so groß, als der oben berechnete Betrag, und die Sonne wird, wenn $\varrho_0 = 7{,}8$ ist, etwa sechs Größenklassen schwächer sein, als ein aus idealem Gase bestehender Stern derselben Masse.

97. Weitere Beispiele für den Gebrauch der Tabelle **13** können in den früher erschienenen Arbeiten des Verfassers gefunden werden[1], in denen auch Kurven angegeben sind, die den Anstieg der effektiven Temperatur bis zu ihrem Maximum und ihr darauffolgendes Herabsinken, bei der Kontraktion eines Sternes konstanter Masse veranschaulichen. Die Werte von k und ϱ_0 (beide als konstant vorausgesetzt) wurden mit Hilfe von Beobachtungsdaten für die Sonne und für einen typischen Riesenstern fixiert. Ein oft zitiertes Ergebnis dieser Berechnungen, daß ein Stern, dessen Masse kleiner als $\frac{1}{7}$ der Sonnenmasse ist, nicht einmal bis zu der Temperatur eines Sternes des M-Typus hinaufsteigen

[1] Monthly Notices Bd. 77, S. 605; Z. f. Phys. Bd. 7, S. 377.

könnte, muß bedauerlicherweise der Vergessenheit übergeben werden. Aus einer etwas später erschienenen Arbeit[1], in der die Veränderlichkeit von k mit der Temperatur und der Dichte berücksichtigt wurde, ergab sich, daß die zulässigen Abweichungen von den Gasgesetzen noch viel kleiner sind. Dem Leser, der sich der Mühe unterziehen will, die Entwicklung dieser Gedanken genauer zu studieren, wird es vielleicht interessant sein zu verfolgen, wie durch allmähliche Verbesserung der Theorie und der Beobachtungsdaten der Wert von ϱ_0 von 4 auf 13, dann auf 83 und schließlich praktisch auf unendlich[2] erhöht werden mußte; sonst bietet die Wiedergabe der einzelnen Schritte des zurückgelegten Weges heutzutage kein besonderes Interesse mehr. Unsere Absicht war hier nur zu zeigen, daß, wenn die Zwergsterne in demselben Maße wie die irdischen Gase von den idealen Gasgesetzen abwichen, die resultierende Wirkung auf ihre Leuchtkraft aus den Beobachtungen leicht feststellbar wäre.

Hauptergebnisse.

98. Wir nehmen nun unsere Hauptuntersuchung an dem in § 88 erreichten Punkte wieder auf unter Zugrundelegung der Annäherung $\eta k = \text{const}$, $\mu = \text{const}$ und der idealen Gasgesetze. Wenn wir das durch physikalische Überlegungen (neuntes Kapitel) nahegelegte Absorptionsgesetz

$$k = C\varrho/\mu T^{\frac{7}{2}} \tag{98.1}$$

akzeptieren, in dem C eine Konstante bedeutet, erhalten wir wegen (87.1)

$$k = \frac{C a}{3\,\Re}\,\frac{\beta}{1-\beta}\,\frac{1}{T^{\frac{1}{2}}}, \tag{98.2}$$

so daß nach (90.1)

$$L = \frac{4\pi c G}{\alpha}\,\frac{3\,\Re}{C a}\,\frac{M(1-\beta)^2}{\beta}\,T_c^{\frac{1}{2}} \tag{98.3}$$

ist, wo α ungefähr gleich 2,5 angenommen werden darf[3]. Wegen (84.6) ist der Faktor $M(1-\beta)^2/\beta$ eine Funktion von M und μ allein.

[1] Monthly Notices Bd. **83**, S. 98. Siehe besonders Tabelle 2, S. 104, wo $\varrho_0 = 13$ dem Eggertschen Werte $\mu = 3{,}3$ entsprechend, der damals allgemein gebräuchlich war, gewählt wurde; es wurde aber bemerkt, daß ϱ_0 gegen Änderungen von μ sehr empfindlich ist, und dieselbe Tabelle gibt $\varrho_0 = 83$ für den modernen Wert $\mu = 2{,}2$. Es ist außerdem gegenwärtig nicht mehr nötig, ein anderes μ für den Sirius anzunehmen.

[2] Monthly Notices Bd. **84**, S. 308.

[3] So groß die wirkliche Mittelpunktstemperatur auch sein mag, muß der Wert von T_c in der Formel (98.3) immer unter der Annahme berechnet werden, daß die Verteilung der Polytrope $n = 3$ entspricht. Die verschiedenen Modelle des inneren Aufbaues können dann mittels kleiner Änderungen des Faktors α dargestellt werden. Z. B. ist bei dem Punktquellenmodelle, das in § 91 behandelt wurde, die wirkliche Mittelpunktstemperatur unendlich groß; Gleichung (98.3) bleibt aber, bei Gebrauch des oben definierten fiktiven T_c, anwendbar, wenn $\alpha = 4{,}2$ gesetzt wird.

Der Radius des Sterns braucht nur genähert bekannt zu sein, da L hauptsächlich von M abhängt. Der Radius kommt nur insofern in Betracht, als er die innere Temperatur, die in dem Faktor $T_c^{\frac{1}{2}}$ unmittelbar zum Ausdruck kommt, bestimmt; eine allgemeine Kenntnis der inneren Temperatur und Dichte ist außerdem noch zur Beurteilung der zu erwartenden Ionisation notwendig und dient als Grundlage für die Abschätzung des besten zu gebrauchenden Wertes von μ, doch ist hierin ein beträchtlicher Fehler kaum zu befürchten. Was den Faktor $T_c^{\frac{1}{2}}$ betrifft, so wäre, um den Wert von L um eine volle Größenklasse zu ändern, eine Änderung von T_c, sagen wir von 25 Millionen auf 4 Millionen Grad notwendig; es ist daher sehr unwahrscheinlich, daß die Fehler unserer Berechnungen der inneren Temperatur groß genug sein könnten, um einen beträchtlichen Fehler in L zu bedingen[1]. Wird dies zugegeben, dann dürfen unsere Berechnungen von L für Sterne, deren Massen genau bekannt sind, wohl sicher bis auf einen Bruchteil einer Größenklasse als zuverlässig betrachtet werden, denn sie beruhen nur auf physikalischen Gesetzen, deren Richtigkeit nicht in Zweifel gezogen werden kann, und auf den folgenden vier Annahmen:

a) Konstanz von ηk;
b) Konstanz von μ;
c) der Annahme eines idealen Gases;
d) dem angenommenen Absorptionsgesetz.

Die drei ersten Annahmen sind in §§ 89—97 untersucht worden. Die Schlüsse, zu denen wir dort gelangten, waren: daß die durch Unkenntnis von η bedingte Unsicherheit, für einen Stern gewöhnlicher Masse, höchstens $\pm 0^{\mathrm{m}},5$ beträgt; daß mögliche Änderungen von μ durch den Gebrauch eines mittleren Wertes von μ, der $\frac{2}{3}$ der Mittelpunktstemperatur entspricht, eliminiert werden; daß eine Abweichung von den idealen Gasgesetzen, in dem an irdischen Gasen beobachteten Sinne, eine Abnahme von L hervorrufen würde, wobei Abweichungen von der Größenordnung der bei irdischen Gasen vorkommenden ausreichen würden, um sehr merkliche Effekte zu erzeugen. Demnach scheinen alle eventuell bestehenden Unstimmigkeiten zwischen Theorie und Beobachtung nur noch folgenden Umständen zugeschrieben werden zu können:

a) einer unrichtigen physikalischen Aussage über das Absorptionsgesetz;
b) einer unrichtigen Wahl des zu gebrauchenden Wertes von μ;
c) einem Versagen der Gesetze eines idealen Gases.

Wenn wir nicht sehr irren, sind alle anderen Ausflüchte bereits untersucht und versperrt worden.

[1] In diesem Zusammenhange sind die Berechnungen von Minimaltemperaturen in §§ 65, 66 von Interesse.

99. In der Praxis wird ein Stern gewöhnlich durch seine Masse M und seine effektive Temperatur T_e beschrieben. Es erscheint daher wünschenswert, die Abhängigkeit seiner übrigen Eigenschaften von etwaigen Änderungen dieser beiden Größen klar zu übersehen. Indem wir hier eine Reihe von bereits abgeleiteten Formeln zusammenstellen, erhalten wir

$$\left.\begin{aligned}
&L \propto R^2 T_e^4 \propto M(1-\beta)/k_c\\
&T_c^3/\varrho_c \propto (1-\beta)/\mu\beta\\
&k_c \propto \varrho_c/\mu T_c^{\frac{7}{2}} \propto \beta/(1-\beta)\, T_c^{\frac{1}{2}}\\
&\varrho_c \propto M/R^3\\
&T_c \propto \beta\mu M/R\\
&1-\beta \propto M^2\beta^4\mu^4 .
\end{aligned}\right\} \qquad (99.1)$$

Aus diesen Formeln folgen

$$\left.\begin{aligned}
&R \propto M^{\frac{7}{10}}(1-\beta)^{\frac{3}{4}}\mu^{\frac{2}{5}}\, T_e^{-\frac{8}{5}}\\
&T_c \propto M^{-\frac{1}{5}}(1-\beta)^{-\frac{1}{2}}\mu^{-\frac{2}{5}}\, T_e^{\frac{8}{5}}\\
&\varrho_c \propto M^{-\frac{11}{10}}(1-\beta)^{-\frac{9}{4}}\mu^{-\frac{6}{5}}\, T_e^{\frac{24}{5}}\\
&L \propto M^{\frac{7}{5}}(1-\beta)^{\frac{3}{2}}\mu^{\frac{4}{5}}\, T_e^{\frac{4}{5}}
\end{aligned}\right\} \qquad (99.2)$$

Die Abhängigkeit von μ ist hier der Vollständigkeit halber beibehalten worden, doch ist der Hauptzweck dieser Formeln, den Vergleich von Sternen mit einem festen Werte von μ zu ermöglichen. In diesem Falle ist $1-\beta$ eine Funktion von M, die mit M wächst.

Das wichtigste sich aus (99.2) ergebende Resultat besteht darin, daß für Sterne derselben effektiven Temperatur, und daher im allgemeinen desselben Spektraltypus, T_c und ϱ_c bei zunehmendem M abnehmen.

In jedem Spektraltypus sind die Sterne größter Massen die kühlsten und die am stärksten verdünnten.

Wir fügen noch zur Übersicht die Formeln hinzu, nach denen Mittelpunktstemperatur, -dichte und -druck, bei gegebenen M und R, berechnet werden können. Sie werden durch Einsetzen der dem Werte $n=3$ entsprechenden numerischen Werte aus (58.4) und (57.6) erhalten.

$$\left.\begin{aligned}
T_c &= 0{,}856\,\frac{G}{\mathfrak{R}}\,\frac{\mu\beta M}{R}\\
\varrho_c &= 12{,}98\,\frac{M}{R^3}\\
P_c &= 11{,}11\,G\,\frac{M^2}{R^4}
\end{aligned}\right\} \qquad (99.3)$$

Tabelle **13**a enthält die mittleren Dichten und Mittelpunktstemperaturen von Sternen der Massen **3**, **10**, **40** bei verschiedenen effektiven Temperaturen (sowie rohe Angaben über die entsprechenden Spektraltypen). Die Werte sind nach (99.2) berechnet, wobei die Konstante so gewählt worden ist, daß die Masse und Helligkeit der Capella richtig herauskommen. Die Masse 3 kann als die für gewöhnliche Riesensterne typische Masse betrachtet werden, und der ihr entsprechende Gang der mittleren Dichte mit dem Spektraltypus, der aus der Tabelle zu ersehen ist, bietet ein beträchtliches Interesse. Er stimmt sehr gut mit den Dichten überein, welche diesen Typen auf Grund von Beobachtungsergebnissen gewöhnlich zugeschrieben werden.

Tabelle 13a. Mittlere Dichte und Mittelpunktstemperatur ($\mu = 2{,}11$).

Effektive Temperatur	Spektraltypus	Masse = 3 × ⊙		Masse = 10 × ⊙		Masse = 40 × ⊙	
		ϱ_m	T_c	ϱ_m	T_c	ϱ_m	T_c
Grad			Mill. Grad		Mill. Grad		Mill. Grad
3000	*M*	0,000446	4,65	0,000020	2,45	0,000002	1,52
4000	*K*	00177	7,36	000078	3,88	000007	2,40
5500	*G*	0082	12,3	000360	6,48	000032	4,01
7500	*F*	0363	20,1	00159	10,6	000140	6,57
10500	*A*	182	34,5	00800	18,2	00070	11,3
18000	*B*	(2,42)	(81,7)	106	43,0	0093	26,6
27000	*O*	(17,4)	(156)	(0,763)	(82,1)	067	50,8

Es ist wahrscheinlich, daß bei den wirklichen Sternen (die keine weißen Zwerge sind) die Temperatur niemals 40 Millionen Grad übersteigt, so daß die zwei letzten Eintragungen für einen Stern der Masse 3 fiktiv sind. Nach der Riesen- und Zwergtheorie war dies auch durchaus zu erwarten, weil nach ihr die Dichte beim Erreichen des *A*-Typus schon groß genug sein sollte, um ein Abschwenken in den Zwergast zu bedingen. Auf Grund neuerer Anschauungen erscheint diese Unfähigkeit der Sterne der Masse 3, die *B*- und *O*-Typen zu erreichen, etwas geheimnisvoller, und die Grenze bei 40 Millionen Grad wird noch in einem späteren Stadium unserer Betrachtungen untersucht werden müssen.

100. Die letzte der Formeln (99.2) wird so häufig gebraucht, daß wir eine ausgedehnte Tafel für ihre Anwendung berechnet haben. Für praktische Zwecke ist L natürlich in Größenklassen m auszudrücken, nach der Regel

$$\varDelta m = -\tfrac{5}{2}\varDelta \log_{10} L. \tag{100.1}$$

In Tabelle 14 ist der konstante Wert $\mu = 2{,}11$ gebraucht worden und die zusammengehörigen Werte von M und $1-\beta$ sind auf Grund von (84.6) tabuliert. Nach (100.1) und (99.2) ist

$$\varDelta m = -\tfrac{7}{2}\varDelta \log M - \tfrac{15}{4}\varDelta \log(1-\beta) - 2\varDelta \log T_e \tag{100.2}$$

und die Kolonne m der Tafel ist nach dieser Formel berechnet, unter Weglassung des T_e enthaltenden Termes. Wir haben den Nullpunkt von m so bestimmt, daß die beobachteten Werte der Masse und der absoluten bolometrischen Helligkeit der Capella einander entsprechen, und die Tabelle dürfte daher die absolute bolometrische Helligkeit für jede beliebige andere Masse bei derselben effektiven Temperatur wie Capella (etwa 5200°) richtig geben.

Für eine andere effektive Temperatur haben wir nach (100.2)

$$\Delta m = -2\,\Delta \log T_e \qquad (100.3)$$

und diese Korrektion ist nach der am Ende der Tabelle angegebenen Vorschrift anzubringen. In dem die effektiven Temperaturen der meisten Sterne enthaltenden Intervalle ist diese Korrektion verhältnismäßig klein, und die bolometrische Helligkeit eines Sternes erscheint im wesentlichen als eine Funktion seiner Masse.

Über die Wirkung kleiner Änderungen von μ siehe § 178. Hier braucht nur bemerkt zu werden, daß das Resultat einer Änderung von μ durch (99.2) nicht *explicite* gezeigt wird, da auch noch die mitbedingte Änderung von $(1-\beta)$ in Betracht gezogen werden muß.

Tabelle 14. Masse M und absolute bolometrische Helligkeit m.
($\mu = 2{,}11$, $T_e = 5200^0$.)

$1-\beta$	M	m	$1-\beta$	M	m	$1-\beta$	M	m
0,001	0,1284	14,143	0,04	0,879	5,211	0,26	3,774	−0,052
0015	1574	13,173	05	1,004	4,645	28	4,137	−0,312
002	1820	12,484	06	1,123	4,178	30	4,529	−0,562
0025	2036	11,950	07	1,240	3,777	35	5,675	−1,156
003	2233	11,513	08	1,354	3,426	40	7,117	−1,718
004	2583	10,823	09	1,468	3,111	45	8,984	−2,264
005	2895	10,286	10	1,582	2,825	50	11,46	−2,805
006	3176	9,848	12	1,812	2,322	55	14,84	−3,354
008	3683	9,154	14	2,050	1,884	60	19,62	−3,919
010	4135	8,615	16	2,297	1,494	65	26,66	−4,516
015	5117	7,632	18	2,557	1,138	70	37,67	−5,162
02	5968	6,929	20	2,831	0,812	75	56,15	−5,882
025	6739	6,381	22	3,124	0,507	80	90,63	−6,714
03	746	5,929	24	3,437	0,220			

Man addiere zu m den Temperaturterm $-\,2\,\log_{10}\,(T_e/5200)$

Wärmestrahlung und Leuchtkraft.

101. Gegenwärtig kann die von einem Sterne zu uns gelangende Wärme mit Hilfe eines Radiometers direkt gemessen werden. Diese Methode ist bereits auf einen ziemlich hohen Grad von Empfindlichkeit gebracht worden[1]. Die bis jetzt gewonnenen Resultate sind aber noch sehr spärlich, und wir sind im allgemeinen gezwungen, den Gesamtbetrag der emittierten Wärme aus der emittierten Lichtmenge zu erschließen[2]. Dies setzt aber eine Kenntnis der Lichtwirkung der von Sternen verschiedener Typen emittierten Energie voraus.

[1] Es wird behauptet, daß die Apparatur auf Mount Wilson imstande sein würde, die Wärmestrahlung einer Kerze an den Ufern des Mississippi zu verzeichnen.

[2] In Wirklichkeit ist die Ableitung von bolometrischen Helligkeiten aus Wärmemessungen keine unmittelbarere, als aus Lichtmessungen, weil große Korrektionen wegen atmosphärischer Absorption im Infraroten angebracht werden müssen und dies eine Annahme über die Energieverteilung im Spektrum notwendig macht; genau so wie bei der Reduktion von Helligkeitsmessungen.

Wenn der Stern wie ein schwarzer Körper der Temperatur T_e strahlt, kennen wir nach dem PLANCKschen Gesetze die Strahlungsmenge $I'(\lambda, T_e)\,d\lambda$, deren Wellenlängen zwischen λ und $\lambda + d\lambda$ enthalten sind. Messungen der Energiemengen verschiedener Wellenlängen, die erforderlich sind, um für das Auge gleiche Lichtintensitäten zu erzeugen, sind im Laboratorium ausgeführt worden; wir kennen daher auch den Faktor $p(\lambda)$, mit dem die Energie multipliziert werden muß, um die Lichtintensität zu erhalten. Der Durchschnittsfaktor für die Gesamtstrahlung ist dann

$$p = \int p(\lambda)\, I'(\lambda, T_e)\, d\lambda \div \int I'(\lambda, T_e)\, d\lambda\,. \qquad (101.1)$$

Es erweist sich, daß das Maximum von p etwa bei $T_e = 6500^0$ liegt, so daß Sterne der Typen F und G die stärkste Lichtwirkung ausüben. Wahrscheinlich hängt dies mit dem Umstande zusammen, daß sich unser optischer Sinn unter dem besonderen Einflusse des Sonnenlichtes entwickelt hat. Es ist bequem, das Maximum als Norm zu nehmen und die Skala der bolometrischen Helligkeiten so zu definieren, daß sie bei dieser effektiven Temperatur mit der visuellen Helligkeit übereinstimmt. Bei jeder anderen Temperatur wird dann p kleiner sein und der Stern ist bolometrisch heller als visuell.

Tabelle 15.
Reduktion der bolometrischen Helligkeiten auf visuelle.

T_e	p	Δ m
2540	0,092	+ 2,59
3000	0,206	+ 1,71
3600	0,417	+ 0,95
4500	0,723	+ 0,35
6000	1,000	0,00
7500	0,985	+ 0,02
9000	0,893	+ 0,12
10500	0,749	+ 0,31
12000	0,616	+ 0,53

Tabelle 15 ist auf Grund der von NUTTING ausgeführten Messungen der visuellen Intensität von Energie verschiedener Wellenlängen[1] berechnet. In der letzten Kolonne ist das Intensitätsverhältnis p in Größenklassen verwandelt worden ($\Delta m = -\frac{5}{2}\log p$), so daß die Zahlen unmittelbar die Korrektion Δm geben, die angebracht werden muß, um bolometrische Größenklassen auf visuelle zurückzuführen.

Da die Strahlung der Oberflächeneinheit proportional zu T_e^4 ist, ist die Oberflächenhelligkeit proportional zu $p\,T_e^4$, oder, indem wir die in Größenklassen ausgedrückte Oberflächenhelligkeit mit J bezeichnen

$$J = \text{const} - 10\log T_e + \Delta m\,. \qquad (101.2)$$

[1] Phil. Mag. Feb. 1915, S. 304.

Die nachfolgende genäherte Formel für J hat E. HERTZSPRUNG, im Jahre 1906, in einer ziemlich unzugänglichen Arbeit[1] gegeben

$$J = \text{const} + 2{,}3 \left(\frac{14300}{T_e}\right)^{0{,}93}. \qquad (101.3)$$

F. W. SEARES[2] hat darauf hingewiesen, daß Tabelle 15 (die ich zehn Jahre später berechnet habe) mit dieser Formel vollkommen übereinstimmt, indem die größte Differenz nur $0^m{,}04$ beträgt. Da Δm und J bei der praktischen Rechnung sehr oft benötigt werden, geben wir noch eine etwas ausführlichere, nach der Formel von HERTZSPRUNG berechnete Tabelle. Von 12000^0 bis 20000^0 werden die Werte nur unter Vorbehalt gegeben, weil die HERTZSPRUNGsche Formel als Interpolationsformel abgeleitet ist, und die Frage, inwiefern seine Approximation über 12000^0 noch befriedigend bleibt, nicht untersucht worden ist.

Tabelle 16.
Effektive Temperatur und Oberflächenhelligkeit (Formel von HERTZSPRUNG).

T_e	Δm	J	T_e	Δm	J	T_e	Δm	J
0	m		0	m		0	m	
2500	2,71	+ 6,27	6000	0,02	— 0,22	11500	0,50	— 2,56
2750	2,13	5,28	6500	0,00	0,58	12000	0,58	2,67
3000	1,67	4,44	7000	0,00	0,91	13000	0,73	2,86
3250	1,32	3,74	7500	0,02	1,19	14000	0,89	3,03
3500	1,03	3,13	8000	0,06	1,43	15000	1,04	3,18
3750	0,80	2,60	8500	0,10	1,65	16000	1,19	3,31
4000	0,62	2,14	9000	0,16	1,84	17000	1,34	3,42
4250	0,47	1,73	9500	0,22	2,01	18000	1,49	3,52
4500	0,35	1,36	10000	0,29	2,17	19000	1,63	3,61
5000	0,18	0,73	10500	0,36	2,31	20000	1,77	3,70
5500	0,08	+ 0,22	11000	0,43	2,44			

102. Die Korrektion Δm ist noch ungenau, weil die Intensitätsverteilung in der Strahlung eines Sternes nicht ganz genau dem Gesetze der schwarzen Strahlung entspricht. Die Strahlung kommt aus Schichten, deren Temperaturen sich merklich voneinander unterscheiden, und die Strahlungen verschiedener Wellenlängen werden auf ihrem Wege nach außen durch die Absorption in verschiedenem Maße geschwächt. Der Gesamteffekt ist, daß die Qualität der Strahlung einer etwas höheren effektiven Temperatur entspricht, als ihre Quantität.

In diesem Buche wird unter T_e die der *Menge* der Strahlungsenergie entsprechende effektive Temperatur verstanden. Eine Temperatur T_e', die der qualitativen Zusammensetzung der Strahlung entspricht, wird gewöhnlich in der folgenden Weise definiert. In einem Gitterspektrum entsprechen gleiche Längen im Spektrum gleichen

[1] Z. f. wissensch. Photogr. Bd. 4, S. 43.

[2] Astrophys. Journ. Bd. 55, S. 197. Eine andere unabhängige Berechnung ist von W. RABE: Astr. Nachr. Bd. 225, S. 223 ausgeführt worden.

Wellenlängenintervallen $\delta\lambda$. Indem wir das PLANCKsche Gesetz als Funktion der Wellenlänge schreiben, erhalten wir

$$I'(\lambda, T)\, d\lambda = \frac{8\pi h c}{\lambda^5} \cdot \frac{d\lambda}{e^{hc/\lambda R T} - 1}. \tag{102.1}$$

Die maximale Intensität im Gitterspektrum tritt bei demjenigen Werte von λ auf, der $I'(\lambda, T)$ zu einem Maximum macht, d. h. wenn

$$x^{-5}(e^x - 1)$$

ein Minimum ist, wo $x = hc/\lambda R T$. Die Bedingung des Minimums gibt

$$x = 4{,}965, \qquad \lambda T = 0{,}288. \tag{102.2}$$

Es kann also die Temperatur durch Messung der dem Energiemaximum entsprechenden Wellenlänge bestimmt werden; für den Fall aber, daß die Strahlung nicht schwarz ist, definieren wir eine effektive Temperatur T_e' durch dieselbe Formel

$$\lambda_{\max} \cdot T_e' = 0{,}288 \text{ cm Grad}. \tag{102.3}$$

Auf dieser Basis bauen sich die von WILSING und SCHEINER, ROSENBERG, SAMPSON, E. S. KING und anderen entwickelten praktischen Methoden der Bestimmung von effektiven Sterntemperaturen auf[1]. Die von ihnen erhaltenen Resultate beziehen sich also eigentlich auf T_e', und nicht auf das in unserer Theorie auftretende T_e. Für die Sonne ist T_e' um etwa 4% höher als T_e (rund 6000° und 5740°), und dasselbe Verhältnis der beiden Temperaturen darf, wenigstens in erster Näherung, für alle Sterne angenommen werden[2].

Aus diesem Grunde könnte es zweckmäßig erscheinen, unsere effektiven Temperaturen beim Entnehmen der Korrektion Δm aus den Tabellen 15 und 16 um 4% zu vergrößern. Eine Untersuchung der Energiekurve des Sonnenspektrums zeigt aber, daß diese kleine Verschiebung der Maximumsordinate keineswegs die wesentliche Charakteristik der Abweichung der Sonne von einem schwarzen Strahler darstellt, und es ist daher zweifelhaft, ob der Vorschlag überhaupt eine Verbesserung bedeuten würde (§ 228).

Bei den kühleren Sternen werden noch weitere Fehler in Δm durch das Auftreten von Absorptionslinien bedingt. Besonders in den Typen M, N und S nehmen die Bandenspektren chemischer Verbindungen einen beträchtlichen Teil des Spektrums ein. Natürlich muß die durch die Banden blockierte Strahlung durch die Zwischenräume durchgepreßt werden, da ja L durch die inneren Verhältnisse im Sterne und nicht durch die Oberflächenverhältnisse bedingt wird; aber wenn die Banden nicht gleichmäßig über das ganze Spektrum verteilt sind, kann

[1] Da das Beobachtungsintervall nicht immer die Wellenlänge maximaler Intensität enthält, wird das Verfahren zuweilen in seinen Einzelheiten abgeändert.

[2] Die Differenz von 4% für die Sonne ist jedoch rein empirisch, so daß eine Verallgemeinerung etwas gewagt erscheint.

die Zusammensetzung der Strahlung in bezug auf Wellenlängen beträchtlich verändert werden. Eine starke Absorption im Gelben würde z. B. eine Ablenkung der Strahlung in Gebiete kleinerer Lichtwirkung hervorrufen. Wir können uns nur der Hoffnung hingeben, daß, da die ganze Korrektion Δm nicht übermäßig groß ist, auch die Fehler der Tabellen **15** und **16** keine allzu beträchtlichen sein werden.

Die den Spektraltypen entsprechende Temperaturskala ist zunächst noch ziemlich unsicher. Sie beruht zum Teile auf den oben erwähnten Messungen von T_e'; diese weichen aber zuweilen ziemlich stark voneinander ab. Zum Teile gründet sie sich auch auf die SAHAsche Theorie der Sternspektren (§ 240), welche die Temperatur einer ziemlich ungenau definierten Schicht gibt. Wir haben ferner den festen Anhaltspunkt, daß T_e für die Sonne gleich 5740^0 ist. Nachfolgende, von Miß PAYNE[1] gegebene Tabelle stellt die Ergebnisse der neuesten Forschungen auf diesem Gebiete dar[1].

Tablelle 16a. Temperaturskala.

Typus	T_e	Typus	T_e
Ma	3000^0	*A* 5	8400^0
K 5	3000	*A* 3	9000
K 2	3500	*A* 0	10000
K 0	4000	*B* 8	13500
G 5	5000	*B* 5	15000
G 0	5600	*B* 3	17000
F 5	7000	*B* 0	20000
F 0	7500	*O*	25000—35000

Diese Zahlen gelten vermutlich für die Sterne der „Hauptsequenz“, während die *G*—*M*-Riesen bei gleichem Spektraltypus um 400^0—800^0 tiefere Temperaturen haben. Im großen und ganzen stimmt die bei den Berechnungen in diesem Buche benutzte Temperaturskala sehr gut mit der obenstehenden Tabelle[2] überein.

Die Energie eines Sternes.

103. Die negative Gravitationsenergie eines Sternes, die sich aus (60.4) durch Einsetzen von $n = 3$ ergibt, ist

$$\Omega = \frac{3}{2}\,\frac{GM^2}{R}\,. \tag{103.1}$$

Die im Sterne eingeschlossene Menge von Strahlungsenergie ist

$$H = \int 3\,p_R\,4\pi r^2\,dr\,,$$

[1] Stellar Atmospheres (Harvard Observatory Monographs 1925), S. 33.

[2] Die Berechnungen sind zu verschiedenen Zeiten ausgeführt worden, und, da anfangs keine systematische Temperaturskala angenommen werden konnte, kommen kleine Abweichungen von der Gleichförmigkeit gelegentlich vor.

da der Strahlungsdruck gleich $\frac{1}{3}$ der Energiedichte ist. Hieraus folgt wegen (83.3)

$$H = 3\,(1-\beta)\int P\,4\,\pi\,r^2\,dr$$
$$= (1-\beta)\,\Omega \qquad (103.2)$$

wegen (60.5).

Die Translationsenergie der Molekeln ist

$$K_1 = \tfrac{3}{2}\int p_G\,4\,\pi\,r^2\,dr,$$

weil der Druck eines Gases gleich $\frac{2}{3}$ der Translationsenergie in der Volumeneinheit ist. Hieraus folgt wegen (83.3) und (60.5)

$$K_1 = \tfrac{1}{2}\beta\,\Omega. \qquad (103.3)$$

Wenn γ das Verhältnis der spezifischen Wärmen bedeutet (evtl. wenn nötig, dessen Mittelwert), ist die gesamte materielle Energie K gleich $e K_1$, wo

$$\gamma = 1 + 2/3\,e$$

ist, nach (28.4). Daher ist

$$K = \frac{\beta\,\Omega}{3\,(\gamma-1)}. \qquad (103.4)$$

Bei hohen Temperaturen wird $K - K_1$ ausschließlich aus Ionisationsenergie[1] bestehen, d. h. aus Energie, welche zur Befreiung von Elektronen aus ihren Bahnen in den Atomen verausgabt worden ist.

Die Gesamtenergie des Sternes ist

$$-\Omega + K + H = -\frac{\beta\,\Omega\,(\gamma - \frac{4}{3})}{\gamma - 1}. \qquad (103.5)$$

Wenn das Molekulargewicht wie T^{-s} variiert, muß bei der Berechnung von Ω der Wert $n = (3 - s)/(1 + s)$ benutzt werden. So ist zum Beispiele, wenn $\mu \propto T^{-\frac{1}{5}}$, $\Omega = \frac{9}{8}\,GM^2/R$. Sonst bleibt die Überlegung unverändert, und insbesondere das Resultat (103.5) behält seine Gültigkeit.

104. Für $\gamma < \frac{4}{3}$ ist die Gesamtenergie positiv, d. h. es ist mehr Energie vorhanden, als wenn sich die Materie in einem Zustande unendlicher Verdünnung bei der Temperatur Null befindet.

Ganz abgesehen von dem in der Vergangenheit durch Strahlung erlittenen Energieverluste, müßte also in diesem Falle dem Sterne Energie zugeführt worden sein, um ihn auf seinen gegenwärtigen Zustand zu bringen. Die Kontraktionstheorie, die jede besondere Energiezufuhr

[1] Es ist eine Frage der Definition, ob wir die Anregungsenergie besonders angeben wollen oder nicht. Ein von einem einzigen Elektron in einer 3-Quantenbahn begleiteter Kern kann beschrieben werden: a) als ein Atom, das alle Elektronen, außer einem M-Elektron, verloren hat, oder b) als ein Atom, das alle Elektronen, außer einem K-Elektron, welches durch Anregung in eine M-Bahn übergegangen ist, verloren hat.

(subatomaren oder anderen Ursprunges) verneint, verlangt auch dementsprechend, daß $\gamma > \frac{4}{3}$ sein soll.

Gegenwärtig sind wohl alle darüber einig, daß irgendeine besondere Energiequelle bestehen muß; die Bedingung

$$\gamma > \tfrac{4}{3}$$

bleibt aber trotzdem notwendig, damit der Stern stabil sein kann. Denken wir uns nämlich, daß ein Stern, für den $\gamma < \frac{4}{3}$ ist, eine kleine Kontraktion erfährt, so daß Ω vergrößert wird. Nach (103.5) muß, bei einer Zunahme von Ω, auch die Gesamtenergie des Sternes wachsen, damit das Gleichgewicht erhalten bleibt. Der Stern kann aber diese zusätzliche Energie nicht im selben Augenblicke erhalten in dem sie notwendig wird; daher bleibt $K + H$ unter dem zur Erhaltung des Gleichgewichts notwendigen Werte. Das bedeutet, daß die vorhandene Wärmemenge zu klein ist und die Drucke p_G und p_R nicht ausreichen, um das Gewicht der Materie zu tragen. Es entsteht daher eine weitere Kontraktion und der Stern weicht immer stärker und stärker vom Gleichgewichtszustande ab.

Wir sagten, daß der Stern nicht die Möglichkeit hat, die zu seiner Rettung notwendige, zusätzliche Energie auf Verlangen sofort zu erhalten. Wenn dem Sterne dauernd neue Energie zugeführt wird, wäre es zwar sehr wohl möglich, daß die veränderten physikalischen Bedingungen diese Zufuhr vergrößern könnten; aber dieser Versuch, einen Zusammensturz zu verhüten, erweist sich als ein allzu zaghafter. In einem Stern wie die Sonne stellt die aufgespeicherte Wärme einen Strahlungsvorrat für etwa 40 Millionen Jahre dar und ist daher (wenn die Strahlung durch Befreiung subatomarer Energie unterhalten wird) gleich der im Laufe von 40 Millionen Jahren befreiten subatomaren Energie. Wenn der Verlauf des Befreiungsprozesses beim Beginne des Zusammensturzes um das Doppelte beschleunigt wird, kann $H + K$ in einem Jahre nur um den 40-millionsten Teil seines Betrages vergrößert werden; der durch das Versagen des tragenden Druckes drohende Zusammensturz ist aber eine Frage von Tagen oder Stunden. Es ist wichtig, diese Stabilitätsbedingung von einer anderen, später zu untersuchenden, zu unterscheiden. Wir werden im § 211 sehen, daß die Zufuhr subatomarer Energie gewissen Bedingungen genügen muß, damit der Stern stabil bleiben kann; diese Bedingungen sind von der hier gefundenen Bedingung $\gamma > \frac{4}{3}$ unabhängig und treten zu ihr hinzu; die Gefahr, welche dem sie nicht befolgenden Sterne droht, ist auch nicht der hier betrachtete plötzliche Untergang, sondern ein langsames Hinsiechen.

Es könnte vielleicht die Vermutung ausgesprochen werden, daß irgendeine weitere, besondere Energiequelle existieren kann, die bei Änderungen der Temperatur und Dichte *sofort* die nötige Wärmemenge liefert. Aber sofort freiwerdende Wärme ist keine „besondere“ Wärme; sie ist definitionsmäßig ein Teil der spezifischen Wärme und muß in γ, und wegen (103.4) auch in K, schon berücksichtigt sein, Die Ionisationsenergie gehört auch diesem Typus an. Sehr langsam freiwerdende Energie, wie radioaktive und andere Arten von subatomarer Energie, sind natürlich in der Gesamtwärme $K + H$ nicht einbegriffen; sie werden auf dem Kontoblatte des Sternes als nicht-realisierbarer Kreditposten gebucht, der vernachlässigt wird, solange wir uns nicht mit sehr langen Zeiträumen beschäftigen.

Einem Herabsinken von γ unter den Wert $\frac{4}{3}$ in einem begrenzten Gebiete des Inneren eines Sternes scheint, solange der allgemeine Mittelwert größer als $\frac{4}{3}$ bleibt, nichts im Wege zu stehen. In einem solchen Gebiete entstehen dann zirkulierende Konvektionsströme (§ 70), weil der Konvektionsprozeß, bei $\gamma < \frac{4}{3}$, mechanische Energie erzeugt, statt sie zu verbrauchen. Es ist wahrscheinlich, daß die inneren Reibungskräfte eine unbeschränkte Zunahme der Bewegung verhindern werden, und jedenfalls kann die örtliche Instabilität kaum zu Folgen führen, die den ganzen Stern in Mitleidenschaft ziehen.

Die Konstante γ hat ihren kleinsten Wert, wenn das Verhältnis der Ionisationsenergie zur Translationsenergie den größten Wert hat. Es ist denkbar, daß ein Stern im Laufe seiner Entwicklung ein Stadium erreichen kann, bei dem eine weitere Kontraktion eine große Menge neuer Ionisationen bedingen würde, wenn nämlich das betrachtete Stadium für die Ionisation irgendeines vorherrschenden Elementes oder einer Gruppe von Elementen kritisch ist. In diesem Falle könnte γ vorübergehend auch unter den Wert $\frac{4}{3}$ herabsinken. Es würde ein plötzlicher Zusammensturz stattfinden, der jedoch wieder zum Stillstande gebracht werden würde, sobald die Kontraktion genügend Energie geliefert hätte, um diese kritische Ionisation zu bewältigen. Cepheidenartige Pulsationen könnten möglicherweise einem Zusammensturze dieser Art ihre Entstehung verdanken, doch glaube ich nicht, daß sich zugunsten einer solchen Hypothese viele Argumente anführen ließen.

Siebentes Kapitel.

Die Massen-Helligkeitsbeziehung.

105. Wir geben zunächst einige Beispiele für die praktische Anwendung der in dem sechsten Kapitel abgeleiteten Formeln[1].

[1] Die erforderlichen physikalischen und astronomischen Konstanten sind im Anhange I gegeben.

1. Capella (hellere Komponente).

Masse $4{,}18 \cdot \odot$; absolute visuelle Größe — $0^{m}{,}26$; Spektraltypus $G0$, der als Anzeichen für eine effektive Temperatur von 5200^{0} angenommen wird.

In welcher Weise die obenstehenden Daten erhalten wurden, ist in § 13 erklärt worden. Durch Anbringen der Korrektion $-\triangle m$ aus Tabelle **16** erhält man für die absolute bolometrische Größenklasse $-0^{m}{,}40$. Die absolute visuelle Helligkeit der Sonne wird zu $+4^{m}{,}9$ angenommen, was bei einer Temperatur von 5740^{0} der bolometrischen Größenklasse $+4^{m}{,}85$ entspricht. Die Differenz von 5,25 bolometrischen Größenklassen zeigt eine 126 mal intensivere Ausstrahlung als bei der Sonne an ($\log_{10} 126 = 5{,}25 \cdot 0{,}4$). Daher ist

$$L = 126 \cdot 3{,}78 \cdot 10^{33} = 4{,}8 \cdot 10^{35} \text{ erg pro Sekunde.}$$

Aus der Beziehung $L = \pi a c R^2 T_e^4$ (Gleichung (87.2)) folgt

$$R = 9{,}55 \cdot 10^{11} \text{ cm}.$$

Wir haben ferner

$$M = 4{,}18 \cdot 1{,}985 \cdot 10^{33} = 8{,}30 \cdot 10^{33} \text{ gr}.$$

Daher

$$\varrho_m = M / \tfrac{4}{3}\pi R^3 = 0{,}00227 \text{ gr./cm}^3.$$

Mit Hilfe der Formeln für die Polytrope $n = 3$ erhalten wir (wie schon in § 59 berechnet)

$$\varrho_c = 0{,}1234 \text{ gr./cm}^3,$$

$$P_c = 6{,}11 \cdot 10^{13} \text{ dyn. cm}^{-2}.$$

Wir nehmen an, daß für das mittlere Molekulargewicht der Wert $\mu = 2{,}11$ angesetzt werden kann. Durch Interpolation aus Tabelle **14** oder durch unmittelbare Auflösung der Fundamentalgleichung vierten Grades

$$1 - \beta = 0{,}00309\,(4{,}18)^2\,(2{,}11)^4\,\beta^4$$

erhalten wir

$$1 - \beta = 0{,}283.$$

Nun kann die Mittelpunktstemperatur aus

$$(1 - \beta)\,P_c = \tfrac{1}{3}\,a\,T_c^4$$

berechnet werden oder (indem man sich die vorhergehende Berechnung von P_c erspart) aus (87.1)

$$T_c^3 / \varrho_c = 3\,\Re\,(1 - \beta) / a\,\mu\,\beta.$$

Dies gibt

$$T_c = 9{,}08 \cdot 10^6 \text{ Grad.}$$

Die Abweichungen von den im ersten Kapitel gegebenen Zahlen sind durch die Vernachlässigung der Veränderlichkeit von μ mit der Temperatur bei der gegenwärtigen Rechnung bedingt.

Wir haben ferner

$$L/M = 57{,}8 \text{ erg pro Sekunde pro Gramm}$$

und der Absorptionskoeffizient ergibt sich aus (90.1)

$$\frac{L}{M} = \frac{4\pi c G (1-\beta)}{\alpha k_c} = \frac{25100\,(1-\beta)}{\alpha k_c}$$

zu

$$\alpha k_c = 123\,.$$

Es ist bereits auseinandergesetzt worden, daß α von dem Verteilungsgesetze der Energiequellen abhängt. Wir nehmen für α den Wert 2,5 an, der ein Kompromiß zwischen den extremsten Annahmen darstellt, und in keinem Falle sehr beträchtlich von der Wirklichkeit abweichen kann. Diese Wahl wird differentielle Vergleiche zwischen verschiedenen Sternen nicht beeinflussen; wenn wir aber astronomische Werte von k mit den aus der Atomphysik berechneten Werten vergleichen, müssen wir die hierin liegende Unsicherheit im Auge behalten. Wir erhalten mit diesem Werte von α

$$k_c = 49{,}1\,.$$

Da ϱ_c und T_c bereits gefunden sind, ist auch die Konstante k_1 in dem Absorptionsgesetze

$$k = k_1\,\varrho / T^{\frac{7}{2}}$$

fixiert. Wir finden

$$k_1 = 8{,}98 \cdot 10^{26}\,.$$

Dieser Wert soll benutzt werden, um bei anderen Sternen die Helligkeit auf Grund der Masse oder vise versa vorauszusagen.

2. δ Cephei.

Veränderlicher der Cepheidenklasse. Mittlere absolute visuelle Größe $-2^{\mathrm{m}}{,}19$; mittlerer Spektraltypus F 9, der als Anzeichen für eine effektive Temperatur von 5200^0 angenommen wird.

Die absolute Helligkeit ist einer Diskussion der Entfernungen der Veränderlichen der Cepheidenklasse von H. SHAPLEY[1] entnommen. Die Masse ist nur insofern bekannt, als sie sich aus der gegenwärtigen Theorie ableiten läßt.

Indem wir in derselben Weise wie oben verfahren, finden wir für die absolute bolometrische Größenklasse $-2^{\mathrm{m}}{,}33$ und ferner

$$L = 2{,}81 \cdot 10^{36} \text{ erg pro Sekunde}\,,$$

$$R = 2{,}32 \cdot 10^{12} \text{ cm}\,.$$

Die Masse kann aus der bolometrischen Größenklasse und der effektiven Temperatur durch Interpolation aus Tabelle 14 leicht ge-

---

[1] Astrophys. Journ. Bd. 48, S. 282.

funden werden; es ist aber lehrreicher, das Resultat hier analytisch zu erhalten. Wir haben

$$L = \frac{4\pi c G M (1-\beta)}{\alpha k_c} = \frac{4\pi c G M (1-\beta)}{\alpha k_1} \frac{T^3}{\varrho} \cdot T_c^{\frac{1}{2}}$$

$$= \frac{4\pi c G M (1-\beta)}{\alpha k_1} \frac{3\,\Re (1-\beta)}{a \mu \beta} \left(\frac{G}{4\,\Re} \frac{R'}{M'} \frac{\mu \beta M}{R}\right)^{\frac{1}{2}}$$

wegen (87.1) und (58.4). Indem wir M mit Hilfe von (84.4) eliminieren, erhalten wir

$$L = \frac{4\pi c G (1-\beta)}{\alpha k_1} \frac{3\,\Re (1-\beta)}{a \mu \beta} \left(\frac{G}{4\,\Re} \frac{R'}{M'} \frac{\mu \beta}{R}\right)^{\frac{1}{2}} \left(\frac{48\,\Re^4 M'^2}{\pi G^3 a}\right)^{\frac{3}{4}} \frac{(1-\beta)^{\frac{3}{4}}}{\mu^3 \beta^3}$$

$$= 1{,}443 \cdot 10^{71} \frac{(1-\beta)^{\frac{11}{4}}}{\alpha k_1 R^{\frac{1}{2}} \mu^{\frac{7}{2}} \beta^{\frac{7}{2}}}.$$

Wenn wir den für Capella gefundenen Wert von k_1 übernehmen und, wie früher, $\mu = 2{,}11$ ansetzen, ist β die einzige unbekannte Größe in dieser Gleichung. Die Gleichung liefert somit

$$(1-\beta)^{\frac{11}{4}} = 0{,}909\, \beta^{\frac{7}{2}},$$

daher

$$1-\beta = 0{,}451.$$

Andererseits kann $1-\beta$ auch in folgender Weise gefunden werden. Da wir Capella und δ Cephei dieselbe effektive Temperatur und dasselbe Molekulargewicht zugeschrieben haben, ist bei einem Vergleiche beider Sterne nach (99.2)

$$L \propto M^{\frac{7}{5}} (1-\beta)^{\frac{3}{2}}.$$

Da $1-\beta \propto M^2 \beta^4$ ist, erhalten wir durch Elimination von M

$$L \propto (1-\beta)^{\frac{11}{5}} \beta^{-\frac{14}{5}}.$$

Für δ Cephei ist L um 1,93 Größenklassen oder 5,92mal größer als für Capella; daher hat $(1-\beta)^{\frac{11}{5}} \beta^{-\frac{14}{5}}$ einen 5,92mal größeren Wert. Dies gibt

$$(1-\beta)^{\frac{11}{5}} = 0{,}935\, \beta^{\frac{14}{5}},$$

woraus derselbe Wert für $(1-\beta)$ erhalten wird.

Mit Hilfe von $(1-\beta)$ wird die Masse durch Interpolation aus Tabelle 14 oder auch durch direkte Berechnung aus (84.6) erhalten; das Resultat ist

$$M = 9{,}00 \cdot \odot = 1{,}79 \cdot 10^{34}\,\text{gr}.$$

Weitere charakteristische Einzelheiten lassen sich nun leicht berechnen

$$\varrho_m = 0{,}000342,$$
$$\varrho_c = 0{,}0185,$$
$$T_c = 6{,}16 \cdot 10^6.$$

3. *V* Puppis (hellere Komponente).

Verfinsterungsveränderlicher. Masse $19{,}2 \cdot \odot$; Radius $5{,}28 \cdot 10^{11}$ cm; Spektraltypus B 1, der als Anzeichen für eine effektive Temperatur von 19000^0 angenommen wird.

Der Stern liegt außerhalb des für gewöhnliche Parallaxenmessungen zugänglichen Bereiches, so daß seine absolute Helligkeit nicht direkt bekannt ist; wir sind aber in der glücklichen Lage, den Radius aus einer Untersuchung der Lichtkurve usw. bestimmen zu können, und die absolute Helligkeit kann, wie unten angegeben, berechnet werden. Die spektroskopischen Bahnen beider Komponenten sind bestimmt worden[1]; aus diesen ergeben sich $M \sin^3 i$ und $a \sin i$ wie im Falle der Capella (§ 11); während aber für Capella i aus der visuellen Bahn erhalten werden konnte, wird es für *V* Puppis aus der Untersuchung der Lichtkurve gefunden. Im allgemeinen kann gewöhnlich angenommen werden, daß i für Verfinsterungsveränderliche nahe gleich 90^0 ist, da sonst Verfinsterungen nicht stattfinden würden; bei *V* Puppis und einigen anderen Systemen ist aber die Trennung der Komponenten nicht groß im Vergleiche zu den Radien und es ist daher eine zuverlässigere Schätzung erforderlich. Die Methode der Untersuchung der Lichtkurve rührt von H. N. Russell her; sie ermöglicht die Bestimmung der Größen i und R/a. Indem wir diese mit $M \sin^3 i$ und $a \sin i$ kombinieren, erhalten wir die oben angegebenen Werte von M und R.

Wir erhalten somit

$$L = \pi a c R^2 T_e^4 = 2{,}62 \cdot 10^{37} \text{ erg pro Sekunde,}$$

was einer bolometrischen Helligkeit von $-4^m{,}75$ entspricht. Tabelle 16 gibt $\Delta m = 1{,}63$, so daß die visuelle Helligkeit gleich $-3^m{,}12$ ist. Zum Vergleiche hiermit wollen wir die Helligkeit auf Grund der gegenwärtigen Theorie aus M berechnen. Für $M = 19{,}2$ finden wir $1 - \beta = 0{,}597$. Hieraus läßt sich L bequem durch einen Vergleich mit Capella finden, indem man die Beziehung benutzt

$$L \propto M^{\frac{7}{5}} (1-\beta)^{\frac{3}{2}} T_e^{\frac{4}{5}},$$

so daß

$$\frac{L \text{ für } V \text{ Puppis}}{L \text{ für Capella}} = \left(\frac{19{,}2}{4{,}18}\right)^{\frac{7}{5}} \left(\frac{0{,}597}{0{,}283}\right)^{\frac{3}{2}} \left(\frac{19000}{5200}\right)^{\frac{4}{5}} = 72{,}9 = 4{,}66 \text{ Größenklassen.}$$

Die auf Grund der beobachteten Masse bestimmte absolute bolometrische Helligkeit von *V* Puppis ist mithin

---

[1] Massen werden in W. W. Campbells *Stellar Motions* S. 256 für beide Komponenten angegeben; in J. H. Moores Kataloge von spektroskopischen Bahnen Lick-Bulletin, Nr. 355, wird jedoch nur die kombinierte Masse gegeben — wahrscheinlich mit gutem Grunde. Ich bezweifle daher, daß die Masse von *V* Puppis in der hier beschriebenen, vorschriftsmäßigen Weise erhalten worden ist; die Beschreibung würde aber beinahe auf alle anderen Beispiele von Verfinsterungsveränderlichen passen.

$$-0^m,40 - 4^m,66 = -5^m,06$$

in befriedigender Übereinstimmung mit der aus dem beobachteten Radius bestimmten Größenklasse $-4^m,75$.

Weitere Ergebnisse sind

$$\varrho_m = 0{,}0618\,,$$
$$\varrho_c = 3{,}35\,,$$
$$T_c = 4{,}24 \cdot 10^7\,.$$

Der Vergleich der Theorie mit der Beobachtung ist für *V* Puppis aus dem Grunde besonders interessant, weil wir uns hier an der obersten, gegenwärtig für solche Vergleiche erreichbaren Grenze der Massen befinden. Es ist jedoch bekannt, daß auch noch größere Massen vorkommen können. J. S. PLASKETT[1] hat für den spektroskopischen Doppelstern B. D. 6°1309 die Werte gefunden:

$$M_1 \sin^3 i = 75{,}6\ \odot\,, \qquad M_2 \sin^3 i = 63{,}3\ \odot\,.$$

Da i unbekannt ist, können die Massen nicht genau bestimmt werden, sie sind aber notwendig größer als 75 und 63. Ja sie sind sogar größer als 87 und 73, weil i so beschaffen sein muß, daß sich die beiden Scheiben niemals überdecken — da man sonst Verfinsterungen beobachten müßte.

Eine noch höhere Masse ist mit einiger Wahrscheinlichkeit dem Sterne v Sagittarii zugeschrieben worden ($M_1 \sin^3 i = 260$, $M_2 \sin^3 i = 54$), jedoch scheint diese Bestimmung noch recht unsicher zu sein[2].

Nach H. SHAPLEY besitzt *S* Doradus, ein Stern neunter Größe in der großen Magellanschen Wolke, die größte uns bekannte absolute Helligkeit. Er scheint tatsächlich der Wolke anzugehören, und seine absolute Helligkeit ergibt sich auf Grund der bekannten Entfernung der Wolke zu $-8^m,9$. Der Stern zeigt unregelmäßige Lichtschwankungen und sein Spektrum gehört dem seltenen *P* Cygni-Typus an, der immer eine ungewöhnlich hohe Leuchtkraft anzeigt[3].

4. Die Sonne.

Masse $1{,}985 \cdot 10^{33}$ gr; Radius $6{,}951 \cdot 10^{10}$ cm.

Trotzdem wir es im Falle der Sonne nicht mehr mit sehr stark verdünnter Materie zu tun haben, nehmen wir versuchsweise an, daß die Theorie der idealen Gase noch anwendbar bleibt. Die Berechnungsmethoden sind durch die vorhergehenden Beispiele erläutert worden. Die Resultate sind:

---

[1] Monthly Notices, Bd. 82, S. 447. Es wird darauf hingewiesen, daß auch 29 Canis Majoris eine wenigstens ebenso große Masse besitzt wie *V* Puppis.

[2] LUDENDORFF, H.: Berliner Sitzungsberichte, 1924, S. 67. (Nach einer späteren Information muß die Bestimmung vollständig verworfen werden. Ein anderes System großer Masse (Boss 46) mit den Massen 35 und 32 ist von J. A. PEARCE gefunden worden; dies ist die zweitgrößte bekannte Masse.)

[3] HARWARD CIRC. Nr. 271.

$$\begin{aligned} 1-\beta &= 0{,}0499, \\ \varrho_m &= 1{,}411, \\ \varrho_c &= 76{,}5, \\ T_c &= 3{,}95\cdot 10^7, \\ k_c &= 177{,}0, \\ L &= 5{,}62\cdot 10^{33}. \end{aligned}$$

Der durch direkte Messung der Sonnenstrahlung gefundene Wert von L ist $3{,}78 \cdot 10^{33}$. Die Differenz zwischen dem berechneten und dem beobachteten Werte entspricht $0^m{,}43$, wobei die Leuchtkraft der Sonne in Wirklichkeit schwächer ist, als auf Grund ihrer Masse und ihres Radius zu erwarten wäre. Trotzdem diese Differenz in der Richtung liegt, die einer Abweichung von den idealen Gasgesetzen nach dem Vorbilde irdischer Gase entsprechen würde, besteht für uns doch kein zwingender Grund, sie dieser Ursache zuzuschreiben, da sie innerhalb der zu erwartenden Fehlergrenzen enthalten ist. Sie könnte z. B. auch von einem etwas kleineren, durch die viel höhere Temperatur bedingten Molekulargewichte herrühren, als das für Capella angenommene. Es könnten auch noch viele andere Gründe für solche kleine Abweichungen angegeben werden.

Wir bemerken, daß jede etwa noch bestehende Unstimmigkeit durch den gleichzeitigen Gebrauch des Sonnenradius und der effektiven Temperatur der Capella bei unseren Rechnungen vergrößert wird. Alle unsere Resultate sind differentiell in bezug auf Capella, die wir zur Bestimmung von k_1 benutzt haben. Eine direktere Vergleichsmethode, bei der der Spektraltypus der Sonne anstatt ihres Radius benutzt wird, gestaltet sich folgendermaßen.

Da Capella und die Sonne demselben Spektraltypus angehören, vernachlässigen wir zunächst einen etwa bestehenden Unterschied in den effektiven Temperaturen. Dann finden wir durch Anwendung der Beziehung $L \propto M^{\frac{7}{5}} (1-\beta)^{\frac{3}{2}}$, daß das Verhältnis der L genau gleich 100 oder 5,00 Größenklassen ist. Die bolometrische Größenklasse der Sonne ist daher $-0{,}40 + 5{,}00 = +4{,}60$. Um nun dem Zustande größerer Verdünnung, in dem sich Capella befindet, Rechnung zu tragen, schreiben wir ihr eine um 9% tiefere effektive Temperatur zu[1]. Die entsprechende Änderung im Faktor $T_e^{\frac{4}{5}}$ gibt eine Korrektion von $0^m{,}08$, durch die die bolometrische Helligkeit der Sonne auf $+4^m{,}52$ erhöht wird, während der beobachtete Wert $+4^m{,}85$ ist. Die Diskrepanz ist $0^m{,}33$.

Wir sind natürlich geneigt, die für die Sonne vorliegenden Daten für genauer zu halten, als die auf irgendeinen anderen Stern bezüglichen;

[1] Es ist ratsam, die wirklichen effektiven Temperaturen an dieser Stelle noch nicht einzuführen, um den Verdacht einer Schlußfolgerung im Kreise zu vermeiden. Die effektive Temperatur der Sonne wird aus dem beobachteten L abgeleitet, das wir für die endgültige Prüfung aufsparen.

dies ist aber für ihre absolute Helligkeit keineswegs der Fall, da letztere noch mit einem Fehler von einem oder zwei Zehnteln einer Größenklasse behaftet sein kann. HERTZSPRUNG nimmt zum Beispiele als wahrscheinlichsten Wert $+ 4^m,67$ (visuell) an, der einer bolometrischen Helligkeit $+ 4^m,62$ entspricht. Wenn er recht hat, ist die Diskrepanz nur noch $0^m,10$.

Ich habe die Frage erwogen, ob es nicht ratsam wäre, die Sonne, statt der Capella, als Vergleichsstern zu wählen; dieser Schritt erschien mir aber zu gewagt, solange uns der Begriff eines idealen Gases von der Dichte 76 gr pro cm^3 noch so wenig geläufig ist. Die Bestimmung von k_1 mit Hilfe der Sonne würde vielleicht eine etwas genauere sein; aber die Unsicherheit in bezug auf den genauen Wert ihrer absoluten Helligkeit würde bei differentiellen Vergleichen mit anderen Sternen einen Nachteil bedeuten.

5. Krueger 60.

Absolute visuelle Größen der Komponenten $11^m,25$ und $13^m,75$; kombinierte Masse des Systems $0,43 \cdot \odot$; beide Komponenten gehören dem Typus *Ma* an, der eine effektive Temperatur von 3100^0 anzeigt[1].

Die Schwierigkeit besteht hier in dem Umstande, daß nur die kombinierte Masse bekannt ist. Zwar sind auch mehrere Bestimmungen des Massenverhältnisses ausgeführt worden, ihre Ergebnisse schwanken aber zwischen den Grenzen 6 : 5 und 3 : 1, so daß sie zunächst noch als ganz unzuverlässig gelten müssen. Um diese Schwierigkeit zu umgehen, können wir die Masse auf Grund der absoluten Helligkeit voraussagen, wie wir es bei δ Cephei getan haben. Die Resultate sind:

hellere Komponente: bol. Hell. 9,82, $1 - \beta = 0{,}00747$, $M = 0{,}354$,
schwächere Komponente: bol. Hell. 12,32, $1 - \beta = 0{,}00264$, $M = 0{,}209$.

Dies gibt eine kombinierte Masse von 0,563, während die beobachtete Masse 0,43 ist. Es bestehen gewisse Gründe für die Annahme, daß diese Diskrepanz reell sein könnte, und daß absolut schwache Sterne systematisch in dieser Richtung abweichen, obwohl die Anzeichen dafür in jedem einzelnen Falle nicht sehr deutlich sind. Wenn man die Bahnelemente von Krueger 60 als richtig annimmt, entspricht die Masse

[1] Eine spätere von R. G. AITKEN (Lick-Bulletin Nr. 365) abgeleitete Bahn stand, als die Rechnung ausgeführt wurde, noch nicht zur Verfügung, jedoch wird die Masse nur wenig geändert: $0{,}45 \odot$. AITKEN gibt die Helligkeiten zu 11,3 und 12,8 an, indem er mit den meisten Autoren eine Helligkeitsdifferenz von $1^m,5$ annimmt. Ich glaube mich nicht zu irren, wenn ich sage, daß wir bei gemeinsamer Beobachtung dieses Sternes mit Dr. AITKEN beide der Ansicht waren, daß die Differenz eine beträchtlich größere ist. BURNHAM gibt eine Differenz von 3^m an. Unter der Annahme einer Helligkeitsdifferenz von $1^m,5$ erhält man die individuellen Massen 0,25 und 0,18 (Monthly Notices Bd. 84, S. 312), während wir hier 0,27 und 0,16 finden.

0,43 einer Parallaxe von 0″,260 und die Masse 0,56 einer Parallaxe von 0″,238. Die trigonometrischen Parallaxenmessungen sind vielleicht schon hinreichend genau, um letzteren Wert als ausgeschlossen erscheinen zu lassen.

Wenn man es vorzieht, die Diskrepanz in Größenklassen auszudrükken (was für einen Vergleich mit anderen Sternen bequemer ist), kann man die Masse 0,43 auf beide Komponenten in solchem Verhältnisse verteilen, daß der Fehler in der Größenklasse für beide denselben Betrag erhält. Dies kann durch Probieren erreicht werden. Wir finden

	Masse	$1-\beta$	Bol. Hell. berechnet	Bol. Hell. beobacht.	$B-R$
Hellere Komponente . .	0,27	0,00439	11,07	9,82	— 1,25
Schwächere Komponente .	0,16	0,00156	13,55	12,32	— 1,23

Weitere Ergebnisse für die helle Komponente sind —

$$\varrho_m = 9{,}06, \qquad \varrho_c = 493, \qquad T_c = 3{,}22 \cdot 10^7.$$

Auch bei einer Dichte von über 400 sind also immer noch keine Anzeichen für das Versagen der Gasgesetze vorhanden, denn die Differenz zwischen der beobachteten und der berechneten Helligkeit liegt tatsächlich in der *entgegengesetzten* Richtung zu der, welche wir nach Analogie mit irdischen Gasen erwarten müßten.

106. Die drei letzten Beispiele zeigen, daß die Theorie bei einem differentiellen Vergleiche mit der Capella (Masse 4,2, Hell. — 0,4), für Sterne der Massen 19,2, 1, und 0,27 und bolometrischen Helligkeiten — 4,7, + 4,9 und + 9,8 im großen und ganzen mit den Beobachtungen übereinstimmende Resultate liefert. Dieses Intervall umfaßt den größten Teil aller bekannten Sternmassen und Helligkeiten. Es wird natürlich notwendig sein, durch eine systematische Durchmusterung zu prüfen, ob die Übereinstimmung für alle zu diesem Zwecke verwendbaren Sterne besteht.

Es ist interessant, sich beiläufig die Mittelpunktstemperaturen für die fünf untersuchten Sterne zu merken:

Capella	9,08	Millionen Grad
δ Cephei	6,16	,, ,,
V Puppis	42,4	,, ,,
Sonne.	39,5	,, ,,
Krueger 60	32,2	,, ,,

Wegen der noch beträchtlichen Ungenauigkeit dieser Bestimmungen ist es nicht ausgeschlossen, daß die drei letzten Temperaturen in Wirklichkeit untereinander gleich sind. Die drei Sterne gehören der „Hauptsequenz“ an, wie man gegenwärtig den von den *O*- und *B*-Typen bis zum *M*-Typus reichenden Zwergast zu bezeichnen pflegt. Die zwei anderen Sterne gehören der Seitenserie der Riesen an, deren Beziehungen zu der Hauptsequenz wieder unklar geworden sind, seitdem wir die Riesen- und Zwergtheorie der Sternentwicklung nicht mehr annehmen. Es ist sicherlich bedeutungsvoll, daß die Mittelpunktstemperatur längs der Hauptsequenz, bei Änderungen der Massen um das Siebzigfache und der Strahlung um das Millionenfache, so auffallend konstant bleibt. Wir kommen auf dieses Resultat in § 122 noch einmal zurück.

Die Massen-Helligkeitskurve.

107. Die in Tabelle 14 gegebenen Werte von m und M sind in Abb. 2 als Kurve mit den Ordinaten m und den Abszissen $\log M$ aufgetragen. Es darf nicht vergessen werden, daß die von dieser Kurve entnommenen

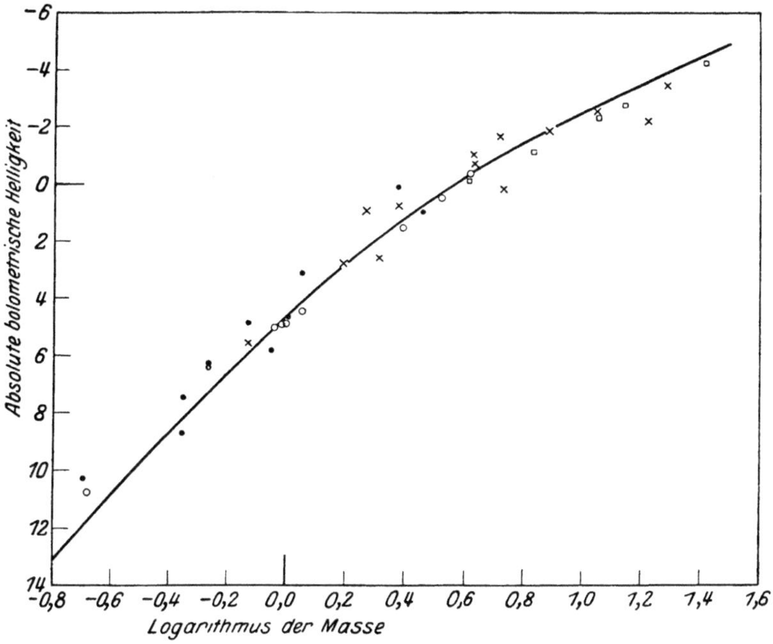

Abb. 2. Die Massen-Helligkeitskurve.
○ Erstklassige Bestimmungen. ● Bestimmungen zweiter Klasse. × Verfinsterungsveränderlich. □ Cepheiden.

Werte vor dem Vergleiche mit der beobachteten Helligkeit eines Sternes der effektiven Temperatur T_e durch Anbringen der kleinen Korrektion $\delta m = -2 \log_{10} (T_e/5200)$ zu verbessern sind. Für graphische Vergleiche ist es bequemer, die Kurve unverändert zu lassen und die Korrektion $-\delta m$ an die beobachteten Helligkeiten anzubringen. Die in Abb. 2 eingetragenen, der Beobachtung entnommenen Punkte, stellen bolometrische Helligkeiten dar, die in der angegebenen Weise auf eine Normaltemperatur von 5200^0 reduziert sind.

Es sei noch bemerkt, daß die Kurve (oder die Tafel) auch außerhalb des Bereiches, für den bestimmte Beobachtungsdaten vorliegen, ganz vernünftige Resultate gibt. So ist die vorausgesagte (nichtkorrigierte) bolometrische Helligkeit eines Sternes der Masse 100 gleich -7^m; unter Berücksichtigung des Umstandes, daß die effektive Temperatur eines Sternes so großer Masse eine sehr hohe sein müßte, können wir die visuelle Helligkeit zu etwa -6^m ansetzen. Dies stimmt mit der gewöhnlich angenommenen obersten Helligkeitsgrenze für einen Stern — wie sie z. B. durch die hellsten Sterne eines Kugelhaufens gegeben wird — gut überein. Der schwächste uns bekannte Stern, Proxima Centauri, hat eine Helligkeit von etwa $+15^m$ visuell oder $+13^m$ bolometrisch; dies entspricht einer Masse von etwa $\frac{1}{6}\odot$ — also einem durchaus annehmbaren Werte. Wir vermuten aber, daß die Näherungen, von denen wir bei der Entwicklung unserer Theorie Gebrauch gemacht haben, für so außerordentlich kleine Sterne zu versagen beginnen, und daß die wirkliche Masse der Proxima etwas kleiner ist.

Die in Abb. 2 eingetragenen Beobachtungsdaten sind in Tabellen 17, 18, 19 und 20 zusammengestellt. Die nötigen Erklärungen sind in den nachstehenden Bemerkungen enthalten.

Gewöhnliche Doppelsterne (Tabellen 17 und 18).

Die Werte von m(ber.) sind unmittelbar aus der Tabelle 14 entnommen; wo aber nur eine Differenz $B-R$ für beide Komponenten angegeben wird, ist die bei Krueger 60 angewandte Methode befolgt worden, d. h. die Masse des Systems ist in solchem Verhältnisse auf beide Komponenten verteilt worden, daß die Differenz für beide denselben Wert erhielt.

Da ein Fehler von 10% in der Parallaxe oder der Halbachse einen Fehler von 30% in der Masse bedingt, der seinerseits wieder zu Differenzen von $0^m,5$ bis $1^m,3$ (je nach der Masse des Sterns) führt, sind in Tabelle 17 nur weite Paare mit großen Parallaxen, zusammen mit Capella und der Sonne, als „erstklassige Bestimmungen" aufgenommen worden. Prokyon wird als zweitklassig gerechnet, weil die Halbachse der Bahn nicht gut bestimmt ist; Beobachtungen dieses Sternes sind außerordent-

Tabelle 17.
Gewöhnliche Doppelsterne — Erstklassige Bestimmungen.

Stern	Typus	T_e	Parallaxe	Masse	m(vis.)	m(bol.)	m(ber.)	$B-R$
			″		m	m	m	m
Capella, *h*	*G* 0	5200	0,063	4,18	−0,26	−0,36	−0,34	−0,02
„ *schw*	*F* 0	7400	—	3,32	0,24	0,22	0,02	+0,20
Sirius, *h*	*A* 0	10500	0,373	2,45	1,28	0,97	0,67	+0,30
α Centauri, *h*	*G* 5	5000	0,748	1,14	4,70	4,53	4,16	+0,37
„ *schw*	*K* 5	3700	—	0,97	6,07	5,24	5,09	+0,15
Sonne	*G* 0	5740	...	1,00	4,9	4,85	4,56	+0,29
Krueger 60, *h*	*M a*	3100	0,260	0,27	11,35	9,82	11,07	−1,24
„ *schw*	*M a*	3100	—	0,16	13,85	12,32	13,55	

Tabelle 18.
Gewöhnliche Doppelsterne — Zweitklassige Bestimmungen.

Stern	Typus	T_e	Parallaxe	Masse	m (vis.)	m (bol.)	m (ber.)	$B-R$
			"		m	m	m	m
ε Hydrae, *h*	*F* 9	5500	0,0206	3,64	0,27	0,22	0,00	+ 0,24
,, *schw*	...	5500	—	2,29	1,77	1,72	1,46	
β Aurigae, *h*	*A* 0 *p*	10500	0,025	2,38	−0,19	−0,50	0,77	— 1,27
,, *schw*	*A* 0 *p*	10500	—	2,34	−0,19	−0,50	0,82	— 1,32
Procyon, *h*	*F* 5	6800	0,308	1,13	2,92	2,92	3,92	— 1,00
δ Equulei, *h*	*F* 5	6800	0,067	1,01	4,43	4,43	4,39	+ 0,04
,, *schw*	*F* 5	6800	—	1,00	4,53	4,53	4,43	+ 0,10
η Cassiop., *h*	*F* 8	6200	0,184	0,72	4,99	4,99	5,93	— 0,94
,, *schw*	*K* 5	3800	—	0,41	8,73	7,99	8,93	
ζ Herculis, *h*	*G* 0	5700	0,109	1,09	3,23	3,20	4,22	— 1,06
,, *schw*	...	5000	—	0,51	6,73	6,56	7,65	
70 Ophiuchi, *h*	*K* 0	4400	0,189	1,05	5,66	5,27	4,61	+ 0,66
,, *schw*	*K* 4	3900	—	0,77	7,36	6,71	6,04	
ξ Bootis, *h*	*G* 6	4900	0,164	0,62	5,87	5,69	6,81	— 1,08
,, *schw*	*K* 4	3900	—	0,47	7,89	7,24	8,27	
85 Pegasi, *h*	*G* 0	5800	0,095	0,62	5,75	5,73	6,66	— 0,90
,, *schw*	...	3200	—	0,31	10,95	9,52	10,38	
μ Herculis, *h*	*M b*	3100	0,110	0,46	10,42	8,86	8,57	+ 0,33
,, *schw*	*M b*	3100	—	0,42	10,92	9,36	8,99	
o_2 Eridani, *h*	*B* 9	11000	0,202	0,21	11,27	10,88	11,15	(— 0,27)
,, *schw*	*M d*	2900	—	0,20	12,67	10,81	12,53	— 1,72

lich erwünscht und würden eine wichtige Prüfungsmöglichkeit der Theorie ergeben[1].

Mit Ausnahme von ε Hydrae und δ Equulei sind die Beobachtungsdaten einer von E. HERTZSPRUNG zusammengestellten Tabelle entnommen[2]. Die Parallaxen, kombinierten Massen und absoluten visuellen Helligkeiten sind unmittelbar aus seiner Liste übernommen; die einzigen Abweichungen sind: 1. der angenommene Wert für die absolute Helligkeit der Sonne, der zur Wahrung der Gleichförmigkeit in diesem Buche etwas abgeändert wurde, und 2. der Helligkeitsunterschied der Komponenten von Krueger 60, den ich von $1^m,5$ auf $2^m,5$ erhöht habe, da mir erstere Schätzung als ganz unglaubwürdig vorkam. Die Wahl des besten verfügbaren Beobachtungsmaterials ist also im wesentlichen einem unabhängigen Schiedsrichter überlassen worden, der seine Entscheidung zu einer Zeit getroffen hat, als die zu prüfende Theorie noch gar nicht vorlag. Nur zwei Sterne der HERTZSPRUNGschen Liste sind

[1] Dr. H. S. JEANS hat mir eine neue Bestimmung der Masse des Prokyon mitgeteilt, die durch Kombination einer aus 120 am Kap-Observatorium aufgenommenen Platten abgeleiteten spektroskopischen Bahn mit den Meridian- und Mikrometerbeobachtungen erhalten wurde. Die verbesserte Gesamtmasse des Systems ist 2,06 und die Masse der helleren Komponente 1,55. Das zugehörige m_{ber} in der Tabelle ist $2^m,67$ und die Abweichung beträgt somit $+ 0^m,25$.

[2] Bull. Astr. Inst. Netherlands, Nr. 43 (1923).

gestrichen worden, nämlich die Begleiter von Sirius und Prokyon, ersterer weil er ein „weißer Zwerg" ist, auf den unsere Theorie keine Anwendung findet, und letzterer, weil sein Spektrum nicht bekannt ist, und sich daher nicht sagen läßt, welche Korrektionen bei ihm anzubringen sind. Die helle Komponente von o_2 Eridani, die auch ein weißer Zwerg ist, wurde aus diesem Grunde in die Abb. 2 nicht eingetragen, trotzdem sie (wahrscheinlich wegen einer zufälligen Kompensation von Fehlern) auf der Kurve liegen würde.

Tabelle 19. Verfinsterungsveränderliche.

Stern	Gr.	Typ.	T_e	cos i	Masse	R/a	R (⊙ = 1)	m (bol.) m	m (ber.) m	$B-R$ m
V Puppis	1	B 1	19000	0,274	19,2	0,417	7,60	−4,61	−5,00	+ 0,4
Y Cygni	3	B 2	18000	088	16,6	166	4,60	−3,29	−4,66	+ 1,4
β Lyrae	2	B 8	12500	467	13,9	219	12,09	−3,80	−3,98	+ 0,2
u Herculis . . .	1	B 3	17000	268	7,6	290	4,29	−2,89	−2,90	0,0
U Ophiuchi . . .	1	B 9	11500	105	5,36	240	3,07	−0,47	−1,69	+ 1,2
Z Vulpec. . . .	2	B 3	17000	013	5,24	262	3,94	−2,70	−1,98	— 0,7
RS Vulpec. . .	4	A 0	10500	000	4,34	252	5,16	−1,20	−1,05	— 0,2
U Coronae . . .	2	B 3	17000	148	4,27	167	2,90	−2,04	−1,43	— 0,6
β Aurigae . . .	1	A 0p	10500	228	2,38	158	2,80	0,13	0,77	— 0,6
TX Herculis . .	3	A 2	9800	065	2,04	125	1,33	2,04	1,35	+ 0,7
TV Cassiop. . .	4	A 0	10500	176	1,83	272	2,45	0,34	1,68	— 1,3
Z Herculis . . .	2	F 2	7600	139	1,56	117	1,77	2,53	2,55	0,0
W Ursae Maj. .	1	F 8p	6200	244	0,74	323	0,70	5,42	5,81	— 0,4

Tabelle 20. Veränderliche der Cepheidenklasse.

Stern	Typus	T_e	Periode d	Masse	m (vis.) m	m (bol.) m	m (ber.) m	$B-R$ m
Y Ophiuchi	G 2	4800	17,113	26,2	— 4,0	— 4,21	— 4,43	+ 0,22
η Aquilae .	G 0	5100	7,176	13,9	— 2,62	— 2,76	— 3,19	+ 0,43
δ Cephei .	F 9	5200	5,366	11,3	— 2,19	— 2,30	— 2,77	+ 0,47
SU Cassiop.	F 5	6000	1,950	6,82	— 1,2	— 1,20	— 1,74	+ 0,54
RR Lyrae .	A 9	7300	0,567	4,14	— 0,35	— 0,36	— 0,61	+ 0,25

Der Stern 80 Tauri, der hier weggelassen wurde, ist bei der später zu gebenden, vollständigen Diskussion der Hyaden berücksichtigt. Die von HERTZSPRUNG für β Aurigae gegebene Parallaxe stützt sich auf die sehr wahrscheinliche Annahme, daß der Stern dem Ursa-Major-Strome angehört; da er sich aber in der Nähe des Apex dieses Stromes befindet, ist der wahrscheinliche Fehler ziemlich groß.

Die Sterne δ Equulei und ε Hydrae sind von mir hinzugefügt worden[1]. Ihre Parallaxen werden aus einem Vergleiche der visuellen und spektroskopischen Bahnen gewonnen — also nach der bei Capella bereits angewandten Methode. Bei ε Hydrae muß die spektroskopische Bahn der hellen Komponente mit der visuell gemessenen relativen Bahn beider Komponenten kombiniert werden, so daß schon in einem

[1] AITKEN: The Binary Stars, S. 209.

frühen Stadium der Rechnung eine Kenntnis des Massenverhältnisses der Komponenten notwendig wird. Da keine Vertrauen verdienende direkte Messungen dieses Massenverhältnisses vorliegen, habe ich, in Ausdehnung des für Krueger 60 und andere Sterne angenommenen Prinzips, die Helligkeitsdifferenz beider Komponenten zur Bestimmung ihres Massenverhältnisses benutzt.

Die Spektraltypen des größten Teiles dieser Sterne sind aus Lick-Bulletin Nr. **343** entnommen; die den verschiedenen Typen zuzuschreibenden effektiven Temperaturen sind leider immer noch ziemlich willkürlich. Über 6000^0 hat ein Fehler in der effektiven Temperatur keinen großen Einfluß mehr auf die Resultate, da die Temperaturkorrektion δm von der Reduktion auf bolometrische Helligkeit Δm abgezogen wird. Bei den rötlicheren Sternen addieren sich dagegen beide Korrektionen, und in der Nähe von 3000^0, wo sich Δm sehr schnell ändert, wird der Einfluß eines etwaigen Fehlers schon viel bedenklicher.

Wo nur eine einzige Differenz $B—R$ für beide Komponenten bestimmt wurde, ist diese bei einer dem arithmetischen Mittel beider Massen entsprechenden Abszisse in der Abb. 2 eingetragen.

Verfinsterungsveränderliche (Tabelle 19).

Die Methode, nach der die Masse und die bolometrische Helligkeit bestimmt werden, ist in § 105 für *V* Puppis erklärt worden. In den Überschriften der Kolonnen bedeutet R den Radius des Sternes, a die Halbachse der relativen Bahn. Die Kolonne m (bol.) gibt die absolute Helligkeit nach der Formel

$$L = \pi a c R^2 T_e^4 ,$$

während die Zahlen der Kolonne m (ber.) unter Benutzung der Massen mit Hilfe von Tabelle **14** berechnet sind.

Die Resultate beziehen sich immer auf die helle Komponente, die mit Ausnahme von β *Lyrae* als die Komponente größerer Masse betrachtet wird. Die unvermeidliche Unsicherheit der Resultate würde bei Anwendung der Methode auf die schwächeren Komponenten wahrscheinlich noch größer sein. Die photometrischen Ergebnisse R/a und cos i stammen aus der SHAPLEYschen Untersuchung, wobei der „verdunkelten" Lösung der Vorzug gegeben wird[1]. In der zweiten Kolonne ist der „Grad" der Bahn, nach SHAPLEYS Klassifizierung angegeben, in der Grad 1 der größten Zuverlässigkeit entspricht. Die spektroskopischen Daten sind zum größten Teile J. S. PLASKETT[2] zu verdanken. Bei dieser Vergleichsreihe würde ein Fehler in der angenommenen

[1] Princeton contributions, Nr. 3 (1915). Für einige Sterne stehen uns gegenwärtig bessere Werte zur Verfügung; es wurde aber für zweckmäßig erachtet, alle Daten einer einzigen Quelle zu entnehmen (ebenso wie in Tabellen 17 und 18), um jede Voreingenommenheit bei der Wahl auszuschließen.

[2] Publications of the Dominion Astrophysical Observatory, Bd. 1 und 2.

effektiven Temperatur einen beträchtlichen Einfluß auf das Resultat haben, und es ist um so bedauerlicher, daß viele von den Sternen dem B-Typus angehören, für den die Temperaturskala am allerunsichersten ist. Es kann gezeigt werden, daß

$$\delta(B-R) = -8\,\delta(\log_{10} T_e),$$

so daß, wenn wir V Puppis die Temperaturen 15000^0, 19000^0, 23000^0 zuschreiben, die entsprechenden Differenzen $(B-R)$ bzw. $+1^m,2$, $+0^m,4$ und $-0^m,3$ sind. Beträchtliche Fehler in den Resultaten sind aber in keinem Falle zu vermeiden, und die Prüfung kann daher nur eine genäherte sein[1].

Veränderliche der Cepheidenklasse (Tabelle 20).

Diese Prüfung ist eine sehr indirekte und hängt von der im achten Kapitel entwickelten Theorie der Cepheidenveränderlichkeit ab. Wenn die Pulsationstheorie der Cepheiden abgelehnt wird, verliert auch diese Prüfung jede Bedeutung. Der eingeschlagene Weg besteht in folgendem:

Nachdem wir die effektive Temperatur auf Grund des Spektraltypus (unter Berücksichtigung des Umstandes, daß wir es hier mit sehr diffusen Sternen zu tun haben) festgesetzt haben, nehmen wir versuchsweise einen willkürlichen Wert für M an. Aus M und T_e berechnen wir mit Hilfe von Tabelle 14 das L. Aus L und T_e berechnen wir R. Dann lassen sich auch ϱ_m und $1-\beta$ bestimmen. Die Pulsationstheorie liefert eine Gleichung, die eine Bestimmung der Periode auf Grund von ϱ_m und $1-\beta$ gestattet. Wir ändern nun M so lange ab, bis die vorausgesagte Periode mit der beobachteten übereinstimmt. Auf diese Weise ergeben sich schließlich die in der Tabelle enthaltenen Werte der Massen und Helligkeiten (m_{ber}).

Die beobachteten absoluten visuellen Helligkeiten sind der SHAPLEYschen Arbeit[2] entnommen und durch Anbringung der Korrektion Δm auf bolometrische Helligkeiten reduziert.

Um die Periode vorausberechnen zu können, muß für Γ (das Verhältnis der spezifischen Wärmen des Materials) irgendein Wert angesetzt werden. Hier ist der einem einatomigen Gase entsprechende Wert $\Gamma = \frac{5}{3}$ benutzt worden Wegen der Ionisationsenergie muß der wirkliche Wert von Γ kleiner sein; da sich aber schwer abschätzen läßt, wie viel kleiner er in Wirklichkeit ist, haben wir es vorgezogen, diese Korrektion lieber ganz zu vernachlässigen, als einen willkürlichen Betrag für sie anzusetzen. Eine Diskussion der in Betracht kommenden Werte von Γ findet man in § 189. Die nachfolgenden Beispiele zeigen den durch Änderung von Γ hervorgerufenen Effekt —

[1] Einige wenig befriedigende Züge der Theorie sind in Monthly Notices Bd. 84 erwähnt.

[2] Astrophysical Journal Bd. 48, S. 282.

Stern	Γ	Masse	m (bol.) m	m (ber.) m	$B - R$ m
Y Ophiuchi	1,666	26,23	$-4{,}21$	$-4{,}43$	$+0{,}22$
,,	1,555	21,67	$-4{,}21$	$-4{,}22$	$+0{,}01$
,,	1,444	18,21	$-4{,}21$	$-3{,}77$	$-0{,}44$
η Aquilae	1,666	13,86	$-2{,}76$	$-3{,}19$	$+0{,}43$
,,	1,555	12,53	$-2{,}76$	$-2{,}98$	$+0{,}22$
,,	1,444	10,17	$-2{,}76$	$-2{,}53$	$-0{,}23$

Das Anbringen der Korrektion hätte also die beobachteten Punkte in noch nähere Übereinstimmung mit der Kurve gebracht oder möglicherweise um denselben Betrag nach der entgegengesetzten Seite verschoben.

Es hätten noch zahlreiche andere Cepheiden zum Vergleiche herangezogen werden können, da aber zwischen ihnen sehr regelmäßige Beziehungen bestehen, hätte sich in allen Fällen mit Notwendigkeit eine Übereinstimmung von derselben Güte wie in den hier angeführten Beispielen ergeben. Bei der Bewertung des hier angeführten Beweismaterials würde ein zu ausgiebiger Gebrauch dieser speziellen Prüfungsmethode eher irreführend gewirkt haben, weil noch systematische Fehlerquellen vorhanden sein können, die die Resultate für alle Cepheiden in ungefähr gleichem Maße verfälschen. Die ,,beobachteten" Helligkeiten sind alle auf einen gemeinsamen Nullpunkt bezogen, der noch ziemlich unsicher sein kann; und wir haben schon oben gesehen, daß noch eine weitere kleine Korrektion wegen der Unsicherheit von Γ hinzukommen müßte.

Die Hyaden.

Es gibt unter den Hyaden sechs Doppelsterne von bekannter Periode, die alle ungefähr die gleiche Helligkeit besitzen[1]. Ihre mittlere Parallaxe ist aus den geometrischen Verhältnissen des bewegten Haufens mit ziemlicher Genauigkeit zu $0'',027$ gefunden worden. Die auf die Bahnen bezüglichen Daten sind sehr ungenau, aber ein mittleres Resultat für die sechs Sterne dürfte schon das für unsere Zwecke notwendige Maß von Genauigkeit erreichen. Wir fangen damit an, daß wir auf Grund unserer Theorie aus den absoluten Helligkeiten die folgenden Werte für die Massen ableiten:

Burnham G.C.	M_1	M_2	$M_1 + M_2$
2134	1,08	0,72	1,80
2154	1,03	0,66	1,69
2187	0,83	0,73	1,56
2230	1,48	0,81	2,29
2381	0,93	0,93	1,85
2383	1,16	0,58	1,75

[1] E. HERTZSPRUNG: Bull. Astr. Inst. Netherlands, Nr. 16.

Der von uns vorausgesagte Mittelwert von $M_1 + M_2$ ist daher 1,82. HERTZSPRUNG hat für die mittlere dynamische Parallaxe[1] (für die Masse 2) den Wert 0″,026 gefunden. Da die aus einer Doppelsternbahn abgeleitete Masse umgekehrt proportional ist zu der dritten Potenz der angenommenen Parallaxe, würde eine Masse von 1,79 die richtige mittlere Parallaxe 0″,027 ergeben haben. Eine andere Art von Mittelwertsbildung (über die Massen, anstatt über die dynamischen Parallaxen) gibt für die mittlere Masse den Wert 1,93. Sowohl der Wert 1,79 als auch 1,93 befinden sich in ausgezeichneter Übereinstimmung mit dem von uns vorausgesagten Werte 1,82. Dieses Ergebnis ist in Abb. 2 als erstklassige Bestimmung bei einer der mittleren Masse der zwölf Komponenten entsprechenden Abszisse eingetragen.

108. Eine Betrachtung der Abb. 2 lehrt, daß zwischen den Beobachtungsresultaten aller Klassen und der theoretischen Massenhelligkeitskurve eine gute Übereinstimmung besteht. Für die 37 Punkte, welche beobachtete Werte darstellen, beträgt die mittlere Abweichung $\pm\, 0^{\mathrm{m}},57$, und diese kann füglich Beobachtungsfehlern zugeschrieben werden.

Die Übereinstimmung erscheint uns um so bemerkenswerter, wenn wir bedenken, daß die Gleichung der Kurve nur zwei Konstanten enthält, nämlich das mittlere Molekulargewicht μ und die Konstante k_1 des Absorptionsgesetzes. Außer diesen kommen in ihr nur noch fundamentale Naturkonstanten vor.

Wenn man k_1 und μ als verfügbare Parameter betrachtet, kann die Kurve nach Belieben in vertikaler und seitlicher Richtung verschoben werden, ist aber sonst nicht deformierbar. Eine kleine Verbesserung könnte durch eine Verschiebung der Kurve nach unten und nach links, mehr oder weniger in der Richtung ihres eigenen Verlaufes, erzielt werden; dies würde einer Vergrößerung des Molekulargewichtes entsprechen. Wenn man aber in erster Linie die erstklassigen Bestimmungen berücksichtigt und ferner gewisse kleine Korrektionen in Betracht zieht, die bei der Anwendung der Theorie auf Sterne kleiner Masse notwendig werden, ergibt sich, daß eine solche Verschiebung der Kurve in Wirklichkeit keinen Gewinn bringen würde. Wenn uns über das Molekulargewicht im Inneren der Sterne theoretisch nichts bekannt wäre, könnten wir es nach dieser Methode aus den Beobachtungsdaten ableiten, und würden dann einen von 2,1 sehr wenig abweichenden Wert erhalten. Hierin erblicken wir eine außerordentlich befriedigende Bestätigung der Theorie der Ionisierung im Inneren eines Sternes.

Eine Formel, die mit Hilfe von nur zwei Konstanten ein so außer-

[1] Die Parallaxe eines visuellen Doppelsternes kann auf Grund seiner kombinierten Masse, seiner Periode und der Halbachse der Bahn (in Bogenmaß) berechnet werden. Die Parallaxe, welche unter der Annahme berechnet wird, daß die kombinierte Masse gleich 2 ist, heißt die „dynamische Parallaxe" (früher die „hypothetische Parallaxe" genannt).

ordentlich ausgedehntes Gebiet von stellaren Verhältnissen umspannt, kann selbstverständlich nur eine erste Annäherung darstellen, und es müssen natürlich verschiedene Verfeinerungen eingeführt werden, bevor wir in den Besitz einer endgültigen theoretischen Kurve gelangen. Die zur Vorbereitung einer zweiten Näherung erforderlichen Entwickelungen werden im neunten und zehnten Kapitel ausführlich behandelt werden müssen. In den Beobachtungen scheinen gewisse Andeutungen darauf enthalten zu sein, daß die Kurve auf der rechten Seite etwas zu hoch verläuft, jedoch glaube ich nicht, daß man diesen ein allzu großes Gewicht beimessen darf. Die auf die Cepheiden bezüglichen Punkte müssen ganz bestimmt etwas nach oben gerückt werden, um der von uns vernachlässigten Ionisationsenergie Rechnung zu tragen, und die beste Abschätzung dieser Korrektion, die wir vornehmen können, würde gerade genügen, um sie in unmittelbare Nähe der Kurve zu bringen; die Resultate für die Verfinsterungsveränderlichen sind nicht sehr zuverlässig. Auf der linken Seite scheint die Kurve etwa eine Größenklasse zu tief zu verlaufen; wir sind geneigt, diese Abweichung für reell zu halten und glauben, daß die zweite Annäherung hier einen engeren Anschluß der theoretischen Kurve an die Beobachtungskurve ergeben würde[1].

Es scheint wohl keinem Zweifel zu unterliegen, daß (unter Berücksichtigung der letzterwähnten Verbesserung) die theoretische Kurve durch die statistischen Daten bestätigt wird. Ob sich aber jeder einzelne Stern der Kurve anpassen wird, oder ob ein Spielraum für exzeptionelles Verhalten vorhanden ist, erscheint schon zweifelhafter. Es ist nicht unmöglich, daß, wenn uns ein reichhaltigeres und genaueres Beobachtungsmaterial zur Verfügung steht, die individuellen Abweichungen noch deutlicher hervortreten. Ich bin mir der Schwäche des hier angeführten Beweismaterials vollkommen bewußt, und betrachte die volle Übereinstimmung aller normalen Sterne mit der Kurve durchaus nicht als gesichert. Andererseits ist es aber theoretisch sehr schwer einzusehen, warum ein Stern, dessen Spektrum keine ungewöhnlichen Merkmale aufweist, von anderen Sternen derselben Masse und Dichte abweichende individuelle Eigenschaften besitzen sollte, es sei denn, daß die Verschiedenheiten in der chemischen Zusammensetzung viel beträchtlicher sind, als man gewöhnlich annehmen zu dürfen glaubt. Der Einfluß der Rotation auf die Leuchtkraft kann nur klein sein, wenn sie nicht außerordentlich schnell erfolgt. Wir werden daher vorläufig annehmen, daß die Massenhelligkeitsbeziehung nicht nur statistisch, sondern auch individuell richtig ist.

---

[1] Es ist wahrscheinlich nicht überflüssig, diesem Umstande bei der praktischen Anwendung der Tabelle 14 Rechnung zu tragen. Eine von der Masse linear abhängende Korrektion von $0^m,0$, bei der Masse 0,75, bis $1^m,0$, bei der Masse 0,25, würde wohl allen Anforderungen genügen.

109. Wir haben es in den meisten Fällen vorgezogen, den aus der Untersuchung von absoluten Bahnen abgeleiteten Massenverhältnissen der Komponenten von Doppelsternen kein Vertrauen zu schenken. Es ist aber vielleicht doch nicht uninteressant, diese gemessenen Massenverhältnisse mit den auf Grund unserer Theorie aus den Helligkeiten abgeleiteten Verhältnissen zu vergleichen. Die nachstehende Tabelle ist einer Arbeit von G. SHAJN[1] entnommen.

Tabelle 21.

Massenverhältnisse von Doppelsternen.

Stern	M_2/M_1 theoret.	M_2/M_1 beob.	Stern	M_2/M_1 theoret.	M_2/M_1 beob.
η Cassiop.	0,55	0,76	ζ Herculis	0,41	0,43
ε Hydrae	0,64	0,9	Krueger 60	0,59	0,56
η Cancri	0,95	1,00	70 Ophiuchi	0,79	0,82
ξ Urs. Maj.	0,90	1,00	Capella	0,86	0,79
γ Virginis	0,99	1,00	β Aurigae	0,98	1,00
α Centauri	0,92	0,85	80 Tauri	0,31	0,39
ξ Bootis	0,81	0,87	μ Herculis	0,89	1,00

Außer bei den zwei ersten Sternen ist die Übereinstimmung eine merkwürdig gute. Die beiden scheinbaren Widersprüche verschwinden jedoch bei näherer Betrachtung. Für η Cassiopeiae ist das beobachtete M_2/M_1 ein unter Einführung von Gewichten berechneter Mittelwert aus den beiden unabhängigen Ergebnissen 0,4 und 1,6, die bzw. aus Deklinations- und Rektaszensionsbeobachtungen abgeleitet sind; wir brauchen es nicht ernst zu nehmen. Bei ε Hydrae ist die Trennung der Komponenten nur $0'',8$; der Astronom, der eine Bestimmung des Massenverhältnisses versucht hat, war ein Optimist.

H. N. RUSSELL hat mich auf den Stern 85 Pegasi (scheinbare Helligkeiten 5,8; 11,0) aufmerksam gemacht. Es ist geltend gemacht worden, daß bei ihm die schwache Komponente schwerer ist als der hellere Stern. Dies kann bezweifelt werden; sicher aber ist, daß der schwächere Stern mehr Masse enthält als den ihm zukommenden Anteil[2]. Möglicherweise ist die Erklärung darin zu suchen, daß er ein weißer Zwerg ist und sich daher in einem Zustande befindet, auf den sich unsere Theorie nicht anwenden läßt.

110. Außer den oben angeführten auf einzelne Sterne bezüglichen Tatsachen besitzen wir noch gewisse statistische Daten über die Massen und Leuchtkräfte, die mit der theoretischen Kurve verglichen werden können. Das Material ist in einer Arbeit von RUSSELL, ADAMS und JOY[3] enthalten, in der die mittleren dynamischen Parallaxen und die mittleren spektroskopischen Parallaxen für Gruppen von Doppelsternen miteinander

[1] Monthly Notices, Bd. 85, S. 247. Für Krueger 60 ist ein verbesserter Wert eingesetzt worden.

[2] Boss, L.: Preliminary General Catalogue, S. 278.

[3] Publ. Astr. Soc. Pacific Bd. 35, S. 189 (1923).

verglichen werden. Die dynamischen Parallaxen werden unter der Voraussetzung erhalten, daß die Masse des Systems gleich 2 ist; wenn die Masse in Wirklichkeit 2 M ist, werden die linearen Abmessungen der Bahn $M^{\frac{1}{3}}$mal größer als vorausgesetzt, und die wahre Entfernung $M^{\frac{1}{3}}$mal größer als die berechnete. Durch den Vergleich der dynamischen Parallaxe mit der wahren (trigonometrischen oder spektroskopischen) Parallaxe wird der Massenfaktor $M^{\frac{1}{3}}$ bestimmt. Die zufälligen Fehler werden zwar durch die Benutzung von Mittelwerten für eine Anzahl von Sternen herabgesetzt, jedoch kann man von einer solchen Untersuchung verhältnismäßig nur sehr rohe Resultate erwarten.

In Tabelle 22 geben wir 1. den Spektraltypus, nach dem die Sterne in Gruppen zusammengefaßt worden sind (unter Trennung von Riesen und Zwergen), 2. die dem Spektraltypus entsprechende, angenommene effektive Temperatur, 3. die mittlere Masse einer Komponente, 4. die mittlere absolute Helligkeit einer Komponente, 5. die ihr entsprechende bolometrische Helligkeit, 6. die aus M und T_e berechnete bolometrische Helligkeit, 7. die Differenz beider Helligkeiten und 8. die Anzahl der einzelnen Systeme in jeder Gruppe.

Tabelle 22. Statistik der Doppelsterne.

Typus	T_e	Masse	m (vis.) m	m (bol.) m	m (ber.) m	$B - R$	Anzahl
O 5—*B* 2	20000	3,1	— 1,76	— 3,53	— 0,64	— 2,9	10
B 3—*B* 8	15000	2,8	+ 0,01	— 1,03	— 0,08	— 1,0	8
B 9—*A* 1	10500	1,2	+ 1,34	+ 0,98	+ 3,29	— 2,3	35
ɡ 9—*M* 6	3500	1,25	+ 1,28	+ 0,25	+ 4,08	— 3,8	28
F 6—*G* 8	5000	1,9	+ 1,39	+ 1,21	+ 2,19	— 1,0	31
A 2—*A* 4	9500	1,05	+ 2,20	+ 1,98	+ 3,95	— 2,0	29
A 5—*A* 9	8500	1,0	+ 2,75	+ 2,65	+ 4,23	— 1,6	35
F 0—*F* 3	7500	1,3	+ 3,26	+ 3,24	+ 3,28	0,0	17
F 4—*F* 5	7000	0,85	+ 3,65	+ 3,65	+ 5,13	— 1,5	24
F 6—*F* 8	6500	1,25	+ 4,47	+ 4,47	+ 3,55	+ 0,9	28
F 9—*G* 0	6000	0,85	+ 4,66	+ 4,64	+ 5,27	— 0,6	25
G 1—*G* 5	5000	1,2	+ 5,32	+ 5,14	+ 3,95	+ 1,2	24
G 6—*K* 1	4500	1,1	+ 5,79	+ 5,44	+ 4,39	+ 1,0	25
K 2—*K* 6	4000	0,7	+ 7,00	+ 6,38	+ 6,45	— 0,1	21
K 7—*M* 6	3500	0,5	+ 9,94	+ 8,91	+ 8,09	+ 0,8	7

Dieser Vergleich liefert wenig mehr, als die Feststellung des allgemeinen Verlaufes der Massenhelligkeitskurve, der mit dem durch unsere Theorie verlangten stetigen Abfalle in großen Zügen übereinstimmt. Die Arbeit ist aber von historischem Interesse, weil sie schon einen Hinweis auf das Vorhandensein einer von den Riesen bis zu den Zwergsternen ohne Stetigkeitsunterbrechung reichenden Massenhelligkeitsbeziehung enthält. Ungefähr um dieselbe Zeit wie Russell, Adams und Joy fand auch E. Hertzsprung diese stetige Massenhelligkeitsbeziehung in seiner bereits als Quelle für einen großen Teil unseres Beobachtungsmaterials zitierten Arbeit.

Diese beiden Untersuchungen enthielten für die Riesen- und Zwergtheorie der Sternentwicklung eine sehr ernste Mahnung; denn nach letzterer wäre nicht eine kontinuierliche Massenhelligkeitskurve, sondern eine gegabelte zu erwarten gewesen. Wir werden gleich sehen, daß dieses unerwartete Resultat die Aufgabe einer früher als Kardinalpunkt der Riesen- und Zwergtheorie betrachteten Anschauung notwendig macht. Es ist interessant, die Tatsache zu verzeichnen, daß die Schöpfer dieser Theorie an den beiden Untersuchungen, die ihren Sturz vorbereitet haben, beteiligt waren.

111. Es muß noch eine andere Forschungsrichtung erwähnt werden, deren Ergebnisse möglicherweise dazu beitragen können, unsere Schlüsse zu bestätigen oder zu widerlegen. Eine Methode zur Bestimmung der mittleren Massen von Gruppen von Sternen, aus ihrer Verteilung in den Sternhaufen, ist von H. v. ZEIPEL[1] entwickelt worden.

Unter gewissen Voraussetzungen kann eine Abhängigkeit der Dichte der Sternverteilung von dem Gravitationspotentiale φ, gemäß der BOLTZMANNschen Formel $\varrho \propto e^{2hM\varphi}$, erwartet werden. Indem wir $e^{2h\varphi} = \alpha$ setzen, haben wir $\varrho \propto \alpha^M$, wo α eine Funktion der Lage im Sternhaufen ist, die vom Mittelpunkt nach außen abnimmt. Wenn daher die Dichte der Verteilung für die Sterne der Masse M_1 im Mittelpunkte und in verschiedenen Abständen von ihm proportional zu

$$1, \quad \alpha_1^{M_1}, \quad \alpha_2^{M_1}, \quad \alpha_3^{M_1} \;\ldots$$

ist, muß die Dichte für Sterne der Masse M_2 proportional zu

$$1, \quad \alpha_1^{M_2}, \quad \alpha_2^{M_2}, \quad \alpha_3^{M_2} \;\ldots$$

sein. Es kann also die Masse jeder beliebigen Gruppe als Funktion einer unbekannten Einheitsmasse aus ihrer Verteilung ermittelt werden.

VON ZEIPEL hat in dieser Weise den Sternhaufen Messier 37 untersucht, dessen Beschaffenheit die Anwendung der Methode zu rechtfertigen scheint, und gelangte zu Formeln, welche die beobachteten Verteilungen sehr gut darstellen. Allerdings beziehen sich die Ergebnisse auf die mittleren Massen der verschiedenen Spektraltypen, während für unsere Zwecke eine Gruppierung nach bolometrischen Helligkeiten vorteilhafter gewesen wäre.

Die Resultate v. ZEIPELS für seine vier Gruppen sind:

	M	Anzahl der Sterne
G-Riesen	2,15 ± 0,12	57
B und A	1,00	795
F-Zwerge	0,67 ± 0,02	682
G-Zwerge	0,36 ± 0,02	1203

Wenn die mittlere Masse der G-Zwerge gleich der Masse der Sonne gesetzt werden darf, ist die Einheit von M etwa $3 \cdot \odot$. Wenn (wie

[1] Astronomische Nachrichten, Jubiläumsnummer (1921). S. 33.

das in den Sternhaufen der Fall ist) die *G*-Riesen heller als die *B*- und *A*-Sterne sind, stimmt ihre Masse 6,5 mit unseren Erwartungen im allgemeinen überein. Eine Prüfung desselben Materials unter besonderer Berücksichtigung der Massenhelligkeitsbeziehung würde wahrscheinlich zu brauchbaren Ergebnissen führen.

Die Gasgesetze in dichten Sternen.

112. Zu Anfang des Jahres 1924 erfreute sich die Riesen- und Zwergtheorie von HERTZSPRUNG und RUSSELL beinahe allgemeiner Anerkennung. Eine kurze Schilderung dieser Theorie ist in § 7 gegeben worden. HERTZSPRUNG und RUSSELL haben eine bemerkenswerte Teilung der Sterne in zwei Serien großer bzw. kleiner Leuchtkraft entdeckt und die Beziehungen zwischen Leuchtkraft und Spektraltypus auf ein einfaches System gebracht. Ihre Resultate sind durch die spätere Forschung in vollem Maße bestätigt worden und haben einen tiefgehenden Einfluß auf die Entwicklung der Stellarastronomie ausgeübt. Einen bedeutenden Fortschritt stellte die Erkenntnis dar, daß viele Sterne ganz diffuse Gebilde sind, da ihre Dichte gleich derjenigen unserer Atmosphäre oder noch geringer ist, und daß sie trotzdem ein Spektrum zeigen, welches von dem eines dichten Sternes kaum unterschieden werden kann. Hierdurch wurden die Spektroskopiker angeregt, nach unterscheidenden Merkmalen zu suchen, was wiederum zu einer wichtigen Erweiterung des spektroskopischen Forschungsgebietes führte. Die uns heute so geläufige Methode der Berechnung des Durchmessers eines Sternes aus seiner absoluten Helligkeit und seinem Spektraltypus ist von HERTZSPRUNG und RUSSELL geschaffen worden. Die Berechnung der Dichten von Verfinsterungsveränderlichen und die allgemeine Erkenntnis des Wertes von dynamischen Parallaxen bildeten weitere Episoden in der Entwicklungsgeschichte dieser Theorie. Wie sich die endgültige Erklärung der Teilung der Sterne in Riesen und Zwerge auch gestalten mag, ihre Trennung hat für alle statistischen Untersuchungen eine grundlegende Bedeutung gewonnen und zu einer äußerst fruchtbaren Entwicklung geführt. Es braucht kaum erwähnt zu werden, daß ohne die durch HERTZSPRUNG und RUSSELL geschaffene Grundlage die meisten in diesem Buche behandelten Probleme gar nicht hätten in Angriff genommen werden können.

Wenn wir von dem „Sturze“ der Riesen- und Zwergtheorie sprechen, so darf dies in keinem Falle so verstanden werden, als ob die oben erwähnten Resultate auch nur zum Teile wieder aufgegeben werden müßten. Sie bestehen zum größten Teile aus festgestellten Tatsachen, deren Entdeckung die Schöpfer der Theorie in einigen Fällen zu weiteren theoretischen Betrachtungen veranlaßten und denen im Verlaufe der natürlichen Entwicklung immer neue Entdeckungen folgten. Diese Tatsachen müssen bei jedem Umbildungsversuche berücksichtigt werden. Aber die Tatsachen waren durch eine reizvolle Entwicklungstheorie, die sich an die früheren Gedankengänge von LANE und LOCKYER anschloß, zu einem merkwürdig einheitlichen und scheinbar widerspruchslosen Lehrgebäude zusammengeschweißt. Ich glaube mit der Behauptung nicht zu weit zu gehen, daß dieses Lehrgebäude nunmehr umgestoßen ist. Wenigstens ist es seines Inhaltes beraubt worden, und es bleibt nur zu sehen, ob die leere Schale noch stehen zu bleiben vermag.

Die Theorie beruhte auf der Voraussetzung, daß der Übergang aus dem Riesenstadium, oder Stadium großer Leuchtkraft, in das lichtschwache Zwergstadium in dem Punkte der Entwicklung eines Sternes erfolgt, in dem er durch Kontraktion eine Dichte erreicht hat, die ein Versagen der Gasgesetze bedingt. Die Übergangsdichte 0,1—0,5 entsprach denn auch dem auf Grund des Verhaltens irdischer Gase etwa zu erwartenden Werte. Der schnelle Abfall der Helligkeit längs des Zwergastes wurde dem von den Gesetzen idealer Gase immer stärker abweichenden Verhalten des Zwergsternes zugeschrieben, der sich allmählich, etwa wie eine Flüssigkeit oder ein fester Körper, abkühlen sollte. Wegen dieser Anschauung blieben die ersten Untersuchungen über das Massenhelligkeitsgesetz auf Riesensterne beschränkt; bei den Zwergen sollte ja der die Leuchtkraft bestimmende Hauptfaktor nicht mehr die Masse, sondern vielmehr die Dichte sein, die den Grad der Abweichung von den idealen Gasgesetzen bestimmte.

Gemäß dieser Auffassung müßte bei gemeinsamer Behandlung der Riesen- und Zwergsterne die absolute Helligkeit bei festgehaltener effektiver Temperatur eine zweiwertige Funktion der Masse sein. Jede gegebene Masse nimmt zweimal ein und dieselbe effektive Temperatur an, das erstemal als Riesenstern bei wachsender Temperatur und ein zweitesmal bei fallender Temperatur als Zwergstern, wobei die Leuchtkraft wegen der Abnahme der Oberfläche durch Kontraktion in beiden Stadien eine verschiedene ist. Wir erwähnten schon oben, daß zwei Untersuchungen aus dem Jahre 1923 ernste Zweifel an der Haltbarkeit dieser Anschauungsweise erregt haben müßten. Es zeigte sich keine Spur von zwei übereinander gelagerten Ästen der Massenhelligkeitskurve. Dies hätte zur Not noch durch eine zufällige Auswahl des Materials erklärt werden können; aber der auf die Zwergsterne bezügliche Ast der Kurve hätte beim Übergange in den Riesenast wenigstens einen Knick zeigen müssen, anstatt sich ihm kontinuierlich anzuschließen. Es ist mir aus einer persönlichen Unterredung mit HERTZSPRUNG aus dem Jahre 1923 bekannt, daß er dies als eine ernste Schwierigkeit betrachtete; seine Bedenken machten aber damals auf mich wenig Eindruck[1].

---

[1] Ein weniger wichtiger, von ihm erhobener Einwand bestand in der Seltenheit des Vorkommens gewöhnlicher *A*- und *F*-Riesen (Nicht-Cepheiden). Dadurch entsteht beinahe eine Lücke in der Verbindung zwischen *G*-*K*-*M*-Riesen und dem Zwergaste, so daß der kontinuierliche Übergang von den Riesen zu der Hauptsequenz schwächer angedeutet ist, als oft angenommen wird.

113. Das theoretische Massenhelligkeitsgesetz für vollkommen gasförmige Sterne wurde im Februar 1924 erhalten, und der in Abb. 2 verkörperte Vergleich mit den Beobachtungen folgte unmittelbar darauf. Die Übereinstimmung der Beobachtungen mit der Kurve war eine vollkommene Überraschung, da sie in keiner Weise dem Resultate entsprach, nach dem damals gesucht wurde. Beinahe alle genauen Daten bezogen sich auf Zwergsterne; zur Fixierung der einen Konstanten der Kurve war aber Capella verwendet worden, und es mußte mit Bedauern festgestellt werden, daß kein weiterer wirklich gasförmiger Stern zur Prüfung der Kurve zur Verfügung stand. (Die Möglichkeit der Verwendung der Cepheiden und Verfinsterungsveränderlichen war ein Nachgedanke.) Es schien aber möglich einen interessanten Vergleich der Zwergsterne mit der aus theoretischen Gründen als richtig angenommenen Kurve zu veranstalten, um den Betrag des durch die Abweichung von den Gasgesetzen verursachten Helligkeitsabfalles zu messen. Die Kurve gibt z. B. eine bestimmte absolute Helligkeit für die Masse 1 und $T_e = 5740^0$. Nach der Riesen- und Zwergtheorie ist diese aber keineswegs die gegenwärtige Helligkeit der Sonne, sondern die Helligkeit, welche die Sonne bei ihrem Durchgange durch dieselbe Temperatur als diffuser Riesenstern wachsender Temperatur besaß. Seit jener Zeit hat sich die Sonne auf ihre gegenwärtige große Dichte zusammengezogen, und ihre Leuchtkraft hat im selben Verhältnisse abgenommen wie ihre Oberfläche. Die gegenwärtige Helligkeit müßte ganz beträchtlich unterhalb der Kurve liegen — etwa um 3^m oder 4^m, nach gewöhnlicher Schätzung. Ebenso wurde für Krueger 60 eine um 9^m oder 10^m unterhalb der Kurve liegende Helligkeit erwartet, entsprechend der zwischen den Leuchtkräften von Riesen- und Zwergsternen des *M*-Typus im allgemeinen bestehenden Differenz. Genaue Bestimmungen dieser Differenzen wären bei Untersuchungen von der in § 95 beschriebenen Art von großem Werte gewesen.

Es wurde aber nichts Derartiges gefunden. Alle Sterne auf der linken Seite der Abb. 2 besitzen so hohe Dichten, wie man sie gewöhnlich idealen Gasen nicht zuzuschreiben pflegt. Trotzdem liegen sie auf oder sogar etwas über der für ideale Gase geltenden Kurve. Wir müssen hieraus entweder den Schluß ziehen, daß unsere Theorie der Massenhelligkeitsbeziehung vollständig verfehlt ist oder aber, daß die Materie so dichter Sterne wie die Sonne noch die idealen Gasgesetze befolgt. Wir haben uns daher die Frage vorzulegen, ob es für Materie etwa von der Dichte des Platins oder sogar von noch größerer Dichte physikalisch möglich ist, die Kompressibilität eines idealen Gases zu besitzen. Eine Betrachtung dieser Frage wird uns zu der Erkenntnis führen, daß es keinen Grund auf Erden gibt, warum eine solche Materie kein ideales Gas sein sollte, oder vielmehr, daß der Grund, warum sie es nicht sein sollte, ein *irdischer* ist und sich auf die Sterne nicht übertragen läßt.

114. Wir müssen die hier ausgesprochene Vermutung, daß Materie sehr hoher Dichte unter stellaren Verhältnissen die Kompressibilität eines idealen Gases besitzen kann, einer genaueren Betrachtung unterziehen. Im ersten Augenblicke sind wir geneigt, diesen Gedanken als gänzlich unglaublich abzulehnen und irgendeinen Fehler in unserer Untersuchung der Leuchtkraft eines Sternes zu vermuten. Eine genauere Betrachtung lehrt aber, daß ein solches Verhalten der Materie bei hohen Temperaturen nicht nur möglich ist, sondern sogar vorauszusagen gewesen wäre. Wir sind auf einem weiten Umwege zu einem Ergebnisse gelangt, das auf Grund der modernen Fortschritte der Physik selbstverständlich geworden war und nur darauf wartete, erkannt zu werden.

Das bekannte Versagen des BOYLEschen Gesetzes, bei der Kompression eines irdischen Gases bis zu großen Dichten, wird durch die endliche Größe der Atome oder Molekeln bedingt. Wenn die Molekeln starre Körper wären, würde das Gas nicht über eine gewisse maximale Dichte hinaus komprimiert werden können, bei der alle Molekeln bis zur gegenseitigen Berührung zusammengepreßt wären. Diese maximale Dichte ist ungefähr gleich derjenigen, welche die Substanz im flüssigen oder festen Zustande besitzt. In der Gastheorie wird gezeigt, daß die Wirkung der endlichen Größe der Molekeln darin besteht, das Gesetz $pv = \mathfrak{R}T$ in das Gesetz $p(v - b) = \mathfrak{R}T$ zu verwandeln, wo b das vierfache Gesamtvolumen aller Molekeln ist; mit anderen Worten ist nicht das ganze Volumen proportional zu dem Drucke, sondern nur der verschwendete Teil des Raumes[1]. Ein Gramm Stickstoff nimmt z. B. bei normaler Temperatur und Druck 800 cm^3 ein; davon entfallen nur 0,51 cm^3 auf das Gesamtvolumen der Molekeln und der Rest ist leerer Raum. In einem Gramm sind $2{,}15 \cdot 10^{22}$ Stickstoffmolekeln enthalten, und das Volumen jeder Molekel entspricht daher dem Volumen einer Kugel vom Radius $1{,}8 \cdot 10^{-8}$ cm.

Der Grund, aus dem sich ein Atom wie ein starrer Körper bestimmter Größe verhält, wird gegenwärtig noch unvollkommen verstanden; diese Größe stimmt aber ungefähr mit der Ausdehnung des Systems der um den Kern zirkulierenden Elektronen überein. Das einzige Element, bei dem wir einen direkten Vergleich ausführen können, ist Helium, da die theoretische Abschätzung der Ausdehnung des Elektronensystems bei anderen einatomigen Gasen schon schwierig ist. Der aus der Gastheorie abgeleitete Radius des Heliumatoms ist etwa dreimal größer als der Radius seiner Elektronenbahnen. Das Atom verhält sich so, als ob eine starre Hülle alle Elektronenbahnen, unter Freilassung eines vernünftigen Spielraumes einschlösse und eine Ver-

[1] Streng genommen, ist b die Hälfte des in solcher Weise besetzten Raumes, daß der Mittelpunkt einer anderen Molekel in ihn nicht eindringen kann. Bei immer enger werdender Packung nimmt b vom Vierfachen auf das Zweifache des Gesamtvolumens aller Molekeln ab.

mengung der Elektronen zweier zusammenstoßender Atome verhinderte.

Wenn die Größe eines Atoms von der Größe seines Elektronensystems abhängt, müssen die Atome im Inneren eines Sternes außerordentlich klein sein; denn die meisten Elektronen sind durch Ionisation entfernt, und die noch übrigbleibenden beschreiben kleine innere Bahnen. In einem typischen Sterne sind die leichten Elemente, wie Stickstoff, bis auf den Kern entblößt, und das Stickstoffatom hat vermutlich keine andere „Größe" als diejenige seines Kernes, dessen Radius von der Ordnung 10^{-12} cm ist. Eisen behält nur die beiden K-Elektronen bei, und der entsprechende Radius ist etwa $2{,}10^{-10}$ cm. Die stellaren Atome haben also im allgemeinen höchstens $\frac{1}{100}$ des Radius oder $\frac{1}{1000000}$ des Volumens der irdischen Atome. Die Konstante b erscheint entsprechend durch eine Million dividiert; und gleiche Abweichungen von den Gasgesetzen sind daher in einem Sterne erst bei Dichten zu erwarten, die eine Million mal größer sind als auf der Erde. Wenn man als „vollkommenes" Gas ein solches Gas bezeichnet, bei dem die Molekeln geometrische Punkte sind, kommt das aus Elektronen und winzigen Ionen bestehende Sterngas der Vollkommenheit entschieden viel näher als die plumpen irdischen Gase.

Es könnte vielleicht der Einwand erhoben werden, daß die starre Hülle des Atoms bereits schon durch die Lage der Quantenbahnen bestimmt wird, ganz unabhängig davon, ob diese Bahnen tatsächlich von Elektronen besetzt sind oder nicht — daß die Elektronen gewissermaßen nur Grenzsteine und nicht wirkliche Grenzen darstellen, und ihre Beseitigung daher keine Abnahme der Atomgröße bedingt. Dies erscheint aus mehreren Gründen sehr unwahrscheinlich. Erstens widerspricht diese Ansicht den von den meisten Physikern geteilten Anschauungen über den Ursprung und die Natur der Kräfte, die das gegenseitige Durchdringen der Atome verhindern. Zweitens ist uns bekannt, daß wenn ein Heliumatom seine Elektronen verloren hat, wie das bei α-Teilchen der Fall ist, es die Möglichkeit erhält, in andere Atome einzudringen; jede Spur seiner früheren Ausdehnung ist verschwunden, und es behält keine Erinnerung an irgendeinen anderen Radius, als denjenigen des Kernes, auf den es nunmehr zusammengeschrumpft ist. Drittens entspricht die Größe eines normalen Atoms den niedrigsten Quantenbahnen, d. h. denjenigen Bahnen, die wirklich besetzt sind; die höheren, viel ausgedehnteren Quantenbahnen sind zwar möglich, da sie aber unbesetzt sind, kommen sie für die tatsächliche Größe des Atoms nicht in Betracht.

Der Grund für die Erwartung, daß ein Stern von den Gasgesetzen abweichen wird, sobald sich seine Dichte derjenigen flüssiger oder fester Körper nähert, ist somit vollständig beseitigt. Diese Erwartung stützte sich auf eine Analogie mit dem Verhalten irdischer Substanzen — eine Analogie, die wir nunmehr als völlig unbegründet erkannt haben. Wir haben daher auch keinen Grund mehr, dem Beobachtungsergebnisse zu mißtrauen, daß sich die dichten Sterne praktisch wie ideale Gase verhalten, denn dieses Mißtrauen war ausschließlich durch die irreführende Analogie hervorgerufen worden.

Um dieses wichtige Ergebnis von möglichst vielen verschiedenen Standpunkten aus zu betrachten, wollen wir die Frage auch unter weniger radikalen Voraussetzungen behandeln.

Wir nehmen an, daß ein Atom nach der Zerstörung seines Elektronensystems nun doch seine ursprüngliche Eigenschaft beibehält, sich wie eine starre Kugel vom Radius 10^{-8} cm zu verhalten. Dann gilt, wie für ein irdisches Gas, das Gesetz $p\,(v - b) = \mathfrak{R}\,T$, *aber nur für etwa 5% des Druckes.* Die übrigen 95% des Gasdruckes rühren von den freien Elektronen her, die ungehindert in die Atome eindringen können und von der Konstanten b nicht beeinflußt werden. Der volle Gasdruck wird daher durch die Formel gegeben:

$$p_G = \frac{1}{20}\,\mathfrak{R}\,T\left(\frac{1}{v - b} + \frac{19}{v}\right).$$

Das Ergebnis ist, daß die Abweichungen von den Gasgesetzen äußerst klein bleiben, bis die maximale Dichte beinahe erreicht ist; dann wächst die Abweichung auf einmal sehr schnell an, und eine kleine Vergrößerung der Dichte genügt schon um einen unendlich hohen Druck zu erzeugen. Ein dichter Stern wird also in erster Näherung aus einem inkompressiblen flüssigen Kerne bestehen, der von einem idealen Gase umgeben ist, wobei die Dichte des Kernes etwa gleich der Dichte der festen Körper auf der Erde sein wird. Verfasser hat im Jahre 1923 einige Berechnungen unter Zugrundelegung dieses Sternmodells ausgeführt, um die in § 95 gegebene Untersuchung zu revidieren; er brach sie aber unvollendet ab, um sich zuerst dem Probleme der endgültigen Festlegung des stellaren Absorptionsgesetzes zuzuwenden. Es hatte sich jedoch schon herausgestellt, daß die Leuchtkraft nach dieser Theorie durch die endliche Größe der Atome in viel schwächerem Maße beeinflußt wird, als bei dem der VAN DER WAALSschen Formel entsprechenden Modelle. Wenn die Arbeit zu Ende geführt worden wäre, hätte sie eine Art Mittelstufe ergeben, zwischen der alten, auf vollständiger Analogie mit irdischen Gasen aufgebauten Theorie der dichten Sterne, und der hier vertretenen Ansicht, daß der b-Term überhaupt zu vernachlässigen ist; und wenn diese letzte Ansicht auch auf ernste Bedenken stoßen sollte, so würde die Lösung für die Mittelstufe vermutlich doch von prinzipieller Bedeutung bleiben.

115. Das stellare Gas unterscheidet sich von irdischen Gasen in zwei wichtigen Beziehungen. Erstens sind seine Molekeln viel kleiner; zweitens sind sie mit elektrischen Ladungen versehen, so daß die intermolekularen Kräfte außerordentlich groß sind. Wegen der ersten Bedingung treten die Abweichungen von den idealen Gasgesetzen, die bei irdischen Gasen eine so große Rolle spielen, in den Sternen nicht auf. Es fragt sich aber, ob die zweite Bedingung nicht neue, für das stellare Gas charakteristische Abweichungen zur Folge haben könnte?

Intermolekulare Kräfte fehlen auch bei irdischen Gasen nicht vollständig, und es ist festgestellt worden, daß sie Abweichungen von den Gasgesetzen hervorrufen, die bei tiefen Temperaturen merklich werden. Aber diese Kohäsionskräfte gehören alle einem und demselben Typus an — sie sind entweder alle Anziehungs- oder alle Abstoßungskräfte. Es ist daher kein enger Vergleich zwischen ihnen und den elektrostatischen Kräften im stellaren Gase möglich, in dem sich die anziehenden und abstoßenden Kräfte im ganzen aufheben. Bei den Sternen haben wir es mit verhältnismäßig starken Kräften zu tun, die von dem vollkommenen Gleichgewichte abweichen und nicht mit dem vollen, von kleinen Kräften herrührenden Effekte erster Ordnung der gewöhnlichen Gastheorie; aus diesem Grunde kann uns letztere hier auch nicht viel helfen.

Wir wollen zeigen, daß der Einfluß dieser elektrostatischen Kräfte, auch wenn er ein beträchtlicher sein sollte, von dem Einflusse der endlichen Größe der Molekeln leicht zu unterscheiden wäre; und vor allem, *daß er in keinem Falle die in der Riesen- und Zwergtheorie der endlichen Größe der Molekeln zugeschriebene Rolle spielen kann.* Für einen Stern konstanter Masse und Atomgewichtes ist der Effekt unabhängig von der Dichte des Sterns. Er übt daher seinen Einfluß auf die Leuchtkraft während der ganzen Entwicklung des Sterns aus, im diffusen Stadium sowohl wie bei großer Dichte. Er kann also nicht zur Erklärung des einer kritischen Dichte entsprechenden Wendepunktes beim Übergange aus dem Riesen- in den Zwergast herangezogen werden. Die elektrischen Anziehungen und Abstoßungen liefern einen Beitrag zu dem Gesamtdrucke, der bei der Aufstellung der Gleichgewichtsbedingungen für einen Stern in Betracht gezogen werden muß. Natürlich wächst dieser Druck bei fortschreitender Kontraktion des Sternes, weil die Ladungen immer enger zusammengedrängt werden; er wächst aber in genau demselben Verhältnisse, wie alle anderen Kräfte im Sterne, so daß ihm in dichten Sternen relativ keine größere Bedeutung zukommt als in diffusen Sternen derselben Masse.

Es ist in der Atomtheorie schon oft darauf hingewiesen worden, daß, wenn alle wirkenden Kräfte dem Gesetze des inversen Quadrats der Entfernung folgen, kein bestimmter Maßstab für die linearen Dimensionen festgelegt werden kann. Dies wird durch unsere Resultate für einen aus idealem Gase bestehenden Stern illustriert, bei dem, wegen der nach diesem Gesetze wirkenden Gravitationskraft, kein Maßstab für das Volumen des Sternes fixiert werden konnte; — ein Riesenstern gegebener Masse kann sich bei beliebigem Radius gleich wohl fühlen. Indem wir den Radius variieren, erhalten wir eine Serie vollkommen homologer

Sterne. Wenn sich ein Stern A im Gleichgewichte befindet, und ein Stern B ein genaues Abbild von A darstellt, in dem alle Längen im Verhältnisse l und alle Geschwindigkeiten im Verhältnisse $l^{-\frac{1}{2}}$ verändert sind, dann ist der Stern B auch im Gleichgewichte; denn dann ist ϱ im Verhältnisse l^{-3} und T im Verhältnisse l^{-1} verändert, so daß die für Sterne gleicher Masse bestehende Beziehung $\varrho \propto T^3$ erfüllt bleibt. Eine genauere Betrachtung der Gleichgewichtsbedingungen zeigt uns, daß jede potentielle Energie, welche von Kräften herrührt, die sich proportional dem inversen Quadrate der Entfernung ändern, im Verhältnisse l^{-1} verändert wird, also im selben Verhältnisse wie die kinetische Energie aller Molekeln; andererseits wird die in der Volumeneinheit enthaltene Strahlungsenergie im Verhältnisse T^4 oder l^{-4} verändert, und die auf die Masseneinheit bezogene Strahlungsenergie daher auch wieder im Verhältnisse l^{-1}.

Um die Homologie umzustoßen, müssen wir schon Kräfte haben, die ein anderes Gesetz als das des inversen Quadrates befolgen, wie z. B. die bei einem Zusammenstoße zweier Molekeln wirkenden Kräfte; die ihnen entsprechende potentielle Energie ändert sich nicht proportional zu l^{-1}, so daß sie, je nach dem Radius des Sternes, eine relativ größere oder kleinere Bedeutung gewinnt. Wenn sich die Molekeln den größten Teil der Zeit von Zusammenstößen frei halten, wird diese Energie verschwindend klein sein, sie gewinnt aber eine große Bedeutung, wenn man die Molekeln durch Zusammenpressen in ständigen Kontakt miteinander bringt. Nach der älteren Theorie geschah dies ungefähr bei der Dichte des Wassers, und die homologe Serie der Riesensterne hörte etwa bei diesem Punkte auf; unsere gegenwärtige Theorie behauptet aber, daß diese Kontaktkräfte erst bei unvergleichlich viel größeren Dichten die entsprechende Bedeutung erlangen. Wir geben zu, daß starke elektrostatische Kräfte auch bei größeren Entfernungen zwischen den Molekeln wirksam sein werden; es sind aber Kräfte, die nach dem Gesetze des inversen Quadrats wirken, deren potentielle Energie also proportional zu l^{-1} variiert, so daß die Homologie nicht gestört wird. Wenn daher die elektrostatischen Kräfte die Gleichgewichtsmodelle A und B in zwei neue Modelle A_0 und B_0 verwandeln, wird B_0 aus A_0 durch genau dieselbe Transformation hervorgehen, die bei der Ableitung von B aus A benutzt wurde. Der Druck wird im Verhältnisse l^{-4} transformiert, also in demselben Verhältnisse wie ϱT. Das ideale Gasgesetz bleibt gültig mit dem einzigen Unterschiede, daß die Proportionalitätskonstante zwischen p_G und ϱT durch die elektrostatischen Kräfte verändert wird, so daß wir jetzt haben

$$p_G = \alpha \mathfrak{R} \varrho T / \mu, \tag{115.1}$$

wo α für die ganze homologe Serie denselben Wert hat und nur von der Masse des Sternes abhängt. Da μ in die astronomischen Formeln nur mittels dieser Gleichung für p_G eingeht, kann der Einfluß der elektrostatischen Kräfte sehr einfach in der Weise berücksichtigt werden, daß an Stelle des Molekulargewichtes μ ein fiktives Molekulargewicht μ/α in unseren Formeln substituiert wird.

Allerdings könnte der Stern B in Wirklichkeit kein genaues Abbild von A sein, weil bei verschiedener Temperatur und Dichte auch die Ionisation eine kleine Veränderung erfahren müßte. Die Ionisation hängt von Kräften ab, die das Gesetz des inversen Quadrates nicht befolgen und ist daher auch keine reine Funktion von ϱ/T^3. Es würde also B_0 strenggenommen nicht homolog zu A_0 sein; aber das (von elektrostatischen Kräften freie) Modell B ist ja strenggenommen auch nicht homolog zu A. Die Abweichungen sind nicht größer als die von uns bereits früher vernachlässigten.

116. Die Untersuchung der Stärke der elektrostatischen Kräfte wird im zehnten Kapitel in Angriff genommen werden. Es wird sich erweisen, daß diese Kräfte verhältnismäßig schwach sind, und keinen großen Einfluß auf die Massenhelligkeitskurve haben; sie scheinen etwa für die halbe Differenz zwischen der beobachteten und der theoretischen Kurve auf der linken Seite von Abb. 2 verantwortlich zu sein. Unter ihrem Einflusse wird das Gas „übervollkommen"; d. h. daß der Druck in ihm kleiner ist, als in einem idealen Gase, während die von den irdischen Gasen her bekannten Abweichungen den Druck vergrößern.

Auf den ersten Blick erscheint es widersinnig, daß wir eine größere Kompressibilität des Gases — also eine Verminderung des gegenseitigen Abwehrvermögens der Atome — dadurch erhalten, daß wir letztere ihrer Elektronen entkleiden und die früher abgeschirmten starken abstoßenden Kräfte ihrer Kerne freilegen. Die durch die Ionisation befreiten Elektronen werden aber aus dem Gase nicht entfernt; sie wandern zwischen den Ionen und schirmen ihre Abstoßungskräfte in etwa demselben Maße ab, wie sie es früher taten, als sie noch an die Kerne gebunden waren. Das wahre Rätsel bildet vielmehr der Ursprung der Kräfte, die das starre Verhalten der Atome bedingen, und die in ihrem beschränkten Wirkungsgebiete viel stärker zu sein scheinen, als alle elektrostatischen Abstoßungen.

Die nachfolgende Berechnung dient einzig dem Zweck, den Verdacht zu widerlegen, daß die elektrostatischen Kräfte dem Ion, durch Erzeugung eines für andere Ionen undurchdringlichen Gebietes in seiner Umgebung, ein effektives Volumen verleihen, das sich in merklichen Effekten äußern könnte. Um den günstigsten Fall zu nehmen, betrachten wir einen kleinen Stern wie Krüger 60, der in einem mehr oder weniger typischen Punkt seines Inneren eine Temperatur von $2{,}5 \cdot 10^7$ und eine Dichte 360 hat. Wenn das Material Eisen ist, befinden sich in einem Kubikzentimeter $3{,}9 \cdot 10^{24}$ Ionen, was einem mittleren Abstande zwischen ihnen von $0{,}64 \cdot 10^{-8}$ cm entspricht. Die

Ladung eines Ions, welches noch drei Elektronen beibehält, ist $23e$, und zwei solche Ionen besitzen im mittleren Abstande eine gegenseitige potentielle Energie, die beinahe gleich ist der mittleren kinetischen Energie von vier freien Molekeln. Im mittleren Abstande wird diese gegenseitige Energie durch die von den umgebenden Elektronen herrührende einfach aufgehoben, da das mittlere Potential gleich Null ist. Nun mögen die beiden Ionen bis auf einen Abstand von $0{,}42 \cdot 10^{-8}$ cm aneinander herankommen. Da ihre gegenseitige Energie proportional zu r^{-1} ist, wächst sie um 50%, und diesem Zuwachse steht kein entsprechender Zuwachs des kompensierenden Termes gegenüber, da die negative Ladung auf 23 freie Elektronen verteilt ist, deren Feld verhältnismäßig wenig schwankt. Der Zuwachs ist daher gleich der mittleren kinetischen Energie von zwei freien Molekeln, und die beiden Ionen können eine solche Annäherung nur durch Hingabe ihrer ganzen kinetischen Energie erkaufen, wenn sie anfangs mit dem mittleren Betrage versehen waren. Zwei Ionen können also im Durchschnitte nicht näher als auf etwa $\frac{2}{3}$ ihres mittleren Abstandes aneinander herankommen, d. h. daß etwa $\frac{1}{3}$ des Gesamtraumes einem Ion effektiv unzugänglich ist.

Wenn einer Molekel ein Drittel des Volumens durch die endliche Größe der anderen Molekeln unzugänglich gemacht wird, erhält die Konstante b der Gasgleichung den Wert $\frac{1}{6}v$, so daß die Gleichung für den Druck in diesem Falle die Form annimmt: $\frac{5}{6}pv = \mathfrak{R}T$. Der Druck erscheint dementsprechend um 20% vergrößert. In unserem Falle rührt aber nur $\frac{1}{24}$ des Gasdruckes von den Ionen her; der übrige Teil wird durch die Elektronen erzeugt, denen nur ein unmerklicher Bruchteil des Volumens unzugänglich ist. Der Druckzuwachs würde also weniger als 1% betragen.

Wir müssen aber nochmals betonen, daß dies keine Berechnung des wahren elektrostatischen Effektes ist. Es sollte hier nur der naheliegende Einwand beseitigt werden, daß sich Ionen so verhalten, als ob sie große Volumina hätten. Eine ziemlich schwierige mathematische Untersuchung wird uns später zeigen (§ 184), daß dieser Einwand ein Hirngespinst ist; inzwischen wählen wir einen leichteren Weg, indem wir zeigen, daß, ganz abgesehen von seiner Begründung, der verursachte Fehler jedenfalls nicht groß sein kann. Die Unmöglichkeit einer starken Annäherung zwischen Ionen erzeugt wohl einen Effekt, der aber kaum vorauszusehen gewesen wäre. In einem sehr kleinen Sterne sind die Ionen gezwungen, in der größten möglichen Entfernung voneinander zu bleiben, während die Elektronen nach Belieben herumwandern können. Die abstoßenden Kräfte werden daher auf ein Minimum herabgesetzt, während die anziehenden Kräfte eine gute Gelegenheit haben, das Minimum zu überschreiten. Das Resultat ist ein Überwiegen der Anziehungskräfte, durch das eine Kompression der Materie erleichtert wird.

Weiße Zwerge.

117. Wenn die Sternmaterie bei der Dichte des Platins noch immer die Kompressibilität eines idealen Gases besitzt, muß ihre Grenzdichte eine unvergleichlich viel höhere sein. Es ist daher möglich, daß die Materie in den Sternen Dichten erreichen kann, die uns bei irdischen Experimenten niemals begegnen. Umgekehrt würde die Feststellung von ganz abnorm hohen Dichten bei Himmelskörpern die denkbar beste Bestätigung unserer Anschauung bilden, daß die Materie in den gewöhnlichen Zwergsternen von der maximalen Dichte noch sehr weit entfernt ist und sich daher wie ein ideales Gas verhält.

Wir sehen sofort, wo wir nach solchen Objekten zu suchen haben, denn gerade diese Frage ist durch die sogenannten *weißen Zwerge* zur Diskussion gestellt worden. „Sonderbare Objekte, die sich darauf versteifen, ein Spektrum zu zeigen, das in keiner Weise ihrer Leuchtkraft entspricht, können uns letzten Endes mehr lehren, als ein Heer von Sternen, die nach der allgemeinen Regel ausstrahlen"[1]. Der bekannteste Stern dieser Art ist der Begleiter des Sirius.

Die Masse des Siriusbegleiters wird aus der Doppelsternbahn erhalten und dürfte zuverlässig sein. Die abgeleiteten Werte schwanken zwischen 0,75 $\odot$ und 0,95 $\odot$; wir wollen den Wert 0,85 annehmen. Seine absolute Helligkeit ist $11^m,3$, was $\frac{1}{360}$ der Leuchtkraft der Sonne entspricht. Wenn er ein roter Stern wäre, würde man sich über seine geringe Leuchtkraft nicht zu wundern brauchen; W. S. ADAMS[2] machte aber im Jahre **1914** die überraschende Entdeckung, daß sein Spektrum das eines weißen Sternes ist und sich von dem Spektrum des Sirius nicht sehr stark unterscheidet. Das Spektrum gehört der Klasse $F0$ oder vielleicht einem etwas früheren Typus (nach A zu) an. Wenn wir die effektive Temperatur eines F-Sternes gleich 8000^0 setzten — sie dürfte bei einem so dichten Sterne kaum niedriger sein — dann finden wir unter Benutzung der absoluten Helligkeit $11^m,3$ nach (87.2) einen Radius von 18800 km. Wir haben also scheinbar einen Stern von etwa Sonnenmasse vor uns mit einem Radius, der viel kleiner ist als der Radius des Uranus. Die hieraus berechnete Dichte ist 61000 gr pro cm^3 — also ziemlich genau eine Tonne im Kubikzoll.

Diese Überlegung ist bereits seit einigen Jahren bekannt. Ich glaube, daß man bei ihrer Erwähnung es gewöhnlich für passend erachtet hat, als Abschluß die Worte hinzuzufügen: „was widersinnig ist".

Abgesehen von der Unglaublichkeit des Resultates war sonst kein besonderer Grund vorhanden, dieser Berechnung Mißtrauen entgegenzubringen. Die Masse ist gut bestimmt und der Radius wird nach derselben Methode gefunden, nach der die Radien von α Orionis, Antares

---

[1] Jubiläumsrede, Monthly Notices Bd. **82**, S. **436** (1922).

[2] Publ. Astr. Soc. Pac. Bd. **27**, S. **236** (1915).

u. a. vorausberechnet wurden — die bekanntlich durch die Ergebnisse direkter Messungen mit dem Interferometer bestätigt werden. Es ist vermutet worden, daß der Begleiter in der Hauptsache das Licht des Sirius reflektiert, weil er eine geringe Dichte und wenig eigenes Licht besitzt. Abgesehen von den inneren Schwierigkeiten, die in dieser Annahme liegen, ist durch eine Erklärung des Siriusbegleiters, die auf andere inzwischen entdeckte weiße Zwerge nicht anwendbar ist, sehr wenig gewonnen. Die helle Komponente von o_2 Eridani ist auch ein weißer Zwerg, trotzdem sie keinen hellen und heißen Stern in ihrer Nachbarschaft hat.

Es scheint, daß der Siriusbegleiter entweder die oben erwähnte enorme Dichte tatsächlich besitzt oder daß er, aus unerklärten Gründen, die Fähigkeit hat, bei einer niedrigen, wahrscheinlich unterhalb 3000^0 liegenden effektiven Temperatur alle Hauptzüge eines F-Spektrums so genau nachzuahmen, daß sogar ein erfahrener Beobachter getäuscht wird. Bis vor kurzem wurde die erste Alternative wohl allgemein für gänzlich unglaublich gehalten. Es hatte den Anschein, daß man die Strahlung der weißen Zwerge für eines jener Paradoxe halten müßte, die von Zeit zu Zeit aufzutauchen pflegen, wenn man bei ungenügenden theoretischen Kenntnissen die Beobachtungstatsachen zu erklären versucht. Wir sind aber jetzt zu dem Schlusse gelangt, daß die erwähnte Dichte gar nicht unglaublich ist, und neigen dazu, das direkte Rechnungsergebnis zu akzeptieren. Allerdings bleiben noch einige Schwierigkeiten bestehen, die beträchtlich genug sind, um uns vor der bedingungslosen Annahme der Realität einer so hohen Dichte, ohne weitere Bestätigung, zurückschrecken zu lassen.

Ich sehe nicht ein, in welcher Weise ein Stern, der in einen Zustand derartiger Kompression hineingeraten ist, aus ihm jemals wieder herauskommen kann. So viel wir wissen, ist eine so enge Packung der Materie nur so lange möglich, als die Temperatur hoch genug bleibt, um die Materie im nötigen Maße zu ionisieren. Wenn sich der Stern abkühlt und die normale Dichte, die festen Körpern gewöhnlich zugeschrieben wird, wiedererlangt, muß er sich ausdehnen, also gegen die Gravitationskräfte Arbeit leisten. *Der Stern wird Energie brauchen, um sich abkühlen zu können.* Der Siriusbegleiter wird beim Erstarren seinen Radius mindestens um das Zehnfache vergrößern müssen, und das bedeutet, daß ihm 90% seiner verlorenen Gravitationsenergie Ω wieder ersetzt werden müssen. Wir sahen (§§ 103, 104), daß die Wärmeenergie, einschließlich der Ionisationsenergie notwendig kleiner ist als Ω, so daß sich wahrscheinlich ein Defizit ergeben wird. Wir können dem Sterne kaum die nötige Voraussicht zutrauen, um anzunehmen, daß er über 90% in Reserve behalten hat, um den ihn erwartenden Schwierigkeiten zu begegnen. Es ist zu erwarten, daß sich der Stern in einer äußerst peinlichen Situation befinden wird, wenn sein Vorrat an subatomarer

Energie endgültig erschöpft ist. Man stelle sich einen Körper vor, der dauernd Wärme verliert, ohne genügend Energie zu haben, um sich abzukühlen!

Es ist ein originelles Problem, und man könnte viele phantasievolle Vermutungen darüber aussprechen, was tatsächlich geschehen wird.

Indessen scheint diese Schwierigkeit durch eine sehr bemerkenswerte Untersuchung von R. H. FOWLER behoben worden zu sein[1]. Wir müssen uns dessen klar bewußt sein, daß die klassische statistische Mechanik nur eine Näherung darstellt. Gerade um dieselbe Zeit, als die Astronomen die Möglichkeit des Vorkommens außerordentlich hoher Dichten ernstlich in Erwägung zu ziehen begannen, erschien die „Neue Statistik" von EINSTEIN und BOSE, welche für die Theorie der großen Dichten eine ganz besondere Bedeutung hat. FOWLER findet nun, daß die in dem Siriusbegleiter bestehenden Bedingungen schon ein ernstliches Versagen der klassischen Statistik bedingen müssen. Das von ihm angegebene verbesserte Rechnungsverfahren ist auf der Betrachtung der in § 48 definierten Einheitszellen begründet. Wir sahen dort, daß jeder Zelle eine einzige Quantenbahn im Atome entspricht, und ferner, daß sich keine zwei Elektronen in Bahnen gleicher Quantenzahlen bewegen können (§ 50). Dieses „Ausschlußprinzip" wird nun verallgemeinert, und es wird das fundamentale Axiom aufgestellt, daß sich überhaupt keine zwei Massenpunkte in einer und derselben Zelle befinden können. FOWLER gelangt auf diese Weise zu dem Schlusse, daß die oben erwähnte Schwierigkeit lediglich durch den Umstand bedingt war, das die klassische Statistik zu einer unrichtigen Beziehung zwischen der Energie und der Temperatur einer Mannigfaltigkeit führt. Wenn die richtige, auf Grund des neuen Prinzips abgeleitete Beziehung an Stelle der alten substituiert wird, verschwindet auch der Widerspruch. Der Grenzzustand einer dichten Materie ist in Wirklichkeit ein solcher, bei dem die Energie eine ungeheuer große ist, *die absolute Temperatur aber den Wert Null hat.* Hierbei darf jedoch nicht übersehen werden, daß FOWLER das Wort Temperatur in einem Sinne gebraucht, der in diesem Buche nicht anerkannt wird, und wir müßten daher eher sagen, daß die Temperatur im Grenzzustande auch ungeheuer groß ist, daß aber das Strahlungsvermögen auf Null herabsinkt. Den Grund hierfür kann man folgendermaßen einsehen.

Nach dem Korrespondenzprinzipe kann ein Atom, dessen Elektronen in sehr hohe Quantenbahnen angeregt sind, ohne merkliche Ungenauigkeit auf Grund der klassischen Theorie behandelt werden; wenn aber das Atom durch Ausstrahlung zusammenklappt, wird eine Behandlung des Problems mit Hilfe der Zellen auf Grund des Ausschlußprinzips notwendig. Der Endzustand (normaler Zustand des Atoms)

[1] Monthly Notices, Bd. 87, S. 114 (1926).

ist ein solcher, bei dem die Elektronen große kinetische Energien haben, aber keine Ausstrahlung stattfindet. Indem wir dasselbe Prinzip auf einen Stern anwenden, betrachten wir letzteren virtuell als ein einziges riesiges Atom oder Molekül. Auf seinen uns geläufigen „hoch angeregten" Zustand kann die klassische Theorie angewandt werden, bei dem Zusammenklappen des Sternes wird aber die Anwendung der genaueren Statistik notwendig. Der Grenzzustand ist auch hier ein solcher, bei dem die Bewegungsenergie der Teilchen ungeheuer groß, die Ausstrahlung aber gleich Null ist. Nach einigen letzten Atemzügen von Strahlung erreicht der Stern den „normalen" Zustand, jenseits dessen es keinen weiteren Zustand mehr gibt. Durch das schließliche Aufhören jeder Strahlung wird die oben erwähnte peinliche Lage vermieden. Die Frage, ob der Stern über eine hinreichende Energie verfügt, um sich abkühlen zu können, wird in Wirklichkeit niemals gestellt; er wird so heiß wie nur möglich und hört dann auf auszustrahlen — wobei er seine kinetische Energie, genau so wie ein im Normalzustande befindliches Atom, beibehält.

FOWLER spricht (wenn auch unter Vorbehalt) die Ansicht aus, daß eine Neuberechnung der Energie des Siriusbegleiters nach der neuen Methode ergeben würde, daß letztere groß genug ist, um eine Ausdehnung des Sternes bis zu dem Zustande irdischer fester Körper zu ermöglichen. Hierdurch würde die uns beschäftigende Schwierigkeit sogar zweimal beseitigt sein: der Stern wird niemals den Wunsch haben, zu einer normalen Dichte zurückzukehren, er hat aber genügend Energie, um dies zu tun, falls er es wünschen sollte. Das Auffallendste an diesem Resultat ist, daß das endgültige Schicksal eines weißen Zwerges darin besteht, gleichzeitig der heißeste und der kälteste Körper in der ganzen Welt zu werden — der heißeste, auf Grund unserer Definition der Temperatur als einer Größe, welche die Energie der inneren Bewegung mißt, der kälteste nach ihrer thermodynamischen Definition, gemäß derer sie ein Maß für die Lockerung der Konfiguration, d. h. für das Strahlungsvermögen darstellt. Einen analogen extremen Gegensatz zeigt uns auch das Atom in seinem niedrigsten Quantenzustande.

118. Die Dichte des Siriusbegleiters kann einer entscheidenden Prüfung durch die Beobachtung unterzogen werden, nämlich der Prüfung auf das Vorhandensein des dritten EINSTEINschen Effektes oder Rotverschiebung der Spektrallinien. Wenn die hohe Dichte reell ist, wird dieser Effekt sehr groß sein müssen, da er proportional zu M/R ist, das hier 31mal größer ist als für die Sonne. Die vorausberechnete Verschiebung ist äquivalent einer Doppler-Verschiebung von 20 km/sec und es besteht daher keine Gefahr ihrer Verwechslung mit anderen noch unaufgeklärten spektralen Verschiebungen (dem K-Terme), die kaum 3 oder 4 km/sec übersteigen dürften. Bei einem einzelnen Sterne würden wir keine Möglichkeit haben, die Einstein-Verschiebung von einer echten Doppler-Verschiebung wegen Bewegung in der Gesichtslinie zu trennen; für diesen Stern kennen wir aber die Radialgeschwindigkeit aus Beobachtungen des Sirius selbst. In der Tat besteht die Beobachtung aus differentiellen Messungen der Spektren des Sirius und seines Begleiters; der kleine Unterschied in den Bewegungen beider Sterne ist bekannt und kann berücksichtigt werden.

Diese Prüfung ist von W. S. ADAMS auf dem Mount Wilson-Observatorium ausgeführt worden[1]. Die Aufgabe wird durch die Schwäche des Objekts und seine Nähe an den Sirius erschwert. Über dem Spektrum des Begleiters überlagert sich ein gestreutes Spektrum des Sirius. Die Streuung wächst sehr schnell mit abnehmender Wellenlänge, so daß das langwellige Ende des Spektrums am reinsten erhalten wird. Bei H_β findet so gut wie keine Überlagerung statt, da das gestreute Siriuslicht hier schwach ist. Für die Verschiebung der Linie H_β, die auf vier verschiedenen Aufnahmen (nach verschiedenen Methoden, die im ganzen acht Bestimmungen lieferten) gemessen wurde, ergaben sich die Werte:

$$+31,\ 23,\ 24,\ 17,\ 31,\ 27,\ 28,\ 25\,\text{km/sec}. \quad \text{Mittel } +26.$$

Bei H_γ erwies sich das gestreute Licht an Intensität beinahe gleich dem wahren Lichte des Begleiters; die Linie ist also wahrscheinlich eine Verschmelzung der Linien H_γ des Sirius und des Begleiters in etwa gleichen Anteilen. Die Messungen müssen daher mit einem Faktor multipliziert werden, der beinahe gleich zwei ist. Die gemessenen Verschiebungen von H_γ waren:

$$+13,\ 17,\ 2,\ 4,\ 8,\ 14,\ 12\,\text{km/sec}. \quad \text{Mittel (verbessert wegen Überlagerung)} \quad +21\,\text{km/sec}.$$

Schwächere Linien, die gemessen werden konnten, ergaben nach Multiplikation mit dem der Überlagerung entsprechenden Faktor das mittlere Resultat $+22$ km/sec. Wir haben daher

Allgemeines Mittel, Begleiter minus Sirius	+ 23
Wahrer Doppler-Effekt (Bahnbewegung)	+ 4,3
Einstein-Verschiebung	+ 19 km/sec.

Das bei H_γ und den schwachen Linien angewandte Verbesserungsverfahren ist natürlich unbefriedigend; aber das auf H_β allein beruhende Ergebnis scheint schon entscheidend zu sein.

Diese Beobachtung ist so wichtig, daß ich sie nicht voreilig akzeptieren möchte, solange die spektroskopischen Sachverständigen noch keine Zeit gehabt haben, sie eingehend zu kritisieren oder zu widerlegen; soweit ich sie aber beurteilen kann, scheint sie mir vollständig zuverlässig zu sein. Wenn das der Fall ist, dann hat Prof. ADAMS zwei

[1] Proc. Nat. Acad. Sci. Bd. 11, S. 382 (Juli 1925); erratum, Observatory Bd. 49, S. 88.

Vögel mit einem Steine erlegt; er hat eine neue Prüfung der EINSTEINschen allgemeinen Relativitätstheorie ausgeführt und gleichzeitig unsere Vermutung bestätigt, daß Materie mit 2000facher Dichte des Platins nicht nur möglich ist, sondern tatsächlich in der Welt existiert.

119. Weiße Zwerge kommen wahrscheinlich sehr häufig vor. Bis jetzt sind nur drei mit Bestimmtheit festgestellt worden, sie liegen aber alle innerhalb einer kleinen Entfernung von der Sonne. Wir sind vermutlich nur in seltenen Ausnahmsfällen in der Lage, die Merkmale dieses Zustandes bei einem Sterne zu bemerken, geschweige denn mit Sicherheit festzustellen.

Der Ausdruck „gewöhnliche Sterne" wird in diesem Buche durchweg in dem Sinne gebraucht, daß weiße Zwerge auszuschließen sind; wenn wir aber von ihnen so wenig sprechen, so geschieht das ausschließlich aus dem Grunde, weil wir noch wenig über sie wissen, und nicht etwa weil wir sie als eine zu vernachlässigende Minderheit betrachten.

Es liegt nahe, auch die helle Komponente von o_2 Eridani zu einer weiteren Prüfung unserer Auffassung zu verwenden. Sie ist zwar schwächer als der Siriusbegleiter, dafür befindet sich aber in ihrer Nachbarschaft kein die spektroskopischen Messungen störender heller Stern. Leider muß der Einstein-Effekt bei ihr beträchtlich kleiner sein. Der Begleiter von *o* Ceti ist auch zuweilen für einen weißen Zwerg gehalten worden, sein Spektrum scheint aber kein normales zu sein (peculiar) und seine Natur ist noch ziemlich dunkel.

Die Bedingungen in einem weißen Zwerge liegen außerhalb des Anwendungsbereiches unserer theoretischen Betrachtungen. Insbesondere hört unsere Formel für k bei ihnen auf eine brauchbare Annäherung darzustellen, und wir haben vorläufig noch keine Bestimmung des zu erwartenden Ionisationsgrades. Es ist wahrscheinlich, daß das bekannte Versagen der Gasgesetze wegen der endlichen Größe der Molekeln, bei so hohen Dichten schon merklich in Erscheinung tritt, und ich glaube daher nicht, daß sich weiße Zwerge wie ideale Gase verhalten. Der Siriusbegleiter würde beträchtlich unterhalb der theoretischen Massenhelligkeitskurve liegen; hierin könnte man allerdings einen Hinweis darauf erblicken, daß die Gasgesetze endlich versagt haben, doch könnte die Erscheinung auch durch eine Zunahme des Absorptionskoeffizienten erklärt werden, die durch die enge Packung von Ionen und Elektronen verursacht wird.

Wenn die Gasgesetze noch anwendbar wären, würde der Siriusbegleiter eine Mittelpunktsdichte von etwa 3000000 gr cm^{-3} und eine Mittelpunktstemperatur von 1000000000^0 haben. Die Temperatur ist von der Größenordnung, die zur Beeinflussung von radioaktiven Prozessen und zur Herbeiführung von Veränderungen in den Atomkernen erforderlich ist, so daß eine neue Reihe von Phänomenen, die bei gewöhnlichen Sternen nicht bekannt sind, hier einsetzen könnte. Wenn man die weißen Zwerge an den Anfang des Evolutionsprozesses statt an sein Ende setzen könnte, würde uns der Ursprung der chemischen Elemente weniger geheimnisvoll erscheinen.

Evolution.

120. Wir haben im vorangehenden die Beziehung zwischen *Helligkeit und Masse* betrachtet, die sowohl durch die Theorie, als auch durch die Beobachtungen nahegelegt wird, sowie die Folgen, zu denen sie führt. Wir wenden uns jetzt der Beziehung zwischen *Helligkeit und Spektraltypus* zu, die zur Zeit noch eine rein empirische ist. Abb. **3**, die von F. H. SEARES konstruiert ist, enthält die uns gegenwärtig bekannte Statistik der Verteilung der Spektraltypen auf die verschiedenen absoluten Helligkeiten. Der durch das Diagramm hervorgerufene Eindruck kann irreführend sein, wenn der große Einfluß der Auswahl des Materials nicht genügend berücksichtigt wird. Sterne hoher Leuchtkraft erscheinen hier in Anzahlen, die der wirklichen Häufigkeit ihres Vorkommens im Raume in keiner Weise entsprechen. Die absoluten Helligkeiten der den rötlicheren Typen angehörenden Sterne sind nach der spektroskopischen Methode eingehender untersucht worden, als die der weißen Typen. Trotzdem ist das Diagramm außerordentlich lehrreich.

Die charakteristischen Eigentümlichkeiten der Verteilung, die allgemein als sichergestellt betrachtet werden, sind in Abb. **4** schematisch dargestellt. Die Punkte häufen sich stark um ein Linienpaar PQR. Die Neigung von PQ ist klein, und es ist noch nicht erwiesen, daß sie den in der Abbildung angegebenen Sinn hat; die Reduktion der visuellen Helligkeiten von SEARES auf bolometrische Helligkeiten vergrößert aber die Neigung gerade in diesem Sinne[1]. In den Sternhaufen ist der Sinn der Neigung von PQ bestimmt der in der Abbildung angegebene, und die Neigung selbst scheint eine etwas größere zu sein als in unserem lokalen Systeme.

Wir können entweder annehmen, daß PQR den Weg der Evolution eines durchschnittlichen Sternes bezeichnet, oder daß mit verschiedenen Massen geborene Sterne nach einer schnellen Entwicklung einen Punkt auf PQR erreichen, um dann während einer beinahe unbeschränkten Zeit dort stecken zu bleiben. Diese Linie stellt also entweder einen Evolutionsweg dar, oder einen den Gleichgewichtszuständen entsprechenden geometrischen Ort, oder ein Gemisch von beiden.

Nach der gegenwärtigen Theorie bleibt die bolometrische Helligkeit eines Sternes praktisch konstant, solange seine Masse nicht geändert wird. Genauer zeigt die Spur der Entwicklung eines Sternes konstanter

[1] Gewöhnliche Riesen der A- und F-Typen, die auf der Geraden PQ liegen müßten, kommen spärlich vor, und die auf dem Diagramme von SEARES zu sehenden Sterne sind zum größten Teile Cepheiden oder Pseudo-Cepheiden.

Masse einen kleinen Anstieg nach links; eine solche Spur wird durch die punktierte Linie SS' dargestellt. Jede beträchtliche vertikale Verschiebung in Abb. 4 verlangt somit eine Änderung der Masse; insbesondere kann keine Evolution eines Sternes längs QR stattfinden, außer wenn sich die Masse des Sterns ständig, und zwar beträchtlich ändert.

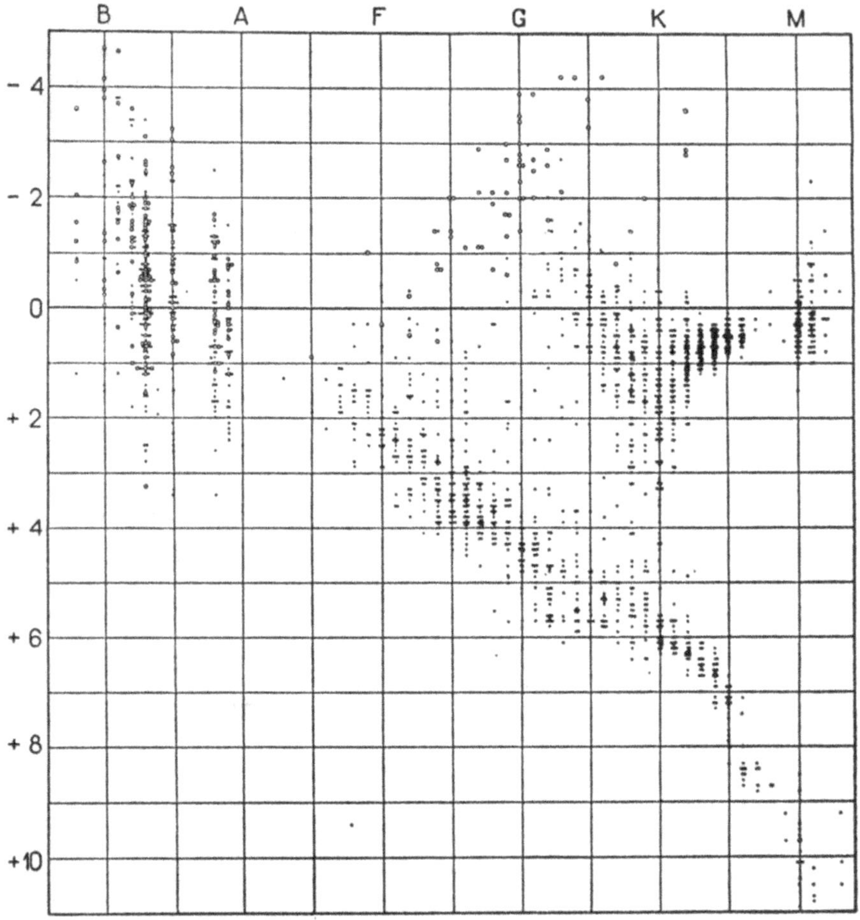

Abb. 3. Schematisches Typen-Helligkeitsdiagramm.

Eine Evolution längs PQ verlangt höchstens eine geringe Änderung der Masse.

Die Anzahl der Zwergsterne übersteigt die Anzahl der Riesen ganz gewaltig, und wenn das Diagramm von SEARES das wahre Verhältnis der verschiedenen Sterne im Raume zeigte, würde die Linie QR den hervorstechendsten Zug der Abbildung darstellen, hinter dem beinahe alles andere zurücktreten würde. Eine zweite in die Augen springende

Charakteristik würde höchstens noch die Gruppe der weißen Zwerge darstellen, während die längs PQ liegenden Riesensterne kaum bemerkbar wären. Wir nennen QR die *Hauptsequenz.* Wir können sie, wie durch die gestrichelte Linie angedeutet ist, bis zu den heißesten B- und O-Sternen verlängern; letztere kommen aber im Raume nicht sehr häufig vor.

121. Wenn der seit 50 Jahren alle unsere Theorien der Sterne beherrschende Evolutionsgedanke auch in Zukunft dieselbe Bedeutung behalten soll, müssen wir wohl annehmen, daß längs der Hauptsequenz eine Evolution stattfindet; und dies setzt notwendig eine Massenänderung voraus. Der größte Teil des Lebens eines Sternes wird wahrscheinlich durch eine Evolution längs dieser Linie ausgefüllt sein, wobei die Sterne wegen ihrer verschiedenen Anfangsmassen oder der äußeren Einwirkungen, denen sie ausgesetzt gewesen sein könnten, die Linie wahrscheinlich an verschiedenen Punkten erreichen und wieder verlassen werden. Wir müßten dann die Riesen als auf dem Wege zur Hauptsequenz befindliche Sterne betrachten und die weißen Zwerge als solche, die sie endgültig verlassen haben.

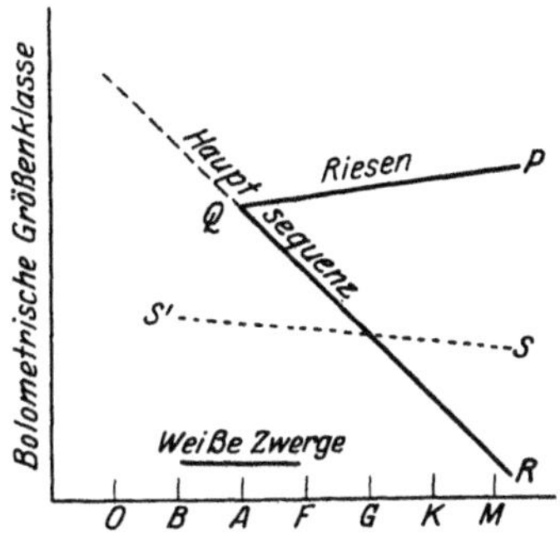

Abb. 4. Statistik der absoluten Helligkeiten und Spektraltypen.

Wenn keine Evolution längs der Hauptsequenz stattfindet, dann verläßt jeder Stern die Linie QR nach einer langen Rast auf ihr an demselben Punkte, an dem er sie seinerzeit erreicht hat. Soweit sich gegenwärtig feststellen läßt, haben die sich der Linie nähernden Sterne (Riesen) meistens beträchtlich größere Massen als die Sterne, welche die Linie verlassen (weiße Zwerge), so daß die Evolution längs der Linie stark angedeutet ist. Hieraus ersieht man schon, daß jede moderne Evolutionstheorie unlöslich mit der Frage nach der Möglichkeit einer Veränderlichkeit der Sternmassen verknüpft ist.

122. Die Bewegung eines Sternes längs der Linie QR (falls eine solche wirklich stattfindet) muß durch die Änderung seiner Masse bedingt sein und nicht durch eine ungenügende Ausbalancierung der Nachfrage und des Angebotes der Energie. Es ist wichtig, diese Tatsache im Auge zu behalten, weil man gewöhnlich angenommen hat, daß der Impuls zum Übergange in einen neuen Zustand bei einem Sterne durch das Versiegen der Quellen der Energiezufuhr gegeben wird. Hier würde aber ein Versiegen der Energiequellen den Stern veranlassen, sich von QR seitlich, längs einer zu SS' parallelen Linie zu entfernen; einen anderen Punkt von QR kann er ohne Massennäderung nicht erreichen.

Es hat also den Anschein, daß längs QR eine semipermanente Kompensation zwischen der Zufuhr subatomarer Energie und dem

Energieverluste durch Ausstrahlung besteht, wobei die Ausstrahlung durch Tabelle 14 bestimmt wird. Für verschiedene Massen gibt der jeweils entsprechende Punkt dieser Linie die richtigen inneren Bedingungen an, unter denen die subatomare Energie in solchen Mengen befreit wird, daß sie die durch die Masse fixierte Ausstrahlung gerade kompensiert. Dies wird für den größten Teil des Lebens eines Sternes zutreffen, aber die Zusammensetzung seines Materials erfährt eine langsame Verwandlung, und schließlich kommt eine Zeit, wo der Stern die Linie verlassen muß.

Es ist daher besonders interessant, die inneren Verhältnisse solcher Sterne zu studieren, die in der Hauptsequenz liegen. Ich glaube nicht, daß wir berechtigt sind, von vornherein irgendwelche gemeinsame Charakteristiken zu erwarten, weil z. B. *V* Puppis 8500mal mehr Energie freizumachen hat als Krüger 60, um seine Ausstrahlung zu kompensieren. Aber — sei es durch Zufall oder wegen irgendeines bedeutsamen physikalischen Gesetzes — eine solche gemeinsame Charakteristik erweist sich als tatsächlich vorhanden: *die Sterne in der Hauptsequenz besitzen alle beinahe dieselbe innere Temperaturverteilung.*

Auf dieses merkwürdige Ergebnis hat H. N. RUSSELL[1] zuerst hingewiesen. Beispiele dafür sind in § 106 gegeben worden. Die beste Methode, um sich einen Begriff davon zu machen, wie genau die Sterne diese Regel befolgen, besteht vielleicht darin, eine gemeinsame Mittelpunktstemperatur von 40 Millionen Grad für alle Sterne der Hauptsequenz anzunehmen, und die sich zwischen der absoluten Helligkeit (oder Masse) und der effektiven Temperatur (oder Spektraltypus) ergebende Beziehung zu berechnen.

In Tabelle 23 sind die ersten zwei Kolonnen direkt aus Tabelle 14 übernommen. Der Radius R des Sternes ist nach (99.3) durch

$$R = 0{,}856 \cdot \frac{G\,\mu\,\beta\,M}{\Re\,T_c} \tag{122.1}$$

gegeben. Der Radius R, welcher der angenommenen Mittelpunktstemperatur entspricht, kann somit berechnet werden.

Wenn m die absolute bolometrische Helligkeit bezeichnet, und m_0 die unmittelbar aus der Tabelle 14 entnommene Helligkeit, dann ist

$$m_0 - 2\log(T_e/5200) = m = -\tfrac{5}{2}\log L + \text{const}$$
$$= -5\log R - 10\log T_e + \text{const},$$

so daß

$$8\log T_e = -m_0 - 5\log R + \text{const}. \tag{122.2}$$

Auf diese Weise wird das in der fünften Kolonne gegebene T_e gefunden. Wir können nun m $(= m_0 - 2\log(T_e/5200))$ bestimmen und auf visuelle Helligkeit reduzieren. In der sechsten Kolonne ist schließlich

[1] Nature Bd. 116, S. 209 (1925).

der Spektraltypus angegeben, der nach der gebräuchlichen Temperaturskala der effektiven Temperatur T_e entspricht.

Es muß betont werden, daß wir bei dieser Berechnung die in der Fußnote auf S. 193 erwähnte Korrektion an m_0 angebracht haben; das heißt, daß wir auf der linken Seite von Abb. 2 der Kurve der Beobachtungsergebnisse den Vorzug vor der theoretischen Kurve gegeben haben, und zwar aus dem Grunde, weil wir der Ansicht sind, daß diese Korrektion reell ist[1].

Tabelle 23.

Resultate für eine angenommene Mittelpunktstemperatur von 40000000°.

$1-\beta$	Masse	Bol. Größe m	Vis. Größe m	Eff. Temp. °	Typus
0,002	0,182	11,94	14,5	2550	< *M d*
004	0,258	10,25	11,6	3210	*K* 9
015	0,512	7,26	7,6	4540	*K* 0
03	0,746	5,93	6,1	5160	*G* 4
05	1,00	4,47	4,5	6290	*F* 8
10	1,58	2,43	2,5	8250	*A* 8
18	2,56	0,52	0,9	10520	*A* 0
30	4,53	−1,38	−0,6	13260	*B* 7
50	11,46	−3,86	−2,4	17460	*B* 2
70	37,67	−6,44	−4,3	22500	*O e*
80	90,63	−8,12	−6	26200	*O*

Wenn man diese Helligkeiten und Spektraltypen in einem dem SEARESschen analogen Diagramme aufträgt, ergibt sich eine Linie, die, soweit sich beurteilen läßt, mit der Zentrallinie der Hauptsequenz nahe übereinstimmt. Die Beobachtungsergebnisse sind also mit der Annahme einer gleichmäßigen Mittelpunktstemperatur von 40 Millionen Grad längs der ganzen Linie durchaus verträglich. Wenigstens kann die Abweichung von der Gleichmäßigkeit nur klein sein.

Es entsteht nun die Frage, ob die Hauptsequenz im Diagramme im strengen Sinne eine Linie ist oder evtl. einen ziemlich schmalen Streifen darstellt. Dies kann auf Grund der statistischen Daten kaum entschieden werden, weil die Streuung zu einem großen Teile durch Beobachtungsfehler verursacht ist. Es ist gefährlich, sich auf einzelne Individuen zu be-

[1] Ob die Korrektion, im Falle, daß sie reell ist, angebracht werden muß, oder nicht, hängt von ihrem Ursprunge ab. Wenn sie durch einen verkleinerten Absorptionskoeffizienten bedingt wird, der den Stern heller erscheinen läßt, als nach dem Gesetze $k \propto \varrho/\mu T^{\frac{7}{2}}$ der Fall sein müßte, ist unser Verfahren gerechtfertigt. Wenn sie aber durch ein vergrößertes Molekulargewicht bedingt wird (ein wirkliches oder ein als fiktives Äquivalent für die elektrostatischen Kräfte einzuführendes (siehe § 115)), dann muß das μ bei der Bestimmung von R aus (122.1) vergrößert werden. Dies würde R vergrößern, die effektive Temperatur verkleinern und die Abnahme von m_0 in (122.2) zu einem beträchtlichen Teile kompensieren. Wenn aus diesen oder anderen Gründen das Anbringen der Korrektion unberechtigt war, muß T_e für die kleineren Sterne etwas zunehmen.

rufen, weil wir bei ihnen nicht sicher sein können, daß sie den stabilen Punkt schon erreicht haben; so wird z. B. die schwächere Komponente von α Centauri von RUSSELL für einen Riesen ungewöhnlich kleiner Masse gehalten, der sich der Hauptsequenz nähert, diese aber noch nicht erreicht hat. Ich glaube, daß eine gewisse Verbreiterung, namentlich am heißen Ende der Sequenz, angenommen werden muß; Alkyone z. B., obwohl der hellste der Pleiadensterne, ist keineswegs der heißeste. Ausnahmen dieser Art werden immer seltener, wenn wir längs der Serie abwärts wandern, und die Breite des Streifens nimmt augenscheinlich ab. Vielleicht verschwindet allmählich der Einfluß der verschiedenen Anfangsbedingungen der Sterne, nachdem sie sich längere Zeit in der Hauptsequenz aufgehalten haben. Die Beziehung zwischen Helligkeit und Spektraltypus ist in erster Linie eine empirische, während sich die Massenhelligkeitsbeziehung auf eine bestimmte Theorie stützt; wir haben keinen Grund zu erwarten, daß erstere für individuelle Sterne ebenso genau erfüllt sein wird wie letztere.

Es ist nicht leicht, für diese Konstanz der Mittelpunktstemperaturen eine Deutung zu finden. Sie könnte eine zufällige Relation sein, die dadurch zustande kommt, daß sich die Quellen der subatomaren Energie mit derselben Geschwindigkeit erschöpfen, mit der die an sie gestellten Anforderungen bei kleiner werdender Masse abnehmen; eine solche Anpassung erscheint aber kaum wahrscheinlich. Äußerlich betrachtet scheint sie auf folgenden Sachverhalt hinzuweisen: ob eine Zufuhr von 680 erg pro gr benötigt wird (V Puppis) oder eine Zufuhr von 0,08 erg pro gr (Krueger 60), immer muß der Stern zuerst bis zu einer Temperatur von 40000000^{0} hinaufsteigen, um sie zu erhalten. Bei dieser Temperatur wird ein unbeschränkter Vorrat angezapft.

Eine naheliegende Schwierigkeit besteht darin, daß die Temperatur ein statistisches Attribut ist und daß, wenn wir die individuellen Prozesse betrachten, alle Erscheinungen, die für 40 Millionen Grad charakteristisch sind, auch noch bei 20 Millionen Grad in ziemlich reichlichem Maße vorhanden sein müssen. Wir haben zwar Beispiele von kritischen Übergängen bei tiefen Temperaturen, doch scheint die Analogie nicht übertragbar zu sein. Scheidet vielleicht die Energie bei 40000000^{0} frei aus der Materie aus, wie Dampf bei 100^{0} aus Wasser ausscheidet?

Achtes Kapitel.

Veränderliche Sterne.

Die Cepheiden-Veränderlichen.

123. Trotzdem die veränderlichen Sterne der Cepheiden-Klasse eine periodische Änderung der Radialgeschwindigkeit zeigen, ist es sehr unwahrscheinlich, daß sie Doppelsternsysteme sind. Die uns gegenwärtig am plausibelsten erscheinende Theorie schreibt ihren Lichtwechsel der Pulsation eines einzelnen Sternes zu, und die veränderliche Radialgeschwindigkeit wird entsprechend als die Annäherungs- und Entfernungsgeschwindigkeit des dem Beobachter zugekehrten Teiles der Oberfläche beim Anschwellen und Wiederzusammenschrumpfen des Sternes gedeutet. Wenn diese Erklärung richtig ist, haben wir hier eine wertvolle Gelegenheit, unsere Untersuchung des inneren Zustandes eines Sternes von rein statischen auf gestörte Verhältnisse auszudehnen.

Die wichtigsten durch die Beobachtung ermittelten Tatsachen, die sich auf diese Veränderlichen beziehen, ergeben das folgende Bild:

Es sind uns etwa 170 galaktische Cepheiden bekannt, deren Perioden zwischen einigen Stunden und etwa 50 Tagen liegen; sogenannte „Bahnen" sind für 20 dieser Sterne aus Messungen der Radialgeschwindigkeiten berechnet worden. Ferner sind zahlreiche Cepheiden in einigen Kugelsternhaufen entdeckt worden; bei diesen sind Perioden von weniger als 12 Stunden besonders stark vertreten. Cepheiden sind auch in dem Andromedanebel gefunden worden. Im Intervalle zwischen 0,7 und 3 Tagen liegen verhältnismäßig wenige Perioden, so daß die Cepheiden in zwei Gruppen eingeteilt werden können, mit Perioden, die oberhalb oder unterhalb dieser Lücke liegen. Die visuelle Amplitude des Lichtwechsels übersteigt nur in seltenen Fällen 1,2 Größenklassen; die photographische Amplitude ist größer als die visuelle. Der Spektraltypus ändert sich während der Periode, und entspricht im Maximum einer höheren Temperatur als im Minimum. Die Lichtkurve und die Geschwindigkeitskurve zeigen zueinander die größte Ähnlichkeit[1]; der Zusammenhang ist um so auffallender, als beide Kurven gewöhnlich unsymmetrisch sind. Der Lichtwechsel ist durch einen schnellen Aufstieg zum Maximum und einen verhältnismäßig langsamen Abstieg charakterisiert, wobei letzterer oft noch durch einen ausgesprochenen Buckel auf dem absteigenden Aste der Lichtkurve verzögert wird[2]. Die Asymmetrie wird von der Geschwindigkeitskurve reproduziert; wenn

[1] Wenn sie nach der gebräuchlichen Methode aufgetragen werden, sind sie zueinander spiegelbildlich.

[2] Eine progressive Beziehung zwischen der Periode und der Form der Lichtkurve ist von E. HERTZSPRUNG gefunden worden. Für Perioden von 2—3 Tagen, und dann wieder für Perioden von 10—12 Tagen ist die Kurve ziemlich symmetrisch,

man diese als Bahnbewegung deutet, zeigt sie, daß die Bahn exzentrisch ist, und daß das Periastron in dem von dem Beobachter am weitesten entfernten Punkte liegt. Abweichungen von dieser Regel kommen gelegentlich auch vor. Zwischen Licht und Geschwindigkeit besteht eine sehr deutlich ausgeprägte Phasenbeziehung, indem die maximale Helligkeit gleichzeitig mit — oder vielleicht ein wenig vor — der maximalen Annäherungsgeschwindigkeit eintritt. Durch diese Tatsache wird jede Möglichkeit, den Lichtwechsel als eine Verfinsterungserscheinung zu deuten, ausgeschlossen. Die absolute Helligkeit ist eine bestimmte Funktion der Periode. Diese Beziehung ist zuerst von Miss LEAVITT gelegentlich einer Untersuchung der Veränderlichen in der kleinen MAGELLANschen Wolke gefunden worden. H. SHAPLEY hat sie durch seine Untersuchungen der Veränderlichen in den Kugelsternhaufen in vollem Maße bestätigt. In einem und demselben Sternhaufen unterscheidet sich die absolute Helligkeit von der scheinbaren Helligkeit nur um eine Konstante (die von der unbekannten Entfernung des Haufens abhängt), so daß die Periodenhelligkeitsbeziehung unmittelbar, ohne die Benutzung von Parallaxen, erhalten wird. Es erweist sich, daß die absolute Helligkeit durch die Periode mit einem wahrscheinlichen Fehler von etwa $\pm 0^m,25$ bestimmt wird. Nachdem wir in dieser Weise die für alle Cepheiden geltende Periodenhelligkeitskurve, bis auf die unbekannte Konstante, bestimmt haben, „verankern" wir diese Kurve, indem wir die bekannten mittleren Helligkeiten der uns am nächsten benachbarten Cepheiden (die auf Grund ihrer parallaktischen und transversalen Bewegungen erhalten werden) zu einer einzigen Bestimmung des Mittelwertes der Konstanten kombinieren.

Mit wachsender Periode (und Leuchtkraft) findet auch eine progressive Änderung des Spektraltypus statt in der Richtung von A nach M. Die Cepheiden besitzen im allgemeinen eine größere Leuchtkraft als gewöhnliche Riesensterne desselben Spektraltypus, obwohl uns auch einzelne Riesensterne sehr hoher Leuchtkraft, sogenannte Pseudocepheiden, bekannt sind, die mit den Cepheiden eine große Ähnlichkeit zu haben scheinen, trotzdem sie keinen Lichtwechsel zeigen. Die Cepheiden und Pseudocepheiden werden zuweilen als „Hypergiganten" bezeichnet.

124. Die Tabellen 24 und 25 enthalten einige Daten über diejenigen Cepheiden, die genügend erforscht sind. Die Beobachtungsergebnisse sind einer Kompilation von MARGARETE GÜSSOW entnommen[1].

In Tabelle 24 ist in der dritten Kolonne bei den meisten Sternen ein Bereich für den Spektraltypus angegeben, da dieser während der Periode

[1] Kritische Zusammenstellung sämtlicher Beobachtungsergebnisse der Veränderlichen vom δ-Cephei-Typus und Kritik der EDDINGTONschen Pulsationstheorie (lithographiert, Berlin 1924).

des Lichtwechsels variiert. Kolonne 4 gibt die dem mittleren Spektraltypus entsprechende effektive Temperatur. Als Basis für diese Zuordung dient die Annahme einer Temperatur von 4900° für den Typus *G0*, und eines Zuwachses im $\log_{10} T_e$ vom Betrage 0,0140 für jedes Zehntel einer Spektralklasse zwischen *M* und *A*, so daß $A0 = 9300°$, $M0 = 2600°$ ist. Die Temperaturen sind absichtlich etwas niedrig gewählt, einerseits weil diese Sterne Hypergiganten geringer Dichte sind, andererseits weil die hier benutzten Spektraltypen (meistens nach SHAPLEY[1]) systematisch um $\frac{3}{10}$ oder $\frac{4}{10}$ einer Klasse blauer sind, als die von ADAMS und JOY gegebenen. Die absoluten visuellen Helligkeiten der Kolonne 6 sind mit Hilfe von SHAPLEYS Periodenhelligkeitskurve abgeleitet[3]. Differentiell dürften diese Helligkeiten innerhalb $0^m,25$ richtig sein, aber der Nullpunkt der Periodenhelligkeitskurve ist nicht so gut bestimmt, und es könnte daher eine konstante Korrektion an die ganze Serie anzubringen sein. Ich vermute, daß auch noch ein progressiver (von einer nicht einwandfreien Reduktion der photographischen auf visuelle Helligkeiten herrührender) Fehler vorhanden sein kann, durch den die ersten drei oder vier Sterne zu hell und ihre berechneten Massen zu groß gemacht werden.

Tabelle **24**. Cepheiden-Veränderliche — Beobachtungsergebnisse.

Nr.	Stern	Typus	T_e	Periode (Π)	Größe		Lichtschwankung		e	ω	δR (10^6 km)
					Vis.	Bol.	Vis.	Photograph.			
			°	d	m	m	m	m		°	
1	l Car.	F 8—G 9	4400	35,523	—5,13	—5,53	1,5	—	0,36	99	8,59
2	Y Oph.	F 5—G 3	5050	17,121	—4,00	—4,17	0,61	—	0,16	202	1,79
3	X Cyg.	F 5	5750	16,385	—3,92	—3,97	0,69	1,16	0,25	101	6,12
4	ζ Gem.	G 0	4900	10,155	—3,16	—3,37	0,42	1,00	0,20	338	1,82
5	S Sge.	F 4—G 3	5150	8,382	—2,87	—3,02	0,50	0,86	0,60	75	1,47
6	W Sgr.	A 8—G 2	5750	7,594	—2,72	—2,77	0,85	—	0,36	43	1,93
7	η Aql.	A 8—G 5	5500	7,176	—2,62	—2,70	0,51	1,09	0,47	66	1,77
8	X Sgr.	F 1—G 5	5250	7,012	—2,60	—2,73	0,67	—	0,40	94	1,33
9	Y Sgr.	F 4—G 4	5050	5,773	—2,30	—2,47	0,74	1,13	0,42	74	1,35
10	δ Cep.	F 0—G 2	5550	5,366	—2,19	—2,27	0,61	1,08	0,48	85	1,27
11	T Vul.	A 9—G 1	5750	4,435	—1,95	—2,00	0,71	1,13	0,44	104	0,966
12	SU Cyg.	A 6—F 7	6450	3,845	—1,78	—1,78	0,74	1,15	0,31	108	0,709
13	RT Aur.	A 7—G 1	5950	3,728	—1,74	—1,76	0,80	—	0,37	95	0,856
14	SZ Tau.	A 9—G 0	5850	3,148	—1,58	—1,62	—	0,58	0,24	77	0,460
15	SU Cas.	A 9—F 5	6350	1,950	—1,15	—1,15	0,33	0,47	0,0	—	0,295
16	RR Lyr.	B 9—F 2	7800	0,567	—0,35	—0,39	0,85	1,06	0,25	111	0,166
17	Polaris	F 8	5250	3,968	—1,81	—1,94	0,08	0,17	0,13	80	0,165
18	β Cep.	B 1	19000	0,190	—0,37	—2,00	0,05	—	0,0	—	0,045

[1] Astrophys. Journ. Bd. 44, S. 274.

[2] ibid. Bd. 48, S. 114, 282.

Tabelle 25. Cepheiden-Veränderliche — Theoretische Resultate.

Nr.	Stern	M (Sonne = 1)	$1-\beta$	R (10^6 km)	ϱ_c	$\Pi\sqrt{\varrho_c}$	T_e (10^6 Grad)	a' (10^6 km)	$\frac{\delta R}{R}$	$\frac{\delta T_e}{T_e}$
1	*l* Car.	50,3	0,74	145	0,000433	0,74	2,61	117	0,059	0,117
2	Y Oph.	22,6	62	58,6	0,00288	0,92	4,24	54,9	031	054
3	X Cyg.	19,2	60	41,1	0,00713	1,38	5,39	50,5	148	069
4	ζ Gem.	15,4	56	43,0	0,00496	0,71	4,56	34,1	042	036
5	S Sge.	12,8	52	33,3	0,00894	0,79	5,34	28,2	044	045
6	W Sgr.	10,9	49	23,7	0,0209	1,10	6,78	25,0	081	085
7	η Aql.	10,7	49	25,3	0,0170	0,94	6,23	24,0	070	049
8	X Sgr.	11,1	49	27,9	0,0131	0,80	5,87	23,9	048	061
9	Y Sgr.	10,0	47	26,8	0,0134	0,67	5,72	20,3	050	065
10	δ Cep.	8,8	45	20,2	0,0273	0,89	6,93	18,5	063	058
11	T Vul.	7,7	42	16,7	0.0427	0,92	7,74	15,6	058	071
12	SU Cyg.	6,8	39	12,0	0,102	1,23	10,00	13,6	059	083
13	RT Aur.	6,9	39	13,9	0,0656	0,95	8,76	13,4	062	083
14	SZ Tau.	6,6	38	13,5	0,0691	0,83	8,76	11,8	034	036
15	SU Cas.	5,3	33	9,2	0,175	0,82	11,2	8,0	032	036
16	RR Lyr.	3,7	26	4,32	1,18	0,62	18,3	3,1	039	112
17	Polaris	7,8	42	19,6	0,0267	0,65	6,66	14,5	008	007
18	β Cep.	5,1	33	1,52	37,3	1,16	65,5	1,7	030	015

Die bolometrischen Helligkeiten sind aus den visuellen Helligkeiten mit Hilfe von Tabelle 16 abgeleitet. Die Amplituden des Lichtwechsels in den Kolonnen 8 und 9 unterscheiden sich oft beträchtlich von den an anderer Stelle in einer ähnlichen Tabelle angegebenen Werten[1], weil hier die Ergebnisse der modernsten photometrischen Arbeit verwertet sind. Die drei letzten Kolonnen enthalten Elemente der spektrographischen „Bahnen". Die Größe e darf nicht buchstäblich als Exzentrizität gedeutet werden, sie dient aber, um die Abweichung von einer einfachen harmonischen Schwingung zu messen. Das Element ω bezeichnet, bei der Deutung als Doppelsternbahn, die Lage des Periastrons; wenn $\omega = 90^0$ ist, liegt das Periastron in dem von uns am weitesten entfernten Punkte der Bahn, so daß der Abfall von der größten Entfernungsgeschwindigkeit bis zur kleinsten Entfernungsgeschwindigkeit steiler ist, als der Aufstieg der Geschwindigkeitskurve. Dies ist im allgemeinen eine charakteristische Eigentümlichkeit der Cepheiden. Die Größe δR ist das Element a sin i der spektrographischen Bahn, wird aber hier als die halbe Amplitude der Pulsation aufgefaßt. Streng genommen wäre, wenn ω nicht gleich 90^0 oder 270^0 ist, und die große Achse daher nicht in der Visionslinie liegt, noch eine Korrektion wegen Exzentrizität an diese Größe anzubringen, jedoch ist diese bei allen in der Tabelle enthaltenden Sternen verschwindend.

In Tabelle 25 geben die Kolonnen 3 und 4 die Massen und $1-\beta$, die nach unserer Theorie aus den absoluten Helligkeiten und T_e berechnet

[1] Monthly Notices Bd. 79, S. 4.

sind. In Kolonne 5 ist der in gebräuchlicher Weise aus der absoluten Helligkeit und T_e berechnete Radius gegeben. Die Mittelpunktsdichten und Mittelpunktstemperaturen in den Kolonnen 6 und 8 ergeben sich dann nach (99.3). In Kolonne 9 berechnen wir den Radius a' der Bahn eines hypothetischen Begleiters, der einen Stern der Masse M in der Periode Π umläuft. In Kolonne 11 ist δT_e die halbe Amplitude der Änderung von T_e, die zur Erklärung der in Tabelle 24 gegebenen visuellen Amplitude des Lichtwechsels notwendig wäre. Hierbei ist die Änderung der optischen Wirksamkeit bei einer Änderung von T_e mit berücksichtigt, so daß $\delta T_e/T_e$ nicht genau proportional zu der in Größenklassen ausgedrückten Amplitude ist. Die Phasenbeziehung der Lichtkurve zur Geschwindigkeitskurve ist eine derartige, daß der Radius sowohl bei maximaler als bei minimaler Helligkeit ungefähr seinen mittleren Wert hat. Es ist daher zulässig, die Lichtänderung einer Änderung der effektiven Temperatur zuzuschreiben anstatt einer Änderung des Radius; aber wir begehen vielleicht einen Fehler, indem wir annehmen, daß die Beziehung zwischen sichtbarer Lichtintensität und Wärmeintensität dieselbe ist, wie bei einem statischen Sterne.

Die Sterne Polaris und β Cephei sind nur zur Kenntnisnahme am Ende beider Tabellen angeführt. Trotzdem die Amplituden des Lichtwechsels bei ihnen sehr klein sind, werden sie gewöhnlich für echte Cepheiden gehalten. Bei der Diskussion der Tabellen werden wir uns jedoch nur mit den typischen Cepheiden mit großen Lichtschwankungen befassen.

125. Wir wollen zuerst erklären, warum die Doppelsternhypothese bei diesen Sternen aufgegeben werden muß.

Wenn die Cepheiden aus zwei Sternen bestehen, muß der zweite Stern verhältnismäßig schwach sein, denn man kann seine Spektrallinien in keinem Falle sehen, Eine oft gegebene Erklärung des Lichtwechsels besteht darin, daß sich das ganze System in einem Widerstand leistenden Medium befindet, und daß die vordere Seite des Hauptsternes bei seiner Bewegung durch dieses Medium durch den Widerstand erhitzt wird. Der Stern durchläuft daher wie der Mond verschiedene Phasen, indem er uns bald die kühlere, bald die heißere Hemisphäre zuwendet; insbesondere tritt die hellste Phase dann ein, wenn sich der Stern mit der größten Geschwindigkeit auf uns zu bewegt, was der beobachteten Beziehung zwischen Helligkeit und Geschwindigkeit entspricht. Um aber eine so beträchtliche Wärmezunahme erzeugen zu können, müßte der Widerstand groß genug sein, um auch die Periode in ziemlich kurzer Zeit merklich zu ändern; um diesem Einwande zu begegnen, ist zuweilen geltend gemacht worden, daß der Widerstand die Wärme nicht erzeugt, sondern nur die äußeren Schichten des Sternes wegfegt und eine heißere innere Schicht freilegt. Diese Annahme erscheint uns nicht ganz verständlich; man sollte meinen, daß sich auf der Vorderseite eines sich durch ein Medium durchringenden Sternes eher eine Anhäufung absorbierender Materie als eine Leere bilden müßte.

Der erste Verdacht gegen die Deutung der beobachteten Radialgeschwindigkeiten als Bahnbewegung wurde durch die von dem Elemente ω im allgemeinen gezeigte Neigung erweckt, Werte anzunehmen, die in der Nähe von 90^0 liegen. Es wäre natürlich unsinnig zu glauben, daß die Bahnen eine systematische Orientierung gegen die Visionslinien von der Sonne aus haben. Die Tendenz ist aber viel zu ausgeprägt, als daß sie ein Werk des Zufalls sein könnte; die auffallendsten Ausnahmefälle, Y Ophiuchi und ζ Geminorum, zeigen beide geringe Exzentrizitäten, so daß die Werte von ω bei ihnen keine große Bedeutung haben.

Die regelmäßige Beziehung zwischen Periode und Dichte, die $\Pi\sqrt{\varrho_c}$ praktisch zu einer Konstanten macht (Tabelle 25), spricht gleichfalls gegen die Doppelsterntheorie. Wir werden später sehen, daß eine solche Beziehung naturgemäß zu erwarten ist, wenn die Periode von den inneren Vorgängen in einem einzelnen Sterne abhängt. Den überzeugendsten Beweis der Unhaltbarkeit der Doppelsterntheorie liefert aber die Betrachtung der linearen Dimensionen der hypothetischen Systeme, aus der sich ergibt, daß der für die Bahnen erforderliche Raum gar nicht vorhanden ist, und daß das Doppelsternmodell eine geometrische Unmöglichkeit darstellt. Die Kolonne für $\delta R/R$ (d.h. $a_1 \sin i/R_1$ nach der Doppelsternhypothese) zeigt, daß a_1 sin i im Mittel den Wert 0,054 R_1 hat. Nun kann aber der Abstand $a_1 + a_2$ der beiden Komponenten nicht kleiner sein als der Radius R_1 des Hauptsternes. Das Verhältnis der Massen ist daher

$$\frac{M_2}{M_1} = \frac{a_1}{a_2} < \frac{0{,}054 \operatorname{cosec} i}{1 - 0{,}054 \operatorname{cosec} i}.$$

Cosec i wird im allgemeinen nicht viel größer als 1 sein, und ist für alle in unserer Tabelle enthaltenen Sterne bestimmt nicht groß; es ist daher M_2 im allgemeinen nicht größer als etwa $\frac{1}{12}$ M_1 und wir können ohne großen Fehler annehmen, daß M_1 (d. h. das M unserer Tabelle 25) praktisch die ganze Masse des Systems darstellt.

In diesem Falle wird die große Halbachse der relativen Bahn durch die unter a' tabulierte Größe gegeben. In den allermeisten Fällen ist aber a' etwas kleiner als R; d. h. wir müssen den Begleiter *im Inneren* des Hauptsternes unterbringen. Wenn wir noch die starken Exzentrizitäten berücksichtigen, sehen wir, daß der Begleiter im Periastron tief in das Innere des Hauptsternes eintauchen muß. Die auf der Annahme einer Bahnbewegung begründete Deutung muß also aufgegeben werden, weil der verfügbare Raum für die hypothetischen Bahnen nicht ausreicht[1].

[1] Die wichtigsten Argumente gegen die Doppelsterntheorie und für die Pul sationstheorie sind von SHAPLEY (Astrophys. Journ. Bd. 40, S. 448. 1914) for-

Die Widerlegung der Doppelsternhypothese zwingt uns natürlich noch nicht zur Annahme der Pulsationshypothese. Immerhin sind unsere Betrachtungen von nun an auf einen einzelnen Stern beschränkt, und die Periode des Lichtwechsels muß daher eine für diesen Stern charakteristische Periode sein. Wenn sie nicht die Periode irgendeiner Pulsation darstellt, scheint die einzig noch übrigbleibende Alternative darin zu bestehen, daß sie mit der Umdrehungszeit des Sternes identisch ist. Wir wissen von keiner Theorie, die den Lichtwechsel des Sternes mit seiner Rotation in Verbindung setzt, und die plausibel genug wäre, um hier eine Besprechung zu verdienen. Dagegen gibt es zweifellos noch andere Arten von Pulsationen, außer der in diesem Kapitel in Vorschlag gebrachten und behandelten symmetrisch mechanischen Pulsation, die eine gewisse Beachtung verdienen könnten[1].

126. Wenn wir die Pulsationstheorie annehmen, ist die Amplitude $\delta R/R$ gerade von der Größenordnung, die wir zu erwarten hätten. Sie ist groß genug, um beträchtliche Änderungen der inneren Temperatur und Dichte zu bedingen, und dadurch Schwankungen der Ausstrahlung hervorzurufen. Eine Proportionalität zwischen $\delta R/R$ und der Amplitude der Temperaturänderung $\delta T_e/T_e$ scheint auch angedeutet zu sein; die Tatsache, daß diese Beziehung nicht streng erfüllt ist, kann den Fehlern der Beobachtungsdaten zugeschrieben werden. Für 15 Sterne (nach Ausschluß von X Cygni) sind die mittleren Werte bzw.

$$\delta R/R = 0{,}052\,, \qquad \delta T_e/T_e = 0{,}066\,.$$

$\delta R/R$ muß aber bestimmt etwas vergrößert werden, weil sich die spektroskopischen Messungen von δR auf das integrierte Licht der Halbkugel

muliert worden. Früher hatte sich schon H. C. PLUMMER zugunsten der Pulsationstheorie ausgesprochen, hauptsächlich aus dem Grunde, weil die Beobachtungen Abweichungen von einer elliptischen Bewegung erkennen lassen, die durch Gravitationsstörungen seitens eines dritten Körpers in keiner Weise erklärt werden können (Monthly Notices Bd. **73**, S. 665; **74**, S. 662).

[1] [In jüngster Zeit ist wieder eine Zunahme der abfälligen Beurteilungen der Pulsationstheorie zu verzeichnen gewesen und andere Theorien sind von verschiedenen Seiten aufgestellt worden. Eine Zusammenfassung dieser Diskussion findet man in Monthly Notices Bd. **86**. Ich habe die Theorie der symmetrischen Pulsationen niemals als endgültig bewiesen betrachtet, glaube aber nicht, daß die neueren Besprechungen irgendetwas zutage gefördert hätten, was mich veranlassen sollte, die in diesem Kapitel angeführten Argumente und ausgesprochenen Meinungen abzuändern. Die Theorien, welche die Periode des Lichtwechsels mit der Umdrehungszeit des Sternes identifizieren, scheinen mir aus folgenden Gründen unhaltbar zu sein. Für δ Cephei erhält man mit dem Radius $2 \cdot 10^7$ km und der Periode 5,4 Tage eine Äquatorialgeschwindigkeit von 270 km in der Sekunde, so daß zwischen den verschiedenen Teilen der Sternscheibe differentielle Radialgeschwindigkeiten von 540 km/sec bestehen müßten. Die Spektrallinien müßten daher außerordentlich verschwommen erscheinen und eine Gesamtbreite von 8 Å, also eine effektive Breite (unter Vernachlässigung der schwachen Ränder) von mindestens 3 Å besitzen.]

beziehen und nicht die wirkliche Vergrößerung von R geben. Wenn das Gesetz des Lichtabfalles nach dem Rande der Scheibe dasselbe ist, wie für die Sonne, muß $\delta R/R$ mit dem Faktor $\frac{24}{17}$ multipliziert werden, was den mittleren Wert 0,073 ergibt. Ich glaube aber, daß die Pulsation im Maximum ein stärkeres Ausströmen des Lichtes in normaler Richtung als bei einem statischen Sterne verursachen kann, so daß die anzubringende Korrektion wahrscheinlich kleiner ist. $\delta R/R$ und $\delta T_e/T_e$ scheinen also nahezu denselben Wert zu haben. Die theoretische Beziehung zwischen beiden Größen ist nicht abgeleitet worden, und wir haben keinen Grund, eine genaue Übereinstimmung zu erwarten.

Wir könnten ferner eine Zunahme der „Exzentrizität", d.h. der Abweichung von einer einfachen harmonischen Schwingung, mit zunehmender relativer Amplitude erwarten, jedoch enthält die Tafel keine Andeutung hierauf. Wenn eine solche Tendenz vorhanden ist, wird sie wahrscheinlich durch die von HERTZSPRUNG bemerkte (S. 219, Fußnote) viel stärker ausgeprägte Beziehung zwischen der Exzentrizität und der Periode verdeckt.

Die Amplitude δT_e der Temperaturschwankung müßte ferner auch der beobachteten Änderung des Spektraltypus entsprechen. Der mittlere Wert $\pm$ 0,066 T_e entspricht einer relativen Schwankung von 0,934 bis 1,066, was einen Zuwachs von etwa vier Zehnteln einer Spektralklasse darstellt. Die in unserer Tabelle angegebenen Schwankungen sind im allgemeinen etwas größer, jedoch hängt ihr Betrag in hohem Maße von den der Zuordnung der Spektraltypen zugrunde gelegten Charakteristiken ab. Bei den in der Tabelle gegebenen Typen bildeten die Intensitäten der Wasserstofflinien das wichtigste Kriterium. ADAMS und JOY haben gezeigt, daß sich die Wasserstofflinien in den Cepheiden anomal verhalten, und daß die allgemeineren spektralen Merkmale eine geringere Änderung des Typus ergeben. Für neun Sterne fanden sie im Mittel eine Änderung von sechs Zehnteln einer Spektralklasse aus den Wasserstofflinien und von nur einem Zehntel aus den allgemeinen Charakteristiken[1].

Adiabatische Schwingungen eines Sternes.

127. Wir werden jetzt die Theorie der Pulsation eines gasförmigen Sternes entwickeln. Die genaue Theorie der Änderungen der Temperatur und der Dichte, unter Berücksichtigung des Wärmeflusses, führt zu Differentialgleichungen vierter Ordnung, deren Behandlung gegenwärtig unmöglich erscheint. Das Problem wird aber dadurch vereinfacht,

[1] Proc. Nat. Acad. Sci. Bd. 4, S. 131. In einer späteren Arbeit (ibid. Bd. 13, S. 391, 1927) nehmen sie eine Differenz von vier Zehnteln einer Spektralklasse zwischen Maximum und Minimum als endgültigen Wert an (wahrscheinlich auf Grund ihrer eigenen Beobachtungen). Dies stimmt mit dem theoretischen Ergebnis genau überein.

daß, wegen der hohen Opazität der Sternmaterie, die Schwingungen im größten Teile des Inneren eines Sternes adiabatisch erfolgen. Wir fangen daher mit der Betrachtung der adiabatischen Schwingungen einer Gaskugel an; nachträglich können wir dann den resultierenden Wärmefluß berechnen und die Stelle im Sterne angeben, an der er so stark wird, daß die adiabatische Näherung nicht mehr gerechtfertigt erscheint.

Es seien P, ϱ, T der Druck, die Dichte und die Temperatur in einem Punkt, dessen Abstand vom Mittelpunkte des Sternes gleich ξ ist, und in dem die Schwerkraft den Wert g hat. Wir richten unser Augenmerk auf ein bestimmtes materielles Teilchen, so daß ξ mit der Pulsation schwanken wird. Wir bezeichnen mit ξ_0, P_0, ϱ_0 usw. die ungestörten Werte und setzen ferner

$$\xi - \xi_0 = \delta\xi = \xi_0 \xi_1 \qquad P - P_0 = \delta P = P_0 P_1 \tag{127.1}$$

und analog für alle anderen Variablen. Wenn die Periode der Schwingung $2\pi/n$ ist, werden ξ_1, P_1 usw. einen Faktor $\cos nt$ enthalten. Wir beschränken uns auf die Betrachtung kleiner Schwingungen und vernachlässigen das Quadrat der Amplitude.

Bei adiabatischen Änderungen sind Druck und Dichte eines bestimmten materiellen Teilchens durch die Beziehung

$$P \propto \varrho^\gamma$$

verknüpft, wo γ das effektive Verhältnis der spezifischen Wärmen bedeutet (wobei die Materie und die in ihr eingeschlossene Strahlung als ein System zu betrachten sind, da P den Gesamtdruck bezeichnet). Es ist daher

$$\frac{\delta P}{P_0} = \gamma \frac{\delta \varrho}{\varrho_0}$$

oder

$$P_1 = \gamma \varrho_1 . \tag{127.21}$$

Die in der Kugelschale ξ bis $\xi + d\xi$ enthaltene Materie nimmt im ungestörten Zustande die Schale ξ_0 bis $\xi_0 + d\xi_0$ ein; wir haben daher, indem wir die Massen gleichsetzen

$$\varrho \xi^2 d\xi = \varrho_0 \xi_0^2 d\xi_0 . \tag{127.22}$$

Durch logarithmische Differentiation folgt hieraus

$$\frac{\delta \varrho}{\varrho_0} + 2 \frac{\delta \xi}{\xi_0} + \frac{d\,\delta\xi}{d\xi_0} = 0,$$

so daß

$$\varrho_1 = -2\xi_1 - \frac{d}{d\xi_0}(\xi_0 \xi_1) = -3\xi_1 - \xi_0 \frac{d\xi_1}{d\xi_0} . \tag{127.23}$$

Die gewöhnliche Bewegungsgleichung lautet

$$\frac{1}{\varrho}\frac{dP}{d\xi} = -g - \frac{d^2\xi}{dt^2} = -g + n^2 \xi_0 \xi_1 .$$

Hieraus folgt mit Hilfe von (127.22)

$$\frac{1}{\varrho_0 \xi_0^2} \frac{dP}{d\xi_0} = -\frac{g}{\xi^2} + \frac{n^2 \xi_0 \xi_1}{\xi^2}. \tag{127.3}$$

Nun ist aber $g/\xi^2 = GM/\xi^4$, wo M die innerhalb des Radius ξ eingeschlossene Masse bezeichnet, die während der Pulsation konstant bleibt; es ist daher

$$\delta(g/\xi^2) = -4GM\,\delta\xi/\xi_0^5 = -4g_0\xi_1/\xi_0^2.$$

Daher wird (127.3)

$$\frac{1}{\varrho_0 \xi_0^2} \cdot \frac{d}{d\xi_0}(P_0 + P_0 P_1) = -\frac{g_0}{\xi_0^2} + \left(\frac{4g_0}{\xi_0^2} + \frac{n^2}{\xi_0}\right)\xi_1,$$

was wiederum aufgespaltet werden kann in die Gleichgewichtsformel

$$\frac{dP_0}{d\xi_0} = -g_0\varrho_0 \tag{127.41}$$

und die Gleichung für die Abweichung von den Gleichgewichtswerten:

$$\frac{d(P_0 P_1)}{d\xi_0} = \varrho_0(4g_0 + n^2\xi_0)\xi_1, \tag{127.42}$$

die sich unter Benutzung von (127.41) auf die Form reduzieren läßt:

$$P_0 \frac{dP_1}{d\xi_0} - g_0\varrho_0 P_1 = \varrho_0(4g_0 + n^2\xi_0)\xi_1. \tag{127.51}$$

Aus (127.21) und (127.23) folgt

$$P_1 = -\gamma\left(3\xi_1 + \xi_0 \frac{d\xi_1}{d\xi_0}\right). \tag{127.52}$$

Indem wir P_1 aus (127.51) und (127.52) eliminieren, erhalten wir

$$\frac{d^2\xi_1}{d\xi_0^2} + \frac{4-\mu}{\xi_0}\frac{d\xi_1}{d\xi_0} + \left\{\frac{n^2\varrho_0}{\gamma P_0} - \left(3 - \frac{4}{\gamma}\right)\frac{\mu}{\xi_0^2}\right\}\xi_1 = 0, \tag{127.6}$$

wo

$$\mu = g_0\varrho_0\xi_0/P_0.$$

Die auf den Gleichgewichtszustand bezüglichen Werte, die in Gleichung (127.6) als Koeffizienten erscheinen, können mit Hilfe von Tabelle 6 tabuliert werden[1]. Es kann leicht gezeigt werden, daß μ (welches die Dimension einer reinen Zahl hat) durch

$$\mu = -4\frac{z}{u}\frac{du}{dz}$$

---

[1] Eine Hilfstafel, welche die Werte von μ gibt, findet man in Monthly Notices, Bd. 79, S. 10.

gegeben wird, und daß

$$\frac{\varrho_0}{P_0} = \frac{1}{u}\left(\frac{\varrho_0}{P_0}\right)_c$$

ist, wo der Index c die auf den Mittelpunkt des Sternes bezüglichen Werte bezeichnet.

Es sei

$$\omega^2 = \frac{n^2}{\gamma}\left(\frac{\varrho_0}{P_0}\right)_c, \tag{127.71}$$

$$\alpha = 3 - 4/\gamma\,. \tag{127.72}$$

Dann kann (127.6) in der Form geschrieben werden

$$\xi_1'' + \frac{4-\mu}{\xi_0}\,\xi_1' + \left(\frac{\omega^2}{u} - \frac{\alpha\mu}{\xi_0^2}\right)\xi_1 = 0, \tag{127.8}$$

wobei die Striche Differentiationen nach ξ_0 bedeuten.

128. Die Gleichung (127.8) muß numerisch gelöst werden. Wir müssen zuerst einen passenden Wert für die Größe α ansetzen, die von dem effektiven Verhältnisse der spezifischen Wärmen abhängt. Der maximale Wert von α, der dem maximalen Werte $\gamma = \frac{5}{3}$ für einatomige Gase entspricht, ist 0,6; der kleinste Wert von α ist 0 und entspricht dem Werte $\gamma = \frac{4}{3}$, da für kleinere Werte von γ der Stern nicht mehr stabil sein kann (§ 104).

Wir wollen als Beispiel den Fall $\alpha = 0{,}2$ wählen. Es müssen nun verschiedene Werte von ω^2, d. h. verschiedene Perioden, probiert werden, bis wir eine Lösung finden, die den Grenzbedingungen genügt und daher eine mögliche freie Schwingung darstellt. Der erste Knoten (Ort konstanten Druckes) der Grundschwingung muß in die Grenzfläche des Sternes fallen. Wir fangen im Mittelpunkte mit einem willkürlichen (der Amplitude der Pulsation entsprechenden) Werte von ξ_1 an, den wir als Einheit wählen. Für ξ_1' muß augenscheinlich der Wert Null angesetzt werden. Indem wir uns zunächst einer Reihenentwicklung bedienen, und zu einer Lösung durch mechanische Quadraturen übergehen, sobald die Reihe unbequem wird, berechnen wir ξ_1, ξ_1', ξ_1'', für eine Reihe aufeinanderfolgender Punkte. Tabelle 26 enthält die Resultate der Rechnungen für drei verschiedene Werte von ω^2, nämlich für 0,055, 0,060, 0,065. Die hierbei benutzte Längeneinheit ist 1/6,9 des Radius des Sternes, so daß die Werte ξ_0 der ersten Kolonne den Werten z von Tabelle 6 entsprechen.

Betrachten wir die Lösung für $\omega^2 = 0{,}060$ etwas näher. Bei $\xi_0 = 5$ erhält ξ_1'' einen negativen Wert und nimmt rasch ab, so daß auch ξ_1' abnimmt und wahrscheinlich negativ wird, bevor die Begrenzung erreicht ist. Der Knoten wird durch die Beziehung $3\xi_1 + \xi_0\,\xi_1' = 0$ gegeben und wird wahrscheinlich auch innerhalb der Grenzfläche liegen;

die Welle ist also etwas zu kurz, um auf den Stern zu passen. Wir verlängern sie, indem wir ω^2 verkleinern. Der Versuch mit $\omega^2 = 0{,}055$ zeigt uns, daß wir weit über das Ziel geschossen haben; ξ_1'' wächst (so weit wir es verfolgen) immer schneller und schneller und die Welle entzieht sich ganz unserer Kontrolle. Wenn wir $\omega^2 = 0{,}065$ nehmen, sehen wir, daß die Welle viel zu kurz ist, und daß ein Knoten sicher im Inneren des Sternes liegen wird. Diese Resultate zeigen, daß die Lösung gegenüber kleinen Änderungen von ω^2 sehr empfindlich ist, so daß die wahre Lösung nicht weit ab von $\omega^2 = 0{,}060$ liegen kann.

Tabelle 26.

Probelösungen für einen pulsierenden Stern ($\alpha = 0{,}2$).

ξ_0	$\omega^2 = 0{,}055$			$\omega^2 = 0{,}060$			$\omega^2 = 0{,}065$		
	ξ_1	ξ_1'	ξ_1''	ξ_1	ξ_1'	ξ_1''	ξ_1	ξ_1'	ξ_1''
0	1	0	0,0423	1	0	0,0413	1	0	0,0403
1	1,0218	0,0443	0504	1,0212	0,0431	0476	1,0206	0,0420	0448
1¼	1,0345	0573	0538	1,0335	0554	0506	1,0325	0535	0474
1½	1,0505	0713	0585	1,0489	0685	0541	1,0474	0657	0497
1¾	1,0702	0867	0644	1,0678	0825	0584	1,0654	0784	0524
2	1,0940	1037	0718	1,0903	0977	0634	1,0867	0919	0550
2¼	1,1223	1227	0806	1,1168	1142	0688	1,1114	1059	0570
2½	1,1556	1441	0912	1,1475	1320	0744	1,1396	1202	0577
2¾	1,1946	1685	1041	1,1829	1514	0804	1,1715	1346	0568
3	1,2401	1965	1203	1,2234	1723	0862	1,2069	1484	0529
3¼	1,2932	2290	1407	1,2692	1945	0917	1,2456	1606	0440
3½	1,3551	2672	1676	1,3208	2181	0968	1,2870	1697	0276
3¾	1,4272	3135	2045	1,3784	2427	0999	1,3300	1735	−0014
4	1,5122	3707	2571	1,4422	2678	0994	—	—	—
4¼	1,6131	4442	3361	1,5122	2919	0927	—	—	—
4½	1,7349	5427	4621	1,5879	3130	0735	—	—	—
4¾	—	—	—	1,6680	3266	0289	—	—	—
5	—	—	—	1,7497	3233	−0680	—	—	—

Es wird später gezeigt werden, daß die adiabatische Annäherung in der Nähe der Oberfläche zusammenbricht, so daß strenge Grenzbedingungen überhaupt nicht aufgestellt werden könnten. Das ist aber für uns ziemlich belanglos. Solange der Knoten im Inneren des Sterns liegt (also da, wo die Näherung noch gilt), müssen wir die Welle immer weiter verlängern; sobald wir sie aber etwas zu stark verlängert haben, ändert sich die Lösung in einer solchen Weise, daß überhaupt kein Knoten zustande kommen kann.

Es ergibt sich ferner, daß der Wert von ω^2 für die Grundschwingung ungefähr proportional zu α ist. Wir erhielten die folgenden Resultate

$$\alpha = 0{,}1 \qquad \omega^2 = 0{,}0315,$$

$$\alpha = 0{,}2 \qquad \omega^2 = 0{,}060,$$

$$\alpha = 0{,}6 \qquad \omega^2 = 0{,}156.$$

Wir können mit ausreichender Genauigkeit setzen

$$\omega^2 = \tfrac{3}{10}\,\alpha\,. \qquad (128.1)$$

Die vollständige (von H. E. GREEN berechnete) Lösung für $\alpha = 0{,}1$ ist in Tabelle 27 gegeben, in der auch die entsprechenden, nach (127.23) berechneten Werte von ϱ_1 enthalten sind.

Tabelle 27. Lösung für einen pulsierenden Stern.
$\alpha = 0{,}1$, $\omega^2 = 0{,}0315$.

ξ_0	ξ_1	ξ_1'	ξ_1''	$-\varrho_1$
1	1,0104	0,0211	0,0225	3,0523
1¼	1,0163	0268	0237	3,0824
1½	1,0238	0329	0249	3,1208
1¾	1,0328	0393	0263	3,1671
2	1,0434	0461	0278	3,2224
2¼	1,0558	0532	0293	3,2871
2½	1,0701	0607	0309	3,3621
2¾	1,0862	0686	0324	3,4473
3	1,1044	0769	0337	3,5439
3¼	1,1247	0855	0348	3,6520
3½	1,1472	0943	0353	3,7716
3¾	1,1719	1031	0351	3,9024
4	1,1988	1117	0333	4,0432
4¼	1,2278	1197	0291	4,1921
4½	1,2587	1260	0201	4,3431
4¾	1,2908	1289	0017	4,4846
5	1,3231	1251	— 0367	4,5948

Effektives Verhältnis der spezifischen Wärmen.

129. Es sei Γ das Verhältnis der spezifischen Wärmen des gegebenen Materials. Die Strahlung verhält sich so, als ob für sie das Verhältnis der spezifischen Wärmen gleich $\frac{4}{3}$ wäre. Wir können daher erwarten, daß in unserem Probleme, welches sich auf ein Gemisch von Materie und Strahlung bezieht, der passende Wert von γ zwischen den Grenzen Γ und $\frac{4}{3}$ liegen wird. Wir wollen diesen Wert genauer untersuchen.

Wenn wir den Gesamtdruck in der Form

$$P = N\varrho T + \tfrac{1}{3} a T^4 \quad (N = \Re/\mu) \tag{129.11}$$

schreiben, ist die Energie in der Volumeneinheit

$$E = \frac{N}{\Gamma - 1}\varrho T + a T^4, \tag{129.12}$$

da die spezifische Wärme c_v der Materie gleich $N/(\Gamma - 1)$ ist.

Die Bedingung für adiabatische Änderungen des Volumens V ist

$$\delta(EV) + P\delta V = 0,$$

so daß

$$\delta E = -(E + P)\,\delta V/V = (E + P)\,\delta\varrho/\varrho = (E + P)\,\varrho_1. \tag{129.2}$$

Mit Hilfe von (129.11) und (129.12) folgt hieraus

$$\frac{N}{\Gamma - 1}\varrho_0 T_0(\varrho_1 + T_1) + 4 a T_0^4 T_1 = \left(\frac{\Gamma N}{\Gamma - 1}\varrho_0 T_0 + \frac{4}{3} a T_0^4\right)\varrho_1 \tag{129.3}$$

oder, da $N \varrho_0 T_0 = \beta P_0$, $\frac{1}{3} a T_0^4 = (1-\beta) P_0$,

$$\left\{\frac{\beta}{\Gamma - 1} + 12(1-\beta)\right\} T_1 = \{\beta + 4(1-\beta)\} \varrho_1 . \qquad (129.4)$$

Aus (129.11) folgt auch

$$P_1 = \beta(\varrho_1 + T_1) + 4(1-\beta) T_1$$
$$= \beta \varrho_1 + (4 - 3\beta) T_1 .$$

Daher ist nach (129.4)

$$P_1 = \gamma \varrho_1 , \qquad (129.51)$$

wo

$$\gamma = \beta + \frac{(4-3\beta)^2 (\Gamma - 1)}{\beta + 12(\Gamma - 1)(1-\beta)} . \qquad (129.52)$$

Dies kann auf die Form gebracht werden

$$\frac{\gamma - \frac{4}{3}}{\Gamma - \frac{4}{3}} = \frac{4 - 3\beta}{1 + 12(\Gamma - 1)(1-\beta)/\beta} . \qquad (129.6)$$

Wir haben ferner auch

$$T_1 = \frac{\gamma - \beta}{4 - 3\beta} \cdot \varrho_1 . \qquad (129.7)$$

Wenn wir in Analogie mit der gewöhnlichen Gleichung für Materie ohne Strahlung

$$T_1 = (\gamma' - 1) \varrho_1 \qquad (129.75)$$

schreiben, dann ist

$$\gamma' - \frac{4}{3} = (\gamma - \frac{4}{3}) / (4 - 3\beta) . \qquad (129.8)$$

Hier bedeutet γ das effektive Verhältnis der spezifischen Wärmen für die Druck-Dichte-Beziehung und γ' dasselbe für die Temperatur-Dichte-Beziehung. Bei zunehmender Masse des Sternes und abnehmendem β nähert sich γ' schneller dem Werte $\frac{4}{3}$ als γ. Wenn wir einen durch Pulsation komprimierten Stern betrachten, sind wir zunächst geneigt, ihn mit einem Sterne zu vergleichen, der im Verlaufe seiner Entwicklung eine langsame Kontraktion erfahren hat; im letzteren Falle ändert

Tabelle 28. Effektives Verhältnis der spezifischen Wärmen.

$1-\beta$	Werte von γ			Werte von $(\gamma\alpha)^{\frac{1}{2}}$		
	$\Gamma = 1\frac{4}{9}$	$\Gamma = 1\frac{5}{9}$	$\Gamma = 1\frac{2}{3}$	$\Gamma = 1\frac{4}{9}$	$\Gamma = 1\frac{5}{9}$	$\Gamma = 1\frac{2}{3}$
0,20	1,410	1,467	1,511	0,478	0,632	0,730
30	1,398	1,443	1,476	439	573	655
35	1,392	1,433	1,462	421	546	621
40	1,387	1,423	1,449	401	519	589
45	1,382	1,414	1,437	382	493	558
50	1,377	1,406	1,426	363	466	527
60	1,368	1,390	1,405	321	412	464
70	1,359	1,375	1,386	277	353	397
80	1,350	1,361	1,368	225	286	321

sich aber T wie $\varrho^{\frac{1}{3}}$, während es sich im ersten Falle schneller ändert. Bei Sternen größerer Masse ist die Temperaturerhöhung nicht so beträchtlich, wie wir auf Grund des Wertes von γ (das für gewöhnliche Zwecke als das effektive Verhältnis der spezifischen Wärmen betrachtet werden darf) erwarten würden, weil die Temperaturänderung von γ' abhängt, welches kleiner ist. Tabelle 28 gibt die nach (129.6) berechneten Werte von γ für verschiedene Werte von Γ und $(1-\beta)$. Sie enthält auch die Werte von $(\gamma\alpha)^{\frac{1}{2}} = (3\gamma - 4)^{\frac{1}{2}}$, die wir später brauchen werden.

Periode der Pulsation.

130. In der Gleichung (127.71) ist die Längeneinheit gleich R/R', wo R der Radius des Sternes und $R' = 6{,}901$ ist. Um die Gleichung von der Längeneinheit unabhängig zu machen, schreiben wir sie in der Form

$$\omega^2 = \frac{n^2}{\gamma}\left(\frac{\varrho}{P}\right)_c \left(\frac{R}{R'}\right)^2, \tag{130.1}$$

wodurch sie in bezug auf Dimensionen richtig wird, da ω eine reine Zahl sein soll.

Aus (55.41) und (55.42) erhalten wir für $n = 3$

$$\frac{\varrho_c^2}{P_c} = \frac{\varphi_c^2}{16\,\varkappa^3}.$$

Nach (57.3) ist aber

$$\varphi_c^2 = \left(\frac{G\,M}{M'}\,\frac{R'}{R}\right)^2, \qquad 16\,\varkappa^3 = \pi\,G\left(\frac{G\,M}{M'}\right)^2.$$

Daher ist

$$\frac{\varrho_c^2}{P_c}\left(\frac{R}{R'}\right)^2 = \frac{1}{\pi\,G}. \tag{130.2}$$

Die Gleichung (130.1) kann also in der Form geschrieben werden

$$\omega^2 = n^2/\pi\,G\,\gamma\,\varrho_c.$$

Da die Periode Π gleich $2\,\pi/n$ ist und $\omega^2 = \frac{3}{10}\,\alpha$, erhalten wir

$$\Pi^2\,\varrho_c = \frac{10}{3}\,\frac{4\,\pi}{G\,\gamma\,\alpha}, \tag{130.3}$$

woraus sich ergibt

$$\Pi\,\sqrt{\varrho_c} = 25080\,(\gamma\,\alpha)^{-\frac{1}{2}}$$

oder schließlich, wenn Π in Tagen ausgedrückt ist

$$\Pi\,\sqrt{\varrho_c} = 0{,}290\,(\gamma\,\alpha)^{-\frac{1}{2}}. \tag{130.4}$$

Der Faktor $(\gamma\alpha)^{-\frac{1}{2}}$ kann sich von Cepheide zu Cepheide etwas ändern, weil er von $(1-\beta)$ und daher von der Masse abhängt; wir sehen aber aus Tabelle 28, daß die Änderung ziemlich unbeträchtlich ist. Daher muß $\Pi\,\sqrt{\varrho_c}$ genähert konstant sein. Die Werte von $\Pi\,\sqrt{\varrho_c}$ für die 18 Cepheiden sind in Tabelle 25 berechnet, und man sieht, daß sie in sehr befriedigender Weise übereinstimmen. Die Werte müßten bei zunehmender Masse etwas wachsen; dies wird durch die Tabelle nicht bestätigt, jedoch dürfen wir bei den Beobachtungsdaten die Genauigkeit nicht erwarten, die nötig wäre, um diesen Effekt zu zeigen. Es sind nämlich mehrere mögliche Fehlerquellen vorhanden, die beide Enden der Tabelle verschieden beeinflussen können. Es erscheint nicht unwahrscheinlich, daß SHAPLEYs Periodenhelligkeitsbeziehung den langperiodischen Cepheiden eine zu hohe Leuchtkraft zuschreibt[1]. Außerdem haben wir keinen Grund anzunehmen, daß Γ für die ganze Tabelle genau den gleichen Wert hat.

Der Wert von γ oder Γ ist von FOWLER und GUGGENHEIM für mehrere typische Cepheiden auf Grund von physikalischen Daten berechnet worden (§ 189). Leider hängt er ziemlich stark von der angenommenen chemischen Zusammensetzung ab. Es kommt nicht so sehr darauf an, ob die Elemente überwiegend leicht oder schwer sind, sondern darauf, ob eine bestimmte Gruppe von, sagen wir, 10 aufeinanderfolgenden Elementen, für welche die Bedingungen im Sterne kritisch sind, reichlich vertreten ist. Wir ziehen aus diesen Berechnungen den Schluß, daß wenn keine besonderen Eigentümlichkeiten der Zusammensetzung vorliegen, der Wert von Γ nicht viel kleiner sein wird, als für einatomige Gase, und wir dürfen vielleicht den Wert 1,55 als den für einen durchschnittlichen Stern wahrscheinlichsten Wert betrachten.

Für δ Cephei ist $1-\beta=0{,}45$, und es ist, für $\Gamma=1\frac{5}{9}$,

$$(\gamma\,\alpha)^{\frac{1}{2}}=0{,}493\,.$$

Da $\sqrt{\varrho_c}=0{,}165$ ist (Tabelle 25), erhalten wir aus (130.4)

$$\Pi=3{,}57 \text{ Tage},$$

während die beobachtete Periode 5,37 Tage beträgt. Wenn man die Unsicherheit der Bestimmung sowohl der absoluten Helligkeit als der effektiven Temperatur in Betracht zieht, ist die Übereinstimmung eine durchaus befriedigende.

Wir können übrigens, auch ohne von einem bestimmten abgeschätzten Werte von Γ Gebrauch zu machen, die Periode mit derejnigen Genauigkeit voraussagen, welche die anderen Daten verbürgen. Für die Werte

$$\Gamma=1\tfrac{2}{3},\ 1\tfrac{5}{9},\ 1\tfrac{4}{9},\ 1\tfrac{1}{3}$$

haben wir $(\gamma\alpha)^{\frac{1}{2}}=0{,}558,\ 0{,}493,\ 0{,}382,\ 0{,}000$, woraus sich für die entsprechenden Perioden die Werte ergeben.

$$\Pi=3{,}15.\ \ 3{,}57,\ \ 4{,}60,\ \ \infty \text{ Tage}.$$

Der Wert 3,15 Tage ist entschieden eine untere Grenze; eine obere Grenze ist zwar nicht vorhanden, aber eine Periode beträchtlich

[1] Monthly Notices Bd. 79, S. 21—22.

über 4,6 Tage kann sich nur in dem Falle ergeben, wenn Γ ganz unwahrscheinlich nahe mit dem Werte $\frac{4}{3}$ zusammenfällt. Wir haben wenig Grund zu der Annahme, daß das Verhältnis der spezifischen Wärmen für durchschnittliche Sternmaterie in der Nähe von $\frac{4}{3}$ liegt; wir müssen vielmehr aus den Rechnungen von FOWLER den Schluß ziehen, daß es für alle wahrscheinlichen Gemische ganz beträchtlich größere Werte hat. Wenn wir die Wahrscheinlichkeit dafür, daß $\Gamma - \frac{4}{3}$ zwischen 0 und $\frac{1}{30}$ liegt, gleich einem Zehntel annehmen (weil sich der ganze mögliche Variationsbereich von 0 bis $\frac{1}{3}$ erstreckt), dann ergibt sich, daß man 9 zu 1 wetten könnte, daß die Periode von δ Cephei zwischen 3,15 und 7,78 Tagen liegen wird.

Um den Wert von Γ zu finden, der den Beobachtungen am besten entspricht, bilden wir einige Mittelwerte: für die Sterne Nr. 5—9 ist im Mittel $1 - \beta = 0{,}49$, $\Pi \sqrt{\varrho_c} = 0{,}85$; daher ist $(\gamma\alpha)^{\frac{1}{2}} = 0{,}342$, $\Gamma = 1{,}43$. Die Mittelwerte für Nr. 10—14 sind: $1 - \beta = 0{,}41$, $\Pi \sqrt{\varrho_c} = 0{,}96$; daher $(\gamma\alpha)^{\frac{1}{2}} = 0{,}302$, $\Gamma = 1{,}39$. Wir können also $\Gamma = 1{,}40$ als einen passenden Wert annehmen. Nach der in § 23 gegebenen Theorie bedeutet dieser Wert, daß die innere Energie der Materie (Ionisationsenergie) gleich $\frac{2}{3}$ der Translationsenergie (hauptsächlich Energie der freien Elektronen) ist, oder vielmehr, daß sich die innere Energie und die Translationsenergie mit der Temperatur in diesem Verhältnisse ändern. Dieses Resultat wird nur als Beispiel für die Anwendung der Prinzipien angeführt, da die Genauigkeit der Beobachtungsdaten keineswegs ausreicht, um so weitgehende Schlüsse aus der Bestimmung von Γ zu ziehen.

In § 138 wird gezeigt werden, daß ein niedriger Wert von Γ das Einsetzen von Cepheiden-Pulsationen wahrscheinlich begünstigt. Wenn das der Fall ist, müssen die Bedingungen in den Cepheiden notwendig für die Ionisation irgendeines stark vertretenen Elementes, oder einer Gruppe von Elementen, kritisch sein; es ist daher durchaus vernünftig, daß wir aus den Cepheiden einen Wert $\Gamma = 1{,}40$ finden, der niedriger ist, als derjenige, den wir bei Sternen im allgemeinen für den wahrscheinlichsten halten.

R. H. FOWLER hat darauf hingewiesen, daß im Lichte unserer modernen Kenntnisse über die Bedingungen bei hohen Temperaturen die Größe Γ zu einer Fiktion geworden ist — wenn auch vielleicht zu einer nützlichen Fiktion. In der elementaren Theorie der inneren Wärme eines Gases (§ 23) wird angenommen, daß das Molekulargewicht konstant bleibt; wenn aber die innere Wärme in Ionisationsenergie besteht, befindet sich diese Annahme mit sich selbst im Widerspruche und die elementare Theorie wird unanwendbar. Jeder Zuwachs der inneren Wärme ist mit der Befreiung eines neuen Elektrons verbunden und bedingt daher eine Abnahme des Molekulargewichtes. In seinen Untersuchungen geht FOWLER unmittelbar auf die Bestimmung von γ hinaus — das er als den Exponenten im Gesetze $P \propto \varrho^\gamma$ definiert. Es kann aber trotzdem von Vorteil sein, die allgemeinen Vorstellungen von § 129 beizubehalten, daß nämlich der materielle Faktor $(\Gamma - \frac{4}{3})$ durch immer stärkere Beimischung von Strahlung verwässert wird, wobei auch das Oszillationsvermögen der Materie durch die Neutralität der Strahlung verdünnt wird. So behält Γ, das jetzt mittelst (129.6) *definiert* werden kann, doch noch eine interessante genäherte Deutung.

Grenze der Pulsation.

131. Die Bedingung für einen Knoten oder Bereich stationären Druckes ist

$$\delta P = P_0 P_1 = 0 .$$

In § 128 haben wir diese Beziehung in der Form $P_1 = 0$ angewandt, die vollkommen richtig ist, solange sich das betrachtete Gebiet im Inneren des Sternes befindet. Für einen an der Begrenzung liegenden Knoten aber, in dem $P_0 = 0$ ist, genügt schon, daß P_1 endlich bleibt; und in Wirklichkeit strebt bei einer freien Schwingung P_1 an der Begrenzung nicht dem Werte Null zu. Nach (127.41) und (127.42) ist

$$\frac{d(P_0 P_1)}{d P_0} = -\left(4 + \frac{n^2 \xi_0}{g_0}\right) \xi_1 . \tag{131.1}$$

Da $P_0 P_1$ und P_0 an der Begrenzung gleich Null sind, folgt für einen in einer geringen Tiefe unter der Begrenzung liegenden Punkt

$$\frac{P_0 P_1}{P_0} = P_1 = -\left(4 + \frac{n^2 R}{g_0}\right) \xi_1 . \tag{131.2}$$

Nun ist aber

$$\frac{n^2 R}{g_0} = \frac{n^2 R^3}{G M} = \frac{4\pi^2}{\Pi^2} \cdot \frac{3}{4\pi G \varrho_m} = \frac{3\pi}{\Pi^2 G \varrho_c} \cdot \frac{\varrho_c}{\varrho_m} = 12{,}2\, \gamma\, \alpha \tag{131.3}$$

wegen (130.3) und nach Einführung des Wertes $\varrho_c/\varrho_m = 54{,}36$.

Für die beiden Gruppen von Cepheiden Nr. 5—9 und 10—14 hatten wir

$$(\gamma\, \alpha)^{\frac{1}{2}} = 0{,}342 \text{ bzw. } 0{,}302 .$$

Daher ist

$$\frac{n^2 R}{g_0} = 1{,}4 \text{ bzw. } 1{,}1 .$$

Wenn wir diese Werte in (131.2) einsetzen, sehen wir, daß ξ_1 an der Begrenzung zwischen $-\frac{1}{5} P_1$ und $-\frac{1}{6} P_1$, liegt.

Da der Druck nicht negativ werden kann, darf R_1 den Wert 1 nicht überschreiten; es scheint daher auf den ersten Blick für den Wert von ξ_1 oder $\delta R/R$ eine obere Grenze vom Betrage $\frac{1}{5}$ oder $\frac{1}{6}$ zu bestehen. Der beobachtete Wert von $\delta R/R$ ist in § 126 zu 0,052 gefunden worden, oder nach Anbringung einer Korrektion, zu 0,073. Diese Werte erreichen etwa die Hälfte des durch die Theorie nahegelegten Wertes, jedoch könnte die Abweichung zur Not auch kleineren Mängeln der Theorie zugeschrieben werden. Man könnte leicht in die Versuchung kommen, die Annahme zu machen, daß, wenn die inneren Bedingungen eines Sternes geeignet sind, eine infinitesimale Störung eine Pulsation hervorruft, deren Amplitude so lange wächst, bis das Verschwinden des Druckes ihrer weiteren Zunahme ein Ende setzt, und daß die Amplituden bei den meisten Cepheiden durch diese Bedingung fixiert werden. Diese Schlußfolgerung ist jedoch unrichtig[1], weil Gleichung (131.2) auf der Annahme beruht, daß das Quadrat der Amplitude vernachlässigt werden darf, und diese Gleichung daher auf den Fall $P_1 = 1$ nicht anwendbar ist. Sie führt nicht einmal zu einer erträglichen Näherung. Die Bedingung, daß P nicht negativ werden kann, läßt sich aber, ganz unabhängig von (131.2) in folgender Weise völlig streng formulieren: die maximale, nach innen gerichtete Beschleunigung muß kleiner als g sei. Diese Bedingung tritt zur Zeit der größten Ausdehnung des Sternes in Tätigkeit. Wenn die „Bahn" beinahe kreisförmig ist, nimmt die Bedingung die Form an

$$n^2 \delta R < g < g_0/(1+\xi_1)^2$$

oder unter Benutzung des obenstehenden Wertes von $n^2 R/g_0$

$$\delta R/R < 0{,}6 \quad \text{bzw.} \quad 0{,}8.$$

Bei elliptischen Bahnen kann die Beschleunigung aus der beobachteten Geschwindigkeitskurve direkt entnommen werden; die Grenze ist in diesem Falle etwas höher, weil es sich erweist, daß die nach innen gerichtete Beschleunigung kleiner ist, als die nach außen gerichtete. Es ist klar, daß das Verschwinden des Druckes keineswegs die Bedingung darstellt, welche bei den wirklichen Cepheiden der Amplitude eine Grenze setzt.

Zerstreuung der Energie.

132. Der nach außen gerichtete Strahlungsfluß durch eine Kugeloberfläche vom Radius ξ ist

$$F = 4\pi\xi^2 H = -\frac{4\pi a c \xi^2}{3 k \varrho}\frac{d T^4}{d\xi}$$

$$= -\frac{4\pi a c \xi^4}{3 k \varrho_0 \xi_0^2}\frac{d T^4}{d\xi_0} \quad \text{wegen (127.22)}.$$

Nach logarithmischer Differentiation ergibt sich hieraus, wenn wir $F = F_0 + F_0 F_1$ usw. schreiben:

$$F_1 = -k_1 + 4\xi_1 + \frac{4\, d(T_0^4 T_1)}{d T_0^4}. \qquad (132.1)$$

[1] Den Hinweis auf diesen Fehlschluß, der in der englischen Ausgabe enthalten ist, verdanke ich Dr. J. Woltjer.

Nach (127.21) und (129.75) ist

$$P_1 = \eta T_1, \tag{132.21}$$

wo

$$\eta = \gamma/(\gamma' - 1). \tag{132.22}$$

Es ist daher

$$\frac{d(T_0^4 T_1)}{d T_0^4} = \frac{d(P_0 T_1)}{d P_0} = \frac{1}{\eta} \frac{d(P_0 P_1)}{d P_0} = -\frac{1}{\eta}\left(4 + \frac{n^2 \xi_0}{g_0}\right) \xi_1$$

wegen (131.1). Hiermit wird

$$F_1 = -k_1 + 4\xi_1\left\{1 - \frac{1}{\eta}\left(4 + \frac{n^2 \xi_0}{g_0}\right)\right\}. \tag{132.3}$$

Andererseits haben wir aus dem Absorptionsgesetze $k \propto \varrho/T^{\frac{7}{2}}$

$$k_1 = \varrho_1 - \tfrac{7}{2} T_1 = -\Theta \varrho_1, \tag{132.41}$$

wo

$$\Theta = \tfrac{7}{2}(\gamma' - 1) - 1. \tag{132.42}$$

Man beachte, daß Θ positiv und größer als $\frac{1}{6}$ ist.

Es sei dQ/dt der Wärmegewinn der Masseneinheit in der Zeiteinheit in einer zwischen ξ und $\xi + d\xi$ enthaltenen Schale, der durch den Transport mittelst Strahlung bedingt wird. Dann ist

$$\begin{aligned} \frac{dQ}{dt} &= -\frac{d(F_0 + F_0 F_1)}{4\pi \varrho_0 \xi_0^2 \, d\xi_0} \\ &= -\frac{1}{4\pi \varrho_0 \xi_0^2}(1 + F_1)\frac{dF_0}{d\xi_0} - \frac{F_0}{4\pi\varrho_0 \xi_0^2}\frac{dF_1}{d\xi_0}. \end{aligned}$$

Der stationäre Teil des auf der rechten Seite stehenden Ausdruckes muß durch die in der Zeiteinheit innerhalb der Schale erfolgende Befreiung von subatomarer Energie ε kompensiert werden. Es ist daher

$$\frac{dQ}{dt} = -\varepsilon(1 + F_1) - \frac{1}{3}\varepsilon_m \frac{\varrho_m}{\varrho_0} \xi_0 \frac{dF_1}{d\xi_0}, \tag{132.5}$$

wo ε_m und ϱ_m Mittelwerte für das innerhalb von ξ liegende Gebiet sind, so daß $\varepsilon_m = F_0/\frac{4}{3}\pi \varrho_m \xi_0^3$ ist.

133. Zur numerischen Diskussion der Gleichung (132.5) werden wir uns der Berechnungen von Tabelle 27 bedienen, welche den Werten $\alpha = 0{,}1$, $\gamma = 1{,}380$ entsprechen. Wir nehmen $1-\beta = 0{,}385$ an, was einer Cepheide mit einer Periode von etwa 4 Tagen entspricht. Dann sind

$$\gamma' = 1{,}355 \qquad \eta = 3{,}90 \qquad \Theta = 0{,}24 \qquad \Gamma = 1{,}43.$$

Nach (131.3) ist daher an der Begrenzung $n^2 \xi_0/g_0$ gleich 1,71, und der Wert dieser Größe in anderen Punkten wird leicht aus Tabelle 6 gefunden, da sie umgekehrt proportional zu der mittleren Dichte der innerhalb ξ_0 eingeschlossenen Masse ist. Wenn σ das Verhältnis der mittleren Dichte des Sternes zu der mittleren Dichte der innerhalb ξ_0 liegenden Masse bezeichnet, nimmt (132.3) die Form an

$$F_1 = 0{,}24\,\varrho_1 - (0{,}10 + 1{,}75\,\sigma)\,\xi_1. \tag{133.1}$$

Mit Hilfe der Tabelle 27 werden nachfolgende Werte erhalten

ξ_0	F_1	$\frac{1}{3}\frac{\varrho_m}{\varrho_0}\xi_0\frac{dF_1}{d\xi_0}$	Summe
0	— 0,85	0,00	— 0,85
1	— 0,87	— 0,02	— 0,89
2	— 0,96	— 0,14	— 1,10
3	— 1,16	— 1,05	— 2,21
4	— 1,52	— 6,28	— 7,80
5	— 2,12	— 46	— 48

Hier ist die Einheit der Amplitude gleich derjenigen von ξ_1 im Mittelpunkt des Sterns, die ihrerseits ungefähr gleich 0,7 der Amplitude von ξ_1 an der Begrenzung ist, also $0{,}7\ \delta R/R$.

Wenn wir die Änderung von ε im Inneren des Sternes vernachlässigen, so daß $\varepsilon_m = \varepsilon$ ist, gibt die letzte Kolonne die Werte von $-\,dQ/\varepsilon\,dt$ nach (132.5). Es ist z. B. bei $\xi_0 = 3$

$$\frac{dQ}{dt} = 2{,}21\,\varepsilon \cdot 0{,}7\,\frac{\delta R}{R} + \text{const}\,. \tag{133.2}$$

Dieser periodische Wärmegewinn und -verlust wird bei der adiabatischen Näherung vernachlässigt, und wir sind nun in der Lage zu zeigen, daß diese Näherung berechtigt war. Während der halben Periode, also etwa zwei Tagen, erfährt das Gebiet bei $\xi_0 = 3$ eine mittlere Wärmezufuhr von etwa $\frac{1}{20}\,\varepsilon$ in der Zeiteinheit (wenn wir $\delta R/R$ etwa gleich 0,05 annehmen), was der Zufuhr während $\frac{1}{10}$ Tages bei der Ergiebigkeit ε entspricht. Die gesamte, in einer Cepheide enthaltene Wärme stellt einen Vorrat an Strahlung für etwa 100000 Jahre dar. Die während der halben Periode gewonnene Wärme verhält sich also zu der bereits vorhandenen Wärme wie $\frac{1}{10}$ Tag zu 100000 Jahren. Erstere wird während der zweiten Hälfte der Periode wieder verloren. Das Resultat ist eine Temperaturschwankung von der Amplitude von etwa $0{,}01^0$. Diese Schwankung überlagert sich natürlich der durch die adiabatische Kompression und Dilatation bedingten Hauptschwankung der Temperatur, die eine Amplitude von rund einer halben Million Grad besitzt und eine gegen diese um 90^0 verschobene Phase hat. Es ist klar, daß wir zu der Annahme berechtigt sind, daß der durch „*Leckage*" hervorgerufene Effekt in dem überwiegenden Teile des Sternes verschwindend ist. Wir sehen, daß die adiabatische Näherung für Cepheiden sogar beträchtlich genauer ist als für gewöhnliche Schallwellen.

Das negative Vorzeichen von F_1 zeigt, daß der Wärmefluß die größte Intensität hat, wenn ξ_1 seinen kleinsten Wert erreicht, d. h. im Augenblicke größter Kompression. Das positive Vorzeichen von dQ/dt zeigt, daß ein beliebig herausgegriffenes Gebiet die größte Menge von Wärme zu einer Zeit gewinnt, in der es die größte Ausdehnung hat, d. h. wenn es am kühlsten ist. Es ist sehr beachtenswert, daß das negative Vorzeichen von F_1 von *beiden* Termen in (133.1) herrührt; der gesteigerte Fluß bei größter Kompression wird zum Teil durch die verringerte Opazität bedingt, er würde aber auch in dem Falle eine gewisse Steigerung erfahren, wenn die Opazität konstant bliebe.

Es wird in der Nähe der Begrenzung des Sternes ein Gebiet geben, in dem die adiabatische Näherung nicht mehr zulässig ist; der Wärmegehalt ist hier klein und die „*Leckage*" gewinnt eine verhältnismäßig große Bedeutung.

Nach der Begrenzung zu überwiegt der zweite Term in (132.5) immer mehr, so daß

$$\frac{dQ}{dt} = -\frac{F_0}{4\pi\varrho_0\xi_0^2}\frac{dF_1}{d\xi_0} = -\frac{H_0}{\varrho_0}\frac{dF_1}{d\xi_0} \tag{133.3}$$

wird.

Wir haben die Größe F_1 bis zu dem Werte $\xi_0 = 5$ tabuliert. Es ist nicht leicht, ihren weiteren Verlauf zu verfolgen; da wir aber wissen, daß an der Begrenzung ein Knoten liegen muß, brauchen wir ein abnormes Anwachsen nicht zu befürchten. Der Maximalwert von $-dF_1/d\xi_0$ ist wahrscheinlich ungefähr gleich 1, in Einheiten des Mittelpunktswertes von ξ_1, oder etwa 0,05 in absoluter Amplitude. Der Wärmegewinn pro Volumeneinheit und Sekunde kann mithin den Wert erreichen

$$\varrho_0\frac{dQ}{dt} = \frac{1}{20}H_0\cos nt = \frac{1}{80}ac\,T_e^4\,(R'/R)\cos nt,$$

wobei die Einführung des Faktors R'/R den Zweck hat, die Längeneinheit in 1 cm zu verwandeln. Da R/cR' etwa gleich 10 Sekunden ist, haben wir

$$\varrho_0\frac{dQ}{dt} = \frac{1}{800}a\,T_e^4\cos nt.$$

Die in einem cm³ während der halben Periode (2 Tage) aufgespeicherte Wärme ist daher 200 aT_e^4. Der normale Wärmegehalt eines cm³ ist etwas größer als aT^4, sagen wir 2 aT^4. Die Amplitude T_1 ist etwa gleich 0,08. Hieraus folgt, daß die durch „*Leckage*" hervorgerufene Wärmeschwankung der durch adiabatische Pulsation hervorgerufenen Wärmeschwankung ungefähr gleich wird, wenn $T = 5T_e$. In dem Gebiet, in dem $T < 5T_e$ ist, versagt die adiabatische Näherung gänzlich.

134. Die im vorhergehenden Paragraphen bestimmte kleine Wärmeleckage wird die Pulsationsenergie allmählich aufzehren, wenn ihr kein kompensierender Faktor entgegenwirkt. Wir wollen die Geschwindigkeit des Verfalls grob abschätzen.

Nehmen wir an, daß die Pulsation im betrachteten Gebiete durch Zufuhr mechanischer Arbeit W aufrechterhalten wird, so daß wir, nach dem Prinzipe der Erhaltung der Energie, für eine beliebige Anzahl von Zyklen die Gleichung haben

$$W + \int dQ = 0. \tag{134.1}$$

Wenn wir hierin einen unserer Ausdrücke für $\frac{dQ}{dt}$ einsetzen, wie z. B. (133.2), erhalten wir nur $W=0$ bis zu kleinen Größen erster Ordnung. Wir müssen daher einen Ausdruck gewinnen, der uns die Möglichkeit gibt W bis auf Größen zweiter Ordnung zu berechnen. Da der Zustand stationär ist, muß die Änderung der Entropie der Materie für vollständige Zyklen gleich Null sein, so daß

$$\int \frac{dQ}{T} = 0$$

oder, da

$$\frac{1}{T} = \frac{1}{T_0} - \frac{\delta T}{T_0^2} = \frac{1}{T_0} - \frac{T_1}{T_0}.$$

$$\int dQ\,(1 - T_1) = 0.$$

Wir erhalten somit

$$W + \int T_1\, dQ = 0. \tag{134.2}$$

Da uns T_1 und dQ bis zu den von der ersten Potenz der Amplitude abhängenden Gliedern genau bekannt sind, können wir nunmehr W bis zu dem in der Amplitude quadratischen Gliede genau berechnen.

Wir wollen die Werte für $\xi_0 = 3$ als typisch für die durchschnittlichen Verhältnisse im Sterne betrachten. Allerdings befinden sich weniger als 20 % der Gesamtmasse außerhalb $\xi_0 = 3$; da aber die Zerstreuung pro Masseneinheit in den äußeren Teilen sehr schnell zunimmt, wird das Resultat trotzdem wohl als charakteristisch angesehen werden dürfen. Indem wir den Mittelpunktswert der Amplitude ξ_1 durch $[\xi_1]_c$ bezeichnen, so daß genähert

$$[\xi_1]_c = 0{,}7\, \delta R/R$$

ist, haben wir, nach (133.2), für $\xi_0 = 3$

$$\frac{dQ}{dt} = 2{,}2\, \varepsilon\, [\xi_1]_c \cos nt, \tag{134.25}$$

$$T_1 = (\gamma' - 1)\,\varrho_1 = -0{,}355 \cdot 3{,}54\, [\xi_1]_c \cos nt,$$

so daß

$$T_1 \frac{dQ}{dt} = -1{,}38\, \varepsilon\, [\xi_1]_c^2\, (1 + \cos 2nt)$$

wird.

Hieraus folgt für W (pro Gramm und Sekunde)

$$W = 1{,}38\, \varepsilon\, [\xi_1]_c^2 \tag{134.3}$$

und die Energiezerstreuung pro Zeiteinheit durch den ganzen Stern ist

$$1{,}38\, [\xi_1]_c^2\, L. \tag{134.4}$$

Die kinetische Energie der Pulsation ist pro Gramm

$$\tfrac{1}{2}\,(n\,\xi_0\,\xi_1)^2.$$

Durch eine rohe Quadratur finden wir für den genäherten Mittelwert dieser Größe zur Zeit der größten Geschwindigkeit etwa

$$\tfrac{1}{14}\, n^2 R^2 [\xi_1]_c^2 ,$$

so daß die ganze mechanische Pulsationsenergie des Sternes gleich

$$\tfrac{1}{14}\, n^2 R^2 M [\xi_1]_c^2 \tag{134.5}$$

st. Aus (134.4) und (134.5) ergibt sich für die Verfallszeit

$$\frac{1}{20}\, n^2 R^2 \frac{M}{L} . \tag{134.6}$$

Für δ Cephei erhalten wir die nachfolgenden numerischen Resultate[1]. Wir haben

$[\xi_1]_c = 0{,}05$

$M = 1{,}75 \cdot 10^{34}$ gr

$L = 2{,}80 \cdot 10^{36}$ erg sec^{-1}

$\varepsilon = L/M = 160$ erg gr^{-1} sec^{-1}

Negative potentielle Energie $\Omega = 8{,}65 \cdot 10^{14}$ erg gr^{-1}

Wärmegehalt $K + H\,(\Gamma = 1{,}55)$* $= 6{,}75 \cdot 10^{14}$ erg gr^{-1}

$= 134000$ jähr. Vorrat an Strahlung

Mechanische Pulsationsenergie $= 1{,}3 \cdot 10''$ erg gr^{-1}

Zerstreuung der mechan. Energie $= 0{,}5$ erg gr^{-1} sec^{-1}

Zeit des Verfalls $= 8000$ Jahre.

Aufrechterhaltung der Pulsation.

135. Es ist zuweilen angenommen worden, daß Pulsationen nur durch irgendein besonderes Ereignis — wie etwa die Annäherung eines anderen Sternes — hervorgerufen werden können. Das häufige Vorkommen von Cepheiden in den Sternhaufen, in denen sich die Sterne in größerer Nähe zueinander befinden, könnte als eine zugunsten dieser Auffassung sprechende Tatsache betrachtet werden. Wir sehen aber, daß eine auf diese Weise entstandene Pulsation in etwa 8000 Jahren wieder auflösen würde. Nach unseren modernen Anschauungen ist dies ein so kurzer Abschnitt im Leben eines Sternes, daß wir nur in sehr seltenen Fällen einen in diesem Zustande befindlichen Stern sehen müßten. Auf Grund dieser Hypothese dürfte die beobachtete Häufigkeit des Auftretens von Cepheiden kaum zu erklären sein.

Die andere Alternative besteht in der Annahme, daß im Inneren eines Sternes gewisse Ursachen wirken, die eine Pulsation zu verstärken

---

[1] Die Werte von α und β, von denen (134.3) abhängt, passen nur genähert auf δ Cephei; die Formel soll aber nur die Größenordnung des Effektes angeben. Wahrscheinlich stellt die Verwendung eines mittleren Wertes für ε die gröbste Ungenauigkeit dar.

* Hier wird für Γ ein verhältnismäßig hoher Wert angenommen, weil der niedrige für die Pulsationen verwendete Wert nur für *differentielle* Änderungen des Wärmegehaltes bei der Temperatur der Cepheiden gilt.

und aufrechtzuerhalten imstande sind. Wenn diese Ursachen einen stärkeren Einfluß gewinnen, als die oben besprochenen zerstreuenden Ursachen, muß jede vorhandene infinitesimale Pulsation so lange zunehmen, bis sie entweder die in § 131 erklärte natürliche Grenze erreicht, oder bis sie eine Amplitude erhält, für die die hemmenden Kräfte den fördernden das Gleichgewicht halten. Wir sahen oben, daß erstere Grenze von der Amplitude nicht erreicht wird; der Zunahme der Amplitude wird also vermutlich durch die zerstreuenden Kräfte eine vorzeitige Grenze gesetzt. Da Cepheiden-Pulsationen nur in einem bestimmten Stadium der Entwicklung eines Sternes auftreten, müssen wir annehmen, daß gerade in diesem Stadium die fördernde Ursache besonders stark wird, daß sie aber während des größten Teiles des Lebens eines Sternes (und bei Sternen kleiner Masse) zu schwach ist, um die hemmenden Einflüsse zu überwinden.

Die im Inneren eines Sternes ständig freiwerdende Wärme stellt eine ergiebige Quelle dar, aus der die zur Aufrechterhaltung der Pulsation notwendige Energie erhalten werden könnte. So werden z. B. in δ Cephei 160 erg pro Gramm befreit, während schon 0,5 erg pro Gramm ausreichen würden, um die Pulsation aufrechtzuerhalten. Diese Wärme kann aber nur in dem Falle für mechanische Arbeit nutzbar gemacht werden, wenn sich der Stern wie eine thermodynamische Maschine verhält, d. h. wenn die überschüssige Wärme bei hoher Temperatur der Materie zugeführt und bei tiefer Temperatur entzogen wird. Dazu brauchen wir aber etwas in der Art des Ventilmechanismus eines Wärmemotors.

136. Wir betrachten zunächst die nächstliegende Annahme, daß das „Ventil" an der Stelle angebracht ist, an der die subatomare Energie in die Maschine eingeführt wird. Dann muß sich der stationären Energiezufuhr ε_0 eine periodisch schwankende Zufuhr $\varepsilon_0 \varepsilon_1$ überlagern, die bei hoher Temperatur einen positiven Wärmegewinn, bei tiefer Temperatur aber einen negativen Gewinn oder Wärmeverlust darstellt. Da es von vornherein plausibel erscheint, daß die Befreiung subatomarer Energie durch Erhöhung der Temperatur, und vielleicht auch des Druckes gesteigert wird, ist die Forderung, daß ε_1 dieselbe Phase wie T_1 haben soll, in natürlicher Weise erfüllt. Die resultierende Wirkung ist leicht zu verstehen. Zur Zeit der größten Kompression wird im Sterne mehr Wärme erzeugt, als nötig ist, um den Verlust zu ersetzen; hierdurch wird die darauffolgende Dilatation verstärkt. Zur Zeit der größten Dilatation findet dagegen ein reiner Verlust an Wärme statt, durch den der Widerstand gegen die nachfolgende Kompression vermindert wird.

Die Bedingung für die genaue Bilanz, bei der die Pulsation gerade nur in unverminderter Stärke aufrechterhalten wird, ist[1]

[1] Genauer lautet diese Bedingung, daß das Integral von $T_1\,(\varepsilon_0\,\varepsilon_1 + dQ/dt)$ erstreckt über den ganzen Stern, gleich Null sein muß; für unsere Zwecke genügt aber schon die Betrachtung eines herausgegriffenen durchschnittlichen Gebietes.

$$\varepsilon_0 \varepsilon_1 + \frac{dQ}{dt} = 0 \,. \tag{136.1}$$

Hieraus erhalten wir mit Hilfe von (134.25) für ein durchschnittliches Gebiet

$$\varepsilon_1 = -2{,}2\,[\xi_1]_c \cos nt \,, \tag{136.2}$$

was mit

$$\varrho_1 = -3{,}5\,[\xi_1]_c \cos nt \,, \qquad T_1 = -1{,}2\,[\xi_1]_c \cos nt$$

zu vergleichen ist.

Die in der Zeiteinheit erfolgende Befreiung von subatomarer Energie muß, um die Pulsation aufrechtzuerhalten, beinahe proportional zu dem Quadrate der Temperatur oder der $\frac{2}{3}$-Potenz des Druckes zunehmen.

Außer der „Wärme*leckage*" scheint für das allmähliche Abklingen einer mechanischen Pulsation keine andere Ursache in Betracht zu kommen. Reibungskräfte sind bei einer symmetrischen Pulsation so gut wie überhaupt nicht vorhanden. Wenn ε schneller als T^2 wächst, sind Pulsationen mit großer Wahrscheinlichkeit zu erwarten. Dieser Zustand eines Sternes kann als „überstabil" bezeichnet werden. Bei einem *instabilen* Zustande ruft eine kleine Störung Kräfte hervor, die bestrebt sind, das System von dem Gleichgewichtszustande zu entfernen; bei *Überstabilität* ruft sie dagegen so starke zurückführende Kräfte hervor, daß die symmetrische Lage auf der anderen Seite des Gleichgewichtszustandes überschossen wird, wodurch mit der Zeit zunehmende Schwingungen in Gang gebracht werden[1].

Die Grenzbedingung $\varepsilon_1 = 2\,T_1$ ändert sich ein wenig mit den für β und Γ gewählten Werten, jedoch ist keine wesentliche Änderung möglich, außer bei Sternen kleiner Masse. Ich glaube, daß wir zuversichtlich sagen können, daß, wenn ε proportional zu ϱ oder zu T^3 wächst, jeder Stern, dessen Masse größer ist, als die Masse des Sirius, in Pulsation geraten muß.

Die Anwendung dieser Bedingung auf nichtpulsierende Sterne ist nicht weniger interessant, als ihre Anwendung auf pulsierende Sterne. Sie liefert eine obere Grenze für die Variation von ε mit ϱ und T in gewöhnlichen nicht-cepheidischen Sternen, und schränkt die Erklärungsmöglichkeiten für die Befreiung subatomarer Energie bis zu einem gewissen Grade ein.

Wenn letztere z. B. von den Zusammenstößen zweier Teilchenarten (Elektronen und Atomkerne) abhängt, wird die Anzahl solcher Zusammenstöße pro Masseneinheit proportional zu der Dichte sein, und die gleichzeitig stattfindende Temperaturerhöhung wird die Energiebefreiung vermutlich gleichfalls begünstigen. Wir sehen aber, daß diese Abhängig-

[1] In der mathematischen Theorie wird Überstabilität als eine Form der Instabilität klassifiziert; es schien uns aber nützlich, hier einen Unterschied zu machen und einen besonderen Namen für diese Form zu erfinden.

keit von Dichte und Temperatur eine unzulässig starke Zunahme der Energiebefreiung zur Folge haben müßte. Unser Resultat scheint also eher für die Annahme zu sprechen, daß die Energiebefreiung auf dem Wege spontaner Desintegration einzelner Atome erfolgt und von der Dichte unabhängig ist; in diesem Falle ist es aber schwer einzusehen, auf welche Weise eine solche Emission durch die Temperatur angeregt werden könnte, es sei denn, daß die Temperatur sehr beträchtlich höher wäre, als in den Cepheiden. Wir befinden uns auf den Hörnern eines Dilemmas: jede plausible Theorie, die ε von dem Kompressionszustande eines Sternes abhängen läßt, führt zu einer so starken Abhängigkeit, daß eigentlich bei jedem Sterne eine Pulsation zu erwarten wäre.

Ich glaube, daß wir auch noch aus anderen Gründen gezwungen sind, eine Abhängigkeit der Größe ε von ϱ und T anzunehmen, und es erscheint daher wenig wahrscheinlich, daß sich ε langsam genug ändern könnte, um Überstabilität zu vermeiden. Zur Beseitigung der uns hier unmittelbar beschäftigenden Schwierigkeit könnte die Annahme gemacht werden, daß die Änderung von ε verzögert wird — daß eine Steigerung von ϱ und T die Bildung einer Energiequelle beschleunigt, die ihre Energie erst nach Monaten, oder vielleicht sogar nach vielen Jahren abliefert. Dann würden Änderungen, die während langer Zeiten andauern, ε wohl beeinflussen, für kurze Pulsationen dagegen würde ε konstant bleiben. In diesem Falle müßten wir aber für die Aufrechterhaltung der Pulsation bei den Cepheiden nach einer anderen Energiequelle suchen.

137. Wir wollen jetzt eine andere Lage des Ventils betrachten — die bei einer gewöhnlichen Maschine phantastisch erscheinen würde, dies aber bei einem Steren nicht notwendig zu sein braucht. Stellen wir uns vor, daß der Zylinder der Maschine für Wärme nicht ganz dicht ist, und das der Verlust durch eine ständige Wärmezufuhr kompensiert wird. Die gewöhnliche Methode, nach der eine Maschine in Tätigkeit gesetzt wird, besteht darin, daß man die Wärme*zufuhr* variiert, indem man sie während der Kompression vergrößert und während der Dilatation verringert. Dies entspricht der ersten von uns betrachteten Alternative. Es würde aber im wesentlichen dasselbe bedeuten, wenn wir die „*Leckage*" veränderten, indem wir sie bei der Kompression abstellten und bei der Dilatation größer werden ließen. Um diese Methode anzuwenden, müssen wir den Stern bei der Kompression für Wärme undurchdringlicher machen als bei der Dilatation; mit anderen Worten: es muß die Opazität mit der Kompression zunehmen.

Hiergegen läßt sich der naheliegende Einwand erheben, daß nach unserer Formel (132.41)

$$k_1 = -\left\{\tfrac{7}{2}(\gamma' - 1) - 1\right\}\varrho_1$$

die Opazität mit der Kompression abnimmt, und daß unsere Maschine daher nicht funktionieren würde. Dies ist aber nicht so unbefriedigend, wie es auf den ersten Blick erscheinen könnte; in den meisten Sternen funktioniert die Maschine tatsächlich *nicht*, und es ist nur zu begrüßen, daß unsere Normalformeln dies zum Ausdruck bringen. Nehmen wir aber nun die Möglichkeit an, daß unter den ungewöhnlichen Bedingungen, die in den Cepheiden realisiert sind, das Absorptionsgesetz die veränderte Form

$$k \propto \varrho / T^{\frac{5}{2}}$$

annimmt. Wenn wir, wie früher, $\gamma' = 1{,}355$, $(1-\beta) = 0{,}385$ ansetzen, erhalten wir $k_1 = +0{,}114\,\varrho_1$, was zu den nachstehenden Werten führt.

ξ_0	F_1	$\frac{1}{3}\frac{\varrho_m}{\varrho_0}\xi_0\frac{dF_1}{d\xi_0}$	Summe
0	+ 0,21	0,00	+ 0,21
1	+ 0,20	− 0,01	+ 0,19
2	+ 0,18	− 0,08	+ 0,10
3	+ 0,10	− 0,56	− 0,46
4	− 0,09	− 4,0	− 4,1
5	− 0,50	− 33	− 33

Hier ist die Zerstreuung $-\ T_1\, dQ$ negativ für den inneren Teil des Sternes bis zu $\xi_0 = 2{,}5$ und positiv jenseits dieses Wertes, und es ist daher gewissermaßen eine Frage des Zufalls, ob die integrierte Zerstreuung positiv oder negativ ausfällt. Ich glaube, daß unter Berücksichtigung der Zunahme von ε nach dem Mittelpunkt die Integration in dem hier betrachteten Falle einen negativen Wert für die Zerstreuung ergeben würde, so daß die Pulsation zunehmen müßte.

Wir halten diese Erklärung der Cepheiden-Veränderlichkeit aus dem Grunde für aussichtsreich, weil sie gleichzeitig auch ihre Seltenheit verständlich erscheinen läßt. Sie verlangt ausdrücklich eine Abweichung, wenn auch keine übermäßig starke Abweichung, von den Verhältnissen, die wir bei den normalen Sternen kennen gelernt haben.

Einen ziemlich wichtigen Einwand gegen die Pulsationstheorie der Cepheiden haben S. Shinjo und J. H. Jeans erhoben. Wir haben im vorhergehenden nur die Grundschwingung der Gaskugel betrachtet; es sind aber auch Oberschwingungen mit einem oder mehreren Knoten im Inneren des Sternes möglich. Wenn diese angeregt werden, müssen die Lichtkurven und die Geschwindigkeitskurven der Cepheiden eine Reihe von überlagerten inkommensurablen Perioden enthalten. Solche Oberschwingungen sind aber niemals beobachtet worden. Um diesem Einwand zu begegnen, müßten wir zeigen, daß, für vernünftige Werte der Konstanten, die Grundschwingung aufrechterhalten bleibt, die Oberschwingungen aber zerstört werden. Die hierzu erforderlichen umständlichen Rechnungen sind noch nicht in Angriff genommen worden[1].

138. Die im vorhergehenden Paragraphen ausgesprochene Vermutung läßt sich bis zu einem gewissen Grade durch Tatsachen belegen. Die notwendige Phasenumkehrung der Opazitätsschwankung wird durch eine Verringerung des Exponenten im Absorptionsgesetze vom Werte $\frac{7}{2}$ auf einen unter 3 liegenden Wert herbeigeführt, in Verbindung mit einem niedrigen Werte für γ'; ein niedriger Wert von γ' wird entweder durch ein kleines Γ oder durch ein hohes $(1-\beta)$ bedingt.

Ein hoher Wert von $1-\beta$ entspricht einer großen Masse. Cepheidenartige Veränderlichkeit wird bei Sternen geringer Masse nicht beobachtet und die typischen Cepheiden der Spektralklassen F und G sind Hypergiganten. Dies spricht zugunsten der Theorie.

Wir müssen aber auch noch für die Abnahme des Exponenten im Absorptionsgesetze eine Ursache finden. Dieser darf sogar bei großen Massen den Wert $\frac{5}{2}$ nicht wesentlich überschreiten. Die Herabsetzung von Γ ist verhältnismäßig unwichtig, wenn auch in Wirklichkeit jede Ursache, die den Exponenten des Absorptionsgesetzes in abnormer Weise zu verkleinern strebt, wahrscheinlich auch Γ verkleinern würde.

Betrachten wir z. B. einen Stern der Masse 10. Es gibt nur ein Stadium in seiner Entwicklung, in dem er eine Cepheide sein kann, wegen des Bestehens der empirischen Periodenhelligkeitsbeziehung (§ 123). Da die Helligkeit hauptsächlich von der Masse abhängt, und die Periode hauptsächlich von der Dichte, gibt es eine bestimmte Dichte, bei der dieser Stern eine Cepheide wird; bei höheren oder kleineren Dichten verhält er sich statisch. Die enge Übereinstimmung aller Sterne mit der Periodenhelligkeitskurve (die besonders durch die Veränderlichen in den Sternhaufen bewiesen wird) zeigt, daß das kritische Dichteintervall ein ziemlich enges sein muß, wenn auch zwischen dem Anfange und dem Ende des Cepheidenstadiums eine Änderung der Dichte im Verhältnisse 1 zu 3 oder 4 und der inneren Temperatur bis zu etwa 50 % wohl möglich zu sein scheint.

Dies legt den Gedanken nahe, daß die Abnahme des Exponenten nur eine vorübergehende Erscheinung in der Entwicklung des Sternes darstellt, die zeitlich mit irgendeiner wichtigen Änderung in den inneren Verhältnissen zusammenfällt. Die einzige Art von Änderung, die hier

[1] [Dr. Woltjer hat mir interessante, auf den ersten Oberton bezügliche Rechnungen gezeigt, die den in Tabelle 26 für den Grundton gegebenen entsprechen. Es erweist sich, daß die Amplitude zwischen dem Mittelpunkte und dem ersten Knoten sehr klein bleibt, um dann zwischen dem ersten und zweiten Knoten sehr groß zu werden. Ob wir nun der Theorie von § 136 oder der von § 137 den Vorzug geben, es liegt der bewegende Teil des Sternes im Gebiet um den Mittelpunkt herum, und der zerstreuende Teil des Sternes im äußeren Gebiete. Hieraus würde folgen, daß die Zerstreuung für die Obertöne stärker ist als für den Grundton, so daß ihre Abwesenheit verständlich erschiene.]

in Betracht zu kommen scheint, ist ein neuer Schritt in der Ionisation irgendeines in der Zusammensetzung des Sternes stark überwiegenden Elementes. Wenn dies die richtige Erklärung ist, muß der Schritt höchstwahrscheinlich in dem Verluste der L-Elektronen bestehen und der Verwandlung des Elementes aus einem neonartigen in ein heliumartiges Ion. Diese Ionisation erfolgt ziemlich plötzlich, und die zu ihrer Vollendung notwendige Temperaturänderung entspricht genähert der wahrscheinlichen Dauer des Cepheidenstadiums.

Zweifellos würde dieser Ionisationsprozeß von einer abnormen Änderung der Absorption begleitet sein — d. h. daß die Abnahme der Absorption mit wachsender Temperatur schwächer sein würde als unter normalen Bedingungen. Diese Abweichung würde aber, soweit wir übersehen können, für unsere Zwecke noch nicht ausreichen. Die Anzahl der Elektronen, die eingefangen werden können, ist zwar gewachsen, und sie werden jetzt in den leer gewordenen inneren Niveaus angelagert, so daß die Emission stärker wird und die Absorption mit ihr Schritt halten muß; wenn man aber die ROSSELANDsche Korrektion berücksichtigt, sieht man, daß sich nur ein geringer Teil dieser Zunahme in einer Änderung der Opazität äußern würde. Die Erhöhung der Absorption geschieht hauptsächlich auf Kosten der Strahlung hoher Frequenz, die einen unbedeutenden Teil der Gesamtstrahlung ausmacht.

Es ist augenscheinlich notwendig, daß sich das überwiegend stark vertretene Element in allen Cepheiden in einem kritischen Ionisationsstadium befindet, oder wenigstens in allen den Cepheiden, die eine kontinuierliche Reihe zu bilden scheinen. Da die Temperatur den maßgebenden Faktor darstellt, durch den die Ionisation bestimmt wird, müssen alle Cepheiden beinahe dieselbe innere Temperatur besitzen. Eine kleine Zunahme der Mittelpunktstemperatur wäre allenfalls bei den in Tabelle 25 angeführten Sternen von oben nach unten zu erwarten (um der wachsenden Dichte entgegenzuwirken), jedoch nicht entfernt von der Größe, wie sie die Zahlen der Tabelle zeigen.

Der Gang von T_c mit der Temperatur kann in Tabelle 25 durch verschiedene systematische Fehler verfälscht sein und erscheint in ihr wahrscheinlich etwas übertrieben. Wir fühlen uns aber außerstande, solche Änderungen in den Daten vorzunehmen, die zu der von der Theorie verlangten, praktisch konstanten Temperatur führen würden.

Wenn die Mittelpunktstemperatur streng konstant wäre, würden wir nach (99.2) haben

$$T_e^{\frac{8}{8}} \propto M^{\frac{1}{8}} (1-\beta)^{\frac{1}{2}},$$

so daß

$$T_e \propto M^{\frac{1}{8}} (1-\beta)^{\frac{5}{16}}$$

wäre. Die effektive Temperatur müßte dementsprechend mit der Masse etwas wachsen. Die beobachtete Änderung des Spektraltypus mit der Masse verläuft in der entgegengesetzten Richtung.

Wir kommen also zu dem Schlusse, daß sowohl die Annahme von § 136 als die Annahme von § 137 zu ernsten Schwierigkeiten führt. Die Schwierigkeiten, die sich ersterer Annahme entgegenstellen, scheinen im ganzen fundamentalerer Natur zu sein, während sie bei der zweiten Annahme möglicherweise nur auf unrichtige numerische Abschätzungen zurückzuführen sind, die bei den ersten Schritten in der Entwicklung einer komplizierten Theorie natürlich unvermeidlich sind.

Phasenbeziehung zwischen Licht und Geschwindigkeit.

138a. Die allergrößte Schwierigkeit bei der Theorie der Cepheiden bildet die Erklärung der Koinzidenz der Zeiten der maximalen Lichtintensität und der maximalen Annäherungsgeschwindigkeit. Wenn die Bedingungen im adiabatischen Inneren ihre Gültigkeit bis an die Oberfläche heran behielten, müßte das Lichtmaximum eine Viertelperiode früher eintreffen, weil H zur Zeit der größten Kompression seinen größten Wert erhält. Die Änderungen des aus der Oberfläche heraustretenden Energieflusses hängen jedoch nur in geringem Maße oder überhaupt nicht von den Änderungen des Energieflusses im tiefen Inneren des Sternes ab, so daß die Theorie der äußeren Gebiete eines pulsierenden Sternes praktisch ein ganz unabhängiges Problem darstellt[1].

Mit der Photosphäre und den über ihr liegenden Schichten werden wir uns nicht zu beschäftigen brauchen; ihre Fähigkeit Strahlung aufzuspeichern ist praktisch gleich Null, und alles, was in sie hineinfließt muß daher praktisch bei derselben Phase aus der Oberfläche herausfließen. Wir können somit den Stern in drei Gebiete zerlegen: A) das adiabatische Innere, B) eine intermediäre Kugelschale und C) die Oberflächenschichten. Diese drei Gebiete werden dadurch charakterisiert, daß in A die Fähigkeit zur Aufspeicherung der Strahlung als unendlich groß betrachtet werden darf, in C als gleich Null, während für B keine entsprechende vereinfachende Annahme gemacht werden kann. Es erweist sich, daß die nachstehenden Grenzen für das Gebiet B als hinlänglich weit angenommen werden können; ξ_0 ist der Abstand vom Mittelpunkt in Vielfachen der Emdenschen Einheit ($R = 6{,}901$), P_0 und T_0 der entsprechende Druck bzw. Temperatur in δ Cephei; $1/\alpha$ und x sind zwei Größen, die später erklärt werden sollen.

[1] Eine ausführlichere Diskussion dieses Problems ist in Monthly Notices **87**, S. 539 (1927) gegeben. Ich habe es für unzweckmäßig gehalten, die dort gegebenen allgemeinen analytischen Entwicklungen hier einfach zu wiederholen und habe sie durch die Behandlung des einfachsten Falles ersetzt — die meines Erachtens einleuchtender, wenn auch vielleicht weniger überzeugend sind.

ξ_0	P_0	T_0	$1/\alpha$	x^2
6,75	7100	39000	182	0,10
6,50	450000	110000	70	13,0

Wir richten unsere Aufmerksamkeit auf das zwischen diesen Grenzen eingeschlossene Gebiet und machen von den für dieses Gebiet geeigneten Annäherungen Gebrauch. Wir nehmen an, daß die ganze Energiebefreiung unterhalb dieses Gebietes erfolgt, so daß in ihm $\varepsilon = 0$ und $F_0 = \text{const.}$ gesetzt werden kann. Dann haben wir, analog zu (133.3)

$$\frac{dQ}{dt} = -\frac{H_0}{\varrho_0}\frac{dF_1}{d\xi_0}. \tag{138.11}$$

Es sei nun

$$y = T_1 - \zeta P_1 \tag{138.12}$$

wo $\zeta = 1/\eta$ (132.22). Dann wird die adiabatische Bedingung durch $y = 0$ gegeben. Die spezifische Wärme bei konstantem Druck sei c_p. Wenn $P_1 = 0$ ist, haben wir $dQ/dt = c_p\, dT/dt = i n\, c_p\, T_0 T_1$. Wenn $P_1 \neq 0$ ist, muß die entsprechende Gleichung lauten

$$\frac{dQ}{dt} = i n\, c_p\, T_0\, y, \tag{138.13}$$

weil $dQ/dt = 0$ ist für $y = 0$. Auf Grund der elementaren Theorie der spezifischen Wärme ist $c_p\, \varrho_0\, T_0 = P_0/\zeta$. Gleichungen (138.11) und (138.13) ergeben daher

$$-\xi_0 \frac{dF_1}{d\xi_0} = \frac{4 i P_0\, y}{P_*}, \tag{138.2}$$

wo

$$P_* = 4\zeta H_0/n\,\xi_0$$

P_* ist von der Dimension eines Druckes und sein Wert für δ Cephei ist ungefähr 2000 dyn cm^{-2}.

Die Phasenbeziehung, für die wir eine Erklärung zu finden suchen, tritt uns bei Cepheiden entgegen, die sich in Bezug auf ihre physikalischen Bedingungen sehr stark voneinander unterscheiden, so daß wir wohl erwarten dürfen, daß wir sie bei jedem Modelle vorfinden werden, das sich einigermaßen den in der Natur bestehenden Verhältnissen nähert. Es erscheint jedenfalls wünschenswert, wenn auch nur als vorbereitender Schritt, das Problem durch die ausführliche Untersuchung eines speziellen Modells zu fokusieren; der Einfluß etwaiger Abweichungen von dem Modelle kann dann später studiert werden. Wir können uns daher die analytischen Entwicklungen dadurch erleichtern, daß wir, wo nur angängig, spezielle numerische Werte einführen. Das Absorptionsgesetz setzen wir in der Form an: $k \propto \varrho/T^3$, so daß

$$k_1 = P_1 - 4T_1\,.$$

Ferner setzen wir noch $\zeta = \frac{1}{4}$. Wir erhalten dann

$$d(T_0^4 T_1)/dT_0^4 = d(P_0 T_1)/dP_0 = d(P_0\, y)/dP_0 + \tfrac{1}{4} d(P_0 P_1)/dP_0\,.$$

Hieraus folgt, wegen (132.1) und (131.1)

$$\begin{aligned} F_1 &= -P_1 + 4T_1 + 4\xi_1 + 4d(P_0 y)/dP_0 - (4 + n^2 \xi_0/g_0)\xi_1 \\ &= 4P_0 dy/dP_0 + 8y - (n^2 \xi_0/g_0)\xi_1 . \end{aligned} \tag{138.25}$$

Unter Berücksichtigung des Umstandes, daß $g_0 \propto \xi_0^{-2}$ ist, folgt hieraus

$$\frac{d}{d\xi_0}\left(\frac{n^2 \xi_0 \xi_1}{g_0}\right) = \frac{n^2 \xi_0}{g_0}\left(\frac{3\xi_1}{\xi_0} + \xi_1'\right) = -\frac{n^2}{g_0}\varrho_1 = -\frac{n^2}{g_0}(P_1 - T_1).$$

Indem wir (138.25) differenzieren und von der Beziehung $dP_0 = -g_0 \varrho_0 d\xi_0$ Gebrauch machen, erhalten wir daher

$$-\frac{1}{g_0 \varrho_0}\frac{dF_1}{d\xi_0} = 12\frac{dy}{dP_0} + 4P_0\frac{d^2y}{dP_0^2} - \frac{1}{g_0 \varrho_0 \xi_0}\frac{n^2 \xi_0}{g_0}\left(\tfrac{3}{4}P_1 - y\right). \tag{138.3}$$

Nun setzen wir $\alpha = P_0/g_0 \varrho_0 \xi_0$, wobei α (wie oben angegeben) im Gebiete B zwischen $\frac{1}{70}$ und $\frac{1}{182}$ liegt.

Wir nehmen ferner an, daß $n^2 \xi_0/g_0 = 1$ ist, was dem wahren Werte nahe entspricht. Dann ergibt sich aus (138.2) und (138.3)

$$\frac{d^2y}{dP_0^2} + \frac{3}{P_0}\frac{dy}{dP_0} + \alpha y\left(\frac{1}{4P_0^2} - \frac{i}{P_0 P_*}\right) = \frac{3}{16}\frac{\alpha}{P_0^2}\cdot P_1 . \tag{138.4}$$

Wir können noch von der Näherung (131.2) Gebrauch machen, welche in diesem Falle $P_1 = -5\xi_1$ ergibt, und für ξ_1 mit ausreichender Genauigkeit seinen Oberflächenwert einsetzen. Die rechte Seite von (138.4) wird dann gleich $-15\alpha\xi_1/16 P_0^2$ oder praktisch gleich $-\alpha\xi_1/P_0^2$.

Es ist wichtig, sich von der Natur dieser Näherung einen klaren Begriff zu machen. Wenn wir es mit einem in großer Tiefe liegenden, ausgedehnten Gebiete zu tun hätten, würde es notwendig sein, P_1 mit Hilfe weiterer Gleichungen zu eliminieren, und die resultierende Differentialgleichung würde von der vierten Ordnung sein. Das Gebiet B stellt aber eine schmale Schicht dar, in einer im Vergleiche zum Radius des Sternes geringen Tiefe unter der Photosphäre, und es ist daher klar, daß, bei beliebiger Phase der Dichteänderung, sich das ganze Material bis zu dieser Tiefe herunter wie ein Stück auf- und abwärtsbewegen muß, in praktisch derselben Weise wie die Oberfläche. Die Berechnung des Druckes in einer solchen, sich als Ganzes bewegenden Masse, bietet keinerlei Schwierigkeiten; er stellt einfach das Gewicht der oberhalb befindlichen Säule dar —, wobei das Wort Gewicht im Sinne der Relativitätstheorie zu verstehen ist, d. h. daß g durch die Beschleunigung der Materie vergrößert oder verkleinert wird. Die Annäherung (131.2) ist der analytische Ausdruck für diesen Sachverhalt. Will man noch der Tatsache Rechnung tragen, daß die verschiedenen Niveaus nicht genau die gleiche Beschleunigung haben, dann muß irgend ein Mittelwert an Stelle des Oberflächenwertes substituiert werden. Dies ist aber für unser Problem ganz unwesentlich; wir wollen nur die genäherte Phase und Größenordnung derjenigen Größe wissen, die auf der rechten Seite von (138.4) einzusetzen ist, und diese werden durch die beobachtete Bewegung der Photosphäre schon mit ausreichender Genauigkeit vorgeschrieben.

Eine wesentliche Bedingung der Anwendbarkeit dieser Näherung ist es aber, daß das Gebiet B, welches vom Standpunkte solcher Größen wie ξ_1, P_1, die sich auf einer so kurzen Strecke nur sehr wenig ändern können, sehr schmal ist, vom Standpunkte der unabhängigen Variablen P_0, welche bei seinem Durchlaufen um das 60fache vergrößert wird, breit sein muß. Wir können aus diesem Grunde nicht von vornherein sagen, daß dieses Gebiet zu schmal ist, um eine beträchtliche Änderung von y zu gestatten.

Wir setzen

$$\left.\begin{aligned} v^2 &= -4\,i\,\alpha\,P_0 \qquad (0 < \arg v < \pi) \\ u &= P_0\,y\,. \end{aligned}\right\} \tag{138.5}$$

Ferner wählen wir P_* als Einheit für den Druck, so daß $P_* = 1$ ist Die Größen ξ_1 und α behandeln wir als Konstanten.

Dann transformiert sich (138.4) in

$$\frac{d^2 u}{d v^2} + \frac{1}{v}\frac{d u}{d v} + u\left(1 - \frac{4+\alpha}{v^2}\right) = i\,\xi\,. \tag{138.6}$$

Nun vernachlässigen wir noch die kleine Größe α im Vergleiche zu 4. (Das α wird in den numerischen Resultaten wiedererscheinen, weil es in v^2 enthalten ist.) Dann stellt

$$u = i\,\xi_1\,(1 + 4/v^2)$$

eine Partikularlösung dar, und die komplementäre Funktion besteht aus den Besselschen Funktionen $J_2\,(v)$ und $Y_2\,(v)$.

Aus den asymptotischen Entwicklungen ist es bekannt, daß, wenn der imaginäre Teil von v positiv ist, $Y_2 - i\,J_2$ für große Werte von v exponentiell dem Werte Null, und $Y_2 + i\,J_2$ exponentiell dem Werte Unendlich zustrebt. Letzteres kommt daher für uns nicht in Betracht. Dies ist der einzige Fall, in dem wir auf die in großen Tiefen herrschenden Bedingungen Bezug zu nehmen brauchen, und man sieht, daß diese Bezugnahme keine eingehende Theorie der Bedingungen im Gebiete A voraussetzt. Eine Störung des Gebietes A, z. B. durch eine sehr schnelle Rotation (§ 197) würde unser Problem nicht berühren.

Die auf einen Stern anwendbare Lösung lautet dementsprechend

$$u = i\,\xi_1\,\{1 + 4/v^2 + A\,(Y_2\,(v) - i\,J_2\,(v))\}\,.$$

Um A zu bestimmen, müssen wir die Grenzbedingung auf der dem Gebiete C zugekehrten Seite von B betrachten. Im Gebiete C ist F_1, definitionsmäßig genähert konstant, und da ξ_1 beinahe konstant ist, liefert (138.25)

$$P_0\,\frac{d\,y}{d\,P_0} + 2\,y = \text{const.},$$

so daß

$$y = a + b/P_0^2 \tag{138.65}$$

ist. Die „Endkorrektion" verschwindet schnell bei einem Fortschreiten nach innen und die Bedingung an der gemeinsamen Grenze der Gebiete **B** und C ist, daß sich y einem beinahe konstanten Werte nähern muß. Dies bedeutet, daß A so gewählt werden muß, daß für kleine Werte von v die Terme $1 + 4\,v^2$ durch die Besselschen Funktionen aufgehoben werden; der hierzu notwendige Wert ist $A = \pi$. Wir haben somit

$$u = i\,\xi_1 \{1 + 4/v^2 + \pi\,(Y_2(v) - i\,J_2(v))\}. \tag{138.71}$$

Für kleine Werte von v haben wir die Entwicklung

$$u = i\,\xi_1 \{\tfrac{1}{4} v^2 (\log(-\tfrac{1}{2}\,i\,v) + \gamma - \tfrac{3}{4}) + \text{Glieder in } v^4\}. \tag{138.72}$$

Daher nach (138.5)

$$y = \alpha\,\xi_1 \{\log(-\tfrac{1}{2}\,i\,v) + \gamma - \tfrac{3}{4} + \text{Glieder in } v^2\}, \tag{138.73}$$

wo $\gamma = 0{,}5772\ldots$

Die nachstehende numerische Tabulierung ist auf Grund von (138.71) berechnet. Hier ist

$$x^2 = i\,v^2 = 4\alpha\,P_0/P_*$$

x^2	$y/4\,\alpha\,\xi_1$	x^2	$y/4\,\alpha\,\xi_1$
6	$-0{,}004 + 0{,}028\,i$	1	$-0{,}232 + 0{,}164\,i$
4	$-0{,}018 + 0{,}056\,i$	0,4	$-0{,}448 + 0{,}188\,i$
3	$-0{,}041 + 0{,}083\,i$	0,2	$-0{,}619 + 0{,}194\,i$
2	$-0{,}095 + 0{,}119\,i$.		

Bei $x^2 = 0{,}2$ nimmt der Wert von $y/4\alpha\xi_1$ immer noch langsam zu, es muß aber daran erinnert werden, daß α im Abnehmen begriffen ist, obwohl wir seine Änderung im Vorangehenden vernachlässigt haben. Das y ist also bereits so stabil geworden, wie auf Grund der von uns benutzten Annäherung nur zu erwarten war. Im Gebiete C ist daher

$$y = T_1 - \tfrac{1}{4} P_1 = 4\alpha\,\xi_1 (-0{,}619 + 0{,}194\,i)$$

oder, da $P_1 = -5\,\xi_1$

$$T_1 = \{-1{,}25 - 2{,}48\,\alpha + 0{,}78\,\alpha\,i\}\,\xi_1.$$

Da α kleiner als $\frac{1}{70}$ ist, befindet sich nicht mehr als 1% von T_1 in gleicher Phase mit der Geschwindigkeit; die Hauptschwingung hat dieselbe Phase wie ξ_1. Dieses Resultat steht natürlich in völligem Widerspruche zu der beobachteten Phasenbeziehung.

Die Theorie führt somit zu einem Werte von y, der zum größten Teile eine falsche Phase hat und jedenfalls viel zu klein ist, um die verlangte Beziehung zwischen Licht und Geschwindigkeit zu befriedigen.

Die Kleinheit des Wertes hängt von der Kleinheit von α im Gebiete B ab. Es bedarf keiner komplizierten theoretischen Betrachtungen über das Innere des Sternes, um uns davon zu überzeugen, daß P_0 in einem der Oberfläche verhältnismäßig nahen Gebiete sehr viel kleiner als $g_0\,\varrho_0\,\xi_0$ sein muß. Unser Ergebnis scheint für die Pulsationstheorie nicht besonders gefährlich zu sein, weil die hier geschilderte Theorie der äußeren Schichten praktisch ein unabhängiges Problem darstellt. Virtuell haben wir den Schluß erreicht, daß uns die Beobachtung der Cepheiden Sterne zeigt, deren Oberfläche sich uns nähert und von uns entfernt, dabei aber Licht in einer solchen Phase emittiert, die bei einer oszillierenden Masse unmöglich wäre. Es braucht kaum erwähnt zu werden, daß wir entweder einen mitwirkenden Faktor übersehen, oder irgend eine falsche Annahme gemacht haben; wir sehen aber nicht ein, in welcher Weise eine Aufgabe der Pulsationstheorie zur Aufklärung dieser Schwierigkeit beitragen könnte.

Es ist vielleicht nicht uninteressant zu bemerken, daß ein zu der Geschwindigkeit (oder noch besser zu dem Quadrate der Geschwindigkeit) proportionaler Widerstand alles in Ordnung bringen würde. Die zusätzliche Wärme, welche dieser Widerstand erzeugt, ist unwesentlich; der Punkt, auf den es uns ankommt, ist der, daß der Widerstand eine Übereinstimmung der Phasen, der Druckänderung und der Geschwindigkeitsänderung herbeiführen würde — eine Übereinstimmung, die unmöglich ist, so lange die Schwerkraft die einzige wirkende Kraft bleibt. Ich habe die Frage erwogen, ob nicht vielleicht das magnetische Feld des Sternes diesen Effekt zustande bringen könnte; das Material des Sternes besitzt eine hohe elektrische Leitfähigkeit und müßte daher den gewöhnlichen Widerstand erfahren, welcher der Bewegung eines Leiters senkrecht zu den magnetischen Kraftlinien entgegenwirkt. Ich bin aber der Ansicht, daß sich diese Erklärung, wenn die abschirmende Wirkung der induzierten Ströme berücksichtigt wird, als sehr unwahrscheinlich erweist. Das magnetische Feld stellt ein zu unbedeutendes Hindernis dar und wird, so zu sagen, im Sturme weggefegt.

Eine Tatsache, die möglicherweise von Bedeutung sein könnte, ist, daß die Cepheiden kleiner Amplitude (Polaris, β Cephei) die $\frac{1}{4}$-Periodenverzögerung der Phase nicht zeigen; das Maximum ihrer Lichtintensität fällt mit der Zeit größter Kompression zusammen. Dies scheint unsere Vermutung zu bestätigen, daß die Verzögerung mit einem Widerstande zusammenhängt, nämlich demselben Widerstande, der einem unbeschränkten Anwachsen der Amplitude ein Ziel setzt.

Verschiedene Probleme.

139. Bei den Entwicklungen des § 127 ist das Quadrat der Amplitude vernachlässigt worden. In den typischen Cepheiden kann aber ξ_1 den Wert $\frac{1}{12}$ und P_1 beinahe den Wert $\frac{1}{2}$ erreichen, so daß die Terme zweiter

Ordnung keineswegs unbeträchtlich sind; diese werden dann das Auftreten von Termen bedingen, die $\cos 2\,nt$ enthalten.

Wegen der Behandlung der die Terme zweiter Ordnung berücksichtigenden Theorie sei auf Monthly Notices Bd. 79, S. 183 verwiesen. Die Rechnungen sind dort weit genug ausgeführt, um zu zeigen, daß der vollständige Ausdruck für ξ_1 die Form haben muß

$$\xi_1 = a_1 \cos nt - a_2 \cos 2\,nt\,,$$

wo a_1 und a_2 beide positiv sind. Die Geschwindigkeit der Entfernung hat daher die Form

$$V = b_1 \sin nt - b_2 \sin 2\,nt\,,$$

wo b_1 und b_2 positiv sind. Dieser Ausdruck stellt eine Geschwindigkeitskurve dar, welche die allgemeinen Charakteristiken der beobachteten Geschwindigkeitskurve der Cepheiden aufweist, nämlich den steilen Abfall von der maximalen zur minimalen Entfernungsgeschwindigkeit und den langsamen Aufstieg zum Maximum, mit Andeutungen eines Buckels auf diesem Kurvenstücke. Für die entsprechende elliptische Bahn liegt das Periastron bei $\omega = 90^0$.

Wenn die Pulsationstheorie richtig ist, muß zur Zeit des Geschwindigkeitsmaximums und -minimums außer der mittleren Verschiebung der Spektrallinien wegen des Dopplereffektes auch noch eine Verbreiterung der Linien stattfinden, da die verschiedenen Punkte der Oberfläche verschiedene Radialgeschwindigkeiten haben. Wegen der „Verdunkelung am Rande" eines Sternes ist diese Verbreiterung beträchtlich kleiner, als sie bei einem Sternscheibchen gleichmäßiger Flächenhelligkeit sein würde und wir dürfen kaum erwarten, daß dieser Effekt beobachtbar sein könnte. Bis jetzt ist er auch niemals festgestellt worden[1].

Langperiodische Veränderliche.

140. Die Veränderlichen dieser Klasse besitzen mit wenigen Ausnahmen zwischen 100 und 500 Tagen liegende Perioden, wobei Perioden von etwa 300 Tagen stark bevorzugt werden. Die Amplitude der Lichtschwankung ist verhältnismäßig groß; sie beträgt im Mittel etwa 4,8 Größenklassen und ist selten (wenn überhaupt) kleiner als drei Größenklassen. Die Sterne gehören alle dem M-Typus an oder den mit diesem nahe verwandten seltenen S- (Zirkonium) und N- (Kohlenstoff) Typen. Zwischen dem Minimum und Maximum finden im Spektrum große Veränderungen statt, und es erscheinen oft helle Emissionslinien des

[1] Eine ausführliche Besprechung dieser Frage findet man bei Shapley und Nicholson, Proc. of the Nat. Acad. Sciences Bd. 5, S. 417 (1919). Eine interessante Beobachtungstatsache ist die beträchtlich größere Breite der Linien im Lichtminimum, als im Maximum, trotzdem die Dopplerverbreiterung in beiden Fällen dieselbe sein müßte.

Wasserstoffes sowie anderer Elemente. Die Periodizität ist unvollkommen, und der Stern kann eine bestimmte Phase einige Wochen vor oder nach der vorausgesagten Zeit erreichen; die Amplitude der Lichtschwankung ist bei den aufeinanderfolgenden Perioden nicht immer dieselbe[1]. Die Beobachtungstatsachen scheinen mit immer größerer Deutlichkeit darauf hinzuweisen, daß langperiodische Veränderlichkeit und Cepheidenveränderlichkeit im wesentlichen ein und dasselbe Phänomen sind. Wegen der äußerst geringen Dichte und niedrigen Temperatur der langperiodischen Veränderlichen treten bei ihnen Schwingungen von derselben Art wie bei den Cepheiden in stark vergrößerter und viel unregelmäßigerer Gestalt auf. Allerdings stellt dies zur Zeit noch einen sehr kühnen Schluß dar; wir wollen aber die Beobachtungstatsachen durchnehmen, die in dieser Richtung zu weisen scheinen.

Pettit und Nicholson[2] haben gezeigt, daß die Amplitude der Wärmeschwankung sehr viel kleiner ist als die Amplitude der Lichtschwankung. Z. B. sendet χ Cygni im Maximum 1300 mal mehr Licht aus, als im Minimum, aber nur 1,7 mal mehr Wärme. Direkte Messungen der von o Ceti[3] ankommenden Wärme ergaben nachfolgende Resultate:

In der Nähe des Minimums: visuelle Größe 8,9; bolometrische Größe 1,5.

In der Nähe des Maximums: visuelle Größe 4,5; bolometrische Größe 0,2.

Die Wärmeschwankung beträgt gewöhnlich etwa eine Größenklasse, so daß die Änderung in dieser Beziehung der bei den Cepheiden beobachteten vollkommen analog ist.

Die Unpünktlichkeit der Änderung spricht viel eher für eine eigene Periode des Sternes, als für eine durch äußere Einflüsse erzwungene Schwingung. Denn eine äußere Ursache müßte wohl jedenfalls streng periodisch sein, und wenn die Reaktion des Sternes auch unregelmäßig erfolgen könnte, würde sich doch in keinem Falle eine *kumulative* Abweichung von einer periodischen Ephemeride ergeben. Die langperiodischen Veränderlichen zeigen aber wenig oder gar keine Neigung, die durch eine Unregelmäßigkeit entstandene Phasendifferenz wieder einzuholen, und die Abweichungen sammeln sich in einer Weise an, die nur bei einer Häufung zufälliger jeder äußeren Einwirkung entzogener Beschleunigungen und Verzögerungen zu erwarten ist. Aus diesen Gründen sind die verschiedenen zur Erklärung der Cepheiden vorgeschlagenen Theorien, welche den Lichtwechsel mit der Rotation des Sternes in Be-

[1] Eine Zusammenstellung der Daten gibt T. E. R. Phillips, Journ. B. A. A. Bd. 27, S. 2.

[2] Mount Wilson Report 1924, S. 201.

[3] Mount Wilson Report 1922, S. 238; wir haben eine Korrektion von $-0^m,3$ angebracht, um die Werte auf die in diesem Buche gebrauchte bolometrische Skala zu reduzieren.

ziehung bringen, auch auf die langperiodischen Veränderlichen unanwendbar.

Es ist vermutet worden, daß bei der sehr niedrigen (durch den großen Unterschied zwischen der visuellen und der bolometrischen Größe angezeigten) Oberflächentemperatur dieser Sterne die Materie nicht mehr gasförmig bleiben kann, so daß Kondensationen eintreten müssen. Diese würden den aus dem Inneren kommenden regulären Energiestrom aufhalten und eindämmen, bis er eine genügende Stärke erreicht hätte, um das Hindernis zu sublimieren oder wegzufegen. Nach dieser Atempause würden sich die Wolken von neuem bilden, und der ganze Prozeß würde eine rohe Periodizität aufweisen, wie die Dampfausbrüche aus einem überkochenden Kessel. Es ist wahrscheinlich, daß etwas Derartiges tatsächlich stattfindet, und dies bildet eine Eigentümlichkeit der Erscheinung, die bei den Cepheiden nicht vorhanden ist, doch ist es sehr zweifelhaft, ob ein solcher Prozeß allein schon genügen würde, um der Änderung eine Periodizität aufzuerlegen. Es erscheint vielmehr bedeutend wahrscheinlicher, daß bei Abwesenheit jeder anderen Ursache für die Änderung ein Ausgleich zwischen der Menge der sich bildenden Wolken und dem auflösenden Vermögen des eingedämmten Strahlungsstromes erreicht werden müßte. Die Alternative hierzu besteht in der Annahme, daß die Periode primär durch die Pulsation des Sternes als Ganzes bestimmt wird, und daß der obenerwähnte Oberflächeneffekt eine Folge der Pulsation darstellt. Der katastrophale Hauteffekt wirkt auf die inneren Bedingungen zurück und ruft Unregelmäßigkeiten in der Periode hervor. Man könnte sagen, daß unter diesen extremen Pulsationsbedingungen „der Schwanz (bis zu einem gewissen Maße) mit dem Hunde wedelt“. Wir können die Pulsationshypothese in der Weise prüfen, daß wir zusehen, ob die mittlere Periode mit dem, was wir über die inneren Verhältnisse dieser Sterne wissen, verträglich ist. Die erste Bedingung hierfür ist eine Abschätzung der Massen.

141. Aus den mittleren parallaktischen und transversalen Bewegungen findet man, daß die mittleren absoluten Helligkeiten, die den Unterabteilungen des *M*-Typus von *M* 1 bis *M* 8 entsprechen, zwischen den Grenzen $-0^{m},6$ und $+0^{m},6$ liegen[1]. Eine Bestätigung dieses Ergebnisses wird aus dem Sterne *X* Ophiuchi erhalten, der einen nichtveränderlichen Begleiter des *K*0-Typus besitzt. Mit Hilfe der spektroskopischen Parallaxe des Begleiters ergibt sich die absolute Helligkeit von *X* Ophiuchi zu $+0^{m},3$, während die mittlere Helligkeit für seine Klasse (*M* 6) gleich $+0^{m},5$ ist. Die Wärmemessungen zeigen, daß die

[1] P. W. Merrill und G. Strömberg: Astrophys. Journ. Bd. 59, S. 105. W. Gyllenberg findet die mittlere absolute Helligkeit $-0^{m},7$, Arkiv för Math. Astr. och Fysik Bd. **14**, Nr. 5; sein Resultat bezieht sich auf die extremen Maxima, während sich das Resultat von Merrill und Strömberg auf die mittleren Maxima der Sterne bezieht.

Reduktion auf bolometrische Größe sogar noch im Maximum groß ist, daß also die effektive Temperatur beträchtlich unter 3000° liegt. Die absolute bolometrische Größe ist ungefähr -3^m. Dieser Wert bezieht sich auf das Maximum, und es kann angenommen werden, daß die mittlere Strahlungsintensität dem Werte $-2^m,5$ entspricht.

Wenn wir die effektive Temperatur zu 2200° annehmen, erhalten wir aus Tabelle 14 für die Masse den Wert 14 ⊙. Die Bedingungen in einem solchen Sterne weichen jedoch von den typischen so stark ab, daß die Anwendung unserer Theorie gewagt erscheint; zum mindesten kann das Molekulargewicht im Inneren des Sternes wegen der tiefen Temperatur größer als 2,1 sein, und $1-\beta$ hat in diesem Falle einen größeren Wert. Der Wert 10 ⊙ dürfte eine vernünftige Schätzung für die Masse eines typischen langperiodischen Veränderlichen darstellen. Wir wollen nun überlegen, wie groß der Radius des Sternes für eine Pulsationsperiode von 300 Tagen sein müßte. Wir können $(\gamma\alpha)^{\frac{1}{2}} = 0,4$ annehmen; dann ist nach (130.4) die mittlere Dichte $1,1 \cdot 10^{-7}$. Aus der Masse und der mittleren Dichte erhalten wir für den gesuchten Radius

$$350\,000\,000 \text{ km} = 2,3 \text{ astronomische Einheiten.}$$

Die von F. G. Pease mit dem Interferometer ausgeführten direkten Messungen des Winkeldurchmessers von *o* Ceti ergaben für diesen den Wert 0,06″ oder einen etwas größeren Wert, wenn die Helligkeitsabnahme am Rande der Scheibe berücksichtigt wird. Auf Grund der vorgehenden Betrachtungen über die absolute Helligkeit ist die wahrscheinliche Parallaxe gleich 0,020″. Dies ergibt einen Radius von mindestens 1,5 astronomischen Einheiten. Andererseits erhalten wir aus der bolometrischen Größe im Maximum in Verbindung mit einer effektiven Temperatur von 2200° (geschätzt auf Grund des Wärmeindex), einen Radius von 1,3 astronomischen Einheiten. Für eine so rohe Überschlagsrechnung ist die Übereinstimmung so gut, wie sie nur sein kann, und die räumlichen Dimensionen des Sterns erweisen sich daher mit der Hypothese durchaus verträglich, daß die Periode von etwa 300 Tagen die Periode der natürlichen Pulsation des Sternes ist.

In bezug auf Spektraltypus schließen sich die langperiodischen Veränderlichen den Cepheiden, als deren natürliche Fortsetzung, in ungezwungener Weise an. Bei den Cepheiden wird der Spektraltypus mit zunehmender Periode immer rötlicher, so daß für eine 300tägige Periode ein sehr roter Typus zu erwarten ist.[1]

[1] Ein Diagramm, welches die Statistik der Beobachtungsdaten über Perioden und Spektraltypen darstellt, ist von Adams und Joy in Proc. Nat. Acad. Sci. **13**, S. **391** (1927) gegeben worden. Dieses Diagramm umfaßt sowohl Cepheiden als auch langperiodische Veränderliche.

Verfinsterungsveränderliche.

142. Die Verwendung unserer Theorie der Massenhelligkeitsbeziehung bei der Berechnung von Verfinsterungsveränderlichen ist an dem Beispiele von *V* Puppis erläutert worden, und wir haben bereits solche Verfinsterungsveränderliche, bei denen die Bahnen beider Komponenten bekannt sind, zur Prüfung unserer Theorie benutzt. Wir wollen hier noch einige weitere Anwendungen betrachten.

Theoretisch ist es möglich, zur Prüfung der Theorie auch Sterne zu verwenden, bei denen nur die eine Komponente spektroskopisch beobachtet ist; es ist aber schwer ein Beispiel zu finden, bei dem die Daten genau genug wären, um einen Erfolg zu versprechen.

Die Lichtkurve liefert unter anderen Daten auch das Verhältnis J_2/J_1 der Flächenhelligkeiten der beiden Komponenten. Wenn daher der Spektraltypus oder die effektive Temperatur der Hauptkomponente aus den Beobachtungen bekannt ist, kann die effektive Temperatur des Begleiters aus Tabelle **16** bestimmt werden. Die Lichtkurve gibt ferner auch das Verhältnis der Leuchtkräfte, und dieses kann dazu benutzt werden, um den genäherten Wert des Massenverhältnisses M_2/M_1 abzuschätzen. Es wird zunächst versuchsweise ein willkürlicher Wert für M_2/M_1 angesetzt; dann können wir, nach der für *V* Puppis (§ 105) benutzten Methode, für jede Komponente das L berechnen, erstens aus dem berechneten Radius jedes der beiden Sterne und zweitens aus den berechneten Massen. Diese Wertepaare werden sich im allgemeinen voneinander unterscheiden, wenn aber die Theorie richtig ist, muß es möglich sein, ein solches Massenverhältnis zu finden, bei dem beide Differenzen gleichzeitig verschwinden. Anderenfalls variieren wir das Massenverhältnis so lange, bis beide Differenzen gleich groß werden, und ihr gemeinsamer Wert gibt uns dann ein Maß für die Abweichung der Theorie von der Beobachtung.

Zufällig, wie ich glaube, läßt sich kein passendes Beispiel für die Anwendung dieses Verfahrens finden[1]. Zur Veranschaulichung der Methode müssen wir daher einen wenig geeigneten Stern — β Persei (Algol) — verwenden. Die photometrische Bahn des Algol ist von J. STEBBINS[2] aus lichtelektrischen Messungen mit einer Selenzelle abgeleitet worden, wir werden aber die Resultate (unzulässigerweise) so behandeln, als ob sie visuelle Beobachtungen wären.

Das Verhältnis der Flächenhelligkeiten des Hauptsternes und der lichtschwachen Hemisphäre des Begleiters ist $J_1/J_2 = 20$, was einer Differenz

[1] Ausgezeichnete photometrische Bahnen stehen bei einer Reihe von Verfinsterungsveränderlichen (die in Tabelle 28a angeführt sind) zur Verfügung; aber außer für β Persei liegen nur für zwei Sterne auch spektrographische Bahnen vor und bei diesen sind die Bahnen beider Komponenten bestimmt worden.

[2] Astrophys. Journ. Bd. 32, S. 185.

von $3^m,25$ entspricht. Indem wir für die effektive Temperatur des Hauptsternes (beobachteter Spektraltypus B 8) den Wert $T_1 = 13000^0$ annehmen, finden wir aus Tabelle **16**, $T_2 = 5350^0$.

Die Resultate von STEBBINS ergeben für das Verhältnis der Radien $R_2/R_1 = 1,14$. Die Differenz der bolometrischen Größen (reduziert auf das normale T_e, um einen direkten Vergleich mit Tabelle **14** zu ermöglichen) ist daher

$$m_2 - m_1 = -5 \log 1,14 + 8 \log (13000/5350) = 2^m, 80.$$

Bei einem Sterne des Spektraltypus B 8 erwarten wir eine Masse von etwa 4 ☉. Beispiele von Massenpaaren in Tabelle **14**, die einer Differenz von 2,80 Größenklassen entsprechen, sind 5,67, 2,20 und 3,44, 1,50, mit den Massenverhältnissen 0,39 bzw. 0,43. Wir nehmen daher provisorisch an: $M_2/M_1 = 0,41$. Die Beobachtungsdaten geben

$$a_1 = 1700000 \text{ km},$$

daher gibt das obenstehende Massenverhältnis

$$a = a_1 + a_2 = 5850000 \text{ km}.$$

Indem wir dieses mit der Periode von 2,867 Tagen kombinieren, erhalten wir für die Masse des Systems

$$M_1 + M_2 = 0,97,$$

so daß

$$M_1 = 0,69 \qquad M_2 = 0,28.$$

Die photometrischen Daten liefern ferner: $R_1 = 0,21\,a$, $R_2 = 0,24\,a$, so daß

$$R_1 = 1230000 \qquad R_2 = 1400000.$$

Wir könnten nun die bolometrischen Größen aus den M und aus den R berechnen; es ist aber von vornherein klar, daß sich ein hoffnungsloser Widerspruch ergeben würde, weil die Massen viel zu klein sind. Wir wollen daher die Rechnung nicht weiter fortsetzen.

Da die Dimensionen des Systems β Persei wegen seiner historischen Berühmtheit großes Interesse erregt haben, wollen wir hier die Schlüsse angeben, zu denen die Strahlungstheorie in dieser Frage führt. Die gewöhnlich gegebenen Dimensionen dieses Systems scheinen uns aus allgemeinen Gründen sehr unwahrscheinlich zu sein. Wir geben also das hoffnungslose Unternehmen, die photometrischen Messungen der schwachen Komponente zur *Präfung* der Theorie zu verwerten, ein für allemal auf, und wenden letztere allein auf die helle Komponente an. Nach einigen Versuchen wird ein Massenverhältnis $M_1 = 5\,M_2$ gefunden, das die Verhältnisse in befriedigender Weise darstellt.

Dieses ergibt

$$a = 6a_1 = 10200000 \text{ km},$$

woraus folgt

$$M_1 = 4{,}30 \qquad M_2 = 0{,}86,$$
$$R_1 = 2140000 \text{ km} \qquad R_2 = 2450000 \text{ km}.$$

Die auf Grund der Masse vorausberechnete absolute Helligkeit der hellen Komponente ist dann $-1^m{,}21$, und die aus dem Radius und der effektiven Temperatur berechnete $-1^m{,}14$. Die entsprechende absolute visuelle Helligkeit wäre $-0^m{,}45$ und die Parallaxe $0''{,}028$. Indem wir uns nun der Tabelle 23 zuwenden, bemerken wir, daß die Masse 4,3 genau der Masse eines Sternes des B 8-Typus in der Hauptsequenz entspricht — eine Tatsache, die geeignet ist, unser Vertrauen zu dem Resultate zu stärken. Die schwache Komponente ist, wie bei den meisten Verfinsterungsveränderlichen, ein Riesenstern[1].

Reflexionseffekte.

143. Bei zahlreichen Verfinsterungsveränderlichen ist der gegenseitige Abstand der Komponenten so klein, daß die Reflexion des Lichtes der hellen Komponente durch die lichtschwache Komponente in der Lichtkurve bemerkbar wird; dem Verfinsterungseffekte überlagert sich eine Helligkeitszunahme des Sternes, während der Zeit in der sich die

[1] [Bei der Drucklegung dieses Abschnittes war mir unbekannt, daß eine zuverlässige Bestimmung der Dimensionen des Algolsystems nach einer interessanten neuen Beobachtungsmethode (D. B. Mc Laughlin: Astrophys. Journ. Bd. 60, S. 22) bereits ausgeführt worden war und einen Radius $R_1 = 2180000$ km ergeben hatte. Während des Verlaufes der Verfinsterung bleiben verschiedene Teile der Scheibe unbedeckt, so daß differentielle Radialgeschwindigkeiten zwischen verschiedenen Teilen der Scheibe gemessen werden können; hieraus kann die äquatoreale Rotationsgeschwindigkeit ermittelt werden. Durch Multiplikation mit der Rotationsperiode (die bei so engen Doppelsternen gleich der Revolutionsperiode angenommen werden darf) erhält man den Umfang des Sternes und hieraus R_1. Da die differentielle Geschwindigkeit etwa 35 km/sec beträgt, ist diese Bestimmung vermutlich zuverlässig; ja es erscheint sogar wahrscheinlich, daß uns der Radius des Algol gegenwärtig genauer bekannt ist, als der Radius irgendeines anderen Sternes, außer der Sonne. Mc Laughlin hat hieraus für das Massenverhältnis den Wert $M_1/M_2 = 5{,}0$ erhalten, in Übereinstimmung mit unserem oben angeführten Resultate.

Es hat sich ferner herausgestellt, daß der Mißerfolg unseres Versuches das richtige Massenverhältnis aus der Helligkeit des schwachen Sternes zu erhalten, weder durch die photometrischen Daten, noch durch die Massenhelligkeitsbeziehung verschuldet war. Das Algolsystem besitzt eine dritte entferntere Komponente mit einer Periode von 1,885 Jahren. Von dieser erhalten wir Licht auch zur Zeit der größten Verfinsterung und dieses Licht ist *fälschlich* der dunklen Hemisphäre des Begleiters zugeschrieben worden. Das oben bestimmte Massenverhältnis 0,41 dürfte das Verhältnis der Masse des dritten Körpers zu der des Hauptsternes darstellen, und der zweite Stern kann daher sehr wohl äußerst lichtschwach sein, wie es der Wert $M_1/M_2 = 5$ verlangen würde.

Wir haben hier also eine ziemlich eindrucksvolle Bestätigung der Theorie durch einen Stern, der anfänglich für sie ungünstig zu sein schien.]

Phase der schwachen Komponente von „neu" zu „voll" ändert. Eine andere Ursache für eine kontinuierliche Helligkeitsänderung ist in der sphäroidischen Form der Sterne gegeben; diese kann aber von dem Reflexionseffekte wegen der zwischen beiden bestehenden Phasendifferenz getrennt werden. Es ist gebräuchlich, beide Effekte gleichzeitig zu untersuchen und in Rechnung zu stellen, wenn die Lichtkurve nach der Methode von RUSSELL und SHAPLEY analysiert und gedeutet wird.

Wir wollen fürs erste von der Schwierigkeit der Verwandlung einer Lichtkurve in eine Wärmekurve absehen, und annehmen, daß der Reflexionseffekt in Energieeinheiten bestimmt werden kann. In diesem Falle ist die Theorie außerordentlich einfach. *Ein Stern muß notwendig die ganze Strahlung reemittieren, die auf ihn fällt.* Die für das Innere eines Sternes geltende Lösung wird durch die Differentialgleichungen in Verbindung mit einer Grenzbedingung bestimmt, und wir haben (in § 93) gesehen, daß letztere mit genügender Genauigkeit in der Form ausgedrückt werden kann: „p_G und p_R werden beide kleiner als 10^8 dyn pro cm^2". Das von dem zweiten Sterne einfallende Licht kann an der Begrenzung einen Lichtdruck von etwa 1 dyne pro cm^2 erzeugen, und dieses zarte Streicheln der Oberfläche ändert die Grenzbedingung innerhalb der Genauigkeitsgrenzen natürlich nicht. Die Lösung für das Innere bleibt daher unverändert, und die normale Strahlungsmenge L fließt nach wie vor aus dem Inneren heraus.

Hieraus folgt, daß, wenn wir uns den Stern in eine Kugel eingeschlossen denken, der Nettofluß durch die Oberfläche dieser Kugel gleich L sein muß. Wenn also von einem anderen Sterne die Strahlungsmenge L_r in die Kugel hineinströmt, muß der Bruttofluß nach außen gleich $L + L_r$ sein. Die Strahlung des Sternes wird auf diese Weise genau um den Betrag der auf ihn einfallenden Strahlung vergrößert. Es ist bequem, die hinzukommende Strahlung als eine *reflektierte* zu bezeichnen, obwohl der tatsächliche Prozeß in einer Absorption mit darauffolgender Reemission besteht. In diesem Sinne stellt ein Stern einen vollkommenen Spiegel für Wärme dar. Es ist wahrscheinlich, daß in den engen Doppelsternsystemen, mit denen wir es hier zu tun haben, beide Komponenten einander immer dieselbe Halbkugel zuwenden. In diesem Falle ist der Zustand vollkommen stationär und die Reemission erfolgt an derselben Hemisphäre, auf welche die Strahlung einfällt. Eine relative Umdrehung würde ein Zurückbleiben der Reemission hinter der Einstrahlung zur Folge haben, da die neu exponierte Oberfläche Zeit gebrauchen würde, um sich auf die für die stärkere Emission notwendige Temperatur zu erwärmen; ich glaube aber kaum, daß diese Verzögerung beträchtlich sein könnte, weil die veränderten Bedingungen nur eine dünne äußere Schicht beeinflussen, die vermutlich eine geringe Wärmekapazität besitzt.

144. Der oben erreichte Schluß kann in der Form ausgedrückt werden, daß die Wärmealbedo des Sternes gleich 1 ist. Es ist interessant zuzusehen, ob die beobachteten Reflexionskoeffizienten sich mit diesem Resultate in Übereinstimmung befinden[1].

Es seien L_1 und L_2 die normalen Wärmeemissionen der beiden Sterne S_1, S_2 und L_r die zusätzliche Emission des zweiten Sternes, die durch die Reflexion bedingt wird. Es seien R_1, R_2 die beiden Radien und a der Abstand der beiden Mittelpunkte voneinander. Die von S_2 aufgefangene Strahlung von S_1 ist genähert

$$\pi R_2^2 \cdot L_1/4\pi a^2, \tag{144.1}$$

wenn R_2/a nicht zu groß ist. Da diese Strahlung nur auf eine Halbkugel fällt, ist zuweilen angenommen worden, daß (bei der Albedo 1) der Stern S_2 bei voller Phase im Verhältnis $L_2 + \frac{1}{2} L_1 R_2^2/a^2 : L_2$ heller erscheint. Dies ist jedoch nicht richtig. Eine von außen erleuchtete Kugel zeigt keine gleichmäßig helle Scheibe, und die Formel (144.1) kann uns daher nichts über die aus einer bestimmten Richtung gesehene Helligkeit lehren. Unter Berücksichtigung dieses Umstandes führt die einfache geometrische Theorie zu dem Verhältnisse

$$L_2 + \tfrac{2}{3} L_1 R_2^2/a^2 : L_2 . \tag{144.2}$$

Hierzu kommt noch ein kleiner Effekt, der durch den Helligkeitsabfall am Scheibenrande bedingt wird und sowohl die normale Emission als die Reemission beeinflußt (§ 227). Bei voller Phase ist die reflektierte Strahlung etwas stärker, weil sie dann hauptsächlich von der Mitte der Scheibe kommt und den Einfluß des Helligkeitsabfalls vermeidet. Es erweist sich, daß die Albedo hierdurch im Verhältnisse $\frac{17}{16}$ vergrößert wird, wobei die größere Helligkeit für den die volle Phase sehenden Beobachter auf Kosten einer verminderten Helligkeit in anderen Richtungen entsteht.

Da R_2/a in vielen Fällen ziemlich groß ist, kann die Berücksichtigung der höheren Glieder oft notwendig sein. Der genauere Ausdruck für die Helligkeitszunahme lautet

$$\tfrac{17}{24} L_1 \{\sin^2\varphi + (2 + \cos^3\varphi - 3\cos\varphi)/\sin\varphi\}, \tag{144.3}$$

wo $\sin\varphi = R_2/a$.

Es kann noch hinzugefügt werden, daß die Änderung dieser zusätzlichen Helligkeit mit der Phase proportional zu $\frac{1}{\pi}(\sin\psi - \psi\cos\psi)$ ist, wobei der Nullpunkt des Phasenwinkels ψ bei „neu" liegt. Die beobachteten Reflexionskoeffizienten sind unter der Annahme berechnet worden, daß die Änderung proportional zu $\frac{1}{2}(1 - \cos\psi)$ ist. Es erweist sich, daß dies zufällig keinen Fehler in dem Reflexionskoeffizienten

[1] Eine eingehende Behandlung des geometrischen Problems wäre hier kaum am Platze. Näheres findet man in Monthly Notices Bd. **86**.

bedingt, dagegen zu merklichen Unterschieden bei der Berechnung der ellipsoidischen Verlängerung der Sterne führt. Bestimmungen der Verlängerung der Sterne unter dem Einflusse ihrer gegenseitigen Anziehung werden in Zukunft wertvolles Material für die Weiterbildung unserer Theorie liefern können; gegenwärtig sind sie aber für unsere Zwecke noch zu roh.

145. Die Resultate für die Veränderlichen, bei denen der Reflexionseffekt gründlich untersucht worden ist, sind in Tabelle **28a** zusammengestellt. Der angegebene Typus bezieht sich auf die hellere Komponente; der Typus der schwächeren Komponente kann auf Grund des Verhältnisses der Flächenhelligkeiten J_1/J_2, mit Hilfe von Tabelle 16 (in der J in Größenklassen ausgedrückt ist) abgeschätzt werden. Die Einheit der Wärmeintensität für L_1 und L_2 ist die maximale Intensität für das System, d. h. $L_1 + L_2 + L_r = 1$. Der berechnete Wert von L_r ist aus (**144.3**) erhalten, der beobachtete Wert unmittelbar den veröffentlichten Diskussionen der photometrischen Daten entnommen; der von dem jeweiligen Autor angegebene wahrscheinliche Fehler ist in der letzten Kolonne angeführt. (Die Werte L der Tabelle beziehen sich auf die Licht- oder die Wärmestrahlung in der Richtung nach dem Beobachter zu, die er nur insofern wahrnehmen kann, als sie durch die Verfinsterung nicht vermindert wird.) Nr. 9 beruht auf photometrischen Messungen mit der Selenzelle, alle anderen auf visuellen Messungen.

Für sechs Sterne ist die Übereinstimmung der beobachteten und berechneten Werte von L_r ausgezeichnet; vier Sterne geben große positive Abweichungen und einer eine negative Abweichung. Es ist schwer, irgendwelche Schlüsse aus der Tabelle zu ziehen, ohne die Zuverlässigkeit der Bestimmungen bei jedem einzelnen Sterne einer eingehenden Prüfung zu unterziehen. Die wahrscheinlichen Fehler beziehen sich nur auf L_r (beob.); aber die L_r (berech.) sind auch mit gewissen Fehlern behaftet, die von der Unsicherheit der Bestimmung von R_2/a herrühren. In einigen Fällen sind nämlich die Bedingungen

Tabelle 28a. Reflexionseffekt bei Verfinsterungsveränderlichen.

Nr.	Stern	Typus	J_1/J_2	R_1/a	R_2/a	L_1	L_r (berech)	L_r (beob)	$R-B$	W. F.
1	SZ Her.	—	4,3	0,318	0,331	0,800	0,078	0,030	+0,048	—
2	U Cep.	*A*	13,5	191	308	838	069	043	+0,026	± 0,009
3	TV Cas.	*B* 9	6,9	275	302	849	068	074	—0,006	± 0,008
4	RZ Cas.	*A*	12,2	253	288	902	064	063	+0,001	± 0,008
5	RT Per.	—	4,8	309	269	863	053	022	+0,031	± 0,009
6	Z Dra.	—	12,8	238	263	911	053	040	+0,013	± 0,006
7	RS Vul.	*B* 8	7,0	201	262	804	048	078	—0,030	—
8	R CMa	*F*	13,2	245	236	934	046	015	+0,031	—
9	β Per.	*B* 8	11,6	210	239	895	043	045	—0,002	—
10	Y Cam.	*A—F*	20,0	236	225	955	041	041	0,000	—
11	RV Oph.	*A*	12,2	125	200	825	027	018	+0,009	± 0,006

der Verfinsterung für die Bestimmung der Elemente günstiger als in anderen. Die Frage, ob die berechneten und die beobachteten Werte ohne Anbringung weiterer Korrektionen übereinstimmen müßten, werden wir weiter unten erörtern; gefühlsmäßig neigen wir zu dem Glauben, daß sie ziemlich genau übereinstimmen sollten und können nur hoffen, daß die fünf starken Abweichungen verringert werden, wenn uns bessere Beobachtungsdaten zur Verfügung stehen.

Bei diesem Vergleiche haben wir zwischen Wärmereflexion und Licht reflexion keinen Unterschied gemacht. Wenn eine Abweichung wie bei Nr. 5 nicht durch Beobachtungsfehler verschuldet i t, bedeutet sie, daß der Begleiter bei der Reflexion der von dem Hauptsterne kommenden Wärmestrahlung ihre Lichtwirkung um mehr als 50% herabsetzt. Bei den typischen Verfinsterungsveränderlichen würden wir aber eher eine Erhöhung als eine Verminderung der Lichtwirkung erwarten. Der Hauptstern gehört gewöhnlich dem B- oder A-Typus an. so daß die ursprüngliche Lichtwirkung einer über 10000^0 liegenden Temperatur entspricht; der reflektierende Stern hat (nach dem Werte von J_1/J_2 zu urteilen) eine geringere Flächenhelligkeit, die jedoch immer noch einer in der Nähe von 6000^0 liegenden Temperatur entspricht. Ein *Verlust* an Lichtwirkung kann aber nur dann eintreten, wenn die Reemissionstemperatur unter 4500^0 liegt. Sogar in diesem Falle findet noch ein kompensierender Gewinn statt, da nun die ursprüngliche Strahlung L_2 bei einer höheren Temperatur emittiert wird. Wir hätten daher erwartet, daß die Abweichungen Rechn. — Beob. im allgemeinen wie bei Nr. 7 negativ sein würden, und das Auffallende bei Nr. 7 ist gerade, daß sie eine ganz vereinzelte Ausnahme und nicht die allgemeine Regel darstellt.

Ich glaube, daß die Tatsache des Auftretens einer einzigen beträchtlicheren negativen Abweichung als Anzeichen dafür gedeutet werden kann, daß die einfallende Strahlung ohne wesentliche Änderung ihrer Zusammensetzung reemittiert wird, — daß sie sich in Wirklichkeit niemals mit der regulären Strahlung L_2 vermischt. Nehmen wir als typischen Fall $T_1 = 12000^0$, $T_2 = 6000^0$. Die Strahlung von S_1 wird wegen ihrer hohen Frequenz in der Atmosphäre von S_2 Effekte hervorrufen können, die die eigene Strahlung dieses Sternes nicht zu erzeugen vermag; und sie wird sie in um so energischerer Weise hervorrufen, als sie hier einen jungfräulichen Boden findet. Sie wird aus diesem Grunde schon in den höheren Schichten der Atmosphäre von S_2 schnell absorbiert — schneller als in der Atmosphäre von S_1, weil die Bedingungen hier stärker von dem thermodynamischen Gleichgewichte abweichen. Es ist daher wahrscheinlich, daß die reflektierte Strahlung, wegen der Verschiedenheit ihres Absorptions- und Emissionsmechanismus von dem der regulären Strahlung von S_2 sowie auch wegen der von dem thermodynamischen Gleichgewichte stark abweichenden Bedingungen, imstande sein wird, ihre ursprüngliche Zusammensetzung in hohem Maße beizubehalten.

Dies scheint durch die spektroskopischen Beobachtungen bestätigt zu werden. In vielen Fällen ist das Spektrum der schwächeren Komponente zwecks Bestimmung von Radialgeschwindigkeiten vermessen worden. Zuweilen wird ausdrücklich festgestellt, daß beide Spektren nahezu identisch sind; in zahlreicheren Fällen wird überhaupt keine Bemerkung darüber hinzugefügt — ein ebenso bedeutsames Schweigen, denn ein Unterschied im Spektraltypus, der den bekannten Werten J_1/J_2 entspräche, wäre wohl kaum unerwähnt geblieben.

Wir möchten ferner die Vermutung aussprechen, daß das Spektrum der dem höher temperierten Sterne S_1 zugekehrten Hemisphäre von S_2 auch dann eine Ähnlichkeit mit dem Spektrum von S_1 aufweisen wird, wenn die reflektierte Strahlung verhältnismäßig schwach ist. Die reflektierte Strahlung hat den strategischen Vorzug, die Materie von S_2 von außen her anzugreifen, so daß die Bedingungen, welche durch sie erzeugt werden, ihr Spektrum der aus S_2 herausströmenden Strahlung als letzte aufprägen, weshalb die von ihnen herrührenden Linien auch durch keine späteren Erfahrungen der Strahlung verwischt werden können.

Die hier ausgesprochenen Vermutungen verlangen aber eine sorgfältigere Betrachtung, als ich ihnen zu geben in der Lage war, und ich bin daher keineswegs überzeugt, daß sie sich als haltbar erweisen werden.

Unter den in Tabelle **19** enthaltenen Sternen befindet sich auch der Stern *TV* Cassiopeiae. Aus Tabelle **28a** geht hervor, daß er sich in bezug auf den Reflexionseffekt befriedigend verhält, weshalb er für eine eingehendere Behandlung geeignet zu sein scheint. Unter Benutzung der modernsten Daten — nämlich der Bahn von PLASKETT[1] und der photometrischen Lösung von MC DIARMID[2] — erhalten wir

$$M_1 = 1{,}74. \quad M_2 = 1{,}02, \quad R_1/a = 0{,}279, \quad R_2/a = 0{,}306,$$
$$R_1 = 2{,}45 \cdot R_\odot \quad R_2 = 2{,}68 \cdot R_\odot, \quad J_1/J_2 = 13{,}6,$$
$$T_1 = 10\,500, \qquad T_2 = 5200,$$

wobei erstere Temperatur nach dem beobachteten Spektraltypus *B* 9, letztere nach dem Werte von J_1/J_2 abgeschätzt ist. Hieraus ergeben sich die Resultate

	Bol. Größenkl. (aus *R*)	Bol. Größenkl. (aus *M*)	Differenz
S_1	+ 0,34	+ 1,86	+ 1,52
S_2	+ 3,18	+ 4,58	+ 1,40

Die Übereinstimmung ist keineswegs gut, doch scheint es hierfür eine einfache Erklärung zu geben. Die erleuchtete Hemisphäre ist

[1] Pub. Dom. Obs. Victoria Bd. 2, S. 141.

[2] Princeton Pub. Nr. 7.

zweimal so hell, wie die dunkle, so daß sich die spektroskopischen Messungen des Begleiters nicht auf den Mittelpunkt der Scheibe beziehen. PLASKETT erwähnt keinen Unterschied im Typus, so daß die von ihm gemessenen Linien wahrscheinlich nur von der erleuchteten Hemisphäre herrühren können. Da $R_2 = 0{,}306\,a$, könnte die durch diesen Umstand verursachte Verschiebung gut $0{,}08\,a$ betragen, und der Radius der relativen Bahn wäre dann im Verhältnisse 100 zu 92 zu vergrößern. Dies gibt:

	M	Bol. Größenkl. (aus R)	Bol. Größenkl. (aus M)	Differenz
S_1	2,35	+ 0,16	+ 0,81	+ 0,65
S_1	1,20	+ 3,00	+ 3,91	+ 0,91

und die Übereinstimmung ist nunmehr eine leidlich gute. Die noch übrigbleibenden Fehler rühren wahrscheinlich von der Ungenauigkeit der (photometrischen und spektroskopischen) Daten für den Begleiter her. Um die Differenz für S_1 auf Null herunterzubringen, müssen wir das Massenverhältnis M_1/M_2 weiter vergrößern, wobei der verbesserte Wert von M_1 etwa gleich 3,0 wird. Dann fällt der Hauptstern auf die Zentrallinie der Hauptsequenz, und der Begleiter ist ein Riesenstern, wie bei β Persei.

Wir haben nun zwei Beispiele dafür, daß der Hauptstern nach Verbesserung der weniger zuverlässigen Daten unter Verwendung der Strahlungstheorie auf die Zentrallinie der Hauptsequenz gebracht werden kann, und ich glaube, daß noch andere Beispiele dasselbe, wenn auch in weniger bestimmter Weise bestätigen. Wir könnten vielleicht die Vermutung wagen, daß eine der bei der Behandlung von Verfinsterungsveränderlichen zu erfüllenden Bedingungen darin besteht, daß die Mittelpunktstemperatur des Hauptsternes gleich 40000000^0 sein muß. Wenn es wahr ist, daß die Verfinsterungsdoppelsterne (d. h. sehr engen Doppelsterne) nur aus Sternen dieser Klasse gebildet werden, muß diese Tatsache eine fundamentale Bedeutung haben, die uns zunächst noch ganz unverständlich ist.

Neuntes Kapitel.

Der Koeffizient der Opazität.

146. Die in diesem Kapitel abzuleitenden Resultate sind bereits von § 89 an in Erwartung ihrer näheren Begründung provisorisch benützt worden. Wir müssen daher nun auf § 88 zurückgreifen und das Problem des Absorptionskoeffizienten an der Stelle wieder aufnehmen, an der wir es dort verlassen haben. Damals waren wir gerade mit unserem ersten wichtigen astronomischen Resultate beschäftigt, welches darin bestand, daß die Opazität für die Serie der Riesensterne vom

M-Typus bis zum A-Typus beinahe konstant bleibt, trotzdem die innere Temperatur zwischen dem Anfange und dem Ende dieser Serie um das Zwölffache ihres Anfangsbetrages wächst. Dies führte uns damals zu der (wie wir jetzt sehen, unrichtigen) Vermutung, daß die Opazität bei hohen Temperaturen einem konstanten Werte zustrebt, und aus diesem Grunde bei allen Sternen praktisch dieselbe ist. Die Konstanz der Opazität war aber, soweit sie sich auf Tatsachen stützte, nur ein statistisches Resultat, das sich auf Gruppen von Sternen bezog, deren mittlere Massen als gleich angenommen werden durften, und wir hatten keine Möglichkeit zu prüfen, ob die Opazität auch bei Sternen anderer Massen denselben konstanten Wert haben würde.

Die Strahlung besteht im überwiegend größten Teile des Sternes aus Röntgenstrahlen und ein Vergleich mit den Absorptionsmessungen von Röntgenstrahlen im Laboratorium ist daher naheliegend. In § 105 haben wir für den Absorptionskoeffizienten im Mittelpunkte der Capella den Wert 49 c.g.s. gefunden. Dieser Wert entspricht der Größenordnung nach den bei den meisten Elementen für harte Röntgenstrahlen gemessenen Absorptionskoeffizienten; er stimmt z. B. mit dem Absorptionskoeffizienten des Eisens für Wellenlängen von etwa 0,8 Å überein. Es darf aber nicht übersehen werden, daß die Wellenlängen der Strahlung im Mittelpunkte der Capella beträchtlich größer sind, da die maximale Intensität dort bei 3,2 Å liegt.

Aus den Messungen im Laboratorium geht hervor, daß k sehr schnell mit der Wellenlänge zunimmt. Abgesehen von gewissen Diskontinuitäten, ändert es sich proportional zu λ^3. Hierdurch wird ein doppelter Widerspruch mit den astronomischen Beobachtungen bedingt; erstens wird der Laboratoriumskoeffizient für dieselbe Wellenlänge viel größer als der astronomische[1]; und zweitens ist diese Abhängigkeit unvereinbar mit dem astronomischen Befunde, daß Sterne, die ihrer Temperatur nach sehr stark voneinander abweichen, nur geringe Unterschiede im Werte von k zeigen.

Es ist klar, daß irgendeine Ursache vorliegen muß, die den direkten Vergleich der astronomischen und terrestrischen Bestimmungen des Absorptionskoeffizienten unzulässig macht. Die Ursache für die Unzulässigkeit eines solchen Vergleiches ist die *Ionisation*, die in den Sternen sehr stark ist, während sie bei irdischen Experimenten beinahe vollständig fehlt.

147. Es kann wohl kaum noch ein Zweifel darüber bestehen, daß der wichtigste Absorptionsprozeß in den Sternen der photoelektrische

[1] Der Unterschied ist sogar größer, als man zunächst glauben würde, denn der Vergleich wäre von Rechts wegen bei der mittleren Temperatur der Capella (auf die sich der astronomische Absorptionskoeffizient beziehen muß) auszuführen und nicht mit dem für die Mittelpunktstemperatur extrapolierten Werte.

Effekt ist. Ein Strahlungsquant wird absorbiert, und seine Energie wird dazu verwendet, um ein Elektron aus einem Atome zu entfernen und ihm eine gewisse kinetische Energie mitzuteilen. Es sind uns zwar auch noch andere Absorptionsprozesse bekannt, jedoch tragen diese verhältnismäßig nur wenig zur Opazität eines Sternes bei.

Nun wird aber die Absorption durch die Ionisation verkleinert, weil die Zahl der zur Ausführung des photoelektrischen Prozesses befähigten Elektronen durch sie verringert wird. Die Abnahme der Absorption kann, wenn auch vielleicht etwas weniger genau, als ein Sättigungseffekt beschrieben werden. Die Atome sind nicht imstande, eine sehr große Menge von Strahlung zu bewältigen, die ihnen ihre Elektronen schneller entreißt, als sie wieder ersetzt werden können. Die Ionisation ist ein Sympton der Überanstrengung. Wir nannten diese Beschreibung der Erscheinung eine *weniger genaue*, weil Ionisation auch durch Zusammenstöße von Atomen und Elektronen herbeigeführt werden kann, so daß eine Abnahme des Absorptionskoeffizienten in gewissen Fällen auch ohne die Mitwirkung einer sehr intensiven Strahlung möglich ist; andererseits gestattet uns aber das Prinzip der „Ausbalancierung der Elementarprocesse" den photoelektrischen Effekt und seine Umkehrung so zu behandeln, als ob sie die einzigen im Inneren eines Sternes stattfindenden Prozesse wären, so daß der niedrige Absorptionskoeffizient in den Sternen unmittelbar der großen Intensität der Strahlung zugeschrieben werden darf.

Der tatsächliche Einfluß der Ionisation auf den Absorptionskoeffizienten ist aus den nachstehenden numerischen Resultaten ersichtlich. die sich auf Eisen bei den im Mittelpunkte der Capella herrschenden Temperatur- und Dichteverhältnissen beziehen[1]. Wenn wir bei einem irdischen Experimente Röntgenstrahlen ähnlicher Wellenlänge aber von der im Laboratorium üblichen Intensität auf Eisen einfallen ließen, würde ihre Absorption eine außerordentlich starke sein. Die Absorption wird im wesentlichen von der aus acht Elektronen bestehenden L-Gruppe ausgeführt. Bei der Absorption eines jeden Strahlungsquants wird ein L-Elektron ausgestoßen; bei irdischen Experimenten wird aber die L-Gruppe durch das Einfallen eines äußeren Elektrons oder das Einfangen eines wandernden Elektrons wieder vervollständigt, bevor das Atom für eine neue Absorption wieder an die Reihe kommt. Der Absorptionskoeffizient für die L-Elektronen allein ergibt sich aus den Experimenten zu 2950 c.g.s. Einheiten. Denken wir uns nun die Röntgenstrahlen bis auf die Intensität verstärkt, die sie tatsächlich in der Capella haben. Die L-Elektronen werden dann, sobald sie ihren Platz eingenommen haben, sofort wieder weggerissen, so daß sie meistenteils

[1] Monthly Notices Bd. 84, S. 113. Dort sind auch die entsprechenden Resultate für andere Elemente gegeben.

im Atome nicht vorhanden sein werden. Zu jeder gegebenen Zeit wird auf 1200 Plätze für L-Elektronen nur einer besetzt sein; d. h. daß statt der acht Elektronen, die normalerweise auf jedes Atom entfallen, nur ein Atom in 150 ein vereinzeltes L-Elektron besitzen wird. Der Absorptionskoeffizient für L-Elektronen beträgt daher nur $\frac{1}{1200}$ seines im Laboratorium beobachteten Wertes und sinkt auf den Wert 2,5 herab. Tatsächlich leisten in der Capella die zwei K-Elektronen eine größere Absorptionsarbeit als die L-Elektronen. Im Laboratorium sind sie verhältnismäßig untätig, weil der größte Teil der Strahlung eine zu niedrige Frequenz hat, um den K-Mechanismus in Gang zu bringen; ihr Absorptionskoeffizient für Laboratoriumsversuche ist 8,3. In der Capella sind aber nur etwa 70% der K-Elektronen zu jeder gegebenen Zeit noch an ihren Plätzen, so daß dieser Koeffizient auf den Wert 5,9 reduziert wird. Wir erhalten somit den Vergleich:

	Laboratorium	Capella
Absorptionskoeffizient für die L-Elektronen	2950	2,5
Absorptionskoeffizient für die K-Elektronen	8,3	5,9
Summe	2958	8,4

148. In den Sternen ist die Absorption gleich der Emission von Strahlung, so daß wir die Möglichkeit haben, wenn wir es vorziehen, von der Berechnung der Emission auszugehen. Der zu der Ausstoßung eines Elektrons entgegengesetzte Prozeß ist das Wiedereinfangen eines Elektrons, und bei diesem Einfangen erfolgt die Emission, welche der von uns im vorhergehenden betrachteten Absorption entspricht. Diese Ausstrahlung kann im Laboratorium nicht direkt untersucht werden, weil es nicht möglich ist, Atome mit unvollständigen K- und L-Gruppen zu erhalten; das Problem kann aber theoretisch verfolgt werden. Hierbei werden wir wieder zwei verschiedene Koeffizienten zu unterscheiden haben: erstens den idealen Emissionskoeffizienten für den Fall, daß alle Ionen ihr volles Vermögen des Einfangens besitzen, und zweitens den durch *mangelnde Ionisation* herabgesetzten Koeffizienten. Mit zunehmender Besetzung der für Elektronen verfügbaren Plätze nimmt die Wahrscheinlichkeit für das Einfangen eines Elektrons im selben Verhältnisse ab.

Der ideale (oder Laboratoriums-) Absorptionskoeffizient und der ideale (weder im Laboratorium noch in den Sternen realisierte) Emissionskoeffizient werden beide verkleinert, der eine durch die Ionisierung, der andere durch einen Mangel an Ionisierung. In Wirklichkeit erreicht die Ionisation immer gerade den Wert, der nötig ist, um einen Ausgleich zwischen ihnen herbeizuführen; und die Ionisationsformel (47.1) ist ja auch seinerzeit aus dieser Gleichgewichtsbedingung, die durch die EINSTEINsche Gleichung zum Ausdrucke gebracht wird, erhalten worden.

Der *ideale* Absorptionskoeffizient ist unabhängig von der Dichte. Jedes vollständige Atom stellt einen Absorptionsmechanismus dar, der ganz unabhängig von allen anderen Atomen arbeitet, und es macht daher gar keinen Unterschied, ob eine gewisse Masse von Materie einen großen oder kleinen Raum einnimmt.

Der *ideale* Emissionskoeffizient ist genähert proportional zu der Dichte oder etwas genauer, zu ϱ/μ. Ein entblößtes Ion emittiert durch Einfangen von Elektronen, und die Anzahl der von ihm eingefangenen Elektronen wird, unter sonst gleichen Umständen, proportional zu der Anzahl der freien Elektronen in einem gegebenen Volumen sein. Die Gesamtzahl der Teilchen in einem cm^3 ist gleich ϱ/μ (wobei das Molekulargewicht μ hier in Gramm auszudrücken ist). Unter den in einem Sterne herrschenden Bedingungen ist die Anzahl der Ionen klein im Ve - gleich zu der Anzahl der freien Elektronen, so daß die Anzahl der freien Elektronen pro cm^3 beinahe proportional zu ϱ/μ ist.

Wir treten also an das Problem der stellaren Opazität heran in der Erwartung, daß letztere entweder a) unabhängig von der Dichte, oder b) proportional zu der Dichte sein wird, je nachdem wir mit der Absorption oder der Emission anfangen. Welchen Weg wir auch einschlagen mögen, wird eine Änderung des Wertes in dem Augenblicke nötig werden, in dem wir dazu übergehen, den Einfluß der Dichte auf die Ionisation zu berechnen. Die Frage, ob wir das Problem von dem einen oder dem anderen Ende anpacken sollen, hängt nicht von prinzipiellen, sondern nur von Zweckmäßigkeitserwägungen ab; wir wollen nämlich denjenigen Koeffizienten berechnen, der sich am wenigsten von dem entsprechenden idealen Koeffizienten unterscheidet.

149. Eine Überschlagsrechnung zeigt, daß, während die Änderung des idealen Absorptionskoeffizienten in allen Fällen eine ganz enorme ist, der Emissionskoeffizient in den meisten Sternen nur eine geringe Änderung erfährt, deren Berücksichtigung immer einer zweiten Näherung überlassen werden kann. Auf den ersten Blick könnte es scheinen, daß die in § 147 für Eisen angeführten Zahlen sich hiermit im Widerspruche befinden, denn es erweist sich, daß 70% der K-Elektronen noch auf ihren Plätzen sind, so daß nur 30% der idealen K-Emission beim Eisen wirksam sein können. Die Berechnung von § 147 bezog sich aber auf den wahren Absorptionskoeffizienten, während wir gegenwärtig die astronomische Opazität (§ 77) im Auge haben, die in geringerem Maße von den K-Prozessen abhängt.[1] Wir wollen hier jedoch keineswegs behaupten, daß die Änderung des Emissionskoeffizienten verschwindend klein ist, sondern nur, daß sie im Vergleich zu der Änderung des

[1] In § 79 ist gezeigt worden, daß die Betrachtung von Frequenzen, die größer als $7RT/h$ sind, unwichtig ist. Es findet daher in einem Sterne, in dem die Atome bis auf das Niveau $-7RT/h$ ionisiert sind, keine merkliche Änderung des idealen Emissionskoeffizienten statt.

Absorptionskoeffizienten klein ist, indem sie sich von dieser um einen Faktor $\frac{1}{1200}$ unterscheidet. Die stellare Opazität wird also näherungsweise das Gesetz $k \propto \varrho/\mu$ befolgen, und nicht das Gesetz k — unabhängig von ϱ.

Wir wollen nun den Einfluß der Temperatur betrachten. Die Anzahl der Elektronen, die in einer gegebenen Zeit mit einem bestimmten Ion zusammenstoßen, ist, außer zu der Elektronendichte auch noch zu ihrer mittleren Geschwindigkeit proportional, also zu $T^{\frac{1}{2}}$. Ferner wird im Falle eines Zusammenstoßes die Wahrscheinlichkeit des Einfangens auch noch von der Geschwindigkeit des Elektrons abhängen. Schnell bewegte Elektronen werden vermutlich schwerer einzufangen sein, als langsam bewegte; wir setzen daher die Wahrscheinlichkeit des Einfangens proportional zu

$$V^{-x}$$

oder zu $T^{-\frac{1}{2}x}$. Den Wert von x können wir nur auf Grund irgendeiner speziellen Theorie des Einfangens abschätzen und lassen ihn daher zunächst unbestimmt. Wenn ein Elektron eingefangen wird, ist die emittierte Energie gleich der Differenz der Energie des freien Elektrons und der negativen Energie des Niveaus, welches dieses im Atome besetzt. Die freie Energie ist proportional zu T und die Energie des Niveaus ist vermutlich genähert proportional zu T[1]. Indem wir diese Temperaturfaktoren kombinieren, wird die Emission pro Ion proportional zu

$$\frac{\varrho}{\mu} T^{\frac{3}{2}-\frac{1}{2}x}$$

und die Absorption pro Ion hat denselben Betrag. Um k zu erhalten, müssen wir die absorbierte Energie durch die gesamte, durch die Materie hindurchgehende Energie dividieren, die ihrerseits proportional zu T^4 ist. Wir erhalten auf diese Weise

$$k \propto \varrho/\mu\, T^{\frac{5}{2}+\frac{1}{2}x}. \tag{149.1}$$

Das astronomische Resultat, daß k für eine Reihe von Sternen konstanter Masse beinahe konstant ist, verlangt, daß k in erster Näherung eine Funktion von $\varrho/\mu T^3$ sein muß, da ja diese Kombination von Dichte und Temperatur ausschließlich von der Masse abhängt. Durch einen Vergleich mit (149.1) erhalten wir $x = 1$ und

$$k \propto \varrho/\mu\, T^3.$$

Wir waren seinerzeit zu dem Schlusse gekommen, daß wegen der Unsicherheit der Beobachtungsergebnisse noch ein Faktor $T^{\frac{1}{2}}$ oder $T^{-\frac{1}{2}}$

[1] Wir könnten auch sagen, daß die Prozesse des Wiedereinfangens die zu der Opazität den größten Beitrag liefern, diejenigen sind, welche Strahlung von den Frequenzen 2,5 RT/h bis 7 RT/h ergeben. Das entsprechende Energiequant ist daher proportional zu T.

zulässig erscheint, so daß das Gesetz der Veränderlichkeit von k zwischen $\varrho/\mu T^{\frac{5}{2}}$ und $\varrho/\mu T^{\frac{7}{2}}$ liegt. Dies entspricht der Formel (149.1) bei Werten von x zwischen 0 und 2.

E. RUTHERFORD hat auf Grund seiner Experimente über das Einfangen von Elektronen durch α-Teilchen gezeigt, daß sich die Wahrscheinlichkeit des Einfangens umgekehrt proportional zu der fünften Potenz der Geschwindigkeit ändert. Das dem Werte $x = 5$ entsprechende Gesetz liegt aber weit außerhalb der oben angegebenen Grenzen und wäre mit der Tatsache, daß alle Riesensterne gleiche Helligkeit haben, ganz unvereinbar. Wir müssen hieraus schließen, daß sich die Experimente von RUTHERFORD auf einen anderen Prozeß des Einfangens beziehen. Wie FOWLER gezeigt hat, handelt es sich hier um strahlungslose Prozesse, die dem Einfangen von Kometen durch die kombinierte Wirkung der Sonne und der Planeten analog sind. Derartige Prozesse kommen zweifellos auch in den Sternen vor; nach dem Prinzipe der Ausbalancierung der Elementarprocesse sind sie aber für unsere Untersuchung des Absorptionsproblems bedeutungslos, weil sie nicht mit Strahlung verbunden sind.

150. Es ist bemerkenswert, daß wir die Möglichkeit haben, die Bestimmung des Gesetzes der Opazität so weit durchzuführen, ohne das Problem des Mechanismus des Einfangens und Ausstoßens von Elektronen anpacken zu müssen. Wir können die Grenzen, zwischen denen unser Gesetz liegen muß, vielleicht sogar noch etwas enger ziehen, da es kaum denkbar erscheint, daß x kleiner als 1 sein könnte. Die Wahl zwischen den Exponenten 3 und $\frac{7}{2}$, ja sogar zwischen $\frac{5}{2}$ und $\frac{7}{2}$, ist bei der praktischen Berechnung der Helligkeiten von Sternen ziemlich belanglos. Aber die Entscheidung der Frage, auf welcher Seite von 3 der wahre Exponent tatsächlich liegt, ist aus gewissen theoretischen Gründen von Wichtigkeit. Ein Beispiel hierfür ist uns bereits bei der Betrachtung der Cepheiden- Pulsationen begegnet; die Pulsationen können automatisch aufrechterhalten werden, wenn der Exponent etwas kleiner als 3 ist (§ 137). Dies allein spricht schon gegen einen so niedrigen Wert wie 2,5 für gewöhnliche (nichtpulsierende) Sterne; aber wenn der normale Wert z. B. gleich 3 wäre, würde es uns leichter fallen, auch an die Realität des um ein geringes kleineren Wertes zu glauben, der zur Erklärung der Cepheiden notwendig ist. Einem anderen Probleme, bei dem der Wert 3 ein kritischer ist, werden wir in § 211 begegnen.

Da die gegenwärtig für die beste gehaltene physikalische Theorie des Elektroneneinfangens zu dem Werte $x = 2$ führt, haben wir (z. B. im siebenten Kapitel) das Gesetz $k \propto \varrho/\mu T^{\frac{7}{2}}$ verwendet. Die Theorie ist aber hier kaum als zuverlässiger Führer zu betrachten, und es ist wünschenswert, sich darüber ein Urteil zu bilden, ob die halbe Potenz von T in den Beobachtungen eine Stütze findet. Unter Anwendung dieses Gesetzes erhielten wir in Abb. 2 eine gute Übereinstimmung zwischen Theorie und Beobachtung; wir müssen aber die Frage untersuchen, inwiefern diese Übereinstimmung durch die Potenz von T bedingt wird. Die meisten in der Abbildung vertretenen Sterne gehören der Hauptsequenz an, die durch konstante innere Temperatur charakterisiert ist (§ 122); sie bieten uns keine Gelegenheit, die Veränderlichkeit von k mit T zu prüfen. Es bleiben also nur noch Capella und die Cepheiden übrig, die nicht auf der Hauptsequenz liegen. Wenn der Exponent gleich 3 ist, statt $3^1/_2$, dann haben wir der Hauptsequenz im Vergleiche zu Capella nur den halben Wert der ihr zukommenden Opazität zugeschrieben und daher eine um $0^m,75$ zu große Helligkeit vorausgesagt. In Wirklichkeit sind die Sonne, der Sirius und α Centauri um $0^m,3$ schwächer, als sie nach unserer ersten Voraussage sein müßten, so daß sie etwa auf dem halben Wege zwischen den aus beiden Annahmen folgenden Resultaten liegen.

Es erscheint demnach kaum möglich auf Grund der Beobachtungen zu entscheiden, ob $\varrho/\mu T^{\frac{7}{2}}$ oder $\varrho/\mu T^3$ eine bessere Annäherung an das wahre Gesetz darstellt; aber $\varrho/\mu T^{\frac{5}{2}}$ scheint bestimmt ausgeschlossen zu sein, und es besteht eine beträchtliche Wahrscheinlichkeit dafür, daß der Exponent über und nicht unter dem Werte 3 liegt.

Die Zielscheibe für das Einfangen von Elektronen.

151. Wir wollen zunächst einige Berechnungen ausführen über die Anzahl der bei der stellaren Absorption und Emission in Betracht kommenden Prozesse des Einfangens und Ausstoßens von Elektronen. Betrachten wir die Bedingungen im Mittelpunkte der Capella, wie sie in § 13 gegeben sind:

$$T = 7{,}2 \cdot 10^6, \qquad \varrho = 0{,}0547, \qquad \mu = 2{,}1.$$

Der sich aus der Masse und der absoluten Helligkeit für αk_c ergebende Wert ist 133, was für $\alpha = 2{,}5$

$$k = 53$$

gibt. Dies ist, streng genommen, der Opazitätskoeffizient und nicht der Absorptionskoeffizient; wir wollen uns aber hier um diesen Unterschied nicht kümmern. Die Emission pro Gramm und Sekunde ist nach (74.5)

$$k\,a\,c\,T^4 = 3{,}25 \cdot 10^{25} \text{ erg}\,. \tag{151.1}$$

Nach (40.93) ist die mittlere Energie eines Strahlungsquants bei der Temperatur T gleich $2{,}70\,R\,T$, wo R die BOLTZMANNsche Konstante bedeutet. Das mittlere Quant ist daher gleich

$$2{,}67 \cdot 10^{-9} \text{ erg}\,. \tag{151.2}$$

Durch Division erhalten wir die Anzahl der pro Gramm und Sekunde emittierten Quanten zu

$$1{,}22 \cdot 10^{34}. \qquad (151.3)$$

Es könnte noch ein Korrektionsfaktor erforderlich sein, da das für k in Betracht kommende mittlere Quant dem in der Strahlung vorhandenen mittleren Quante nicht gleich zu sein braucht, jedoch würde ein solcher Faktor die Größenordnung nicht ändern.

Die Anzahl der Wasserstoffatome in einem Gramme ist $6{,}02 \cdot 10^{23}$; daher ist die Anzahl der Teilchen vom mittleren Gewichte $2{,}1\,H$ gleich

$$2{,}87 \cdot 10^{23}.$$

Unter der Annahme, daß auf je ein Ion 20 Elektronen kommen, wird die Anzahl der freien Elektronen pro Gramm gleich

$$2{,}74 \cdot 10^{23}. \qquad (151.4)$$

Aus (151.3) und (151.4) folgt, daß jedes Elektron für die Emission von

$$4{,}45 \cdot 10^{10}, \text{ Quanten pro Sekunde} \qquad (151.5)$$

verantwortlich ist. Da jede Emission durch das Einfangen eines Elektrons bedingt wird, muß jedes freie Elektron pro Sekunde $4{,}45 \cdot 10^{10}$mal eingefangen werden. Die hierzu inverse Zahl gibt die Durchlaufszeit der freien Weglänge[1]:

$$2{,}25 \cdot 10^{-11} \text{ sec}. \qquad (151.6)$$

Die mittlere Geschwindigkeit eines Elektrons bei der Temperatur $7{,}2 \cdot 10^6$ ist

$$V = 1{,}67 \cdot 10^9 \text{ cm} \cdot \text{sec}^{-1}. \qquad (151.7)$$

Indem wir diese Zahl mit der Durchlaufszeit der freien Weglänge multiplizieren, erhalten wir für die freie Weglänge den Wert

$$\lambda = 0{,}0375 \text{ cm}. \qquad (151.8)$$

Auch hier wird das Resultat durch einen Mittelwertsfaktor ein wenig verändert werden, da die langsam bewegten Elektronen wahrscheinlich verhältnismäßig leichter einzufangen sind. Die freie Weglänge im Sinne der Gastheorie, d. h. von einem Zusammenstoße bis zu dem nächsten, ist viel kleiner als 0,0375 cm. Das Elektron stößt auf eine große Anzahl von Atomen, bevor es mit einem Atome in einer solchen Weise zusammentrifft, daß es eingefangen werden kann oder vielmehr, es stößt auf das, *was das Atom gewesen wäre*, wenn sein

[1] Auf den ersten Blick scheint hierbei die Verweilszeit im Atom unberücksichtigt zu bleiben; dieser Fehler wird aber durch folgenden Umstand kompensiert: wenn jedes Elektron z. B. ein Zehntel seiner Zeit in gefangenem Zustand verbringt, ist die Anzahl der an der Emission beteiligten Elektronen gleich zehn Neunteln der Anzahl (151.4) der in jedem gegebenen Augenblicke freien Elektronen.

Volumen nicht durch Ionisation auf einen viel kleineren Raum reduziert wäre. Wir führen den Begriff einer im Inneren des Atoms befindlichen Zielscheibe ein, d. h. einer Kugel von solcher Größe, daß die Wahrscheinlichkeit des Eingefangenwerdens gleich der Wahrscheinlichkeit des Auftreffens auf diese Kugel ist. Diese Vorstellungsweise ist in erster Linie eine statistische und läßt die Frage offen, ob das Einfangen wirklich durch das Auftreffen auf die Zielscheibe bedingt ist. Wenn σ den Radius der Zielscheibe und N die Anzahl der Zielscheiben pro cm^3 bedeutet, ist, wie in der Gastheorie bewiesen wird,

$$\lambda = \frac{1}{\pi N \sigma^2}, \tag{151.91}$$

wenn die Wege als geradlinig angenommen werden.

Nun ist aber

$$N = \varrho / A \text{H}, \tag{151.92}$$

wo A das Atomgewicht und H die Masse des Wasserstoffatoms bedeutet. Für Eisen ($A = 56$), bei der im Mittelpunkt der Capella bestehenden Dichte gibt dies

$$N = 5{,}88 \cdot 10^{20}, \tag{151.93}$$

so daß sich aus (151.91) und (151.8) ergibt

$$\sigma = 1{,}20 \cdot 10^{-10}\ \text{cm}. \tag{151.94}$$

Dieses σ ist etwas kleiner als der Radius des K-Ringes des Eisenatoms, der im Mittelpunkte von Capella von dem ganzen System der Begleitelektronen allein übrigbleibt. Dieser zufällig sehr nahen Übereinstimmung darf aber keine besondere Bedeutung beigemessen werden. In (151.91) werden die Bahnen als geradlinig vorausgesetzt, so daß unsere Zielscheibe die *scheinbare Zielscheibe* ist, auf die das Elektron gerichtet sein muß. Wegen der Anziehung des Kernes kann die wahre Zielscheibe, die in Wirklichkeit getroffen wird, viel kleiner sein.

152. Es scheint natürlich anzunehmen, daß die Zielscheibe eine wirkliche um den Mittelpunkt des Atoms beschriebene Kugel darstellt, die von der Elektronenbahn durchsetzt werden muß, damit ein Einfangen erfolgen kann. Dieser Gedanke bildet die Grundlage der in § 170 entwickelten Theorie des Einfangens durch den Atomkern. Jedoch lassen sich auch gegen die Richtigkeit dieser Annahme sehr gewichtige Gründe anführen. Die Frequenz der bei einer Änderung der Geschwindigkeit eines Elektrons emittierten Röntgenstrahlen hängt vermutlich von der Plötzlichkeit der Bremsung ab. Elektronen, die so abgeschossen werden, daß sie innerhalb einer Entfernung σ am Kerne vorbeifliegen, erleiden beim Durchgang durch das Perizentrum sehr starke Geschwindigkeitsänderungen. Es erweist sich, daß die entsprechenden Röntgenstrahlen viel höhere Frequenzen haben müßten, als die im Bereiche zwischen $2{,}5\, R T/h$ und $7\, R T/h$ enthaltenen, auf die sich die stellare Opazität bezieht. Gegenwärtig wird zwar allgemein angenommen, daß die von solchen tief eindringenden Elektronen herrührende Strahlung überhaupt inhibiert wird; die Entscheidung der Frage, ob dies wirklich der Fall ist, hat aber für uns keine besondere Bedeutung. Wenn unser Schluß richtig ist, daß diese Ausstrahlung Frequenzen ergeben würde, die beträchtlich über $7\,RT/h$ liegen, dann haben wir es hier augenscheinlich nicht mit den im vorhergehenden Paragraphen berechneten Prozessen des Einfangens zu tun, die wir für die astronomische Opazität verantwortlich machen wollen. Um eine im verlangten Intervalle liegende Frequenz zu ergeben, müssen die Elektronen weder zu plötzlich, noch zu langsam gebremst werden. Dies scheint auf *eine Zielscheibe mit ringförmigem Querschnitte* zu deuten.

Die Emissions- und Absorptionstheorie, welche mit den Ergebnissen der Laboratoriumsexperimente am besten übereinzustimmen scheint und die modernsten Anschauungen über diese Fragen zum Ausdruck bringt, ist diejenige von H. A. KRAMERS[1]. Wir halten es für wahrscheinlich, daß diese Theorie wenigstens in ihren Grundzügen richtig ist. Die KRAMERSsche Theorie schließt gewisse Feinheiten in sich, die für ihre Anwendung auf irdische Experimente äußerst wesentlich sind, die aber bei der Bestimmung der stellaren Opazität eine nur untergeordnete Rolle spielen. In ihrer für die Anwendung auf Sterne vereinfachten Form läßt sich die KRAMERSsche Theorie auf die einzige Aussage zurückführen: *Wir können die stellare Opazität genau so berechnen, als ob alle Elektronen nach den Gesetzen der klassischen elektromagnetischen Theorie ausstrahlten.*

Aus diesem Grunde werden wir, als erstes Problem, die Bestimmung der stellaren Opazität nach der klassischen Theorie behandeln. Diese Berechnung soll also keineswegs nur als vorbereitendes Übungsbeispiel dienen; sie stellt vielmehr den kürzesten Weg zu den Formeln dar, die wir als den endgültigen Ausdruck unseres Gesetzes betrachten. Nachträglich werden wir uns auf die KRAMERSsche Theorie berufen, um zu erklären, warum ein so veraltetes Verfahren trotz des Bestehens der Quantentheorie gerechtfertigt erscheint sowie auch um die Feinheiten einzuführen, die zur Prüfung der Theorie durch Laboratoriumsexperimente notwendig sind.

Klassische Emissionstheorie.

153. Nach der elektromagnetischen Theorie strahlt ein beschleunigtes Elektron Energie aus. Wenn Γ die Beschleunigung bedeutet, ist die in der Zeit dt ausgestrahlte Energiemenge

$$\frac{2}{3}\,\frac{e^2}{c^3}\,\Gamma^2\,dt. \tag{153.1}$$

[1] Phil. Mag. Bd. 46, S. 836 (1923).

Betrachten wir ein Elektron mit der Anfangsgeschwindigkeit V, welches bei ungestörter Bewegung im Abstande σ vom Kerne eines Atoms der Ordnungszahl Z vorbeifliegen würde. Unter dem Einflusse der Anziehung des Atomkernes wird das Elektron eine Bahn beschreiben, die im allgemeinen eine Hyperbel sein wird — außer wenn die Annäherung eine so starke ist, daß die Änderung der Masse mit der Geschwindigkeit berücksichtigt werden muß.

Die Beschleunigung ist

$$\Gamma = \mu / r^2, \qquad \mu = Z e^2 / m. \tag{153.2}$$

Es sei die Gleichung der Hyperbel:

$$\frac{l}{r} = 1 + \varepsilon \cos \Theta. \tag{153.3}$$

Wenn wir mit h die Flächenkonstante bezeichnen, ist

$$r^2 \frac{d\Theta}{dt} = h = \sigma V \tag{153.4}$$

und, nach der bekannten astronomischen Gleichung,

$$\sigma^2 V^2 = h^2 = \mu l. \tag{153.5}$$

Ferner ist nach dem wohlbekannten Satze, daß σ (das aus dem Brennpunkte auf die Asymptote gefällte Lot) gleich der kleinen Achse der Hyperbel ist,

$$\varepsilon^2 - 1 = l^2/\sigma^2 = \sigma^2 V^4/\mu^2 \tag{153.6}$$

und, wenn 2φ den Winkel zwischen den Asymptoten bezeichnet,

$$\operatorname{tg} \varphi = \sqrt{\varepsilon^2 - 1} = \sigma V^2/\mu. \tag{153.7}$$

Mittels (153.3) und (153.4) erhalten wir

$$\begin{aligned} \frac{2}{3} \frac{e^2}{c^3} \Gamma^2 dt &= \frac{2}{3} \frac{e^2 \mu^2}{c^3} \frac{dt}{r^4} \\ &= \frac{2}{3} \frac{e^2 \mu^2}{c^3 l^2 h} (1 + \varepsilon \cos \Theta)^2 \cdot d\Theta. \end{aligned} \tag{153.75}$$

Die gesamte Ausstrahlung während des Zusammenstoßes ist demnach

$$\begin{aligned} Q &= \frac{2}{3} \frac{e^2 \mu^2}{c^3 l^2 h} \int_{-(\pi-\varphi)}^{\pi-\varphi} (1 + \varepsilon \cos \Theta)^2 \, d\Theta \\ &= \frac{2}{3} \frac{e^2 \mu^2}{c^3 l^2 h} \{(\pi - \varphi)(\sec^2 \varphi + 2) + 3 \operatorname{tg} \varphi\}, \end{aligned} \tag{153.8}$$

wo die Exzentrizität ε durch ihren Wert $\sec \varphi$ ersetzt ist.

Für nicht zu große Werte von σV^2 ist φ ein kleiner Winkel; d. h. die Bahnen sind praktisch als Parabeln zu betrachten. Dann reduziert sich das obere Resultat auf

$$Q = \frac{2\pi e^2 \mu^2}{c^3 l^2 h} = \frac{2\pi e^2 \mu^4}{c^3 h^5} = \frac{2\pi Z^4 e^{10}}{c^3 m^4 \sigma^5 V^5}. \tag{153.9}$$

154. Indem wir uns eine kleine Abschweifung von unserer unmittelbaren Aufgabe erlauben, bemerken wir, daß wenn Q größer ist als $\frac{1}{2} m V^2$, das Elektron mehr als seine gesamte freie Energie verliert und daher eingefangen werden muß. Es besteht also für das Einfangen eine scheinbare Zielscheibe mit einem Radius σ, der durch die Bedingung gegeben wird

$$\frac{1}{2} m V^2 = \frac{2\pi Z^4 e^{10}}{c^3 m^4 \sigma^5 V^5}$$

oder, indem wir $b = e^2/mc^2 = 2{,}81 \cdot 10^{-13}$ cm schreiben,

$$\sigma = b\,(4\pi)^{\frac{1}{5}} Z^{\frac{4}{5}} (c/V)^{\frac{7}{5}}. \tag{154.1}$$

Dies ergibt für Eisen im Mittelpunkte der Capella

$$\sigma = 3{,}6 \cdot 10^{-10} \text{ cm},$$

also einen etwa dreimal größeren Radius und eine neunmal größere Fläche der Zielscheibe, als wir aus den Beobachtungen gefunden hatten (151.94). Die grobe klassische Theorie führt somit zu einem neunmal zu großen Emissionskoeffizienten — ganz abgesehen von der Emission, die von Elektronen herrührt, welche nicht eingefangen werden.

155. Es zeigt sich, daß ein großer Teil der klassischen Ausstrahlung auf hohe Frequenzen entfällt, die ganz außerhalb des für die astronomische Opazität hauptsächlich in Betracht kommenden Intervalles liegen. Es genügt daher nicht, den Gesamtbetrag der Emission zu bestimmen, sondern es muß noch ihre Verteilung auf die verschiedenen Frequenzen studiert werden — wir müssen sie so zu sagen durch ein Spektroskop betrachten.

Zu diesem Zwecke zerlegen wir zunächst Γ in zwei aufeinander senkrecht stehende Komponenten Γ_x, Γ_y, längs der großen und kleinen Achse der Bahn. Jede Komponente kann durch ein Fouriersches Integral dargestellt werden, also in der Form

$$\Gamma_x = \int_0^\infty A_x \cos(2\pi\nu t)\,d\nu. \qquad \Gamma_y = \int_0^\infty A_y \sin(2\pi\nu t)\,d\nu.$$

wo A_x und A_y Funktionen von ν sind. Da die Energie der ausgestrahlten Welle proportional zu Γ^2 ist (153.1), wird ihre Amplitude proportional zu Γ sein; die FOURIERsche Analyse sondert also die Amplitude heraus, die den periodischen Komponenten von Γ entspricht, deren Frequenzen zwischen ν und $\nu + d\nu$ liegen. Die zwischen ν und $\nu + d\nu$ ausgestrahlte Energie wird proportional zu $(A_x^2 + A_y^2)\,d\nu$ sein.

Die analytische Behandlung ist schwierig, sie ist aber von KRAMERS[1] durchgeführt worden und ergibt folgendes Resultat: die klassische

[1] Phil. Mag. Bd. **46**, S. 845.

Ausstrahlung für die zwischen ν und $\nu + d\nu$ liegenden Frequenzen, die während eines Zusammenstoßes emittiert werden, ist[1]

$$Q_\nu \, d\nu = \frac{4\pi^2 Z^2 e^6}{c^3 m^2 \sigma^2 V^2} P(\gamma)\, d\nu, \tag{155.1}$$

wo

$$\gamma = 2\pi\nu\sigma^3 V^3 m^2 / Z^2 e^4 \tag{155.2}$$

und P eine gewisse Funktion ist, die die Eigenschaften besitzt:

$$\int_0^\infty P(\gamma)\, d\gamma = 1 \tag{155.31}$$

$$\int_0^\infty P(\gamma) \frac{d\gamma}{\gamma} = \frac{4}{\pi\sqrt{3}}. \tag{155.32}$$

Die Funktion P, für die in der KRAMERSschen Arbeit eine rohe Kurvendarstellung gegeben ist, hat den Wert Null für $\gamma = 0$, steigt dann bis zu einem Maximalwerte von etwa 2,3 in der Nähe von $\gamma = 1{,}5$ an und fällt darauf langsamer ab, wobei sie in der Nähe von $\gamma = 6$ den Wert 0,5 erreicht.

Wegen (155.31) haben wir

$$Q = \int_0^\infty Q_\nu \, d\nu = \frac{2\pi Z^4 e^{10}}{c^3 m^4 \sigma^5 V^5}$$

in Übereinstimmung mit (153.9).

Nehmen wir nun an, daß n Elektronen normal auf eine dünne Schicht von Materie einfallen, die s Kerne pro cm² enthält. Um an einem Kerne in einer Entfernung σ bis $\sigma + d\sigma$ vorbeizugehen, muß ein Elektron irgendeinen von den s kleinen Ringen treffen, die eine Gesamtfläche von der Größe $s \cdot 2\pi\sigma\, d\sigma$ pro cm² bedecken. Die Anzahl der innerhalb dieser Grenzen erfolgenden Zusammenstöße ist daher $ns \cdot 2\pi\sigma\, d\sigma$, und die gesamte, durch sie hervorgerufene Ausstrahlung, der im Intervalle $d\nu$ enthaltenen Frequenzen, ist nach (155.1)

$$ns\, d\nu \frac{8\pi^3 Z^2 e^6}{c^3 m^2 V^2} P(\gamma) \frac{d\sigma}{\sigma}.$$

Dieser Ausdruck muß nun über alle Werte von σ integriert werden. Nach (155.2) ist

$$\frac{d\gamma}{\gamma} = 3 \frac{d\sigma}{\sigma}.$$

Die Strahlung der Frequenzen ν bis $\nu + d\nu$ ist daher

$$ns\, d\nu \frac{8\pi^3 Z^2 e^6}{3 c^3 m^2 V^2} \int_0^\infty P(\gamma) \frac{d\gamma}{\gamma} \tag{155.41}$$

[1] Dies ist das Resultat für parabolische Bahnen, die den praktisch wichtigen Fall darstellen. KRAMERS gibt auch ein Resultat für gleichseitige Hyperbeln an.

$$= n s\, d\nu \frac{32\,\pi^2}{3\sqrt{3}} \frac{Z^2 e^6}{c^3 m^2 V^2} \qquad (155.42)$$

wegen (155.32).

Das Auffallendste an diesem Resultate ist, daß es von ν nicht abhängt. Wenn wir ein Spektroskop anwendeten, welches das Spektrum proportional zu ν auseinanderzieht, so würde das Spektrum dieser Strahlung eine gleichmäßige Intensität zeigen.

Das Resultat (155.1) bezieht sich auf Bahnen, die als parabolisch betrachtet werden dürfen. KRAMERS hat auch Bahnen mit größerer Exzentrizität untersucht, so daß auch der an (155.42) anzubringende Korrektionsfaktor in den Fällen, in denen hyperbolische Exzentrizitäten betrachtet werden müssen, genähert angegeben werden kann. Unter Benutzung von (153.6) kann (155.2) auch in der Form geschrieben werden

$$\gamma = 2\pi\nu\,(\varepsilon^2 - 1)^{\frac{3}{2}} \frac{Z e^2}{m V^3}. \qquad (155.51)$$

Für Materie von der Temperatur T ist der mittlere Wert von $m V^2$ gleich $3\,R T$, so daß

$$\gamma = \frac{2}{3}\pi \frac{e^2}{h c} Z \left(\frac{c}{V}\right) \frac{h\nu}{R T} (\varepsilon^2 - 1)^{\frac{3}{2}}$$

$$= \frac{Z}{411} \left(\frac{c}{V}\right) \frac{h\nu}{R T} (\varepsilon^2 - 1)^{\frac{3}{2}} \qquad (155.52)$$

ist. Bei einer Temperatur von 20 Millionen Grad ist $c/V = 11$. Die Werte von $h\nu/R T$, welche für die stellare Opazität in Betracht kommen, liegen in der Nähe von 4. Für durchschnittliches Material kann $Z = 20$ gesetzt werden. Mit diesen Werten erhalten wir

$$\gamma = 2\,(\varepsilon^2 - 1)^{\frac{3}{2}}.$$

Der Bereich von γ, der den größten Beitrag zum Integrale (155.41) liefert, liegt in der Nähe des Wertes $\gamma = 1$, und die entsprechende Exzentrizität ist $\varepsilon = 1{,}27$.

Es erweist sich also, daß uns bei den astronomischen Anwendungen der Theorie hauptsächlich solche Bahnen zu beschäftigen haben, die schon merklich hyperbolisch zu werden anfangen, jedoch nicht in so starkem Maße, daß sie einen beträchtlichen Korrektionsfaktor bedingen.

156. Innerhalb der Sternmaterie hängt die Wahrscheinlichkeit eines Zusammenstoßes von der Richtung der Bewegung eines Elektrons nicht ab; wir können uns daher unsere Rechnungen wesentlich durch die Annahme vereinfachen, daß sich alle Elektronen in einer und derselben, zu einer bestimmten Fläche normalen Richtung bewegen. Durch jedes cm^2 geht dann in einer Sekunde eine Elektronensäule von der Höhe V hindurch, und die Anzahl n der in einem Volumen V cm^3 enthaltenen Elektronen ist

$$n = V \frac{\varrho}{\mu H (1+f)}, \tag{156.1}$$

wo f das Verhältnis der Anzahl der Ionen zu der Anzahl der Elektronen bedeutet. (Wir werden f gewöhnlich vernachlässigen dürfen.) Die Anzahl der Ionen in einer Schicht von der Dicke dx ist pro cm^2

$$s = dx \cdot \frac{\varrho}{A H}, \tag{156.2}$$

wo A das Atomgewicht bezeichnet. Indem wir diese Werte von n und s in (155.42) einsetzen, erhalten wir die von einem Volumen dx in einer Sekunde herrührende Emission. Setzen wir $dx = 1/\varrho$, so ergibt sich für die Emission pro Gramm und Sekunde

$$\frac{\varrho}{H^2 \mu A (1+f)} \frac{32\pi^2}{3\sqrt{3}} \frac{Z^2 e^6}{c^3 m^2 V} d\nu. \tag{156.3}$$

Die von Elektronen mit verschiedenen Geschwindigkeiten V herrührenden Beiträge kombinieren sich additiv; wir müssen daher in (156.3) den Mittelwert von $1/V$ benutzen. Wenn V_0 den arithmetischen Mittelwert der Geschwindigkeiten bezeichnet, ist nach dem MAXWELLschen Gesetze der harmonische Mittelwert der Geschwindigkeiten $\frac{1}{4}\pi V_0$. Die auf ein Gramm und eine Sekunde bezogene Emission von Strahlung der Frequenzen ν bis $\nu + d\nu$ ist daher in einem Sterne gleich $Q\, d\nu$, wo

$$Q = \frac{\varrho}{H^2 \mu A (1+f)} \frac{128\pi}{3\sqrt{3}} \frac{Z^2 e^6}{c^3 m^2 V_0}. \tag{156.4}$$

Soweit die chemische Zusammensetzung in Betracht kommt, ist diese Größe proportional zu Z^2/A, das seinerseits genähert proportional zu Z ist.

157. Wir können nunmehr die Opazität berechnen. In Gleichung (77.15) ist die dort mit dj bezeichnete Emission jetzt gleich $Q\, d\nu$. Die Gleichung (77.15) wird daher

$$Q\, d\nu = c\, k_\nu I(\nu)\, d\nu,$$

so daß

$$k_\nu = \frac{Q}{c\, I(\nu)} \tag{157.1}$$

ist.

Nach (77.4) wird der Opazitätskoeffizient k_2 gegeben durch

$$\frac{1}{k_2} = \frac{c}{Q} \int I(\nu) \frac{\partial I(\nu)}{\partial T} d\nu \div \int \frac{\partial I(\nu)}{\partial T} d\nu \tag{157.15}$$

$$= \frac{c}{2Q} \frac{d}{dT} \int \{I(\nu)\}^2 d\nu \div \frac{d}{dT} \int I(\nu)\, d\nu. \tag{157.2}$$

Nach dem PLANCKschen Gesetze ist

$$I(\nu)\, d\nu = \frac{C \nu^3 d\nu}{e^{h\nu/RT} - 1} = \frac{C R^4 T^4}{h^4} \frac{x^3 dx}{e^x - 1}.$$

$$\{I(\nu)\}^2 d\nu = \frac{C^2 R^7 T^7}{h^7} \frac{x^6\,dx}{(e^x - 1)^2},$$

wo $x = h\nu/RT$. Der Ausdruck (157.2) wird daher

$$\frac{1}{k_2} = \frac{c}{2Q}\,\frac{7}{4}\,\frac{C R^3 T^3}{h^3} \int_0^\infty \frac{x^6\,dx}{(e^x-1)^2} \div \int_0^\infty \frac{x^3\,dx}{e^x-1}. \tag{157.3}$$

Nun ist

$$\int_0^\infty \frac{x^3\,dx}{e^x-1} = \int_0^\infty (x^3 e^{-x} + x^3 e^{-2x} + x^3 e^{-3x} + \cdots)\,dx = 6\alpha,$$

wo

$$\alpha = 1^{-4} + 2^{-4} + 3^{-4} + \cdots = 1{,}0823,$$

und

$$\int_0^\infty \frac{x^6\,dx}{(e^x-1)^2} = \int_0^\infty (x^6 e^{-2x} + 2x^6 e^{-3x} + 3x^6 e^{-4x} + \cdots)\,dx = \frac{6!}{2^7}\beta,$$

wo

$$\beta = 2^7(2^{-7} + 2\cdot 3^{-7} + 3\cdot 4^{-7} + \cdots) = 1{,}151.$$

Ferner haben wir nach dem STEFANschen Gesetze

$$a T^4 = \int I(\nu)\,d\nu = 6\alpha C R^4 T^4/h^4,$$

so daß

$$C = \frac{a h^4}{6\alpha R^4}. \tag{157.4}$$

(157.3) wird daher:

$$\frac{1}{k_2} = \frac{35}{256}\,\frac{\beta}{\alpha^2}\,\frac{h}{RQ}\,a c T^3,$$

so daß

$$k_2 a c T^4 = (7{,}44\,RT/h)\,Q. \tag{157.5}$$

Indem wir dies mit der einfachen Formel (74.5)

$$\text{Emission} = k a c T^4$$

vergleichen, welche die Änderung von k mit der Frequenz unberücksichtigt läßt, sehen wir die Wirkung der ROSSELANDschen Korrektion. Sie besteht darin, daß das Spektrum gleichmäßiger Intensität Q gleichsam auf ein Frequenzenintervall

$$\delta\nu = 7{,}44\,RT/h \tag{157.6}$$

beschränkt erscheint. Die Emission und Absorption in einem Intervalle von dieser Ausdehnung gibt uns einen *partiellen Absorptionskoeffizienten* der gleich dem *vollen Opazitätskoeffizienten* ist.

158. Wenn wir den Wert von Q aus (156.4) in (157.5) einsetzen, erhalten wir nun

$$\frac{\mu k_2 T^4 (1+f)}{\varrho} = 7{,}44 \frac{128\pi}{3\sqrt{3}} \frac{Z^2}{A} \frac{e^6}{H^2 a m^2 c^4 h} \frac{RT}{V_0}.$$

Wenn u_0 $(= (8\,R/\pi m)^{\frac{1}{2}})$ den arithmetischen Mittelwert der Elektronengeschwindigkeiten bei 1° Temperatur bedeutet, ist

$$V_0 = u_0 \cdot T^{\frac{1}{2}}.$$

Daher ist

$$\frac{\mu k_2 T^{\frac{7}{2}} (1+f)}{\varrho} = 7{,}44 \frac{128\pi}{3\sqrt{3}} \frac{Z^2}{A} \frac{R e^6}{H^2 a m^2 c^4 h u_0} \tag{158.1}$$

$$= 7{,}44 \frac{128\pi}{3\sqrt{3}} \frac{Z^2}{A} \frac{R b^2 c}{H^2 a u_0} \frac{e^2}{hc},$$

wo $b = e^2/mc^2 = \frac{3}{2} \times$ dem konventionellen Radius des Elektrons,

$$= 0.668 \frac{R b^2 c}{H^2 a u_0} \frac{Z^2}{A}, \tag{158.2}$$

da hc/e^2 gleich 861 (einer reinen Zahl) ist. Indem wir eventuelle Schwankungen der kleinen Korrektion f vernachlässigen und ferner annehmen, daß die chemische Zusammensetzung (Z/A^2) in allen Fällen dieselbe ist, erhalten wir das Gesetz

$$\mu k_2 T^{\frac{7}{2}} / \varrho = \text{const},$$

welches mit dem bei unseren Untersuchungen stets angenommenen Opazitätsgesetze übereinstimmt. Allerdings befindet sich die Konstante in keiner guten Übereinstimmung mit dem aus der Capella abgeleiteten Werte. Für Eisen im Mittelpunkte der Capella sind

$Z = 26$, $A = 56$, $\mu = 2{,}1$ $\varrho = 0{,}0547$, $T = 7{,}20 \cdot 10^6$, $f = 0{,}05$,

woraus sich nach (158.2) der Wert ergibt

$$k_2 = 4{,}95$$

statt des astronomisch erhaltenen Wertes $k_2 = 53$.

Wir werden uns später noch mit diesem Widerspruche, der die Einführung eines weiteren Faktors von der Größenordnung 10 verlangt, beschäftigen müssen.

Die Emissionstheorie von Kramers.

159. Es muß nun erklärt werden, warum die mit Hilfe der klassischen Emissionstheorie erhaltenen Resultate als richtig betrachtet werden dürfen, trotzdem wir diese Theorie selbst nicht mehr akzeptieren können.

Nach der Quantentheorie muß jede Energieübertragung zwischen Materie und Strahlung in ganzen Quanten erfolgen. Ein durch die Anziehung eines Kernes beschleunigtes Elektron strahlt entweder gar nicht oder ein volles Quant aus.

Betrachten wir Elektronen mit der Anfangsgeschwindigkeit V und bezeichnen mit ν_0 eine solche Frequenz, daß

$$h\nu_0 = \tfrac{1}{2} m V^2 \tag{159.1}$$

ist. Ein Quant, dessen Frequenz kleiner als ν_0 ist, enthält weniger Energie als das freie Elektron; letzteres bleibt also, nach der Ausstrahlung eines solchen Quants, frei. Dagegen behält ein Elektron nach der Ausstrahlung eines Quants, dessen Frequenz größer als ν_0 ist, eine negative Energie, d. h. es ist gefangen. Das Spektrum der Strahlung zerfällt also in zwei Bereiche:

α) Frequenzen von 0 bis ν_0, welche von Elektronen herrühren, die nicht eingefangen, sondern in neue hyperbolische Bahnen kleinerer Energie herumgeschleudert werden.

β) Frequenzen $> \nu_0$, die von eingefangenen Elektronen herrühren.

Wir fangen mit der Betrachtung des Spektrums (α) an. Aus einer großen Zahl von Elektronen, die mit Ionen zusammentreffen, werden einige Elektronen Quanten von irgendeiner Frequenz ausstrahlen, andere — Quanten von einer anderen Frequenz, und einige Elektronen werden vielleicht entkommen, ohne überhaupt etwas ausgestrahlt zu haben. Es entspricht durchaus dem allgemeinen Gedanken des Korrespondenzprinzips, wenn wir die Annahme machen, daß der statistische Mittelwert dieser quantenhaften Ausstrahlungen mit der auf Grund der klassischen Theorie berechneten Strahlung übereinstimmen wird. Diese Annahme können wir in etwas anderer Weise dahin formulieren, daß die Fourierschen Terme der klassischen Strahlungstheorie nicht die wirkliche Ausstrahlung der entsprechenden Frequenzen durch beschleunigte Elektronen darstellen, sondern als die Wahrscheinlichkeiten für die Ausstrahlung solcher Frequenzen gedeutet werden müssen. Bei einer großen Anzahl von Elektronen ist es gleichgültig, ob jedes Elektron $\frac{1}{1000}$ eines Quants ausstrahlt oder ob für die Ausstrahlung eines ganzen Quantes die Wahrscheinlichkeit $\frac{1}{1000}$ besteht; die klassische Theorie müßte daher die Gesamtstrahlung einer großen Zahl von Elektronen richtig zu berechnen gestatten.

Indem wir uns dem Spektrum (β) zuwenden, stoßen wir auf den neuen Umstand, daß sich das eingefangene Elektron schließlich in irgendeiner gequantelten Bahn befinden muß, so daß die endgültige negative Energie, die es erhält, in einer aus diskreten Werten bestehenden Reihe enthalten sein wird. Das Elektron kann daher nur solche Frequenzen emittieren, die eine diskrete Reihe von Werten $\nu_K, \nu_L \ldots$ bilden, welche durch die Bedingungen

$$h\nu_K = \tfrac{1}{2} m V^2 + \psi_K, \quad h\nu_L = \tfrac{1}{2} m V^2 + \psi_L, \quad h\nu_M = \tfrac{1}{2} m V^2 + \psi_M \tag{159,2}$$

gegeben werden; hier sind $-\psi_K$, $-\psi_L$, $-\psi_M$ die Energien der K-, L-, M-Bahnen, in denen das Elektron schließlich zur Ruhe kommen kann. Die Quantentheorie sagt also ein Linienspektrum voraus, während die klassische Theorie ein kontinuierliches Spektrum voraussagt.

Als wir in § 48 die Theorie der „Gewichte von Zuständen" betrachteten, sahen wir, daß sich das Gewicht jeder Einheitszelle mit zunehmender Vollkommenheit der Periodizität immer stärker und stärker auf die einzige in der Zelle enthaltene gequantelte Bahn zusammenzieht. Es bedeutet kaum eine Überspannung dieses Prinzips, wenn wir die Annahme einführen, daß die eingefangenen Elektronen, die bei Abwesenheit der Periodizität über die ganze Zelle verteilt gewesen wären, bei bestehender Periodizität auf der gequantelten Bahn versammelt sind, welche das Gewicht der Zelle restlos aufsaugt. Wenn die Elektronen durch ein sehr kompliziertes System eingefangen würden, in dem die Bahnen wenig oder gar keine Periodizität besäßen, die zu einer Quantelung Anlaß geben könnte, hätten wir auch gar keinen Grund, ein Versagen des bei der Behandlung des Spektrums (α) angewandten Verfahrens zu erwarten. Es erscheint daher durchaus wahrscheinlich, daß wir dasselbe Prinzip auch auf das Spektrum (β) anwenden dürfen, jedoch mit der ergänzenden Annahme, daß die jeder Zelle entsprechende klassische Strahlung nunmehr zu einer einzigen Linie zusammengezogen sein wird, die der in der betrachteten Zelle enthaltenen gequantelten Bahn entspricht.

Wenn es sich um das Einfangen eines Elektrons durch einen isolierten Kern handelt, verlaufen die Trennungslinien der Zellen vermutlich folgendermaßen. Wenn χ_1 ($= - \psi_1$) die Energie einer einquantigen Bahn bedeutet, ist die Energie in einer n-quantigen Bahn gleich χ_1/n^2. Es entspricht daher

$$\left.\begin{array}{llll} \text{die } K\text{-Linie dem Bereiche} & \chi_1/(\tfrac{1}{2})^2 & \text{bis} & \chi_1/(\tfrac{3}{2})^2 \\ \text{,, } L\text{- ,, ,, ,,} & \chi_1/(\tfrac{3}{2})^2 & \text{,,} & \chi_1/(\tfrac{5}{2})^2 \\ \text{,, } M\text{- ,, ,, ,,} & \chi_1/(\tfrac{5}{2})^2 & \text{,,} & \chi_1/(\tfrac{7}{2})^2 \end{array}\right\} \qquad (159.3)$$

usw. Wir sind keineswegs davon überzeugt, daß die richtigen Grenzen genau durch die Halbierungspunkte der Intervalle gegeben werden — besonders im Falle der ersten Grenze für die K-Linie; doch hat diese Unsicherheit glücklicherweise bei astronomischen Anwendungen keine große Bedeutung.

Wenn diese Anschauung richtig ist, muß die klassische Ausstrahlung bei einer bestimmten Frequenz ν_1, die durch

$$h\nu_1 = \tfrac{1}{2} m V^2 + \psi_1/(\tfrac{1}{2})^2$$

gegeben wird, vollständig aufhören, weil sie jenseits dieser Frequenz auf keine Linie mehr zusammengehäuft werden kann. Wenn aber die beiden K-Bahnen bereits besetzt sind, können keine Elektronen mehr in das K-Niveau eingefangen werden, und die Emission der K-Linie ist unmöglich. Die Guillotine fällt dann bei

$$h\nu_1 = \tfrac{1}{2} m V^2 + \psi_1 / (\tfrac{3}{2})^2$$

oder vielmehr (da die einfache Theorie des Wasserstoffatoms nicht mehr streng anwendbar ist) bei irgendeinem, etwa auf dem halben Wege zwischen der K- und L-Linie liegenden nicht näher angebbaren Punkte. Wenn die acht L-Bahnen besetzt sind, liegt die Grenzfrequenz ν_1 zwischen der L- und M-Linie. Wenn nur *einige* L-Bahnen besetzt sind, wird das Spektralgebiet, welches L entspricht, wahrscheinlich wohl emittiert, jedoch mit entsprechend verminderter Intensität.

Nachdem sie die Guillotine-Frequenz ν_1 dem Ionisationsgrade entsprechend richtig festgelegt hat, behauptet nun die KRAMERSsche Theorie, daß die Gesamtemission gleich der klassischen Strahlung bis zu der Frequenz ν_1 ist, daß sie aber zwischen ν_0 und ν_1 als Linienspektrum und nicht als kontinuierliches Spektrum erfolgt. Wenn wir es mit Elektronen zu tun haben, deren Geschwindigkeiten nach dem MAXWELLschen Gesetze verteilt sind, werden die Linien wegen der Veränderlichkeit der Anfangsenergie $\frac{1}{2} m V^2$ in Banden verbreitert. Die MAXWELLsche Streuung der Anfangsenergien verwischt also in beträchtlichem Maße den Effekt der quantenhaften Konzentration der Endenergien. Wenn wir es außerdem noch mit einem Gemische von verschiedenen Elementen zu tun haben, deren Linien an verschiedenen Stellen des Spektrums liegen, werden nur noch ganz geringe Spuren einer Konzentration auf diskrete Werte von ν vorhanden sein. Wir sehen also, daß das klassische kontinuierliche Spektrum schließlich in praktisch unveränderter Form wieder hergestellt wird; das einzige, was von der KRAMERSschen Abänderung noch übrig bleibt, ist die „Guillotine", welche die Strahlung hinter einer Frequenz ν_1 abschneidet, die durch den Ionisationszustand der Atome — oder durch eine halbquantige Bahn, bei vollständiger Ionisation — bestimmt wird.

Bei astronomischen Anwendungen wird sogar die Guillotine für uns nicht in Betracht kommen, wenn sie außerhalb des Frequenzbereiches fällt, der einen merklichen Beitrag zu der Opazität liefert. Liegt sie aber weniger hoch, dann vermindert sie die Opazität und vergrößert daher den Widerspruch zwischen Theorie und Beobachtung, den wir in § 158 festgestellt haben. Es wird sich zeigen, daß die Frequenz ν_1 für die Capella so hoch liegt, daß eine nur ganz geringfügige Korrektion erforderlich ist; es gibt aber andere Sterne (zu denen auch die Sonne gehört), deren Opazität durch diesen Umstand ganz beträchtlich herabgesetzt wird.

Abgesehen von dem „Guillotine-Effekte" stellen also die in § 158 auf Grund der klassischen Theorie erreichten astronomischen Resultate auch die Ergebnisse dar, zu denen uns die KRAMERSsche Theorie geführt hätte.

160. Wir wollen nun versuchen, die Abnahme des Opazitätskoeffizienten zu berechnen für den Fall, daß die Guillotine bei einer so niedrigen Frequenz liegt, daß ihre Vernachlässigung nicht mehr zulässig erscheint.

Wir waren uns darüber einig, daß die Emission in dem Aussenden eines klassischen Spektrums $Q\,d\nu$ besteht, welches sich von $h\nu = 0$ bis zu

$$h\nu = \tfrac{1}{2} m V^2 + \psi \tag{160.1}$$

erstreckt, wo ψ bei einem normalen Gemische von Elementen gewöhnlich als das mittlere Energieniveau betrachtet werden darf, bis zu dem die Atome ionisiert sind[1]. Wir könnten für $\frac{1}{2} m V^2$ auch RT substituieren, da diese Größe den Mittelwert von $\frac{1}{2} m V^2$ darstellt, wenn man die größere Häufigkeit des Einfangens von langsam bewegten Elektronen berücksichtigt. Diese Näherung gibt quantitativ die richtige Emission und Absorption; qualitativ findet eine gewisse Verschiebung der Frequenzen statt, die aber bei einem Gemische von Elementen in weitgehendem Maße ausgeglichen wird, so daß die Näherung für die meisten Zwecke auch qualitativ eine ganz brauchbare ist. Wenn wir jedoch von dieser Darstellung Gebrauch machen wollen, um die Opazität zu berechnen, macht sich ihr qualitativer Fehler sofort bemerkbar. Sie läßt nämlich ein gewisses Spektralgebiet vollkommen durchsichtig; und wenn irgendein Gebiet durchsichtig ist, wird die mittlere Opazität des Ganzen gleich Null. Natürlich besteht bei den wirklichen Sternen keine Gefahr einer sehr großen Durchsichtigkeit für irgendwelche Frequenzen; denn sogar in dem Falle, wenn die Kramerssche Absorption ein Fenster offen ließe, würde die Streuung durch die Elektronen das Anwachsen der Durchsichtigkeit über eine gewisse mäßige Grenze verhindern. Wir können jedoch, indem wir die Kramerssche Absorption etwas sorgfältiger behandeln, die Einführung dieser nicht reellen hohen Durchsichtigkeit vermeiden.

Wenn wir $\frac{1}{2} m V^2$ mit χ bezeichnen, ist die Anzahl der freien Elektronen, deren Energie zwischen χ und $\chi + d\chi$ liegt, proportional zu $e^{-\chi/RT}\,V\,d\chi$. Indem wir bedenken, daß die auf ein Elektron entfallende Emission in einem Intervalle $d\nu$ proportional zu $1/V$ ist, sehen wir, daß die Emission der im Bereiche χ bis $\chi + d\chi$ enthaltenen Elektronen proportional zu $e^{-\chi/RT} d\chi$ sein wird. Dies gibt die relative Intensität des durch die Elektronen der Energie χ gelieferten Partialspektrums, von dem wir in Übereinstimmung mit unseren obigen Betrachtungen annehmen, daß es sich in gleichmäßiger Intensität bis zu der Frequenz

[1] Dies kann sich ändern, wenn auch eine Ionisation der K-Elektronen vorhanden ist; doch sind Sterne, für die die Guilliotine-Korrektion groß ist, im allgemeinen solche Sterne, in denen die Ionisation schwach ist, so daß die Änderung nicht in Erscheinung tritt.

$(\chi + \psi)/h$ erstreckt und dort aufhört. Die Gesamtintensität bei $(\chi + \psi)h$ erhalten wir, indem wir über alle Partialspektra integrieren, die sich bis zu dieser Frequenz oder über sie hinaus erstrecken; das Ergebnis ist proportional zu

$$\int_{\chi}^{\infty} e^{-\chi/RT}\, d\chi$$

oder zu $e^{-\chi/RT}$. Wir müssen daher statt eines Spektrums, das sich mit gleichmäßiger Intensität Q bis zu $RT + \psi$ erstreckt und dort plötzlich aufhört, ein Spektrum betrachten, welches bis zu ψ eine gleichmäßige Intensität Q, und jenseits dieser Grenze die Intensität $Qe^{-\chi/RT}$ an der Stelle $\psi + \chi$ besitzt. Dies ergibt dieselbe Gesamtintensität.

Es ist leicht einzusehen, daß alle KRAMERSschen Linien zur Entstehung von Banden Anlaß geben, die plötzlich einsetzen und nach den höheren Frequenzen zu nach diesem Gesetze allmählich abklingen. Wir wollen nicht behaupten, daß die hier vorgeschlagene kontinuierliche Darstellung eine besonders genaue Summation dieser Effekte für die einzelnen Linien ergibt. Sie erfüllt aber ihren Hauptzweck, ein Versagen der Darstellung bei sehr hohen Frequenzen zu verhindern, welches ein Divergieren unserer Integrale zur Folge gehabt hätte. Indem wir diese Abänderung in die Untersuchung von § 157 einführen, erhalten wir an Stelle von (157.15)

$$\frac{1}{K_2} = \frac{c}{Q}\left[\int_0^{\nu_1} I(\nu)\,\frac{\partial I(\nu)}{\partial T}\,d\nu + \int_{\nu_1}^{\infty} e^{h(\nu-\nu_1)/RT}\, I(\nu)\,\frac{\partial I(\nu)}{\partial T}\,d\nu\right] \div \int_0^{\infty}\frac{\partial I(\nu)}{\partial T}\,d\nu, \qquad (160.2)$$

wo ν_1 die Frequenz bedeutet, welche ψ entspricht. Hieraus können wir den Schluß ziehen, daß die Opazität im Verhältnisse

$$\int_0^{x_1} x^7 e^{-2x}(1-e^{-x})^{-3}\,dx + e^{-x_1}\int_{x_1}^{\infty} x^7 e^{-x}(1-e^{-x})^{-3}\,dx : \int_0^{\infty} x^7 e^{-2x}(1-e^{-x})^{-3}\,dx \qquad (160.3)$$

verkleinert wird, wo $x_1 = \psi/RT$.

Die sich auf Grund von (160.3) ergebenden Reduktionsfaktoren sind

Tabelle 29. Guillotine-Faktoren.

ψ/RT	Faktor
8	1,025
6	1,33
4	4,51
2	30,8

Wenn $\psi < 6\,RT$ wird, fängt die Guillotine an, einen merklichen Einfluß auf die Opazität auszuüben, und die Leuchtkraft des Sternes muß in diesen Fällen mit dem entsprechenden, hier angegebenen Faktor multipliziert werden.

Eine andere (allerdings sehr rohe) Methode zur Abschätzung des Einflusses der Guillotine besteht in der Annahme, daß die Opazität proportional zu dem Gewichte des noch überlebenden Spektralgebietes verkleinert wird, daß also ein Spektrum, welches ein Gebiet einnimmt, das dem halben Gesamtgewichte entspricht, äquivalent ist mit einem Spektrum der halben Intensität, das sich aber über das ganze Gebiet erstreckt. Nach Tabelle 8 sind dann die Faktoren, welche den oben angegebenen vier Werten von ψ/RT entsprechen, bzw. gleich 1,10, 1,36, 2,42, 11,9. Bei diesem Verfahren werden harmonische und arithmetische Mittelwerte in unzulässiger Weise durcheinandergeworfen; es bestätigt aber das schnelle Anwachsen des Faktors, welches wir nach der anderen, wahrscheinlich genaueren Methode gefunden hatten.

Es mag sofort erwähnt werden, daß die Beobachtungstatsachen diese Faktoren nicht bestätigen (§ 179). Sterne, bei denen ψ/RT klein ist, scheinen mit dem unverbesserten Gesetze $k \propto \varrho/T^{\frac{7}{2}}$ übereinzustimmen. Eine kleine Verminderung der Opazität könnte bei ihnen allerdings vorhanden sein, sie ist aber mit den hier vorausgesagten großen Reduktionen in keiner Weise vergleichbar. Dies braucht uns nicht besonders zu überraschen. Trotzdem die KRAMERSsche Theorie zweifellos sehr viel Wahres enthält, ist sie in ihren Einzelheiten zunächst noch ziemlich hypothetisch und liefert außerdem in ihrer gegenwärtigen Form eine Erklärung nur für einen kleinen Teil der stellaren Opazität.

Vergleich mit Laboratoriumsexperimenten.

161. Wenn die KRAMERSsche Theorie nur eine Spekulation wäre über die Art und Weise, in der klassische Gesetze in Quantengesetze übergehen, würde uns ein teilweiser Widerspruch zwischen ihr und den Ergebnissen der astronomischen Beobachtungen nicht viel stören. Die Theorie ist aber mit Laboratoriumsexperimenten verglichen und befriedigend gefunden worden, so daß ein astronomischer Konflikt mit der KRAMERSschen Theorie virtuell einen Konflikt mit den Laboratoriumsexperimenten bedeutet.

In einer Röntgenröhre fällt ein Strom von Elektronen, welche alle die gleiche, durch ein bekanntes Potentialgefälle erzeugte Geschwindigkeit V haben, auf das Material der Antikathode. In diesem Falle besitzen die Atome ihren vollen Anhang von Elektronen so daß sich für das Einfangen von Elektronen keine Gelegenheit bietet, und nur das Spektrum (α) emittiert werden kann. Innerhalb der Antikathode verlieren die Elektronen allmählich ihre Energie, zum größten Teile unter dem Einflusse anderer zerstreuender Ursachen, und nur zu einem geringen Teile durch die Ausstrahlung des Spektrums α. Das Gesamtspektrum rührt somit von Elektronen her, die alle Geschwindigkeiten von 0 bis

V besitzen. Wir können die Strahlung $J_\nu\, d\nu$, die einer Anfangsgeschwindigkeit V entspricht, sowie die Strahlung $(J_\nu + \Delta J_\nu)\, d\nu$, die einer Anfangsgeschwindigkeit $V + \Delta V$ entspricht, direkt messen; dann stellt $(\Delta J_\nu)\, d\nu$ das Spektrum dar, welches die Elektronen während der Abnahme ihrer Geschwindigkeit von $V + \Delta V$ auf V emittieren, worauf sie noch in der Lage sind, J_ν auszustrahlen, genau so, als ob sie eben in die Antikathode eingedrungen wären[1]. Das von Elektronen gleicher Geschwindigkeit V herrührende Spektrum hat daher die Intensität $Q_\nu\, d\nu$, wo

$$Q_\nu = \Delta J_\nu = \frac{d J_\nu}{d V} \cdot \Delta V \qquad (161.1)$$

und Q_ν durch (155.42) gegeben sein muß, wenn s die Anzahl der Atome pro cm^2 in einer Schicht der Antikathode von einer solchen Dicke bedeutet, daß die mittlere Elektronengeschwindigkeit bei ihrer Durchsetzung um den Betrag ΔV verringert wird.

Die besten experimentellen Bestimmungen von J_ν sind wohl von H. KULENKAMPFF[2] ausgeführt worden; auch die Absorption durch die Antikathode der in ihrem Inneren emittierten Strahlung wurde dabei durch Anbringung einer entsprechenden Korrektion berücksichtigt. Wenn wir Q_ν nach (161.1) berechnen, zeigen diese Experimente, daß das Spektrum Q_ν bis zu ν_0 gleichmäßige Intensität hat und bei ν_0 schroff aufhört. Ferner ist $d J_\nu / d\nu$ proportional zu Z und unabhängig von ν_0, so daß $d J_\nu / d V$ proportional zu $Z V$ ist. Nach dem THOMSON-WHIDDINGTONschen Gesetze ist die Abnahme der Geschwindigkeit ΔV in einer eine konstante Anzahl s von Atomen enthaltenden Schicht proporitonal zu Z/V^3; daher ist Q_ν nach (161.1) proportional zu $(Z V) \times (Z/V^3) = Z^2/V^2$, in Übereinstimmung mit (155.42). Das KRAMERSsche Resultat wird also in allen Einzelheiten bestätigt.

Es bleibt nur noch übrig, den absoluten Wert von Q zu prüfen. Dies ist etwas schwieriger, weil hierzu absolute, und nicht mehr bloß differentielle Experimente notwendig sind. Bei einem unmittelbaren Vergleiche geben die Experimente etwa zweimal mehr Strahlung als die Theorie; jedoch sind beide, wie KRAMERS hervorgehoben hat, nicht streng vergleichbar, und die tatsächliche Übereinstimmung ist wahrscheinlich eine genauere. Auf jeden Fall ist die experimentelle Bestätigung dieses Teiles der KRAMERSschen Theorie eine so weitgehende, daß man sie füglich als einen schönen Triumph für die Theorie bezeichnen kann.

---

[1] Dies ist nur so lange richtig, als die Anzahl der sich an der Ausstrahlung des Spektrums α beteiligenden Elektronen verhältnismäßig klein bleibt; die Elektronen, welche ΔJ_ν ausstrahlen, erfahren eine plötzliche starke Verminderung ihrer Geschwindigkeiten und können an der weiteren Ausstrahlung von J_ν nur in geringem Maße teilnehmen.

[2] Ann. Physik Bd. 69, S. 548 (1922).

162. Allerdings bleibt hierbei noch ein zweifelhafter Punkt bestehen, dem möglicherweise eine astronomische Bedeutung zukommen könnte. Außer der hier beschriebenen Strahlung fand KULENKAMPFF eine beträchtliche Emission bei der Grenzfrequenz ν_0 oder in ihrer unmittelbaren Nähe; d. h. daß J_ν nicht stetig vom Werte Null bei ν_0 anwächst, sondern beinahe unvermittelt mit einem endlichen Werte anfängt. Diese Strahlung, die er das Spektrum B nennt, muß von Elektronen emittiert werden, die genau ihre gesamte Energie verlieren. Wir dürfen wohl annehmen, daß sie in hochquantige Bahnen eingefangen werden, und in diesem Falle erhalten die Atome, welche sie aufnehmen, negative Ladungen[1]. Die entsprechende Strahlung ist aber weder im Spektrum α, noch im Spektrum β der klassischen Theorie vorgesehen[2]. Es ist zwar nicht unmöglich, daß, wenn die gewöhnlichen Bahnen für das Einfangen gesperrt sind, sich das Spektrum β an der Grenze ν_0 anhäuft, doch entspricht eine solche Annahme keineswegs den KRAMERSschen Gedanken. Durch die flüchtige Erwähnung des Spektrums B in der Arbeit von KRAMERS[3] wird das Phänomen nicht aufgeklärt. Wir wissen nichts darüber, was aus dieser Strahlung wird, wenn wir es, statt mit vollständigen Atomen, mit Ionen zu tun haben, und es ist für uns daher auch unmöglich, über ihren Einfluß auf die stellare Opazität (vorausgesetzt, daß sie einen solchen überhaupt ausübt) etwas Bestimmtes auszusagen.

163. Das Spektrum zwischen ν_0 und ν_1 wird unter Laboratoriumsbedingungen nicht emittiert, und die theoretischen Voraussagen können daher nicht unmittelbar geprüft werden. Da aber Emissions- und Absorptionskoeffizient durch die EINSTEINsche Beziehung (38.4) miteinander verknüpft sind, können wir eine gleichwertige Prüfung an dem entsprechenden Absorptionsspektrum vornehmen. Betrachten wir die Emission und Absorption einer Linie, die als Ersatz für ein Stück kontinuierlichen Spektrums der Ausdehnung $f\,\psi_1$ in Energieeinheiten, oder $f\,\psi_1/h$ in Frequenzeinheiten auftritt (s. (159.3)). Hier ist $\psi_1 = -\chi_1$ die negative Energie einer einquantigen Bahn. Um die Emission dieser Linie zu berechnen, muß $d\nu$ in (155.42) durch $f\,\psi_1/h$ ersetzt werden. Nehmen wir ein Kubikzentimeter Materie, welches s vollständig ionisierte Atome und n' freie Elektronen der Geschwindigkeit V bis $V + dV$ enthält. Dann werden $n'V$ Elektronen in der Zeiteinheit das Kubikzentimeter durchsetzen, so daß die Emission pro cm³ und Sekunde nach (155.42) sein wird:

$$\frac{s\,n'\,V\,f\,\psi_1}{h}\,\frac{32\,\pi^2}{3\sqrt{3}}\,\frac{Z^2\,e^6}{c^3\,m^2\,V^2}.$$

---

[1] Es ist aus Experimenten mit positiven Strahlen bekannt, daß Atome negative Ladungen erhalten können.

[2] Der Teil des Spektrums β, der den hochquantigen Bahnen zugeschrieben werden kann, ist äußerst klein.

[3] A. a. O. S. 870.

Indem wir dies mit der Energie eines Quants $h\nu$ dividieren, erhalten wir für die Anzahl der in einer Sekunde stattfindenden Prozesse des Einfangens

$$s\,n'\,\frac{64\,\pi^4}{3\sqrt{3}}\;\frac{Z^4\,e^{10}\,f}{c^3\,h^4\,m\,V\nu}\,, \tag{163.1}$$

wo wir für ψ_1 den Wert $\psi_1 = 2\,\pi^2 m Z^2 e^4/h^2$ aus (42.62) eingesetzt haben.

Ein ionisiertes Atom und ein freies Elektron wollen wir als ein System im Zustande 2, im Sinne der in § 36 entwickelten Betrachtungen, ansehen. Die Gesamtzahl der in dem Kubikzentimeter enthaltenen Systeme dieser Art ist sn', d. h. es sind sn' Kombinationen vorhanden, deren jeder eine bestimmte Wahrscheinlichkeit der Verwandlung in ein System im Zustande 1 zukommt. Der Koeffizient b_{21}, welcher die Wahrscheinlichkeit des Überganges eines einzelnen Systems in den Zustand 1, durch den Prozeß des Einfangens, in der Zeiteinheit angibt, ist daher

$$b_{21} = \frac{64\,\pi^4}{3\sqrt{3}}\;\frac{Z^4\,e^{10}\,f}{c^3\,h^4\,m\,V\nu}\,. \tag{163.2}$$

Nach (40.63) ist der atomare Absorptionskoeffizient

$$\alpha = \frac{q_2}{q_1}\;\frac{c^2}{8\,\pi\,\nu^2}\;\frac{b_{21}}{d\nu}$$

und nach (45.6) ist

$$q_2 = \frac{m^3}{h^3}\;4\,\pi\,V^2\,dV$$

da hier $dx\,dy\,dz$ gleich 1 cm³ ist. Ferner haben wir für eine Änderung von V

$$h\,d\nu = m\,V\,dV\,.$$

Daher ist

$$\begin{aligned}\alpha &= \frac{m^2\,c^2\,V}{2\,q_1\,h^2\,\nu^2}\,b_{21}\\ &= \frac{32\,\pi^4}{3\sqrt{3}}\;\frac{e^{10}\,m\,f}{q_1\,c^4\,h^6}\,Z^4\,\lambda^3\,,\end{aligned} \tag{163.3}$$

wo $\lambda = c/\nu =$ der Wellenlänge der absorbierten Strahlung ist. Indem wir die numerischen Werte einführen, erhalten wir

$$\alpha = 0{,}0052\,\frac{f}{q_1}\,Z^4\,\lambda^3\,. \tag{163.4}$$

Die Proportionalität von α mit $Z^4\lambda^3$ stimmt mit einem wohlbekannten experimentellen Gesetze überein, so daß diese Voraussage in höchst befriedigender Weise bestätigt wird.

Um den numerischen Koeffizienten weiter zu bestimmen, wollen wir z. B. die Ionisation eines K-Elektrons betrachten. Da das System im Zustande 2 aus einem vollständig ionisierten Atome und einem freien Elektron besteht, bezieht sich unsere Berechnung von α auf ein Atom im Zustande 1, welches nur ein einziges Elektron in einer K-Bahn besitzt. Wir wollen aber in erster Näherung die Wechselwirkung der Elektronen vernachlässigen und annehmen, daß in einem vollständigen Atome jedes K-Elektron für sich den Absorptionskoeffizienten (**163.4**) ergibt. Wir haben dann $q_1 = 2$ und, nach (159.3), $f = (\frac{1}{2})^{-\frac{1}{2}} - (\frac{3}{2})^{-\frac{1}{2}} = \frac{32}{9}$; indem wir noch einen Faktor 2 hinzufügen, um der Tatsache des Vorhandenseins zweier K-Elektronen in jedem Atome Rechnung zu tragen, erhalten wir das Resultat:

$$\alpha_K = 0{,}0185\, Z^4 \lambda^3 . \qquad (163.5)$$

In analoger Weise ist für die L-Absorption $q_1 = 6$, $f = (\frac{3}{2})^{-2} - (\frac{5}{2})^{-2} = \frac{64}{225}$; außer bei sehr leichten Elementen muß wegen der acht L-Elektronen in jedem Atome das Resultat mit acht multipliziert werden. Es ist daher

$$\alpha_L = 0{,}0020\, Z^4 \lambda^3 . \qquad (163.6)$$

Diese Formeln gelten für Wellenlängen, die kurz genug sind, um die K- bzw. L-Ionisation hervorzurufen; an den Grenzen, wo die K- und und L-Ionisationen plötzlich aufhören, treten scharfe Absorptionskanten auf.

Der experimentelle Wert der numerischen Konstanten ist für α_K etwa 0,020 und für α_L etwa 0,003, so daß die Übereinstimmung mit der Theorie eine völlig befriedigende ist[1].

Es ist leicht einzusehen, daß die stellare Opazität auf Grund von Laboratoriumsergebnissen vorausgesagt werden kann ohne Hinzuziehung der KRAMERSschen oder irgend einer anderen Absorptionstheorie. Die Gesetze $\alpha_K = 0{,}020\, Z^4 \lambda^3$, $\alpha_L = 0{,}003\, Z^4 \lambda^3$ sind auf empirischem Wege vor der Aufstellung jeder Theorie gefunden worden. Um sie auf die stellare Absorption anzuwenden, müssen wir zuerst ermitteln, welcher Bruchteil der K- und L-Elektronen noch vorhanden ist — d. h. welcher Bruchteil der durch diese Gesetze gegebenen Absorption unter stellaren Verhältnissen noch betriebsfähig bleibt; dies wird aber mit Hilfe der Ionisationsformel erhalten, die auf allgemeinen thermodynamischen Betrachtungen beruht, und mit der KRAMERSschen oder irgendeiner anderen Theorie des Absorptionsprozesses nichts zu tun hat. Die kleine zusätzliche Absorption des Spektrums α kann gleichfalls auf Grund von Laboratoriumsmessungen des kontinuierlichen Röntgenspektrums, berechnet werden.

Augenscheinlich liefern die experimentellen Gesetze praktisch denselben Wert für die stellare Opazität wie die theoretischen Gesetze,

[1] Hier sind die der älteren Anschauung entsprechenden Gewichte benutzt worden. Die neuen Gewichte geben $q_1 = 1$ für K-Elektronen und $q_2 = 4$ für L-Elektronen, und die Übereinstimmung wird dadurch eine etwas weniger befriedigende.

mit denen sie genähert übereinstimmen. Sie führen zu dem Resultate $k \propto \varrho/\mu T^{\frac{7}{2}}$, jedoch mit Werten von k, die nur etwa $\frac{1}{10}$ der bei den Sternen gefundenen Werte betragen.

164. Man kann sich die Frage stellen, ob die Materie eines Sternes nicht vielleicht einen Brechungsexponenten für die sich in ihr ausbreitende Strahlung besitzen könnte, der bei den Berechnungen berücksichtigt werden müßte. Da die rohen makroskopischen Vorstellungen des Brechungsexponenten und der Dielektrizitätskonstanten leicht zu Mißverständnissen Anlaß geben können, ist es vielleicht nützlich, zunächst folgende zwei Punkte besonders hervorzuheben: 1. die Ausbreitungsgeschwindigkeit der strahlenden Energie ist immer gleich c, welchen Wert der Brechungsexponent des Materials auch haben mag; 2. die Dichte der strahlenden Energie wird, bei thermodynamischem Gleichgewichte immer durch das STEFANsche und das PLANCKsche Gesetz gegeben, welchen Wert die Dielektrizitätskonstante des Materials auch haben mag. Die makroskopischen Formeln scheinen diesen Behauptungen zu widersprechen, weil sie (wegen einer in normalen Fällen nützlichen Fiktion) die Polarisationsenergie der Atome und Molekeln in die Strahlungsenergie hineinbeziehen. Es ist klar, daß wir eine makroskopische Theorie der Wellenausbreitung mit einer mikroskopischen Theorie der Absorption nicht kombinieren dürfen; und hiermit gelangt die Untersuchung mehr oder weniger auf einen toten Punkt, weil die Quantentheorie der Refraktion, der Polarisation usw. kaum genügend entwickelt ist, um uns helfen zu können.

Indessen erscheint eine starke Beeinflussung des Absorptionskoeffizienten durch diese Umstände kaum wahrscheinlich. Die Änderung des Brechungsexponenten wird ceteris paribus jedenfalls proportional zu der Dichte sein, und müßte daher gewisse Unterschiede zwischen dichten und verdünnten Sternen bedingen. Der Faktor 10, um den sich unsere theoretischen Werte von den astronomisch belegten unterscheiden und der sowohl dichte als diffuse Sterne in gleicher Weise affiziert, kann also auf diesem Wege nicht erklärt werden.

Andere Quellen der Opazität.

165. Der Erfolg der Anwendung des Korrespondenzprinzipes in der KRAMERSschen Theorie scheint ein größerer zu sein, als wir eigentlich zu erwarten berechtigt gewesen wären. Der allgemeine Gedanke des Prinzips ist, daß die Ergebnissse der klassischen und der Quantentheorie gegeneinander *konvergieren*; wir befinden uns aber, bei der Behandlung, z. B. der K-Absorption aus einer einquantigen Bahn, so weit wie nur möglich von dem Konvergenzpunkte entfernt, und können daher glücklich sein, daß die Abweichung nicht sehr viel größer ist, als sie sich tatsächlich erweist. Unsere Betrachtung hat uns gezeigt, daß der Gebrauch der KRAMERSschen Theorie (oder der klassischen Theorie) bei der Berechnung der astronomischen Opazität praktisch äquivalent ist mit der Verwendung der aus irdischen Experimenten ermittelten Gesetze. Aus diesem Grunde gewinnt für uns die in § 158 gefundene Diskrepanz eine außerordentlich ernste Bedeutung.

Die Verhältnisse liegen durchaus nicht so, als ob die Anwendung der experimentellen Resultate auf das Innere der Sterne eine sehr weitgehende Extrapolation verlangte. Die genäherte Behandlung der Elektronenbahnen als Parabeln ist nicht weniger befriedigend bei Sternen als unter Laboratoriumsbedingungen[1]. Der wichtigste Unterschied liegt in dem Umstande, daß in den Sternen der äußere Teil des Elektronensystems fehlt, und es ist natürlich denkbar, daß dies auch einen gewissen Unterschied in bezug auf die Leichtigkeit, mit der ein inneres Elektron durch die Strahlung ausgestoßen wird, bedingen könnte, Wir würden auch gern etwas mehr über das KULENKAMPFFsche Spektrum B erfahren. Verharrt es bei der Frequenz ν_0, wenn die Atome ionisiert werden, oder wandert es so, daß es immer dem letzten noch besetzten Energieniveau entspricht?

166. Wir müssen uns die Frage stellen, ob noch andere Quellen der Absorption vorhanden sein können, die eventuell für einen merklichen Teil der stellaren Opazität verantwortlich zu machen wären. Dies führt uns zu der Betrachtung der Linienabsorption durch angeregte Atome. ROSSELAND meinte, als er auf den Unterschied zwischen Opazität und Absorption hinwies, daß man diese Absorption vernachlässigen dürfe, weil feine Absorptionslinien die Opazität nicht merklich beeinflussen könnten. Wir halten diese Schlußfolgerung für gewagt, weil die Linien im Inneren eines Sternes, wie WOLTJER[2] mit besonderem Nachdruck hervorgehoben hat, so verbreitert sein können, daß sie effektiv das ganze Spektrum abschirmen. Wie früher, gehen wir bei der Behandlung dieses Problems von der Berechnung der Emission und nicht der Absorption aus.

Wenn wir eine große Anzahl von angeregten Atomen vor uns haben, wird in einer gegebenen Zeit immer ein gewisser Prozentsatz ihrer Elektronen zurückfallen und Quanten emittieren, so daß eine gewisse mittlere Energieausstrahlung pro angeregtes Elektron berechnet werden kann. Über diese Emission ist uns bei tief liegenden Elektronen nicht viel bekannt, weil experimentelle Werte nur für die äußersten Elektronen erhalten werden konnten. Nach den allgemeinen Prinzipien der Quantentheorie dürfte aber diese Emission die nach der klassischen Theorie berechnete nicht übersteigen. Wahrscheinlich wird die klassische Emission bei einer Frequenz guillotiniert, die durch die unterhalb des Elektrons liegenden besetzten Bahnen oder durch

[1] Weitere Betrachtungen über die Anwendbarkeit der KRAMERSschen Formeln auf stellare Verhältnisse findet man in Monthly Notices Bd. 84, S. 115.

[2] Bull. Astr. Inst. Netherlands Nr. 82.

die halbquantige Grenze bestimmt wird, in genau derselben Weise, wie das für die klassische Ausstrahlung eines freien Elektrons geschieht. Es darf sich zwischen dem Verhalten der hochquantigen Bahnelektronen und dem der freien Elektronen keinerlei Diskontinuität zeigen; ja die KRAMERSsche Theorie der Strahlung von Elektronen, welche hyperbolische Bahnen beschreiben, scheint nur eine Verallgemeinerung der Gedanken zu sein, die ursprünglich für Elektronen in elliptischen Bahnen entwickelt wurden.

Beschränken wir uns zunächst auf Kreisbahnen, und bezeichnen die Energie der Bahn mit $-\psi$; dann ist die Beschleunigung

$$\Gamma = 4\,\psi^2/Z\,e^2\,m$$

und, nach (153.1), die klassische Ausstrahlung in der Sekunde

$$\frac{32\,\psi^4}{3\,Z^2\,e^2\,m^2\,c^3}\,. \tag{166.1}$$

Betrachten wir Elektronen, die sich normalerweise in einer n_1-quantigen Bahn befinden und in eine n-quantige Bahn gehoben sind; die Energien dieser Bahnen sind $-(n/n_1)^2\,\psi$, bzw. $-\psi$ und der Bruchteil der angeregten Elektronen ist, nach dem BOLTZMANNschen Gesetze, gleich

$$e^{-\Theta\,\psi/R\,T},$$

wo

$$\Theta = n^2/n_1^2 - 1\,.$$

Es sei x der Ionisationsgrad der n_1-Elektronen, so daß $(1-x)$ den Bruchteil dieser Elektronen bedeutet, der noch vorhanden ist. Dann ist die Anzahl der in n-Bahnen gehobenen n_1-Elektronen pro Gramm gleich

$$\frac{p\,(1-x)}{A\,H}\,e^{-\Theta\,\psi/R\,T}, \tag{166.2}$$

wo $p = 2$ für K-Elektronen, $= 8$ für L-Elektronen usw. Die Gewichtsfaktoren haben wir vernachlässigt.

Die Emission pro Gramm und Sekunde wird durch Multiplikation von (166.1) mit (166.2) erhalten. Indem wir das Resultat gleich der Absorption $k\,a\,c\,T^4$ setzen, erhalten wir

$$k\,a\,c\,T^4 = \frac{p\,(1-x)}{A\,H}\,\frac{32}{3\,Z^2\,e^2\,m^2\,c^3}\,\frac{R^4\,T^4}{\Theta^4}\,y^4\,e^{-y}, \tag{166.3}$$

wo $y = \Theta\,\psi/R\,T$. Die Funktion $y^4\,e^{-y}$ besitzt einen maximalen Wert 4,69 bei $y = 4$. (Wenn die Energieemission innerhalb des Bereiches von Frequenzen liegt, der am meisten zu der Opazität beiträgt, wird y in der Nähe von 4 liegen). Es ist daher

$$k < 4{,}69\,\frac{32\,R^4}{3\,H\,m^2\,c^4\,e^2\,a}\,\frac{p\,(1-x)}{\Theta^4\,Z^2\,A} \tag{166.4}$$

$$< 9340000\,\frac{p\,(1-x)}{\Theta^4\,Z^2\,A}\,.$$

Für K-Elektronen, die in 2-quantige Bahnen gehoben sind, ist $p = 2$, $\Theta = 3$, und daher

$$k < 230000\,(1 - x)/Z^2 A.$$

Für Ordnungszahlen, die kleiner als 20 sind, ist die K-Ionisation beinahe vollständig (in der Capella und den Sternen der Hauptsequenz), und $(1 - x)$ ist daher klein. Für Elemente über 20 ist $Z^2 A$ größer als 16000, so daß k kleiner als 14 wird. Wenn wir bedenken, daß wir es hier mit einer extremen oberen Grenze zu tun haben, daß wenigstens ein Teil der klassischen Strahlung wahrscheinlich guillotiniert wird, und schließlich daß nicht die ganze Materie die der größten Wirkung entsprechende Ordnungszahl haben wird, so sehen wir, daß der wirkliche Wert von k wahrscheinlich noch beträchtlich kleiner sein muß. Ferner gilt der Grenzwert 14 für alle Sterne, und ist daher nicht nur mit der astronomischen Opazität 53, für den Mittelpunkt der Capella, sondern auch mit den viel höheren Opazitäten in der Sonne und in Krueger 60 zu vergleichen.

Wenn wir die Gewichtsfaktoren berücksichtigen, wird der Grenzwert ein wenig erhöht, jedoch nicht so stark, wie man zu glauben geneigt wäre. Das Auswahlprinzip liefert nur eine kleine Anzahl von n-Bahnen, aus denen ein direkter Übergang in eine bestimmte n_1-Bahn gestattet ist, und wir brauchen die angeregten Elektronen, die diesen Übergang nicht ausführen können, nicht zu berücksichtigen.

Die klassische Ausstrahlung in einer elliptischen Bahn ist größer als in der entsprechenden Kreisbahn, da sie (s. (153.75) proportional zu

$$(1 - \varepsilon^2)^{-\frac{5}{2}} \int_0^{2\pi} (1 - \varepsilon\cos\Theta)^2\, d\Theta = 2\pi\,(1 + \tfrac{1}{2}\varepsilon^2)/(1 - \varepsilon^2)^{\frac{5}{2}}$$

ist. So ist z.B. die klassische Ausstrahlung in einer 2_1-Bahn 44 mal größer als in einer 2_2-Bahn. Wir brauchen aber unsere obere Grenze für k mit diesem Faktor nicht zu multiplizieren, weil wir ja wissen, daß die *wirkliche* Ausstrahlung aus der elliptischen Bahn nicht schneller erfolgt als aus der Kreisbahn. Die zu diesem Schlusse führenden Tatsachen sind in § 51 gegeben. Die erhöhte klassische Emission in der elliptischen Bahn erfolgt nämlich während des schnellen Durchganges durch das Perizentron, und hat eine zu hohe Frequenz, um mit irgendeinem möglichen Übergange des Elektrons in Zusammenhang gebracht werden zu können.

Bei den schwereren Elementen könnte es noch eine Linienabsorption durch Hebung von L-Elektronen in 3-quantige Bahnen geben. Hier ist $p = 8$, $\Theta = \frac{5}{4}$, so daß der Grenzwert für k 133 mal größer wird. Dieser Wert muß aber aus mehreren Gründen wieder verkleinert werden. Wenn alle acht L-Elektronen vorhanden sein sollen, muß Z mindestens gleich 50 sein, so daß der Divisor $Z^2 A$ im Verhältnis 16 : 1 vergrößert wird. Ferner entspricht der größte Teil der klassischen Strahlung jetzt dem Rückfall in das K-Niveau, und kommt für die hier betrachteten Übergänge nicht in Frage. Schließlich erscheint es kaum wahrscheinlich, daß Elemente mit einer oberhalb $Z = 50$ liegenden Ordnungszahl in den Sternen stark vertreten sein könnten. Die Linienabsorption durch L-Elektronen wird daher, soweit sich beurteilen läßt, wahrscheinlich eher schwächer sein als die Absorption durch K-Elektronen.

Ich bin durch J. WOLTJER darauf aufmerksam gemacht worden, daß die vorstehenden Argumente noch nicht ausreichen, um eine starke Emission durch Elektronen, die in hochquantige Bahnen gehoben sein könnten, auszuschließen. Nach dem Auswahlprinzipe sind Übergänge in eine (1,1) Bahn aus (4,2), (5,2), (6,2) . . . Bahnen möglich. Da letztere sehr große Exzentrizitäten haben, ist ihre klassische Emission sehr beträchtlich; trotzdem wir auch erwarten dürfen, daß der größte Teil dieser Emission für die uns hier beschäftigenden Übergänge nicht in Betracht kommt, können wir sie nach der oben angewandten Methode der Berechnung einer oberen Grenze nicht behandeln. Wir wollen daher den Versuch machen, die Linienemission von Elektronen in hochquantigen Bahnen genauer zu berechnen.

Nach dem Korrespondenzprinzipe besteht ein kontinuierlicher Übergang von den freien Elektronen zu den Elektronen, welche hochquantige Bahnen beschreiben; die KRAMERSsche Emissionstheorie für freie Elektronen kann daher, über den Nullpunkt hinaus, auch auf Elektronen mit kleiner negativer Energie ausgedehnt werden. Streng genommen bezieht sich die Untersuchung von § 155 nur auf parabolische Bahnen, wir dürfen sie aber auch auf Exzentrizitäten anwenden, die etwas kleiner als 1 sind, genau so wie wir sie bereits bei etwas über der Einheit liegenden Exzentrizitäten angewandt haben. Durch die Formeln (155.1) und (155.2) wird Q_ν als Funktion des Impulsmomentes $m\sigma V$ gegeben. In gequantelten Bahnen wird das Impulsmoment durch die zweite Quantenzahl n' bestimmt, so daß wir die Beziehung haben

$$m\sigma V = n'h/2\pi. \tag{166.5}$$

Greifen wir eine bestimmte Bahn (n, n', n'') heraus. Die Anzahl der in diesem Zustande befindlichen Elektronen ist pro Atom

$$B\,e^{K/n^2RT},$$

wo $-K/n^2$ die Energie bedeutet und B als Funktion der Dichte σ_0 der freien Elektronen durch (46.2) ausgedrückt wird, also

$$B\frac{m^3}{h^3} = \left(\frac{m}{2\pi RT}\right)^{\frac{3}{2}} \cdot \sigma_0.$$

Die Periode der Bahn ist $n^3h/2K$. Daher ist die Anzahl der Perizentrondurchgänge pro Atom und Sekunde gleich

$$\frac{2K}{n^3 h}\left(\frac{h^2}{2\pi m R T}\right)^{\frac{3}{2}} \sigma_0\, e^{K/n^2 RT}. \tag{166.6}$$

Diesen Ausdruck summieren wir nun, bei festgehaltenem n', über alle den hochquantigen Bahnen entsprechenden Werte von n, also etwa von n_0 bis ∞, wo $n_0 \geqq n'$ ist. Indem wir die Summation durch eine Integration ersetzen, erhalten wir für die Anzahl der „Zusammenstöße" (d. h. Periheldurchgänge)

$$\frac{RT}{h}\left(\frac{h^2}{2\pi m R T}\right)^{\frac{3}{2}} \sigma_0\, e^{K/n_0^2 RT}.$$

Jedem Werte von n' entsprechen $(n'+1)$ Werte von n''. Wir ersetzen $(n'+1)$ durch n' (wodurch wir einen Fehler begehen, der einen Faktor 2 nicht übersteigt) und schreiben die Anzahl der Zusammenstöße pro Atom und Sekunde für alle in einem Intervalle n' bis $n' + dn'$ liegende Bahnen gleich

$$\frac{RT}{h}\left(\frac{h^2}{2\pi m R T}\right)^{\frac{3}{2}} \sigma_0\, e^{K/n_0^2 RT} n'\, dn'.$$

Nach (155.1) und (166.5) ist die entsprechende Emission pro Atom

$$d Q_\nu = \frac{16\pi^4 Z^2 e^6}{c^3 n'^2 h^2} \cdot \frac{RT}{h}\left(\frac{h^2}{2\pi m R T}\right)^{\frac{3}{2}} \sigma_0\, e^{K/n_0^2 RT} n'\, dn'\, P(\gamma). \tag{166.7}$$

Nach (155.2) und (166.5) ist

$$\frac{dn'}{n} = \frac{d\sigma}{\sigma} = \frac{1}{3}\,\frac{d\gamma}{\gamma}.$$

so daß, wenn $e^{K/n_0^2 RT}$ als Konstante behandelt wird, die Integration von $n'=0$ bis ∞ unter Berücksichtigung von (155.32) zu dem Ergebnisse führt

$$Q_\nu = \frac{32\pi^2}{2\sqrt{3}}\left(\frac{m}{2\pi R T}\right)^{\frac{1}{2}} \frac{Z^2 e^6 \sigma_0}{c^3 m^2}\, e^{K/n_0^2 RT}.$$

Da die mittlere harmonische Geschwindigkeit V der freien Elektronen gleich $(\frac{1}{2}\pi RT/m)^{\frac{1}{2}}$ ist, wird dies

$$Q_\nu = \frac{16\pi^2}{3\sqrt{3}}\,\frac{Z^2 e^6 \sigma_0}{c^3 m^2 V}\, e^{K/n_0^2 RT}. \tag{166.8}$$

Durch einen Vergleich mit Formel (155.42), in der $n = \sigma_0 V$ ist, finden wir für das Verhältnis der Emission der gebundenen Elektronen zu der Emission der freien Elektronen den Wert

$$\tfrac{1}{2}\, e^{K/n_0^2 RT} = \tfrac{1}{2}\, e^{\psi_0/RT}, \tag{166.9}$$

wo $-\psi_0$ die Energie einer n_0-quantigen Bahn bedeutet.

Wir wenden dieses Resultat auf Elektronen an, die sich in 4- oder höher-quantigen Bahnen befinden. Dann ist während der ganzen Integration n_0 gleich oder größer als 4, und ψ_0 entspricht der Energie der N-Gruppe oder noch höherer Elektronengruppen. Bei 10000000^0

entspricht RT einer Wellenlänge von 14,3 Å, und der Faktor $e^{\psi_0/RT}$ ist, nach Tabelle 30, sogar für die schwersten Elemente praktisch gleich eins.

Es erweist sich daher, daß die KRAMERSsche Absorption höchstens um 50% vergrößert wird, wenn wir die Linienabsorption berücksichtigen, die von Anregungen in oberhalb von $n = 3$ liegende Bahnen herrührt. Wir haben allerdings durch die Substitution von n' an Stelle von $(n' + 1)$ das Resultat etwas verkleinert, aber andererseits haben wir es wahrscheinlich dadurch ganz beträchtlich vergrößert, daß wir von $n' = 0$ integriert, und die Abschirmung des Kernes für entfernte Bahnen vernachlässigt haben.

Bei den leichteren Elementen, bis etwa $Z = 30$, können die 3-quantigen Bahnen mit einbegriffen werden, ohne daß sich das Resultat ändert. Bei schwereren Elementen müssen die 3-quantigen Bahnen besonders betrachtet werden, jedoch ist es, glaube ich, nicht schwer, sich davon zu überzeugen, daß diese keinen großen Beitrag zu der Emission liefern.

Es zeigt sich also, daß die Linienabsorption in keinem Falle für einen beträchtlichen Teil der beobachteten stellaren Opazität verantwortlich gemacht werden kann.

Es ist ganz lehrreich, das Problem auch von einem anderen Gesichtspunkte aus zu betrachten. Wir hatten in (151.5) gefunden, daß in der Capella jedes freie Elektron für die Emission von $4{,}5 \cdot 10^{10}$ Quanten pro Sekunde verantwortlich ist. Wenn wir nun diese Verpflichtung auf die gebundenen Elektronen übertragen wollen, müssen wir bedenken, daß, während wir jedem Ion etwa 20 freie Elektronen bewilligen durften, die Annahme eines einzigen angeregten Elektrons pro Ion schon übertrieben erscheint. Jedes angeregte Elektron muß daher 10^{12} Quanten pro Sekunde emittieren, oder vielmehr sein Quant während eines 10^{-12}-ten Teiles einer Sekunde emittieren und einem neuen Elektron Platz machen, damit auch dieses nun seinen Beitrag zum stationären Mittelwerte abliefern kann. Dies bedeutet eine 1000 bis 10000 mal kürzere Lebensdauer als bei den in optische Bahnen angeregten Elektronen, und widerspricht, soviel ich weiß, den bei den Physikern bestehenden Anschauungen über den zeitlichen Verlauf der Prozesse in den Röntgenniveaus.

167. Ich habe an einer anderen Stelle[1] die Emission und Absorption behandelt, zu denen Zusammenstöße von freien Elektronen untereinander Anlaß geben. Bei Capella ergab sich für den durch diesen Prozeß bedingten Absorptionskoeffizienten $k = 0{,}038$, so daß der Beitrag zur Opazität verschwindend ist. Bei meiner Untersuchung wurde jedoch die Interferenz der von den beiden beschleunigten Elektronen ausgehenden Wellen nicht berücksichtigt. ROSSELAND hat gezeigt, daß diese Interferenz

[1] Monthly Notices Bd. 84, S. 117.

die Emission beinahe auf Null herabsetzt. Die algebraische Summe der Beschleunigungen der beiden Ladungen ist gleich Null, und es ist wohl bekannt, daß dies in der klassischen Theorie die Bedingung für die Abwesenheit von Strahlung ist.

Die Streuung der Strahlung durch freie Elektronen muß natürlich bei der Betrachtung der Opazität mit berücksichtigt werden. In (53.5) ist gezeigt worden, daß der von dieser Quelle herrührende Beitrag nur gleich 0,2 ist.

Wir könnten auch noch kompliziertere Prozesse betrachten, wie etwa den gleichzeitigen Zusammenstoß dreier Körper (Ionen oder Elektronen); diese würden aber eine Absorption ergeben, die sich proportional zu dem Quadrate der Dichte ändern würde, und könnte daher keinen wesentlichen Bestandteil der astronomischen Absorption darstellen, für die sich eine Proportionalität mit der ersten Potenz der Dichte ergibt. Die bei Zusammenstößen von Ionen untereinander möglicherweise stattfindende Strahlung kann nicht beträchtlich sein. Die Geschwindigkeiten der Ionen sind verhältnismäßig klein, ihre hohen Ladungen erschweren einen Zusammenstoß, und sie können daher kaum nahe genug aneinander herankommen, um Störungen in den noch übrig bleibenden Teilen ihrer Elektronsysteme zu verursachen.

Es scheint somit unmöglich zu sein, irgendeine andere wichtige Absorptionsquelle ausfindig zu machen, um die Absorption zu ergänzen, von der die KRAMERSsche Theorie eine erschöpfende Behandlung zu geben behauptet.

Einfluß der chemischen Zusammensetzung.

168. Wir bezeichnen die aus der beobachteten Masse und Leuchtkraft berechnete Opazität mit k_a, und die auf Grund der KRAMERSschen Theorie berechnete Opazität mit k_t. Nach dem gegenwärtigen Stande unserer Forschung ist $k_a = 10 k_t$. Indem wir (158.2), (87.1) und (90.1) miteinander kombinieren, erhalten wir

$$\frac{k_t}{k_a} = 0{,}0443 \, \frac{b^2}{G H u_0} \, \frac{Z^2}{A} \, \frac{L}{M} \, \frac{\beta}{(1-\beta)^2} \, \frac{1}{(1+f)\, T_c^{\frac{1}{2}}}, \tag{168.1}$$

wo im numerischen Faktor α gleich 2,5 angenommen worden ist.

Wenn wir ein Element wählen, welches schwerer als Eisen ist, wird der Faktor Z^2/A vergrößert. Es könnte scheinen, daß die Nichtübereinstimmung von k_t mit k_a, wenigstens zum Teil durch die Annahme erklärt werden kann, daß die Sterne hauptsächlich aus den schwersten Elementen bestehen. Eine solche Hypothese erweist sich indessen als nutzlos, weil sie gewisse Änderungen in β zur Folge hat, die den Gewinn wieder neutralisieren.

Wenn z. B. Capella aus Gold bestünde, wäre Z^2/A 2,6mal größer als für Eisen. Das Molekulargewicht für vollständig ionisiertes Gold ist aber 2,46. In der Capella würden die Goldatome zum mindesten noch die 10 inneren Elektronen beibehalten, und vielleicht dazu auch einige der M-Elektronen; dies würde den Wert von μ mindestens auf 2,8 erhöhen. Wenn wir für μ den Wert 2,8, statt 2,1 nehmen, erhöht sich $1-\beta$ von 0,28 auf 0,41, so daß $\beta/(1-\beta)^2$ von 9,2 auf 3,5 heruntergeht. Hierdurch wird die Vergrößerung von Z^2/A gerade kompensiert[1].

169. Es gibt wohl einen Weg, auf dem k_t und k_a durch eine Annahme über die chemische Zusammensetzung eines Sternes zur Übereinstimmung gebracht werden können, nämlich durch die Beimischung einer beträchtlichen Menge Wasserstoffes zu einem schwereren Elemente, etwa zu Eisen. Wasserstoff allein würde für Sternstrahlung ziemlich durchsichtig sein, weil seine K-Linie eine verhältnismäßig tiefe Frequenz hat. Das wirkliche k_t würde viel kleiner ausfallen als der durch (158.2) gegebene Wert, weil die Guillotine den größten Teil der klassischen Strahlung abschneiden würde, welche die Opazität beeinflussen könnte. Eine Mischung von Wasserstoff und Eisen könnte jedoch undurchsichtiger sein, als jedes der beiden Elemente für sich.

Nehmen wir an, wir hätten ein Gemisch, in dem auf je 15 Wasserstoffatome ($A = 1$, $Z = 1$) ein Eisenatom ($A = 56$, $Z = 26$) kommt. Die Wasserstoffatome werden alle ionisiert sein, und das Eisenatom wird (in Capella) 24 Elektronen verloren haben; das Gewicht 71 entspricht daher 16 Ionen und 39 Elektronen. Wir haben demnach

$$\mu = \tfrac{71}{55} = 1{,}29\,, \qquad f = \tfrac{16}{39} = 0{,}41\,.$$

Bei der Anwendung von (158.2) muß A gleich 71, statt 56, angenommen werden, da die Anzahl der Eisenionen pro Gramm jetzt $1/71\,H$ ist, und die Wasserstoffionen unwirksam sind. Wir müssen auch eine Neuberechnung von T mit dem neuen Werte von μ vornehmen. Wir finden, daß $(1-\beta)$ nunmehr gleich 0,100 ist, und die Mittelpunktstemperatur im Verhältnisse 1,30 verkleinert wird.

Durch diese Änderungen in (158.2) wird die Absorption des Eisens um das 2,38 fache vergrößert, so daß wir jetzt haben

$$k_t = 11{,}8\,.$$

Die Absorption der Wasserstoffionen ist verschwindend. Die Hauptwirkung des Wasserstoffes besteht in einer Verkleinerung des Molekulargewichtes; aber darüber hinaus bezahlt er noch dadurch beinahe voll für seine Inaktivität, daß er zahlreiche Elektronen zur Verfügung stellt, die das Eisen einfangen kann.

---

[1] Das angenommene Molekulargewicht 2,1 sollte nicht streng dem Eisen entsprechen, sondern einer gewissen Beimischung leichterer Elemente Rechnung tragen; wir haben also durch die Benutzung des dem Eisen entsprechenden Wertes von Z^2/A die Nichtübereinstimmung etwas abgeschwächt.

Der astronomische Koeffizient wird proportional zu $(1-\beta)$ verkleinert und ist jetzt

$$k_a = 18{,}7.$$

was nun schon leidlich gut mit k_t übereinstimmt. Für Sterne kleiner Masse, wie die Sonne, würde die oben betrachtete Mischung den Wert von k_t/k_a um das 37fache vergrößern, so daß die ursprüngliche Unstimmigkeit sehr stark überkorrigiert wäre. Um die Übereinstimmung wie für Capella zu erhalten, ist nur etwa die halbe Menge Wasserstoffs (7 Atome auf ein Eisenatom) erforderlich. Man könnte hierin vielleicht eine Stütze für die Anschauung erblicken, daß die Sterne kleinerer Massen älter sind, und daß in ihnen der Wasserstoff allmählich zur Bildung schwererer Elemente verbraucht worden ist.

Der Wasserstoff ist das einzige Element, das eine solche Veränderung der Opazität bewirken kann; die Beimischung von Helium würde nur eine ganz geringfügige Vergrößerung von k_t/k_a ergeben.

Einige Autoren sind der Meinung, daß Wasserstoff nicht imstande ist, im Inneren eines Sternes zu bleiben, sondern sich notwendig an die Oberfläche erheben muß. Dies würde für die oben gemachte Annahme verhängnisvoll sein. Indessen scheint eine solche Absonderung des Wasserstoffes in Wirklichkeit nicht stattzufinden (§ 195).

Ich neigte früher zu der Ansicht, daß die Sterne, besonders im Riesenstadium, große Mengen von Wasserstoff enthalten müßten — von dem Gedanken ausgehend, daß die Sterne den wichtigsten, wenn nicht den einzigen Ort der Erzeugung von höheren Elementen aus Protonen und Elektronen darstellen, wobei die Sternwärme als beiläufiges Nebenprodukt dieses Prozesses entsteht. Aber das niedrige Molekulargewicht, zu dessen Annahme wir dann gezwungen wären, befindet sich im Widerspruche mit der allgemeinen Tendenz unserer astronomischen Erfahrung. Es stößt unter anderem auch die allgemeine Beziehung um, die wir zwischen den Massen der Sterne und den kritischen Werten von $1-\beta$ gefunden hatten, und läßt einen weiten Spielraum für zufällige Schwankungen, die von der Menge des noch übrigbleibenden Wasserstoffes abhängen würden, was dem stetigen Charakter des Massenhelligkeitsdiagramms zu widersprechen scheint. Ich würde es entschieden vorziehen, eine andere Erklärung für die Nichtübereinstimmung von k_t und k_a zu finden.

Die Theorie des Einfangens durch den Atomkern.

170. Vor dem Erscheinen der Kramersschen Theorie des Elektroneneinfangens hatte ich eine Theorie des Einfangens durch den Atomkern vorgeschlagen. Das Interesse dieser Theorie liegt im wesentlichen darin, daß sie volle Übereinstimmung mit den astronomischen Beobachtungen ergibt. Dies bringt sie beinahe automatisch in Konflikt mit den Laboratoriumsexperimenten, da der Widerspruch, wie wir gesehen haben, in Wirklichkeit zwischen den beiden Klassen von Beobachtungen besteht. Hier mag eine kurze Darstellung dieser Theorie gegeben werden, trotzdem ich nicht mehr der Ansicht bin, daß sie angenommen werden kann.

Wir kehren zu der scheinbaren Zielscheibe für Eisen im Mittelpunkte der Capella zurück (151.94).

$$\sigma = 1{,}20 \cdot 10^{-10}\,\mathrm{cm},$$

und verfolgen unseren ersten Gedanken weiter, daß sie eine wirkliche Kugel um den Mittelpunkt des Atoms darstellt. Die Elektronenbahnen, welche bei Abwesenheit des störenden Einflusses des Kernes die scheinbare Zielscheibe gerade berührt hätten, werden sich in Wirklichkeit um den Kern krümmen und eine viel kleinere „wirkliche Zielscheibe" umhüllen.

Da sich diese Bahnen dem Kerne sehr stark nähern, wird es notwendig sein, die Änderung der Masse mit der Geschwindigkeit zu berücksichtigen. Es werde ein Elektron der Anfangsmasse m und Geschwindigkeit V auf den Rand der scheinbaren Zielscheibe abgeschossen, so daß sein Impulsmoment gleich $mV\sigma$ ist. Es seien σ' der Abstand im Perizentron und m', V' die Masse und Geschwindigkeit in diesem Punkte. Dann ist σ' der Radius der wahren Zielscheibe.

Der Satz von der Erhaltung des Impulsmomentes gibt

$$m\sigma V = m'\sigma' V'. \qquad (170.11)$$

Der Satz von der Erhaltung der Energie gibt

$$m'c^2 = mc^2 + Ze^2/\sigma', \qquad (170.12)$$

da Ze^2/σ' den Verlust an potentieller Energie bedeutet. Das Gesetz der Änderung der Masse mit der Geschwindigkeit gibt

$$m^2(1 - V^2/c^2) = m'^2(1 - V'^2/c^2). \qquad (170.13)$$

Indem wir m' und V' aus diesen drei Gleichungen eliminieren, erhalten wir

$$\sigma^2 = \sigma'^2 + Zb(Zb + 2\sigma')\,c^2/V^2, \qquad (170.2)$$

wo $b = e^2/mc^2$. Wir stellen durch Probieren fest, daß σ' im Vergleiche zu σ sehr klein ist, so daß σ'^2 vernachlässigt werden kann. Dann ist

$$1 + \frac{2\sigma'}{Zb} = \left(\frac{V}{c}\,\frac{\sigma}{Zb}\right)^2. \qquad (170.3)$$

Dies gibt, wenn wir die numerischen Werte einführen

$$1 + \frac{2\sigma'}{Zb} = 0{,}84.$$

Formal ergibt sich hieraus für σ' ein negativer Wert, wenn wir aber einen vernünftigen Spielraum für die Fehler der Daten freilassen, ist der tatsächliche Schluß, den wir aus dieser Gleichung ziehen können, nur der, daß $2\sigma'/Zb$, sagen wir, kleiner als 1 ist, oder daß σ' kleiner ist als $3\cdot 10^{-12}$cm. Der Gedanke liegt daher nahe, daß die wahre Zielscheibe mit dem Atomkerne, dessen Radius ja von der Größenordnung 10^{-12} ist, zusammenfällt, oder vielleicht daß ein beinahe zentraler Zusammenstoß mit dem Kerne notwendig ist, der dem Werte $\sigma' = 0$ entspricht.

Der genaue Wert von σ' (wenn es von der Größenordnung eines Kernes ist), hat nur einen geringen Einfluß auf σ, so daß wir fürs Weitere $\sigma' = 0$ setzen können. Dann ist nach (170.3)

$$\sigma = \frac{Z b c}{V}. \tag{170.4}$$

Hieraus folgt nach (151.91)

$$\lambda = \frac{1}{\pi N \sigma^2} = \frac{1}{\pi} \frac{A H}{\varrho} \frac{V^2}{Z^2 b^2 c^2}.$$

Der Gesamtweg, der von allen freien Elektronen pro Gramm und Sekunde zurückgelegt wird, ist

$$\frac{V}{\mu H (1+f)}.$$

Die Anzahl der einzelnen Prozesse des Einfangens ergibt sich hieraus, durch Division mit λ, zu

$$\frac{\pi Z^2 b^2 c^2 \varrho}{A \mu H^2 V (1+f)}. \tag{170.5}$$

Indem wir (170.5) mit der mittleren Energie eines Quants, $2{,}7\,RT$, multiplizieren, erhalten wir die Gesamtemission, die gleich ist der Absorption $k a c T^4$ pro Gramm und Sekunde. Für V muß sein harmonischer Mittelwert eingesetzt werden, der gleich $\frac{1}{4}\pi V_0 = \frac{1}{4}\pi u_0 T^{\frac{1}{2}}$ ist. Das Ergebnis lautet:

$$\frac{\mu k T^{\frac{7}{2}}(1+f)}{\varrho} = 10{,}8 \frac{R b^2 c}{H^2 a u_0} \frac{Z^2}{A}, \tag{170.6}$$

was mit dem aus der KRAMERSschen Theorie abgeleiteten Resultate (158.2) genau übereinstimmt, bis auf den numerischen Koeffizienten, der hier 10,8, statt 0,668 ist. Die Theorie des Einfangens durch den Kern gibt also eine 16,2mal größere Absorption als die KRAMERSsche Theorie. Für den Mittelpunkt der Capella gibt sie den Wert $k = 80$, der mit dem astronomischen Werte 53 befriedigend übereinstimmt. Die Kerntheorie sagt die absolute Helligkeit der Capella innerhalb einer halben Größenklasse richtig voraus; und da sie auch zu dem erprobten Gesetze $k \propto \varrho/T^{\frac{7}{2}}$ führt, wird die Übereinstimmung bei anderen Sternen eine ebenso befriedigende bleiben.

Wie schon erwähnt, scheint die Annahme der Kerntheorie, trotz dieser Übereinstimmung auf unüberwindliche Schwierigkeiten zu stoßen. Es ist aber immerhin lehrreich, eine von der KRAMERSschen gänzlich verschiedene Theorie zu betrachten, die bis auf einen rein numerischen

Faktor zu der selben Formel wie diese für die stellare Absorption führt. Es wird uns hierdurch die sehr allgemeine Basis, auf der ein Absorptionsgesetz von der genäherten Form $\varrho/T^{\frac{7}{2}}$ beruht, klar vor Augen geführt.

171. Die Berechtigung der Hypothese des Einfangens durch den Kern liegt in der Tatsache, daß die KRAMERSsche Theorie, trotzdem sie auf ihrem eigenen Anwendungsgebiete vermutlich richtig ist, hier offenbar einer Ergänzung bedarf, da sie — wenn unsere Daten genau sind — $\frac{9}{10}$ der Absorption unerklärt läßt. Nun erwähnt KRAMERS niemals die Elektronenbahnen, die durch einen Zusammenstoß mit dem Kerne unterbrochen werden. Seine Zielscheibe ist ein Ring; wenn wir uns in diesem Ringe nach innen bewegen, wobei die Bahnen immer spitzer und spitzer werden, nimmt die Häufigkeit der Fälle, die zu einem Einfangen führen, ab; diese Abnahme ist in seiner Theorie gut begründet. Es ist aber durchaus möglich, daß das Einfangen wieder häufiger wird, wenn die Bahnen den Kern treffen und dadurch zu einem Zustande führen, den KRAMERS nicht in Betracht gezogen hat. Nach unseren mechanischen Vorstellungen dürfte ein Elektron kaum von einem aus 86 Protonen und Elektronen bestehenden Kissen (Eisenkern) elastisch zurückprallen. Die kinetische Energie des Zusammenstoßes ist so ungeheuer groß, daß das Elektron, nach Verlust von $\frac{1}{1000}$ dieser Energie, bereits eine negative Gesamtenergie erhalten würde und nicht mehr imstande wäre zu entkommen. Unglücklicherweise, für die Theorie, ist den mechanischen Anschauungen nicht zu trauen, und nach den Anschauungen der Quantentheorie erscheint das Einfangen weniger wahrscheinlich. Wir haben den Eindruck, daß die Dauer des Zusammenstoßes eine so kurze sein müßte, daß die Menge der Strahlung *niedriger Frequenz* nicht ausreichen würde, um das Einfangen zu bewirken; die klassische Strahlung würde auf der falschen Seite der Guillotine liegen.

Wir haben bei unserer Berechnung angenommen, daß die bei dem Einfangen emittierte Strahlung dem mittleren Quant der Sternstrahlung, $2{,}7\,R\,T$ entspricht. Dies wird nicht streng der Fall sein; wir sind aber zu der Annahme gezwungen, daß die Emission in diesem Spektralgebiete stattfindet, da andernfalls die entsprechende Absorption, nach den ROSSELANDschen Überlegungen (§77), mit Opazität nicht mehr äquivalent wäre. Dies bedeutet, daß das Einfangen bei leichteren Elementen im K-Niveau, und bei schweren Elementen im L-Niveau zu erfolgen hat. Hierbei stoßen wir aber sofort auf die Schwierigkeit, daß dann, wegen der thermodynamischen Beziehung zwischen dem Absorptions- und Emissionskoeffizienten, eine entsprechende K- und L-Absorption an nichtionisierten Atomen stattfinden müßte. Die Laboratoriumsexperimente zeigen aber keine Spur einer derartigen, zu der von der KRAMERSschen Theorie gegebenen hinzutretenden Absorption.

Diese letzte Schwierigkeit könnte durch die Annahme behoben

werden, daß der Energieverlust beim Zusammenstoße mit dem Kerne nur gering ist, weil das Elektron zuerst in einer hochquantigen Bahn eingefangen wird; später fällt es dann (wenn es nicht sofort wegionisiert wird) in das tiefste noch unbesetzte Niveau herab, wobei erst dieser zweite Schritt die Hauptemission ergibt. Durch diese Konstruktion wird die Kontrolle durch Laboratoriumsexperimente umgangen, weil dieser Prozeß bei der Emission und der ihr entsprechenden Absorption einen intermediären Ruheplatz für das Elektron voraussetzt, der bei den nicht-ionisierten Atomen der Laboratoriumsexperimente nicht vorhanden ist. Aber diese neue Annahme, die bei ausschließlicher Betrachtung der Emission nicht unvernünftig erscheint, wird meiner Ansicht nach gänzlich unglaubhaft, so bald wir die inversen Schritte bei der Absorption in Betracht ziehen.

Durch diese letzte Bemerkung wird die grundsätzliche Schwäche der Vorstellung von dem Einfangen durch Zusammenstoß mit dem Kerne aufgedeckt, die darin liegt, daß ihre Glaubwürdigkeit die Umkehrung des Prozesses nicht überlebt. Die Annahme, daß das Elektron bei der Absorption den umgekehrten Weg zurücklegt — d. h. in den Kern herabfällt und dann in einer hyperbolischen Bahn abprallt —, ist kaum sehr plausibel zu nennen. Auch müßte die genaue Formel für die Emission, auf Grund der Theorie des Einfangens durch den Kern, notwendig den Radius des Kernes enthalten; es erscheint aber gänzlich unglaublich, daß dieser bei der entsprechenden Absorption irgendeine Rolle spielen könnte.

172. Eine zusammenfassende Formulierung des in der Theorie des Absorptionskoeffizienten erreichten Standpunkts muß naturgemäß in zwei Teile zerfallen:

1. Das Gesetz $k \propto \varrho/\mu T^{\frac{7}{2}}$ und 2. der absolute Wert von k.

1. Das Gesetz $k \propto \varrho/\mu T^{\frac{7}{2}}$, oder ein diesem bei Anwendungen auf Sterne sehr nahekommendes Gesetz, wird nahegelegt:

a) durch die allgemeinsten theoretischen Betrachtungen über Absorption und Emission, in Verbindung mit der beobachteten genäherten Konstanz der Leuchtkraft in dem Riesenaste, vom M- bis zum A-Typus;

b) durch die KRAMERSsche, oder die ihr in diesem Falle äquivalente klassische Emissionstheorie;

c) durch Laboratoriumsergebnisse über die Absorption von Röntgenstrahlen, in Verbindung mit der thermodynamischen Theorie der Ionisation;

d) durch die Theorie des Einfangens durch den Kern;

e) durch die beobachtete Übereinstimmung der Helligkeiten der Sterne mit der auf diesem Gesetze beruhenden Massenhelligkeitskurve. Wir legen kein allzu großes Gewicht auf die Bruchzahl $\frac{1}{2}$ im Exponenten von T und wollen etwaige, mit dem Niveau der Ionisation der Atome veränderliche Korrektionen durchaus nicht ausschließen: aber die „Guillotine-Korrektion" der KRAMERSschen Theorie erscheint uns bestimmt zu groß.

2. Die auf Grund von b) oder c) berechnete Opazität beträgt nur $\frac{1}{10}$ der beobachteten Opazität der Sterne, und es läßt sich keine befriedigende Erklärung für diesen Widerspruch finden. Die Betrachtung anderer Quellen der Opazität hat zu keinem Erfolge geführt. Das Feld für die Untersuchung muß sich auf die Emissionsquellen beschränken, welche Frequenzen ergeben, die zwischen $2{,}5\,R\,T/h$ und $7\,R\,T/h$ liegen. Durch die Annahme, daß die Sterne zu einem beträchtlichen Teile aus Wasserstoff bestehen, könnte der Widerspruch beseitigt werden, doch würde diese Hypothese mit den früher erreichten Schlüssen über die Intensität des Strahlungsdruckes unvereinbar sein. Sonstige Änderungen der chemischen Zusammensetzung bedingen nur ganz geringfügige Unterschiede in der Opazität.

Die einzige Andeutung auf eine Versöhnungsmöglichkeit scheint gegenwärtig in der geheimnisvollen Emission des KUHLENKAMPFFschen Spektrums B enthalten zu sein, das durch die KRAMERSsche Theorie nicht erklärt wird. Auch von der neuen Quantenmechanik von HEISENBERG könnten vielleicht wichtige Aufschlüsse in dieser Frage zu erwarten sein.

Zehntes Kapitel.

Ionisation, Diffusion, Rotation.

Ionisation.

173. Die Bestimmung des Ionisationsgrades der Atome bei den Temperaturen und Dichten, die sich für das Innere der Sterne ergeben, ist für die folgenden Anwendungen von Wichtigkeit:

a) Aus der Ionisation leiten wir das Molekulargewicht μ ab, dessen Kenntnis beinahe bei allen numerischen Berechnungen notwendig ist. Eine möglichst genaue Berechnung dieses Wertes ist wichtig, weil μ oft in ziemlich hohen Potenzen in die Formeln eingeht. Wir müssen folgende Fragen beantworten:

1. Welches ist der wahrscheinlichste Wert von μ für die Sterne im allgemeinen? (Der von uns angenommene Normalwert ist 2,1.)

2. Wie groß ist der Einfluß des differentiellen Effektes (insbesondere auf die Massen-Helligkeitsbeziehung), der durch die Verschiedenheit der Werte von μ in verschiedenen Sternen bedingt wird?

3. Wie groß ist die Änderung von μ vom Mittelpunkte eines Sternes bis zu seinen äußeren Teilen?

b) Die Kenntnis der Ionisation ist bei der Anwendung aller Absorptionstheorien erforderlich, weil jede neue Ionisation einen Absorptionsmechanismus zerstört; insbesondere beeinflußt sie die an die Opazität nach der KRAMERSschen Theorie anzubringende „Guillotine"-Korrektion.

c) Sie bestimmt die Ionisationsenergie eines Sternes und folglich auch das Verhältnis der spezifischen Wärmen γ, das bei der Untersuchung der Pulsationen von Cepheiden eine wichtige Rolle spielt.

Eine andere Frage, deren Behandlung zweckmäßigerweise mit der Ionisation verbunden werden kann, ist die Bestimmung des Grades der Abweichung des Sternmaterials von den Gesetzen eines idealen Gases.

Die Resultate hängen gewöhnlich in merklicher Weise von der chemischen Zusammensetzung des Sternes ab. Die Abhängigkeit von der chemischen Zusammensetzung äußert sich in zwei verschiedenen Weisen — erstens in einer fortschreitenden Änderung beim Übergange von leichteren zu schwereren Elementen, und zweitens in außerordentlichen Phänomenen für kleine Gruppen aufeinanderfolgender Elemente, die sich bei der gewählten Temperatur und Dichte in einem in bezug auf ihre K- und L-Ionisation kritischen Zustande befinden. Es ist zu erwarten, daß letztere Effekte in jedem vernünftigen Gemische von Elementen in weitgehendem Maße ausgeglichen sein werden. Bei der Diskussion von numerischen Resultaten setzen wir, als wahrscheinlichste Zusammensetzung des Materials, ein Gemisch voraus, in dem die dem Eisen benachbarten Elemente überwiegen, das aber auch eine gewisse Beimischung leichterer nicht-metallischer Elemente enthält; wir halten es kaum für nötig, eine 10% übersteigende Beimischung von Elementen zu betrachten, deren Ordnungszahlen oberhalb von $Z = 50$ liegen. Wir berücksichtigen aber natürlich bis zu einem gewissen Maße auch die Änderungen, die notwendig werden würden, wenn diese Annahme über die Zusammensetzung merklich falsch sein sollte.

174. Die Fundamentalformel für die Bestimmung des Ionisationsgrades eines Elementes bei gegebener Temperatur und Dichte ist (47.1). Da wir zuweilen eine große Anzahl von möglichen Ionisationsstadien und Anregungsstufen gleichzeitig zu betrachten haben, kann die Anwendung der Formel in der Praxis sehr kompliziert werden. Wir geben zunächst eine vereinfachte Behandlung des Problems, die für die wirkliche Berechnung ausreichend sein mag oder nicht, die aber jedenfalls den Vorzug hat, daß sie einige der wichtigsten Eigentümlichkeiten des Problems zu übersehen gestattet.

Die Serie der Terme auf der rechten Seite der Formel (47.1) entspricht Atomen in aufeinanderfolgenden Anregungszuständen. Wir wollen hier voraussetzen, daß eine Anregung nur selten stattfindet, und daß wir uns daher auf die Betrachtung des ersten, dem unangeregten Atome entsprechenden Termes beschränken dürfen. Ferner unterdrücken wir auch die Gewichtsfaktoren q. Wir fassen nun die p-te Ionisation ins Auge und bezeichnen mit ψ $(= -\chi)$ die Energie, welche erforderlich ist, um das p-te Elektron aus dem Atome zu entfernen. Dann ist das Verhältnis der Anzahl der Atome, in denen $p-1$ Elektronen fehlen, zu der Anzahl der Atome, in denen p Elektronen fehlen, nach (47.1)

$$\frac{1-x}{x} = \sigma \left(\frac{h^2}{2\pi m R T}\right)^{\frac{3}{2}} e^{\psi/RT}, \tag{174.1}$$

wo σ die Anzahl der freien Elektronen in der Volumeneinheit bedeutet, so daß

$$\sigma = \frac{\varrho}{\mu H (1+f)}$$

ist. Indem wir, wie gewöhnlich, die kleine Korrektion f vernachlässigen, haben wir

$$\frac{1-x}{x} = \frac{h^3}{(2\pi m R)^{\frac{3}{2}} H} \cdot \frac{\varrho}{\mu T^{\frac{3}{2}}} e^{\psi/RT}$$

oder

$$\log \frac{1-x}{x} = \frac{0{,}4343\,\psi}{RT} + \log \frac{\varrho}{\mu T^{\frac{3}{2}}} + 8{,}3925, \tag{174.2}$$

wo log den BRIGGschen Logarithmus bezeichnet.

Wenn z. B. $T = 10^7$, $\varrho = 0{,}02$, $\mu = 2$ angenommen wird, was genähert den Verhältnissen im Mittelpunkte der Capella entspricht, ergibt (174.2)

$x = 0{,}1$ $\quad 0{,}5 \quad 0{,}9$

für

$\psi = 11{,}7\,RT \quad 9{,}5\,RT \quad 7{,}3\,RT$

und

$\lambda = 1{,}22\,\text{Å} \quad 1{,}51\,\text{Å} \quad 1{,}96\,\text{Å}$.

wo λ die Wellenlänge ist, die der Energie ψ nach der Quantenbedingung

$$\psi = hc/\lambda \tag{174.3}$$

entspricht. Der Kürze halber sprechen wir oft von einer Energie λ, d. h. wir beschreiben eine Energiemenge durch die Wellenlänge derjenigen Strahlung, deren Quant gerade den betrachteten Energiebetrag darstellt.

Die angeführten Werte geben ein Beispiel für eine ziemlich reinliche Ionisation, da die stattfindenden Ionisationen hier zum größten Teile auf ein enges Energiegebiet von $\lambda = 1{,}2$ bis $1{,}9$ Å beschränkt sind. Die Entfernung von Elektronen aus den tieferen Energieniveaus hat kaum begonnen, und die Entfernung von Elektronen aus den höheren Niveaus ist schon beinahe vollständig. Nur diejenigen Elektronen, die sich auf einer in diesem Intervalle enthaltenen Energiestufe befinden (falls solche vorhanden sein sollten) verlangen eine ausführlichere Behandlung. In welcher Weise die Atome verschiedener Elemente hierdurch beeinflußt werden, ist aus Tabelle 30 ersichtlich. Bei Titan ($Z = 22$) wird das letzte K-Elektron bei $\lambda = 1{,}9$ abgetrennt, so daß die entgültige Ionisation für Titan und leichtere Elemente schon sehr weit vorgeschritten ist, und die entsprechenden Ionen meistenteils nackte Kerne sind. Nach dem Titan kommt eine kurze Reihe von Elementen, die sich in bezug auf K-Ionisation in einem kritischen Zustande befinden und meistens 1 oder 2 K-Elektronen beibehalten; diese Reihe endigt bei Zink ($Z = 30$), für das die erste K-Ionisation 1,3 Å verlangt, so daß x nicht viel größer als $\frac{1}{10}$ ist. Darauf folgt eine viel ausgedehntere Reihe, $Z = 31 - 45$, für die das Intervall $\lambda = 1{,}2 - 1{,}9$ in die Lücke zwischen K- und L-Ionisation fällt; hier haben wir praktisch nur heliumähnliche Ionen, mit zwei K-Elektronen, aber keinem einzigen L-Elektron. Für Rhodium ($Z = 45$) ist die letzte L-Ionisation zu $\frac{9}{10}$ vollständig. Die Elemente von 45 bis 73 werden in verschiedenen Stadien der L-Ionisation sein; für Tantal ($Z = 73$) beträgt die erste L-Ionisation nur $\frac{1}{10}$. Hier erreichen wir die Lücke zwischen L- und M-Ionisation, und die Ionen sind neonähnlich, indem sie 10 Elektronen beibehalten. Die schwersten Elemente können sogar noch zwei oder drei M-Elektronen besitzen[1].

Tabelle 30. Energieniveaus. Wellenlängen in Ångström.

Z	Elem.	K	K'	L_1	L'	M_1	M'	N_1	$Z+1$	2	3
13	Al	7,95	5,39	175	30	—	—	—	Si	P	S
17	Cl	4,38	3,15	62,0	16,2	—	—	—	A	K	Ca
21	Sc	2,75	2,07	30,4	10,1	—	—	—	Ti	V	Cr
25	Mn	1,89	1,46	19,05	6,89	—	—	—	Fe	Co	Ni
29	Cu	1,38	1,08	13,05	5,00	—	—	—	Zn	Ga	Ge
33	As	1,04	0,84	—	3,79	—	—	—	Se	Br	Kr
37	Rb	0,814	0,666	—	2,97	—	—	—	Sr	Y	Zr
41	Nb	0,650	0,542	5,22	2,40	61,1	8,5	—	Mo	—	Ru
45	Rh	0,533	0,450	4,13	1,97	41,0	—	—	Pd	Ag	Cd
49	In	0,443	—	3,30	1,65	—	—	—	Sn	Sb	Te
53	I	0,373	—	2,71	1,40	21,5	4,44	—	X	Cs	Ba
57	La	0,319	—	2,25	1,20	14,8	3,71	—	Ce	Pr	Nd
61	—	0,274	—	1,91	1,04	11,9	3,15	—	Sm	Eu	Gd
65	Tb	0,238	—	1,64	0,92	9,96	2,71	—	Ds	Ho	Er
69	Tm	0,208	—	1,43	—	8,40	2,35	—	Yb	Lu	Hf
73	Ta	0,184	—	1,25	—	7,14	2,07	415	W	—	Os
77	Ir	0,163	—	1.10	—	6,08	1,83	—	Pt	Au	Hg
81	Tl	0,143	—	0,98	—	5,16	1,63	95	Pb	—	—
83	Bi	0,136	—	0,92	—	4,76	1,54	70,0	Po	—	Nt
92	U	0,107	0,107	0,72	0,45	3,49	1,22	33,0	—	—	—

Tabelle 30 gibt die Energieniveaus, so weit möglich, für jedes vierte Element. Die Kolonnen K, L_1, M_1, N_1* enthalten die beobachteten

[1] Diese Schlüsse beruhen auf einer ersten Annäherung und sind nicht als endgültig zu betrachten.

* Der Index 1 bezeichnet das oberste Niveau einer Gruppe — das dem größten λ entsprechende.

Werte, die entweder aus den Absorptionskanten oder aus den Termen der Spektralserien erhalten werden; in einzelnen Fällen, in denen das Element selbst nicht beobachtet ist, sind die angegebenen Werte durch Interpolation zwischen den beiden anliegenden Elementen abgeleitet worden. Wir nehmen an, daß diese Werte die Energie angeben, die zur Entfernung des ersten Elektrons der Gruppe erforderlich ist, obwohl sich die Abtrennungsenergie bei einem vollständigen Atome von der Abtrennungsenergie bei einem Ion, das die äußeren Gruppen verloren hat, merklich unterscheiden könnte. Die Kolonnen K', L', M' geben die nach (42.62) berechneten theoretischen Energien für die Entfernung des *letzten* Elektrons der Gruppe. Bei der Berechnung von L', wurde angenommen, daß die beiden K-Elektronen mit dem Kerne zusammenfallen und bei der Berechnung von M' — daß die **10** inneren Elektronen mit dem Kerne zusammenfallen. Zur Übersicht sind die zwischenliegenden Elemente in der letzten Kolonne angeführt; die ihnen entsprechenden Wert können durch Interpolation leicht gefunden werden.

175. Wir bezeichnen die Werte von ψ und λ, die $x = 0{,}5$ entsprechen, mit ψ_1 und λ_1. Wenn keine zu große Überlagerung der verschiedenen Ionisationsstadien stattfindet, können wir annehmen, daß alle Atome bis zu dem ψ_1-Niveau herab ionisiert sind. Sogar bei Überlagerung stellt dies gewöhnlich noch die beste Annahme über das mittlere Ionisationsniveau dar. Jedoch kann ψ_1 sehr wohl auch negativ sein, d. h. daß keine Ionisation auch nur zur Hälfte vollständig ist; trotzdem kann bei großem T, eine größere Anzahl aufeinanderfolgender Ionisationen bereits teilweise erfolgt sein, so daß sich im ganzen eine beträchtliche Ionisation ergibt.

Die Reinheit der Ionisation hängt von ψ_1/RT ab. Wenn dieses groß ist, bewirkt schon eine kleine prozentuale Änderung von ψ eine große Änderung von x. Erst wenn die Bedingungen derartige sind, daß ψ_1/RT kleiner als 2 oder 3 ist, haben wir größere Schwierigkeiten wegen Überlagerung zu erwarten. Ferner sind bei großem ψ_1/RT auch angeregte Atome selten, so daß ihre Vernachlässigung bei dieser Diskussion dann berechtigt erscheint. Um ein K- oder L-Elektron in eine höhere Bahn anzuregen, ist mehr als die halbe Ionisationsenergie erforderlich, so daß nach dem Boltzmannschen Gesetze die relative Anzahl der angeregten Systeme von der Größenordnung $e^{-\frac{1}{2}\frac{\psi}{RT}}$ sein wird. Wenn $\psi < \psi_1$ ist, wird die Anregung durch die Ionisation überholt; und wenn $\psi > \psi_1$ ist, wird die relative Anzahl der angeregten Atome klein, sobald ψ_1/RT einen großen Wert hat.

176. Wir wollen nun die Frage untersuchen, welcher Wert des Molekulargewichtes der für den Mittelpunkt der Capella gefundenen Ionisation entspricht. Grob ausgedrückt behalten die Elemente bis zu $Z = 22$

überhaupt keine Elektronen bei, von 30—50, behalten sie 2 Elektronen und von 50—70 von 2 zu 10 Elektronen. Dies ergibt die folgenden Resultate für eine Reihe typischer Elemente —

Element	C	O	Al	Ti	Fe	As	Zr	Ag	Ba	Sm	Ta	Pb
Z	6	8	13	22	26	33	40	47	56	62	73	82
μ	1,7	1,8	1,9	2,1	2,2	2,3	2,3	2,3	2,6	2,7	2,9	2,9

Die Wahl eines mittleren Wertes muß notwendig eine Frage der Schätzung bleiben. Indem wir die Seltenheit des Vorkommens von Elementen, die schwerer als Ag sind, und die kosmische Verbreitung von Fe sowie einiger leichterer Elemente in Betracht zogen, hatten wir den Wert 2,1 als den plausibelsten angenommen. Wir sind der Ansicht, daß dieser Wert höchstens um 0,2 unrichtig sein kann.

177. Wir wollen nun versuchen, uns einen Begriff von den Änderungen von ψ_1 bei Sternen verschiedener Massen und Spektraltypen zu bilden. Da

$$\frac{\mu T^3}{\varrho} = \frac{3\,\Re\,(1-\beta)}{a\,\beta}$$

ist, haben wir nach (174.2)

$$0{,}4343\,\psi_1/RT = 14{,}1182 - \log \beta/(1-\beta) - \tfrac{3}{2}\log T\,.$$

Für Sterne in der Hauptsequenz ist die Mittelpunktstemperatur genähert 40 Millionen Grad. Wir wollen die Ionisationsbedingungen, in Übereinstimmung mit dem in § 94 Gesagten, für einen Punkt berechnen, in dem die Temperatur 26 Millionen Grad beträgt. Indem wir von Tabelle 23 Gebrauch machen, erhalten wir die nachstehenden Resultate.

Tabelle 31a. Ionisation in Sternen der Hauptsequenz.

$1-\beta$	Masse	T_e	ψ_1/RT	λ_1	Beispiele
0,002	0,182	2600	0,69	8,0	Die allerlichtschwächsten roten Zwerge
004	0,258	3200	1,40	3,9	Krueger 60
015	0,512	4600	2,72	2,0	
05	1,00	6300	3,96	1,4	Sonne
10	1,58	8200	4,71	1,2	Prokyon
18	2,56	10500	5,40	1,0	Sirius
30	4,53	13300	6,07	0,9	Verfinsterungsveränderliche
50	11,46	17500	6,92	0,8	
80	90,6	26000	8,31	0,7	Plaskett's Stern

Tabelle 31b. Ionisation in Riesensternen.

$1-\beta$	Masse	T_e	$10^{-6}\,T$	ψ_1/RT	λ_1	Beispiele
0,283	4,18	5200	6,06	8,17	2,9	Capella
283	4,18	3000	2,51	9,49	6,0	
50	11,46	5200	3,73	9,84	3,9	Cepheiden
50	11,46	3000	1,55	11,16	8,3	
75	56,15	3000	0,92	13,03	11,9	Betelgeuse

Tabelle 31b enthält einige Beispiele von Riesensternen, wobei sich die berechneten Werte wieder auf einen Punkt beziehen, in dem die Temperatur $\frac{2}{3}$ der Mittelpunktstemperatur beträgt.

Die in der mit „Beispiele" überschriebenen Kolonne angeführten Sterne entsprechen nicht genau den jeweils gewählten Werten für die Masse und T_e, sondern sollen nur den Charakter des Sternes andeuten, auf den sich die tabulierten Resultate beziehen.

178. Im Besitze dieser Tatsachen können wir nur an die Beantwortung zweier Fragen herantreten, die wir bei unseren früheren Betrachtungen zurückgestellt hatten, um sie an dieser Stelle zu behandeln.

1. Inwiefern ist die Annahme eines für alle Sterne konstanten Molekulargewichts als berechtigt zu betrachten?

2. Wird die Opazität durch die „Guillotine" (§ 160) merklich verkleinert, so daß ihr Wert unterhalb des von uns benutzten, durch das genäherte Gesetz $k \propto \varrho/T^{\frac{7}{2}}$ gelieferten Wertes fällt?

Das Molekulargewicht hängt von dem Ionisationsgrade, also im wesentlichen von λ_1 ab, wenn auch die Größe ψ_1/RT, die die Reinheit der Ionisation bestimmt, nicht unbeachtet bleiben darf. Unser Interesse richtet sich hauptsächlich auf diejenigen Sterne, für die wir in Abb. 2 einen Vergleich zwischen Theorie und Beobachtung ausgeführt haben, so daß uns die extremen Werte von λ_1 in Tabelle 31 nicht zu beschäftigen brauchen. Für alle Vergleichssterne fällt λ_1 in das Intervall 0,8 — 4,0 Å, während sich die genauesten Vergleiche auf das Intervall 1 — 3 Å beziehen.

Für Elemente der Ordnungszahlen 50—60 fällt die L-Ionisation gerade in dieses Intervall, und es könnte z. B. Jod ($Z = 53, A = 127$) beim Übergange von der Capella zum Sirius vielleicht seine sämtlichen acht L-Elektronen verlieren, wodurch sein Molekulargewicht von 2,89 auf 2,44 abnehmen würde. Unterhalb von $Z = 50$ bleibt zunächst eine lange Serie von Elementen unbeeinflußt, und dann gelangen wir zu einer kleinen Gruppe von Elementen in der Nachbarschaft des Titans ($Z = 22, A = 48$), die ihre beiden K-Elektronen verlieren. Das Molekulargewicht für Titan ändert sich zwischen Capella und Sirius von 2,28 auf 2,08. Noch leichtere Elemente sind in beiden Sternen vollständig ionisiert. Da die Änderungen nur für wenige Elemente 0,2 — 0,4 betragen und für die Mehrzahl viel kleiner sind, ist es klar, daß die Unterschiede im Molekulargewichte für die verschiedenen bei unseren Vergleichen benutzten Sterne kaum den Wert 0,1 überschreiten werden.

Der Einfluß einer Änderung $\Delta\mu$ des angenommenen Molekulargewichts auf die vorausberechnete bolometrische Helligkeit m kann aus (84.4) und (99.2) berechnet werden. Wir finden

$$-\Delta m = \frac{9\beta + 8}{4 - 3\beta} \log_{10} e \, \frac{\Delta\mu}{\mu}.$$

Tabelle 32 gibt die Helligkeitszunahme ($-\Delta m$) für einen Zuwachs von 0,1 im Molekulargewichte.

Tabelle 32. Einfluß eines Zuwachses von 0,1 im Molekulargewicht.

$1-\beta$	Masse	$-\Delta m$ m	$1-\beta$	Masse	$-\Delta m$ m
0,0	0,0	0,35	0,3	4,5	0,16
0,05	1,0	0,30	0,4	7,1	0,13
0,1	1,6	0,25	0,6	19,6	0,09
0,2	2,8	0,20	0,8	90,6	0,06

Wir ziehen hieraus den Schluß. daß der Einfluß der durch die Verschiedenheit der inneren Bedingungen hervorgerufenen Änderungen des Molekulargewichts auf die Helligkeiten der Sterne zu vernachlässigen ist, da er höchstens $\frac{1}{10}$ oder $\frac{2}{10}$ einer Größenklasse beträgt[1].

Wir können mit Hilfe von Tabelle 32 auch den Einfluß finden, den ein Fehler von 0,1 in dem für alle Sterne angenommenen mittleren Molekulargewicht auf die Helligkeiten ausüben würde. Da die Vergleiche differentiell sind in bezug auf Capella, haben wir in diesem Falle nur von den Zahlen der Kolonne $-\Delta m$ die Korrektion $0^m,16$ abzuziehen.

179. Die durch die ,,Guillotine" (nach der KRAMERSschen Theorie) verursachte Verkleinerung der Opazität hängt von ψ_1/RT ab; die entsprechenden Reduktionsfaktoren sind in § 160 gefunden worden. Für Capella ist $\psi_1/RT = 8$ und der Effekt ist unmerklich. Dagegen ist für die Sonne $\psi_1/RT = 4$ und ihre Opazität wird im Verhältnisse $1:4,5$ verkleinert; die Sonne müßte uns demnach um $1^m,6$ heller erscheinen. Die ,,Guillotine-Korrektion" würde also die gute Übereinstimmung zwischen Theorie und Beobachtung stark beeinträchtigen. Bei Krueger 60 müßte die Helligkeit sogar um 4 oder 5 Größenklassen erhöht werden; dieser Stern ist zwar etwas heller, als er nach der ursprünglichen Vorausberechnung sein sollte, jedoch kann dies auch in anderer Weise erklärt werden, und die ,,Guillotine-Korrektion" ist jedenfalls viel zu groß.

Wenn wir die ,,Guillotine-Korrektion" bei der Konstruktion der Abb. 2 angebracht hätten, wäre die Übereinstimmung zwischen Theorie und Beobachtung alles andere als befriedigend gewesen.

Die Werte von ψ_1/RT in Tabellen 31a und 31b sind in sehr summarischer Weise berechnet, und man könnte daher vielleicht der Meinung sein, daß ihre genauere Berechnung die Schwierigkeit beseitigen würde. Ich glaube kaum, daß dies der Fall sein würde; die nächstliegenden Korrektionen, die bei einer zweiten Näherung anzubringen wären, würden die Werte ψ_1/RT eher verkleinern.

[1] Dieser Schluß bedarf bei Sternen, deren Massen kleiner als die halbe Sonnenmasse sind, einer gewissen Einschränkung, wegen des niedrigen Wertes von ψ_1/RT.

Diese Ergebnisse scheinen die Anwendbarkeit der KRAMERSschen Absorptionstheorie auf Sterne sehr ernstlich in Frage zu stellen. Ein Absorptionsgesetz von der genäherten Form $\varrho/T^{\frac{7}{2}}$ wird (wie wir gesehen haben) durch sehr allgemeine Erwägungen nahegelegt, und die Tatsache, daß die Sterne ein solches Gesetz zu befolgen scheinen, kann nicht als eine Bestätigung speziell der KRAMERSschen Theorie betrachtet werden. Wenn wir uns aber den für diese Theorie charakteristischen Zügen zuwenden, erleiden wir einen Mißerfolg; die absolute Konstante der Formel erweist sich als beträchtlich zu klein, und die eigentümliche Modifikation, die durch das Abschneiden der Strahlung hoher Frequenz bedingt ist, scheint den Beobachtungsergebnissen entschieden zu widersprechen.

180. Die vorhergehende Untersuchung hatte nur den Zweck, einen allgemeinen Überblick über das Problem zu geben, und erhob keinen Anspruch auf hohe Genauigkeit. Zu ihrer Ergänzung können wir uns auf die numerischen Resultate von FOWLER und GUGGENHEIM[1] berufen, die ausgedehnte Berechnungen für typische Sterne und typische Elemente ausgeführt haben, wobei auch die Theorie der Ionisation in manchen Beziehungen verfeinert wurde. Die Hauptverbesserungen, die sie an unsere rohe Betrachtung anbringen, bestehen in folgendem:

a) Der Gewichtsfaktor in der Ionisationsformel erfährt eine sorgfältige Berücksichtigung, und die Formeln werden in zweckmäßiger Weise für die Behandlung von symmetrischen Gruppen von Elektronen umgestaltet. Der Grund für diese letzte Abänderung liegt darin, daß bei der p-ten Ionisation gewöhnlich nicht ein bestimmtes Elektron als das nächste abzutrennende bezeichnet ist, sondern irgendein Elektron einer symmetrischen Gruppe.

b) Es wird eine sog. „elektrostatische Korrektion" eingeführt. In (174.1) bezeichnet ψ die Energie, die erforderlich ist, um unter den tatsächlichen Verhältnissen, unter denen sich das Atom im Sterne befindet, ein Elektron abzutrennen. Wir ziehen es aber gewöhnlich vor, ψ als eine atomare Konstante zu betrachten, die durch Experiment und Theorie gegeben wird. In diesem Falle muß eine elektrostatische Korrektion angebracht werden, um die durch benachbarte Ionen und Elektronen verursachten Störungen zu berücksichtigen; das Ion hat nämlich die Bestrebung, sich mit negativen Ladungen zu umgeben, da es andere positive Ladungen von sich abstößt. Hierdurch wird der äußere Teil des Kernfeldes abgeschirmt, und die Entfernung eines gebundenen Elektrons ins Unendliche verlangt entsprechend weniger Arbeit.

c) Die Berechnung der aufeinanderfolgenden Ionisationspotentiale wird mit besonderer Sorgfalt nach der Methode von D. R. HARTREE ausgeführt. Durch Experimente mit Röntgenstrahlen können wir nur die

[1] Monthly Notices Bd. 85, S. 939 (1925).

Ionisationspotentiale für die Entfernung eines Elektrons aus einer Bahn im vollständigen Atome finden; dieser Mangel muß durch theoretische Überlegungen ergänzt werden, die uns das Ionisationspotential für ein Ion zu bestimmen gestatten, dessen äußere Elektronen bereits entfernt sind. Die nachstehende für Eisen[1] berechnete Tabelle, welche die Energie der Abtrennung des p-ten Elektrons in Volt und in Ångström gibt, soll den Charakter der erhaltenen Resultate veranschaulichen.

Tabelle 33. Sukzessive Ionisationspotentiale für Eisen.

p	Volts	λ	p	Volts	λ	p	Volts	λ
26	9150	1,35	19	1350	9,16	12	300	41,1
25	8650	1,43	18	1250	9,89	11	280	44,1
24	2010	6,15	17	1150	10,72	10	250	49,5
23	1880	6,57	16	480	25,8	9	220	56,1
22	1730	7,15	15	435	28,4	8	150	82
21	1590	7,77	14	390	31,7	7—2	(80)	(150)
20	1490	8,29	13	350	35,3	1	8,15	1520

d) Die Überlagerung der aufeinanderfolgenden Ionisationen wird in gebührender Weise berücksichtigt.

e) Die Terme, welche die angeregten Zustände der Atome darstellen, werden beibehalten[2].

Tabelle 34 enthält die Resultate von FOWLER und GUGGENHEIM für einen typischen Stern in verschiedenen Entfernungen vom Mittelpunkte. Der gewählte Stern hat die Masse 2,13 und die mittlere Dichte 0,002, stellt also einen ziemlich lichtschwachen Riesen etwa des G-Typus dar. Die erste Kolonne gibt die Entfernungen vom Mittelpunkt in Vielfachen der EMDENschen Einheit $R/6,9$.

Tabelle 34. Änderung des Molekulargewichtes in einem Sterne.

z	$T \times 10^{-6}$	ϱ	Molekulargewicht für Sauerstoff	Molekulargewicht für Eisen	Molekulargewicht für Silber
0	6,59	0,1085	1,95	2,33	2,87
1	5,64	0678	—	2,33	—
2	3,84	0215	1,93	2,34	2,94
3	2,37	0050	1,92	2,53	3,37
4	1,38	0010	1,95	3,16	4,0
Hauptsequenz	26,4	6,95	1,97	2,18	2,40

[1] HARTREE: Proc. Camb. Phil. Soc. Bd. 22, S. 473 (1924). Dort sind ähnliche Tabellen auch für Sauerstoff und Silber gegeben. Tabellen für Zink und Brom finden sich in der Arbeit von FOWLER und GUGGENHEIM.

[2] Herr FOWLER teilt mir mit, daß die Behandlung der Anregung unvollständig ist und daß er sie zu verbessern hofft. Wenn die Atome mit mehr als einem angeregten Elektron berücksichtigt werden, wird das Molekulargewicht in Sternen kleiner Masse wahrscheinlich etwas vergrößert.

Es zeigt sich, daß μ etwas größer ist, als aus unserer rohen Berechnung hervorging. Das Eisenatom behält, sogar noch im Mittelpunkte des Sternes, 3 Elektronen, während wir ihm früher nur $1^1/_2$ Elektronen bewilligt hatten. Das ist ein ziemlich beträchtlicher Unterschied, da sich zwischen dem Ionisationspotentiale des zweiten und dritten Elektrons eine große Lücke befindet. Sauerstoff behält $\frac{3}{4}$ eines Elektrons, während die rohe Berechnung Null ergab. Diese Unterschiede sind im wesentlichen durch die Korrektionen a) bis e) bedingt, und nicht durch die Unterschiede in der Temperatur und der Dichte.

Nach diesen Zahlen zu urteilen, wird durch die in § 13 (s. auch § 94) benutzte Formel $\mu \propto T^{-\frac{1}{7}}$ die Änderung des Molekulargewichts im Inneren eines Sternes eher überkorrigiert.

In der letzten Zeile der Tabelle ist das mittlere (d. h. das für einen Punkt, in dem die Temperatur $\frac{2}{3}$ der Mittelpunktstemperatur beträgt, berechnete) Molekulargewicht angegeben, für einen Stern derselben Masse, der aber die Hauptsequenz bereits erreicht hat. Zufällig erweist es sich, daß sowohl Ag als Fe kritische Elemente für diesen Übergang sind, so daß die meisten anderen Elemente viel kleinere Abweichungen ergeben hätten. Es scheint kein Grund vorzuliegen, um unseren früher erreichten Schluß zu revidieren, daß die Änderung des mittleren Molekulargewichts beim Übergange von den in der Capella bestehenden Bedingungen zu Sirius-Sonnen-Bedingungen kaum größer sein kann, als 0,1.

Durch Tabelle 35 wird der Vergleich auf Sterne verschiedener Massen in der Hauptsequenz ausgedehnt. Besonders interessant sind die Resultate für Sterne kleiner Masse. Die Anwendung der rohen Theorie auf diese Sterne erschien uns bedenklich, wegen der mangelhaften Reinheit der Ionisation.

Die wachsende Überlagerung der Ionisationen ist aus den letzten Kolonnen der Tabelle ersichtlich, in denen die prozentualen Anzahlen der Eisenatome gegeben sind, die bzw. 1, 2, 3 und 4 Elektronen behalten. Die Änderung von μ ist auffallend klein, jedoch hängt dies mit dem Umstande zusammen, daß sich die gewählten Elemente in dem betrachteten Bereiche nicht in einem kritischen Zustande befinden. (Sie haben beim Übergange von der Capella zum ersten Sterne der Tabelle das für sie kritische Gebiet gerade überschritten).

Fowler und Guggenheim heben die Kleinheit des Effektes, den eine Änderung der Dichte in der Ionisation hervorruft, besonders hervor, und geben hierfür noch andere Beispiele. Für Fe bei $5{,}6 \cdot 10^6$ Grad bewirkt eine Änderung der Dichte von 0,5 auf 0,004 eine Änderung von μ von nur 2 %. Dies ist ein extremer Fall. Das andere Extrem wird durch Br vertreten, das in diesem Bereiche L-Ionisation erleidet, so daß μ um 25 % wächst. Die sehr schwache Abhängigkeit von der Dichte (d. h. Elektronendichte) berechtigt uns, das Molekulargewicht für jedes einzelne

Element unabhängig von allen anderen Elementen, die vorhanden sein können, zu berechnen; denn der Ionisationsgrad der anderen Elemente verändert die Elektronendichte um einen Faktor, der augenscheinlich bedeutungslos ist.

Tabelle 35.
Mittleres Molekulargewicht in Sternen der Hauptsequenz.
$T = 26{,}36 \cdot 10^6$.

M	ϱ	Molekulargewicht für			Anzahl der Eisenatome, welche bzw. 1, 2, 3, 4 Elektronen behalten (prozentual)			
		Sauerstoff	Eisen	Silber	1	2	3	4
2,13	6,95	1,97	2,18	2,40	57	37	—	—
1,27	15,2	1,98	2,21	2,40	40	48	10	—
0,75	38,4	2,00	2,24	2,40	23	53	22	—
0,54	71,6	—	2,25	2,40	15	50	31	—
0,36	156	2,06	2,26	2,40	10	44	38	6
0,22	392	2,14	2,28	2,40	9	41	41	7,5

181. Bevor wir das Problem des Molekulargewichts verlassen, müssen wir noch die „Korrektion wegen des ausgeschlossenen Volumens“ kurz erwähnen. Diese wird von FOWLER und GUGGENHEIM als eine Abweichung von den idealen Gasgesetzen aufgefaßt und in ihrer Arbeit in Verbindung mit letzterer Frage behandelt; für uns ist es hier aber bequemer, sie mit dem Molekulargewicht in Verbindung zu bringen. Während die Elektronen und die nichtangeregten Ionen in allen Sternen, mit Ausnahme der weißen Zwerge, als Massenpunkte infinitesimalen Volumens betrachtet werden dürfen, muß das Volumen der angeregten Atome besonders berücksichtigt werden. Eine endliche Größe der Atome hat (nach der VAN DER WAALSschen Formel) den Effekt, den Druck P, bei gegebenen ϱ und T, zu vergrößern; dies ist aber mit einer Abnahme des Molekulargewichts äquivalent, oder mit einer Vergrößerung der Anzahl der unabhängigen Molekeln. Es erweist sich, daß der Einfluß des Volumens der angeregten Atome auf den Druck gleichbedeutend ist mit der Einführung fiktiver Molekeln im Verhältnisse von $\frac{2}{3}$ einer Molekel pro Atom (oder, nach einer anderen, vielleicht besseren Theorie, von $\frac{1}{2}$ Molekel pro Atom). Dieser konstante Grenzwert ist in allen Sternen praktisch erreicht. Da er sich von Stern zu Stern nicht ändert, kann er, bei der Bestimmung des Molekulargewichts bequem mit berücksichtigt werden.

Eine solche Behandlung erscheint gerade bei unserer gegenwärtigen Untersuchung besonders geeignet, weil FOWLER und GUGGENHEIM die auf Grund unserer rohen Theorie berechneten Molekulargewichte vergrößert haben, und sich hier für uns eine Gelegenheit bietet, sie wieder etwas zu verkleinern. Unter sonst ähnlichen Bedingungen behält, nach FOWLER und GUGGENHEIM, das Sauerstoffatom $\frac{3}{4}$ eines Elektrons, und nicht 0 Elektronen, wie wir gefunden hatten. Wir verlieren also $\frac{3}{4}$ eines freien Elektrons, gewinnen aber andererseits $\frac{2}{3}$ einer fiktiven Molekel, so daß nur eine geringe Änderung übrig bleibt. Eisen behält 3 Elektronen, gegenüber den von uns gefundenen $1\frac{1}{2}$ Elektronen; der Verlust von $1\frac{1}{2}$ freien Elektronen wird durch die gewonnenen $\frac{2}{3}$ einer Molekel auch zum Teile kompensiert.

Wir erleben also die Befriedigung, daß wir, durch die Berücksichtigung dieser subtilen Korrektion, unsere ursprüngliche Abschätzung des Molekulargewichtes weniger zu ändern brauchen, als zuerst notwendig erschien.

Diese Korrektion wegen „ausgeschlossenen Volumens" bietet für uns ein theoretisches Interesse, weil sie uns zu einer Ergänzung unseres früher erreichten Schlusses veranlaßt, daß die Volumina der Atome in den Sternen nur etwa ein Millionstel derjenigen der irdischen Atome betragen. Für normale Atome behält dieser Schluß seine Richtigkeit; bei einem beträchtlichen Prozentsatze der Atome befinden sich aber die Elektronen in angeregten Zuständen, und das Gesamtvolumen dieser Atome vergrößert auch den mittleren Wert des Volumens ein wenig, wenn auch nicht in genügendem Maße, um bei der Behandlung von stellaren Problemen einen merklichen Fehler zu bedingen. Da aber die Anregung gegen Änderungen der Temperatur und Dichte außerordentlich empfindlich ist, verhält sich dieses zeitweilig vergrößerte Volumen keineswegs wie die Konstante b der VAN DER WAALSschen Gleichung. Es ist immer dicht daran, einen merklichen Einfluß zu gewinnen, verfehlt aber immer dieses Ziel dadurch, daß es von selbst wieder abnimmt. Es variiert in einer solchen Weise, daß das für ideale Gase geltende Gesetz $p \propto \varrho T$ befolgt wird.

Abweichungen von einem idealen Gase.

182. Bevor wir uns der Betrachtung der bei stellarem Material auftretenden Abweichungen von den Gasgesetzen zuwenden, wollen wir einen kurzen Überblick über die Theorie dieser Abweichungen bei irdischen Gasen geben.

Wenn X, Y, Z die Komponenten der Kraft bedeuten, die auf eine Molekel der Masse m wirkt, sind die Bewegungsgleichungen

$$m\frac{d^2x}{dt^2} = X \text{ usw.}$$

Hieraus folgt

$$m\left(\frac{dx}{dt}\right)^2 = \frac{1}{2}m\frac{d^2}{dt}x^2 - mx\frac{d^2x}{dt^2}$$

$$= \frac{1}{2}m\frac{d^2}{dt^2}x^2 - xX$$

und daher

$$\frac{1}{2} m V^2 = \frac{1}{4} m \frac{d^2}{dt^2}(x^2+y^2+z^2) - \frac{1}{2}(xX+yY+zZ).$$

Indem wir über alle Molekeln in der Volumeneinheit summieren, erhalten wir

$$\sum \frac{1}{2} m V^2 = \frac{1}{4} \frac{d^2 J}{dt^2} - \frac{1}{2} \sum (xX+yY+zZ), \tag{182.1}$$

wo J das Trägheitsmoment der Molekeln in bezug auf den Anfangspunkt bedeutet, und $-\frac{1}{2}\Sigma(xX+yY+zZ)$ das *Virial* genannt wird. Wenn das Volumen durch wirkliche Wände abgeschlossen ist, bleibt J im Mittel konstant, so daß

$$\Sigma \tfrac{1}{2} m V^2 = -\tfrac{1}{2} \Sigma (xX+yY+zZ) \tag{182.2}$$

wird, wobei jedoch in (X, Y, Z) die Kräfte einbegriffen sein müssen, die auf die Molekeln bei den Reflexionen an den Wänden ausgeübt werden, d. h. der äußere Druck. Wenn die Wände fiktiv sind, ersetzen wir jedes entweichende Molekül durch ein neues, an derselben Stelle eintretendes Molekül, so daß J konstant bleibt. Die Impulsübertragung, welche diese Substitutionen begleitet, wird auch hier noch durch den Druck an der Begrenzungsfläche dargestellt.

Die Drucke auf die 6 Seiten eines Kubikzentimeters liefern zu $\Sigma(xX + yY + zZ)$ einen Beitrag $-3p$. Es kann unschwer gezeigt werden, daß der übrige Teil des Ausdruckes gleich $\Sigma\Sigma r R_1$ ist, wo R_1* die (bei Abstoßung positive) Kraft bedeutet, die zwischen zwei Molekeln im Abstande r wirkt, und die Summation über alle Molekelpaare (jedes einmal gerechnet) zu erstrecken ist. Gleichung (182.2) wird daher

$$p = \tfrac{2}{3} \Sigma \tfrac{1}{2} m V^2 + \tfrac{1}{3} \Sigma\Sigma r R_1. \tag{182.3}$$

Wir wollen Molekeln betrachten, die sich gegenseitig abstoßen, und mit φ das Potential des Kraftfeldes bezeichnen, so daß $m\varphi$ die potentielle Energie einer Molekel bedeutet. Wenn σ_0 die Anzahl der Molekeln pro cm^3 ist, in den Gebieten, wo φ den Wert Null hat, ist diese Anzahl in irgend einem anderen Punkte, nach (46.1) gleich

$$\sigma = \int_0^\infty \left(\frac{m}{2\pi RT}\right)^{\frac{3}{2}} \sigma_0 e^{-(\frac{1}{2} m V^2 + m\varphi)/RT} 4\pi V^2 dV \tag{182.41}$$

$$= \sigma_0 e^{-m\varphi/RT}. \tag{182.42}$$

Aus (182.41) ersehen wir noch, daß der Mittelwert von $\frac{1}{2} m V^2$ unabhängig von φ, und gleich $\frac{3}{2} RT$ ist. Wir erhalten daher aus (182.3)

$$p = \sigma' RT + \tfrac{1}{3} \Sigma\Sigma r R_1, \tag{182.43}$$

wo σ' die wirkliche Anzahl von Molekeln pro cm^3 bedeutet.

* Der Index ist zur Unterscheidung von der BOLTZMANNschen Konstanten hinzugefügt.

Nehmen wir an, daß die Molekeln starre Kugeln sind und den Durchmesser d besitzen, so daß sich die Mittelpunkte zweier Molekeln höchstens bis auf den Abstand d einander nähern können. Wir können uns vorstellen, daß sie durch eine im Abstande d ungeheuer intensive abstoßende Kraft auseinander gehalten werden, d. h. daß φ in einem infinitesimalen Bereiche beim Werte $r = d$ von 0 auf ∞ anwächst.

Wir wollen den Beitrag einer starren Molekel zu dem Virial berechnen. Die mittlere Anzahl der anderen Molekeln innerhalb des Abstandes r bis $r + dr$ ist $\sigma \cdot 4\,\pi\, r^2\, dr$, und für diese Molekeln ist $R_1\, r = (-m\, d\,\varphi/dr) r$. Unter Benutzung von (182.42) erhalten wir für den Beitrag zu $\Sigma\Sigma R_1\, r$

$$-4\,\pi\, r^2\, dr \cdot \sigma_0\, e^{-m\varphi/RT}\, m r\, \frac{d\varphi}{dr}, \tag{182,44}$$

so daß die erste Summation über $R_1\, r$ ergibt:

$$-4\,\pi\,\sigma_0\, m \int_0^\infty r^3\, e^{-m\varphi/RT}\, d\,\varphi = 4\,\pi\,\sigma_0\, d^3\, RT,$$

da sich $d\,\varphi$ nur bei $r = d$ von Null unterscheidet.

Indem wir dies nun mit der Gesamtzahl σ' der Molekeln multiplizieren und durch 2 dividieren, weil wir jedes Molekelpaar zweimal gezählt haben, erhalten wir

$$\Sigma\Sigma\, r R_1 = 2\,\pi\,\sigma'\,\sigma_0\, d^3\, RT$$

und nach (182.43)

$$p = \sigma' RT\, (1 + \tfrac{2}{3}\pi\, d^3\,\sigma_0)\,. \tag{182.45}$$

Nun ist $\frac{2}{3}\,\pi\, d^3\,\sigma'$ die Konstante b der VAN DER WAALSschen Gleichung und gleich $\frac{1}{2}$ des von den Molekeln effektiv eingenommenen Raumes, d. h. desjenigen Raumes, in dem der Mittelpunkt keiner anderen Molekel liegen kann.

Da φ in einem Volumen $2b$ unendlich ist, und sonst überall gleich Null, ist nach (182.42) $\sigma = 0$ in einem Volumen $2b$ und $\sigma = \sigma_0$ überall sonst; man könnte daher glauben, daß

$$\sigma' = \sigma_0\,(1 - 2b)$$

sein müßte. Ein solcher Gebrauch der Gleichung wäre aber nicht berechtigt. Formel (182.42) verwirft jede Molekel, die sich innerhalb eines Abstandes d von einer anderen Molekel befinden würde, und da jede Molekel der Reihe nach in dieser Weise geprüft werden muß, werden *beide* Molekeln der Kombination, statt nur einer, verworfen. Das richtige Resultat lautet daher

$$\sigma' = \sigma_0\,(1 - b)\,.$$

Gleichung (182.45) wird nun

$$p = \sigma' RT\,(1 + b\sigma_0/\sigma') = \sigma' RT\,(1 + b/(1 - b))$$

oder

$$p\,(1 - b) = \sigma' RT, \tag{182.5}$$

was der gewöhnlichen Formel für das ausgeschlossene Volumen entspricht. Diese Formel versagt, wenn das Quadrat von b nicht mehr vernachlässigt werden darf, so daß die Wechselwirkungen von mehr als 2 Molekeln betrachtet werden müssen.

Bei räumlich ausgedehnten Feldern von Abstoßungskräften müssen wir auf Gleichung (182.44) zurückgreifen. Eine Abstoßung vergrößert immer den Druck für gegebene Temperatur und Dichte, genau so wie das auch das endliche Volumen der Molekeln tut; und diese Abweichung stellt die gewöhnlichste Charakteristik eines nichtvollkommenen Gases dar.

183. Man könnte zu der voreiligen Annahme neigen, daß die vorgehenden Betrachtungen auch auf Molekeln anwendbar sind, die sich gegenseitig anziehen, anstatt sich abzustoßen, wenn nur die notwendige Umkehrung des Vorzeichens vorgenommen wird. Jedoch tritt bei Anziehungskräften ein neuer Umstand hinzu, der eine besondere Berücksichtigung verlangt. Es muß nämlich (182.41) in diesem Falle durch

$$\sigma = \int_{V_0}^{\infty} \left(\frac{m}{2\pi R T}\right)^{\frac{3}{2}} \sigma_0 \, e^{-\left(\frac{1}{2} m V^2 + m\varphi\right)/RT} \, 4\pi V^2 \, dV \tag{183.1}$$

ersetzt werden, wo V_0 durch

$$\tfrac{1}{2} m V_0^2 = -m\varphi$$

gegeben wird, und φ jetzt negativ ist[1]. Der Grund für die Einführung einer unteren Grenze liegt darin, daß für $V < V_0$ die Gesamtenergie der Molekel negativ ist; die Molekel ist dann an eine andere gebunden, und das kombinierte System muß, nach den Grundsätzen der Gastheorie, als eine einzige Molekel betrachtet werden. Wegen des Auftretens einer unteren Integrationsgrenze ist das frühere Ergebnis

$$\sigma = \sigma_0 \, e^{-m\varphi/RT}$$

nicht mehr richtig. Diese Änderung ist besonders in dem Falle von Bedeutung, wenn wir freie, unter dem Einflusse der Anziehungskraft eines Ions stehende Elektronen betrachten. Wenn ψ das elektrische Potential bezeichnet, tritt in (183.1) an Stelle von $m\varphi$ die potentielle Energie $-e\psi$ auf. Setzen wir

$$x^2 = e\psi/RT \tag{183.2}$$

$$t^2 = \tfrac{1}{2} m V^2/RT,$$

dann reduziert sich (183.1) auf

$$\sigma = \frac{4}{\sqrt{\pi}} \sigma_0 \, e^{x^2} \int_x^{\infty} e^{-t^2} t^2 \, dt$$

[1] Die Festsetzung des Vorzeichens von φ geschieht hier, wie in der Elektrostatik, in der Weise, daß φ für das Feld einer abstoßenden Kraft positiv sein soll. Es sei daran erinnert, daß bei dem Gravitationspotential die entgegengesetzte Verabredung gilt.

$$= \frac{2}{\sqrt{\pi}} \sigma_0 \left(x + e^{x^2} \int_x^\infty e^{-t^2} dt\right). \qquad (183.3)$$

Tabelle **36** zeigt den Verlauf der Größe σ/σ_0 im Vergleiche zu dem durch die unverbesserte BOLTZMANNsche Formel $\sigma/\sigma_0 = e^{e\psi/RT}$ gegebenen Verlaufe.

Tabelle **36**. Dichteverteilung der freien Elektronen.

$\varepsilon\psi/RT$	σ/σ_0	$e^{e\psi/RT}$
0	1,00	1,00
$\frac{1}{2}$	1,32	1,65
1	1,56	2,72
2	1,93	7,39
3	2,24	20,09
4	2,51	54,60

Für große Werte von x nähert sich (183.3) der Funktion $\sigma/\sigma_0 = 2x/\sqrt{\pi}$ so daß σ in der Nähe eines Kernes wie $\psi^{\frac{1}{2}}$ oder $r^{-\frac{1}{2}}$ unendlich wird; jedoch bleibt die Anzahl der Elektronen in der Nähe des Kernes endlich. Die Konzentration der freien Elektronen um einen Kern ist im Vergleiche zu dem, was wir auf Grund der BOLTZMANNschen Formel erwarten würden, auffallend schwach.

Die Fortsetzung der Integration unterhalb der unteren Grenze V_0 müßte die Anzahl der eingefangenen Elektronen nach der klassischen Theorie ergeben, und man könnte vermuten, daß die BOLTZMANNsche Formel die Gesamtdichte sowohl der freien als auch der eingefangenen Elektronen liefert. Bis zu einem gewissen Grade ist dies (nach dem Korrespondenzprinzip) auch richtig; jedoch rücken Quantentheorie und klassische Theorie später immer weiter voneinander ab, und die von der BOLTZMANNschen Formel gegebene ungeheuere Ansammlung von Elektronen in unmittelbarer Nähe des Kernes ist gänzlich fiktiv.

184. Wir wenden uns nun der Betrachtung des ionisierten Gases im Inneren eines Sternes zu. Hier sind die zwischen den Molekeln wirkenden Kräfte die elektrostatischen Anziehungen und Abstoßungen ihrer Ladungen. Dies sind „inversquadratische" Kräfte, und für solche ist $\Sigma\Sigma r R_1$ gleich der potentiellen Energie. Wir haben daher nach (182.43)

$$p = NRT + \tfrac{1}{3} U, \qquad (184.1)$$

wo N die Anzahl der Ionen und freien Elektronen pro cm^3 und U die elektrostatische Energie pro cm^3 bezeichnet.

Das Problem der Bestimmung von U, in dem Falle, daß es im Vergleiche zu p genügend klein ist, hat S. ROSSELAND[1] unter Anwendung der von DEBYE und HÜCKEL[2] für ionisierte Lösungen entwickelten Theo-

[1] Monthly Notices Bd. **84**, S. 720.

[2] Phys. Z. Bd. **24**, S. 1 (1923).

rie behandelt. Es sei ein aus positiven Ionen der Ladung Ze und der zu ihrer Neutralisierung nötigen Anzahl von Elektronen bestehendes Material gegeben. Es bezeichne s_0 die Anzahl der Ionen und σ_0 die Anzahl der Elektronen pro cm^3 in den Gebieten, in denen das Potential gleich Null ist; dann gibt die BOLTZMANNsche Formel an einer Stelle, wo das Potential gleich ψ ist, die Dichten

$$s_0 e^{-Ze\psi/RT} \quad \text{bzw.} \quad \sigma_0 e^{e\psi/RT}.$$

Wenn ψ positiv ist, bleibt ersterer Ausdruck richtig, während der zweite nach dem in § 183 Gesagten noch einer gewissen Abänderung bedarf. Wir wollen ihn aber zunächst unverbessert stehen lassen. Die mittlere Ladungsdichte ist dann

$$\varrho = Ze s_0 e^{-Ze\psi/RT} - e\sigma_0 e^{e\psi/RT}. \tag{184.21}$$

Wir setzen: $\sigma_0 = Zs_0$; die richtige Gleichung für die Neutralität des Materials lautet zwar $\sigma' = Zs'$, jedoch können beide Gleichungen, mit ziemlich hoher Genauigkeit, als gleichbedeutend betrachtet werden. Indem wir die Exponentialfunktionen in (184.21) in Reihen entwickeln und das Quadrat von $Ze\psi/RT$ vernachlässigen, erhalten wir

$$\varrho = Zes_0(1 - Ze\psi/RT) - Zes_0(1 - e\psi/RT) \tag{184.22}$$

$$= -Z(Z+1)e^2 s_0 \psi/RT. \tag{184.23}$$

Es ist daher nach der POISSONschen Gleichung

$$\Delta^2\psi = \frac{4\pi Z(Z+1)e^2 s_0}{RT}\cdot\psi. \tag{184.3}$$

Wir bemerken, daß (184.3) nur für einen zeitlichen Mittelwert richtig ist, da sich die BOLTZMANNsche Formel auf Wahrscheinlichkeiten, oder zeitliche Mittelwerte, bezieht. Ferner ist (184.3) aus zwei verschiedenen Beziehungen zwischen ϱ und ψ erhalten, von denen die eine exponentiell und die andere linear ist, so daß noch ein mittelnder Faktor auftreten wird. Der Effekt der Schwankungen müßte näher studiert werden, doch scheint dieser Faktor nicht groß zu sein.

Wir wenden nun (184.3) auf den zeitlichen Mittelwert des Feldes um irgendein herausgegriffenes Ion an. Das mittlere Feld wird um das Ion symmetrisch sein, weshalb wir die wohlbekannte symmetrische Lösung von (184.3) nehmen müssen:

$$\psi = \frac{Ce^{-\gamma r}}{r}, \tag{184.41}$$

wo

$$\gamma^2 = \frac{4\pi e^2 Z(Z+1)s_0}{RT}. \tag{184.42}$$

Die Ladung innerhalb einer Kugel vom Radius r ist dann

$$e' = -r^2\frac{d\psi}{dr} = C(1+\gamma r)e^{-\gamma r}. \tag{184.43}$$

Diese Ladung erzeugt ihrerseits bei r ein Potential

$$\psi' = \frac{C\,(1+y r)\, e^{-y r}}{r}. \tag{184.44}$$

Das außerhalb von r befindliche Material erzeugt also ein Potential

$$\psi - \psi' = -C\, y\, e^{-y r} \tag{184.45}$$

bei r, und daher auch in allen Punkten im Inneren von r.
Nach (184.43) ist

$$\psi - \psi' = -e'\, y/(1 + y r) \tag{184.46}$$

und die gegenseitige potentielle Energie der innerhalb und außerhalb von r liegenden Ladungen ist dementsprechend

$$-e'^2\, y/(1 + y r). \tag{184.47}$$

185. Wenn wir r sehr klein nehmen, wird e' gleich der Ladung $Z e$ des positiven Ions. Dann wird nach (184.47) die potentielle Energie des Ions, welche durch die in seiner Umgebung befindliche Materie bedingt wird, in der Grenze gleich

$$-Z^2 e^2 y. \tag{185.1}$$

In gleicher Weise ergibt sich für die Energie eines Elektrons in dem dieses umgebenden Felde

$$-e^2 y.$$

Wir haben somit (wenn wir den Unterschied zwischen s_0 und s' vernachlässigen)

$$\begin{aligned} 2\,U &= s_0\,(-Z^2 e^2 y) + \sigma_0\,(-e^2 y) \\ &= -s_0 Z\,(Z+1)\, e^2 y, \end{aligned} \tag{185.2}$$

wo der Faktor 2 aus dem Grunde eingeführt werden muß, weil wir die gegenseitige Energie von zwei Ladungen der Reihe nach jeder von diesen zugeschrieben haben. Indem wir den Wert von y einsetzen, erhalten wir

$$U = -\left(\frac{\pi Z^3 (Z+1)^3 e^6 s_0^3}{R T}\right)^{\frac{1}{2}}. \tag{185.3}$$

Wir kommen später noch auf die Inkonsequenz zurück, die in der Annahme eines sehr kleinen r liegt, nachdem eine bereits früher eingeführte Näherung (die Vernachlässigung des Quadrats von $Z e \psi/R T$) nur verhältnismäßig große Werte für r zuließ. Zunächst wollen wir aber die Resultate betrachten, zu denen der Gebrauch dieses Wertes von U in (184.1) führt.

Da

$$s_0 \propto \varrho$$

ist, haben wir

$$U \propto \varrho^{\frac{3}{2}}/T^{\frac{1}{2}} \propto \varrho T\,(\varrho/T^3)^{\frac{1}{2}}.$$

Da $\frac{1}{3}\,U$ das durch die elektrischen Kräfte bedingte Inkrement Δp des Druckes darstellt, haben wir:

$$\frac{\Delta p}{p_G} \propto \left(\frac{\varrho}{T^3}\right)^{\frac{1}{2}} \tag{185.4}$$

und dies hängt nur von der Masse, aber nicht von der Dichte des Sternes ab. Diese Eigenschaft der elektrostatischen Kräfte ist bereits in § 115 hervorgehoben worden.

Die hier erhaltene Änderung von p_G in einem konstanten Verhältnisse ist äquivalent mit einer Änderung des Molekulargewichtes um einen innerhalb jedes einzelnen Sternes und für alle Sterne gleicher Masse konstanten Faktor. Wir führen daher ein fiktives Molekulargewicht μ' ein, welches wir so wählen, daß

$$p_G + \Delta p = \frac{\Re}{\mu'}\,\varrho\, T$$

ist, so daß

$$\frac{\mu'}{\mu} = \frac{p_G}{p_G + \Delta p}\,. \tag{185.5}$$

Wir können nun alle astronomischen Berechnungen nach den Vorschriften der uns geläufigen Theorie ausführen, unter Benutzung dieses fiktiven Molekulargewichtes[1].

186. Tabelle **37** enthält numerische Resultate, die auf Grund der Gleichung (185.3) von FOWLER und GUGGENHEIM berechnet sind. Trotzdem diese Resultate ursprünglich für Sterne der Hauptsequenz (gewählt wie in Tabelle **35**) berechnet wurden, sind sie auf alle Sterne derselben Masse und auf alle Teile des Inneren dieser Sterne anwendbar. Aus gewissen, sofort anzugebenden Gründen betrachten wir die Tabelle **37** nicht als endgültig.

Tabelle **37**. Elektrostatische Korrektion des Druckes (erste Theorie).

Masse	Prozentuale Abnahme von p_G			Eisen		Silber	
	O	Fe	Ag	$M+\Delta M$	$-\Delta m$	$M+\Delta M$	$-\Delta m$
					m		m
2,13	0,8	5,0	11,4	1,99	0,20	—	—
1,27	1,3	7,2	17,4	1,143	0,36	0,974	0,93
0,75	1,9	11,2	27,4	0,627	0,72	—	—
0,54	—	14,9	34,4	0,421	0,95	0,288	2,52
0,36	3,5	21,9	55,0	0,248	1,51	—	—
0,22	5,2	34,4	87,5	0,120	2,61	—	—

[1] Eine Ausnahme muß jedoch für den Absorptionskoeffizienten gemacht werden, da im Gesetze $k \propto \varrho/\mu\, T^{\frac{7}{2}}$ noch der wahre Wert von μ vorkommt. Dieser Fehler könnte durch Multiplikation der endgültigen Helligkeiten mit μ/μ' kompensiert werden. Ich habe diese Korrektion in den Tabellen **37** und **38** berücksichtigt.

Die letzten vier Kolonnen werden aus den Zahlen von FOWLER und GUGGENHEIM in folgender Weise erhalten. In Verbindung mit (185.5) zeigt die letzte Zeile, daß das Molekulargewicht in einem Fe-Sterne für einen bestimmten (einem idealen Gase der Masse 0,22 entsprechenden und in Tabelle **35** explicite gegebenen) Wert von T^3/ϱ, effektiv von 2,11 auf 2,11/0,656 = 3,22 vergrößert wird. Mit dem neuen Werte von μ finden wir $1-\beta$ aus (87.1) und eine verbesserte Masse $M + \Delta M$ aus (84.6). Der Wert von $1-\beta$, welcher $M + \Delta M$ und $\mu = 2{,}11$ entspricht, wird gleichfalls aus (84.6) gefunden. Der Helligkeitszuwachs $-\Delta m$ bei einem Sterne der Masse $M + \Delta M$, der durch den Übergang vom idealen Gase ($\mu = 2{,}11$) zu dem wirklichen Zustande ($\mu = 3{,}22$) bedingt wird, kann nun gefunden werden, da nach (99.2), $L \propto (1-\beta)^{\frac{3}{2}} \mu^{\frac{4}{5}}$ ist. Die in der Fußnote auf S. **328** angegebene Korrektion verändert diesen Ausdruck in $L \propto (1-\beta)^{\frac{3}{2}} \mu^{-\frac{1}{5}}$.

Man beachte, daß die Leuchtkraft *vergrößert* wird, weil hier das Material ein übervollkommenes Gas ist.

187. In (184.22) ist die Dichte der Ionen gleich

$$s_0 (1 - Ze\psi/RT)$$

gesetzt worden, was für große Werte von ψ negativ wird. Wenn wir die Zahlenwerte näher betrachten, sehen wir, daß diese sinnlose negative Anzahl von Ionen für einen großen Teil der in (185.3) berechneten elektrostatischen Energie verantwortlich ist. Wir erhalten augenscheinlich eine bessere (wenn auch immer noch unvollkommene) Annäherung, wenn wir diese sinnlose negative Dichte einfach weglassen, und die Dichte gleich Null setzen, wenn

$$Ze\psi/RT > 1$$

ist. Es sei r_0 der Wert von r, für den das Potential ψ_0 durch die Bedingung

$$Ze\psi_0/RT = 1 \qquad (187.1)$$

gegeben wird. Außerhalb von r_0 behalten wir unsere vorhergehende Annäherung unverändert bei. Innerhalb von r_0 setzen wir die Dichte — zur Verbesserung unserer früheren Annäherung, durch welche sie negativ gemacht wurde — gleich Null. Wir nehmen ferner an, daß die negativen Elektronen die gleichmäßige Dichte $\sigma_0 = Zs_0$ haben. Die Rechtfertigung für die Nichtberücksichtigung der Konzentration der negativen Elektronen um die Ionen liegt in der Tatsache, daß bei unserer früheren Annäherung, bei der wir für die Konzentration den Ausdruck $1 + e\psi/RT$ verwendet hatten, die einzige Folge hiervon das Auftreten von Z an Stelle von $Z + 1$, in Formel (**184.23**) war, was einen ganz unwesentlichen Beitrag zum Werte von U lieferte. Tabelle **36** zeigt uns, daß die wirkliche Konzentration der Elektronen schwächer als $1 + e\psi/RT$ ist, so daß der Beitrag zu U sogar noch kleiner sein würde.

Die in der Kugel vom Radius r_0 eingeschlossene Ladung ist somit

$$\begin{aligned} Ze - \tfrac{4}{3}\pi r_0^3 s_0 Ze &= e_0' \\ &= C(1+yr_0)\,e^{-yr_0} \qquad &&\text{wegen (184.43)} \\ &= \psi_0 r_0 (1+yr_0) &&\text{wegen (184.41)} \\ &= \frac{RTr_0}{Ze}(1+yr_0) &&\text{wegen (187.1)}. \end{aligned}$$

Wir machen hier von den Resultaten der früheren Diskussion Gebrauch, die für $r \geqq r_0$ richtig sind.

Es sei

$$z = yr_0, \qquad a = Z^2 e^2 y/RT, \qquad b = y^3/\tfrac{4}{3}\pi s_0. \tag{187.2}$$

Dann gilt für z die folgende kubische Gleichung:

$$\frac{z^3}{b} + \frac{z^2+z}{a} = 1. \tag{187.3}$$

Indem wir nach z auflösen, finden wir für die Ladung der negativen Elektronen innerhalb von r_0

$$-\tfrac{4}{3}\pi r^3 s_0 Ze = -Zez^3/b. \tag{187.4}$$

Diese Elektronen besitzen eine gleichmäßige kugelförmige Verteilung, und das Potential in ihrem Mittelpunkte ist daher

$$-\tfrac{3}{2} Zez^3/br_0 = -\tfrac{3}{2} Zez^2 y/b. \tag{187.5}$$

Zu diesem Potentiale kommt noch das von den außerhalb von r_0 liegenden Ladungen innerhalb von r_0 erzeugte Potential additiv hinzu, welches nach (184.46) gleich

$$-e_0' y/(1+yr_0) = -RTz/Ze = -Zeyz/a \tag{187.6}$$

ist. Die potentielle Energie des Ions hat daher den Wert

$$-Z^2e^2y\left(\frac{3}{2}\frac{z^2}{b} + \frac{z}{a}\right) \tag{187.7}$$

statt des aus der früheren Näherung (185.1) gefundenen Wertes $-Z^2e^2y$.

188. Als Beispiel wollen wir den Stern in der fünften Zeile von Tabelle **37** nehmen, der den Werten (Tabelle **35**)

$$\varrho = 156, \qquad T = 26{,}36\cdot 10^6$$

entspricht. Wir haben für Eisen

$$s_0 = \varrho/A_H = 1{,}68\cdot 10^{24}.$$

Für $Z = 24$ (Eisen, das seine zwei K-Elektronen beibehält) finden wir aus (184.42)

$$y = 8{,}93\cdot 10^8$$

und nach (187.2)

$$a = 32{,}4, \qquad b = 101{,}3.$$

Die Lösung von

$$\frac{z^3}{101{,}3} + \frac{z^2 + z}{32{,}4} = 1$$

ist $z = 3{,}65$. Nach (187.4) ist die Ladung der negativen Elektronen innerhalb r_0

$$-0{,}480\,Z\,e\,.$$

Die Anzahl der Elektronen innerhalb r_0 ist $11\frac{1}{2}$. Das Potential im Mittelpunkt berechnet sich nun aus (187.5) und (187.6) zu

— $0{,}198\,Z e y$ herrührend von den innerhalb von r_0 liegenden Elektronen,
— $0{,}112\,Z e y$ herrührend von der außerhalb von r_0 liegenden Materie.

Die Summe $-0{,}31\,Z e y$ ergibt für die potentielle Energie des Ions

$$-0{,}31\,Z^2 e^2 y\,,$$

oder weniger als ein Drittel des von der früheren Näherung gelieferten Wertes. Entsprechend wird auch die in FOWLER und GUGGENHEIMS Tabelle gegebene 21,9prozentige Druckverminderung jetzt nur noch 6,8% betragen, und wir müssen mit diesem Werte neue Werte für $M + \Delta M$ und für die Leuchtkraft des Sternes berechnen.

Wir bemerken, daß

$$r_0 = z/y = 4{,}1 \cdot 10^{-9}\ \text{cm}\,.$$

Dies ist etwa das Zwanzigfache des Radius des Fe-Ions mit zwei Elektronen, so daß die mit der endlichen Ausdehnung des Ions zusammenhängenden Schwierigkeiten nicht berücksichtigt zu werden brauchen.

In Tabelle 38 geben wir die Resultate für die hier betrachtete und drei weitere Massen.

Tabelle 38.
Elektrostatische Korrektion des Druckes (verbesserte Theorie).
Eisen-Sterne.

$M+\Delta M$	$\frac{-\Delta m}{m}$	$-\Delta p_G$ (prozentual)
1,04	0,17	3,3
0,70	0,24	4,3
0,32	0,42	6,8
0,205	0,58	8,9

Durch eine verbesserte Näherung könnten diese Korrektionen sehr wohl noch weiter verkleinert werden, weil die Formeln die Fähigkeit des Ions andere Ionen von seiner Nachbarschaft fernzuhalten, immer noch in übertriebener Weise darstellen; die flagrantesten Fehler dürften aber hiermit schon beseitigt sein. Die Korrektionen sind bereits bis an die Grenze des Beobachtbaren heruntergebracht. Wenn die in Tabelle 38 enthaltenen Korrektionen an die Massenhelligkeitskurve angebracht werden, wird die Übereinstimmung von Theorie und Beobachtung für die schwachen Sterne in nicht unerheblichem Maße verbessert; unser Hauptergebnis ist aber, daß die Abweichungen von den Gesetzen eines idealen Gases sogar bei den allerkleinsten Sternen noch nicht ausreichen, um die Leuchtkraft mehr als etwa um eine halbe Größenklasse zu verändern.

Ionisationsenergie.

189. Aus einer Tabelle der Ionisationspotentiale, wie sie z. B. Tabelle **33** für Eisen darstellt, können wir die Ionisationsenergie eines bis zu einem gegebenen Niveau seiner Elektronenschale entblößten Atoms erhalten. Indem wir über alle in den verschiedenen Ionisationsstadien befindlichen Atome summieren, können wir die gesamte Ionisationsenergie I pro cm^3 bei gegebenen T und ϱ berechnen.

Eine Kenntnis von I ist hauptsächlich für die Pulsationstheorie der Veränderlichen der Cepheidenklasse von Wichtigkeit. Glücklicherweise ist in diesen Sternen die Ionisation eine sehr reine, da ψ_1/RT etwa gleich 10 ist (Tabelle **31b**). Gewöhnlich wird nur eine einzige Art von Ionisation im Gange sein und auch Anregungen werden nur selten vorkommen, so daß sich die Berechnung für diesen Fall sehr vereinfacht. Die Anregungsenergie muß, wenn sie in merklichem Maße vorhanden ist, abgeschätzt und zu I addiert werden, da letzteres die gesamte innere Energie der Materie bezeichnen soll. Da die Cepheiden Sterne sehr großer Masse sind, ist die elektrostatische Energie (die wir in §§ 184—188 betrachtet haben) ganz unbedeutend. Die Gesamtenergie pro Volumeneinheit ist

$$E = \frac{3}{2}\frac{\Re}{\mu}\varrho T + a T^4 + I \qquad (189.11)$$

und der Gesamtdruck

$$P = \frac{\Re}{\mu}\varrho T + \frac{1}{3} a T^4. \qquad (189.12)$$

Wenn wir also I und μ als Funktionen von ϱ und T in ausreichendem Maße tabuliert haben, können wir zur Berechnung von dE und dP die Formen

$$dE = c_1 dT + c_2 d\varrho, \qquad dP = c_3 dT + c_4 d\varrho \qquad (189.2)$$

verwenden. Fowler hat darauf hingewiesen, daß wir, außer der Änderung von I, auch noch die Änderung von μ berücksichtigen müssen, weil die Änderung von I beinahe ausschließlich durch die Befreiung neuer Elektronen bedingt ist, und letztere nicht nur einen zusätzlichen Druck erzeugen, sondern auch kinetische Energie von einem mit ihrer Ionisationsenergie vergleichbaren Betrage aufnehmen.

Die adiabatische Bedingung lautet

$$d(EV) + P dV = 0$$

oder

$$d(E/\varrho) + P d(1/\varrho) = 0. \qquad (189.3)$$

Durch Elimination von dE und dT aus (189.2) und (189.3) finden wir δP als Funktion von $\delta \varrho$ und können daher den Koeffizienten γ in der Gleichung

$$\frac{dP}{P} = \gamma \frac{d\varrho}{\varrho} \qquad (189.4)$$

bestimmen. Die Berechnung ist rein numerisch und der resultierende Wert von γ gilt nur für kleine Änderungen in der Nachbarschaft der betrachteten Werte von ϱ und T.

Eine wertvolle Serie von berechneten γ-Werten verdanken wir FOWLER und GUGGENHEIM. Wir geben eine Auswahl aus ihren Resultaten; zum bequemeren Vergleiche mit der im achten Kapitel entwickelten Cepheidentheorie haben wir die γ-Werte in die entsprechenden Werte Γ mit Hilfe von (129.6) verwandelt. Ein aus idealem, nichtdissoziierendem Materiale mit dem Verhältnisse der spezifischen Wärmen Γ (und der erforderlichen Strahlungsenergie) bestehender Stern würde in genau derselben Weise pulsieren wie der wirkliche Stern.

Tabelle 39. Werte von Γ.

Stern		$10^{-6} T$	ϱ	O (8)	Fe (26)	Zn (30)	Br (35)	Ag (47)
Y Oph.	Mittelpunkt	4,24	0,0029	1,75	1,61	—	—	1,51
,,	Mittel	2,82	0009	1,69	1,61	1,30	1,28	1,49
η Aqu.	Mittelpunkt	6,00	015	1,75	1,68	—	—	1,405
,,	Mittel	4,00	0047	1,83	1,68	1,62	1,255	1,57
RT Aur.	Mittelpunkt	8,76	0657	1,71	1,475	—	—	1,335
,,	Mittel	5,85	0208	1,71	1,66	—	—	1,41
RR Lyr.	Mittelpunkt	18,3	1,18	1,72	1,55	—	—	1,65
,,	Mittel	12,2	0,372	1,70	1,50	—	—	1,58
Riese	Mittelpunkt	6,59	1085	1,70	1,68	1,64	1,57	1,50
,,	$z = 1$	5,64	0678	—	1,65	—	—	—
,,	$z = 2$	3,84	0215	1,68	1,49	1,38	1,33	1,54
,,	$z = 3$	2,37	0050	1,70	1,31	1,35	1,50	1,39
,,	$z = 4$	1,38	0010	1,66	1,295	1,50	—	$< 1,33$

190. Aus der Tabelle ist zu ersehen, daß einige Werte von Γ, namentlich diejenigen für Sauerstoff, etwas über $\frac{5}{3}$ liegen. Dies hat keine physikalische Bedeutung, und ist nur dadurch bedingt, daß sich die Resultate von FOWLER und GUGGENHEIM auf Sterne beziehen, die ganz aus Sauerstoff bestehen, also auf ein etwas unter 2 liegendes Molekulargewicht, während wir statt dessen ein nichtdissoziierendes Material vom normalen Molekulargewicht 2,11 gewählt haben[1].

Wir erinnern daran, daß für uns in erster Linie der Überschuß von Γ über $\frac{4}{3}$ von Bedeutung ist. Auf den ersten Blick erscheinen die Resul-

[1] Dies ist aus dem Grunde geschehen, weil unser Hauptzweck in der Bestimmung des wahrscheinlichsten Wertes von Γ bestand, der bei Untersuchungen zu gebrauchen ist, in denen bereits $\mu = 2,11$ angenommen worden war.

tate ganz unregelmäßig. Unter gewöhnlichen Bedingungen unterscheidet sich Γ nicht viel von $\frac{5}{3}$; der Wert von Γ nimmt aber für jedes Element stark ab, wenn T und ϱ so gewählt werden, daß sich die entsprechenden Atome mitten in ihrer L-Ionisation befinden, und er kann sogar unter $\frac{4}{3}$ herabsinken. Eine zweite Senkung findet bei der K-Ionisation statt, jedoch ist sie weniger ausgeprägt. Der niedrige Wert für Silber im letzten Beispiele entspricht der M-Ionisation. Die zwei ersten Sterne der Tabelle würden, wenn sie vollständig aus Brom bestünden, vermutlich instabil sein, da für sie $\Gamma < \frac{4}{3}$ ist, wenigstens in einem mittleren Gebiete. Wenn ein Stern plötzlich komprimiert wird, steigen gewöhnlich seine Temperatur und sein Druck in solchem Maße, daß sie eine wiederherstellende Kraft auslösen; in dem Bromsterne ist aber die Temperaturerhöhung eine ungenügende, weil der größte Teil der Kontraktionsenergie zum Ausreißen der L-Elektronen aus den Atomen verwendet wird, und nicht viel Energie übrigbleibt. Der Bromstern würde daher noch weiter zusammenklappen, bis seine Atome alle L-Elektronen endgültig verloren hätten; danach würde er bei einer viel höheren Dichte wieder stabil werden.

Das erste Beispiel zeigt, daß sich Zink und Brom gleichzeitig in diesem kritischen Zustande befinden können. FOWLER und GUGGENHEIM haben abgeschätzt, daß nicht mehr als acht aufeinanderfolgende Elemente gleichzeitig in dem kritischen Zustande der L-Ionisation sein können und ferner, daß sich der kritische Zustand nicht auf den ganzen Stern erstrecken kann.

Natürlich sind die Beispiele in der Tabelle bis zu einem gewissen Grade absichtlich so gewählt worden, daß sie die charakteristischsten Erscheinungen möglichst deutlich zeigen, und der einfache Mittelwert aller in der Tabelle enthaltenen Γ-Werte braucht daher durchaus nicht eine geeignete Abschätzung des wahrscheinlichen mittleren Wertes von Γ darzustellen. Soweit sich beurteilen läßt, wird eine vernünftige Mischung im allgemeinen stets einen merklich über 1,5 liegenden Wert ergeben. Es ist jedoch sehr wohl denkbar, daß eine Reihenfolge von acht aufeinanderfolgenden Elementen den größten Teil der Masse des Sternmaterials ausmachen könnte; in diesem Falle würden wir entsprechend niedrige resultierende Werte für Γ, bei Sternen von geeigneter Temperatur und Dichte erhalten. Die Sterne, für die wir das Γ besonders gern kennen möchten — die Cepheiden — sind nicht notwendig als durchschnittliche, nichtausgewählte Sterne zu betrachten. Die Theorie der Erhaltung der Cepheidenpulsation legt im Gegenteil den Gedanken nahe, daß das Cepheidenphänomen ein Symptom für ein ungewöhnlich niedriges Γ sein könnte. In diesem Falle müßten wir aber die Serie der Cepheiden in der Weise erhalten können, daß wir ein bestimmtes, stark überwiegendes Element, oder eine Gruppe von Elementen dauernd in einem kritischen Ionisationsstadium erhielten. Tabelle **39** hat kaum die nötige Ausdehnung, um eine Prüfung dieser Annahme zu gestatten; sie zeigt aber keine Spur des Beharrens von niedrigen Werten von Γ für irgendein einzelnes Element in allen vier Cepheiden. Die Frage läßt sich jedoch an Hand der allgemeinen Ionisationsformeln entscheiden. Die Mitte der L-Ionisation eines Elementes wird bei einer Temperatur stattfinden, die beinahe konstant ist, aber mit zunehmender Dichte ein klein wenig wächst; die wirklich stattfindende Temperaturänderung, wie sie Tabelle **25** zeigt, erfolgt viel zu schnell.

Wenn dies als ein genügender Beweis für das Nichtbestehen eines Zusammenhanges zwischen abnormen Werten von Γ und den Erscheinungen in den Cepheiden betrachtet werden darf, dann können wir bei letzteren für Γ vermutlich etwa den Wert 1,55 ansetzen. Hierdurch rücken die Cepheiden so nahe wie möglich an die theoretische Massenhelligkeitskurve (S. 185) heran. Wir legen aber dieser glücklichen Übereinstimmung keine Bedeutung bei.

Elektrische Ladung im Inneren.

191. Wenn ein Gas in einem Gravitationsfelde bei gleichmäßiger Temperatur gehalten wird, sortieren sich die Molekeln bis zu einem gewissen Grade von selbst aus, so daß die leichteren Molekeln in den oberen, die schwereren in den unteren Teilen überwiegen. Dies ist eine unmittelbare Folge des MAXWELL-BOLTZMANNschen Verteilungsgesetzes (46.1). Sind zwei Sorten von Molekeln der Massen m_1, m_2 vorhanden, so sind ihre Anzahlen im Geschwindigkeitsbereiche $du\,dv\,dw$ und im Volumen $dx\,dy\,dz$ bzw.

$$\left.\begin{aligned} &A_1\, e^{-m_1\{\frac{1}{2}(u^2+v^2+w^2)-\varphi\}/RT}\, du\,dv\,dw\,dx\,dy\,dz \\ &A_2\, e^{-m_2\{\frac{1}{2}(u^2+v^2+w^2)-\varphi\}/RT}\, du\,dv\,dw\,dx\,dy\,dz \end{aligned}\right\} \qquad (191.1)$$

wo φ das Gravitationspotential bedeutet. Indem wir über alle Geschwindigkeiten integrieren, erhalten wir für die Dichten

$$s_1 = (2\pi RT/m_1)^{\frac{3}{2}} A_1\, e^{m_1\varphi/RT}, \qquad s_2 = (2\pi RT/m_2)^{\frac{3}{2}} A_2\, e^{m_2\varphi/RT}, \qquad (191.2)$$

so daß sich s_1/s_2 mit φ nach dem Gesetze ändert:

$$s_1/s_2 \propto e^{(m_1-m_2)\varphi/RT}. \qquad (191.3)$$

Wenn $m_1 > m_2$ ist, nimmt dieser Wert ab, wenn wir uns nach oben bewegen, d. h. zu kleineren Werten von φ übergehen.

In einem ionisierten Materiale sind die Elektronen sehr viel leichter als die Ionen und haben die Tendenz, in Übereinstimmung mit (191.3) nach oben zu wandern. Diese Trennung wird aber sofort aufgehalten, beinahe bevor sie anfangen kann, weil die kleinste Ungleichmäßigkeit schon ein starkes elektrostatisches Feld erzeugt, das jede weitere Diffusion unmöglich macht.

Es seien ψ das Potential des Feldes, welches die Trennung zu verhindern strebt; m, $-e$, die Masse und Ladung des Elektrons; A, Ze, die Masse und Ladung des Ions. Dann sind die potentiellen Energien (im Gravitationsfelde und im elektrischen Felde)[1]

$$-m\varphi - e\psi, \qquad -A\varphi + Ze\psi$$

und die Dichten ändern sich, wie in (191.2), proportional zu

$$e^{(m\varphi+e\psi)/RT}, \qquad e^{(A\varphi-Ze\psi)/RT}.$$

Das Verhältnis dieser Dichten muß merklich konstant bleiben, da nur eine minimale Trennung der Ladungen vorkommen kann. Daher ist

$$m\varphi + e\psi = A\varphi - Ze\psi,$$

so daß

$$e\psi = \frac{A-m}{Z+1}\varphi. \tag{191.4}$$

Das mittlere Molekulargewicht (in Gramm) ist

$$\mu = (A + Zm)/(Z+1),$$

daher

$$\psi = \frac{\mu - m}{e}\varphi \tag{191.5}$$

oder mit großer Annäherung $\psi = \mu\,\varphi/e$.

Die Dichte σ der Volumenladung kann nun gefunden werden, da

$$4\pi\sigma = -\nabla^2\psi = -\frac{\mu}{e}\nabla^2\varphi = \frac{4\pi\varrho G\mu}{e},$$

so daß

$$\sigma = G\varrho\mu/e. \tag{191.6}$$

Für $\mu = 2{,}2\,H = 3{,}7\cdot 10^{-24}$ gr, ist die Ladung gleich $5{,}10\cdot 10^{-22}$ elektrostatischen Einheiten pro Gramm. Dies entspricht dem Fehlen eines einzigen Elektrons in einer Million Tonnen der Materie. Unsere provisorische Annahme, daß eine merkliche Trennung der Ladungen nicht stattfinden kann, wird auf diese Weise bestätigt. Die Ladung pro Gramm ist von allem, außer dem Molekulargewichte, gänzlich unabhängig und stellt praktisch eine universelle Eigenschaft heißer Materie bei gleichmäßiger Temperatur[2] dar.

Diese Theorie läßt sich nun auch auf Sterne anwenden, trotzdem ihre Temperatur keine gleichmäßige ist, allerdings nur insofern, als die Wirkungen der thermischen Diffusion (§ 194) vernachlässigt werden dürfen. Letztere würden die Größenordnung jedoch nicht ändern kön-

---

[1] Die Verabredungen in bezug auf das Vorzeichen sind für das Gravitationspotential und das elektrische Potential entgegengesetzt.

[2] Die erste Untersuchung dieser Volumenladung scheint von A. PANNEKOEK, Bull. Astr. Inst. Netherlands Bd. 19 (1922) ausgeführt worden zu sein.

nen. Indem wir unser Resultat auf die Sonne anwenden, finden wir für ihre Gesamtladung den Wert $1{,}01 \cdot 10^{12}$ elektrostatische Einheiten. Das Potential in der Nähe der Oberfläche beträgt 14,6 Einheiten oder 4370 Volt, und die elektrische Kraft in der Nähe der Oberfläche ist $6{,}3 \cdot 10^{-8}$ Volt pro cm. Diese elektrische Kraft, die sich im Inneren proportional zu der Schwerkraft ändert, scheint lächerlich klein zu sein, sie verhindert aber trotzdem jede Diffusion der Elektronen nach außen.

Aus (191.5) erhalten wir

$$m\varphi + e\psi = A\varphi - Ze\psi = \mu\varphi, \tag{191.7}$$

so daß die resultierende Kraft auf jedes Teilchen, ob Ion oder Elektron, dieselbe ist, nämlich $\mu\, d\varphi/dz$. Die Beschleunigung der Elektronen ist unter dem Einflusse derselben mechanischen Kraft selbstverständlich ungeheuer viel größer als die Beschleunigung der Ionen.

Wenn der Strahlungsdruck beträchtlich ist, wird eine Korrektion notwendig. Da der von ihm hervorgerufene Effekt (soweit er sich auf die Ionen bezieht)[1] mit einer scheinbaren Verkleinerung der Gravitation im Verhältnisse β identisch ist, berücksichtigen wir ihn, indem wir $\beta\varphi$ statt φ schreiben. Wir erhalten auf diese Weise

$$\psi = \mu\beta\varphi/e \tag{191.8}$$

und σ wird im selben Verhältnisse verkleinert.

192. Betrachten wir nun ein Material, das zwei verschiedene Arten von Ionen A_1, Z_1 und A_2, Z_2 enthält. Wenn s_1, s_2 ihre Dichten (Anzahlen pro cm³) in den Gebieten, wo das Potential gleich Null ist, bezeichnen, dann sind die Dichten in anderen Punkten bzw.

$$s_1\, e^{(A_1\varphi - Z_1 e\psi)/RT}, \quad s_2\, e^{(A_2\varphi - Z_2 e\psi)/RT},$$

und die Dichte der Elektronen ist

$$(s_1 Z_1 + s_2 Z_2)\, e^{(m\varphi + e\psi)/RT}.$$

[1] Wir nehmen hier und in § 193 an, daß der Strahlungsdruck auf das Ion wirkt; nach den allerneuesten experimentellen Ergebnissen scheint aber der Impuls den ausgestoßenen Elektronen mitgeteilt zu werden. In der Richtung des ionisierenden Strahlenbündels bewegen sich mehr ausgestoßene Elektronen als in anderen Richtungen, und der überschüssige Impuls ist genau gleich demjenigen der absorbierten Strahlung. Wenn diese Anschauung richtig ist, darf der Faktor β in (191.8) nicht eingeführt werden. Der Strahlungsdruck pro Elektron ist genähert gleich $(1-\beta)\mu$, d. h. gleich dem $(1-\beta)\mu/m$-fachem des eigenen Gewichts des letzteren, so daß wir an Stelle von (191.7) haben;

$$(m - (1-\beta)\mu)\varphi + e\psi = A\varphi - Ze\psi$$

und daher

$$\psi = \frac{A + (1-\beta)\mu}{Z+1}\,\frac{\varphi}{e}.$$

Im allgemeinen ist $(1-\beta)/\mu$ viel kleiner als A und die Korrektion wegen Strahlungsdruckes ist unbedeutend.

Durch Differentiation erhalten wir für die Gradienten der Dichten bei $\varphi, \psi = 0$

$$\frac{d s_1}{d z} = \frac{s_1}{R T}\left(A_1 \frac{d\varphi}{d z} - Z_1 e \frac{d\psi}{d z}\right) \quad \text{usw.} \tag{192.1}$$

und der Gradient der gesamten Ladungsdichte ist

$$\frac{e Z_1 s_1}{R T}\left(A_1 \frac{d\varphi}{d z} - e Z_1 \frac{d\psi}{d z}\right) + \frac{e Z_2 s_2}{R T}\left(A_2 \frac{d\varphi}{d z} - e Z_2 \frac{d\psi}{d z}\right) - \frac{e (Z_1 s_1 + Z_2 s_2)}{R T}\left(m \frac{d\varphi}{d z} + e \frac{d\psi}{d z}\right).$$

Da die resultierende Ladung verschwindend klein ist, muß auch dieser Ausdruck verschwinden; diese Bedingung liefert:

$$\left.\begin{aligned} e \frac{d\psi}{d z} &= \frac{Z_1 s_1 (A_1 - m) + Z_2 s_2 (A_2 - m)}{Z_1 s_1 (Z_1 + 1) + Z_2 s_2 (Z_2 + 1)} \frac{d\varphi}{d z} \\ &= \left\{\frac{Z_1 s_1 (Z_1 + 1)\mu_1 + Z_2 s_2 (Z_2 + 1)\mu_2}{Z_1 s_1 (Z_1 + 1) + Z_2 s_2 (Z_2 + 1)} - m\right\} \frac{d\varphi}{d z}, \end{aligned}\right\} \tag{192.2}$$

wo μ_1 und μ_2 die mittleren Molekulargewichte der beiden Ionenarten

$$\mu_1 = \frac{A_1 + Z_1 m}{Z_1 + 1}, \qquad \mu_2 = \frac{A_2 + Z_2 m}{Z_2 + 1} \tag{192.25}$$

bedeuten. Wir können (192.2) in der Form schreiben

$$e \frac{d\psi}{d z} = (\mu_0 - m) \frac{d\varphi}{d z}, \tag{192.3}$$

wo μ_0 einen zwischen μ_1 und μ_2 liegenden Mittelwert bezeichnet, der erhalten wird, wenn jedem Ion ein zu $Z(Z+1)$ proportionales Gewicht erteilt wird. Dies ist eine etwas andere Mittelwertbildung als diejenige, welche zu dem mittleren Molekulargewichte μ des Materials führt, und bei der die Gewichte proportional zu $(Z+1)$ sind. Augenscheinlich ist $\mu_0 > \mu$.

Aus (192.1) und (192.3) erhalten wir

$$\frac{d s_1}{d z} = \frac{s_1}{R T}\left\{A_1 - Z_1(\mu_0 - m)\right\} \frac{d\varphi}{d z} \tag{192.35}$$

oder

$$\frac{d(\log s_1)}{d z} = \frac{1}{R T}\left\{(Z_1 + 1)\mu_1 - Z_1 \mu_0\right\} \frac{d\varphi}{d z} \tag{192.4}$$

wegen (192.25).

Wenn s die Anzahl der freien Elektronen ist, finden wir, indem wir in (192.35) $A_1 = m, Z_1 = -1$ setzen,

$$\frac{d(\log s)}{d z} = \frac{\mu_0}{R T} \frac{d\varphi}{d z}. \tag{192.5}$$

Aus (192.4) und (192.5) folgt daher

$$\frac{d}{d z}\left(\log \frac{s_1}{s}\right) = \frac{1}{R T}(Z_1 + 1)(\mu_1 - \mu_0) \frac{d\varphi}{d z}. \tag{192.6}$$

Es läßt sich unschwer zeigen, daß diese Formel auch bei Anwesenheit beliebig vieler Ionenarten ihre Gültigkeit behält, wenn μ_0 den unter Einführung von passenden Gewichten für alle Ionenarten gebildeten Mittelwert bezeichnet.

Formel (192.6) wenden wir, unter Vernachlässigung der thermischen Diffusion, auf einen Stern an. Dann ist nach (58.3)

$$\varphi = 4\,\mathfrak{R}\,T/\mu\,, \tag{192.7}$$

wobei der Strahlungsdruck zunächst vernachlässigt wird, da wir ihn in (192.6) auch nicht berücksichtigt haben. Wir haben μ bis jetzt in Gramm gemessen, es ist aber bequem, in diesem Stadium zu der gebräuchlichen Zählung in Einheiten des Wasserstoffatoms überzugehen; anstatt R erscheint dann in (192.6) die Konstante $\mathfrak{R}$. Wir haben somit

$$\frac{d}{dz}\left(\log\frac{s_1}{s}\right) = \frac{1}{\mathfrak{R}\,T}(Z_1+1)\,(\mu_1-\mu_0)\,\frac{4\,\mathfrak{R}}{\mu}\,\frac{dT}{dz}\,.$$

Hieraus ergibt sich durch Integration

$$\log\frac{s_1}{s} = 4\,(Z_1+1)\,\frac{\mu_1-\mu_0}{\mu}\log T + \text{const}\,. \tag{192.8}$$

Das Verhältnis s_1/s stellt ein Maß für die Konzentration des Elements an der betrachteten Stelle dar, da die Anzahl der freien Elektronen, abgesehen von kleinen Änderungen von μ, proportional zu der Masse ist. Nach (192.8) werden nur sehr wenige Elemente über den ganzen Stern verteilt sein; die schweren Elemente sinken zum Mittelpunkte herab und die leichteren Elemente steigen an die Oberfläche. Nehmen wir z. B. an, daß $\mu_1-\mu_0$ nicht größer als 0,05 ist. Da sich dies auf ein mittleres Element beziehen muß, können wir $Z_1+1=20$, $\mu=2$ setzen; dann ändert sich die Konzentration proportional zu T^2. Schon diese Differenz genügt also, um eine starke Konzentration gegen den Mittelpunkt zu ergeben. Wenn wir die in § 176 angeführten Molekulargewichte und den Wert $\mu_0=2{,}3$ benutzen, ändert sich die Konzentration proportional zu den nachstehenden Potenzen von T

H	He	O	Al	Ti	Fe	Ag	Ba	Sm	Ta	Pb
−6	−5	−8	−10	−8	−4	—	+24	+36	+60	+70

193. Durch den Strahlungsdruck werden diese Resultate sehr wesentlich verändert, da er auf verschiedene Ionen ganz verschieden wirkt[1].

[1] Die in diesem Paragraphen mitgeteilten Ergebnisse sind zum größten Teile durch die modernere, in der Fußnote auf S. 337 erwähnte Erkenntnis hinfällig geworden. Der größte Teil des Strahlungsdruckes wirkt auf die Elektronen und beeinflußt daher die Verteilung der Ionen gar nicht. Der im Texte mitgeteilten Untersuchung könnte aber trotzdem vielleicht eine gewisse Bedeutung zukommen, weil ein schwacher Strahlungsdruck auf die Ionen bei der Absorption bei Anregungen ausgeübt wird; dieser Strahlungsdruck wird bestrebt sein, Effekte von der oben beschriebenen Art hervorzurufen, jedoch von geringerem Betrage. Das Phänomen der Umkehrung der Verteilung leichter und schwerer Elemente wird, wenn überhaupt, dann wohl nur in seltenen Fällen vorkommen.

Der Strahlungsdruck kann dadurch berücksichtigt werden, daß jede Masse mit dem ihr entsprechenden β multipliziert wird. Der Strahlungsdruck auf die Elektronen ist viel kleiner als auf die Ionen; dies braucht uns aber keine Sorgen zu machen, da die winzigen Elektronenmassen in der Untersuchung des § 192 nur eine ornamentale Rolle spielen und, bei Verzicht auf mathematische Eleganz, ebensogut ganz weggelassen werden könnten. Daher verwandelt sich (192.8) in

$$\log \frac{s_1}{s} = 4\,(Z_1 + 1)\,\frac{\mu_1\beta_1 - \mu_0\beta_0}{\mu\beta} \log T + \text{const}. \tag{193.1}$$

Hier ist $1 - \beta_1$ das Verhältnis der durch die Strahlung ausgeübten Kraft zur Gravitation für die Ionen A_1, und β_0, β sind unter Einführung geeigneter Gewichte gebildete Mittelwerte. Es kann kaum ein Zweifel darüber bestehen, daß sich die schwereren Ionen am stärksten an der Absorption beteiligen und daher auch den stärksten Strahlungsdruck erfahren, so daß β mit wachsendem μ abnimmt.

Hierdurch wird ein eigentümliches Verhalten der Elemente bedingt. Die am Schlusse von § 192 gegebene Verteilung bezieht sich auf Sterne sehr kleiner Masse, in denen der Strahlungsdruck verschwindend ist. Bei zunehmender Masse verlassen die schwereren Elemente plötzlich den Mittelpunkt und steigen an die Oberfläche. Die leichteren Elemente sinken — etwas weniger plötzlich — von der Oberfläche zum Mittelpunkte. Der Wasserstoff bleibt hinter den anderen Elementen zurück, da für ihn die Umkehr bei $\mu_0\beta_0 = 0{,}5$ stattfindet, d. h. in äußerst massigen Sternen mit $1 - \beta_0 > 0{,}75$. Helium verläßt die Oberfläche bei den Sternen, deren Masse größer als die 10fache Sonnenmasse ist — also gerade bei denjenigen Sternen, die sein Spektrum am allerdeutlichsten zeigen. Die anderen leichten Elemente kehren schon bei kleinerer Masse um.

Es ist schwer, diese Resultate mit den an den Oberflächen der Sterne beobachteten Spektren in Übereinstimmung zu bringen, da in diesen die leichten und schweren Elemente gleichzeitig nebeneinander erscheinen. Für einige Elemente ist der Exponent von T so groß, daß kein einziges ihrer Atome auch nur in der Nähe der Oberfläche vorhanden sein dürfte. Wenn wir diesen Resultaten Vertrauen schenken, müssen wir eventuell bereit sein, weitgehende Abänderungen der Theorie des Aufbaues des Sterninneren ins Auge zu fassen — z. B. eine Zusammensetzung aus schweren Elementen bei kleinen Sternen und aus leichten Elementen bei großen Sternen. Wir müssen aber sofort darauf hinweisen, daß sich diese Formeln auf den endgültigen stabilen Zustand des Materials beziehen, und es entsteht für uns daher die Frage, ob die Annäherung an diesen stabilen Zustand so schnell erfolgt, daß sie während der Lebensdauer eines Sternes eine merkliche Trennung der Elemente bewirken kann oder etwaige das Material durchmischende Einflüsse, die ihr entgegenwirken, zu überwinden vermag.

Thermische Diffusion.

194. Eine Warnung vor einem möglichen Mißbrauche der Formel (191.3) und ähnlicher Formeln erscheint hier am Platze. In einem Sterne ist φ nach (58.3) proportional zu T, so daß $e^{(m_1-m_2)\varphi/RT}$ überall denselben Wert hat. Man könnte in die Versuchung kommen, hieraus den Schluß zu ziehen, daß s_1/s_2 konstant sein muß, so daß überhaupt keine Trennung der verschiedenen Sorten von Atomen stattfinden wird. Dies ist jedoch keineswegs der Fall. Die Formeln (191.1) beziehen sich auf den thermodynamischen Gleichgewichtszustand, so daß ihre Anwendung auf ein nicht gleichtemperiertes Material, und sei es auch nur als erste Näherung, jeder Berechtigung entbehrt.

Unser Verfahren muß vielmehr darin bestehen, diese Formeln zu differentiieren, und zwar *bei konstant gehaltener Temperatur*, weil die Formeln nur bei gleichmäßiger Temperatur anwendbar sind. So gibt (191.2)

$$\frac{d}{dz}(\log s_1) = \frac{m_1}{RT}\frac{d\varphi}{dz}. \qquad (194.1)$$

Dies gibt uns die Dichtegradienten der verschiedenen Atomarten, die erforderlich sind, um das Gemisch stabil zu erhalten, wenn das Material unter einem Druckgradienten steht, aber kein Temperaturgradient vorhanden ist; d. h. es gibt uns die Dichtegradienten, durch deren Zustandekommen eine weitere Diffusion durch Druck verhindert wird. Wenn wir uns nun noch einen Temperaturgradienten überlagert denken, so wird dieser auch eine gewisse Diffusion hervorrufen, die man als thermische Diffusion bezeichnet. Im allgemeinen besteht also der erforderliche Dichtegradient aus zwei Teilen, von denen der eine durch die Druckdiffusion, der andere durch die thermische Diffusion bedingt wird.

In den Fällen, in denen gezeigt werden kann, daß die thermische Diffusion vernachlässigt werden darf, gilt für nichtgleichmäßige Temperaturverteilung die differentielle Formel (194.1), aber nicht die integrierte Formel. Wir integrieren erstere dann von neuem, wobei wir T *variieren lassen.*

Die thermische Diffusion ist von S. CHAPMAN und D. ENSKOG theoretisch vorausgesagt worden, worauf das Phänomen von F. W. DOOTSON in befriedigender Weise experimentell bestätigt wurde[1]. CHAPMAN hat auch ihren Einfluß auf die Schichtung der Elemente in den Sternen untersucht[2]. Er kam zu dem Schlusse, daß sie im Vergleiche zu der Diffusion durch Druck eine untergeordnete Rolle spielt, daß sie in entgegengesetzter Richtung zu dieser wirkt, aber nicht imstande ist, die allgemeine Größenordnung der Schichtung zu beeinflussen. Ich glaube,

---

[1] Phil. Mag. März 1917.

[2] Monthly Notices Bd. 77, S. 539. 1917.

daß eine Revision der Schlußfolgerungen von CHAPMAN im Lichte unserer modernen Kenntnisse uns zu dem Schlusse führen müßte, daß die thermische Diffusion in demselben Sinne wie die Druckdiffusion wirkt, d. h. bestrebt ist, die schweren Elemente in die Mitte des Sternes zu bringen. Bei den Experimenten von DOOTSON konzentrierte sich das leichtere Gas in den heißeren Gebieten, wie es von der Theorie für Molekeln, die sich wie elastische Kugeln verhalten, vorausgesagt war; die Theorie lehrt aber auch, daß die thermische Diffusion für „weichere" Modelle immer kleiner wird und für ein mit der inversen fünften Potenz der Entfernung variierendes Kraftgesetz überhaupt verschwindet. Für einen noch niedrigeren Kraftexponenten scheint sie ihr Vorzeichen umzukehren, so daß bei einem inversquadratischen Kraftgesetze eine Konzentration der schwereren Atome in den heißeren Gebieten zu erwarten wäre. Augenscheinlich haben wir es im Inneren eines Sternes mit dem inversquadratischen Abstoßungsgesetze zwischen den Ladungen der Ionen zu tun; wegen dieser Abstoßung kommen die Ionen im allgemeinen nicht ganz dicht aneinander heran, so daß keine anderen Kräfte ausgelöst werden. Es ist daher wahrscheinlich, daß der Effekt des Temperaturgradienten in einer Unterstützung des Bestrebens der schweren Atome bestehen wird, den Mittelpunkt des Sternes aufzusuchen, sowie der Tendenz der leichteren Atome, nach außen zu wandern[1].

Wir können jedoch vermutlich die von CHAPMAN ausgesprochene Meinung akzeptieren, daß der Einfluß der thermischen Diffusion unbedeutend ist, und die Größenordnung der Konzentration, die durch andere Ursachen der Diffusion gegeben wird, nicht verändern kann.

Geschwindigkeit der Diffusion der Elemente.

195. Nach der Gastheorie ist der Diffusionskoeffizient für ein Gas, das sich in einem anderen Gase ausbreitet, genähert gleich[2]

$$D = \tfrac{1}{3}\lambda V, \tag{195.1}$$

wo λ die mittlere freie Weglänge und V die Geschwindigkeit der Molekeln bedeutet. Bei der Bildung des Mittelwertes für beide Gase müssen diesen Gewichte erteilt werden, die den Anzahlen ihrer Molekeln umgekehrt proportional sind.

Wir wollen versuchen die Größenordnung von D in den Sternen abzuschätzen. Die Ionen, deren Diffusion wir untersuchen, werden hauptsächlich durch Zusammenstöße mit anderen Ionen abgelenkt, da die Ablenkungen durch Zusammenstöße mit Elektronen unmerklich klein sind. Wir dürfen wohl annehmen, daß eine Ablenkung um einen Winkel von 90^0 als ein brauchbares Äquivalent für den Abschluß einer

[1] Prof. CHAPMAN hat mir die Richtigkeit dieses Schlusses bestätigt.

[2] Siehe z. B. JEANS: Dynamical Theory of Gases, 2. Auflage, S. 326, Gleichung (869).

freien Weglänge betrachtet werden darf. Für zwei gleiche Ionen ergibt sich für den Radius der scheinbaren Zielscheibe, die einer beträchtlichen Ablenkung entspricht

$$\sigma = \frac{Z^2 e^2}{4 V^2 A H} = \frac{Z^2 e^2}{12 R T}.$$

Die mittlere freie Weglänge ist daher

$$\lambda = \frac{1}{\pi \nu \sigma^2} = \frac{A H}{\pi \varrho} \left(\frac{12 R T}{Z^2 e^2}\right)^2. \tag{195.2}$$

Hieraus folgt, daß

$$\lambda V \propto T^{\frac{5}{2}}/\varrho \tag{195.3}$$

ist, was in verschiedenen Teilen eines Sternes, und für Sterne derselben Masse wie $T^{-\frac{1}{2}}$ variiert. Der Diffusionskoeffizient ändert sich daher nur wenig in den verschiedenen Teilen eines Sternes. Für Eisen (mit zwei K-Elektronen) im Mittelpunkt der Capella sind die numerischen Werte die folgenden

$$\lambda = 4{,}42 \cdot 10^{-7}\,\text{cm}\,,$$
$$V = 5{,}20 \cdot 10^{6}\,\text{cm/sec}\,.$$

Daher

$$D = 7 \cdot 3\,\text{cm}^2 \cdot \text{sec}^{-1}.$$

Für andere Elemente ergeben sich Zahlenwerte von derselben Größenordnung.

Mittelst einer physikalischen Dimensionsüberlegung kann gezeigt werden, daß die zur Herstellung eines stabilen Zustandes erforderliche Zeit eine ganz außerordentlich lange sein muß, wenn D von der Größenordnung von 1 c. g. s. Einheit ist; denn die Relaxationszeit für eine Ungleichmäßigkeit der Verteilung von der Wellenlänge x Centimeter wird von der Größenordnung von x^2/D Sekunden sein (diese Kombination hat nämlich die Dimension einer Zeit). Um einen stabilen Zustand zu erreichen, müssen Ungleichmäßigkeiten ausgeglichen werden, deren Ausdehnung mit dem Radius des Sternes vergleichbar ist, für die also etwa $x = 10^{11}$ cm ist; die hierzu notwendige Zeit ist von der Größenordnung 10^{22} sec, also länger als die Zeiten, zu denen die extremsten Abschätzungen der Lebensdauer eines Sternes führen.

Diese Betrachtung genügt aber kaum, um zu beweisen, daß keine merkliche Schichtung der Elemente innerhalb einer vernünftig langen Zeit stattfinden wird; denn für viele Elemente bedeutet der stabile Zustand eine so außerordentlich starke Konzentration um den Mittelpunkt, daß schon ein verhältnismäßig kleiner Schritt in dieser Richtung bedeutungsvoll sein würde.

196. Wenn die Verteilung in einem Sterne den stabilen Zustand noch nicht erreicht hat, muß ein Nettofluß von Ionen der einen Art durch eine auf r senkrechte Fläche stattfinden. Die Bedeutung des

Diffusionskoeffizienten D ist, daß die Masse der Molekeln der Art 1, die in dieser Weise durch 1 cm² pro Sekunde fließen, gleich

$$\delta M_1 = -D\left\{\frac{d\varrho_1}{dr} - \left(\frac{d\varrho_1}{dr}\right)_s\right\} \tag{196.1}$$

ist, wo der in Klammern eingeschlossene Ausdruck die Differenz des in Wirklichkeit vorhandenen Dichtegradienten und des für den stabilen Zustand geltenden Dichtegradienten darstellt[1]. Diese Formel ist gleichbedeutend mit

$$\frac{\delta M_1}{\varrho_1} = -D\left\{\frac{d}{dr}\log\varrho_1 - \left(\frac{d}{dr}\log\varrho_1\right)_s\right\}. \tag{196.2}$$

Nehmen wir an, daß das Element ursprünglich gleichmäßig im Stern verteilt war, so daß

$$\frac{d}{dr}\log\varrho_1 = \frac{d}{dr}\log\varrho = \left(\frac{d}{dr}\log\varrho\right)_s.$$

Dann ist

$$\frac{\delta M_1}{\varrho_1} = D\left(\frac{d}{dr}\log\frac{\varrho_1}{\varrho}\right)_s$$

$$= 4D(Z_1+1)\frac{\mu_1\beta_1 - \mu_0\beta_0}{\mu\beta}\frac{d}{dr}\log T \tag{196.3}$$

wegen (193.1), da das Verhältnis von s_1/s zu ϱ_1/ϱ eine Konstante ist. Um die Bedeutung von (196.3) zu erhalten, substituieren wir

$$4\frac{d}{dr}\log T = \frac{d}{dr}\log P = -\frac{g\varrho}{P} = -\frac{GM_r}{r^2}\frac{\mu\beta}{\Re T}.$$

Dann ist

$$\frac{4\pi r^2\delta M_1}{M_r\varrho_1/\varrho} = -\frac{4\pi D(Z_1+1)(\mu_1\beta_1-\mu_0\beta_0)G\varrho}{\Re T} \tag{196.4}$$

$$= 1/t.$$

Die linke Seite zeigt uns, daß für ein nach außen diffundierendes Element, t die Zeit bedeutet, in der das innere Gebiet von Atomen der Sorte Z_1 vollständig evakuiert werden würde, wenn die Evakuationsgeschwindigkeit anhielte.

Für ein nach innen diffundierendes Element wird die Zeit t, in der das äußere Gebiet bei andauernder ursprünglicher Evakuationsgeschwindigkeit vollständig entleert werden würde, in ähnlicher Weise durch

$$\frac{1}{t} = \frac{4\pi D(Z_1+1)(\mu_1\beta_1-\mu_0\beta_0)G\varrho}{\Re T}\frac{M_r}{M-M_r} \tag{196.5}$$

gegeben.

Nun ist: $\Re/G = 1{,}24\cdot 10^{15}$; T/ϱ erhält seinen Minimalwert im Mittelpunkte und kann nicht viel kleiner als 10^7 sein; D ist von der Größenordnung von eins; $4\pi(Z_1+1)\cdot(\mu_1\beta_1-\mu_0\beta_0)$ könnte vielleicht in

[1] Hierbei wird vorausgesetzt, daß der stabile Zustand durch Änderung von $d\varrho_1/dr$, ohne Änderung von ϱ in dem betrachteten Punkte erreicht wird.

einigen Fällen den Wert 300 erreichen. Die Zeit t ist daher von der Größenordnung von 10^{20} sec oder 10^{13} Jahren[1].

Als Beispiel nehmen wir das äußere Gebiet der Capella, welches 6,6% der Masse enthält und berechnen, wie schnell dieses das in ihm enthaltene Blei verliert. Nach § 13 ist

$$T = 1{,}9 \cdot 10^6, \quad \varrho = 0{,}0012, \quad M_r/(M-M_r) = 14.$$

Wir können annehmen

$$Z_1 + 1 = 70, \quad \mu_1 - \mu_0 = 0{,}6, \quad D = 1.$$

Den Strahlungsdruck, der die Faktoren β einführt, wollen wir für den Augenblick vernachlässigen. Indem wir die obigen Werte in (196.5) einsetzen, erhalten wir

$$t = 3 \cdot 10^{20} \text{ sec} = 10^{13} \text{ Jahre}.$$

Der Abfluß wird mit der Zeit immer langsamer.

Wenn der Strahlungsdruck berücksichtigt wird, ist $\mu_1\beta_1 - \mu_0\beta_0$ kleiner und der Abfluß erfolgt noch langsamer.

Wenn keine dieser Diffusion entgegenwirkenden Prozesse vorhanden wären, würden wir wohl zugeben müssen, daß für die Zwergsterne die Zeit schon ausreichend lang gewesen ist, um eine gewisse Schichtung entstehen zu lassen — namentlich bei den schwersten Elementen, die in den Zwergsternen das Bestreben haben, nach dem Mittelpunkte zu wandern. In § 199 werden wir aber zeigen, daß es auch einen die Materie durchmischenden Prozeß gibt, der diese langsame Diffusion wahrscheinlich völlig anulliert.

Viskosität.

197. Es ist wohl bekannt, daß die Koeffizienten für eine ganze Reihe von „Freieweglängen-Phänomene", wie Diffusion, innere Reibung, thermische Leitfähigkeit, elektrische Leitfähigkeit, eng miteinander verknüpft sind.

Es ist nicht leicht, mehr als die Größenordnung der freien Weglänge zu erhalten, da die gewöhnlichen Formeln der Gastheorie, die für allgemeine Kraftgesetze abgeleitet sind, für inversquadratische Gesetze unanwendbar werden, weil die Integrale in diesem Falle divergieren. Die Integrationen müssen daher ziemlich willkürlich an den Grenzen abgeschnitten werden, jenseits derer sie aufhören, wirkliche Prozesse darzustellen. Dieses Verfahren kann jetzt durch die Anwendung der Theorie von Debye und Hückel wahrscheinlich verbessert werden (§ 184). Wie wir gesehen haben, ist das durchschnittliche Ion infolge

[1] Die außerordentlich kleine Geschwindigkeit der Diffusion hebt Chapman hervor (Monthly Notices Bd. 82, S. 292. 1922). Seine numerischen Illustrationen behandeln ausführlich die Diffusion von Wasserstoff.

der von ihm auf andere Ionen ausgeübten Abstoßung von einer abschirmenden negativen Ladung umgeben, und die Bestimmung des wirklichen Gesetzes, nach dem sich die (mittlere) Kraft mit der Entfernung vom Ion ändert, scheint auf keine unüberwindlichen Schwierigkeiten zu stoßen. Wegen der Abschirmung befolgt diese Kraft keineswegs ein inversquadratisches Gesetz, so daß die in der Divergenz der Integrale liegende Schwierigkeit verschwinden würde[1].

Für die Astronomie ist jedoch die Kenntnis der Größenordnung der oben erwähnten Koeffizienten in den meisten Fällen vollständig ausreichend, und die Berechnung der freien Weglänge mit der für ihre Zwecke erforderlichen Genauigkeit (wie in § 195) bietet keinerlei Schwierigkeiten.

Die Impulsübertragung zwischen angrenzenden Teilen einer in nichtgleichförmiger Bewegung befindlichen Flüssigkeit, die sich als Zähigkeit (Viskosität) äußert, wird zum größten Teile von den Elektronen vermittelt, da diese viel größere freie Weglängen haben, als die Ionen. Andererseits sind es hauptsächlich die Ionen, die den freien Weglängen ein Ende setzen, da die gegenseitigen Ablenkungen der Elektronen verhältnismäßig unbedeutend sind.

In einem einfachen Gase wird die Zähigkeit η durch

$$\eta = \varrho D$$

gegeben, wo D den Diffusionskoeffizienten bezeichnet. Für ein ionisiertes Gas gibt Chapman[2] die Formel

$$\eta = \varrho D/2Z\,,$$

in der nun D den Diffusionskoeffizienten der Elektronen unter den Ionen oder vice versa bedeutet. Dieser ist viel größer als der durch (195.4) gegebene Koeffizient D für Ionen; seine Berechnung kann nach derselben Methode ausgeführt werden. Chapman findet für stellare Verhältnisse (Riesensterne) $D = 100$. Die *kinematische Viskosität* η/ϱ ist daher für Eisen ungefähr gleich 2.

Dieser Wert stellt etwa das 100fache der kinematischen Viskosität des Wassers dar, so daß wir uns bei der Behandlung hydrodynamischer Probleme den Stern als aus einer dicken, öligen Flüssigkeit bestehend zu denken haben. Dieses Resultat bezieht sich sogar noch auf die Gebiete geringer Dichte, weil sich η/ϱ, ebenso wie D, in einem gegebenen Sterne oder in Sternen gleicher Masse nur proportional zu $T^{-\frac{1}{2}}$ ändert. Unsere Untersuchung stellt sich nicht die Aufgabe, die in der photosphärischen Schicht obwaltenden Bedingungen zu beschreiben; da aber

[1] Diese Untersuchung ist nunmehr von E. Persico, Monthly Notices Bd. 86, S. 93, ausgeführt worden. Die Resultate unterscheiden sich nur wenig von denjenigen Chapmans.

[2] Monthly Notices Bd. 82, S. 292.

die (wenn auch stark verminderte) Ionisation auch hier große Mengen von freien Elektronen zur Verfügung stellt, glaube ich, daß auch die Photosphäre noch ziemlich klebrig sein wird.

Das Problem der Zähigkeit im Inneren eines Sternes hat durch ein von J. H. JEANS[1] neuerdings erreichtes Resultat eine fundamentale Änderung erfahren. Außer bei Sternen verhältnismäßig kleiner Masse tritt die oben besprochene materielle Zähigkeit hinter der durch die Übertragung von Strahlung entstehenden völlig zurück. Betrachten wir eine parallel zu der y-Achse erfolgende Bewegung mit der Geschwindigkeit V, die eine Funktion von x ist ($V = 0$ bei $x = 0$). Wählen wir einen Punkt O in der Ebene $x = 0$ und betrachten die Strahlung, welche den Punkt O von einem kleinen Volumen dv erreicht, das im Abstande r von O in einer Richtung liegt, die mit der x-Achse einen Winkel Θ bildet. Dieses Element besitzt eine Geschwindigkeit $r \cos\Theta \, dV/dx$ parallel zu y, und die zu r parallele von O abgekehrte Komponente ihrer Geschwindigkeit ist

$$r \cos\Theta \sin\Theta \, \partial V/\partial x \, .$$

Durch eine Entfernung der Strahlungsquelle wird die Intensität der von ihr empfangenen Strahlung (erg pro cm² pro sec) im Verhältnisse $(1 - 2u/c)$ abgeschwächt, wo u die Entfernungsgeschwindigkeit bedeutet. Dies wird am einfachsten durch Ausführung einer LORENTZ-Transformation des Energietensors der ebenen elektromagnetischen Wellen ($E_{11} = -E/c^2$, $E_{14} = E/c$, $E_{44} = E$) bewiesen. Einen weniger strengen Beweis erhält man aus der Überlegung, daß die Anzahl der pro Sekunde empfangenen Quanten im Verhältnisse $(1 - u/c)$ vermindert wird, und daß auch die Energie jedes Quants wegen der DOPPLERschen Frequenzänderung im selben Verhältnisse verkleinert erscheint. Die in O von dv empfangene Strahlung wird daher im Verhältnisse

$$\left(1 - 2\frac{r\cos\Theta \sin\Theta}{c} \frac{\partial V}{\partial x}\right) \tag{197.1}$$

geschwächt sein. Abgesehen von dem Geschwindigkeitseffekte ist die von den verschiedenen Elementen dv kommende Strahlung proportional zu

$$dv \cdot \frac{e^{-\varkappa \varrho r}}{r^2}, \tag{197.2}$$

wo der Exponentialfaktor von der auf dem Wege r erfolgenden Absorption herrührt. Indem wir $dv = r^2 \, dr \, d\omega$ setzen und integrieren, finden wir, daß die aus einem räumlichen Winkel $d\omega$ in O ankommende Strahlung proportional ist zu

$$d\omega \int_0^\infty e^{-k\varrho r} \left(1 - \frac{2r\cos\Theta \sin\Theta}{c} \frac{\partial V}{\partial x}\right) dr$$

[1] Monthly Notices Bd. 86, SS. 328. 444 (1926,).

$$= \frac{d\omega}{k\varrho}\left(1 - \frac{2\cos\Theta\sin\Theta}{k\varrho c}\frac{\partial V}{\partial x}\right). \qquad (197.3)$$

Die Spannungskomponenten p_{xx}, p_{xy} sind bzw. proportional zu $\cos^2\Theta$, und $\cos\Theta \sin\Theta$, so daß wir für die integrierte Spannung in O die Ausdrücke erhalten:

$$p_{xx} = C\int\left(1 - \frac{2\cos\Theta\sin\Theta}{k\varrho c}\frac{\partial V}{\partial x}\right)\cos^2\Theta\, d\omega = \tfrac{1}{3}\, 4\pi C\,, \qquad (197.41)$$

$$p_{xy} = C\int\left(1 - \frac{2\cos\Theta\sin\Theta}{k\varrho c}\frac{\partial V}{\partial x}\right)\cos\Theta\sin\Theta\, d\omega = -\frac{4}{15}\,\frac{4\pi C}{k\varrho c}\,\frac{\partial V}{\partial x}\,, \qquad (197.42)$$

wo C eine Konstante bedeutet. Nun ist aber p_{xx} der gewöhnliche hydrostatische Strahlungsdruck, also gleich $^1/_3\, a T^4$. Wir haben daher

$$p_{xy} = -\frac{4}{15}\,\frac{a T^4}{k\varrho c}\,\frac{\partial V}{\partial x}\,. \qquad (197.5)$$

Indem wir dies mit der gebräuchlichen Definition eines Koeffizienten der Viskosität vergleichen, nämlich

$$p_{xy} = -\eta\frac{\partial V}{\partial x}\,,$$

sehen wir, daß der Koeffizient der Viskosität der Strahlung gleich

$$\eta_R = \frac{4}{15}\,\frac{a T^4}{k\varrho c} \qquad (197.6)$$

ist[1].

Im Mittelpunkte der Capella z. B. ist $\eta_R = 76$ und die kinematische Viskosität $\eta_R/\varrho \sim 600$. Im Mittelpunkte der Sonne ist $\eta_R = 12{,}2$, $\eta_R/\varrho = 0{,}2$. Für die Sonne ist dies etwa gleich der zweifachen materiellen Zähigkeit; für die Capella noch sehr viel mehr.

JEANS hat ferner darauf hingewiesen, daß der nach außen gerichtete Strahlungsstrom bestrebt sein wird, die Winkelgeschwindigkeit der Rotation eines Sternes vom Mittelpunkte nach der Oberfläche hin zu verkleinern. Dieser Strom wirkt tatsächlich wie ein materieller Konvektionsstrom, da er Masse (die Masse der Strahlungsenergie) von einer Stelle zu einer anderen trägt. Die emittierte Strahlung hat den Drehimpuls, der dem Gebiete entspricht, in dem sie emittiert worden ist; sie wird durch absorbierte Strahlung ersetzt, die im Durchschnitte aus tiefer liegenden Schichten kommt. Diese Übertragung hat daher die Tendenz, den Drehimpuls im ganzen Sterne auszugleichen; und der stabile Zustand wird entsprechend durch die Bedingung gegeben

---

[1] JEANS gibt einen zweimal kleineren Wert (Monthly Notices Bd. 86, S. 450). Es ist nicht leicht zu entscheiden, welcher von beiden Werten der richtige ist. Seine Ableitung ist viel länger und in vielen Beziehungen gründlicher als die oben gegebene; ich glaube aber nicht, daß die von ihm beim Übergange zu einem Achsensysteme mit einer anderen Geschwindigkeit benutzte Transformation mit dem Relativitätsprinzipe verträglich ist, und dies scheint gerade die Stelle zu sein, an der der Faktor 2 eingeführt wird.

$$\tilde{\omega}^2 \omega = \text{const}, \tag{197.7}$$

wo $\tilde{\omega}$ den Abstand von der Drehachse bedeutet. Diese Bedingung wird aber durch den Effekt der Zähigkeit, besonders in der Nähe der Achse abgeändert.

Auf Grund dieser Überlegungen erscheint es außerordentlich wahrscheinlich, daß die innere Rotation eines Sternes eine viel schnellere sein muß, als die Rotation, welche wir an seiner Oberfläche beobachten. Tabelle **6** zeigt, daß der größte Teil der Masse in einer Schale von kaum $\frac{1}{3}$ des Sternradius enthalten ist, so daß die mittlere Rotationsgeschwindigkeit etwa das Zehnfache der Oberflächenrotation betragen dürfte. Wir müssen uns die Sonne als eine ziemlich schnell rotierende Masse mit einer mittleren Periode von zwei bis drei Tagen denken. Die Untersuchung wirft aber kein Licht auf die beobachteten Unterschiede der Geschwindigkeiten in verschiedenen Breiten an der Oberfläche der Sonne; tatsächlich nimmt die Rotationsperiode vom Äquator bis zu den Polen zu, während das Gesetz (197.7) eine Abnahme verlangen würde.

Thermische und elektrische Leitfähigkeit.

197a. Der Prozeß der Wärmeleitung in einem Gase ist beinahe identisch mit dem der Viskosität, da er praktisch nichts anderes als eine Energieübertragung anstatt einer Impulsübertragung darstellt. In einfachen Gasen ist die Leitfähigkeit gleich $c_v \eta$, wo c_v die spezifische Wärme ist. Da die Zähigkeit groß ist, wird auch die Leitfähigkeit für Wärme viel größer sein als in gewöhnlichen Gasen. Da aber der Temperaturgradient in einem Sterne nicht viel größer ist als in unserer Atmosphäre — in einem Riesensterne ist er sogar viel kleiner — würde auch eine millionenfache Steigerung der Leitfähigkeit im Vergleiche zu der durch Strahlung erfolgenden Wärmeströmung nur wenig Eindruck auf uns machen. Die elektrische Leitfähigkeit des Sternmaterials kann auf Grund der gewöhnlichen Formeln berechnet werden. Wenn λ die mittlere freie Weglänge und V die mittlere Geschwindigkeit der Elektronen bezeichnet, ist das mittlere Zeitintervall zwischen zwei aufeinanderfolgenden Zusammenstößen gleich λ/V. Während dieser Zeit teilt eine elektrische Kraft X dem Elektron eine Geschwindigkeit $X e\lambda/mV$ mit. Unter der Annahme, daß die Geschwindigkeit den Zusammenstoß nicht überlebt, wird die mittlere Geschwindigkeit der Elektronen in der Richtung $-X$ zu jeder gegebenen Zeit gleich $\frac{1}{2} X e\lambda/mV$ sein. Da die Anzahl der freien Elektronen in 1 cm³ gleich ϱ/μ_H ist, wird die Anzahl der in der Zeiteinheit durch ein cm³ hindurchgehenden Elektronen gleich

$$\frac{\varrho}{\mu_H} \cdot \frac{X e\lambda}{2mV}$$

sein, und der elektrische Strom ist daher gleich

$$\frac{\varrho}{\mu H} \cdot \frac{X e^2 \lambda}{2 m V}$$

Für die elektrische Leitfähigkeit σ ergibt sich hieraus

$$\sigma = \frac{\varrho}{\mu H} \frac{e^2 \lambda V}{6 R T}, \tag{197.1 a}$$

wobei wir von der Beziehung $m V^2 = 3 R T$ Gebrauch gemacht haben. Für Elektronen, welche mit Ionen zusammenstoßen, können wir die freie Weglänge gleich

$$\lambda = \frac{A H}{\pi \varrho} \left(\frac{6 R T}{Z e^2}\right)^2 \tag{197.2 a}$$

annehmen[1]. Hieraus folgt:

$$\sigma = \frac{6}{\pi} \frac{A}{\mu} \frac{R T V}{Z^2 e^2}. \tag{197.3 a}$$

Die Leitfähigkeit ist unabhängig von der Dichte und ändert sich proportional zu der $\frac{3}{2}$-Potenz der Temperatur. Für Eisen bei 10000000 Grad ergibt sich:

$$\sigma = 1{,}0 \cdot 10^{18}.$$

Dieser Wert ist zunächst in elektrostatischen Einheiten ausgedrückt und entspricht 10^6 praktischen Einheiten, also ziemlich genau der Leitfähigkeit des Kupfers.

Es ist wohl bekannt, daß die Leitfähigkeit der Metalle durch diese Berechnungsmethode nur sehr ungenau gegeben wird, weil die wirklichen freien Weglängen der Elektronen viel größer sind als die theoretisch vorausgesagten. Ungewöhnlich lange freie Weglängen werden gleichfalls bei Experimenten über den Durchgang langsam bewegter Elektronen durch Gase erhalten. Der Grund hierfür liegt in einem Versagen der klassischen statistischen Mechanik, und es erweist sich als notwendig, in diesen Fällen die quantentheoretische Statistik von FERMI oder DIRAC anzuwenden. Ich glaube, daß ein solches Versagen der klassischen Theorie bei den Sternen (mit Ausnahme der weißen Zwerge), wegen ihrer hohen Temperatur nicht zu befürchten ist, und daß die hier angewandten klassischen Methoden bei der Berechnung ihrer Leitfähigkeit und anderer „Freieweglängen"-Phänomene zu völlig brauchbaren Ergebnissen führen.

Rotierende Sterne.

198. Wir fangen mit dem Beweise eines sehr schönen Theorems an, das von H. v. ZEIPEL[2] herrührt.

[1] Vgl. (195.2). Die Faktoren 12 und 6 in beiden Formeln sollen nur in ganz roher Weise einer beträchtlichen Ablenkung des Ions oder des Elektrons entsprechen. Der Hauptunterschied liegt in der Verschiedenheit der Nenner beider Ausdrücke ($Z^2 e^2$ bzw. $Z e^2$) und in der größeren Geschwindigkeit V der Elektronen.

[2] Festschrift für H. v. SEELIGER, S. 144 (1924).

Wenn sich ein wie ein fester Körper mit der Winkelgeschwindigkeit ω rotierender Stern im statischen Gleichgewichte befindet, wird die in der Zeiteinheit erfolgende Energiebefreiung ε in allen Punkten seines Inneren durch

$$\varepsilon = \text{const} \cdot \left(1 - \frac{\omega^2}{2\pi G \varrho}\right) \tag{198.1}$$

gegeben.

Es wird hierbei vorausgesetzt, daß die physikalischen Eigenschaften des Materials (Opazität, Molekulargewicht, Befreiung subatomarer Energie usw.), ausschließlich von T und ϱ abhängen. Dies würde bei einem Sterne von streng homogener Zusammensetzung zutreffen.

Wir nehmen ein mit dem Sterne mitrotierendes Achsensystem und führen die Zentrifugalkraft von vornherein neben der Gravitationskraft ein, so daß das kombinierte Potential gleich

$$\varphi = \varphi_0 + \tfrac{1}{2}\omega^2 (x^2 + y^2)$$

ist, wo φ_0 das reine Gravitationspotential bedeutet. Dann lautet die POISSONsche Gleichung

$$\nabla^2 \varphi = \nabla^2 \varphi_0 + 2\omega^2 = -4\pi G \varrho + 2\omega^2. \tag{198.2}$$

Die Flächen, auf denen φ einen konstanten Wert hat, werden *Niveauflächen* genannt.

Aus den gewöhnlichen hydrostatischen Gleichungen

$$\frac{\partial P}{\partial x} = \varrho \frac{\partial \varphi}{\partial x}, \quad \frac{\partial P}{\partial y} = \varrho \frac{\partial \varphi}{\partial y}, \quad \frac{\partial P}{\partial z} = \varrho \frac{\partial \varphi}{\partial z}$$

erhalten wir

$$dP = \varrho \, d\varphi, \tag{198.3}$$

so daß $dP = 0$ wird, wenn $d\varphi = 0$ ist. P ist also auf einer Niveaufläche konstant, d. h. daß P eine Funktion von φ allein ist.

Ferner ist nach (198.3)

$$\varrho = \frac{dP}{d\varphi},$$

so daß auch ϱ eine Funktion von φ allein ist.

Da P und ϱ reine Funktionen von φ sind, muß auch T eine reine Funktion von φ sein; und daher werden alle anderen physikalischen Charakteristiken, die nur von den zwei den statistischen Zustand des Materials definierenden Variablen T und ϱ abhängen, auch reine Funktionen von φ sein, und auf jeder Niveaufläche konstante Werte behalten. Die Gradienten aller dieser Größen werden zu den Niveauflächen normal sein.

Da der Strahlungsfluß längs der Normalen erfolgt, haben wir nach (71.1)

$$H = -\frac{c}{k\varrho} \frac{dp_R}{dn} = -\frac{c}{k\varrho} \frac{dp_R}{d\varphi} \frac{d\varphi}{dn},$$

wo dn längs der äußeren Normalen zur Niveaufläche gerichtet ist. Wir können setzen

$$\frac{c}{k\varrho}\frac{d p_R}{d\varphi} = f(\varphi) \tag{198.41}$$

und daher

$$H = -f(\varphi)\frac{d\varphi}{dn}. \tag{198.42}$$

Es ist zu beachten, daß $d\varphi/dn$ keine reine Funktion von φ sein wird, außer in dem Falle, wenn der Abstand von einer Niveaufläche bis zu der nächsten für alle auf ihr liegenden Punkte derselbe ist. Dies würde bei einem rotierenden Sterne nicht der Fall sein.

Es ist bequem, H in rechtwinkelige Komponenten zu zerlegen:

$$H_x = -f(\varphi)\frac{\partial\varphi}{\partial x}, \quad H_y = -f(\varphi)\frac{\partial\varphi}{\partial y}, \quad H_z = -f(\varphi)\frac{\partial\varphi}{\partial z}. \tag{198.43}$$

Es ist leicht einzusehen, daß H_x den Nettofluß durch eine zu der x-Achse normale Flächeneinheit darstellt; denn die Strömungslinien schneiden eine solche Fläche schräg, unter einem Winkel, dessen Kosinus gleich $\frac{\partial\varphi}{\partial x}\Big/\frac{d\varphi}{dn}$ ist.

Wenn keine zusätzliche Strahlung erzeugt würde, müßte die Kontinuitätsgleichung des Flusses die Form haben

$$\frac{\partial H_x}{\partial x} + \frac{\partial H_y}{\partial y} + \frac{\partial H_z}{\partial z} = 0,$$

da aber die in der Zeiteinheit erzeugte Strahlung pro Volumeneinheit gleich $\varrho\varepsilon$ ist, wird die Bedingung die Form annehmen

$$\frac{\partial H_x}{\partial x} + \frac{\partial H_y}{\partial y} + \frac{\partial H_z}{\partial z} = \varrho\varepsilon. \tag{198.5}$$

Nun folgt aber aus (198.43)

$$\begin{aligned}-\frac{\partial H_x}{\partial x} &= f(\varphi)\frac{\partial^2\varphi}{\partial x^2} + \frac{\partial}{\partial x}f(\varphi)\frac{\partial\varphi}{\partial x}\\ &= f(\varphi)\frac{\partial^2\varphi}{\partial x^2} + f'(\varphi)\left(\frac{\partial\varphi}{\partial x}\right)^2.\end{aligned}$$

Gleichung (198.5) wird daher

$$-f(\varphi)\cdot\nabla^2\varphi - f'(\varphi)\left(\frac{d\varphi}{dn}\right)^2 = \varrho\varepsilon, \tag{198.6}$$

da $(d\varphi/dn)^2$ das Quadrat der resultierenden Kraft darstellt und daher gleich der Summe der Quadrate ihrer Komponenten $\partial\varphi/\partial x$ usw. ist. Hieraus folgt unter Benutzung von (198.2)

$$-f(\varphi)(-4\pi G\varrho + 2\omega^2) - f'(\varphi)\left(\frac{d\varphi}{dn}\right)^2 = \varrho\varepsilon. \tag{198.7}$$

Wie wir gesehen haben, ist bei einem rotierenden Sterne $d\varphi/dn$ auf einer Niveaufläche nicht konstant. Aber die übrigen in (198.7) eingehenden Größen sind auf der Niveaufläche wohl konstant. Daher kann (198.7) nur befriedigt werden, wenn

$$f'(\varphi) = 0,$$

woraus sich durch Integration ergibt

$$f(\varphi) = \text{const.} \qquad (198.8)$$

Gleichung (198.7) wird dann

$$\varrho\,\varepsilon = \text{const}\cdot(4\pi G\varrho - 2\omega^2)$$

oder

$$\varepsilon = C\left(1 - \frac{\omega^2}{2\pi G\varrho}\right),$$

wodurch das Theorem bewiesen ist.

Die nachfolgende Zusammenfassung der von ZEIPELschen Ableitung dient dem Zwecke, ihre außerordentliche Allgemeinheit zu zeigen. Die Bedingung des mechanischen Gleichgewichtes zeigt, daß P und ϱ auf den Niveauflächen konstant sind und ferner, da bei einem Material von homogener Zusammensetzung zwei Variablen genügen, um den Zustand zu bestimmen, daß auch alle anderen skalaren Eigenschaften $T, \mu, k, p_R \ldots$ gleichfalls auf den Niveauflächen konstant sind. Die vektoriellen Eigenschaften werden durch Einführung des Faktors dn erhalten, der den normalen Abstand bis zu einer benachbarten Niveaufläche darstellt; dieser kann bei einem rotierenden Sterne über die ganze Niveaufläche nicht konstant sein. Wir haben also Vektoren wie H und g, deren Verhältnis auf einer Niveaufläche konstant bleibt, trotzdem sie selbst diese Eigenschaft nicht besitzen. Den nächsten Schritt bildet der Beweis, daß ihr Verhältnis nicht nur auf einer Niveaufläche konstant bleibt, sondern auch beim Übergange von einer Niveaufläche zu einer anderen benachbarten Niveaufläche seinen Wert nicht ändert. Der Beweis hängt von der Tatsache ab, daß die Divergenzen von H und g skalare Größen ($\varrho\varepsilon$ und $-4\,\pi G\varrho + 2\,\omega$) sind, die auf einer Niveaufläche konstant bleiben. Nach diesem Schritte folgt unmittelbar, daß H/g und $\varrho\varepsilon/(-4\,\pi G\varrho + 2\,\omega)$ überall konstant sein müssen. Das Theorem würde auch dann noch richtig bleiben, wenn der Wärmestrom durch Leitung bedingt wäre.

Für langsame Rotation nähert sich (198.1) immer mehr dem Gesetze $\varepsilon = \text{const}$ und weicht von diesem nur in einer dünnen Oberflächenschicht merklich ab, in der eine sehr niedrige Dichte erreicht wird. Für die Sonne erhalten wir mit einer Rotationsperiode von etwa $25^1/_2$ Tagen

$$\varepsilon \propto (1 - 0{,}0000195/\varrho),$$

so daß ε innerhalb 10% konstant bleibt in allen Gebieten, in denen die Dichte größer als 0,0002 ist. Es stellt eine mathematische Kuriosität dar, daß, wenn wir uns einen Stern denken, dessen Rotation streng gleich

Null ist, die ganze Überlegung unanwendbar wird und dem Werte von ε keinerlei Einschränkungen mehr auferlegt werden. Wir wollen dies als ein Anzeichen dafür betrachten, daß sich die Bedingung mit stetig abnehmendem ω immer mehr der Bedingung $\varepsilon = \text{const}$ nähert, daß aber gleichzeitig auch die Folgen einer Nichterfüllung dieser Bedingung immer weniger ernst und abschreckend werden, so daß bei $\omega = 0$, wenn die Bedingung streng gilt, der Stern auch die Möglichkeit erhält, sie straflos nicht zu beachten.

199. Es erscheint kaum glaublich, daß die v. ZEIPELsche Bedingung in den wirklichen Sternen erfüllt sein könnte. Sie verlangt z. B., daß ε in den äußeren Gebieten eines rotierenden Sternes negativ werden soll oder mit anderen Worten, daß dort subatomare Energie absorbiert werde, anstatt befreit zu werden. Sie verlangt ferner, daß in einem langsam rotierenden Sterne die Energiebefreiung in einem sehr weiten Temperatur- und Dichtebereiche beinahe konstant bleiben soll, und wenn die unbekannten Gesetze der subatomaren Energie auch die Liebenswürdigkeit haben sollten, sich dieser Bedingung zu fügen, bliebe es doch ganz unverständlich, wie sie es dann fertigbringen, sich in einer solchen Weise zu ändern, daß sie auch bei schnell rotierenden Sternen die richtige Verteilung ergeben. Es entsteht daher die Frage, ob denn wirklich einem die v. ZEIPELsche Bedingung nicht erfüllenden Sterne unbedingt etwas Furchtbares passieren muß? Zur Zeit wissen wir hierüber nur so viel, daß der Stern in diesem Falle nicht mehr wie ein fester Körper im statischen Gleichgewichte rotieren kann.

Die Winkelgeschwindigkeit der Sonnenoberfläche variiert mit der heliozentrischen Breite, und diese Variation erstreckt sich höchstwahrscheinlich auch auf das Innere; die Sonne besitzt also bestimmt kein konstantes ω. Es ist nicht ausgeschlossen, daß für die in der Sonne tatsächlich vorhandene Verteilung von ω, die der Formel (198.1) entsprechende allgemeinere Bedingung erfüllt ist[1]. Man könnte etwa annehmen, daß sich die Verteilung von ω in der Sonne so lange geändert hat, bis ein die Bedingung befriedigender Zustand erreicht worden ist. Wir würden auf diese Weise zu einer ganz bestimmten Ursache für die nichtgleichmäßige Winkelgeschwindigkeit der Sonne gelangen. Diese Vermutung hat E. A. MILNE ausgesprochen. Dies ist aber nur einer der Auswege, die dem Sterne zu Gebote stehen. Nichtgleichförmige Rotation ist äquivalent mit der Überlagerung eines Systems von Strömen, die um die Rotationsachse kreisen über eine gleichmäßige Rotation. Aber auch Ströme, die in anderen Ebenen zirkulieren, können unserem Zwecke dienen und eine einfache Überlegung zeigt, daß die Nichterfüllung der Bedingung (198.1) die Entstehung von Strömen begünstigen

[1] Diese Bedingung würde $\partial\omega/\partial x$ usw. enthalten, so daß sie durch die bloße Substitution eines veränderlichen ω in (198.1) nicht erhalten werden kann.

muß, die ursprünglich in Ebenen liegen, welche durch die Rotationsachse gehen[1].

Nehmen wir an, daß ein Stern, der den gewöhnlichen Forderungen des Strahlungsgleichgewichtes genügt, einen Zustand erreicht hat, bei dem die mittlere Temperatur auf einer Niveaufläche konstant gehalten wird. Es bleibt dann noch die weitere Bedingung zu erfüllen, daß nicht nur die *mittlere*, sondern auch die *örtliche* Temperatur in jedem Punkte der Niveaufläche denselben konstanten Wert behält. In einem nichtrotierenden Sterne ist dies wegen der Symmetrie notwendig der Fall; in einem rotierenden Sterne dagegen führt diese weitere Bedingung zu der v. ZEIPELschen Formel. Wenn also (198.1) nicht befriedigt ist, wird die Temperatur etwa am Äquator zu steigen, an den Polen zu sinken beginnen oder auch umgekehrt. Hierdurch wird die Konstanz des Druckes auf einer Niveaufläche aufgehoben und es entsteht ein Druckgradient zwischen dem Äquator und den Polen, der einen Fluß von Materie hervorruft. Dieser Fluß kann von selbst nicht mehr aufhören, sondern wird die Gestalt eines dauernden Zirkulationsstromes annehmen müssen; denn das Gleichgewicht kann durch eine bloße Neuanpassung der Verteilung der Materie nicht herbeigeführt werden, weil kein statisches Gleichgewicht überhaupt möglich ist, solange die v. ZEIPELsche Bedingung unerfüllt bleibt. Es ist anzunehmen, daß sich ein stabiler Zustand einstellen wird, wenn der Strom eine mäßig große Geschwindigkeit erreicht hat, weil die der Ableitung der v. ZEIPELschen Bedingung zu Grunde liegenden Postulate keine Gültigkeit mehr haben. Der Stern wird sich auf diese Weise zu einem möglichen stabilen Zirkulationszustande durchtasten.

Wenn die Konvektionsströme einmal zustande gekommen sind, muß die Größe ε in (198.5) nicht nur die aus subadomaren Quellen befreite Energie, sondern auch die durch Konvektion in das betrachtete Gebiet transportierte Wärme enthalten. Der durch die Konvektion bedingte Teil von ε wird auf einer Niveaufläche nicht konstant sein. Wir können daher in (198.7) den veränderlichen Teil von $f'(\varphi)\left(\frac{d\varphi}{dn}\right)^2$ dem veränderlichen Teile von $\varrho\varepsilon$, d. h. dem durch Konvektion bedingten Teile gleichsetzen. Solange wir ε als constant voraussetzten, hatten wir keine andere Wahl, als die Erfüllung der Bedingung $f'(\varphi) = 0$ zu verlangen; jetzt können wir aber annehmen, daß $f'(\varphi)$ durch die Verteilung der subadomaren Quellen vorgeschrieben ist, und hieraus den veränderlichen Teil von ε bestimmen. Auf diesem Wege dürfte auch eine Abschätzung der Größenordnung der Konvektionseffekte möglich sein, jedoch sind diese Berechnungen noch nicht ausgeführt worden. Natürlich werden die Ströme auch noch andere Abweichungen

[1] VOGT, H.: Astr. Nachr. Bd. 5342 (Jan. 1925); EDDINGTON, A. S.: Observatory Bd. 48, S. 73 (März 1925).

von den strengen, in § 198 postulierten Bedingungen zur Folge haben, doch scheint diesen nur eine untergeordnete Bedeutung zuzukommen[1].

Obwohl die primären Ströme in Meridianebenen entstehen, werden sie durch die Rotation des Sternes in östlicher und westlicher Richtung abgelenkt, genau so wie ähnliche Ströme in unserer Atmosphäre durch die Erdrotation abgelenkt werden. Wir erhalten auf diese Weise als sekundäres Phänomen verschiedene Rotationsperioden in verschiedenen Breiten und in verschiedenen Tiefen. Dies ist eine wohlbekannte Eigenschaft der Sonnenrotation und die Richtigkeit der hier für sie gegebenen Erklärung kann kaum in Zweifel gezogen werden. Die Erscheinung wird durch den Umstand bedingt, daß die innere Wärme sich ihren Weg nach außen durch eine Verteilung der Materie bahnen muß, die infolge der Rotation unsymmetrisch geworden ist; hierdurch entsteht eine ungleiche Erwärmung längs des polaren und äquatorealen Radius, die trotz des Widerstandes der Zähflüssigkeit und der thermodynamischen Zerstreuung (§ 70), eine beständige Zirkulation aufrechterhält[2].

Während die sekundären Ost- und Westströme wegen ihrer Beobachtbarkeit von unmittelbarer Bedeutung sind, bieten die primären in Meridianebenen verlaufenden Ströme ein größeres theoretisches Interesse. Erstens besorgen sie eine ständige Durchmischung des Sternmaterials. Diese Durchmischung wird zwar langsam erfolgen — viel zu langsam, um das Gleichgewicht aus einem Strahlungsgleichgewichte in ein konvektives zu verwandeln — aber doch schnell im Vergleiche zu der in § 196 behandelten Diffusion der Elemente. Jede Tendenz der schwereren Elemente, sich um den Mittelpunkt zu sammeln, wird hierdurch vereitelt. Wir werden gelegentlich der näheren Betrachtung der subatomaren Energie von dieser Überlegung noch Gebrauch machen: wenn sich ein Stern in zwei Komponenten aufspaltet, werden wegen der Durchmischung beide Komponenten dieselbe chemische Zusammensetzung haben, und die größere Komponente ist niemals in der Lage, mehr als den ihr zukommenden Teil der schweren Elemente für sich in Anspruch zu nehmen.

Dieser Schluß bedarf allerdings in einer Beziehung einer gewissen Einschränkung: Bjerknes hat darauf hingewiesen, daß eine Zirkulation der betrachteten Art eine gewisse Tendenz zur Schichtung besitzt, so

[1] Diese Betrachtungen über das Problem verdanke ich zu einem großen Teile Herrn Milne.

[2] In § 70 ist gezeigt worden, daß zirkulierende Ströme notwendig eine Wärmeübertragung von niedrigerer zu höherer Temperatur bewirken müssen und daher eine ständige Zufuhr von mechanischer Energie verlangen. Es ist wahrscheinlich, daß dieser thermodynamische Widerstand bei der Aufhebung der Strömung viel mächtiger wirkt, als die Viskosität. Hierin sehe ich eine Schwierigkeit für die Annahme der ziemlich schnellen Zirkulationsströme in der Sonne, welche von der weiter unten erwähnten Theorie von Bjerknes vorausgesetzt werden.

daß wir, statt einer Zirkulation zwischen dem Mittelpunkte und den äußeren Gebieten, zwei oder drei Schichten von Zirkulationen erhalten können. Dann wird jede Schicht vollständig durchmischt sein, aber zwischen den aufeinanderfolgenden Schichten wird nur ein schwacher Austausch stattfinden. Ferner ist zu beachten, daß der innerste Kern dieser Zirkulation wahrscheinlich aus einem Wirbelpaare bestehen wird, wobei jeder Wirbel die Form eines Ankerringes um die Polarachse haben wird. Dies bildet das Grundpostulat einer von V. BJERKNES zur Erklärung vieler magnetischer und periodischer Eigenschaften der Sonnenflecke vorgeschlagenen Theorie. Jedenfalls eröffnet uns die Erkenntnis des Bestehens einer inneren Zirkulation von der hier betrachteten Art die Möglichkeit auch zahlreiche Einzelheiten der an der Sonnenoberfläche beobachteten Phänomene zu erklären, deren Ursachen bei einem völlig statischen Sterne schwer anzugeben wären.

Es ist von B. GERASIMOVIC[1] der Standpunkt vertreten worden, daß die Ströme, welche ich hier sekundär genannt habe, in Wirklichkeit die Hauptströme sind. Die in Meridianebenen verlaufenden Ströme würden, nach seiner Ansicht, nicht beständig sein können, während eine um die Rotationsachse verteilte Zirkulation auch unter dem Einflusse der zerstreuenden Wirkung der Zähigkeit säkulare Stabilität besitzen könnte. Wenn wir aber zugeben, daß es einen Zirkulationszustand um die Rotationsachse gibt, der keine Tendenz zeigt, sich unter dem Einflusse der Zähigkeit zu ändern, und ferner noch einen zweiten Zirkulationszustand um die Achse, welcher der (durch Berücksichtigung der Veränderlichkeit von ω verallgemeinerten) v. ZEIPELschen Bedingung genügt, dann erscheint es äußerst unwahrscheinlich, daß diese beiden Zustände miteinander übereinstimmen werden. Dies ist zum mindesten ebenso unwahrscheinlich wie die Erfüllung von (198.1) bei einem statischen Zustande. Ich glaube, daß von einem dauernden Bestehen der Zirkulation ohne eine motorische Kraft überhaupt nicht die Rede sein kann; die Nichterfüllung der v. ZEIPELschen Bedingung führt aber zu einer ungleichmäßigen Erwärmung, welche eine solche motorische Kraft für die zur Wiederherstellung des Gleichgewichtszustandes notwendigen Ströme liefert, und der Punkt, auf den es hier ankommt, ist, daß diese motorische Kraft primär solche Ströme hervorruft, die in den Meridianebenen verlaufen[2]. Das Material eines rotierenden Sternes sucht nicht seinen

[1] Observatory Bd. 48, S. 148.

[2] Ich glaube, daß hiermit auch gezeigt ist, daß die Zirkulation in den Meridian ebenen genügend groß sein wird, um wenigstens eine Trennung der schweren und leichten Elemente zu verhindern. GERASIMOVIC könnte schon recht haben, daß diese Zirkulation (wegen des größeren Widerstandes) klein bleibt im Vergleiche zu der west-östlichen Zirkulation; in diesem Falle würde das Ergebnis für die BJERKNESsche Theorie weniger günstig sein.

Gleichgewichtszustand nach den Methoden auf, die der Mathematiker anwenden würde. Seine Devise lautet: *solvitur ambulando*. Wir haben zwar gegenwärtig das *solvitur* noch nicht erreicht, können aber schon zuversichtlich von dem *ambulando* sprechen.

200. Das allgemeine Problem eines rotierenden Sternes ist von E. A. MILNE[1] und H. VON ZEIPEL[2] behandelt worden. Ersterer ging von der Annäherung $\varepsilon = \text{const}$ aus, während letzterer die von uns bereits besprochene Bedingung (198.1) als erfüllt annahm. Trotzdem (198.1) in ihrer ursprünglichen Bedeutung eines Verteilungsgesetzes für die subatomaren Energiequellen in den wirklichen Sternen nicht beibehalten werden kann, dürfen wir sowohl das von MILNE als auch das von v. ZEIPEL benutzte Gesetz für ε als ausreichende erste Annäherungen betrachten, die mit unserer Annäherung $k\eta = \text{const}$ für nicht rotierende Sterne gleichberechtigt sind. Der aus der Ungenauigkeit der Annäherung entstehende Fehler wird vermutlich in ähnlichen Grenzen liegen wie in § 91.

MILNE findet, daß der Einfluß der Rotation auf die scheinbare Helligkeit ein sehr geringer ist. Stellen wir uns vor, daß ein typischer Stern in so schnelle Rotation versetzt wird, daß sein äquatorealer Radius einen Zuwachs von 10% erfährt; dann wird die Helligkeit um 2,5% abnehmen[3]. Dem genauen Werte der Änderung ist keine allzu große Bedeutung beizumessen, da die Änderung von k wegen der veränderten Dichte und Temperatur nicht berücksichtigt worden ist. Die Bedeutung des Resultats liegt in der Erkenntnis, daß die Abweichungen der individuellen Sterne von der Massenhelligkeitskurve, die durch ihre verschiedenen Rotationsgeschwindigkeiten bedingt sein könnten, sehr klein sind.

MILNE findet ferner, daß in dem betrachteten Sterne die effektive Temperatur an den Polen um 6,4% über dem Mittelwerte und am Äquator um 3,2% unter dem Mittelwerte liegt, so daß die Pole heller erscheinen als der Äquator. Diese Änderung der Flächenhelligkeit wird in der Arbeit v. ZEIPELS in einfacherer Weise erhalten, weil sie sich dort als eine einfache Folge von (191.8) ergibt. Da $f(\varphi) = C$ ist, erhalten wir aus (198.42)

$$H = -C\frac{d\varphi}{dn} = -Cg. \tag{200.1}$$

Die Theorie versagte zwar in der Nähe der wirklichen Oberfläche des Sternes, wir bemerken aber, daß sich der Oberflächenwert von H wie gewöhnlich an seine Werte in Tiefen von einigen tausend Kilometern unter der Oberfläche kontinuierlich anschließen muß. Es ist daher

$$H \propto g, \tag{200.2}$$

[1] Monthly Notices Bd. 83, S. 118 (1923).
[2] Monthly Notices Bd. 84, S. 665 (1924).
[3] Loc. cit. S. 139.

wo g ($= d\varphi/dn$) den Wert der Schwerkraft mit Einschluß der Zentrifugalkraft darstellt[1].

Die Helligkeitsänderungen auf der Oberfläche eines rotierenden Sternes entsprechen genau den Änderungen der Schwerkraft.

VON ZEIPEL hat ferner gezeigt, daß das Gesetz $H \propto g$ auch dann noch seine Gültigkeit behält, wenn der Stern durch Flutkräfte verzerrt ist.

In (200.2) wird von der Näherung für ε ein speziellerer Gebrauch gemacht, als bei der Behandlung der Gesamtstrahlung des Sternes, und es wäre daher notwendig, um sich von der Anwendbarkeit dieses Resultates auf die wirklichen Sterne zu vergewissern, zuerst die Frage zu untersuchen, inwiefern letzteres von der Genauigkeit der Näherung abhängt. Ich glaube zwar, daß sich die Näherung auch hier noch als ausreichend erweisen würde, ihre Berechtigung erscheint aber keineswegs von vornherein gesichert. Die Verteilung der Flächenhelligkeit über die Oberfläche eines durch Flutwellen verzerrten Sternes hat für die Deutung der Lichtkurven von Verfinsterungsveränderlichen eine große praktische Bedeutung.

Elftes Kapitel.

Die Quelle der Sternenergie.

Die Kontraktionshypothese.

201. Die von der Sonne in den Raum ausgestrahlte Energie beträgt $1{,}19 \cdot 10^{11}$ erg pro Jahr. Ihr gegenwärtiger Vorrat an Wärmeenergie setzt sich folgendermaßen zusammen (§ 103):

Strahlungsenergie	$2{,}83 \cdot 10^{47}$	erg
Translationsenergie von Atomen und Elektronen	$26{,}9 \cdot 10^{47}$	,,
Ionisations- und Anregungsenergie . . . . (weniger als)	$26{,}9 \cdot 10^{47}$	,,

Dies stellt eine Deckung für den Bedarf von höchstens 47 Millionen Jahren dar. Wir glauben aber nicht, daß dieses Kapital zur Bestreitung der Ausgaben verwendet wird; es wird eher vermehrt als erschöpft.

Gegenwärtig wird wohl allgemein angenommen, daß die Hauptquelle der Energie eines Sternes subatomaren Ursprunges ist. Es scheint nicht möglich zu sein, diesen Schluß in irgendeiner Weise zu umgehen; da aber diese Hypothese bei ihrer Anwendung auf Einzelfragen auch zu

[1] Das Resultat $H \propto g$ für einen rotierenden Stern ist zuerst von JEANS (Monthly Notices Bd. 79, S. 330) für den Fall sehr großer Massen abgeleitet worden. Er betonte aber dabei ausdrücklich, daß seine Ableitung nur in dem Falle anwendbar ist, wenn der Stern keine andere Energiequelle außer der Kontraktion besitzt; und er hat dieses Resultat (ohne Angabe von Gründen) in einer späteren Arbeit (ibid. Bd. 85, S. 935) wieder zurückgezogen.

manchen Schwierigkeiten führt, ist es unsere Pflicht, alle anderen Alternativen einer sorgfältigen Betrachtung zu unterziehen.

In früheren Zeiten war die Kontraktionstheorie von HELMHOLTZ und KELVIN die alleinherrschende. Diese Theorie setzte voraus, daß der Energievorrat durch die Verwandlung von Gravitationsenergie in Wärme bei der allmählichen Kontraktion des Sternes aufrechterhalten wird. Die aus der Kontraktion erhältliche Energie erweist sich aber im Hinblick auf das hohe Alter, welches wir jetzt der Sonne zuschreiben müssen, als gänzlich unzulänglich. Es ist vielleicht der Mühe wert, eine verbesserte Berechnung des Alters der Sonne nach der Kontraktionshypothese auszuführen, unter Berücksichtigung zweier neu hinzugekommener Forschungsergebnisse: erstens, daß das Material ein ideales Gas darstellt, und daher stärker gegen den Mittelpunkt konzentriert ist, als früher angenommen wurde, und zweitens, daß sich die Ergiebigkeit der Sonnenstrahlung in der Vergangenheit nicht sehr stark geändert haben kann, wenn ihre Masse konstant geblieben ist. Die bei der Kontraktion von unendlicher Ausdehnung auf den jetzigen Radius verlorene Gravitationsenergie ist

$$\Omega = \tfrac{3}{2} G M^2 / R = 5.66 \cdot 10^{48} \,\mathrm{erg}\,.$$

Hiervon sind $2{,}97 \cdot 10^{48}$ erg (wie oben angegeben) in Form von materieller kinetischer Energie und Strahlungsenergie aufgespeichert worden. Ein unbekannter Teil des $2{,}69 \cdot 10^{48}$ erg betragenden Restes ist ferner als Ionisations- und Anregungsenergie gleichfalls aufgespeichert worden. Wenn wir von diesem (wahrscheinlich beträchtlichen) Posten absehen, gestattet der Überschuß eine Strahlung mit der gegenwärtigen Intensität während einer Zeitdauer von 23 Millionen Jahren. Wenn wir noch die etwas schwächere Strahlung in der Vergangenheit nach dem Gesetze $L \propto T_c^{\frac{1}{2}} \propto R^{-\frac{1}{2}}$ (Gleichung (98.3)) berücksichtigen, wird dieses Alter gerade verdoppelt.

Rechnen wir das Alter der Sonne von der Zeit an, zu der sie eine effektive Temperatur von 3000^0 erreicht hatte, so ist das Resultat 15 Millionen bzw. 19 Millionen Jahre, je nachdem wir die schwächere Strahlung in der Vergangenheit vernachlässigen oder in Rechnung ziehen. Diese Zahlen müßten, wie schon erwähnt, bei Berücksichtigung der Ionisationsenergie noch beträchtlich verkleinert werden, so daß 20 Millionen Jahre wahrscheinlich schon eine sehr freigebige Schätzung des Alters der Sonne nach der Kontraktionshypothese darstellen würden.

202. Biologische, geologische, physikalische und astronomische Argumente sprechen übereinstimmend dafür, daß dieses Alter ein viel zu niedriges ist, und daß die von der Kontraktionshypothese gegebene Zeitskala in irgendeiner Weise verlängert werden muß. Das unmittelbarste Zeugnis hierfür liefert die Bestimmung der Entstehungszeit von irdischen Felsmassen, die radioaktive Mineralien enthalten, aus dem

Verhältnisse der in ihnen vorkommenden Uran- und Helium- oder Uran- und Bleimengen. In dieser Weise konnte den ältesten Sedimentgesteinen ein Alter von 1300 Millionen Jahren zugeschrieben werden[1]. Die Sonne muß natürlich noch älter sein, so daß ihr Alter kaum unter 10^{10} Jahren angesetzt werden darf.

Die Schnelligkeit der von der Kontraktionstheorie verlangten Entwicklung wirkt besonders überraschend, wenn wir uns den Riesensternen zuwenden. Ein Stern der Masse 11,5 würde nur 31000 Jahre brauchen, um sich vom *M*-Typus (3000°) bis zum *G*-Typus (6000°) zu entwickeln, und 72000 Jahre vom *M*-Typus bis zum *A*-Typus (10500°); dabei müßten diese Zahlen bei Berücksichtigung der Ionisationsenergie noch beträchtlich verkleinert werden.

Die Veränderlichen der Cepheidenklasse liefern einen direkten astronomischen Beweis für die Unmöglichkeit einer so schnellen Evolution. Aus den in § 134 mitgeteilten numerischen Ergebnissen für δ Cephei folgt, daß Ω pro Jahr um 1 : 40000 seines Wertes wachsen muß, damit der Überschuß $\Omega - K - H$ ausreichen kann, um die Strahlung zu bestreiten. Der Radius müßte dementsprechend um 1 : 40000 abnehmen und die Dichte um 1 : 13000 zunehmen. Da $\Pi \sqrt{\varrho}$ genähert konstant ist, müßte die Periode um 1 : 26000 oder 17 Sekunden pro Jahr abnehmen.

Der Stern ist seit 1785 beobachtet worden, und es ist undenkbar, daß eine so starke Änderung der Periode unbemerkt geblieben sein könnte. Es ist zweifelhaft, ob eine Änderung der Periode überhaupt stattgefunden hat, da die seit 1848 vorliegenden Beobachtungen mit einer konstanten Periode verträglich sind. E. HERTZSPRUNG[2] findet eine jährliche Abnahme der Periode von $0{,}106^s \pm 0{,}011^s$, wobei aber sein Resultat beinahe ausschließlich auf der Zuverlässigkeit der Beobachtungen von GOODRICKE und PIGOTT aus dem Jahre 1785 beruht. In jedem Falle beträgt die Geschwindigkeit der Entwicklung von δ Cephei höchstens $\frac{1}{150}$ der von der Kontraktionshypothese verlangten. Es gibt noch zahlreiche andere Cepheiden, die die große Änderung der Periode gezeigt haben müßten, falls sie stattgefunden hätte; das Ergebnis ist aber in allen Fällen ein negatives gewesen.

Dieses Beobachtungsresultat bezieht sich allerdings nur auf eine

[1] Eine Beschreibung dieser und anderer Methoden findet man bei H. JEFFREYS: The Earth, Kapitel V. Andererseits scheinen die Argumente von J. JOLY: The Surface-History of the Earth, Kapitel IX, zugunsten einer niedrigeren Schätzung, auch ernste Beachtung zu verdienen; jedoch sind schon die niedrigsten Schätzungen für die Kontraktionshypothese viel zu hoch.

[2] Observatory Bd. 42, S. 338. [Aus den modernen spektrographischen Beobachtungen abgeleitete Resultate sind mir von F. S. JACOBSEN mitgeteilt worden. Diese zeigen, daß die Periode von δ Cephei jährlich um $0^s{,}39$ abnimmt, während die Periode von η Aquilae um $0^s{,}96$ jährlich *zunimmt*.]

spezielle Phase im Leben eines Sternes; wenn wir es aber als einen allgemeinen Hinweis darauf betrachten, daß die KELVINsche Zeitskala mindestens mit einem Faktor 150 multipliziert werden muß, dann kommen wir für die Sonne auf ein Alter ($> 3 \cdot 10^9$ Jahre), welches allen modernen Anforderungen entsprechen würde. Auch wenn die Pulsationstheorie der Cepheiden abgelehnt wird, bleibt unsere Überlegung vermutlich richtig, denn das Gesetz $\Pi \propto \varrho^{-\frac{1}{2}}$ kann unmittelbar aus den Beobachtungen abgeleitet werden, ohne jede Bezugnahme auf die Pulsationstheorie (Tabelle 25). Es ist übrigens undenkbar, daß eine im inneren Aufbau des Sternes begründete Periodizität durch starke Änderungen der Dichte praktisch unbeeinflußt bleiben könnte. Wenn z. B. die Periode des Lichtwechsels mit der Rotationsperiode des Sternes identisch wäre, wie einige Forscher angenommen haben, dann würde die Erhaltung des Drehimpulses die Beziehung $\Pi \propto \varrho^{-\frac{2}{3}}$ ergeben, so daß wir sogar eine noch raschere Änderung der Periode zu erwarten hätten.

203. Wenn wir uns nach einer von der Kontraktion verschiedenen Energiequelle umsehen, müssen wir zu allererst die Frage beantworten, ob die in der Zukunft vom Sterne auszustrahlende Energie bereits jetzt schon in ihm versteckt ist oder ob sie fortwährend von außen her aufgenommen wird. Es ist manchmal angenommen worden, daß die Wärme durch das Einfallen von Meteoren erzeugt wird, oder daß der Stern irgendeine den Raum durchdringende subtile Strahlung aufsammelt. Gegen jede dieser beiden Hypothesen ließen sich schwerwiegende Bedenken vorbringen, die wir aber gar nicht näher zu betrachten brauchen, weil alle solche Vorstellungen aus einem Mißverständnisse über die wahre Natur des Problems hervorgegangen sind. *Keine irgendwie beschaffene Energiequelle kann uns auch nur im geringsten nutzen, wenn sie nicht im tiefsten Inneren des Sternes Energie befreit.*

Es genügt keineswegs, bloß für die äußere Strahlung des Sternes zu sorgen, sondern es muß auch für die Aufrechterhaltung der hohen inneren Temperatur gesorgt werden, ohne die der Stern zusammenklappen würde. Der Temperaturgradient von der Oberfläche bis zum Mittelpunkte kann nicht dadurch aufrechterhalten werden, daß man an seinem unteren Ende dem Sterne Wärme zuführt. Wenn z. B. durch das Auftreffen von Meteoren eine Wärmemenge entwickelt würde, die ausreichend wäre, um die Oberfläche der Capella bei einer Temperatur von 5200^0 zu erhalten, dann würde die Temperatur im Inneren allmählich auf dieses Niveau herabsinken, und der Stern könnte nicht mehr die geringe, durch seine starke Ausdehnung bedingte Dichte behalten. Die Evolution eines Sternes verläuft tatsächlich völlig unbekümmert um die Ereignisse, die sich an seiner Oberfläche abspielen, und wenn auf dieser eine zusätzliche Wärme erzeugt wird, dann wird sie auch als zusätzliche Strahlung abgeworfen (vgl. § 143).

Wir brauchen auch nur einen flüchtigen Blick auf den Abänderungsvorschlag zu den Strahlungsgesetzen zu werfen, der in der Annahme besteht, daß ein Körper nur in solchen Richtungen strahlt, in denen sich etwas befindet, was die Strahlung aufzuhalten und sozusagen zu würdigen imstande wäre. Dies würde allerdings eine Ersparnis an der aus dem Sterne in den Raum fließenden Strahlung ermöglichen, für den im Inneren fließenden Strahlungsstrom aber bedeutungslos sein, da sich hier in jeder Richtung Materie befindet, die die Strahlung auffangen kann. Dieser Vorschlag kann uns aus dem Grunde nicht helfen, weil gerade der innere Fluß die Menge der zu verschwendenden Energie bestimmt, und jeder Versuch diese Verschwendung durch Sparsamkeit an der Oberfläche im letzten Augenblicke zu verhindern, sich als ein verspäteter erweisen würde.

Subatomare Energie.

204. Da wir gezwungen sind, uns mit der im tiefen Inneren eines Sternes in Freiheit gesetzten Energie zu begnügen, kommen äußere Quellen der Energiezufuhr für uns nicht weiter in Betracht, und es ist kaum möglich, der Schlußfolgerung auszuweichen, daß der für die zukünftige Verausgabung bestimmte Energievorrat bereits im Sterne versteckt sein muß. Energie kann aber nicht erfolgreich versteckt werden; sie verrät ihre Anwesenheit durch ihre Wirkung als Masse. Energie und Masse sind äquivalent, und die Massen der Sterne sind uns bekannt.

Hierdurch wird sofort eine obere Grenze für den für alle Zeiten verfügbaren Energievorrat gesetzt (wenn der Stern auf seinem Wege durch den Raum keine weiteren Massen auffegt). Die Masse der Sonne, $1{,}985 \cdot 10^{33}$ gr, beträgt in Energieeinheiten ausgedrückt $1{,}785 \cdot 10^{54}$ erg. Dies ist also der ganze Vorrat. Bei der gegenwärtigen Strahlungsintensität würde er für 15 Billionen von Jahren ($1{,}5 \cdot 10^{13}$) ausreichen. Wenn dieser ganze Vorrat wirklich verbraucht werden soll, dann wird die Sonne in Zukunft ein Stern kleinerer Masse sein und ihren Vorrat durch weniger intensive Ausstrahlung schonen. Andererseits dürfte das gegenwärtige Alter der Sonne, auch wenn sie als Stern unendlich großer Masse angefangen hätte, doch nicht mehr als 10^{13} Jahre betragen, wegen der intensiveren Ausstrahlung bei großen Massen.

Diese Zeitskala stellt eine obere Grenze dar, da wir nicht wissen, welcher Teil der im Sterne vorhandenen Energie für Strahlungszwecke verwendbar ist.

Dieser Energievorrat besteht, mit geringfügigen Ausnahmen, aus der Energie der Zusammensetzung von Atomen und Elektronen oder, wie man zu sagen pflegt, aus subatomarer Energie. Die Prozesse, durch welche diese subatomare Energie in Freiheit gesetzt werden könnte, sind:

I. a) Zerfall von komplizierten Elementen in einfachere Elemente (Radioaktivität).

b) Aufbau von komplizierteren Elementen aus einfacheren Elementen.

II. Gegenseitige Aufhebung von Elektronen und Protonen.

Es könnte sonderbar erscheinen, daß Energie sowohl beim Aufbau, als auch beim Zerfalle höherer Elemente befreit werden kann, doch sind beide Fälle in Wirklichkeit möglich. Wie bei chemischen Verbindungen ist die Verbindung von Protonen und Elektronen zu einem Kerne zuweilen endothermisch und zuweilen exothermisch. Der Zerfall von komplizierten Kernen unter Energiebefreiung ist uns von den radioaktiven Verwandlungen her wohlbekannt. Das wichtigste Beispiel einer Energiebefreiung beim Aufbau neuer Kerne stellt die Bildung von Helium aus Wasserstoff dar. Der Heliumkern enthält vier Protone (Wasserstoffkerne), die durch zwei Elektronen fest aneinander gebunden sind. Seine freie elektrische Ladung ist daher $+ 2e$, in Übereinstimmung mit seiner Ordnungszahl $Z = 2$. Das Atomgewicht 4,00 rührt von der Masse der Protonen her (da die Masse der Elektronen ganz unbedeutend ist) so daß jedes Proton für eine Masse 1,000 verantwortlich ist. Die Masse des nichtkombinierten Protons, wie es im Wasserstoffatome auftritt, ist aber gleich 1,008. Dieser Unterschied ist durch chemische Bestimmungen der Atomgewichte von Wasserstoff und Helium festgestellt und wird auch in äußerst überzeugender Weise durch die Messungen von ASTON mit Hilfe des Massenspektrographen bestätigt. Die Bildung von Helium aus Wasserstoff wird also von einem Massenverluste von 0,8% belgeitet; die entsprechende Energie muß während des Kombiniationsvorganges befreit worden sein. Es kann keinem Zweifel unterliegen, daß bei der großen Annäherung der Elektronen an die Protone im Heliumkerne ihre gegenseitige elektrostatische Energie kleiner wird, als in einem Zustande unendlich weiter Trennung, und dieser Verlust an Feldenergie wird gerade durch die Messungen der Masse verraten. Nach diesem ersten Verluste von 0,008 der Masse, beim Eintritte des Protons in den Heliumkern, scheinen die Energieänderungen beim Aufbau höherer Kerne viel unbedeutender zu sein. ASTON[1] hat neuerdings die Abweichungen von dem Gesetze der Ganzzahligkeit für eine beträchtliche Anzahl von Elementen bestimmt. Es zeigt sich, daß der „Packungsbruch“ oder Massenverlust für jedes Proton ein bestimmtes Gesetz befolgt. Er wächst etwa bis zu dem Atomgewichte 60 und nimmt dann wieder langsam ab, hat aber für leichte Elemente einen größeren Wert bei geraden Ordnungszahlen, als für benachbarte Elemente ungerader Ordnungszahlen. Der größte mögliche Energiegewinn wird

[1] Proc. Roy. Sec. Bd. 115 A, S. 511.

daher bei der Verwandlung von Wasserstoff in Elemente eines in der Nähe von 60 liegenden Atomgewichtes erhalten; hierbei würden etwa 0.0087 der Gesamtmasse in freie Energie verwandelt werden, während bei der Bildung von Helium nur 0.0077 der Masse befreit werden.

Es erweist sich also, daß durch den Prozeß I b) nicht mehr als 1% der Masse in freie Energie verwandelt wird, so daß, wenn dieser Prozeß die Hauptquelle der Sternenergie darstellen sollte, die Zeitskala durch 100 zu dividieren wäre, und die Lebenszeit der Sonne (Vergangenheit und Zukunft) auf $1{,}5 \cdot 10^{11}$ Jahre beschränkt sein würde. (Die Möglichkeit einer starken Änderung der Strahlungsintensität bereitet uns hierbei keine Sorgen mehr, da sich die Masse höchstens um 1% ändert.) Jedoch würde auch diese obere Grenze nur in dem Falle erreicht werden können, wenn die Sonne ursprünglich ganz aus Wasserstoff bestanden hätte. Für eine Lebensdauer von 10^{10} Jahren ist ein anfänglicher Wasserstoffgehalt von 7% der Gesamtmasse notwendig. Es würde uns sogar bei den frühesten Sternen nicht leicht fallen, einen größeren Prozentsatz von Wasserstoff anzunehmen[1]. Die Zeitskala erscheint also etwas zusammengedrängt, obwohl wir nicht mit Bestimmtheit sagen können, daß sie unzulänglich ist.

Soweit uns bekannt ist, liefert der Prozeß I a) noch viel weniger Energie. Um die Energie eines Sternes durch den Zerfall von Elementen aufrechtzuerhalten, ist es notwendig, Elemente von sehr hoher Radioaktivität zu postulieren, die aus der irdischen Erfahrung unbekannt sind.

Durch den dritten Prozeß, der Vernichtung von Protonen und Elektronen, könnte die ganze vorhandene Energie befreit und die äußerste Zeitskala erreicht werden. Diese Hypothese setzt voraus, daß, wenn ein Proton und ein Elektron zusammentreffen, sie sich unter gewissen, ausnahmsweise eintretenden Umständen vereinigen können; ihre positiven und negativen Ladungen heben sich gegenseitig auf und es bleibt nichts mehr übrig außer der Energie, welche, von allen Fesseln befreit, als elektromagnetische Welle durch den Äther plätschert. Anstatt die beiden Ladungen zu betrachten, können wir unsere Aufmerksamkeit auch auf das zwischen ihnen bestehende Kraftfeld richten, welches eine Art von Diskontinuitätsröhre im Äther bedingt; diese Röhre könnte zurückgleiten, wodurch die Diskontinuität geheilt und gleichzeitig eine Welle von strahlender Energie erzeugt werden könnte.

Wenn diese letzte Energiequelle wirklich in Tätigkeit treten kann, muß die Materie des Sternes allmählich verschwinden. Der Stern verbrennt langsam seine Masse.

Wir werden beide Formen, welche die Hypothese einer subatomaren Energiequelle annehmen kann, im Auge behalten müssen — die milde

[1] Siehe § 169, wo eine Mischung von 15 Atomen Wasserstoff auf 1 Eisenatom oder in Masse, 21% Wasserstoff betrachtet wurde, mit der Absicht, die Opazität der Capella zu erklären.

Form der Transmutation der Elemente und die radikale Form der Vernichtung der Materie. Die zweite Theorie führt zu einer mindestens 100mal längeren Zeitskala als die erste. Außerdem führen sie zu grundsätzlich verschiedenen Evolutionstheorien für die Sterne. Nach der zweiten Theorie ändert sich die Masse eines Sternes sehr beträchtlich während seiner Lebenszeit, so daß eine Evolution von schweren zu leichten Sternen — also von hellen zu lichtschwachen Sternen stattfindet. Nach der ersten Theorie bleibt dagegen die Masse im wesentlichen konstant, und es besteht nur ein geringer Spielraum für eine Evolution, wenn keine Massengewinne oder -verluste durch äußere Ursachen vorausgesetzt werden. Diese starken Gegensätze geben uns eine gewisse Hoffnung, zwischen beiden Theorien eventuell eine Entscheidung treffen zu können.

205. Die ersten Spuren des Gedankens, daß die Masse der gewöhnlichen Materie ein Anzeichen für das Vorhandensein von Energie ist, die möglicherweise in Freiheit gesetzt werden könnte, lassen sich bis in das Jahr 1881 zurückverfolgen, als es J. J. THOMSON gelang, den Beweis zu erbringen, daß das elektrische Feld eines geladenen Körpers Trägheit oder Masse besitzt. Die Entdeckung des Elektrons und die Tendenz, seine Masse als eine Wirkung seines elektrischen Feldes zu deuten, stärkten den Glauben an die Existenz großer Mengen von Feldenergie, die an die Zusammensetzung der Materie, vielleicht aber nicht auf ewige Zeiten, gebunden sind. Wie weit diese Vorstellung bereits um 1900 gediehen war, kann man aus J. LARMORS „Äther und Materie", Anhang E, ersehen. Dort wird die Erzeugung eines positiven und eines negativen Elektrons durch Drehung der Wände einer Röhre um einen inneren Kern beschrieben, und die Möglichkeit eines Zurückgleitens der Wände, unter Vernichtung der Elektronen und Befreiung der Energie in zaghafter Weise angedeutet. Im Jahre 1904 sprach JEANS die Vermutung aus, daß die radioaktive Energie des Urans usw. von der Vernichtung von Elektronen und Protonen herrühren könnte. Der Gedanke von der inneren Energie der Materie wurde dann von EINSTEIN auf eine klarere und genauere Form gebracht, indem er die Identität von Masse und Energie bewies; er zeigte, daß Masse und Energie nur verschiedene, bei verschiedenen Typen von Experimenten beobachtbare Äußerungsarten einer beiden gemeinsam zugrunde liegenden Bedingung sind, so daß das Gramm und das Erg ebenso ineinander verwandelbar sind, wie der Fuß und das Meter. Die innere Strukturenergie einer gegebenen Masse von Materie wurde uns hierdurch bekannt, und es entstanden natürlich sofort Spekulationen über die Frage, ob es jemals gelingen würde, einen Teil von ihr oder eventuell auch ihre Gesamtmenge in Freiheit zu setzen und nutzbar zu machen.

Inzwischen war die Existenz eines Energievorrates im Inneren der Atome in einer praktischeren Weise, durch das Phänomen der Radioaktivität, unserer Aufmerksamkeit aufgezwungen worden. Man bildete sich eine Zeitlang sogar übertriebene Vorstellungen von der kosmischen Bedeutung dieser bis dahin nicht erkannten Energiequelle, und glaubte in ihr die unmittelbare Lösung der in bezug auf das Alter der Sonne und der Erde bestehenden Schwierigkeiten gefunden zu haben. In einem gewissen Sinne gab sie allerdings die Möglichkeit, das Alter der Erde beinahe unbegrenzt zu verlängern. Ein von Lord KELVIN gegen die von den Geologen gewünschte lange Zeitskala erhobener Einwand stützte sich nämlich auf den unter der Oberfläche der Erde bestehenden Temperaturgradienten. In genau derselben Weise, in der wir in diesem Buche die aus einem Sterne herausfließende Wärmemenge aus dem Temperaturgradienten und der Opazität berechnet haben, hatte KELVIN die aus dem Inneren der Erde fließende Wärmemenge auf Grund des Temperaturgradienten und der Leitfähigkeit der Gesteine der Erdkruste bestimmt. Wir wissen jetzt, daß diese entweichende Wärmemenge nicht größer ist, als diejenige, welche vernünftigerweise dem Zerfall von radioaktiven Mineralien im Inneren der Erdkruste zugeschrieben werden kann, so daß sie kein Maß für die Geschwindigkeit der Abkühlung der Erde abgibt. KELVIN nahm aber an, daß sie die Abkühlung darstellt, und berechnete rückwärts die Zeit, zu der sich die Erde in einem geschmolzenen Zustande befunden haben müßte. Diese direkte Methode der Festsetzung einer Grenze für das Alter der Erdrinde ist gegenwärtig nicht mehr haltbar.

Es nützt uns aber nicht viel, das Alter der Erde zu verlängern, wenn wir nicht gleichzeitig auch das Alter der Sonne verlängern können, und in dieser Beziehung erhalten wir von der Radioaktivität nur sehr wenig Hilfe. Es ist berechnet worden, daß, wenn die Sonne ganz aus Uran und seinen Zerfallsprodukten (im Gleichgewichtsverhältnisse) bestünde, die Radioaktivität nur die Hälfte der gegenwärtigen Ausstrahlung der Sonne bestreiten könnte; die andere Hälfte müßte also doch aus unbebekannten Quellen stammen.

Was die astronomische Anwendung dieser Gedanken betrifft, so hatte man keine besondere Veranlassung, eine bestimmte Theorie zu formulieren, solange die einzige Forderung der Astronomen in einer Verlängerung der Zeitskala bestand. Einige Gelehrte mögen wohl über die Existenz noch viel stärker radioaktiver Elemente in den Sternen spekuliert haben, und sich das Uran und das Radium auf der Erde als die letzten schwachen Überreste eines aussterbenden Prozesses vorgestellt haben. Andere begnügten sich schon mit der Erkenntnis, daß ein reichlicher Vorrat an Energie in den Sternen bei jeder beliebigen chemischen Zusammensetzung aufgespeichert sein muß, und empfanden kein dringendes Bedürfnis, darüber nachzudenken, in welcher von den verschiedenen möglichen Weisen diese Energie aus ihrem gebundenen Zustande befreit wird.

Eine eingehendere Beschäftigung mit diesem Probleme schien im Jahre 1916, bei den ersten Untersuchungen über das Strahlungsgleichgewicht der Sterne, unumgänglich geworden zu sein. Es entstand für uns damals die Frage nach der *Verteilung* der Quellen der stellaren Energie im Inneren eines Sternes. Wenn die Quelle in der Gravitationsenergie der Kontraktion bestand, konnte die Verteilung angegeben werden. Die Kontraktionshypothese war aber damals schon im Begriffe an Boden zu verlieren, so daß jedenfalls die Möglichkeit ins Auge gefaßt werden mußte, daß die Quelle nicht unwahrscheinlich eine subatomare sein könnte. Wir haben aber gezeigt, daß es bei einer genäherten Lösung des Problems nicht notwendig ist, allzu bestimmte Annahmen über die Verteilung der Quellen zu machen. Die Frage nach dem Gesetze der Befreiung der subatomaren Energie konnte daher noch für eine gewisse Zeit zurückgestellt werden.

In diesem Zusammenhange kann auch eine sehr interessante Untersuchung von H. N. RUSSELL[1] aus dem Jahre 1919 erwähnt werden, in der einige der Bedingungen aufgestellt sind, denen eine subatomare Quelle genügen muß, um den astronomischen Bedürfnissen zu entsprechen. Dies war vielleicht das erste Anzeichen des Erwachens eines regeren astronomischen Interesses für diese Frage, ganz abgesehen von ihrer Bedeutung für die Zeitskala.

Die Untersuchungen von ASTON, welche die bei der Bildung von höheren Elementen aus Wasserstoff erfolgenden Massenverluste feststellten, verliehen im Jahre 1920 der Frage ein erhöhtes Interesse. Durch diese Untersuchungen wurde eine viel ergiebigere Energiequelle aufgedeckt, als irgendeine der bekannten radioaktiven Verwandlungen. Die gegenseitige Vernichtung von Protonen und Elektronen oder der Zerfall von unbekannten hoch radioaktiven Elementen stellen nur spekulative Hypothesen dar; das Vorkommen solcher Prozesse kann eben sowohl möglich als unmöglich sein. In der Bildung von Helium haben wir dagegen einen Prozeß vor uns, der zu irgendeiner Zeit und an irgendeinem Orte vorgekommen sein *muß* — und welcher Ort wäre geeigneter als das Innere der Sterne, in dem die Atome der Urmaterie zum ersten Male in enge Berührung miteinander gebracht werden? Die Vorteile dieser neuen Hypothese sind von J. PERRIN[2] und dem Verfasser[3] im Jahre 1920 hervorgehoben werden. Sie schließt aber auch gewisse Nachteile in sich.

Bis zu diesem Zeitpunkte stellte die genaue Beschaffenheit der subatomaren Quelle für die Astronomen ein zwar interessantes aber keineswegs sehr dringliches Problem dar. Aber die im siebenten Kapitel erreichten

[1] Publ. Astr. Soc. Pac. Bd. **31**, S. 205 (1919). Siehe auch EDDINGTON: Observatory Bd. **42**, S. 371 (1919).

[2] Rev. du Mois Bd. **21**, S. 113 (1920).

[3] Brit. Assoc. Report 1920, S. 45.

Resultate machen sie zu einem Probleme der allergrößten Dringlichkeit. Während der vergangenen 50 Jahre ist die Stellarastronomie ständig von einer Reihe aufeinanderfolgender Theorien der Sternentwicklung geleitet worden. Heutzutage besitzen wir keine Theorie der Sternentwicklung mehr, und werden auch keine aufstellen können, solange uns die Gesetze der subatomaren Energie unbekannt bleiben. Versuchen wir, uns einen klaren Begriff davon zu machen, warum die subatomare Energie jetzt von ausschlaggebender Bedeutung geworden ist. In der alten Entwicklungstheorie vom B-Typus zum M-Typus, ebenso wie in der Riesen- und Zwergtheorie der Entwicklung vom M-Riesen zum B-Sterne und dann zum M-Zwerge, war der *Entwicklungsweg* des Sternes durch wohlbekannte physikalische Gesetze vorgezeichnet. Die Gesetze der subatomaren Energie bestimmten keineswegs die Bewegung des Sternes im Helligkeits-Spektraltypen-Diagramme; sie bestimmten nur die *Geschwindigkeit seines Fortschreitens*. Gegenwärtig bleibt aber außer den Gesetzen der Befreiung von subatomarer Energie überhaupt nichts anderes übrig, um den Entwicklungsgang des Sternes zu lenken; diese Gesetze müssen also seine Bahn bestimmen, wenn er in einer Evolution begriffen ist, oder seinen Aufenthaltsort, wenn er stationär ist[1].

206. Ich glaube, daß der reine Physiker leicht dazu neigt, unsere Betrachtungen über die nähere Beschaffenheit der subatomaren Energie für leere Spekulationen zu halten; wenn er das tut, so verkennt er vollkommen die Lage des Astronomen. Es handelt sich durchaus nicht um hemmungslose Kombinationen, ohne jede engere Beziehung zu beobachtbaren Tatsachen. Dem Astronomen steht eine Fülle von Tatsachen zur Verfügung, auf denen er weiter bauen kann, und er darf der Pflicht nicht ausweichen, diese Tatsachen in irgendeiner Weise zu ordnen. Die Intensität der Strahlung eines Sternes messen, heißt die in ihm stattfindende Befreiung von subatomarer Energie messen; denn wenn sich beide Prozesse nicht sehr genau kompensierten, würde das Resultat eine Entwicklung nach einer Zeitskala sein, die mit derjenigen Lord KELVINS vergleichbar wäre. Die Messung der Befreiung von subatomarer Energie gehört also zu den allergewöhnlichsten astronomischen Beobachtungen; und wenn die Darlegungen dieses Buches nicht grundsätzlich verkehrt sind, besitzen wir schon eine ziemlich eingehende Kenntnis über die Temperatur- und Dichteverhältnisse der Materie, die diese Energie von sich gibt. Dazu kommt noch, daß wir in den Cepheiden die Möglichkeit haben, diese Befreiung bei veränderlichen Temperaturen und Dichten zu studieren. Unter solchen Um-

[1] In der Riesen- und Zwergtheorie wurde angenommen, daß die Linie konstanter Masse mit der Linie zusammenfällt, auf der, oder in deren Nähe, sich die meisten Sterne vorfinden. Wir haben jetzt gelernt, daß die Linien konstanter Masse in einer ganz anderen Richtung verlaufen, so daß ein dem alten Fortschreitungsprinzipe überlassener Stern von der Hauptlinie abwandern würde.

ständen ist es doch sicher gestattet, die Tatsachen von verschiedenen Gesichtspunkten aus zu ordnen und zuzusehen, welche Gesetze und Theorien durch sie nahegelegt werden, ohne sich der Gefahr auszusetzen, haltloser Spekulationen beschuldigt zu werden. Wenn unsere Kritiker in ihren Laboratorien ähnliche Springbrunnen von Energie besäßen, deren Ergiebigkeit zu messen und deren physikalischen Zustand zu berechnen sie in der Lage wären, würden sie es sich sicher nicht nehmen lassen, über die stattfindenden Prozesse zu spekulieren.

Unglücklicherweise lassen sich die Tatsachen zunächst noch nicht in befriedigender Weise ordnen, und wir tappen immer noch im Dunkeln nach einer Spur. Ich bin nicht in der Lage, in den nachfolgenden Paragraphen irgendeine bestimmte Theorie zu vertreten, und das allgemeine Ergebnis der anzustellenden Betrachtungen wird keineswegs überzeugend sein. Die Untersuchung wird aber die Verwicklungen und Schwierigkeiten, die im Gegenstande liegen, klar vor Augen führen.

Astronomische Schwierigkeiten.

207. Betrachten wir den folgenden Vergleich zwischen der Capella und der Sonne:

1. In der Capella werden 58 erg pro Gramm und Sekunde befreit, in der Sonne aber nur 1,9.
2. Die Dichte der Sonne ist 620 mal größer als die Dichte der Capella.
3. Die Temperatur der Sonne in entsprechenden Punkten ist 4,3 mal höher als die Temperatur der Capella.

Die beiden ersten Tatsachen sind unmittelbare Beobachtungsergebnisse. Die dritte stellt eine Schlußfolgerung dar auf Grund der gegenwärtigen Theorie, die schwerlich bezweifelt werden kann. Nun wird aber allgemein angenommen, daß die Befreiung subatomarer Energie, wenn sie überhaupt von der Temperatur und der Dichte abhängt, mit diesen zunehmen muß. Warum erscheint dann die Ergiebigkeit der Quelle in der Sonne trotz der scheinbar günstigeren Bedingungen herabgesetzt?

Die Antwort lautet vermutlich, daß die Sonne ein viel älterer Stern ist, und daß Capella aus irgendeiner ergiebigeren Energiequelle schöpfen kann, die in der Sonne bereits versiegt ist. Wir können beiläufig bemerken, daß (nach der Energieproduktion zu urteilen) höchstens $\frac{1}{30}$ dieser ursprünglichen Quelle in der Sonne noch erhalten sein kann, so daß, wenn die Verwandlung von Wasserstoff in höhere Elemente die einzige Energiequelle darstellt, die Sonne ihren Wasserstoffvorrat schon so ziemlich verbraucht haben muß. Der wesentliche Punkt ist aber, daß die Deutung der astronomischen Resultate wahrscheinlich durch das Hinzutreten eines dritten Faktors, außer der Temperatur und der Dichte, erschwert wird, nämlich der Erschöpfung des Vorrats.

Betrachten wir nun die beiden Komponenten der Capella. Zu irgendeiner Zeit hat sich ein einzelner Stern in zwei Komponenten aufgespalten, deren Material beim Anfange ihres gesonderten Lebens sich in demselben Zustande der Erschöpfung befunden haben muß. Nach der Massenhelligkeitsbeziehung hat die massivere Komponente mehr Energie pro Gramm ausgestrahlt und müßte daher gegenwärtig stärker erschöpft sein als die andere. Wir sehen aber, daß die massivere Komponente jetzt bei niedrigerer Temperatur, geringerer Dichte und vorgeschrittenerer Erschöpfung mehr Energie pro Gramm befreit, als die schwächere Komponente. Dies ist ein äußerst unbequemes Paradoxon.

Diese letzte Überlegung bedarf in mehreren Beziehungen einer Ergänzung. Es ist geltend gemacht worden, daß die massivere Komponente einen größeren Teil des Zentralgebietes des ursprünglichen Sternes für sich in Anspruch nimmt, in dem sich die schwereren und aktiveren Elemente ansammeln. Nach § 195 ist aber die Diffusion eine so langsame, daß eine merkliche Strömung der schweren Elemente nach dem Mittelpunkte überhaupt nicht stattfindet. In dem Muttersterne der Capella hätten die schweren Elemente wegen des Strahlungsdruckes eher nach oben diffundieren müssen. Es könnte zwar eine überwiegende Tendenz zur *Bildung* von schweren Elementen im Mittelpunkte bestanden haben; gegen diese haben wir aber die durchmischende Wirkung der durch die Rotation des Sternes bedingten Zirkulationsströme. Die Rotation des Muttersternes muß vermutlich eine schnelle gewesen sein, da er sich sonst nicht aufgespalten hätte. Dieser Einwand könnte vielleicht durch den Hinweis auf die geschichtete Zirkulation (§ 199) entkräftet werden. Wir können jedoch noch weiter getrennte Paare zum Vergleiche heranziehen und auch ganze Gruppen, wie z. B. den Taurushaufen, bei denen das ursprüngliche Material, aus dem die einzelnen Sterne entsprungen sind, keine sehr ausgeprägte Zentralverdichtung besessen haben kann; auch hier lassen sich Sternpaare auffinden, welche dieselbe Anomalie zeigen wie die beiden Komponenten der Capella. Dieses Paradoxon tritt überall dort auf, wo in einer gleichaltrigen Gruppe von Sternen die massiveren Sterne die niedrigere effektive Temperatur besitzen; sie befreien mehr Energie pro Gramm bei niedrigerer Temperatur und Dichte, und da sie dies auch während ihrer ganzen Vergangenheit getan haben, kann ihr Vorrat nicht weniger erschöpft sein.

Es könnte angenommen werden, daß die engen Doppelsterne einen stabilen Zustand noch nicht erreicht haben, so daß wir nicht berechtigt sind, aus der Strahlung dieser Sterne Rückschlüsse auf die Menge der in ihnen befreiten subatomaren Energie zu ziehen. Ein Stern muß den stabilen Zustand in einer Zeit erreichen, die ungefähr von der Größenordnung der KELVINschen Zeitskala ist, d. h. etwa 100000 Jahre für einen Riesenstern. Wenn die obige Annahme einigermaßen das Wahre trifft, muß sich die Anomalie am deutlichsten in den jüngsten Doppelsternen zeigen; dies sind vermutlich die Verfinsterungsveränderlichen, deren Trennung nicht viel größer ist, als die Dimensionen der Komponenten. Es scheint nun eine allgemeine Regel zu sein, daß in gewöhnlichen Riesenpaaren die massivere Komponente (wie bei der Capella) stets die niedrigere effektive Temperatur besitzt; bei den Verfinsterungsveränderlichen dagegen erscheint dieser Sachverhalt beinahe ausnahmslos umgekehrt, indem die schwächere und weniger Masse enthaltende Komponente die niedrigere Flächenhelligkeit zeigt. Die Anomalie tritt also gerade bei denjenigen Sternen nicht auf, bei denen sie verzeihlich wäre.

208. Die oben erwähnten Schwierigkeiten ergeben sich bei Vergleichen von Riesensternen untereinander und mit Sternen der Hauptsequenz. Wir könnten vielleicht hoffen, daß eine auf Sterne der Hauptsequenz beschränkte Erklärung für den Anfang ein leichteres Problem darstellen würde. Diese Sterne bieten den großen Vorteil, daß der mögliche Einfluß der Temperatur auf die Befreiung subatomarer Energie bei ihrer Verwendung eliminiert wird, da die Mittelpunktstemperatur längs der Hauptsequenz genähert konstant bleibt.

Die erste in die Augen springende Tatsache, der wir hier begegnen, ist der ungeheuere Erschöpfungseffekt. Die Energiebefreiung pro Gramm in Krueger 60 beträgt nur $\frac{1}{8500}$ der Energiebefreiung pro Gramm in *V* Puppis. Außerdem hat Krueger 60 eine viel höhere Dichte; wenn man also die nicht unnatürliche Annahme macht, daß die in der Zeiteinheit erfolgende Energiebefreiung proportional zu der Dichte ist, wird die Abnahme der immanenten Fähigkeit des Materials zur Energiebefreiung, beim Übergange von dem einen Sterne zum anderen, durch das Verhältnis 1 : 1000000 ausgedrückt.

Dieser Niedergang würde als Ergebnis der allmählichen Erschöpfung eines einzigen Prozesses schwer zu erklären sein. Wenn wir es mit einem einzigen Prozesse zu tun hätten, würde die Ergiebigkeit der jeweils vorhandenen Energiequellen mit der Zeit nach einem Exponentialgesetze abnehmen, oder eventuell noch mit einer zusätzlichen Beschleunigung, wegen der wachsenden Dichte. Das Zeitintervall zwischen *V* Puppis (680 erg pro gr) und der Sonne (2 erg pro gr) müßte dann aber viel größer sein als das Zeitintervall zwischen Sonne und Krueger 60 (0,08 erg pro gr). Die zeitliche Dauer des Stadiums: *G*-Zwerg bis *M*-Zwerg wäre also eine viel kürzere als die des vorangehenden Stadiums; es ist aber bis jetzt immer angenommen worden, daß die große Häufigkeit dieser späten Zwergsterne ein Anzeichen dafür ist, daß gerade dieses Stadium den längsten Abschnitt in der Lebensgeschichte eines Sternes bildet. Wir brauchen nicht anzunehmen, daß alle Zwergsterne notwendig durch den Zustand von *V* Puppis hindurchgegangen sind; die Heranziehung von *V* Puppis sollte nur zeigen, daß die Quelle *imstande* ist, 680 erg pro gr bei Sonnentemperatur zu liefern, und daß in der Sonne daher höchstens $\frac{1}{300}$ von ihr noch erhalten sein kann. Das Sonnenstadium hat also auf jeden Fall eine viel längere Geschichte hinter sich, als die der Sonne noch bevorstehende.

Die Schwierigkeit kann natürlich dadurch beseitigt werden, daß man eine Reihe von verschiedenen Quellen postuliert, so daß die Erschöpfung nicht mehr dem einfachen Exponentialgesetze folgt. Diese Konzession würde aber zugleich einen Verzicht auf die Möglichkeit einer Erklärung der Hauptsequenz als einheitliches Phänomen bedeuten.

Eine abweichende Deutung der Hauptsequenz ist in § 122 angegeben worden. Dort wurde die Quelle als praktisch unerschöpflich betrachtet, jedoch sollte sie nur bei einer kritischen Temperatur von etwa 40 Millionen Grad angezapft werden können. Wir stellen uns vor, daß der Stern im Riesenstadium verschiedene subatomare Energiequellen verbraucht, die (obwohl ergiebig, solange sie bestehen) bald erschöpft sind. Dann zieht sich der Stern weiter zusammen, bis seine Mittelpunktstemperatur 40 Millionen Grad erreicht; in diesem Augenblicke wird der Hauptvorrat an Energie plötzlich freigegeben, der möglicherweise in der gegenseitigen Neutralisierung von Protonen und Elektronen besteht, so daß in diesem Stadium der größte Teil der Masse des Sternes verbrennen könnte. Ein in der Hauptsequenz befindlicher Stern muß gerade so viel von seinem Materiale über der kritischen Temperatur erhalten als nötig ist, um die für ihn erforderliche Energiezufuhr zu sichern; eine verhältnismäßig kleine Expansion genügt dann immer, um diese Zufuhr um jeden gewünschten Betrag zu verringern, wenn sich der Stern (wegen der Abnahme seiner Masse) längs der Hauptsequenz weiterbewegt. Nach dieser Vorstellung wird die Energie in der Umgebung des Mittelpunktes des Sternes befreit und das Sternmodell nähert sich dem in § 91 behandelten.

Der wichtigste astronomische Einwand hiergegen ist, daß diese Methode der Wärmebefreiung dem Sterne Überstabilität verleihen würde. Durch eine kleine Kompression könnte Krueger 60 dazu gebracht werden, ebensoviel Wärme zu befreien wie *V* Puppis. Nach jeder Kompression müßte augenscheinlich ein starker Rücksprung erfolgen, und die Schwingungen des Sternes würden erhalten und vergrößert werden. Nach § 136 findet Überstabilität immer dann statt, wenn ε schneller als T^2 wächst, so daß ein diskontinuierlicher Zuwachs von ε bei einer kritischen Temperatur eine verhängnisvolle Wirkung haben müßte. Diese Schwierigkeit der Überstabilität kehrt bei den meisten Versuchen der Aufstellung einer Theorie wieder, weil der Spielraum zwischen Stabilität und Überstabilität ein sehr enger zu sein scheint. Einen Weg, der zu ihrer Beseitigung führt, haben wir schon kennen gelernt. Wir können nämlich annehmen, daß die Abhängigkeit der

Energiebefreiung von der Dichte und der Temperatur keine instantane, sondern eine verzögerte ist; d. h. daß aktives Material mit einer von der Temperatur und Dichte abhängigen Geschwindigkeit gebildet wird, aber eine Lebensdauer von mindestens einigen Jahren hat und seine Energie unabhängig von der Temperatur und Dichte wieder freigibt. In diesem Falle würde sich die Energiebefreiung bei kurzperiodischen Schwingungen nicht ändern, sondern nur lange Zeit andauernden Temperaturänderungen folgen.

Der Haupteinwand gegen eine kritische Temperatur — und namentlich gegen eine so tiefe kritische Temperatur wie 40000000^0 — ist aber das Fehlen irgendwelcher Andeutungen in unseren gegenwärtigen Kenntnissen über Atome, Elektronen und Strahlung, die eine solche wahrscheinlich erscheinen ließen. Insbesondere besteht die Strahlung bei dieser Temperatur aus Röntgenstrahlen von sehr gewöhnlicher Art, und die Geschwindigkeiten der Elektronen sind dieselben wie bei zahlreichen Laboratoriumsexperimenten. Eine so revolutionäre Hypothese würden wir daher erst dann zu empfehlen wagen, wenn alle anderen Möglichkeiten erschöpfend behandelt und beseitigt wären.

Physikalische Schwierigkeiten.

209. Wenn uns die astronomischen Tatsachen sogar noch viel bestimmtere Anhaltspunkte für die Formulierung der Gesetze der Befreiung der subatomaren Energie lieferten, würden wir die aus ihnen abgeleiteten Theorien vermutlich doch der Zensur des theoretischen Physikers unterbreiten müssen. Wir können die Zeit, die wir auf der Suche in hoffnungslosen Richtungen verschwendet hätten, ersparen, wenn wir von vornherein wissen, welche Arten von Theorien der Physiker ganz bestimmt als untragbar verurteilen würde. Aber auch seine eigene Lage ist keineswegs frei von Schwierigkeiten und Widersprüchen, und es erscheint sogar fraglich, ob er überhaupt berechtigt ist, eine sehr strenge Zensur zu üben. Die größte Schwierigkeit liegt in der Tatsache, daß die Temperatur der Sterne vom Standpunkte des Physikers lächerlich niedrig ist. Für ihn befinden sich die Sterne praktisch bei dem absoluten Nullpunkte der Temperatur, weil 40 Millionen Grad für die in den Atomkernen stattfindenden Prozesse eine so kleine Größe darstellen, daß sie kaum in Betracht gezogen zu werden verdient. Wenn eine Befreiung von subatomarer Energie in großen Mengen in den Sternen stattfindet, warum sollte sie dann nicht ebensogut auf der Erde stattfinden können?

Unter Laboratoriumsbedingungen können Elektronen und Ionen von viel höherer Energie studiert werden als diejenige, welche einer Temperatur von 40 Millionen Grad entsprechen würde. Insoweit eine starke Konzentration von Energie erforderlich ist, befinden sich die Sterne allerdings im Vorteile; immerhin ist es Kapitza sowie Anderson gelungen, eine Konzentration zu erreichen, die einer Temperatur von $1\frac{1}{2}$ Millionen Grad entspricht. Andererseits darf aber nicht übersehen werden, daß die durch subatomare Prozesse befreite Energie außerordentlich durchdringend sein müßte, und wenn sie auch im Laboratorium befreit würde, sehr schwer abzufangen und zu messen wäre.

Das Fehlen einer Energiebefreiung im Inneren der Erde könnte vielleicht durch die relative Unbeweglichkeit der Elektronen erklärt werden. Doch müssen auch dort große Anzahlen von freien Elektronen vorhanden sein, wie die thermoelektrische Emission von heißen Metallen beweist.

Der Unterschied in der Temperatur zwischen irdischen und stellaren Verhältnissen scheint gänzlich unzulänglich zu sein, um eine merkliche Förderung der Transmutation oder der Vernichtung der Materie zu bedingen, und dies ist wohl der Hauptpunkt, in dem Kritiken unserer Theorien zu erwarten sind. Es wird z. B. behauptet, daß die Bildung von Helium aus Wasserstoff bei stellaren Temperaturen noch keine merkliche Förderung erfahren würde und daher als Quelle der Sternenergie gestrichen werden muß. Das Helium, das wir in Händen haben, muß aber zu irgendeiner Zeit an irgendeinem Orte gebildet worden sein. Wir wollen mit dem Kritiker, der den Standpunkt vertritt, daß die Sterne für diesen Prozeß nicht heiß genug sind, nicht streiten; wir stellen ihm bloß anheim, *einen heißeren Platz* zu finden.

Tatsächlich stellt die Bildung von Helium sicher einen so mysteriösen Prozeß dar, daß wir allen Voraussagen über die dazu erforderlichen Bedingungen nur das größte Mißtrauen entgegenbringen können. Die besondere Hervorhebung der Temperaturverhältnisse, insofern sie für das *Kochen* der Heliumatome in Betracht kommen, scheint uns die Vorschrift zu übersehen „Fange erst deinen Hasen . . .“. In welcher Weise das notwendige Material, bestehend aus vier sich gegenseitig abstoßenden Protonen und zwei Elektronen an einem Orte zusammengebracht werden kann, spottet jeder Phantasie. Man kann sich kaum des Gedankens erwehren, daß wir es hier mit einem der Probleme zu tun haben, bei denen die makroskopische Auffassung des Raumes nicht mehr zutreffend ist, und daß die einzelnen Bestandteile (makroskopisch betrachtet) gar nicht an demselben Orte zu sein brauchen, trotzdem sie durch eine Nachbarschaftsbeziehung verbunden sind, die fundamentaler ist als die Raumbeziehung.

Nach einer verbreiteten Ansicht dürfen wir nur in dem Falle die Befreiung größerer Mengen von subatomarer Energie erwarten, wenn die Elektronen sehr große Geschwindigkeiten haben. In welcher Weise die schnellen Elektronen wirken sollen, ist allerdings nicht besonders klar, es besteht aber immerhin die Möglichkeit, daß wenn das Elektron mit genügender Energie versehen wird, es auch etwas Überraschendes ausrichten kann. Bei Sterntemperaturen ist die mittlere Geschwindigkeit der Elektronen klein im Vergleiche mit β-Strahlen, so daß nicht viel Wahrscheinlichkeit für eine Überraschung vorhanden ist. Bei einer MAXWELLschen Verteilung muß es zwar auch einige Elektronen geben, deren Geschwindigkeiten beträchtlich größer als die mittlere Geschwindigkeit sind, jedoch macht das nur wenig Unterschied. Insofern nur Temperaturgeschwindigkeiten berücksichtigt werden, wird es *in der ganzen Sonne* nur ein Elektron oder Ion geben, dessen Energie 5.10^{-7} erg erreicht; zum Vergleiche sei daran erinnert, daß die Energie der schnellsten β-Teilchen 30.10^{-7} erg, und die der schnellsten α-Teilchen $130 \cdot 10^{-7}$ erg beträgt. Es scheinen also in einem Sterne keine Teilchen vorhanden zu sein, deren Energie hinreichend groß wäre, um subatomare Prozesse auszulösen, mit Ausnahme natürlich derjenigen Teilchen, die durch diese Prozesse selbst herausgeschleudert werden.

210. Wenn durch die Zirkulation im Inneren eines Sternes örtliche elektrische Felder erzeugt werden, so wie das in unserer Atmosphäre der Fall ist, können die Elektronen wohl Geschwindigkeiten erlangen, die höher sind als die Temperaturgeschwindigkeiten, und folglich auch entsprechend mehr Schaden anrichten. In diesem Zusammenhange ist ein von C. T. R. WILSON[1] ausgesprochener Gedanke zu erwähnen. Die maximale Energie, die ein Teilchen in einem elektrischen Felde aufnehmen kann, entspricht gewöhnlich dem Potentialgefälle auf seiner eigenen freien Weglänge. Wenn wir ein in unserer Atmosphäre langsam bewegtes β-Teilchen verfolgen, wird seine Geschwindigkeit wegen der Beschleunigung durch die elektrische Kraft so lange wachsen, bis es zufällig ein Atom ionisiert; hierdurch wird eine diskontinuierliche Abnahme der Geschwindigkeit verursacht, auf die eine neue Zunahme folgt, bis zu der nächsten Ionisation. Sogar wenn das Nettoergebnis zuerst eine Beschleunigung sein sollte, nimmt die Häufigkeit der Ionisationen mit wachsender Geschwindigkeit zu, so daß die Bremse immer stärker wirkt und eine bestimmte Grenzgeschwindigkeit erreicht wird. Für schnellbewegte Teilchen verhält sich die Sache aber anders; das Ionisierungsvermögen wächst mit der Geschwindigkeit nur bis zu einer gewissen Grenze und nimmt dann wieder ab. Wenn die Geschwindigkeit des Teilchens diesen kritischen Wert übersteigt, kann sie unbeschränkt weiter zunehmen, da die Bremse nun immer weniger Widerstand leistet. WILSON meint, daß wir es bei Gewittern mit solchen durchgegangenen Teilchen zu tun haben könnten; und da sie praktisch die ganze Energie des Potentialgefälles (etwa 10^9 Volt) aufnehmen, werden sie an Energie alles übertreffen, was uns überhaupt bekannt ist[2].

Trotzdem es durchaus nicht sicher ist, daß sich etwas Derartiges

[1] Proc. Camb. Phil. Soc. Bd. 22, S. 534 (1924).

[2] Zum Vergleiche erwähnen wir, daß die bei der Vernichtung eines Protons und eines Elektrons befreite Energie einem Gefälle von 9.10^8 Volt entspricht.

auch im Inneren der Sterne ereignen kann, gibt uns allein schon der Hinweis auf diese Möglichkeit genügend Stoff zum Nachdenken. Wenn im Sterninneren lokale Felder bestehen, von ähnlicher Beschaffenheit wie diejenigen, welche die irdischen Gewitter hervorrufen, wird für ein Elektron, dessen Geschwindigkeit groß genug ist, um ihm einen guten Vorsprung zu sichern, die Wahrscheinlichkeit eines Gefangenwerdens oder einer Ablenkung im selben Maße abnehmen, in dem seine Geschwindigkeit zunimmt; seine freie Weglänge wird hierdurch ganz gewaltig vergrößert und es kann daher eine beinahe unbeschränkte Energie aufnehmen. Wegen der hohen Leitfähigkeit des ionisierten Materials ist es nicht leicht, das Bestehen sehr intensiver lokaler Felder in einem Sterne anzunehmen. Soweit wir es übersehen können, müßte ein Elektron schon mit einer sehr großen Anfangsgeschwindigkeit versehen sein, um Energie zu gewinnen, anstatt Energie zu verlieren. Die numerischen Berechnungen sind keineswegs hoffnungserregend. Wenn jedoch einige wenige schnellbewegte Elektronen die Befreiung von subatomarer Energie in Gang bringen sollten, würde diese Energie selbst neue schnellbewegte Elektronen abschießen, und unter gewissen Bedingungen könnte dieser Prozeß anstatt auszusterben, sich von selbst erneuern und die Anzahl der durchgegangenen Teilchen konstant erhalten oder sogar vermehren. Wenn etwas Derartiges wirklich stattfindet, wird der Einfluß der Temperatur und Dichte unberechenbar, und es müssen noch andere Faktoren, vor allem die Rotation, der die lokalen Felder wahrscheinlich ihre Entstehung verdanken, in Betracht gezogen werden. Wir lassen diese Hypothese als denkbare Alternative bestehen, nehmen aber bei unseren weiteren Betrachtungen an, daß sie widerlegt ist.

Abhängigkeit von Temperatur und Dichte.

211. In den vorhergehenden Abschnitten haben wir darauf hingewiesen, daß es dem Physiker schwer fällt, eine merkliche Abhängigkeit der Intensität der Energiebefreiung von der Temperatur zuzugeben, weil die Sterntemperaturen von seinem Standpunkte aus trivial erscheinen. Diejenigen, die sich dieser Auffassung angeschlossen haben, sind, wie ich glaube, hauptsächlich durch die bekannten Charakteristiken der radioaktiven Prozesse beeinflußt worden. Der Zerfall von Radium ist ein spontanes Ereignis, bei dem das Atom als isoliertes System auftritt, so daß die Dichte überhaupt nicht in Betracht kommt. Dieses Ereignis kann durch ein Feld von γ-Strahlung von derselben Frequenz wie die beim Zerfall emittierten γ-Strahlen angeregt werden; der Betrag der Anregung kann aus der Einsteinschen Gleichung berechnet werden. Nach (38.5) wird das Verhältnis der Emission bei der Temperatur T zu der Emission bei der Temperatur Null durch $(1 - e^{-h\nu/RT})^{-1}$ gegeben, wo ν die Frequenz der γ-Strahlen bedeutet.

Bei stellaren Temperaturen ist die hierdurch gegebene Zunahme eine ganz unbedeutende.

Durch diese Überlegung wird aber die Frage nicht endgültig entschieden, weil sie sich nur auf eine der verschiedenen möglichen Arten der Energiebefreiung bezieht — und dabei gar nicht auf die Art, welche eine astronomische Theorie in Vorschlag bringen würde. Wir wollen zuerst erklären, warum sich der Astronom gezwungen sieht, auf einer Abhängigkeit von Temperatur und Dichte zu bestehen.

Wenn die Intensität der Energiebefreiung von ϱ und T unabhängig wäre, würden die Sterne instabil sein, da in diesem Falle die erzeugte Energie E durch eine Vergrößerung oder Verkürzung des Radius nicht geändert werden könnte. Die ausgestrahlte Energie L wird durch die Masse und (zu einem verhältnismäßig kleinen Teile) durch den Radius bedingt. Nehmen wir an, daß wegen der Erschöpfung der Quelle oder einer geringfügigen Störung, E kleiner als L wird. Dann nimmt die Energie des Sternes um den Betrag $L - E$ pro Sekunde ab und der Stern zieht sich zusammen.

Nach Voraussetzung bleibt E hierdurch unbeeinflußt, während L nach dem Gesetze $L \propto R^{-\frac{1}{2}}$ zunimmt. Das Defizit wird also mit der Zeit immer schlimmer und der Stern zieht sich unbeschränkt weiter zusammen[1].

Wir nehmen hier an, daß sich L proportional zu $R^{-\frac{1}{2}}$ oder wenigstens zu irgendeiner negativen Potenz von R ändert. Dies hängt, wie erinnerlich sein wird, mit der Tatsache zusammen, daß der Exponent n im Gesetze $k \propto \varrho/T^n$ größer als 3 ist, einer Bedingung, die trotz ihrer in der Theorie und den Beobachtungen begründeten Wahrscheinlichkeit doch nicht so sicher bewiesen ist, wie zu wünschen wäre (§ 150). Aber wenn n auch kleiner als 3 sein sollte, würde unsere Schlußfolgerung dadurch kaum hinfällig werden. Die Größen E und L befolgen gänzlich verschiedene Gesetze; beide variieren in den aus der Beobachtung bekannten Sternen in Bereichen von der Ausdehnung von 1000000 : 1; und sie würden augenscheinlich einander nicht gleich sein können, wenn der Stern keine Möglichkeit hätte, diese Gleichheit in irgendeiner Weise durch Anpassung herbeizuführen. Für den Fall, daß $n = 3\frac{1}{2}$ ist, haben wir oben gezeigt, daß die Anpassung nicht auf dem Wege einer Änderung von L in der Richtung nach E erfolgt, da sich L in Wirklichkeit von E entfernen würde. Wenn $n = 2\frac{1}{2}$ ist, ändert sich L zwar in der Richtung nach E zu, kann sich aber höchstens um einen Faktor 4 ändern, ohne

[1] Diese Überlegung ist von J. H. Jeans (Monthly Notices Bd. 85, S. 792) kritisiert worden. Er wendet ein, daß die Anwendung der für das Gleichgewicht geltenden Gleichungen nicht zulässig ist, da der Stern, für den $E < L$ ist, seine Energie ändert. Er behauptet ferner, daß sich der Stern bei $E < L$ ausdehnt. Als Antwort hierauf sollte es genügen, daran zu erinnern, daß $E = 0$ der Kelvinschen Theorie entspricht.

das Gebiet der aus der Beobachtung bekannten stellaren Verhältnisse zu verlassen. In beiden Fällen muß also die Anpassung im wesentlichen darin bestehen, daß sich E in der Richtung nach L ändert.

Um dem Sterne Stabilität zu verleihen, muß E bei einer Kontraktion des Sternes wachsen, um der Kontraktion entgegenzuwirken, d. h. daß es bei einer Zunahme von ϱ oder T, oder beider, wachsen muß. Diese Bedingung ist zuerst von H. N. RUSSELL hervorgehoben worden. Die drohende Instabilität bezieht sich auf eine ziemlich lange Zeitskala und hat keinen katastrophalen Charakter. Wenn der Stern keine enge Übereinstimmung zwischen E und L herbeizuführen vermag, muß er seine Dichte mit einer Geschwindigkeit ändern, die vergleichbar ist mit der KELVINschen Zeitskala ($E = 0$) und die subatomare Energie verfehlt den Zweck, zu dem sie eingeführt worden ist.

Auch die Gefahr der Überstabilität muß hier wieder in Erinnerung gebracht werden; E muß bei einer Kontraktion zwar wachsen, jedoch nicht viel stärker als T^2, da der Stern sonst in Schwingungen geraten würde. Es ist nicht wahrscheinlich, daß zwischen so engen Grenzen ein plausibles Gesetz gefunden werden kann, weshalb wir es auch vorziehen, die Annahme zu machen, daß die Änderung von E hinter der sie hervorrufenden Änderung der Bedingungen um eine Zeit zurückbleibt, die zwischen einigen Monaten und tausend Jahren variieren kann. Die Rückwirkung muß aber schnell genug erfolgen, um einen Riesenstern vor dem Zusammenklappen zu retten.

Der zweite Grund, aus dem die Unabhängigkeit von E von der Dichte und der Temperatur nicht zugegeben werden kann, besteht darin, daß bei dieser Annahme die Größe L/M ausschließlich eine Funktion des Alters des Materials sein würde. Es wird vorausgesetzt, daß das Material fortwährend mit einer Geschwindigkeit degeneriert, die von den physikalischen Bedingungen in der Gegenwart und in der Vergangenheit in keiner Weise abhängt, so daß der Zustand seiner Erschöpfung ausschließlich durch sein Alter bestimmt ist. Die Frage, von welchem Nullpunkte aus dieses Alter gerechnet werden muß, bleibt dabei unbeantwortet. Wie in § 207 gezeigt wurde, ist es nicht möglich, die astronomischen Tatsachen an eine so starre Regel anzupassen. Allerdings hat uns bis jetzt auch die Annahme einer Abhängigkeit von ϱ und T bei unserem Versuche, die Tatsachen zu versöhnen, zunächst noch wenig geholfen; sie läßt aber wenigstens ein Feld für weitere Forschungen offen, anstatt uns vor eine undurchdringliche Mauer von Widersprüchen zu stellen.

Die Erkenntnis, daß E bei einer Kontraktion des Sternes zunimmt, gibt uns zuweilen die Möglichkeit, bei gewissen Vergleichen eine der Variablen ϱ oder T zu eliminieren. Stellen wir uns z. B. vor, daß das Material der Capella langsam komprimiert wird, bis es die Temperatur der Sonne erreicht. Da $\varrho \propto T^3$ ist, wird dann die Dichte gleich $\frac{1}{8}$ der Dichte der Sonne sein. Der Vergleich lehrt uns dann, daß bei gleicher Temperatur das Material der Capella bei achtmal kleinerer Dichte *mehr* als das 30fache der von dem Sonnenmateriale pro Gramm befreiten Energie abgibt.

Da die Abhängigkeit von der Temperatur eine außerordentlich komplizierte sein kann, während wir für die Abhängigkeit von ϱ ein verhältnismäßig einfaches Gesetz erwarten dürfen, können wir auf diesem Wege ein klareres Bild von dem Erschöpfungszustande des Sonnenmaterials gewinnen.

212. Wir wollen nun versuchen, die uns als möglich erscheinenden Arten der Abhängigkeit von ε (Energiebefreiung pro Gramm) von ϱ und T zu klassifizieren.

Erstens muß auf jeden Fall ein Atomkern an der Emission beteiligt sein. Wenn außer ihm nichts anderes beteiligt ist, wird die Emission durch den Kern unabhängig von dem statistischen Zustande des Systems sein, und ε ist unabhängig von ϱ und T. (Es ist allerdings möglich, daß die Struktur des Kernes durch die Temperatur und die Dichte verändert werden kann, d. h. daß unter verschiedenen physikalischen Bedingungen auch verschiedene Arten von Kernen entstehen; dann betrachten wir aber die Emission als eine Folge des Ereignisses, durch das die Entstehung eines radioaktiven Kernes herbeigeführt wird und rechnen diesen Fall zu einer der weiter unten zu betrachtenden Alternativen).

Wenn außer dem Kerne noch ein weiteres ihm fremdes Agens beteiligt ist, kann dieses entweder, erstens, ein gebundenes Elektron, oder zweitens, ein freies Elektron oder schließlich, drittens, das Strahlungsfeld sein.

Es könnten auch zwei verschiedene Kerne an der Emission teilnehmen, obwohl ihre gegenseitige Abstoßung bestrebt ist, sie auseinander zu halten; in irgendeiner Weise muß ja das Zusammentreffen von vier Wasserstoffkernen im Heliumatome herbeigeführt werden können; jedoch stellt dies ein viel zu mysteriöses Problem dar, um hier behandelt zu werden.

1. Wenn ein an den Kern gebundenes Elektron beteiligt ist, wird das Gesetz wahrscheinlich ein äußerst kompliziertes sein. Die notwendige Bedingung könnte z. B. darin bestehen, daß das Elektron eine Ellipse beschreibt, die im Pericentrum den Kern berührt. Dies setzt eine Anregung in eine hohe Bahn voraus, und hängt in verwickelter Weise von T und ϱ ab, nach den im dritten Kapitel gegebenen Formeln.

2. Wenn ein freies Elektron beteiligt ist, scheint das Gesetz zu sein: $\varepsilon \propto \varrho T^{-\frac{1}{2}}$, da dieses die Häufigkeit der Fälle ausdrückt, in denen ein Elektron direkt auf einen Kern aufschlägt (§ 170)[1]. Die Abnahme

[1] Eine Überlegung, die das Gesetz $\varepsilon \propto \varrho T^{-\frac{1}{2}}$ umgeht, ist in § 210 erwähnt worden.

mit wachsendem T ist dadurch bedingt, daß die Bahnen schnellbewegter Elektronen weniger stark gegen die Kerne gekrümmt sind. Die Natur des Zusammenstoßes kann durch die Temperatur nicht wesentlich beeinflußt werden, weil die kinetische Energie des den Kern berührenden Elektrons beinahe ausschließlich durch das dort herrschende Potential von der Größenordnung von 3000000 Volt bedingt wird; die etwa hinzukommenden 1000 Volt (die mit der Temperatur variieren und die Anfangsenergie darstellen) sind ziemlich bedeutungslos. Für gleichartige Kerne wird daher die Emission einfach proportional zu der Häufigkeit der Zusammenstöße sein. Der Erschöpfungseffekt kann durch die Annahme erklärt werden, daß in einigen Kernen die Protone besser gegen Angriffe geschützt sind als in anderen.

3. Wenn die Strahlung beteiligt ist, wirkt sie wahrscheinlich als Anreger der Emission in der in der EINSTEINschen Gleichung vorgesehenen Weise, und diese Anregung ist gänzlich unmerklich. Es darf allerdings nicht übersehen werden, daß die Anwendung der EINSTEINschen Gleichung auf Prozesse, bei denen eine Vernichtung von Materie stattfindet, logisch gänzlich unberechtigt ist; denn diese Gleichung setzt voraus, daß auch der umgekehrte Prozeß (also hier Erzeugung von Materie) stattfinden kann, und daß er dem zweiten Hauptsatze der Thermodynamik entspricht. Beide Behauptungen dürfen aber, ohne eine starke Verletzung unseres Schicklichkeitsgefühls, verneint werden.

213. Da unsere Überlegungen auf einen toten Punkt zu führen scheinen, und keiner der angedeuteten Auswege besonders verlockend ist, müssen wir fürs erste alle bis jetzt erreichten Schlüsse mit großem Mißtrauen betrachten. Eines scheint aber schon aus den angestellten Überlegungen klar hervorzugehen. Die astronomischen Tatsachen lassen sich mit keiner Theorie vereinigen, die eine Erschöpfung der Energiequelle nicht vorsieht.

Auf den ersten Blick scheint die Möglichkeit der Erschöpfung der Quelle mit der Hypothese, daß sie in der gegenseitigen Vernichtung von Protonen und Elektronen besteht, im Widerspruche zu stehen, da man schwer einen Grund dafür angeben kann, warum die Protone und die Elektronen jemals die Lust verlieren sollten, sich gegenseitig zu vernichten. Wir können aber auch in anderer Weise argumentieren. Wenn wir zugeben, daß die schwache Energiebefreiung in der Sonne durch Erschöpfung bedingt ist, sind wir beinahe zu der Annahme gezwungen, daß ein Stern mit fortschreitendem Alter seine Masse sehr beträchtlich ändert. Nehmen wir z. B. an, daß die Sonne immer ihre jetzige Masse und daher auch praktisch ihre gegenwärtige Strahlungsintensität besessen hat, dann muß es eine Zeit gegeben haben, zu der ihr Material noch ebenso frisch war wie das der Capella, und die Sonne muß in diesem Stadium viel länger geblieben sein als Capella, da sie (wegen ihrer kleineren Masse) den Vorrat nur 30 mal langsamer verbrauchen konnte. Um ε auf einen Wert herabzusetzen, bei dem es die Ausstrahlung kompensierte, mußte die Sonne sehr viel ausgedehnter sein, als sie gegenwärtig ist. Warum kennen wir keine Sterne der Masse 1 in diesem frühen, lang andauernden Zustande sehr geringer Dichte? Die Antwort scheint zu sein, daß die zahlreichen Sterne, die gegenwärtig die Masse 1 haben, nicht mit dieser Masse geboren sind, sondern mit höheren Massen, wie wir sie bei den gegenwärtig im Zustande sehr geringer Dichte befindlichen Sternen finden. Nun kann aber ein Stern keinen beträchtlichen Bruchteil seiner Masse ausstrahlen, ohne Materie zu vernichten, so daß gerade dieser letzte Prozeß (viel eher als die Transmutation der Elemente) angedeutet zu sein scheint, wenn auch natürlich verschiedene andere Wege denkbar sind, auf denen ein Stern bei fortschreitendem Alter Masse verlieren könnte.

Die Theorie der Vernichtung der Materie ist viel fruchtbarer an astronomischen Folgen als die anderen Formen der subatomaren Theorie, und es erscheint daher allein schon aus diesem Grunde lohnend, sie etwas mehr ins einzelne zu verfolgen. Wir werden uns mit der Frage, *in welcher Weise* die Vernichtung stattfindet, nicht besonders zu beschäftigen brauchen, es ist aber vielleicht doch ganz nützlich, sich eine allgemeine Vorstellung von diesem Prozesse zu bilden. Ich glaube nicht, daß er dadurch zustande kommt, daß freie Elektronen auf die Protone im Kerne direkt aufschlagen und mit diesen einen gemeinsamen Selbstmord begehen, denn das würde vermutlich auf das starre Gesetz $\varepsilon \propto \varrho T^{-\frac{1}{2}}$ und (da eine Latenzzeit nicht vorgesehen ist) zur Überstabilität führen[1]. Es empfiehlt sich eher anzunehmen, daß der Prozeß in der Bildung gewisser Arten von Kernen besteht, die die Eigenschaft haben, sich selbst zu vernichten. Die Vernichtung würde dann, nachdem eine gewisse Zeit nach der Bildung eines solchen Kernes verstrichen wäre, spontan erfolgen. Vielleicht werden gleichzeitig auch besonders widerstandsfähige Kerne entwickelt, so daß der Stern allmählich eine gewisse Menge gegen Vernichtung gesicherten Materials aufspeichert; der Grund für die Einführung dieser letzten Annahme ist die Notwendigkeit, für einen gewissen Rest von Materie zu sorgen, der in das Stadium der weißen Zwerge übergehen kann. Wir nehmen an, daß im Riesenstadium sehr wenig Masse verloren wird, da die frühen subatomaren Prozesse entweder in der Transmutation der Elemente bestehen oder in einer in kleinerem Maßstabe aufgeführten Probe der scheinbar erst bei 40000000^0 mit voller Wucht einsetzenden großen Entwicklung.

[1] Dieses Gesetz liegt jedoch gerade oberhalb des Trennungsstriches, so daß eine genauere Berechnung die Überstabilität vielleicht wieder beseitigen würde.

Ausstrahlung von Masse[1].

214. In § 14 waren wir zu dem Schlusse gelangt, daß der Strahlungsdruck der Menge der zur Bildung eines Sternes zusammengetragenen Materie eine Grenze setzt, denn es hatte sich gezeigt, daß die wirklichen Massen der Sterne gerade in dasjenige Gebiet fallen, in dem der Strahlungsdruck von Bedeutungslosigkeit zu dominierendem Einflusse anwächst. Wenn wir mit unserer Annahme recht haben, daß die Masse eines Sternes allmählich verbrannt wird, dann sind die hierbei in Betracht kommenden Massen natürlich die Massen derjenigen Sterne, die sich im frühesten, diffusesten Stadium befinden. Die reinliche Scheidung der Riesen und Zwerge in den Spektralklassen K und M zeigt deutlich, daß es tatsächlich eine untere Grenze für die Masse gibt, unterhalb derer Sterne nur selten oder überhaupt nicht gebildet werden.

Betrachten wir z. B. die von Adams und Joy bei ihrer Bestimmung von spektroskopischen Parallaxen für 500 Sterne[2] gegebene Statistik. Wenn wir ein Paar abweichende Sterne vernachlässigen, sind alle Riesen des M-Typus im Intervalle $-0^m,5$ bis $+2^m,5$ visuell enthalten, das dem Intervall $-2^m,3$ bis $+0^m,7$ bolometrisch entspricht. Nach Tabelle 14 liegen daher ihre Massen zwischen 11,5 und 3,5, wenn die Sonnenmasse als Einheit gewählt wird. Unterhalb dieses Intervalles befindet sich ein ganz leeres Gebiet, in dem kein einziger M-Stern vorkommt, bis wir die Zwerge erreichen, die bei der absoluten Helligkeit $9^m,5$ visuell, welche der Masse 0,5 entspricht, beginnen. Sternmassen zwischen 0,5 und 3,5 kommen außerordentlich häufig vor, doch befindet sich keine einzige von ihnen im M-Stadium. Wenn Sterne mit diesen Massen geboren würden, müßten sie durch das M-Stadium hindurchgehen, um die weniger diffusen Zustände zu erreichen, in denen wir sie vorfinden. Es scheint vernünftig, hieraus den Schluß zu ziehen, daß die Masse 3,5 die gewöhnliche untere Grenze für die Masse eines Sternes bei seiner Geburt darstellt, und daß eine kleinere Masse nur vorkommen kann, nachdem der Stern schon ein beträchtliches Alter und größere Dichte erreicht hat.

Wir können die oben gegebenen Grenzen vielleicht noch etwas verbessern, indem wir ein moderneres und reichhaltigeres Material benutzen. Wir wollen die Riesensterne der Typen G 8 bis K 2 aus einer Liste von 1600 spektroskopischen Parallaxen entnehmen[3]. Die Anzahl der Sterne ist hier größer und die verschiedenen Reduktionen besser

[1] Jede Ausstrahlung ist Ausstrahlung von Masse. Unter der Hypothese der „Ausstrahlung von Masse" verstehen wir aber die Hypothese, daß ein großer Teil der Sternmasse auf diesem Wege während der Lebensdauer eines Sternes verloren wird.

[2] Astrophys. Journ. Bd. 46, S. 334.

[3] Adams, Joy and Burwell: Astrophys. Journ. Bd. 53, S. 13.

bestimmt als für den M-Typus; der Massenverlust vor der Erreichung dieses Stadiums muß sehr gering sein. Die mittlere Helligkeit von 287 Sternen ist $+ 1^m,01$ und die beobachtete mittlere Abweichung $\pm 0^m,69$*. Unter Berücksichtigung des wahrscheinlichen Fehlers der Bestimmungen ergibt sich für die wirkliche mittlere Abweichung $\pm 0^m,59$. Die mittlere Helligkeit entspricht einer Masse von 3,6 und einem Werte $1 - \beta = 0,25$. Die mittlere Abweichung entspricht ungefähr einem Faktor 1,22 für die Masse und etwa $\pm 0,043$ für $1 - \beta$.

So weit sich beurteilen läßt, zeigt die Streuung der Helligkeiten eine Gausssche Verteilung. Wenn dies der Fall ist, erhalten wir die nachfolgende Tabelle, in der die erste Kolonne den Prozentsatz der Sterne gibt, die heller sind als die in der zweiten Kolonne gegebenen Größenklassen.

Tabelle 40. Riesensterne $G\,8$—$K\,2$.

Prozentsatz	Vis. Größe	Masse	$1 - \beta$
5	— 0,21	5,5	0,35
15	+ 0,24	4,7	31
50	+ 1,01	3,6	25
85	+ 1,78	2,8	20
95	+ 2,23	2,4	17

Diese Zahlen geben noch nicht die genauen Verhältniszahlen der Sterne, deren Massen bei der Geburt in den bezeichneten Grenzen liegen, weil die zwischen $G8$ und $K2$ vorgefundene Anzahl auch noch von der Geschwindigkeit der Entwicklung in diesem Stadium abhängt, die ihrerseits wahrscheinlich durch die Masse bedingt wird.

215. Es zeigt sich also, daß das Verhältnis der Strahlungskraft zur Gravitation anfangs gewöhnlich zwischen 0,17 und 0,35 liegt, — wobei die untere Grenze einen Wert darstellt, der noch zu schwach ist, um eine Ansammlung von Materie zu einer stellaren Verdichtung zu verhindern, während der zweite Wert schon so hoch ist, daß er eine weitere Ansammlung unter gewöhnlichen Bedingungen effektiv nicht mehr zuläßt. Diese Werte scheinen für den ihnen zugeschriebenen Effekt von der richtigen Größenordnung zu sein. Wir können zum Vergleiche die Zentrifugalkraft heranziehen, die eine Instabilität hervorruft, wenn ihr Maximalwert $\frac{1}{3}$ der Gravitationskraft erreicht.

Die vorgehenden Resultate beziehen sich auf das Molekulargewicht 2,11, das für Sterne in einem sichtbaren Stadium wahrscheinlich ziemlich genau gilt. Wir können uns die Frage stellen: wie haben die Sterne die Periode überstehen können, in der sie eine äußerst geringe Dichte und niedrige Temperatur besaßen? Die Ionisation muß zu dieser Zeit beträchtlich schwächer, das Molekulargewicht und der Strahlungsdruck

* Eddington and Douglas: Monthly Notices Bd. 83, S. 115.

dagegen beträchtlich höher gewesen sein. Ich glaube, daß die Antwort hierauf lauten muß, daß der Strahlungsdruck für sich allein, die Masse noch nicht auseinandertreiben kann, sondern nur ihre Zerstreuung durch andere störende Einflüsse begünstigt. Wahrscheinlich wird die Gefahr für den Stern erst dann akut, wenn er schon eine mittelgroße Dichte erreicht hat — z. B. wenn seine Rotationsgeschwindigkeit wegen der Kontraktion beträchtlich zugenommen hat. Die Existenz so zahlreicher enger Doppelsterne zeigt, daß Sterne, welche die früheren Stadien glücklich überstanden haben, sich bei stärkerer Konzentration aufspalten, so daß die kritische Periode für einen Stern nicht in eine zu frühe Zeit seiner Geschichte verlegt werden darf.

Wir schließen also, daß die zwischen den Sternmassen und dem kritischen Intervalle der Werte des Strahlungsdruckes bestehende Beziehung die Ansicht unterstützt, daß ein Stern mit fortschreitendem Alter Masse verliert, denn die Übereinstimmung ist eine viel genauere, wenn die ursprüngliche untere Grenze der Masse mit der Masse der diffusen Riesensterne (etwa 2,4) in Zusammenhang gebracht wird, als wenn sie mit derjenigen der Sterne aller Lebensalter (etwa 0,2) identifiziert wird.

216. Die Geschwindigkeit des Massenverlustes durch Strahlung wird durch die Beziehung

$$\frac{dM}{dt} = -\frac{L}{c^2} \tag{216.1}$$

gegeben. Wenn die effektive Temperatur konstant bleibt, haben wir nach (99.2)

$$L \propto M^{\frac{7}{5}} (1-\beta)^{\frac{3}{2}} \tag{216.21}$$

und, wenn die Mittelpunktstemperatur konstant bleibt, nach (99.1)

$$L \propto M (1-\beta^2)/\beta . \tag{216.22}$$

Da die zweite Bedingung in der Hauptsequenz erfüllt ist, wollen wir von ihr Gebrauch machen. Hierdurch werden die frühen Riesenstadien um einen Faktor 2 oder 3 verkürzt, dies ist aber für die hier beabsichtigte Abschätzung der zeitlichen Dauer der verschiedenen Entwicklungsstadien kaum von Bedeutung. Nach (216.1) und (216.22) ist

$$dt = -C \frac{\beta}{1-\beta^2} \frac{dM}{M} , \tag{216.3}$$

wo C eine Konstante bedeutet. Wie wir in § 204 gesehen haben, ist für die Sonne

$$-M \Big/ \frac{dM}{dt} = 1.5 \cdot 10^{13} \text{ Jahre}$$

und $1-\beta = 0{,}05$. Daher ist $C = 4{,}0 \cdot 10^{10}$ Jahre.

Indem wir die Fundamentalgleichung vierten Grades (84.6) differentiieren, erhalten wir

$$-2\frac{dM}{M}=\frac{d\beta}{1-\beta}+\frac{4d\beta}{\beta}.$$

Daher ist

$$dt=\frac{1}{2}C\frac{4-3\beta}{(1-\beta)^3}d\beta \tag{216.4}$$

und durch Integration

$$\delta t=\frac{1}{4}C\,\delta\left(\frac{1}{(1-\beta)^2}+\frac{6}{1-\beta}\right). \tag{216.5}$$

Aus (216.5) erhalten wir die nachstehende Tabelle.

Tabelle 41. Dauer der verschiedenen Entwicklungsstadien.

Abs. Bol. Gr.	Masse	Dauer (10^{10} Jahre)
< — 5,0	∞ bis 35	3,8
— 5,0 bis — 2,5	35 ,, 10	6,5
— 2,5 ,, 0,0	10 ,, 3,7	21,4
0,0 ,, + 2,5	3,7 ,, 1,73	93
+ 2,5 ,, + 5,0	1,73 ,, 0,92	521
+ 5,0 ,, + 7,5	0,92 ,, 0,53	3630
+ 7,5 ,, + 10,0	0,53 ,, 0,31	28100
+ 10,0 ,, + 12,5	0,31 ,, 0,18	219000

217. Wenn das Sternsystem ein Gemisch von Sternen aller Lebensalter darstellt, und wenn die Sterne die ganze Bahn durchlaufen, muß die Anzahl der in jedem Lebensabschnitte befindlichen Sterne proportional zu der Dauer dieses Lebensabschnittes sein. Die Zahlen der letzten Kolonne müssen daher die Helligkeitsfunktion darstellen, d. h. die Häufigkeitsfunktion des Vorkommens von Sternen, deren Helligkeiten in den angegebenen absoluten Größenklassenintervallen enthalten sind. Die Zahlen in dem „frühen" Teile der Tabelle werden wahrscheinlich viel zu hoch sein, da in Wirklichkeit nur sehr wenige Sterne mit den größten Massen anfangen; bei der Masse 2,5 haben aber schon alle Mitbewerber ihre Laufbahn angetreten, so daß unterhalb von + 2,0 eine Übereinstimmung mit der Helligkeitsfunktion zu erwarten ist. Da die schwächeren Sterne eine zunehmende rötliche Färbung zeigen, muß bei allen Vergleichen mit der Erfahrung die mittlere Differenz zwischen visueller und bolometrischer Größenklasse gebührend berücksichtigt werden. Unglücklicherweise ist unsere auf Beobachtung beruhende Kenntnis des Verlaufes der Helligkeitsfunktion unterhalb der Größenklasse $+ 8^{\mathrm{m}}$ noch außerordentlich mangelhaft; im Bereiche 0,0 bis + 7,5 stellen aber die Zahlen 93, 521, 3630 die Zunahme der Sternanzahlen ungefähr richtig dar; und SEARES, LUYTEN, MALMQUIST und andere stimmen gegenwärtig in der Meinung überein, daß eine weitere Zunahme beim Übergange zu schwächeren Sternen in den Beobachtungsergebnissen angedeutet ist. Ich glaube aber, daß die beobachtete Zunahme der Sternanzahlen eine langsamere ist als die durch Tabelle 41 gegebene.

Besonders bemerkenswert ist der gewaltige Altersunterschied zwischen Riesen und Zwergen. Die Tabelle zeigt, daß ein Stern der Masse 2 nicht älter als 10^{12} Jahre sein kann, wie groß seine anfängliche Masse auch gewesen sein mag; und daß ein Stern der Masse 0,5 mindestens $40 \cdot 10^{12}$ Jahre alt sein muß, es sei denn, daß er einer der äußerst seltenen Sterne ist, die mit einer unter 2,5 liegenden Masse anfangen. Dies alles bezieht sich nicht auf die Komponenten von Doppelsternen, die durch die Aufspaltung sehr viele Billionen von Jahren überspringen. In einigen Fällen führt dieser prinzipielle Altersunterschied zu gewissen Schwierigkeiten. In einem kompakten Systeme, wie z. B. einem Kugelsternhaufen, dürfen wir kaum eine Mischung von Sternen sehr stark verschiedener Lebensalter erwarten. Es ist daher interessant festzustellen, daß, nach Ansicht einiger Forscher, die Kugelhaufen nicht ihr volles Maß von schwachen Sternen besitzen. „SHAPLEY ist der Meinung, daß er die allerschwächsten Sterne, die im Kugelhaufen M. 22 vorhanden sind, gezählt hat, und es bestehen Anzeichen dafür, daß die unterste Helligkeitsgrenze auch im Herkuleshaufen M. 13 genähert erreicht worden ist. In beiden Systemen scheinen Sterne von der Helligkeit der Sonne verhältnismäßig selten zu sein“[1]. Wenn sich diese Wahrnehmung bestätigen sollte, würde sie eine starke Stütze für die Hypothese der Abnahme der Sternmassen bilden, denn die Kugelhaufen scheinen uns eine ideale Gelegenheit zu bieten, gleichaltrige Sterne zu studieren.

Ich glaube, daß die späteren Äußerungen SHAPLEYS die Abwesenheit von Zwergsternen in den Kugelhaufen nicht mehr so stark betonen. Er hat mich darauf aufmerksam gemacht, daß ein System wie der Taurushaufen für die Theorie der Ausstrahlung von Masse verhängnisvoll zu sein scheint, denn in diesem haben wir ganz bestimmt sowohl Zwerge als Riesen vor uns. Die Anwesenheit der Riesen setzt eine Grenze für das Alter des Systems, und innerhalb der verfügbaren Zeit können sich die zahlreichen Zwergsterne aus beträchtlich höheren Massen durch Ausstrahlung von Masse nicht entwickelt haben.

Andererseits hat HERTZSPRUNG darauf hingewiesen, daß der Taurushaufen, die Praesepe und andere gleichaltrige Gruppen eine starke Stütze für die ursprüngliche Meinung SHAPLEYS liefern, daß die Sterne von Sonnenhelligkeit in den Haufen keineswegs ihre gewöhnliche relative Häufigkeit zeigen und daß für die Haufensterne eine ganz bestimmte untere Helligkeitsgrenze zu bestehen scheint. Es hat demnach doch den Anschein, als ob die schwächeren Sterne aus dem Grunde fehlten, weil der Haufen noch nicht lange genug besteht, um sie entwickelt zu haben. Die Sache steht also gegenwärtig so, daß die Haufen qualitativ die Theorie der Ausstrahlung von Masse in ziemlich eindrucksvoller Weise bestätigen, quantitativ aber ihr schroff widersprechen. In den rohen

[1] Mount Wilson Report, 1920, S. 343.

Anfangsstadien einer Theorie sind jedoch qualitative Übereinstimmungen vielleicht bedeutungsvoller als quantitative.

Die Schlußfolgerung des § 214, daß sich die Zwergsterne aus Sternen größerer Masse entwickeln, scheint zu fest begründet zu sein, um widerlegt werden zu können. Wenn uns die Aussage des Taurusstromes und ähnlicher gleichaltriger Gruppen zwingen sollte, die Theorie der Ausstrahlung von Masse aufzugeben, dann müßten wir vermutlich nach irgendeinem anderen Wege suchen, auf dem ein Stern seine Masse ändern kann. Diese Alternative wird in Kapitel XIII §§ 266—7 kurz behandelt werden; es ist aber nicht wahrscheinlich, daß sie uns einen Ausweg aus unseren Schwierigkeiten zeigen kann.

218. H. VOGT[1] hat darauf hingewiesen, daß, wenn die Komponenten eines Doppelsternes ihre Masse wegstrahlen, ihr Massenverhältnis mit fortschreitendem Alter dem Werte eins zustreben muß. Der schwerere Stern erleidet nämlich, im Verhältnisse zu seiner Masse, einen größeren Verlust als der leichtere Stern. Dieser Effekt wird durch das von VOGT zusammengebrachte, auf 93 Sterne bezügliche Material im allgemeinen bestätigt, indem das mittlere Massenverhältnis für die Systeme, die als die in der Evolution am weitesten vorgeschrittenen gelten, sich immer mehr der Einheit nähert. Allerdings muß hierbei auch der Einfluß der Auswahl berücksichtigt werden, besonders wenn man bedenkt, daß die früheren Systeme spektroskopische, die späteren visuelle Doppelsterne sind; wir sehen aber keinen Grund, warum Zwergsysteme der Typen K und M mit großem Massenverhältnisse der Beobachtung entgangen sein sollten, und glauben daher, daß es VOGT gelungen ist, einen ziemlich einwandfreien Beweis für seine Behauptung zu erbringen.

Auf Grund einer Diskussion von 342 Doppelsternen (deren Massenverhältnisse aus den Helligkeitsunterschieden abgeleitet wurden) hat G. SHAJN[2] in sehr überzeugender Weise gezeigt, daß in den Riesensystemen die Komponente mit höherer effektiver Temperatur im allgemeinen die kleinere Masse hat, während sie in den Zwergsystemen die größere Masse besitzt, wobei die Differenz der Massen mit wachsendem Unterschiede im Spektraltypus zunimmt. Beide Fälle lassen sich zu der einzigen Regel zusammenfassen, daß die Komponente kleinerer Masse im RUSSELL-HERTZSPRUNGschen Entwicklungsschema weiter fortgeschritten ist[3]. Ein ähnliches Phänomen wird auch in den Kugelsternhaufen beobachtet, in denen sich

---

[1] Z. Phys. Bd. 26, S. 139.

[2] Monthly Notices Bd. 85, S. 245.

[3] Wie in § 207 bereits erwähnt wurde, befolgen die engen Verfinsterungsveränderlichen beinahe ausnahmslos die entgegengesetzte Regel. Sie könnten vor kurzem entstandene Systeme darstellen, die eine Ausbalancierung von L und E noch nicht erreicht haben.

Tabelle 42. Massenverhältnis und Unterschied im Spektraltypus.

Riesen			Zwerge		
Unterschied im Spektraltypus	Massen-verhältnis	Anzahl der Sterne	Unterschied im Spektraltypus	Massen-verhältnis	Anzahl der Sterne
0,0—0,4	0,88	78	0,0—0,4	0,88	65
0,5—0,9	72	12	0,5—0,9	85	16
1,0—1,4	66	33	1,0—1,4	70	15
1,5—1,9	62	20	1,5—1,9	63	12
2,0—2,4	45	18	2,0—4,5	35	4
2,5—2,9	56	9			
3,0—4,5	37	9			

die allerhellsten Sterne (Sterne größter Massen) auch meistens in den frühesten diffusen Stadien befinden. Diese Gleichmäßigkeit scheint wohl auf eine fortschreitende Entwicklung zu deuten. Es ist aber immer schwer zu verstehen gewesen, warum sich die kleinere Masse schneller als die große entwickelt, denn alle uns bekannten Umstände scheinen dagegen zu sprechen. Trotzdem sie ihre Energiequelle langsamer wegstrahlt, hat sie nach Ablauf derselben Zeit eine höhere Temperatur und Dichte erreicht, als ob sie bestrebt wäre, eine versiegende Zufuhr von neuem anzuregen.

Tabelle 42 zeigt die Resultate von SHAJN. In der mit „Unterschied im Spektraltypus" überschriebenen Kolonne bedeutet 0,1 ein Zehntel einer Spektralklasse.

219. Der Einfluß der Ausstrahlung von Masse auf die Bahnen der Doppelsterne ist von J. H. JEANS und W. M. SMART[1] untersucht worden. Der Einfachheit halber wollen wir zwei gleiche Massen betrachten. Ein Stern erfährt von seiner eigenen Ausstrahlung keinen Rückstoß[2]; folglich ist seine Bahn identisch mit der Bahn eines Sternes konstanter Masse unter dem Einflusse eines an Intensität allmählich abnehmenden Anziehungszentrums. Die Gleichung der Bahn ist daher

$$\frac{d^2 u}{d\Theta^2} + u = \frac{\mu}{h^2},$$

wo h konstant ist, und μ mit der Zeit nach demselben Gesetze abnimmt, wie die Massen. Da

$$h^2 = \mu\, a\,(1 - e^2),$$

wo a und e die Elemente der instantanen Ellipse sind, haben wir

$$M a\,(1 - e^2) = \text{const}.$$

[1] Monthly Notices Bd. 85, S. 2, 423.

[2] Es sei bemerkt, daß das System Impulsmoment verliert. Jede Komponente kann mit einem Schiffe verglichen werden, das sowohl nach vorne als nach rückwärts Schüsse abfeuert; die Geschwindigkeit bleibt unverändert, aber der Impuls nimmt ab, wegen des Verlustes der Geschosse.

Der Parameter der Bahn wächst im selben Verhältnisse, in dem die Masse abnimmt.

Bei der Untersuchung von Doppelsternen ist es schwer, sich des Eindruckes zu erwehren, daß eine Evolution von engen Paaren zu weiten Paaren tatsächlich vorhanden ist. Die Beziehungen zwischen Spektraltypus, Trennung und Exzentrizität legen die Vermutung nahe, daß die Komponenten im Laufe der Zeit immer weiter voneinander fortrücken. Eine Ursache, die imstande wäre, die Trennung beträchtlich zu vergrößern, ist uns jedoch nicht bekannt. Die Ausstrahlung von Masse kann hier nicht viel helfen. Der Parameter eines Systems, dessen Massen gegenwärtig gleich derjenigen der Sonne sind, kann nicht mehr als um das Zehnfache gewachsen sein, wenn die ursprünglichen Sternmassen die Sonnenmasse nicht um das Zehnfache überstiegen — was wohl nur äußerst selten der Fall gewesen sein wird. Da auch eine zehnfache Vergrößerung den Anforderungen in keiner Weise genügt, können wir aus dieser Diskussion keine wesentliche Stütze für die Theorie der Ausstrahlung von Masse gewinnen.

Jeans weist ferner darauf hin, daß das Gesetz, nach dem die Trennung ungefähr proportional mit der Massenabnahme wächst, auch für kompliziertere Systeme, wie z. B. für Sternhaufen, seine Gültigkeit behält. Wenn das Sternsystem ausschließlich aus Zwergsternen bestünde, könnten wir den Schluß ziehen, daß seine linearen Abmessungen um etwa das Fünffache gewachsen sein müssen, da die Sterne ursprünglich als Riesensterne gebildet worden sind. Die Anwesenheit zahlreicher Riesensterne im Systeme erschwert das Problem, da hierdurch seine Behandlung als gleichalteriger Sternhaufen unmöglich gemacht wird.

Jeans ist der Ansicht, daß seine kosmogonischen Theorien eine stärkere Konzentration der Sterne zu einer früheren Zeit in der Entwicklungsgeschichte des Sternsystems verlangen, oder wenigstens wünschenswert erscheinen lassen; er hatte eine solche sogar schon bei einigen seiner früheren Untersuchungen postuliert, noch bevor die obige Erklärung für die Expansion des Systems vorgeschlagen worden war. Insbesondere begrüßt er die sehr lange Zeitskala und die engere Konzentration der Sterne in der Vergangenheit als Tatsachen, die das Ereignis, welches er als den Ursprung des Sonnensystems zu postulieren gezwungen ist, nämlich die starke Annäherung eines anderen Sternes an die Sonne, wahrscheinlicher erscheinen lassen. Dies hat von anderer Seite die feine Bemerkung veranlaßt, daß, da uns mit Sicherheit bekannt ist, daß dieses Ereignis innerhalb der letzten 10^{10} Jahre einmal stattgefunden hat, durch eine Vergrößerung seiner Wahrscheinlichkeit in einer entfernten Vergangenheit, in der es sich nicht zugetragen hat, nicht viel zu gewinnen ist. Hierauf kann füglich geantwortet werden, daß die 10^{10} Jahre nur das Zeitintervall darstellen, welches zwischen dem Ereignisse selbst und einer seiner unmittelbaren Folgen (nämlich der Entwicklung von

Lebewesen, die befähigt sind, über dieses nachzudenken) verflossen ist, und keinesfalls verwendet werden können, um es in der Evolution des Weltalls zu datieren. Aber auch dieses Argument ist ein zweischneidiges; genau so wie die zeitliche Beziehung zwischen dem Ereignisse und seiner Folge ersteres nicht datiert, kann auch die örtliche Beziehung zwischen dem Ereignisse und seiner Folge nicht zu dessen Lokalisierung verwendet werden; und wenn wir weder Zeit noch Ort lokalisieren — d. h. wenn wir die Wahrscheinlichkeit des Eintreffens des Ereignisses nicht bei der Sonne von 10^{10} Jahren, sondern irgendwo im Sternsysteme zu irgendeiner Zeit betrachten — dann wird es schon von selbst äußerst wahrscheinlich, ohne daß es nötig wäre, die Zeitgrenzen mit Hilfe der Hypothese von der Ausstrahlung von Masse auszudehnen.

220. Wir wollen nun den Versuch machen, die Argumente für und wider die Hypothese der Ausstrahlung von Masse, d. h. der Ausstrahlung eines beträchtlichen Bruchteiles der Masse eines Sternes während seiner Lebenszeit, zusammenzustellen.

1. Wenn wir diese Hypothese nicht annehmen, erscheint die Zeitskala etwas gedrängt, obwohl ihre Unzulänglichkeit nicht mit Bestimmtheit nachgewiesen werden kann.

2. Die Hypothese scheint zu einer ziemlich befriedigenden Erklärung der Anzahlen der zwischen verschiedenen Helligkeitsgrenzen enthaltenen Sterne zu führen.

3. Sehr wenige Sterne scheinen mit einer unterhalb 2,5 liegenden Masse geboren zu werden, so daß die meisten Zwerge einen großen Teil ihrer ursprünglichen Masse verloren haben müssen. Die Ausstrahlung von Masse stellt eine natürliche Erklärung für diesen Verlust dar, wenn auch vielleicht nicht die einzige mögliche Erklärung.

4. Nach dieser Hypothese ist das Alter der Zwergsterne der Typen G und M ungeheuer viel größer als das maximale mögliche Alter der Riesensterne. Das gleichzeitige Auftreten von Riesen- und Zwergsternen in Anhäufungen von gleichalterigen Sternen bildet einen der schwerwiegendsten Einwände gegen diese Theorie. Andererseits kommen in den Sternhaufen Zwergsterne kleiner Masse (trotzdem sie auch in ihnen nicht fehlen) doch nicht so überwältigend häufig vor, wie in gewöhnlichen Gebieten des Sternsystems.

5. Die Theorie führt zu gewissen interessanten Folgen für die Evolution von Doppelsternen; doch hat sich nichts besonders Günstiges oder Ungünstiges für sie auffinden lassen, außer der Tatsache, daß sie die progressive Annäherung des Massenverhältnisses an den Wert 1 bei fortschreitender Evolution richtig voraussagt.

6. Die Gleichmäßigkeit der Hauptsequenz, welche die große Mehrzahl der Sterne enthält, legt den Gedanken nahe, daß es eine einfache Art von Energiebefreiung geben muß, die einen riesigen Vorrat anzapft.

im Gegensatze zu den schnell erschöpften Vorräten, welche im Riesenstadium verbraucht werden.

7. Die Aufstellung einer Beziehung zwischen der Intensität der Energiebefreiung einerseits und der Temperatur, der Dichte und der Erschöpfung der Energiequelle andererseits stößt auf sehr große Schwierigkeiten; da diese aber bei allen vorgeschlagenen Quellen von subatomarer Energie bestehen, muß ihre Beseitigung vermutlich auf irgend eine Weise möglich sein.

Transmutation von Wasserstoff.

221. Wir wollen, in ähnlicher Weise, auch die Argumente für und wider die Transmutation von Wasserstoff in Helium oder in höhere Elemente, als Hauptquelle für die Sternenergie, zusammenfassen.

1. Sie stellt den einzigen Prozeß dar, von dem wir *wissen*, daß er stattfindet oder stattgefunden hat, und der imstande wäre, genügende Energiemengen zu liefern, weshalb diese Annahme etwas weniger spekulativ erscheint, als die meisten anderen.

2. Wenn der ursprüngliche Wasserstoffgehalt in einem Sterne nicht ganz ungebührlich groß angenommen wird, führt diese Hypothese für die Lebensdauer des Sternes zu einer gerade nur knapp ausreichenden Zeit.

3. Wenn der niedrige Wert von ε bei der Sonne, im Vergleiche zu der Capella und zu V Puppis, für eine Erschöpfungserscheinung gehalten wird — und eine andere Erklärung scheint nicht möglich zu sein —, dann muß die Sonne ihren Wasserstoffvorrat beinahe erschöpft haben, so daß ihr zukünftiges Leben nur noch ein kurzes sein wird. Die Hypothese dehnt also die Kelvinsche Zeitskala an der Stelle aus, an der eine Ausdehnung am wenigsten notwendig ist, d. h. bei den frühen, selten vorkommenden Typen, und kann sie für die G- und M-Zwergstadien, welche die große Mehrzahl der Sterne umfassen, nicht in genügendem Maße verlängern.

4. Die Transmutation der Elemente stellt virtuell eine einzige Energiequelle dar, da nach der Bildung von Helium nur noch sehr wenig Energie befreit wird. Die in den Riesensternen beobachteten Phänomene und das Bestehen der Hauptsequenz scheinen aber dafür zu sprechen, daß mindestens zwei Quellen nacheinander angezapft werden.

5. Ein großer Teil des Reizes dieser Hypothese geht verloren, wenn sie nicht in ihrem vollen Umfange akzeptiert wird, d. h. daß die Bildung der Elemente (wobei Wasserstoffkerne als ungeformte Urmaterie zu betrachten sind) erst mit der Verdichtung der Materie in Sterne anfängt. Außer dem Vorkommen von vorgeschrittenen Elementen (Ti, Zr, usw.) in sehr frühen Sternen, und von leichten Elementen (He, C) in den diffusen Nebeln, sprechen auch theoretische Erwägungen sehr stark gegen die Annahme eines hohen Prozentsatzes von Wasserstoff in den frühen Sternen.

6. Wir würden die Vereinigung von 4 Wasserstoffkernen und 2 Elektronen zur Bildung eines Heliumatoms für unmöglich halten, wenn wir nicht wüßten, daß sie in Wirklichkeit stattgefunden hat. Dies spricht vielleicht eher zugunsten der Theorie, da hierdurch die bei ihrer Anwendung auf Einzelfragen entstehenden Schwierigkeiten eine untergeordnete Bedeutung erhalten. Wir sind kaum in der Lage, Grenzen für die Wirkungen eines Prozesses vorzuschreiben, solange wir es nicht verstehen, wie der Prozeß überhaupt zustande kommen kann.

7. Abgesehen von den Effekten, die mit der Anwesenheit von Wasserstoff in frühen Sternen zusammenhängen, führt die Theorie zu keinen astronomisch interessanten Konsequenzen. Insbesondere bleibt die Änderung der Masse ganz unbedeutend, und wenn der Stern nicht durch andere Ursachen Masse gewinnen oder verlieren kann, findet eine Entwicklung von hellen zu lichtschwachen Sternklassen überhaupt nicht statt.

Nummer 5 kann noch etwas weiter ausgeführt werden. Wir haben gezeigt, daß eine Beimischung von Wasserstoff den Strahlungsdruck $(1 - \beta)$ und die Leuchtkraft eines Sternes beträchtlich herabsetzt. Eine Verkleinerung des Wertes von $(1 - \beta)$ würde die allgemeine Übereinstimmung zwischen den Massen der Sterne und dem kritischen Gebiete des Strahlungsdruckes vollständig zerstören. Ja, der Strahlungsdruck würde hierdurch beinahe seine ganze Bedeutung für diese Frage verlieren. Ferner würde, da die relative Menge des Wasserstoffes nach dieser Hypothese beim Altern des Sternes abnehmen muß, die Leuchtkraft um einen veränderlichen Faktor verkleinert werden, und wir würden nicht mehr die allgemeine Beziehung zwischen Leuchtkraft und Masse erhalten, welche die Beobachtungen zu bestätigen scheinen. Es ist in § 168 gezeigt worden, daß eine 20prozentige Beimischung von Wasserstoff in der Capella die astronomische Opazität mit der KRAMERSschen Theorie in Übereinstimmung bringen würde. Dies würde aber keinen Vorteil bedeuten, da die Sonne und andere späte Sterne, in denen (nach 3) sehr wenig Wasserstoff übrig bleibt, ihre abweichende Stellung behalten würden. Zur Heilung des mit der KRAMERSschen Theorie bestehenden Widerspruches dürfen nur solche Heilmittel vorgeschlagen werden, die auf alle Sterne unterschiedslos anwendbar sind.

Die Hypothese, daß die Quelle in unbekannten Elementen sehr hoher Radioaktivität besteht, bedarf keiner eingehenderen Behandlung. Da die Radioaktivität unabhängig von der Dichte und (praktisch) auch von der Temperatur ist, würden die Sterne instabil sein. Im übrigen ist dies eine völlig willkürliche Hypothese, die mit beliebigen Tatsachen in Übereinstimmung gebracht werden kann, wenn man nur eine genügende Anzahl verschiedener Arten solcher Quellen annimmt. Es erscheint unbefriedigend die Existenz eines anfänglichen Vorrates an komplizierten instabilen Elementen postulieren zu müssen, deren Bildung dem Anfange des Sternlebens vorausgeht, und die daher vermutlich in den Nebeln entstanden sein müßten; die Annahme, daß die gewöhnlichen radioaktiven Elemente erst in den Sternen synthetisiert werden und daher eher eine Verlustquelle der verfügbaren Energie als eine Quelle von Energiegewinnen für den Stern darstellen, scheint entschieden plausibler zu sein.

Verwandlung der subatomaren Energie.

222. Wenn ein Heliumatom aus Wasserstoff durch einen einzigen Prozeß gebildet wird, muß die dabei befreite Energie gleich einem Quant sein. Da diese Energie 0,032 der Masse des Wasserstoffatoms darstellt, wird die Strahlung eine Frequenz ν besitzen, die durch die Bedingung

$$0{,}032\, H c^2 = h\nu$$

gegeben wird. Diese Frequenz ist gleich $7{,}3 \cdot 10^{21}$ und die entsprechende Wellenlänge ist

$$\lambda = 0{,}00041\, \mathring{A}.$$

Wenn die Bildung des Heliums in einer Reihenfolge von Prozessen besteht, werden die Frequenzen der Quanten zwar kleiner, jedoch von derselben Größenordnung sein.

Wir können ferner auch annehmen, daß wenn sich ein Elektron und ein Proton gegenseitig vernichten, die dabei freiwerdende Energie gleichfalls ein Quant darstellt. Dieser Schluß ist streng genommen nur dann gerechtfertigt, wenn es irgendeinen entgegengesetzten Prozeß gibt, durch den die Strahlung spontan ein Elektron und ein Proton erzeugen kann — eine Annahme, die uns in Spekulationsgebiete hineinführt, die zu betreten vielleicht nicht ratsam ist. Wenn der inverse Prozeß tatsächlich vorhanden ist, kann ein Gleichgewichtszustand erreicht werden, und die Zusammensetzung der Strahlung in diesem Zustande muß, nach dem zweiten Hauptsatze der Thermodynamik, dieselbe sein wie die durch alle anderen Wechselwirkungen zwischen Materie und Strahlung gegebene; das PLANCKsche Gesetz muß also auch für sie gelten, und die Strahlung kann nur in einzelnen Quanten gebunden und befreit werden. Ich glaube aber, daß die Physiker, welche eine Neubildung von Materie aus verschwendeter Strahlung ernstlich in Betracht gezogen haben, dies hauptsächlich zu dem Zwecke getan haben, um der Folge des zweiten Hauptsatzes, daß die Welt im Absterben begriffen ist, zu entgehen, und es erscheint kaum logisch, den zweiten Hauptsatz auf einen Prozeß anzuwenden, dessen Einführung seine Umgehung bezweckt.

Wenn die Quantenbeziehung für die Vernichtung eines Elektrons und eines Protons noch ihre Gültigkeit behält, lautet sie für diesen Fall:

$$H c^2 = h\nu ,$$

so daß

$$\lambda = 0{,}0000131\,\mathring{A}.$$

Beide Theorien der Quelle der Sternenergie erhalten erst dann eine gewisse Berechtigung, wenn wir uns davon überzeugen können, daß der Stern über den notwendigen Mechanismus verfügt, um so hochfrequentige Strahlung in eine normale Energieform zu verwandeln. Hierin lag, bis vor kurzem noch, eine Schwierigkeit. Da diese Strahlung so weit jenseits der K-Frequenz aller Stoffe liegt, ist für sie die Wahrscheinlichkeit, ein Atom zu ionisieren, außerordentlich gering. Das zweite der beiden oben berechneten Quanten würde wahrscheinlich glatt durch den Stern hindurch — und bis an das Ende der Welt — gehen können, ohne jemals auf etwas zu treffen, was imstande wäre, es zu absorbieren und zu verwerten. Diese Schwierigkeit ist nunmehr durch die Entdeckung des Compton-Effektes bei der Streuung von Strahlung (§ 52) beseitigt worden. Trotzdem auch der Streuungskoeffizient für Strahlung sehr hoher Frequenz immer kleiner wird, nimmt er keineswegs so schnell ab wie der Absorptionskoeffizient. Die subatomare Strahlung wird schon nach Durchlaufen eines Weges gestreut, der klein ist im Vergleiche zu dem Radius des Sternes. Der Compton-Effekt vergrößert jedesmal die Wellenlänge um $0{,}024\,(1 - \cos\Theta)$ Ångström, wenn die Strahlung um einen Winkel Θ gestreut wird, und diese Vergrößerung ist unabhängig von der ursprünglichen Wellenlänge. Demnach wird schon die erste starke Ablenkung die Energie auf den Zustand von γ-Strahlen herunterbringen und ihre weitere Transmutation bietet dann keine Schwierigkeiten mehr. Der größte Teil der Energie ist dann aber nicht mehr in dem gestreuten Strahle enthalten, sondern überträgt sich auf das Elektron, welches die Streuung bewirkt hat. Dieses erleidet einen Rückstoß von ganz ungeheuerer Energie, und verteilt letztere dann durch die gewöhnlichen Prozesse der Zusammenstöße auf das ganze Material. Es besteht also tatsächlich ein geeigneter Mechanismus zur Verwandlung der befreiten Energie in verwertbare Energieformen.

Durchdringende Strahlung aus dem interstellaren Raume.

223. Die Wellenlänge 0,0004 Å der bei der Bildung von Helium aus Wasserstoff befreiten Strahlung ist viel kürzer als diejenigen aller uns bekannten γ-Strahlen, und diese Strahlung muß daher durch eine entsprechend höhere durchdringende Kraft ausgezeichnet sein. Nun ist es bekannt, daß eine außerordentlich durchdringende Strahlung in unserer Atmosphäre vorhanden ist, die scheinbar aus dem äußeren Raume in diese eintritt. Es ist vermutet worden, daß diese Strahlung von der Transmutation von Elementen in den Sternen und Nebeln herrühren könnte.

Die durchdringende Strahlung kann in folgender Weise festgestellt werden. Eine Ionisationskammer wird von einem Schutzmantel aus schwerem Metalle umgeben, von genügender Dicke, um sie vor allen gewöhnlichen von außen kommenden Strahlungen zu schützen, und die Geschwindigkeit der Erzeugung von Ionen wird nach den gebräuchlichen Methoden gemessen. Während eine konstante Erzeugung von Ionen auch durch die Radioaktivität der inneren Teile der Wände der Kammer bedingt sein kann, muß jede Änderung der Geschwindigkeit der Ionenerzeugung dem Einflusse einer Strahlung zugeschrieben werden, der es gelungen ist, durch die Wände hindurch in das Innere einzudringen. Die Experimente werden in verschiedenen Höhen über dem Meeresspiegel ausgeführt, in Eishöhlen und unter der Oberfläche von Bergseen, und die Änderungen der durch die Wände eindringenden Strahlungsmengen werden gemessen. Es erweist sich, daß die Strahlung vom Himmel herunterkommt, weil die Ionisation um so schwächer wird, je größer die Menge von Luft, Eis oder Wasser ist, die sich über dem Apparate befindet.

Die eigentliche Absorption dieser Strahlung muß außerordentlich schwach sein, und sie kann praktisch nur durch Streuung aufgehalten werden. Nach einer einmaligen Streuung ist sie erledigt, weil sie dann wegen des Compton-Effektes ihre durchdringende Kraft verliert. Es gibt daher keine rückwärts gestreute durchdringende Strahlung, und die Intensität nimmt von oben nach unten, nach dem gewöhnlichen exponentiellen Absorptionsgesetze ab.

Die Streuung hängt nur von der Anzahl der Elektronen im Materiale ab, die praktisch proportional zu der Masse ist. Es ist bequem, sich ein für allemal zu merken, daß die aufhaltende Kraft der gesamten Atmosphäre ungefähr gleich derjenigen von 10 Metern Wassers oder Eises ist oder von 1 Meter Blei. Ein solcher Schirm reicht aus, um die Intensität der Strahlung beträchtlich zu schwächen, jedoch nicht um sie vollständig auszuschließen. In dieser provisorischen Besprechung folgen wir den Resultaten von W. Kohlhörster, der seine Experimente auf der Jungfrau ausführte. Es darf aber nicht verschwiegen werden, daß R. A. Millikan, der in den Vereinigten Staaten in großen Höhen experimentiert hat, zu etwas abweichenden Ergebnissen gelangt ist, und es ist mir bekannt, daß er mit den Schlußfolgerungen Kohlhörsters nicht einverstanden ist. Es steht uns nicht zu, ein Urteil darüber auszusprechen, wer von beiden recht hat; da aber der einzige Grund, aus dem wir uns hier mit dieser Strahlung beschäftigen, in ihrem möglicherweise außerterrestrischen Ursprunge liegt, müssen wir, wenn auch zögernd, dem Autor folgen, dessen Experimente ihren außer-terrestrischen Ursprung zu beweisen scheinen[1].

[1] Neuerdings hat Millikan die Resultate einer von ihm und H. Cameron im Sommer 1925 ausgeführten weiteren Untersuchung der durchdringenden Strahlung mitgeteilt. Er ist von ihrem außer-terrestrischen Ursprunge nunmehr

KOHLHÖRSTER bestimmte die Ionisation, wenn der Apparat im Freien aufgestellt war und wenn er sich in einer Eishöhle befand, deren Dach die von oben ankommende Strahlung abschnitt. Er fand, daß die Intensität von der Höhe der Sonne unabhängig war. Die Sonne ist also nicht die Quelle dieser Strahlung. Es zeigte sich, daß die Maxima der Intensität mit den Zeiten zusammenfielen, zu denen die Milchstraße durch den Zenit ging; dann befindet sich die größte Ausdehnung des Sternsystems über dem Kopfe des Beobachters.

Wir müssen uns darüber klar sein, daß die Strahlung unmöglich von einer bei hoher Temperatur befindlichen Materie kommen kann — auch nicht wenn man den Ausdruck „hohe Temperatur" im astronomischen Sinne versteht. Die ganze in der Welt vorhandene Materie, deren Temperatur beträchtlich über 100000^0 liegt, ist sicher verwahrt hinter Schirmen, deren aufhaltendes Vermögen unvergleichlich viel größer ist als dasjenige von 1 Meter Blei, so daß von ihrer durchdringenden Strahlung überhaupt nichts ins Freie entweichen kann. Wir haben daher nur noch die Wahl zwischen den photosphärischen Schichten der Sterne, den hellen und dunklen Gasnebeln und der allgemeinen durch den Weltraum zerstreuten nichtaggregierten Materie. In bezug auf Temperatur ist zwischen diesen nicht viel zu wählen; die Temperatur der diffusen Materie im Raume ist wahrscheinlich über 10000^0. Der wichtigste theoretische Einwand gegen einen nebularen Ursprung der durchdringenden Strahlung ist die geringe Dichte der Nebel, die die Ansammlung von Material für atomare Kombinationen vermutlich erschweren müßte.

224. Zur weiteren Untersuchung der Frage nach dem nebularen oder stellaren Ursprung der durchdringenden Strahlung betrachten wir eine Säule mit einem Querschnitt von 1 cm^2, die sich bis an die Grenze des Sternsystems erstreckt. Die in ihr enthaltene Masse bezeichnen wir mit σ, jedoch mit der einschränkenden Bedingung, daß immer nur das erste Kilogramm zu zählen ist, da dieses jede hinter ihm emittierte Strahlung effektiv abschirmen würde. Diese Einschränkung wird nur dann in Kraft treten, wenn die Säule einen Stern trifft, sonst aber im allgemeinen nicht. Wir zerlegen das Integral von σ über den räumlichen Winkel 4π in vier Posten, welche bzw. 1. der Sonne, 2. den Sternen, 3. den hellen und dunklen Nebeln und 4. den scheinbar ungetrübten

überzeugt. Der Absorptions-(Streuungs-)Koeffizient ist gleich 0,18—0,3 pro Meter Wasser gefunden worden. Proc. Nat. Acad. Sci. Bd. 12, S. 48 (1926). Nach seinen letzten Resultaten (1927) entsprechen die durchdringendsten Strahlen, die er beobachten konnte, etwa einer zweimal größeren Energie, als diejenige, welche bei der Verwandlung von Wasserstoff in Helium befreit wird. Er ist davon überzeugt, daß keine Strahlung vorhanden ist, die so durchdringend wäre, daß man sie der Vernichtung eines Protons und eines Elektrons zuschreiben könnte. Die Vermutung KOHLHÖRSTERS, daß die Intensität der Strahlung mit der Lage der Milchstraße zusammenhängt, wird durch MILLIKANS Experimente nicht bestätigt.

Gebieten entsprechen. Wenn jede Materie in gleichem Maße Strahlung emittierte, würden die den verschiedenen Quellen entsprechenden Beträge genähert proportional zu ihren Anteilen an dem Integrale $\int \sigma\, d\omega$ sein.

Es läßt sich nicht mit Bestimmtheit sagen, in welcher Reihenfolge die vier Quellen nach diesem Kriterium aufeinander folgen müßten, doch bin ich geneigt zu glauben, daß diese Reihenfolge dann 3., 1., 4., 2. sein würde. Es dürfte kaum zweifelhaft sein, daß 2. zuletzt kommen muß. Die Menge der im Raume zerstreuten Materie ist wahrscheinlich vergleichbar mit der Masse der Sterne und geht in 4. vollzählig ein, während in 2. von jedem Sterne nur eine dünne Oberflächenschicht mitgezählt wird. Die Sonne nimmt $\frac{1}{200\,000}$ der Gesamtfläche des Himmels ein, so daß, wenn der Radius in einem ungetrübten Gebiete mehr als $\frac{1}{200\,000}$ kg pro cm^2 trifft, 4. größer als 1. sein muß; die Dichte der interstellaren Materie liegt etwa in der Nähe dieses Grenzwertes. Die dunklen und diffusen Nebel nehmen am Himmel ausgedehnte Gebiete ein und müssen beträchtlich dichter sein, als die gewöhnliche interstellare Materie, so daß 3. über 4., und vielleicht auch über 1. rangiert. Wir nehmen an, daß die empirische Beziehung zwischen der Intensität der durchdringenden Strahlung und der Lage der Milchstraße als Beweis dafür betrachtet werden darf, daß etwaige außerhalb unseres galaktischen Systems liegende Quellen nicht berücksichtigt zu werden brauchen[1].

Wegen der Unsicherheit der Einordnung von 1. in unsere Reihenfolge können wir nicht entscheiden, ob das Fehlen einer Beziehung zu der Höhe der Sonne durch den Umstand bedingt ist, daß die Sonne als Quelle für die durchdringende Strahlung nicht in Betracht kommt, oder nur dadurch, daß sie einen kleineren Beitrag zum Integrale von $\sigma d\omega$ liefert. Das Integral über die Sterne steht zu dem Integrale über die Sonne etwa in demselben Verhältnisse, wie das Sternlicht zum Sonnenlichte, so daß es äußerst unwahrscheinlich erscheint, daß die Sterne einen beträchtlichen Beitrag liefern könnten. Es ist vermutet worden, daß die jüngeren Sterne in erster Linie für die durchdringende Strahlung verantwortlich sind; in diesem Falle müßte ihre Emission eine ganz außerordentlich intensive sein. Außerdem könnten wir nur die Strahlung empfangen, die von ihren Oberflächenschichten ausgeht, an denen sowohl die Dichte als auch die Temperatur niedrige Werte haben — und diese Bedingungen weichen nicht so stark von der Sonne ab, um eine im Vergleiche zu dieser beträchtlich erhöhte Aktivität zu rechtfertigen.

Dies alles weist auf die Nebel als wahrscheinlichste Quelle für die durchdringende Strahlung, wenn man ihr überhaupt einen außerterrestrischen Ursprung zuschreiben darf. Wenn wir ihre durchdringende Kraft als einen Beweis dafür betrachten, daß ihre Frequenz eine zu hohe ist,

[1] Dieser Schluß erscheint gegenwärtig zweifelhaft; s. die vorangehende Fußnote.

um aus irgendeiner anderen als einer subatomaren Quelle zu stammen, dann müssen wir in ihr ein Anzeichen für das Stattfinden von subatomaren Prozessen (Evolution von Elementen?) in den Nebeln erblicken. Dies ist der Grund, aus dem wir sie hier als ein astronomisch möglicherweise bedeutsames Phänomen betrachtet haben. Nach den uns geläufigen Vorstellungen scheinen die Verhältnisse in den Nebeln, bei ihrer äußerst geringen Dichte und (verhältnismäßig) niedrigen Temperatur, höchst ungünstig für atomare Verwandlungen dieser intensiven Art zu sein. Aber unsere Versuche, die Entwicklung der Sterne auf Grund der uns geläufigen Vorstellungen zu erklären, haben sicherlich zu keinem großen Erfolge geführt, und wir wären gern bereit, unsere Anschauungen an Hand von neuen Erfahrungen zu revidieren, wenn uns solche in genügender Anzahl zur Verfügung stünden. Wenn wir die Möglichkeit der Bildung von Elementen innerhalb diffuser Materie zugeben, wird uns das Vorkommen von Helium in den diffusen Nebeln, von Kalzium und Natrium im interstellaren Raume und von ziemlich vorgeschrittenen Elementen in den umkehrenden Schichten der jüngsten Sterne entschieden verständlicher.

Eine numerische Berechnung, die in ihren Einzelheiten natürlich recht unsicher bleiben muß, wird uns doch einen Begriff von der kosmischen Größe des Phänomens vermitteln. Wir teilen die Gesamtmasse des Weltalls in zwei Teile: M_1 — der möglicherweise die Quelle der Strahlung sein *könnte*, und M_2 — der diese Quelle *nicht* sein kann. Genähert ist M_1 die Masse der Nebel und der diffusen Materie, und M_2 die Masse der Sterne; bei jedem Sterne müßten wir eine dünne Oberflächenschale von M_2 abziehen und M_1 zuzählen, doch kann diese vernachlässigt werden. Es seien ε_1 und ε_2 die mittleren Geschwindigkeiten der Befreiung von subatomarer Energie in M_1 und in M_2. Dann stellt $M_2\,\varepsilon_2$ die Gesamtstrahlung der Sterne dar. Wir werden (in § 256) sehen, daß, in einem durchschnittlichen Raumpunkte, $M_2\varepsilon_2$ einen Gesamtfluß von $7{,}7 \cdot 10^{-13} \cdot 3{,}10^{10} = 0{,}023$ erg pro cm² pro sec erzeugt. Der durch die von M_1 herrührende durchdringende Strahlung bedingte Energiefluß ist daher

$$0{,}023\,\frac{M_1\,\varepsilon_1}{M_2\,\varepsilon_2}\,\text{erg cm}^{-2}\,\text{sec}^{-1}.$$

Das bei der Bildung von Helium erzeugte Quant beträgt $4{,}8 \cdot 10^{-5}$ erg, und die durchdringende Kraft der Strahlung zeigt, daß ihre Quanten von derselben Größenordnung sein müssen. Der Fluß ist also gleich

$$500 \cdot \frac{M_1\,\varepsilon_1}{M_2\,\varepsilon_2}\,\text{Quanten cm}^{-2}\,\text{sec}^{-1}.$$

Da dieser Fluß beim Durchgange durch unsere Atmosphäre beträchtlich geschwächt wird, nehmen wir an, daß der inverse Absorptionskoeffizient für diese Strahlung einer Länge von 5 km Luftweges entspricht. Dann ist der in 1 cm^3 pro sec absorbierte Betrag gleich

$$10^{-3}\,\frac{M_1\,\varepsilon_1}{M_2\,\varepsilon_2}\ \text{Quanten.}$$

Eine so durchdringende Strahlung wird nicht durch wahre Absorption, sondern durch Streuung aufgehalten. Beinahe die gesamte Energie wird dabei auf das streuende Elektron übertragen, welches zu einem schnellbewegten β-Teilchen wird und eine große Anzahl von Ionen erzeugt, bevor es zum Stillstande kommt. Die Gesamtzahl der aus einer solchen Streuung resultierenden Ionen wird beträchtlich über 100000 sein.

Bei den irdischen Experimenten ist die beobachtete Ionisation von der Größenordnung von 3 oder 4 Ionen pro cm^3 pro sec. Ich weiß nicht, ob es zulässig ist, die Anzahl der in einem kleinen Gefäße erzeugten Ionen der Anzahl der in der freien Luft entstehenden gleichzusetzen; tut man das aber, so bedeutet das experimentelle Ergebnis, daß $M_1\,\varepsilon_1$ von der Ordnung von $\frac{1}{100}\,M_2\,\varepsilon_2$ ist. Da M_1 wahrscheinlich nicht größer ist als M_2, zeigt dies, daß ε_1 mindestens gleich $\frac{1}{100}\,\varepsilon_2$ ist. Demnach ist die Befreiung von subatomarer Energie in den Nebeln, wenn auch wahrscheinlich geringer als in einem durchschnittlichen Sterne, so doch von nicht sehr verschiedener Größenordnung.

Wir haben hier (ohne sie unbedingt zu akzeptieren) die Theorie entwickelt, daß die Experimente mit der Ionisationskammer das Bestehen einer durchdringenden Strahlung beweisen, deren Frequenz weit über den Frequenzen aller uns bekannten γ-Strahlen liegt, und die zu uns aus dem äußeren Raume dringt. Diese Theorie führt zu gewissen sehr interessanten astronomischen Schlußfolgerungen, die uns an sich durchaus vernünftig erscheinen. Es scheint erwiesen zu sein, daß sich die Strahlung (bis zu beträchtlichen Höhen) immer abwärts bewegt, so daß ihre Quellen entweder in den obersten Schichten der Atmosphäre oder im außerirdischen Raume liegen müssen. Wenn wir davon überzeugt wären, daß eine Strahlung von so außerordentlich großer Energie nur durch subatomare Verwandlungen erzeugt werden kann, würden wir bei der Erörterung der Frage nach ihrem himmlischen oder irdischen Ursprunge wahrscheinlich der ersten Alternative, als der weniger sensationellen, den Vorzug geben. Es darf aber auch der (in § 210 erklärte) Wilson-Effekt nicht übersehen werden; die hochfrequente Strahlung könnte durch „durchgegangene" Elektronen in der irdischen Atmosphäre erzeugt sein, ohne jede Mitwirkung unbekannter subatomarer Veränderungen. Die Entscheidung der Frage nach ihrem Ursprunge hängt von den genaueren experimentellen Ergebnissen über die Änderung ihrer Intensität mit der Höhe und ihre Beziehung zu der Höhe der Milchstraße ab. Es würde außerhalb unseres Kompetenzbereiches liegen, über die Zuverlässigkeit dieser Ergebnisse ein kritisches Urteil zu fällen.

Zwölftes Kapitel.

Die äußeren Teile eines Sternes.

225. Die Fundamentalgleichung (71.2) für den Strahlungsfluß versagt, wenn die Strahlung nicht von allen Seiten von annähernd gleichtemperierter Materie eingeschlossen ist; insbesondere bricht unsere Analyse an der Photosphäre zusammen, an der die Strahlung frei in den äußeren Raum entweicht.

Die in den vorhergehenden Kapiteln benutzten Näherungen beziehen sich auf Materie bei einer Temperatur von einigen Millionen Grad. Bei der Behandlung der kühleren äußeren Schichten wird daher, außer einer Revision der Fundamentalgleichung, auch die Einführung von andersgearteten physikalischen Näherungen notwendig sein. Im allgemeinen wird auch eine höhere Genauigkeit angestrebt werden müssen, da Vergleiche mit der Erfahrung hier ausgiebiger und unmittelbarer ausgeführt werden können. Unsere bisherige Arbeit enthält so weniges, was sich mit einiger Zuversicht auf die äußeren Teile eines Sternes übertragen läßt, daß der einfachste Weg wohl darin bestehen wird, *de novo* anzufangen.

Die X-Achse des Koordinatensystems sei vertikal nach oben gerichtet, so daß $-x$ die Tiefe unter der Oberfläche bezeichnet. Wir werden uns nur mit Tiefen zu beschäftigen haben, die klein sind im Vergleiche zu dem Radius des Sternes und dürfen daher die Krümmung der Oberfläche vernachlässigen. Es sei $J(\Theta)\,d\omega/4\pi$ der Strahlungsfluß pro cm² pro sec in einem infinitesimalen Raumwinkel $d\omega$, der einen Winkel Θ mit der Vertikalen bildet. Wir betrachten einen Zylinder vom Querschnitte Eins, dessen Achse in die Richtung Θ fällt, so daß das Längenelement in Richtung dieses Zylinders gleich

$$ds = dx \sec\Theta$$

ist. Dann verliert der Strahlungsstrom $J(\Theta)\,d\omega/4\pi$ auf der Strecke ds durch Absorption den Betrag

$$(J(\Theta)\,d\omega/4\pi)\,k\,\varrho\,ds$$

und gewinnt durch Emission $(j\,d\omega/4\pi)\,\varrho\,ds$. Hier bezeichnet j die Emission pro gr und sec, von der ein Teil $j\,d\omega/4\pi$ in Richtungen erfolgt, die innerhalb $d\omega$ liegen. Wir haben daher:

$$\frac{dJ(\Theta)}{ds} = -k\,\varrho\,J(\Theta) + j\,\varrho$$

oder

$$\cos\Theta\,\frac{dJ(\Theta)}{dx} = -k\,\varrho\,J(\Theta) + j\,\varrho \tag{225.1}$$

eine Formel, die mit (74.1) äquivalent ist.

Es sei τ die „optische Tiefe“ unter der Oberfläche, welche durch

$$\tau = \int_x^0 k \varrho \, d x \tag{225.21}$$

definiert wird, so daß

$$d\tau = - k \varrho \, d x .$$

Dann ist nach (225.1)

$$\cos\Theta \frac{dJ(\Theta)}{d\tau} = J(\Theta) - \frac{j}{k} . \tag{225.3}$$

Wir multiplizieren dies zuerst mit $d\omega$ und integrieren über eine Kugel, dann mit $d\omega \cos\Theta$ und integrieren wieder über eine Kugel; dann erhalten wir

$$\frac{dH}{d\tau} = J - \frac{j}{k} , \tag{225.41}$$

$$\frac{dK}{d\tau} = H , \tag{225.42}$$

wo

$$\left.\begin{aligned} J = \frac{1}{4\pi} \int J(\Theta)\, d\omega , \qquad H = \frac{1}{4\pi} \int J(\Theta) \cos\Theta \, d\omega , \\ K = \frac{1}{4\pi} \int J(\Theta) \cos^2\Theta \, d\omega . \end{aligned}\right\} \tag{225.5}$$

Wir beschäftigen uns hier mit der Frage, in welcher Weise der Nettofluß H pro cm^2, der durch die Energiebefreiung im ganzen Inneren zustandekommt, sich durch die letzten paar tausend Kilometer einen Weg nach außen bahnt; daher muß H als eine Konstante betrachtet werden. Dann folgt aus (225.41)

$$j = k J \tag{225.6}$$

und aus (225.42)

$$K = H\tau + \text{const} . \tag{225.7}$$

Diese Entwicklungen sind im wesentlichen dieselben wie in § 74.

Erste Näherung.

226. Genäherte Theorien der äußeren Teile eines Sternes sind von Schwarzschild, Jeans, Lindblad, Milne und anderen[1] entwickelt worden. Von unserem Standpunkte aus erscheint die nachfolgende Annäherung als die natürlichste. Wir setzen

$$\left.\begin{aligned} J(\Theta) &= \text{einer Konstanten} &&= J_1 \text{ für } \Theta < \frac{\pi}{2} \\ J(\Theta) &= \text{einer anderen Konstanten} &&= J_2 \text{ für } \Theta > \frac{\pi}{2} \end{aligned}\right\} \tag{226.1}$$

[1] Unsere Annäherungen und Formeln sind gewöhnlich mit den von Milne gegebenen äquivalent, mit Ausnahme der zweiten Näherung in § 230, die in einer anderen Richtung liegt.

(Die Konstanz bezieht sich nur auf die Abhängigkeit von Θ, da J_1 und J_2 im übrigen Funktionen von τ sind.) Die Annäherung besteht also in der Ignorierung der Richtungen bis auf den rohen Unterschied zwischen den Begriffen „nach innen gerichtet“ und „nach außen gerichtet“.

Indem wir diese Werte für $J(\Theta)$ in (225.5) einsetzen, erhalten wir[1]

$$J = \tfrac{1}{2}(J_1 + J_2), \quad H = \tfrac{1}{4}(J_1 - J_2), \quad K = \tfrac{1}{3}J. \tag{226.2}$$

Es ist daher wegen (225.42)

$$\frac{dJ}{d\tau} = 3H,$$

so daß

$$J = 3H\tau + \text{const}$$

wird.

Die Konstante wird aus der Bedingung bestimmt, daß an der Begrenzung ($\tau = 0$) kein nach innen gerichteter Strahlungsstrom vorhanden ist, und daher $J_2 = 0$ sein muß; dann ist wegen (226.2) $J = 2H$. Wir erhalten somit

$$J = H(2 + 3\tau). \tag{226.3}$$

Die Energiedichte ist J/c und die effektive Temperatur T der Strahlung wird durch die Beziehung gegeben

$$\frac{J}{c} = aT^4, \tag{226.4}$$

welche der Definition der effektiven Temperatur in § 29 entspricht. Es ist daher

$$acT^4 = H(2 + 3\tau) \tag{226.5}$$

und die effektive Temperatur T_0 der Strahlung an der Begrenzung wird durch

$$acT_0^4 = 2H \tag{226.61}$$

gegeben. Die effektive Temperatur T_e *des Sternes* wird aber nach (31.1) durch

$$acT_e^4 = 4H \tag{226.62}$$

gegeben, daher ist

$$T_e = 2^{\frac{1}{4}}T_0 = 1{,}189\,T_0. \tag{226.7}$$

Andere von Jeans und Milne ausgeführte Annäherungen ergeben für diesen Faktor bzw. die Werte 1,278 und 1,232. Unsere zweite Näherung in § 230 gibt den Wert 1,230. Es ist eine wichtige Feststellung, daß die gesamte äußere Atmosphäre eines Sternes eine Temperatur besitzt, die nicht viel niedriger ist als die Temperatur der Photosphäre,

[1] Der Mittelwert von $\cos\Theta$ über eine Halbkugel ist $\pm\frac{1}{2}$ und der von $\cos^2\Theta$ ist gleich $\frac{1}{3}$.

so daß das Material nur einer solchen Strahlung ausgesetzt wird, die sich qualitativ nicht sehr stark von der bei thermodynamischem Gleichgewichte vorhandenen unterscheidet. Aus diesem Grunde ist in vielen Fällen eine umsichtige Anwendung der für das thermodynamische Gleichgewicht geltenden Resultate auch auf die äußeren Teile eines Sternes gestattet.

Insbesondere wird das Material ungefähr dieselbe Temperatur T besitzen, wie die Strahlung, und es kann angenommen werden, daß sich die Resultate (226.4)—(226.7) unterschiedslos auf die Temperatur des Materials[1] sowie auf die effektive Temperatur der Strahlung beziehen.

Aus (225.6) und (226.3) folgt

$$j = kH(2 + 3\tau). \tag{226.8}$$

227. Nehmen wir an, daß das Resultat der ersten Annäherung (226.8) die Emission j in verschiedenen Tiefen mit ausreichender Genauigkeit darstellt, dann können wir die Änderung der Intensität der austretenden Strahlung in ihrer Abhängigkeit von der Richtung berechnen. Ein unter einem Winkel Θ zu der Vertikalen verlaufender Strahl muß vor seinem Austritte eine optische Dicke $\tau \sec \Theta$ durchlaufen und wird durch Absorption auf den Bruchteil $e^{-\tau \sec \Theta}$ seiner ursprünglichen Intensität reduziert. Wenn wir einen schiefen Zylinder vom Querschnitte Eins betrachten, entspricht in ihm einer Länge ds $(= dx \sec \Theta)$ eine Emission innerhalb eines Elementarkegels $d\omega$ vom Betrage $\varrho\, dx \sec\Theta \cdot j\, d\omega/4\pi$, die vor dem Austritte auf den Betrag

$$j \frac{d\omega}{4\pi} \varrho\, dx \sec \Theta e^{-\tau \sec \Theta} = - H \frac{d\omega}{4\pi} \sec \Theta (2 + 3\tau) e^{-\tau \sec \Theta} d\tau \tag{227.1}$$

reduziert wird, nach (226.8). Wir erhalten daher durch Integration für die gesamte austretende Energiemenge

$$H \frac{d\omega}{4\pi} \sec \Theta \int_0^\infty (2 + 3\tau) e^{-\tau \sec \Theta} d\tau \tag{227.15}$$

$$= H \frac{d\omega}{4\pi} \int_0^\infty (2 + 3z \cos \Theta) e^{-z} dz \qquad (z = \tau \sec \Theta)$$

$$= H \frac{d\omega}{2\pi} \left(1 + \frac{3}{2} \cos \Theta\right). \tag{227.2}$$

Dieser Ausdruck heißt das „Gesetz der Verdunkelung“, weil er die Änderung der Helligkeit auf der scheinbaren Sternscheibe angibt. Wenn wir uns dem Rande nähern, beobachten wir die Oberfläche in immer schräger verlaufenden Strahlen. Vom Mittelpunkte $(\Theta = 0)$ bis zum

[1] Unter der Temperatur eines nicht in thermodynamischem Gleichgewicht befindlichen Materials verstehe ich die Temperatur, welche der mittleren Geschwindigkeit seiner Molekeln entspricht.

Rande $\left(\Theta=\frac{\pi}{2}\right)$ ändert sich die Helligkeit im Verhältnisse $\frac{5}{2}:1$, oder mit großer Annäherung um eine Größenklasse. Diese (genäherte) theoretische Formel befindet sich in enger Übereinstimmung mit den Beobachtungen der Sonnenscheibe.

Die Gesamtmenge der aus der Flächeneinheit des Sternes (nicht der Stern*scheibe*) heraustretenden Strahlung wird durch Multiplikation von (227.2) mit dem Projektionsfaktor $\cos\Theta$ und Integration über eine Halbkugel erhalten. Das Resultat ist H, wie es auch sein muß[1].

Die effektive Temperatur eines beliebig herausgegriffenen Gebietes auf der Scheibe wird durch die Bedingung gegeben:

$$a c T_e^4 = 2H\left(1+\tfrac{3}{2}\cos\Theta\right). \tag{227.3}$$

Dies folgt aus (227.2), weil wir in diesem Punkte der Scheibe nur die in der Richtung Θ heraustretende Strahlung sehen, und diese mit einem schwarzen Körper vergleichen, der dieselbe Ausstrahlung *nach allen Richtungen* gibt.

Im Mittelpunkte der Scheibe ist $a c T_e^4 = 5H$, so daß die effektive Temperatur im Mittelpunkte gleich $\left(\frac{5}{4}\right)^{\frac{1}{4}}$ oder 1,0574 der effektiven Temperatur des Sternes als Ganzes beträgt; z. B. ist die effektive Temperatur im Mittelpunkte der Sonnenscheibe gleich 6070° gegen 5740°, die für die integrierte Strahlung der Sonne erhalten werden.

Die effektive Temperatur der integrierten Scheibe ist dieselbe wie die effektive Temperatur eines Gebietes, für das $\Theta = \frac{2}{3}$ ist.

Die spektrale Energiekurve.

228. Die mittlere Tiefe τ_m, aus der die heraustretende Strahlung kommt, ist

$$\tau_m = \int_0^\infty \tau\,(2+3\tau)\,e^{-\tau\sec\Theta}\,d\tau : \int_0^\infty (2+3\tau)\,e^{-\tau\sec\Theta}\,d\tau$$
$$= \cos\Theta\,(1+3\cos\Theta) : \left(1+\tfrac{3}{2}\cos\Theta\right).$$

Nach (226.5) wird die Temperatur T_m in der Tiefe τ_m gegeben durch

$$a c T_m^4 = 2H\left\{1+\tfrac{3}{2}\cos\Theta\,(1+3\cos\Theta)/\left(1+\tfrac{3}{2}\cos\Theta\right)\right\}$$
$$= 2H\,\frac{1+3\cos\Theta+\frac{9}{2}\cos^2\Theta}{1+\frac{3}{2}\cos\Theta}. \tag{228.1}$$

Andererseits entspricht die Intensität der heraustretenden Strahlung einer effektiven Temperatur, die durch (227.3) gegeben wird,

$$a c T_e^4 = 2H\left(1+\tfrac{3}{2}\cos\Theta\right). \tag{228.2}$$

Das Verhältnis T_m/T_e hat im Mittelpunkte ($\cos\Theta = 1$) den Wert 1,08 und sinkt am Rande auf den Wert 1 herab. Wir könnten vielleicht

[1] Die früheren Annäherungen von SCHWARZSCHILD und JEANS erfüllten diese Kontrollbedingung nicht. Siehe MILNE: Monthly Notices Bd. 81, S. 364.

erwarten, daß die Qualität der Strahlung (Intensitätsverteilung in Wellenlängen) der mittleren Temperatur ihres Ursprungsortes entsprechen müßte. In diesem Falle würde T_m/T_e das Verhältnis der nach der Qualität der Strahlung beurteilten effektiven Temperatur zu der nach der Quantität der Strahlung beurteilten effektiven Temperatur bedeuten. Dies wäre jedoch eine sehr saloppe Art, das Problem zu behandeln, und wir dürfen uns nicht wundern, daß das Resultat mit der Beobachtung nicht übereinstimmt. Der richtige Weg besteht in der Ermittlung der spektralen Zusammensetzung der austretenden Strahlung durch getrennte Untersuchung jeder einzelnen Wellenlänge unter Benutzung der für sie geltenden Werte von j und k.

Die wichtigsten veröffentlichten Untersuchungen über die spektrale Zusammensetzung der heraustretenden Strahlung rühren von E. A. MILNE[1] und B. LINDBLAD[2] her und wir verweisen auf diese Arbeiten zur Ergänzung des gegenwärtigen Berichtes.

Die beobachtete Energiekurve der Sonne ist in Abb. 5 durch die gestrichelte Linie dargestellt. Sie ist von LINDBLAD aus den Messungen von ABBOT abgeleitet worden. Die Ordinaten sind proportional zu den in einem konstanten Wellenlängenintervalle $d\lambda$ emittierten Energiemengen. (In unseren vorhergehenden theoretischen Untersuchungen haben wir gewöhnlich ein konstantes Intervall von Frequenzen $d\nu$ betrachtet.) Wenn man die Energiekurve des schwarzen Strahlers in dieser Weise aufträgt, liegt ihre maximale Ordinate bei einer Wellenlänge, die durch (102.3)

$$\lambda_{\max} \cdot T = 0{,}288 \text{ cm Grad} \tag{228.3}$$

gegeben wird. Die punktierte Kurve (konstanter Absorptionskoeffizient) in der Abbildung entspricht zwar nicht ganz genau der Kurve des schwarzen Strahlers, kann aber von dieser im Maßstabe der Abbildung kaum unterschieden werden, so daß die Abweichung der beiden dargestellten Kurven voneinander praktisch die Abweichung der Sonnenstrahlung von der Strahlung eines schwarzen Körpers veranschaulicht. Zu dieser Abweichung können drei verschiedene Ursachen beitragen:

a) Was wir sehen, ist eine Überlagerung von Strahlungen, die von Schichten verschiedener Temperaturen herrühren, und durch diese Streuung in der Temperatur wird die Kurve des schwarzen Strahlers verzerrt.

b) Da der Absorptionskoeffizient für verschiedene Wellenlängen verschieden ist, sehen wir bei einigen Wellenlängen tiefer in das Sonneninnere hinein als bei anderen und empfangen dabei Strahlung aus heißeren Schichten.

---

[1] Monthly Notices Bd. 81, S. 375 (1921); Phil. Trans. 223 A, S. 201 (1922).

[2] Uppsala Universitäts Årskrift 1920, Nr. 1; Nova Acta Reg. Soc. Sci. Upsaliensis, Ser. 4, Bd. 6, Nr. 1 (1923).

c) Die Bedingungen in den ausstrahlenden Schichten zeigen bereits merkliche Abweichungen von dem thermodynamischen Gleichgewichte, so daß schon an der Quelle der Strahlung Abweichungen vom PLANCKschen Strahlungsgesetze entstehen können.

Wenn $j_\nu \, d\nu$ die Emission (pro gr und sec) zwischen den Frequenzen ν und $\nu + d\nu$ bezeichnet, und k_ν den Absorptionskoeffizienten für die Frequenz ν, dann ist wie in (227.1) die austretende Strahlung

$$d\nu \frac{d\omega}{4\pi} \int j_\nu \, \varrho \, dx \sec\Theta \, e^{-\tau_\nu \sec\Theta}$$

$$= - d\nu \frac{d\omega}{4\pi} \int (j_\nu / k_\nu) \, d\tau_\nu \sec\Theta \, e^{-\tau_\nu \sec\Theta}, \qquad (228.4)$$

wo

$$\tau_\nu = \int_x^0 k_\nu \varrho \, dx .$$

Die Beziehung zwischen Absorptionskoeffizienten und Emissionskoeffizienten ist nach (77.15)

$$j_\nu = c k_\nu \, I(\nu, T), \qquad (228{,}5)$$

wo $I(\nu, T)$ wie gewöhnlich die PLANCKsche Energieverteilung bedeutet. Wenn wir daher die austretende Strahlung mit $H(\nu, \Theta) \, d\nu \, d\omega / 4\pi$ bezeichnen, erhalten wir aus (228.4)

$$H(\nu, \Theta) = c \int_0^1 I(\nu, T) \, d\left(e^{-\tau_\nu \sec\Theta}\right). \qquad (228.6)$$

Die Zulässigkeit der Anwendung der Gleichgewichtsformel (228.5) könnte vielleicht bezweifelt werden, namentlich wenn man bedenkt, daß bei der Behandlung des Problems der spektralen Energieverteilung immerhin schon eine ziemlich hohe Genauigkeit angestrebt werden muß. Die molekularen Geschwindigkeiten werden zwar der Temperatur T entsprechen, aber der Ionisations- und Anregungszustand des Materials wird ein etwas verschiedener sein, weil es einer Nichtgleichgewichtsstrahlung ausgesetzt ist. Das Material hat daher möglicherweise nicht das normale Absorptions- und Emissionsvermögen, auf die sich Gleichung (228.5) bezieht. Wir behalten uns vor, auf diesen Punkt (Ursache c) weiter unten noch einmal zurückzukommen.

229. Wir wollen nun die drei Ursachen für die Abweichung der Reihe nach einzeln durchnehmen:

a) Streuung der Temperatur.

Da der Effekt einer Veränderlichkeit von k_ν zunächst nicht betrachtet werden soll, setzen wir $k_\nu = k$, $\tau_\nu = \tau$. Formel (228.6) gibt dann die nachfolgende Regel: Man teile den Bereich von $e^{-\tau \sec\Theta}$ in eine große Anzahl gleicher Teile ein. Sodann berechne man die Temperaturen $T_1, T_2, T_3 \ldots$ für die Mitte jedes Teiles. Nun nehme man ein cm^3

von Gleichgewichtsstrahlung bei jeder der oben berechneten Temperaturen; dann gibt der einfache Mittelwert die Zusammensetzung der heraustretenden Strahlung.

Tabelle **43** ist in dieser Weise berechnet worden. Ihr erster Teil bezieht sich auf $\Theta = 0$, und es sind zehn gleiche Intervalle von $e^{-\tau}$ benutzt worden, so daß die Temperaturen $T_1, T_2 \ldots$ den Werten $e^{-\tau} = 0{,}95,\ 0{,}85 \ldots$ entsprechen. Die Temperaturen sind aus Gleichungen (226.5) und (226.62) berechnet, welche die Formel ergeben

$$T^4 = T_e^4 \left(\tfrac{1}{2} + \tfrac{3}{4}\tau\right) \qquad (229.1)$$

in der die effektive Temperatur T_e der Sonne gleich 5740^0 angenommen worden ist. Die nächsten drei Kolonnen geben

$$(e^{h\nu/RT} - 1)^{-1} \qquad (229.15)$$

für drei verschiedene Frequenzen; dieser Ausdruck stellt die Intensität $I(\nu, T)$ für die Frequenz ν dar, soweit sie von T abhängt.

Am Fuße der Tabelle sind die Mittelwerte dieser Intensitäten gebildet worden. Nach der obenstehenden Regel geben sie die Intensität der heraustretenden Strahlung. Die diesen austretenden Intensitäten entsprechenden Temperaturen der schwarzen Strahlung sind durch Umkehrung von (229.15) abgeleitet worden. Außer der den drei Wellenlängen entsprechenden Temperaturen der schwarzen Strahlung geben wir auch die der gesamten Intensität äquivalente Temperatur 6039^0 eines schwarzen Strahlers an. Letztere ist mit Hilfe des Mittelwertes von τ aus (229.1) berechnet. Sie stimmt nicht genau mit der wirklichen effektiven Temperatur im Mittelpunkte der Sonnenscheibe (6068^0) überein, weil wir ein kleines Stückchen der Sonne sozusagen übergangen haben, indem wir das Integral durch die Summe von zehn Termen ersetzten; es ist aber augenscheinlich richtiger, das genaue Resultat für die betrachtete Verteilung zu benutzen, anstatt des wahren Wertes für das Himmelsobjekt, welches diese genähert darstellen soll[1]. Schließlich sind in der letzten Zeile der Tabelle die Intensitäten für einen schwarzen Strahler bei 6039^0 gegeben, so daß ein Vergleich mit den mittleren Intensitäten die Abweichung von dem Gesetze der schwarzen Strahlung ergibt, die durch die Streuung in den Temperaturen hervorgerufen wird. Wie man sieht, sind diese Abweichungen ganz geringfügig.

Der zweite Teil der Tabelle enthält analoge Resultate für ein Gebiet in der Nähe des Sonnenrandes. Da die Streuung der Temperaturen

[1] Man wird bemerken, daß der größte Teil der Intensität aus den tieferen Gebieten herstammt, und wir müßten bei einer genauen Berechnung diese natürlich in weitere Unterteile zerlegen. Der Zweck der Tabelle ist aber nur der, eine Orientierung über das Problem zu geben. Wenn es sich lohnen sollte, die Berechnungen weiter fortzusetzen, könnte von der analytischen Behandlung des Integrals (228.6) Gebrauch gemacht werden, die in den Untersuchungen von MILNE (loc. cit.) enthalten ist.

hier kleiner ist, sind auch die Abweichungen von der schwarzen Strahlung entsprechend kleiner.

Tabelle 43. Effekt der Ungleichmäßigkeit der Temperatur der ausstrahlenden Schichten.

						Sec $\theta = 3$		
$e^{-\tau}$	τ	T	Int. λ4157	Int. λ6235	Int. λ12470	T	Int. λ4157	Int. λ12470
0,95	0,0513	4920°	0,00091	0,0095	0,107	4850°	0,00083	0,104
0,85	0,1625	5100	0,00116	0,0111	0,117	4920	0,00091	0,107
0,75	0,2877	5280	0,00147	0,0131	0,128	4990	0,00101	0,111
0,65	0,4308	5470	0,00185	0,0153	0,140	5060	0,00109	0,116
0,55	0,5979	5660	0,00230	0,0177	0,152	5150	0,00125	0,121
0,45	0,7985	5880	0,00285	0,0205	0,165	5250	0,00142	0,125
0,35	1,0498	6110	0,00359	0,0239	0,180	5360	0,00163	0,133
0,25	1,3863	6390	0,00459	0,0283	0,199	5500	0,00193	0,142
0,15	1,8971	6760	0,00617	0,0347	0,224	5700	0,00239	0,154
0,05	2,9958	7390	0,00954	0,0467	0,268	6070	0,00341	0,177
Mittel	0,9658	—	0,00344	0,0221	0,168	—	0,00159	0,129
Eff.Temp.	6039°	—	6070°	5987°	5924°	5326°	5342°	5290°
	—	—	0,00334	0,0228	0,176	—	0,00156	0,132

Die maximale Ordinate der spektralen Energiekurve liegt in der Nähe von 5900 Å. Tabelle 43 zeigt, daß die Intensität hier schneller zunimmt, als bei der Kurve des schwarzen Strahlers, wenn wir uns nach dem violetten Ende zu bewegen; die maximale Ordinate wird daher in diesem Sinne verschoben sein. MILNE hat ausgerechnet, daß die Verschiebung 4,3% beträgt, so daß die aus (228.3) berechnete effektive Temperatur um 4,3% höher ist als diejenige, welche man aus der gesamten Intensität der Strahlung erhält. Dies stimmt tatsächlich mit der Beobachtung gut überein; doch zeigt der Vergleich mit der Abb. 5, daß die Übereinstimmung eine zufällige ist; durch die geringfügige Verschiebung der Lage der maximalen Ordinate (die im Maßstabe der Abbildung unmerklich ist) wird kein wirklicher Fortschritt in der Erklärung der bei der Sonne beobachteten Abweichung von einem schwarzen Strahler erzielt.

Nach (227.2) ist der Helligkeitskontrast zwischen dem Mittelpunkte und dem in der Nähe des Randes gewählten Gebiete (sec $\Theta = 3$) gleich 0,6 für das integrierte Spektrum. Nach Tabelle 43 ist er aber gleich

$$\frac{159}{344} = 0{,}46 \text{ für } \lambda\, 4157 \quad \text{und} \quad \frac{129}{168} = 0{,}77 \text{ für } \lambda\, 12470\,.$$

Diese Differenz wird zum größten Teile durch den Unterschied der effektiven Temperaturen 5326° und 6039° erklärt, da eine Verkleinerung der Temperatur im Violetten einen stärkeren Einfluß hat als im Roten. Nach MILNE stimmt der beobachtete Kontrast bei allen Wellenlängen mit dem durch diese Theorie Vorausgesagten sehr genau überein. Er betrachtet diese Übereinstimmung als eine sehr unerfreuliche; sie ist verfrüht, weil wir auch noch die Veränderlichkeit des Absorptionskoeffizienten zu berücksichtigen haben. Der enge Zusammenhang zwischen dem Kontraste Mitte-Rand und der Veränderlichkeit von k_ν wird schon durch das Vorkommen von $\tau_\nu \sec \Theta$ in (228.6) gezeigt; eine Verdoppelung von k_ν/k ist äquivalent mit dem Übergange zu einem neuen Punkte der Scheibe, für den $\sec \Theta$ den doppelten Wert hat. Wenn wir die Veränderlichkeit des Absorptionskoeffizienten einführen, um den Unterschied zwischen der gestrichelten Kurve und der punktierten Kurve in Abb. 5 zu erklären, werden wir notwendig auch den Kontrast Mitte-Rand verändern, und die Übereinstimmung mit der Beobachtung dadurch vermutlich verschlechtern.

Die bei Berücksichtigung der Temperaturstreuung, aber ohne Berücksichtigung irgendwelcher Änderungen von k_ν mit ν, zu erwartende Energiekurve ist in Abb. 5 durch die punktierte Kurve dargestellt. Sie beruht auf den Berechnungen von Milne.

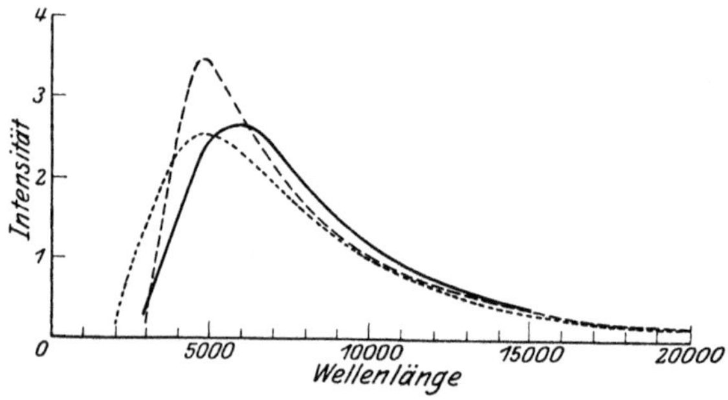

Abb. 5. Energiekurve der Sonne.

- - - - Beobachtete Intensität.
.. Theoretische Kurve für einen konstanten Absorptionskoeffizienten.
—— Theoretische Kurve für einen konstanten Emissionskoeffizienten.

b) Veränderlichkeit von k_ν.

Wenn k_ν konstant ist, muß sich nach (228.5) j_ν mit ν ändern und vice versa. Wir kennen keine physikalische Hypothese, aus der die Konstanz von k_ν folgen würde, dagegen erscheint die Hypothese, daß j_ν unabhängig von ν ist, recht plausibel.

Aus der Anwendung der Kramersschen Absorptionstheorie auf Röntgenstrahlen im Inneren eines Sternes ergab sich, daß j_ν bis auf die Guillotinegrenze (§ 157) von ν unabhängig war. Es bedeutet nun allerdings eine sehr weitgehende Extrapolation, wenn wir dieses Resultat auf optische Frequenzen übertragen; da aber die allgemeinen Prinzipien der optischen Absorption mit denen der Absorption von Röntgenstrahlen identisch sind, wollen wir diese Hypothese versuchsweise machen. Wir können von vornherein sagen, daß ihre Einführung die erwünschte Übereinstimmung mit der beobachteten Energiekurve der Sonne nicht herbeiführen wird; sie stellt aber einen geeigneten ersten Schritt dar, um die Abweichungen letzterer von einer Kurve zu studieren, die einen bestimmten physikalischen Sinn hat, anstatt von einer Kurve, die einer rein mathematischen Abstraktion entspricht und keiner physikalischen Deutung fähig ist.

Aus den Entwicklungen des § 157 folgt, daß wenn j_ν von ν unabhängig ist,

$$\frac{k_\nu}{k} = \frac{105}{128} \frac{\beta}{\alpha} \frac{e^x - 1}{x^3}, \tag{229.3}$$

wo $x = h\nu/RT$, $\beta = 1{,}151$, $\alpha = 1{,}0823$. Der mittlere Koeffizient k in der uns jetzt beschäftigenden Frage ist augenscheinlich der Opazitätskoeffizient k_2 des § 157. Aus (226.5) und (226.61) folgt

$$d\tau = \frac{8}{3} \frac{T^3\, dT}{T_0^4} = \frac{8}{3} x_0^4 \frac{dx}{x^5},$$

wo $x_0 = h\nu/RT_0$. Es ist daher

$$\tau_\nu = \int \frac{k_\nu}{k} d\tau = \frac{35}{16} \frac{\beta}{\alpha} x_0^4 \int\limits_{x_0}^{x} \frac{e^x - 1}{x^8} dx. \tag{229.3}$$

Wenn wir das Integral von $(e^x - 1)/x^8$ tabulieren, können wir die Werte von x (und daher auch von T) für jede optische Tiefe τ_ν berechnen und darauf dasselbe Verfahren wie bei Tabelle 43 anwenden.

Diese Berechnung würde eine ziemlich langwierige sein, und es erscheint zweifelhaft, ob sich die Arbeit ihrer genauen Durchführung lohnen würde. Eine abgekürzte Methode wird uns eine für unsere Zwecke ausreichende Genauigkeit geben. Trotzdem sich x innerhalb des Sternes mit der Tiefe ändert, werden wir uns damit begnügen, k_ν/k für einen mittleren Wert $x_e = h\nu/RT_e$ zu berechnen und als konstant zu behandeln. Nach (228.2) und (226.5) ist die effektive Temperatur diejenige Temperatur, welche in einer durch $\tau \sec \Theta = 1$ gegebenen optischen Tiefe herrscht. Auch die effektive Temperatur für eine bestimmte Frequenz ν entspricht sehr nahe derselben Tiefe, wenn $\tau_\nu = \tau$ genommen wird (die kleinen Abweichungen sind in der Tabelle 43 gegeben); wenn aber τ_ν einen anderen Wert hat, muß die Bedingung $\tau \sec \Theta = 1$ offenbar durch

$$\tau_\nu \sec \Theta = 1 \quad \text{oder} \quad \tau = \cos \Theta \cdot k/k_\nu$$

ersetzt werden, so daß die Intensität nun einer anderen Temperatur T_ν entspricht, wobei

$$ac\, T_\nu^4 = H(2 + 3\,(k/k_\nu) \cos \Theta)$$

ist. Da sich Abb. 5 auf das integrierte Licht der Sonnenscheibe bezieht, müssen wir $\cos \Theta = \frac{2}{3}$ nehmen, und die entsprechende Temperatur für die Frequenz ν wird demnach durch

$$T_\nu^4 = \tfrac{1}{2}(1 + k/k_\nu)\, T_e^4 \tag{229.4}$$

gegeben. Wir können nun nach dem PLANCKschen Gesetze die Änderung der Intensität berechnen, die durch den Umstand bedingt ist, daß wir jetzt bis in eine Schicht der Temperatur T_ν anstatt der Temperatur T_e in die Sonne hineinsehen, und die Ordinaten der punktierten Kurve mit den gefundenen Verhältniszahlen multiplizieren. Das Resultat wird durch die ausgezogene Kurve in Abb. 5 dargestellt.

Auf den ersten Blick scheint diese Kurve für konstantes j_ν von der beobachteten spektralen Energiekurve stärker abzuweichen, als es die Kurve für konstantes k_ν tat. Aber wenn das auch der Fall sein sollte, muß ausdrücklich betont werden, daß gerade die Abweichung von dieser neuen Kurve eine physikalische Erklärung verlangt, viel eher als die Abweichung von der ersten Kurve, die lediglich ein mathematisches Hilfsmittel darstellte. Die neue Kurve bietet den Vorteil, daß sie den Abfall der Sonnenkurve bei kurzen Wellenlängen[1] besser wiedergibt. Die hohe Spitze der beobachteten Kurve wird allerdings noch nicht erklärt; nimmt man an, daß sie ihre Entstehung einer verkleinerten Emission[2] in den betreffenden Wellenlängen verdankt, dann wird die allgemeine Opazität k dadurch verkleinert und daher die T_ν für andere Frequenzen nach (229.4) entsprechend herabgesetzt. Die Abweichung auf der rechten Seite der Abbildung würde also wahrscheinlich automatisch verschwinden, sobald die hohe Spitze erklärt wäre.

Wir haben den Einfluß der Veränderlichkeit von k_ν auf die Energiekurve berechnet. Durch das entgegengesetzte Verfahren können wir auch die Änderungen von k_ν berechnen, die nötig wären, um die beobachtete Kurve darzustellen. Die Werte von k_ν, die auf diese Weise von Milne erhalten wurden, sind in der zweiten Kolonne der Tabelle 44 tabuliert. Die einem konstanten j_ν entsprechenden, aus (229.2) erhaltenen Werte sind in der dritten Kolonne gegeben. Durch Division erhalten wir die Werte von $1/j_\nu$, die in der vierten Kolonne gegeben sind. (Die Einheit ist in jeder Kolonne willkürlich.)

Die letzte Kolonne zeigt, daß die ganze Abweichung der beobachteten Kurve durch eine stetige Abnahme der Emission mit abnehmender Wellenlänge erklärt werden kann. Dies scheint eine sehr vernünftige Erklärung zu sein. Eine entsprechende Abänderung der Kramersschen Formel für die Emission dürfte bei Berücksichtigung der endlichen Größe der für die Ausstrahlung optischer Frequenzen verantwortlichen Ionen sogar zu erwarten sein. Es ist zu bemerken, daß die Emission

[1] H. H. Plaskett (Pub. Dominion Observatory Bd. 2, S. 242) ist der Ansicht, daß die herabgesetzte Intensität bei kurzen Wellenlängen in der Abbotschen Kurve durch die große Anzahl der Absorptionslinien in diesem Gebiete hervorgerufen wird und daß die Intensität *zwischen* den Linien mit der Kurve des schwarzen Strahlers übereinstimmt. Zu diesem Schlusse waren auch Fabry und Buisson (Comptes Rendus Bd. 175, S. 156, 1922) auf Grund von Messungen an fünf von Absorptionslinien freien Stellen im Gebiete 2920—3940 Å gelangt. Wenn diese Ansicht richtig ist, müssen wir ausdrücklich hervorheben, daß die Übereinstimmung ganz unerwartet und auch unerklärt ist.

[2] Man beachte das Paradoxon, daß größere Helligkeit hier ein Anzeichen für eine verminderte Emission ist.

zwischen den Wellenlängen 3000 und 12000 hauptsächlich von dem Einfangen von Elektronen in angeregte Bahnen herrührt; Ablenkungen von Elektronen ohne Einfangen würden längere Wellenlängen ergeben und das Einfangen von Elektronen in normale Bahnen — kürzere Wellenlängen. Die Verminderung der Emission kann dem „Guillotine-Effekte“ der besetzten Bahnen nicht zugeschrieben werden; sie kann aber vielleicht durch den Umstand bedingt sein, daß das Atom, in dem ein oder zwei Elektronen fehlen, bei so starken Annäherungen nicht mehr als Punktladung behandelt werden darf.

Tabelle 44.
Untersuchung der beobachteten Energiekurve der Sonne.

λ	k_ν (beob.)	k_ν (berechn.)	$1/j_\nu$
3230	1,97	4,89	2,48
3860	1,09	2,35	2,16
4330	0,81	1,65	2,03
4560	0,69	1,44	2,08
4810	0,68	1,27	1,87
5010	0,70	1,16	1,66
5340	0,70	1,03	1,48
6040	0,71	0,87	1,22
6700	0,76	0,78	1,03
6990	0,77	0,76	0,98
8660	1,16	0,70	0,61
10310	1,36	0,72	0,53
12250	1,02	0,79	0,77

Gegen diese Deutung der beobachteten Energiekurve hat MILNE den Einwand erhoben, daß seine in Tabelle 44 angeführten Werte für k_ν durch den Kontrast Mitte-Rand nicht bestätigt werden, der viel besser durch ein beinahe konstantes k_ν dargestellt wird. MILNE kommt zu dem Schlusse, daß „die Abweichung des Energiespektrums der Sonne von dem Spektrum eines schwarzen Strahlers, wahrscheinlich nicht durch eine veränderliche allgemeine Absorption in den zu der Strahlung beitragenden Schichten bedingt wird“. Die Berechtigung dieses Schlusses hängt natürlich davon ab, inwiefern wir den beobachteten Werten des Kontrastes Mitte-Rand Vertrauen schenken dürfen. Wenn MILNE recht hat, müssen wir uns der Ursache c) zuwenden.

c) *Abweichung von den Gleichgewichtsbedingungen.*

Da das Material einer Nichtgleichgewichtsstrahlung ausgesetzt ist, besteht die Möglichkeit, daß sein Absorptions- und Emissionsvermögen nicht die normalen, seiner Temperatur entsprechenden Werte haben, so daß die Formel (228.5) kein richtiger Ausdruck mehr für j_ν/k_ν ist. Die Strahlung ist reicher an hochfrequenten Bestandteilen, welche normale Atome zu ionisieren vermögen; die Ionisation könnte daher einen höheren Wert haben als im Gleichgewichtszustande. Die Emission durch Einfangen kann meistenteils nur von ionisierten Atomen[1] ausgeführt werden, so daß eine Vergrößerung der Anzahl der Ionen z. B. um 10% auch j_ν um 10% erhöhen würde. Eine weitere Erhöhung von j_ν würde ferner durch die größere Häufigkeit der freien Elektronen bedingt sein. Gleichzeitig würde aber k_ν abnehmen; die dem Gleichgewichtszustande entsprechende Ionisation erreicht ja gerade den Wert, der nötig ist, um j_ν und $c k_\nu I(\nu, T)$ in Übereinstimmung zu bringen, so daß bei größerer Ionisation $j_\nu > c k_\nu I(\nu, T)$ sein wird.

Die austretende Intensität ist, wie aus (228.4) ersichtlich, einfach proportional zu j_ν/k_ν. Wir können daher sofort übersehen, welcher Überschuß in j_ν/k_ν notwendig wäre, um die beobachtete Kurve zu ergeben. Wenn die Zunahme der Ionisation in allen Tiefen mehr oder weniger dieselbe ist, werden die Intensitäten im Mittelpunkt und am Rande der Scheibe mit einem und demselben Faktor multipliziert, so daß der Wert des Kontrastes Mitte-Rand unverändert bleibt und die Forderung Milnes erfüllt ist. Die Nichtgleichgewichtsbedingungen sind zu kompliziert, um eine Entscheidung der Frage zu gestatten, welcher Teil des Spektrums am stärksten durch den Überschuß an Ionisation beeinflußt werden würde, wir haben aber keinen Grund, das Auftreten irgendwelcher besonderen Schwierigkeiten in diesem Punkte zu befürchten.

Ich glaube kaum, daß die Änderung der Ionisation groß genug sein kann, um die beobachtete Kurve zu erklären. Um die hohe Spitze wiederzugeben, wäre wahrscheinlich eine Änderung von mindestens 15% erforderlich.

Wir sind gegenwärtig nicht in der Lage, zu einem bestimmten Schlusse in dieser Frage zu kommen. Von dieser ganzen Untersuchung bleibt uns ein Gefühl der Verwunderung nach, nicht so sehr über die Abweichung der Sonne von einem schwarzen Strahler, als vielmehr über die Tatsache, daß sich ihre Strahlung derjenigen eines schwarzen Körpers in so hohem Maße nähert.

Es muß noch hinzugefügt werden, daß die Beobachtungsergebnisse, von denen wir ausgegangen sind, durch die neueste Forschung nicht in vollem Umfange bestätigt werden, und es ist daher möglich, daß wir einigen Eigentümlichkeiten der Abbotschen Kurve eine ihnen nicht zukommende Bedeutung zugeschrieben haben.

Zweite Annäherung an die Temperaturverteilung.

230. Die austretende Strahlung (227.2) ist gleich dem Werte von $J(\Theta)\, d\omega/4\pi$ für das Niveau $\tau = 0$ und wir haben daher

$$J(\Theta) = 2H\left(1 + \tfrac{3}{2}\cos\Theta\right) \quad \text{für} \quad \tau = 0,\ \Theta < \frac{\pi}{2}.$$

[1] Neutrale Atome können zwar auch Elektronen einfangen, doch ist ihre Fähigkeit hierzu wahrscheinlich eine viel beschränktere. Negativ geladene Atome H_-, C_-, O_- usw. sind aus Experimenten mit positiven Strahlen wohlbekannt.

Für $\Theta > \frac{\pi}{2}$ ist in diesem Niveau $J(\Theta)$ gleich Null. Daher ist nach (225.5)

$$J = \frac{1}{4\pi}\int J(\Theta)\, d\omega = \frac{7}{4} H. \tag{230.1}$$

Dieser Ausdruck hätte nun an Stelle unserer ursprünglichen Grenzbedingung $J = 2H$ zu treten, welche der Näherung entsprach, daß $J(\Theta)$ über eine Halbkugel konstant bleibt. An Stelle von (226.61) und (226.62) haben wir dann:

$$a c T_0^4 = \tfrac{7}{4} H \qquad a c T_e^4 = 4H,$$

so daß nun

$$T_e = (\tfrac{16}{7})^{\frac{1}{4}} T_0 = 1{,}230\, T_0 \tag{230.2}$$

ist. Man beachte, daß das Verhältnis T_e/T_0 ausschließlich von dem Verdunkelungsgesetze abhängt, so daß es für die Sonne unmittelbar aus dem beobachteten Verdunkelungsgesetze abgeleitet werden könnte ohne jede Bezugnahme auf die Temperaturverteilung im Inneren.

Nach derselben Methode können wir $J(\Theta)$ auch für ein beliebiges Niveau τ_1 berechnen. Indem wir in (227.15) die geeigneten Abänderungen machen, erhalten wir

$$J(\Theta) = H \sec\Theta \int_{\tau_1}^{\infty} (2 + 3\tau)\, e^{-(\tau-\tau_1)\sec\Theta}\, d\tau \qquad \left(\Theta < \frac{\pi}{2}\right)$$

$$J(\Theta) = H \sec\Theta' \int_{0}^{\tau_1} (2 + 3\tau)\, e^{-(\tau_1-\tau)\sec\Theta'}\, d\tau. \qquad \left(\Theta' = \frac{\pi}{2} - \Theta < \frac{\pi}{2}\right).$$

Hieraus ergibt sich nach Ausführung der Integration

$$J(\Theta) = H(2 + 3\cos\Theta + 3\tau_1) \qquad \left(\Theta < \frac{\pi}{2}\right) \tag{230.31}$$

$$J(\Theta) = H\{(2 - 3\cos\Theta')(1 - e^{-\tau_1\sec\Theta'}) + 3\tau_1\}. \quad \left(\Theta' < \frac{\pi}{2}\right) \tag{230.32}$$

Diese Werte müssen wir nun in (225.5) einsetzen, um die Werte von J, H und K zu erhalten. Wir wollen die der nach außen gerichteten Strahlung (J_+) und der nach innen gerichteten Strahlung (J_-) entsprechenden Teile getrennt anführen. Die Resultate sind:

$$\left.\begin{aligned}
J_+ &= H(\tfrac{7}{4} + \tfrac{3}{2}\tau), \quad J_- = H(\tfrac{1}{4} + \tfrac{3}{2}\tau - U_2(\tau) + \tfrac{3}{2}U_3(\tau)),\\
&\qquad J = H(2 + 3\tau - U_2(\tau) + \tfrac{3}{2}U_3(\tau)),\\
H_+ &= H(1 + \tfrac{3}{4}\tau), \quad H_- = H(-\tfrac{3}{4}\tau + \tfrac{1}{2}\tau[U_2(\tau) - U_3(\tau)]),\\
&\qquad H = H(1 + \tfrac{1}{2}\tau[U_2(\tau) - U_3(\tau)]),\\
K_+ &= H(\tfrac{17}{24} + \tfrac{1}{2}\tau), \quad K_- = H(-\tfrac{1}{24} + \tfrac{1}{2}\tau - U_4(\tau) + \tfrac{3}{2}U_5(\tau))\\
&\qquad K = \tfrac{1}{3}H(2 + 3\tau - 3U_4(\tau) + \tfrac{9}{2}U_5(\tau)),
\end{aligned}\right| \tag{230.4}$$

wo

$$U_r(\tau) = \int_1^\infty \frac{e^{-\tau y}}{y^r} dy. \tag{230.5}$$

231. Wir wollen nun zusehen, wie diese Resultate für eine zweite Annäherung an die Temperaturverteilung zu verwenden sind. Gleichung (225.42) ist streng gültig und H ist konstant, daher ist

$$K = \tau H + \text{const}. \tag{231.1}$$

Früher hatten wir $K = \frac{1}{3} J$ gesetzt, wobei der Faktor $\frac{1}{3}$ von dem Mittelwerte von $\cos^2 \Theta$ über eine Halbkugel herrührte. Wir können diesen nun durch das Verhältnis von K zu J ersetzen, welches durch (230.4) gegeben wird und einen neuen Mittelwert von $\cos^2 \Theta$ darstellt, der sich bei der Einführung geeigneter Gewichte entsprechend der durch (230.31) und (230.32) bestimmten Verteilung der Strahlung in bezug auf Richtung ergibt. Es ist daher

$$J = 3f(\tau H + \text{const}),$$

wo

$$f = \frac{2 + 3\tau - U_2(\tau) + \frac{3}{2} U_3(\tau)}{2 + 3\tau - 3U_4(\tau) + \frac{9}{2} U_5(\tau)}. \tag{231.2}$$

Die Konstante ist bereits bestimmt worden, da an der Begrenzung $J = \frac{7}{4} H$ ist, so daß

$$acT^4 = J = fH\left(\tfrac{17}{8} + 3\tau\right) \tag{231.3}$$

wird, da der Grenzwert von f gleich $\frac{14}{17}$ ist. Dieser Ausdruck ersetzt die erste Näherung

$$acT^4 = J = H(2 + 3\tau).$$

Man beachte, daß wir hierbei vom „revidierten" Werte von H aus (230.4) keinen Gebrauch gemacht haben. Dies hätte tatsächlich einen Rückschritt bedeutet; die Bedingung, daß H konstant und gleich einem gegebenen Grenzwerte ist, stellt die wesentliche Bedingung des Problems dar. Die Tatsache, daß wir bei der Berechnung von H auf Grund der ersten Annäherung an die Temperaturverteilung diesen konstanten Wert von H nicht genau reproduzieren, ist nur ein Anzeichen dafür, daß die erste Annäherung die Bedingungen des Problems nicht in genügendem Maße zu erfüllen vermag; und, wenn der „revidierte" Wert gleich $H + \Delta H$ herauskommt, so ist ΔH eben nur ein Maß für den Fehler der ersten Annäherung.

Die Funktionen $U_r(\tau)$ werden nach der Rekursionsformel

$$(r-1)\, U_r(\tau) = e^{-\tau} - \tau\, U_{r-1}(\tau)$$

berechnet, und $U_1(\tau)$ ist eine ein für allemal tabulierte Funktion.

In Tabelle 45 gibt die zweite Kolonne den aus (231.2) berechneten Wert von f, die dritte Kolonne das Verhältnis des zweiten aus Gleichung (231.3) erhaltenen Näherungswertes an T^4 zu dem ersten Näherungswerte aus (226.5). Die vierte Kolonne enthält die Werte von $\Delta H/H$, entsprechend der oben gegebenen Definition.

Tabelle 45. Zweite Annäherung an die Temperaturverteilung.

τ	f	$T_{(2)}^4/T_{(1)}^4$	$\Delta H/H$
0	0,8235	0,875	0,0000
$\frac{1}{8}$	0,9188	0,967	+ 0,0176
$\frac{1}{4}$	0,9497	0,993	+ 0,0241
$\frac{1}{2}$	0,9755	1,010	+ 0,0263
1	0,9915	1,016	+ 0,0194
∞	1,0000	1,000	0,0000

Das interessanteste Ergebnis dieser Untersuchung ist, daß die zweite Annäherung eine so geringe Abänderung der aus der ersten Annäherung erhaltenen Verteilung ergibt. Es würde keine große Mühe kosten, den Einfluß dieser Abänderung auch auf das Verdunkelungsgesetz (227.2) zu untersuchen, jedoch ist es von vornherein klar, daß die Korrektion eine ganz geringfügige sein würde[1].

Die erste Annäherung wird also für die meisten Zwecke eine völlig ausreichende Genauigkeit ergeben, und wir werden daher in dem übrigen Teile dieses Kapitels ausschließlich von ihr Gebrauch machen.

Die Photosphäre[2].

232. Die Photosphäre ist das Gebiet, in dem die uns unmittelbar erreichende Wärme- und Lichtstrahlung emittiert wird. Wir wollen zwei Niveaus τ_1 und τ_2 so wählen, daß zwischen ihnen 80% dieser Wärme emittiert werden, während auf die Gebiete oberhalb von τ_1 und unterhalb von τ_2 noch je 10% entfallen; diese beiden Niveaus betrachten wir konventionell als die obere und untere Grenze der Photosphäre.

Um τ_1 und τ_2 zu finden, müssen wir sie als Grenzen in das Integral (227.15)

$$\sec\Theta \int (2+3\tau)\, e^{-\tau\sec\Theta}\, d\tau = \int (2+3z\cos\Theta)\, e^{-z}\, dz$$
$$= -e^{-z}(2+3\cos\Theta+3z\cos\Theta) \qquad (232.1)$$

einführen; dann ist es leicht, die Werte $z=\tau\sec\Theta$ zu bestimmen, zwischen denen (232.1) um jeden vorgegebenen Bruchteil seines gesamten Inkrementes von $z=0$ bis ∞ zunimmt.

[1] Der Haupteffekt besteht in einer geringen zusätzlichen Schwächung am Rande, wo die Strahlung aus kleinen Tiefen τ kommt, und an der Grenze auf $\frac{7}{8}$ der durch die erste Näherung gegebenen Intensität reduziert wird.

[2] Die Untersuchung der Bedingungen in der Sonnenphotosphäre wird in § 251 wieder aufgenommen, und es muß wegen der endgültigen Resultate auf diesen Paragraphen verwiesen werden.

Für den *Mittelpunkt der Scheibe* erhalten wir, indem wir $\cos\Theta = 1$ setzen:

$$\tau_1 = 0{,}25\,, \qquad \tau_2 = 3{,}4\,. \tag{232.2}$$

Nach (226.5) sind die Temperaturen in diesen Tiefen

$$T_1 = 0{,}911\, T_e\,, \qquad T_2 = 1{,}322 \cdot T_e\,, \tag{232.3}$$

wo T_e die effektive Temperatur des Sternes bedeutet, oder, wenn wir mit T_e' die effektive Temperatur des Mittelpunkts der Scheibe bezeichnen,

$$T_1 = 0{,}86\, T_e'\,, \qquad T_2 = 1{,}25 \cdot T_e'\,.$$

Für die *integrierte Scheibe* oder für ein Gebiet, für das $\cos\Theta = \frac{2}{3}$ ist, finden wir

$$\tau_1 = 0{,}134\,, \qquad \tau_2 = 2{,}21 \tag{232.4}$$

und die entsprechenden Temperaturen sind

$$T_1 = 0{,}880\, T_e\,, \qquad T_2 = 1{,}212\, T_e\,. \tag{232.5}$$

Man sieht, daß sich der Variationsbereich der Temperatur in der Photosphäre ohne jede Kenntnis des Gesetzes der Änderung des Absorptionskoeffizienten k bestimmen läßt.

233. Die hydrostatische Gleichung $dP = -g\varrho\, dx$ behält auch in den äußersten Teilen eines Sternes ihre Gültigkeit, so daß auch hier

$$d\,(p_G + p_R) = -g\,\varrho\, dx$$

ist. Da aber der Strahlungsdruck nicht mehr streng isotrop ist, bedeutet hier p_R die vertikale Komponente dieses Druckes. Der Strahlungsdruck in einer vertikalen Richtung ist gleich K/c (vgl. die Definition von p_R' in (74.2)). Daher ist nach (225.42)

$$dp_R = dK/c = H\, d\tau/c = -k\,\varrho\, H\, dx/c$$

und folglich

$$dp_R = \frac{kH}{cg}\,(dp_G + dp_R)\,, \tag{233.1}$$

was mit Gleichung (81.4) für das Sterninnere identisch ist. Der ersten Annäherung entsprechend setzen wir $p_R = \frac{1}{3}\, a T^4$. Der genaue Wert ist zwar $\frac{1}{3}\, a T^4/f$, wo f durch Tabelle **45** gegeben wird; doch würde es nicht angehen, hier den Faktor f einzuführen, ohne gleichzeitig auch die anderen, durch die zweite Annäherung verlangten Abänderungen zu berücksichtigen.

Es sei

$$1 - \beta' = \frac{kH}{cg}\,. \tag{233.2}$$

Dann nimmt (233.1) die Form an

$$\tfrac{1}{3}\, a\beta'\, dT^4 = (1-\beta')\,\Re\, d\,(\varrho T/\mu)\,. \tag{233.3}$$

Wir wollen annehmen, daß β' (und folglich auch k) konstant ist. Dann erhalten wir durch Integration

$$T^4 - T_0^4 = \frac{3\,\Re(1-\beta')}{\alpha\,\mu\,\beta'}\,\varrho\,T\,. \tag{233.4}$$

Dies entspricht der Formel (84.1), jedoch mit dem Unterschiede, daß die Integrationskonstante hier nicht mehr vernachlässigt werden darf. Natürlich wird auch β' nicht denselben Wert haben, wie β für das Innere des Sternes.

Wegen des Auftretens der Integrationskonstanten stellt $(1-\beta')/\beta'$ nicht mehr das Verhältnis von p_R zu p_G dar; es stellt aber die Größe dp_R/dp_G dar, die man gewöhnlich *meint*, wenn man von dem Verhältnisse des Strahlungsdruckes zum Gasdrucke spricht, d. h. das Verhältnis der Kräfte, welche beide Drucke auf ein gegebenes Stück Material ausüben. Da das Verhältnis p_R/p_G an der Begrenzung dem Werte unendlich zustrebt, ist zuweilen angenommen worden, daß der Strahlungsdruck für das Gleichgewicht der äußersten Schichten eines Sternes eine ganz ungeheuer große Bedeutung gewinnen muß; dies stellt einen Trugschluß dar, weil die Kraft nur von dem Gradienten und nicht von dem absoluten Werte des Druckes abhängt.

Nach (226.5) und (226.61) ist

$$T^4 - T_0^4 = 3\,\tau\,H/a\,c\,, \tag{233.5}$$

daher, wegen (233.4),

$$\frac{\varrho_1\,T_1}{\varrho_2\,T_2} = \frac{\tau_1}{\tau_2}\,. \tag{233.6}$$

Wenn wir hierin die Werte (232.4) und (232.5) für die Grenzen der Photosphäre (integrierte Scheibe) einsetzen, finden wir

$$\varrho_2 = 12{,}0\,\varrho_1\,.$$

Aus (233.4) und (233.5) ergibt sich ferner

$$\begin{aligned} p_G &= \frac{\Re\,\varrho\,T}{\mu} = \frac{\alpha\beta'}{3\,(1-\beta')}\,\frac{3\,\tau\,H}{a\,c} \\ &= \frac{\beta'}{1-\beta'}\,\frac{H}{c}\cdot\tau\,. \end{aligned} \tag{233.7}$$

Nach MILNE (§ 248) ist der genäherte Wert von $1-\beta'$ für den äußeren Teil der Sonne etwa gleich 0,1. Ferner haben wir für die Sonne $H/c = 2{,}08$. Wir erhalten daher für die Grenzen der Sonnenphotosphäre

$$(p_G)_1 = 2{,}50\,,\quad (p_G)_2 = 41{,}3 \text{ dynen pro cm}^2,$$

d. h. der Druck in der Sonnenphotosphäre ist gleich etwa 10^{-5} Atmosphären. Ferner ist

$$-g\,d\,x = \frac{d\,P}{\varrho} = \frac{\frac{1}{3}a\,d\,T^4}{1-\beta'}\,\frac{3\,\Re(1-\beta')}{a\,\mu\,\beta'}\,\frac{T}{T^4-T_0^4}$$

wegen (233.4),

$$= \frac{4\,\mathfrak{R}}{\mu \beta'} \frac{T^4\, d\, T}{T^4 - T_0^4}. \tag{233.8}$$

Hieraus ergibt sich durch Integration

$$\text{const} - x = \frac{\mathfrak{R}\, T_0}{\mu \beta' g} \left\{ \frac{4\, T}{T_0} + \log_e \frac{T - T_0}{T + T_0} - 2 \operatorname{arctg} \frac{T}{T_0} \right\}. \tag{233.9}$$

Für μ setzen wir versuchsweise den Wert 20 an, da die Ionisation gering ist; $g = 2{,}74 \cdot 10^4$ an der Oberfläche der Sonne; mit den Werten von T aus (232.5) ergibt sich dann

$$x_1 - x_2 = 2{,}70 \cdot 10^6 \,\text{cm}.$$

Zusammenfassend können wir sagen, daß durchschnittlich in einem Punkt der Sonnenscheibe ($\cos \Theta = \frac{2}{3}$) die Dicke der Schicht, welche 80% der gesamten Strahlung liefert, 27 Kilometer beträgt. In dieser Zone wächst die Temperatur von 5050^0 auf 6950^0 an und die Dichte nimmt um das Zwölffache zu. Der Druck wächst um das Sechzehnfache und hat in der Mitte der Schicht einen Wert von etwa 10^{-5} Athmosphären.

In einem Riesenstern wird die Dicke der Photosphäre eine viel beträchtlichere sein, wegen des kleineren Wertes von g (233.9). Der Druck ändert sich dagegen nur um einen mäßig großen Faktor, entsprechend dem Werte von $\beta'/(1 - \beta')$.

Diese vorläufigen Ergebnisse werden in § 251 nachgeprüft werden; ihr allgemeiner Charakter wird sich aber nicht sehr stark ändern.

Absorptionslinien.

234. Die Ursache der Linienabsorption liegt in der Anregung eines Atoms aus einem gegebenen Zustande in einen anderen Zustand. Bei diesem Prozesse wird eine Strahlung einer bestimmten Frequenz ν bis $\nu + \delta\nu$ absorbiert, und wenn das Atom von Störungen frei ist, wird die Breite $\delta\nu$ der Absorptionslinie im allgemeinen klein sein. Die Erklärung des Auftretens von Absorptionslinien in den Sternspektren ist nicht so einfach, wie auf den ersten Blick erscheinen könnte, weil die Absorption mit Emission eng verbunden ist. Wir wollen hier zwei rohe (und einander widersprechende) Überlegungen anführen.

a) Betrachten wir die nach außen fortschreitende Strahlung. Diese regt Atome an und wird dementsprechend absorbiert; die angeregten Atome fallen nach einer gewissen Zeit wieder in ihren ursprünglichen Zustand zurück und emittieren dabei Strahlung von derselben Frequenz. Diese Emission erfolgt jedoch in allen Richtungen mit gleicher Intensität, so daß nur eine Hälfte von ihr dem nach außen fortschreitenden Strome zugute kommt. Daher ist eine Absorption mit darauffolgender Emission äquivalent mit einer einfachen Absorption mit dem Koeffizienten $\frac{1}{2} k$, und die Intensität im Intervalle ν bis $\nu + \delta\nu$

fällt nach einem Exponentialgesetze ab, so daß eine sehr dunkle Linie entsteht.

b) Wir können im Lichte der Frequenzen ν bis $\nu + \delta\nu$ nur bis zu einer ganz geringen Tiefe in den Stern hineinsehen, da dieser für solche Strahlungen eine sehr hohe Opazität besitzt. Das Gebiet aber, welches wir trotzdem sehen, besitzt eine Temperatur, die mindestens gleich T_0, der Temperatur an der Begrenzung, ist, so daß die Intensität innerhalb der Linie keinesfalls kleiner sein kann als die Intensität, welche der Temperatur T_0 entspricht. Da das umgebende Spektrum eine der Temperatur $T_e = 1{,}23\, T_0$ entsprechende Intensität zeigt, kann der Kontrast nur ein sehr geringer sein.

Die erste Überlegung kommt der Wahrheit näher als die zweite; trotzdem haben wir die beunruhigende Empfindung, daß wir dem weiteren Schicksale der nach rückwärts emittierten Strahlung mehr Aufmerksamkeit schenken sollten. Ich glaube, daß man sich den Sachverhalt sehr oft in der Weise vorstellt, daß das FRAUNHOFERsche Spektrum durch eine Wolke kühlerer Materie hervorgerufen wird, welche diejenigen Frequenzen aus der Strahlung der Photosphäre herausschneidet, für die sie undurchsichtig ist, und diese dann durch weniger intensive, ihrer eigenen Temperatur entsprechende Strahlung ersetzt; das ist aber im wesentlichen die Überlegung b). Es wird wohl das beste sein, die ganze Frage einer analytischen Untersuchung zu unterziehen, und die Entstehung der Absorptionslinien unter zwar idealisierten, aber von den wirklichen Verhältnissen nicht allzu stark abweichenden Bedingungen zu verfolgen. Wir nehmen an, daß die Zusammensetzung der Strahlung mit derjenigen der Gleichgewichtsstrahlung übereinstimmt, bis auf die einzige notwendige Abweichung an der zu untersuchenden Absorptionslinie[1]. Wir bezeichnen den Strahlungsfluß der

[1] Die Annahme, daß die Strahlung bis an die Begrenzung des Sternes die Gleichgewichtszusammensetzung besitzt, schließt keinen *inneren Widerspruch* in sich; durch eine passende Wahl von j, als Funktion von ν und T, können wir immer einen idealen Stern konstruieren, der dieser Bedingung genügt. In den wirklichen Sternen aber wird das oberhalb der Photosphäre liegende Gebiet von einer Strahlung durchsetzt, die schon merklich von einer Gleichgewichtsstrahlung abzuweichen anfängt, und es kann füglich die Frage aufg worfen werden, ob unsere Annahme nicht so stark von den tatsächlichen Verhältnissen abweicht, daß die auf ihr begründeten Ergebnisse irreführend werden. Es läßt sich, wie ich glaube, leicht zeigen, daß unsere Voraussetzungen die *typischen Bedingungen* für die Entstehung von Absorptionslinien ziemlich gut darstellen. Wir können die gemachte Annahme in zwei getrennte Bestandteile zerlegen, insofern sie sich auf die Strahlung a) in unmittelbarer Nähe der Absorptionslinie und b) in entfernteren Gebieten bezieht. Letztere Annahme stellt eine ziemlich befriedigende Annäherung dar, die jedenfalls hier nicht schädlicher ist, als bei den Betrachtungen der §§ 241—243; wir begegnen ihr übrigens auch in den meisten als klassisch geltenden Untersuchungen über die äußeren Schichten eines Sternes. Der Bestandteil a) ist aber viel bedenklicher; eine unrichtige Annahme über die Dichte des angrenzenden Spektrums beeinflußt insbesondere unmittelbar die Berechnung des Kontrast-

Frequenzen ν bis $\nu + d\nu$ innerhalb der Absorptionslinie mit J' und den Fluß in einem gleich großen Intervalle für eine praktisch identische Wellenlänge, in der unmittelbaren Nachbarschaft der Spektrallinie mit J; und ähnlich für alle anderen Symbole.

Die Strahlung J' wird die gewöhnliche kontinuierliche Absorption $k J' \varrho\, ds$ erleiden, und dazu noch die Absorption $(k' - k)\, J' \varrho\, ds$, der zur Anregung von Atomen verwendeten Energie. Der größte Teil der letzteren wird in derselben Frequenz wieder reemittiert werden; ein gewisser Bruchteil ε wird aber durch hyperelastische Zusammenstöße in Translationsenergie verwandelt werden und geht für die betrachtete Frequenz verloren[1]. Andererseits findet eine zusätzliche Emission durch

verhältnisses oder der „Schwärzung" der Spektrallinien. Dieser Fehler hat jedoch keinen systematischen Charakter; die wirkliche Strahlung ist reicher an hohen Frequenzen und ärmer an niedrigen Frequenzen als die Gleichgewichtsstrahlung, die an ihre Stelle substituiert wird, so daß die Linien im Blauen und im Roten in entgegengesetzter Weise beeinflußt werden. Tatsächlich gibt es auch ein mittleres Gebiet im Spektrum, für das unsere Annahme im wesentlichen richtig ist; die Lage dieses Gebiets kann in der folgenden Weise gefunden werden. Nach den Beobachtungsergebnissen entspricht die Strahlung an der Begrenzung ungefähr einer Gleichgewichtsstrahlung für die Temperatur T_e, jedoch mit dem Unterschiede, daß ihre Intensität, wegen des Fehlens der nach innen gerichteten Strömungskomponenten, auf $\frac{1}{2}$ reduziert ist; ihre Dichte ist daher

$$\tfrac{1}{2} C\nu^3/(e^{h\nu/RT_e} - 1) \quad \text{anstatt} \quad C\nu^3/(e^{h\nu/RT_0} - 1),$$

wo $T_0 = T_e \sqrt[4]{\tfrac{1}{2}}$ ist. Die Zusammensetzung der Strahlung unter der Oberfläche kann ohne eine genauere Kenntnis der Emissionsgesetze nicht ermittelt werden, doch wird vermutlich auch diese ein Gesetz von derselben Art befolgen, d. h.

$$\Theta\, C\nu^3/(e^{h\nu/RT_e} - 1) \quad \text{anstatt} \quad C\nu^3/(e^{h\nu/RT} - 1),$$

wo nun $T = T_e \sqrt[4]{\Theta}$ ist. Als Bedingung dafür, daß beide Ausdrücke einander gleich werden, findet man $h\nu/RT_e = 3{,}6$ bis $3{,}9$ für $\Theta = \frac{1}{2}$ bis 1. Für die Sonne sind die entsprechenden Wellenlängen 6900 bis 6400 Å. Unsere Resultate dürften also für die in der Nähe dieses Spektralgebietes liegenden Absorptionslinien im wesentlichen richtig sein. Dieses Gebiet kann nach jedem beliebigen Teile des betrachteten Spektrums verschoben werden, indem man einen Stern von passender Temperatur wählt.

Wir machen von dem Bestandteile a) unserer Annahme Gebrauch, wenn wir die gewöhnliche kontinierliche Emission $j\, \varrho\, ds$ gleich $k\, J\, \varrho\, ds$ (s. unten) setzten. Nach (225.41) lautet der allgemeinere Ausdruck $j = k\,(J - dH/d\tau)$. Trotzdem $dH/d\tau$ für die Gesamtstrahlung verschwinden muß, verschwindet es im allgemeinen keineswegs, wenn sich die Symbole (wie hier) auf Strahlung einer bestimmten Frequenz beziehen. Auf der rechten Seite von (234.1) müßte daher ein Zusatzglied $-k\, dH/d\tau$ auftreten. Wenn wir dieses nicht durch die Annahme von Gleichgewichtsbedingungen oder durch geschickte Wahl des Spektralgebietes beseitigen, wird die analytische Behandlung des Problems undurchführbar. Ferner stützen wir uns auf die Annahme auch bei der Berechnung der Emission, welche von unelastischen Zusammenstößen herrührt.

[1] Ferner können noch Energieübertragungen von und zu den anderen Linien desselben Spektrums stattfinden, doch lassen sich diese nicht gut verfolgen. Indem wir diesen Umstand ignorieren, bestimmen wir eigentlich die Intensität des *Spektrums* und nicht einer individuellen *Linie* in ihm, da dieser innere Austausch die Summe der Intensitäten der Linien unverändert läßt.

Atome statt, die bei unelastischen Zusammenstößen angeregt werden; ihr Betrag wird aus der Bedingung erhalten, daß er den Betrag

$$\varepsilon\,(k'-k)\,J'\,\varrho\,d s$$

gerade kompensieren muß, der durch den inversen Prozeß verloren geht, wenn J' seinen Gleichgewichtswert J hat. Der Betrag dieser Emission ist daher $\varepsilon\,(k'-k)\,J\varrho\,ds$. Für die gesamte Emission erhalten wir dementsprechend

$$\varrho\,d s\{(1-\varepsilon)\,(k'-k)\,J'+\varepsilon\,(k'-k)\,J+k J\}.$$

Die der Gleichung (225.1) entsprechende Gleichung wird also nun

$$\cos\Theta\,\frac{d J'(\Theta)}{\varrho\,d x}=-k' J'(\Theta)+(1-\varepsilon)\,(k'-k)\,J'+\varepsilon\,(k'-k)\,J+k J\,. \tag{234.1}$$

Wir multiplizieren diesen Ausdruck mit $d\omega/4\pi$ und integrieren, und ebenso mit $d\omega\,\cos\Theta/4\pi$ und integrieren wieder. Dann erhalten wir

$$\left.\begin{aligned}\frac{d H'}{\varrho\,d x}&=\{k+\varepsilon\,(k'-k)\}\,(J-J')\\ \frac{d K'}{\varrho\,d x}&=-k' H'\end{aligned}\right\} \tag{234.2}$$

Wir setzen, mit der gewöhnlichen Annäherung, $K'=\frac{1}{3}J'$ und ferner

$$p^2=3\{k+\varepsilon\,(k'-k)\}/k'\,, \tag{234.3}$$

$$d\tau'=-k'\,\varrho\,d x\,.$$

Dann nimmt (234.2) die Form an

$$3\,\frac{d H'}{d\tau'}=p^2\,(J'-J)\,, \tag{234.41}$$

$$\frac{dJ'}{d\tau'}=3 H'\,, \tag{234.42}$$

so daß

$$\frac{d^2 J'}{d\tau'^2}=p^2\,(J'-J) \tag{234.5}$$

ist. Indem wir in (234.5) $k'=k$ setzen, erhalten wir

$$\frac{d^2 J}{d\tau^2}=3\,(J-J)=0\,. \tag{234.6}$$

235. Nehmen wir erstens an, daß ε und k'/k Konstanten sind, so daß

$$p^2=\text{const}\,,\qquad d\tau'/d\tau=\text{const}\,.$$

Dann ist nach (234.6) $d^2 J/d\tau'^2=0$, so daß (234.5) wird:

$$\frac{d^2}{d\tau'^2}\,(J'-J)=p^2\,(J'-J)\,. \tag{235.1}$$

Die Lösung dieser Gleichung ist

$$J' = J + A\, e^{-p\tau'}, \tag{235.21}$$

wo das negative Zeichen zu nehmen ist, weil sich J' in großen Tiefen dem Gleichgewichtswerte J nähern muß. Durch Differentiation erhalten wir hieraus

$$\frac{dJ'}{d\tau'} = \frac{dJ}{d\tau} \cdot \frac{d\tau}{d\tau'} - p\, A\, e^{-p\tau'}$$

oder wegen (234.42)

$$3H' = 3H \frac{k}{k'} - p\, A\, e^{-p\tau'}. \tag{235.22}$$

Der ersten Näherung entsprechend ist die Grenzbedingung bei $\tau' = 0$

$$J = 2H, \qquad J' = 2H'. \tag{235.3}$$

Wenn wir also (235.21) mit $\frac{3}{2}$ multiplizieren und darin die Werte (235.22) einsetzen, erhalten wir

$$0 = 3H(1 - k/k') + A(\tfrac{3}{2} + p).$$

Durch diese Gleichung wird A bestimmt, und unser Resultat nimmt nun die Form an

$$\left.\begin{aligned} J' &= J - \frac{3H(1-k/k')}{p+\frac{3}{2}} e^{-p\tau'}, \\ H' &= H\left(\frac{k}{k'} + \frac{p(1-k/k')}{p+\frac{3}{2}} e^{-p\tau'}\right) \end{aligned}\right\} \tag{235.4}$$

wobei $J = H(2 + 3\tau)$ und $H = \text{const.}$ ist[1].

Der Wert von H'/H bei $\tau' = 0$ ist ein Maß für die Dunkelheit der Absorptionslinie, die wir beobachten werden.

236. Wir machen nun zweitens die Annahme, daß die Atome, welche die betrachtete Absorption bewirken, nicht bis an die Oberfläche heranreichen. Um dies zum Ausdruck zu bringen, setzen wir voraus, daß k'/k wie früher konstant ist, wenn $\tau > \tau_1$, daß aber für $\tau < \tau_1$ jetzt $k' = k$ sein soll.

Dann bleiben Gleichungen (235.21) und (235.22) für $\tau > \tau_1$ gültig, und wir müssen bei $\tau = \tau_1$ einen stetigen Übergang zu einer Lösung von der Form

$$\left.\begin{aligned} J' &= J - 2B\left(\cosh \tau\sqrt{3} + \frac{\sqrt{3}}{2} \sinh \tau\sqrt{3}\right) \\ H' &= H - \frac{2B}{\sqrt{3}}\left(\sinh \tau\sqrt{3} + \frac{\sqrt{3}}{2} \cosh \tau\sqrt{3}\right) \end{aligned}\right\} \quad (\tau < \tau_1) \tag{236.1}$$

[1] Es kann aus (234,6) gezeigt werden, daß die ursprünglich nur für die integrierte Strahlung abgeleitete Gleichung $J = H(2 + 3\tau)$ auch für den jetzt betrachteten Fall ihre Gültigkeit behält. (Dies ist jedoch eine Folge der Anfangsannahme der Gleichgewichtszusammensetzung der Strahlung und nicht ein allgemeines Theorem).

haben, welche der Gleichung (235.1) genügt und die Grenzbedingungen (235.3) erfüllt. In diesem äußeren Gebiete ist $p = \sqrt{3}$ und $\tau = \tau'$. Wegen der Stetigkeit bei τ_1 ist

$$A\,e^{-p\tau_1} + 2\,B\left(\cosh\tau_1\sqrt{3} + \frac{\sqrt{3}}{2}\sinh\tau_1\sqrt{3}\right) = 0\,,$$

$$-p\,A\,e^{-p\tau_1} + 2\sqrt{3}\,B\left(\sinh\tau_1\sqrt{3} + \frac{\sqrt{3}}{2}\cosh\tau_1\sqrt{3}\right) = 3\,H\,(1 - k/k')\,,$$

woraus sich ergibt

$$B = \frac{\frac{3}{2}H\,(1 - k/k')}{(p + \frac{3}{2})\cosh\tau_1\sqrt{3} + \sqrt{3}\,(\frac{1}{2}p + 1)\sinh\tau_1\sqrt{3}}\,, \tag{236.2}$$

Ferner folgt aus (236.1) für die Begrenzung

$$H' = H - B\,. \tag{236.3}$$

237. Drittens sei das absorbierende Material in der Nähe der Oberfläche konzentriert und komme unterhalb τ_1' nicht mehr vor, so daß $k' = k$, wenn $\tau' > \tau_1'$. Die Lösungen, welche diesem Falle entsprechen, sind

$$\left.\begin{aligned} J' &= J + A\,e^{-\tau'\sqrt{3}} \\ H' &= H - \frac{1}{\sqrt{3}}\,A\,e^{-\tau'\sqrt{3}} \end{aligned}\right\}\ (\tau' > \tau_1')\,, \tag{237.1}$$

$$\left.\begin{aligned} J' &= J - 2\,B\cosh p\tau' + \frac{3}{p}\,(H\,(1 - k/k') - B)\sinh p\tau' \\ H' &= H\,\frac{k}{k'} - \frac{2p}{3}\,B\sinh p\tau' + (H\,(1 - k/k') - B)\cosh p\tau' \end{aligned}\right\}\ \tau' < \tau_1'. \tag{237.2}$$

Letztere Werte genügen den Bedingungen $J = 2H$, $J' = 2H'$ bei $\tau' = 0$.

Aus der Stetigkeitsbedingung bei $\tau' = \tau_1'$ erhalten wir durch Elimination von A

$$B = \frac{H\,\frac{\sqrt{3}}{2}\left(1 - \frac{k}{k'}\right)\left(\cosh p\tau_1' + \frac{\sqrt{3}}{p}\sinh p\tau_1' - 1\right)}{\left(1 + \frac{\sqrt{3}}{2}\right)\cosh p\tau_1' + \left(\frac{3}{2p} + \frac{p}{\sqrt{3}}\right)\sinh p\tau_1'}\,. \tag{237.3}$$

Der Ausdruck (237.2) gibt an der Begrenzung

$$H' = H - B\,.$$

238. Aus den Formeln der drei letzten Paragraphen können gewisse allgemeine Schlüsse gezogen werden. Da p nicht kleiner als $\sqrt{(3\,k/k')}$ ist, wird k/k', wenn p eine kleine Größe erster Ordnung darstellt, eine kleine Größe zweiter Ordnung sein. Der Grenzwert von H'/H ist daher in erster Ordnung, nach (235.4), gleich

$$H'/H = \tfrac{2}{3}\,p\,. \tag{238.1}$$

Wegen (234.3) folgt hieraus

$$\frac{k}{k'} + \varepsilon - \frac{k}{k'}\varepsilon = \frac{3}{4}\left(\frac{H'}{H}\right)^2. \tag{238.2}$$

Dies verlangt, daß sowohl k/k' als ε kleiner als $\frac{3}{4}\left(\frac{H'}{H}\right)^2$ sein muß.

Um eine Linie zu erhalten, die im Verhältnisse 1:10 ($H'/H = \frac{1}{10}$) verdunkelt ist, müssen also folgende Bedingungen erfüllt sein:

Erstens: $\varepsilon < 1/133$. Eine solche Linie kann nur in einem Gase bei niedrigem Drucke entstehen, in dem die hyperelastischen Zusammenstöße selten sind und weniger als 1% der Anregungsenergie transformieren.

Zweitens: $k'/k > 133$. Es sind also hierzu sehr hohe Absorptionskoeffizienten notwendig. Es darf kaum angenommen werden, daß das Element, welches die Linie erzeugt, mehr als 1 oder 2% des gesamten Materials ausmacht; k ist wahrscheinlich von der Größenordnung von 100 oder 1000; daher muß der Absorptionskoeffizient des reinen Elementes für die betrachtete monochromatische Strahlung etwa gleich 10^6 oder 10^7 sein.

Wenn sich das absorbierende Material nicht bis an die Oberfläche erstreckt, sondern etwa bei $\tau_1 = 0{,}2$ aufhört, dann finden wir aus (236.2) für $p = 0$

$$\frac{H'}{H} = 1 - \frac{1}{\cosh\tau_1\sqrt{3} + \frac{2}{\sqrt{3}}\sinh\tau_1\sqrt{3}} = 0{,}32\,, \tag{238.3}$$

so daß bei beliebig starker Absorption unterhalb von $\tau_1 = 0{,}2$ die Verdunkelung nicht mehr als 1 : 3 betragen kann. Das Wiederausfüllen der Linie wird durch die photosphärische Emission oberhalb von $\tau_1 = 0{,}2$ bewirkt und diese Emission beträgt etwa das Doppelte der von derselben Schicht in den benachbarten Spektralgebieten gelieferten Emission. Der Grund hierfür ist, daß das hinter der Schicht belegene sehr undurchsichtige Material etwa wie eine Art Spiegel wirkt; es verhindert das Eindringen der Strahlung von der Frequenz der Absorptionslinie in das tiefere Innere des Sternes, so daß diese ganze Strahlung wieder herauskommen muß.

Schließlich betrachten wir noch eine dünne Schicht von Material sehr großer Opazität in der Nähe der Begrenzungsfläche. Aus (237.3) finden wir, daß, wenn $p\tau_1' \to 0$

$$\frac{H'}{H} = \left(1 + \frac{3\tau_1'}{2+\sqrt{3}}\right)^{-1} \tag{238.4}$$

wird. Dies gilt nur, solange $p\tau'$ klein und τ_1 daher noch viel kleiner ist. Bei wachsendem τ_1 muß sich der Wert von H'/H der Grenze (238.1) nähern.

Die Hauptergebnisse, zu denen uns diese Betrachtungen führen, sind also, daß für eine starke Verdunkelung der Linien sehr hohe Absorptionskoeffizienten erforderlich sind, und daß die Verdunkelung proportional zu der Quadratwurzel aus k' zunimmt; und ferner, daß ein den Wert 1 : 3 übersteigender Kontrast durch keine noch so starke Absorption unterhalb von $\tau = 0{,}2$ erzeugt werden kann. Aus diesem Grunde sind wir der Ansicht, daß die *umkehrende Schicht*, d. h. das Gebiet, welches für die Bestimmung der Dunkelheit der Absorptionslinien hauptsächlich in Betracht kommt, nicht viel tiefer als $\tau = 0{,}2$ gesetzt werden darf.

Die gegenwärtig vorliegenden Schätzungen der Verdunkelung von beobachteten Spektrallinien sind noch ziemlich widerspruchsvoll. KOHLSCHÜTTER und SHAPLEY erhalten Kontraste von 1 : 3 oder 1 : 4 für die stärksten Linien; SCHWARZSCHILD etwa 1 :10; H. H. PLASKETT 1:10 für schwache Linien[1].

Es ist klar, daß Linien mit einem Kontraste 1 : 2 oder weniger für uns schon bemerkbar sein müssen; denn wir würden sonst die doppelten Spektren bei spektroskopischen Doppelsternen niemals beobachten können. Nach gewöhnlicher Schätzung wird eine Absorptionslinie gerade wahrnehmbar, wenn die Intensität in ihr $\frac{7}{8}$ der Intensität des umgebenden Spektrums beträgt. Wenn sich die erwähnten sehr starken Kontraste als reell erweisen sollten, würden sie für die Theorie eine Schwierigkeit bedeuten, da sie unter Umständen zu unmöglich hohen Absorptionskoeffizienten führen könnten. Für die ,,Nebenlinien" würde die Schwierigkeit eine noch beträchtlichere sein, da letztere nur von einem geringen Bruchteile der anwesenden Atome absorbiert werden. Andererseits kann bei den *H*- und *K*-Linien und einigen anderen starken Linien jeder beliebige Wert des Kontrastes erwartet werden, da diese Linien eher der *Chromosphäre* als der umkehrenden Schicht angehören und unter Bedingungen entstehen, die mit den in § 234 betrachteten nicht übereinstimmen.

Emissionslinien.

239. Die Spektren einiger Sterne enthalten helle Linien, die sich ihrem kontinuierlichen Spektrum überlagern. Die Balmerserie des Wasserstoffes und die verstärkten Linien des Eisens zeigen diese Umkehr besonders häufig; einige dieser Linien erscheinen zuweilen hell anstatt dunkel, sogar in solchen Spektren, die man sonst als ganz normal betrachten würde. Die Bezeichnung ,,Stern mit eigenartigem (peculiar) Spektrum" deutet gewöhnlich auf die Anwesenheit heller Linien hin. Im *O*-Typus ist das Vorkommen von hellen Linien eine sehr verbreitete Erscheinung und die Sterne, welche dieses Merkmal aufweisen, heißen Wolf-Rayet-Sterne; doch kommen Emissionslinien auch bei anderen

[1] PAYNE, C. H.: Stellar Atmospheres, S. 51. Nach meinem persönlichen Eindrucke übersteigt die Verdunkelung selten das Verhältnis 1 : 3, vielleicht mit Ausnahme der chromosphärischen Linien.

Spektraltypen vor. Wir wollen die hellen Linien bei den langperiodischen Veränderlichen nicht näher betrachten, weil das Phänomen hier augenscheinlich mit den veränderlichen physikalischen Bedingungen zusammenhängt und daher weniger geheimnisvoll erscheint als bei einem scheinbar statischen Sterne; ferner lassen wir auch solche Phänomene, wie das Auftreten dunkler Linien mit hellen Kernen unberücksichtigt, da bei diesen die Aufhellung nicht mit dem normalen photosphärischen Hintergrunde verglichen wird.

Es ist außerordentlich schwer, eine Erklärung für das Auftreten einer hellen Linie in einem statischen Sterne zu geben. Einer besonders starken Konzentration der entsprechenden Atome oder Ionen können wir dieses Phänomen nicht gut zuschreiben, nachdem wir letztere bereits zur Erklärung starker Absorptionslinien herangezogen haben.

Um zu der Erzeugung einer Emissionslinie der Frequenz ν beizutragen, müßte ein Atom emittieren können, ohne vorher die entsprechende Frequenz absorbiert zu haben. Der doppelte Prozeß der Absorption mit darauffolgender Emission liefert keinen neuen Beitrag zu der Menge der bereits vorhandenen Strahlung von der Frequenz ν; er hilft nur den Fluß nach allen Richtungen gleichförmiger zu machen, so daß der nach außen gerichtete Fluß durch ihn jedenfalls nicht verstärkt wird. Es gibt nur drei Wege, auf denen eine Emission ohne vorhergehende Absorption der entsprechenden Frequenz erfolgen kann, nämlich:

1. Das Atom kann durch einen Zusammenstoß in den für die Emission notwendigen Anregungszustand versetzt werden.
2. Es kann in den erforderlichen Zustand durch Absorption oder Emission anderer Linien des Spektrums gebracht werden.
3. Es kann ein Elektron in eine angeregte Bahn einfangen.

Was nun 1. betrifft, so müssen die Geschwindigkeiten der Elektronen, da sich das emittierende Material offenbar vor der Photosphäre befindet, einer Temperatur entsprechen, die nahe an T_0 liegt oder wenigstens kleiner ist als T_e. Durch Zusammenstöße regen die Elektronen normale Atome an und versetzen bereits angeregte Atome in den unangeregten Zustand zurück, so daß, wenn sie allein tätig wären, sie gerade diejenige Anzahl von angeregten Atomen dauernd erhalten würden, die dem Gleichgewichtszustande bei ihrer Temperatur entspricht. Um eine Linie zu ergeben, die sich als helle Linie gegen die Photosphäre abhebt, müssen aber viel mehr angeregte Atome vorhanden sein. Die Prozesse der Anregung und der Rückversetzung in den normalen Zustand halten sich dann nicht mehr das Gleichgewicht, weil letztere Prozesse im Verhältnisse zu der größeren Anzahl der zu ihrer Ausführung befähigten Atome häufiger werden. Folglich reduzieren die überschüssigen Elektronenzusammenstöße die angeregten Atome, ohne ihnen eine Ausstrahlung ihrer Energie zu gestatten und sind daher bestrebt die Emissionslinie auszulöschen.

Wenn also die Bewegung der Elektronen eine rein thermische ist, können sie zu der Erzeugung einer Emissionslinie nichts beitragen; wenn bei ihnen aber auch abnorme Geschwindigkeiten vorkommen, die größer sind als die zufälligen Temperaturgeschwindigkeiten (etwa 500 km/sec), dann können sie wohl imstande sein, mehr Anregungen als Reduktionen zu bewirken. Die in den Sternatmosphären etwa vorhandenen Strömungen dürften kaum die dazu notwendige Geschwindigkeit haben. Aber ein gestörter (zyklonischer) Zustand der Atmosphäre könnte lokale und schnell vergängliche elektrische Felder — Gewitter — hervorrufen, unter deren Einflusse die Elektronen große Geschwindigkeiten erlangen würden, da die freie Weglänge bei der geringen Dichte eine ziemlich beträchtliche ist. Wenn wir also keinen anderen Ausweg finden, können wir uns gezwungen sehen, auf die Annahme zurückzugreifen, daß die Emissionsspektren in den Sternen durch elektrische Entladungen hervorgerufen werden, von derselben Art wie diejenigen, welche die Emissionsspektren in einer Vakuumröhre erzeugen, und daß die hellen Linien daher ausschließlich durch Störungen in den Atmosphären der sie aufweisenden Sterne bedingt sind[1].

Die 2. Erklärungsweise scheint eine viel stärkere Abweichung vom thermodynamischen Gleichgewichte zu verlangen, als wir für die Sterne annehmen dürfen. Nach ihr muß eine helle Linie bei ν von einer dunklen Linie bei ν_1 begleitet sein, welch letztere die Absorption darstellt, die das emittierende Atom in oder über den erforderlichen Zustand hebt. Da aber kein derartiger Effekt beim thermodynamischen Gleichgewichte vorkommen kann, steht uns für diese zusätzliche Anregung nur der Intensitätsunterschied von ν_1 bei den Temperaturen T_e bzw. T_0 zur Verfügung. Ähnliche Überlegungen gelten auch für die 3. Erklärungsweise, wobei nur die dunkle Linie bei ν_1 durch die kontinuierliche Absorption jenseits der Grenze der Hauptserie zu ersetzen ist.

[1] Eine andere mögliche Quelle von schnellbewegten Elektronen ist der radioaktive Zerfall. Um die magnetischen Stürme erklären zu können, scheint es notwendig zu sein, ein Ausströmen von negativen und positiven Ladungen aus der Sonne zu postulieren. Es wird oft angenommen, daß diese Ladungen α- und β-Teilchen darstellen, die mit großen Geschwindigkeiten aus Uran usw. emittiert werden, obgleich es wenig glaubhaft erscheint, daß die schweren radioaktiven Elemente hoch genug in der Photosphäre aufsteigen könnten, um den emittierten Teilchen den freien Austritt zu ermöglichen. Die Ursache der Emission könnte vielleicht im Strahlungsdrucke (§ 254) oder in C. T. R. Wilsons Phänomene (§ 210) zu suchen sein. Die Schwierigkeit liegt in der Erklärung des Entweichens von positiv geladenen Teilchen; wenn nur Ladungen eines Vorzeichens entweichen, wird der Strom sofort durch ein elektrostatisches Feld aufgehalten.

Schnellbewegte Elektronen würden auch durch die durchdringende Strahlung (§ 223) ausgelöst werden, die, welcher Herkunft sie auch sein mag, in den Sternatmosphären vermutlich ebenso vorhanden sein wird, wie in der Erdatmosphäre.

Da ferner der Prozeß des Absorbierens in bestimmten Linien und des Emittierens in bestimmten anderen Linien die gesamte in den Linien enthaltene Energie unverändert läßt, würde eine helle Linie, die z. B. die sechsfache Intensität des kontinuierlichen Spektrums besäße, (grob gesagt) durch fünf völlig schwarze Linien kompensiert werden müssen — oder sogar durch eine noch größere Anzahl, wenn die dunklen Linien in einem nicht beobachtbaren Spektralgebiete liegen, in dem die Intensität klein ist.

Diese Argumente werden dadurch nicht entkräftet, daß man eine — innerhalb vernünftiger Grenzen — ausgedehnte Chromosphäre postuliert. Wenn ihre Ausdehnung aber mit dem Radius des Sternes vergleichbar wird, oder diesen übertrifft, dann ist ein solches Anhängsel eher schon als ein den Stern umgebender Nebel zu beschreiben. In diesem Falle wird das Auftreten eines Emissionsspektrums allerdings verständlicher. Das integrierte Spektrum eines planetarischen Nebels mitsamt seinem Zentralsterne würde z. B. helle Linien zeigen; wir würden diese Tatsache immer noch durch den Prozeß 2 zu erklären haben, doch stünde uns jetzt für den Prozeß ein beträchtlich weiterer Spielraum zur Verfügung, wegen der viel stärkeren Abweichungen vom thermodynamischen Gleichgewichte in den entlegeneren Teilen des Nebels.

Wir ziehen den provisorischen Schluß, daß das Auftreten heller Linien im Spektrum eines statischen Sternes ein Anzeichen ist entweder a) für starke Störungen der Sternatmosphäre durch „Gewitter" oder b) für einen den Stern umgebenden Nebel.

Spektren und Temperatur.

240. Nach der ersten Anwendung der Spektroskopie zur Feststellung der in einem Sterne vorkommenden Elemente bildete die Unterscheidung von normalen und „verstärkten" (enhanced) Linien, d. h. von Linien, die im Funkenspektrum im Vergleiche zum Bogenspektrum verstärkt erscheinen, den allerwichtigsten Fortschritt. Hierdurch wurde man in natürlicher Weise dazu geführt, die Spektren als Anzeichen für die in den äußeren Teilen des Sternes herrschenden physikalischen Bedingungen (ebenso wie für die chemischen Bedingungen) zu verwenden; wir können gegenwärtig, ohne über die empirischen Beziehungen hinauszugehen, feststellen, daß in einigen Sternen die Bedingungen denen eines elektrischen Bogens ähnlich sind, in anderen Sternen aber denen eines elektrischen Funkens. Diesen Fortschritt verdanken wir im wesentlichen den Arbeiten von Sir Norman Lockyer und A. Fowler.

Wir wissen jetzt, daß die Bogenlinien gewöhnlich von nichtionisierten Atomen und die Funkenlinien von ionisierten Atomen herrühren. Gegenwärtig können nicht nur die Spektren einfach ionisierter Atome, sondern auch die zweifach und dreifach ionisierter Atome entwirrt werden. Die wohlbekannten *H*- und *K*-Linien des Kalziums rühren z. B. nicht vom neutralen Ca, sondern vom einfach ionisierten Ca_+ her. Das Kalzium ist divalent, d. h. es besitzt nur zwei verhältnismäßig locker gebundene Elektronen; das nächste Stadium Ca_{++} stellt daher ein sehr kompaktes, gegen Störungen unempfindliches Ion dar. Für das quadrivalente Element Silizium ist es aber FOWLER gelungen, die Spektren auch der zweifach und dreifach ionisierten Atome in den Sternen zu identifizieren[1].

Ein außerordentlich fruchtbares Forschungsfeld wurde durch die Arbeiten von M. N. SAHA[2] eröffnet, der zuerst die aus der Beobachtung zu entnehmenden Angaben über den Ionisationszustand in den äußeren Schichten der Sterne mit der modernen Theorie der Ionisation in Zusammenhang brachte. Nach der SAHAschen Theorie können alle Einzelheiten der Sternspektren zu den Temperatur- und Druckverhältnissen in ihren umkehrenden Schichten in quantitative Beziehungen gebracht werden. Vom historischen Standpunkt aus ist es interessant zu bemerken, daß die thermodynamische Theorie der Ionisation damals noch für eine kühne und unsichere Verallgemeinerung gehalten wurde, die sich unter irdischen Verhältnissen nicht prüfen ließ. Wenn sie jetzt allgemeine Anerkennung gefunden hat, so ist das den von EGGERT für das Innere der Sterne und ganz besonders den von SAHA für die äußeren Teile eines Sternes angegebenen Prüfungsmethoden zu verdanken. Wie im dritten Kapitel gezeigt wurde, erscheint die Theorie vom logischen Standpunkte eigentlich selbstverständlich, es ist aber immer leichter, die Selbstverständlichkeit eines Schlusses einzusehen, wenn man bereits durch das Experiment von seiner Wahrheit überzeugt ist.

Die Ionisation hängt in der Hauptsache von der Temperatur ab, zu einem gewissen Grade aber auch von dem Drucke oder genauer von dem Elektronendrucke; unsere Schlüsse werden also auch von dem Werte des Druckes abhängen, den wir für die Schichten, in denen die spektrale Absorption stattfindet, annehmen. Es ist aber SAHA gelungen, in allgemeiner Weise zu zeigen, daß sich die Sternspektren mit der photosphärischen Temperatur gerade so ändern, wie es dem theoretischen Ionisationsgrade entspricht. Es ist z. B. berechnet worden, daß das Kalzium in den kühlsten Sternen nicht ionisiert wird; diese zeigen tatsächlich nur die Linien des neutralen Atoms. Bei etwas höherer Temperatur fängt die Ionisation schon an, und sobald ein vernünftiger Prozentsatz von ionisierten Atomen vorhanden sein muß, erscheint auch das Spektrum von Ca_+. In der Sonne müssen beide Arten von Atomen reichlich vorhanden sein, und beide Spektren treten auch

[1] Proc. Roy. Soc. Bd. 103 A, S. 413.

[2] Phil. Mag. Bd. 40, S. 472, 809 (1920); Proc. Roy. Soc. Bd. 99 A, S. 135 (1921).

tatsächlich in großer Stärke auf. Bei noch höheren Temperaturen ist die Ionisation beinahe vollständig; dementsprechend verschwindet das Ca-Spektrum und es bleibt nur Ca_+ übrig. Bei sehr hohen Temperaturen verschwindet auch Ca_+, da nun alle Atome auf Ca_{++} reduziert sind.

241. Es besteht ein wichtiger Unterschied zwischen dem Verhalten der *Hauptlinien* und der *Nebenlinien* eines Spektrums. Erstere werden von einem im normalen Zustande befindlichen Atome absorbiert, letztere nur von Atomen in einem angeregten Zustande. Die Bedingungen für ein reichliches Auftreten von angeregten Ionen sind nun aber ziemlich kritischer Natur. Einerseits nimmt die prozentuale Zahl der angeregten Ionen mit der Temperatur nach der BOLTZMANNschen Formel $e^{-\chi/RT}$ zu; andererseits verschwinden aber immer mehr Atome, welche einer solchen Anregung fähig sind, wegen der wachsenden Ionisation. Das Atom ist tatsächlich gezwungen, mit seinem Elektron zu jonglieren, ohne es fallen zu lassen. Und die wachsende Anregung dazu seitens der zunehmdenen Temperatur hebt sich schließlich von selbst auf, weil so viele Elektronen in Wirklichkeit doch fallen gelassen werden.

Wenn wir die Sterne nach ihrer Temperatur in eine Sequenz ordnen und die Intensitätsänderungen der Spektrallinien längs der Sequenz verfolgen, wird eine Nebenlinie zu einem ziemlich scharfen Maximum ansteigen und dann wieder abfallen. Dagegen hat eine Hauptlinie ein sehr flaches Maximum und behält in einem weiten Temperaturintervall eine beinahe konstante Intensität, weil schon eine recht beträchtliche Änderung der Bedingungen notwendig ist, damit ein Ionisationsstadium durch das nächste ersetzt wird.

Beim Maximum einer Nebenlinie erweist sich die Anzahl der in dem erforderlichen Anregungszustande befindlichen Atome von der Größenordnung von 10^{-3} bis 10^{-5} der Gesamtzahl der Atome des betrachteten Elementes[1]. Im Maximum einer Hauptlinie sind praktisch alle Atome in dem für die Absorption erforderlichen Zustande, d. h. sie sind unangeregte Atome vom richtigen Ionisationsgrade. Das für die Erzeugung einer Hauptlinie in Betracht kommende Material ist also etwa 10000mal reichhaltiger als das Material für eine Nebenlinie. Nach (238.2) muß k'/k mindestens gleich 33 sein, um eine Verdunkelung von 1 : 5 hervorzurufen. Für eine Nebenlinie rührt diese Absorption von etwa 10^{-4} der Gesamtzahl der Atome des Elementes her, welche ihrerseits vielleicht etwa $\frac{1}{30}$ der gesamten anwesenden Masse bilden. Wenn die Nebenlinien also die erwähnte Verdunkelung zeigten, müßte ein ausschließlich aus angeregten Atomen zusammengesetztes Material ein k' besitzen, das gleich $10^7\,k$ wäre. Wenn wir nach dem Beispiele von MILNE $k = 10^3$ nehmen, erhalten wir Werte von k' von der Größen-

[1] FOWLER und MILNE: Monthly Notices Bd. 84, S. 510.

ordnung 10^{10} für die Linienabsorption. Nun haben monochromatische Absorptionskoeffizienten allerdings sehr große Werte, es ist aber trotzdem sehr zweifelhaft, ob sie so außerordentlich hohe Werte wie diese annehmen können. Möglicherweise erreichen aber die Nebenlinien nicht den angegebenen hohen Grad der Verdunkelung; ich glaube auch, daß MILNES Wert für k verkleinert werden muß.

Bei einem Vergleich von Haupt- und Nebenlinien muß auch die zwischen ihnen bestehende Koppelung berücksichtigt werden. Betrachten wir eine Hauptlinie, welche durch den Übergang eines Atoms aus dem Zustande 1 in den Zustand 3 entsteht und eine Nebenlinie, die durch den Übergang des Atoms aus dem Zustande 2 in den Zustand 3 erzeugt wird. Wir sind geneigt, bei der Hauptlinie ein rascheres Dunkelwerden zu erwarten, weil sich eine viel größere Menge des Materials im Zustande 1 als im Zustande 2 befindet. Die Emission in beiden Linien hängt aber nur von der Anzahl der Atome im Zustande 3 ab; und solange noch etwas Energie in der Nebenlinie vorhanden ist, welche Atome in den Zustand 3 hebt, werden diese in beiden Linien unterschiedslos ausstrahlen, so daß die Hauptlinie nicht vollständig schwarz werden kann. Es scheint wegen dieser Koppelung der Emission eine Tendenz zum Ausgleiche beider Linien zu bestehen, doch bin ich keineswegs überzeugt, daß dies wirklich der Fall ist. Nehmen wir an, daß nicht nur diese eine Linie, sondern überhaupt alle Hauptlinien vollständig schwarz würden; dann gäbe es keine Strahlung mehr, die imstande wäre, normale Atome anzuregen, und daher auch keine Atome im Zustande 2, außer einigen wenigen durch Zusammenstöße erzeugten. Die Nebenlinie könnte in Absorption überhaupt nicht zustande kommen, wegen des völligen Fehlens des für sie notwendigen Materials. Die Frage scheint zu verwickelt zu sein, um hier entschieden zu werden.

242. Die SAHAsche Theorie beherrscht alle in der letzten Zeit erreichten Fortschritte in der Beobachtung und Deutung von Sternspektren. Letztere stellt ein bereits hoch spezialisiertes Lehrgebäude dar, welches nicht nur die Zusammenfassung und Ordnung zahlreicher astronomischer und terrestrischer spektroskopischer Ergebnisse umfaßt, sondern auch eine Theorie der Serien in den optischen Spektren, welche von ähnlichen Prinzipien wie die Theorie der Röntgenspektren ausgeht und in letzter Zeit in großer Ausführlichekit entwickelt worden ist. Die Weiterverfolgung dieses Gegenstandes würde uns von unserem unmittelbaren Thema zu weit abführen und wir wollen uns hier damit begnügen, nur den äußersten Rand dieser Untersuchungen zu streifen.

Die genaueste mathematische Entwicklung der SAHAschen Theorie ist von R. H. FOWLER und E. A. MILNE[1] gegeben worden. Anstatt die Temperatur zu bestimmen, bei der eine Linie gerade erscheinen oder

[1] Monthly Notices Bd. 83, S. 403; Bd. 84, S. 499; Bd. 85, S. 970.

verschwinden müßte (was eine Abschätzung der zur Erzeugung einer merklichen Absorption erforderlichen Anzahlen von Atomen oder Ionen notwendig machen würde) berechnen sie die Bedingungen, unter denen die Linie ihre maximale Intensität erreicht.

Die Anzahl der Atome, die sich in einem für die Absorption einer gegebenen Linie geeigneten Zustande befinden, ändert sich mit der Temperatur und der Dichte. FOWLER und MILNE wählen als ihre beiden Variablen die Temperatur T und den Elektronendruck P_e; letzterer erreicht vermutlich den halben Wert des gesamten Gasdruckes, da wir unter photosphärischen Bedingungen ein freies Elektron pro Atom erwarten dürfen[1]. Indem wir P_e konstant halten, können wir untersuchen, wie sich die Anzahl der im verlangten Zustande befindlichen Atome mit der Temperatur ändert und daher auch die Temperatur bestimmen, für die sie ein Maximum erreicht. Wenn P_e richtig gewählt ist, muß diese Temperatur derjenigen entsprechen, bei der die Linie ihre maximale Intensität erlangt und die Spektralklasse, bei der die maximale Intensität beobachtet wird, kann auf diese Weise mit der Temperatur in Zusammenhang gebracht werden. Umgekehrt können wir auch, wenn uns die Temperaturen der verschiedenen Spektralklassen bekannt sind, den Wert von P_e für die umkehrende Schicht berechnen.

Die Formeln für die Berechnung der Anzahl der bei gegebener Elektronendichte in jedem vorgegebenen Ionisationszustande befindlichen Atome sind in § 47 entwickelt worden; der Prozentsatz dieser Atome, der sich in jedem gegebenen Anregungszustande befindet, ist auf Grund der BOLTZMANNschen Formel auch bekannt. Durch Differentiation in bezug auf T kann ferner die der maximalen Häufigkeit des gegebenen Zustandes entsprechende Temperatur ermittelt werden. Wir führen die Formeln hier nicht explicite an, weil für die praktische Berechnung gewisse, den besonderen jeweils betrachteten Bedingungen angepaßte Vereinfachungen eingeführt werden, und wir uns hier mit der Technik der praktischen Berechnung nicht zu beschäftigen brauchen[2].

Die nachfolgenden Beispiele sind aus den Berechnungen von FOWLER und MILNE entnommen:

1. H. Balmerserie. Maximum im $A\,0$-Typus $= 10500^0$ nach der gebräuchlichen Temperaturskala. Die Temperaturen der maximalen Häufigkeit der für die Absorption der Balmerserie in geeignetem Zustande befindlichen Atome sind:

---

[1] Einige Elemente werden überhaupt nicht, andere dagegen doppelt ionisiert sein.

[2] Es kann in diesem Zusammenhange auf FOWLER und MILNE: Monthly Notices Bd. 83, S. 408—410 verwiesen werden.

$P_e = 1{,}3 \cdot 10^{-4}$ Atmosph., $T = 10000^0$,
$P_e = 7{,}2 \cdot 10^{-4}$, $T = 11000^0$,
$P_e = 3{,}1 \cdot 10^{-3}$, $T = 12000$.

2. Mg_+. λ 4481. Maximum im *A* 0-Typus = 10500^0:

$P_e = 0{,}8 \cdot 10^{-4}$, $T = 10000$,
$P_e = 5{,}2 \cdot 10^{-4}$, $T = 11000$,
$P_e = 1{,}1 \cdot 10^{-3}$, $T = 12000$.

3. Mg. λ 5711, 5528, 4703, 4352. Maximum „zwischen Sonne und Sonnenfleck" = 5500^0:

$P_e = 2{,}4 \cdot 10^{-5}$, $T = 5000$,
$P_e = 1{,}6 \cdot 10^{-4}$, $T = 5500$,
$P_e = 7{,}8 \cdot 10^{-4}$, $T = 6000$.

4. Ca_+. *H*- und *K*-Linien. Maximum im *K* 0-Typus = 4300^0:

$P_e = 9{,}9 \cdot 10^{-7}$, $T = 5000$,
$P_e = 5{,}0 \cdot 10^{-5}$, $T = 6000$.

5. He_+. λ 4686. Nimmt noch in den heißesten Sternen des *O*-Typus zu:

$P_e = 5{,}1 \cdot 10^{-6}$, $T = 30000$,
$P_e = 1{,}1 \cdot 10^{-4}$, $T = 35000$.

6. He. λ 5876, 4471, 4026. Maximum im *B* 2-Typus:

$P_e = 5{,}9 \cdot 10^{-6}$, $T = 14000$,
$P_e = 1{,}2 \cdot 10^{-4}$, $T = 16000$,
$P_e = 4{,}0 \cdot 10^{-4}$, $T = 17000$.

Bei den Typen *M* bis *A*, wo die Temperaturskala ziemlich gut bekannt ist, werden diese Resultate zur Bestimmung von P_e in der umkehrenden Schicht benutzt. Nachdem wir in dieser Weise die allgemeine Größenordnung von P_e ermittelt haben, können wir die Resultate der Beispiele 5 und 6 zur Ausdehnung der Temperaturskala auf die *B*- und *O*-Typen verwenden.

243. In den oben zitierten Arbeiten finden sich noch zahlreiche andere Beispiele, und das allgemeine Ergebnis dieser Rechnungen ist, daß P_e *gewöhnlich* in der Nähe von 10^{-4} Atmosphären liegt. Diesen Wert können wir also für den mittleren Druck in der umkehrenden Schicht annehmen. (Natürlich kann der Druck nicht genau denselben Wert in der ganzen Serie der Sterne haben, doch ist sein Variationsbereich, wie in § 233 erwähnt, verhältnismäßig klein.) Gewisse Linien ergeben aber viel kleinere Drucke (z. B. Ca_+ im Beispiele 4) und entstehen augenscheinlich in höheren Niveaus, in denen der Druck nur noch von der Ordnung 10^{-7} bis 10^{-8} Atmosphären ist.

FOWLER und MILNE bemerken, daß gerade die Hauptlinien der Elemente ungewöhnlich kleine Drucke ergeben. Sie sind der Ansicht, daß wegen der etwa 10^4mal größeren Häufigkeit der Atome, die in der Lage sind, eine Hauptlinie zu absorbieren, im Vergleich zu denjenigen, welche die Nebenlinien absorbieren, schon eine verhältnismäßig dünne Schicht genügen wird, um vollständige Absorption zu bewirken; wir können daher in der Wellenlänge einer Hauptlinie nur auf eine ganz kleine Strecke in den Stern hineinsehen, wodurch das hohe Niveau und der niedrige Druck erklärt werden. Wir glauben aber nicht, daß diese Erklärung richtig sein kann. Wenn wir die Annahme machen, daß das Material in solcher Fülle vorhanden ist, daß es uns nicht mehr gestattet, bis in die gewöhnliche umkehrende Schicht hinabzusehen, dann hört die Reichhaltigkeit des Materials überhaupt auf, ein ausschlaggebender Faktor zu sein. Solange wir genügend Material vor uns haben, um einen praktisch undurchsichtigen Schirm vor dem Gebiete zu bilden, aus dem beinahe die gesamte photosphärische Strahlung kommt, d. h. vor der umkehrenden Schicht, werden Änderungen der Reichhaltigkeit das Aussehen der Linie kaum beeinflussen. Ferner würden, wenn die Ansicht von FOWLER und MILNE richtig wäre, die Spektraltypen, bei denen die Linie gerade erscheint oder verschwindet, doch durch die Bedingungen in der umkehrenden Schicht bestimmt sein, und nicht durch den Druck in den höheren Niveaus, der für das Maximum maßgebend ist.

Es ist wahrscheinlicher, daß der Schlüssel zum Verständnis dieses abweichenden Verhaltens durch die Arbeiten von MILNE über die Chromosphäre (§ 252) gegeben wird. Die Elemente, welche die Abweichung zeigen, unterliegen einem starken selektiven Strahlungsdrucke — der mit dem Vorkommen von starken Hauptlinien im intensiven Teile des allgemeinen Spektrums in Zusammenhang steht.

Der Strahlungsdruck trägt das Gewicht der Atome, die sich in der Chromosphäre, oberhalb der Photosphäre, befinden; die Elemente, welche dem starken Strahlungsdruck nicht ausgesetzt sind, steigen überhaupt nicht bis zu diesem Niveau hinauf. Der Druckunterschied wird auf diese Weise erklärt. Diese Erklärung legt zwar auch den Nachdruck auf die Tatsache, daß die Elemente mit starken Hauptlinien die Abweichung zeigen (da es ja gerade die Absorption durch diese Linien ist, welche ihnen den Aufstieg in die Chromosphäre ermöglicht), sie setzt aber keine volle Opazität über der Photosphäre voraus, wogegen sich unser Haupteinwand gegen die von FOWLER und MILNE vorgeschlagene Erklärung richtete.

Es ist gegenwärtig noch ziemlich unklar, was die beobachtete „Intensität" einer Linie eigentlich für eine Bedeutung hat. Im vorhergehenden nahmen wir an, daß sie ein Maß für die Verdunkelung darstellt. In Wirklichkeit beruht unser Beobachtungsmaterial beinahe ausschließlich auf Intensitätsschätzungen mit dem Auge, die vermutlich eine Kombination von Verdunkelung und Breite darstellen. Nun hängt aber die Breite von gänzlich anderen Umständen ab, als die Verdunkelung. Photometrische Messungen der Verdunkelung in der Mitte der Linie scheinen für eine richtige Anwendung der Theorie unumgänglich notwendig zu sein, und der gegenwärtige Gebrauch von Augenschätzungen stellt nur einen sehr dürftigen Notbehelf dar.

Was ist die Temperatur, von der in diesen Untersuchungen die Rede ist? Das absorbierende Material befindet sich vor der Photosphäre, und seine Temperatur nähert sich vermutlich mehr der Grenztemperatur T_0 als der effektiven Temperatur T_e. Die Molekulargeschwindigkeiten und die *Dichte* der Strahlung werden also einer in der Nachbarschaft von T_0 liegenden Temperatur entsprechen; die *Qualität* der Strahlung aber entspricht der Temperatur T_e, oder sogar einer etwas höheren Temperatur. Das Ionisationsvermögen der Strahlung hängt von ihrer Intensität bei hohen Frequenzen ab, und diese wird durch T_e genauer dargestellt als durch T_0. Man darf wahrscheinlich annehmen, daß das T in den vorhergehenden Resultaten ziemlich genau mit T_e übereinstimmt.

Molekulare Spektren.

244. In den umkehrenden Schichten der kühleren Sterne können auch chemische Verbindungen vorkommen, und ihre Molekeln geben Anlaß zu der Entstehung von Bandenspektren. Für diatomare Molekeln von der Art des Zyans, CN, ist die Struktur der Banden entwirrt worden, und es konnte auch eine befriedigende Theorie der Intensitätsverteilung innerhalb der Banden aufgestellt werden. Der einzige bisher gemachte Versuch, die Bandenspektren als Mittel zur Bestimmung der physikalischen Bedingungen in der umkehrenden Schicht zu verwenden ist, soweit uns bekannt, in einer Arbeit von R. T. BIRGE[1] enthalten.

Die im Sonnenspektrum bei 3883 Å beobachtete Zyanbande besteht aus fünf sich teilweise überlagernden Serien. Jede Serie geht von einer fehlenden Linie aus, welche die Nummer $m = 0$ erhält, und läuft nach beiden Richtungen; der positive („P“) Ast läuft nach dem roten Ende des Spektrums zu, und die aufeinanderfolgenden Linien in ihm werden mit $m = +1, +2 \ldots$ bezeichnet; der negative („R“) Ast läuft nach dem violetten Ende zu und wird mit $m = -1, -2 \ldots$ bezeichnet. Die aufeinanderfolgenden Linien liegen nicht in gleichen Abständen; die Trennung im positiven Aste (bei CN) nimmt ständig ab, wird gleich Null und schließlich negativ, so daß ein Bandenkopf entsteht, an dem die Serie umkehrt und zurückläuft. Bei anderen Verbindungen kann

[1] Astrophys. Journ. Bd. 55, S. 273.

es vorkommen, daß die Umkehr beim negativen Aste stattfindet. Der Zustand der Molekel wird durch zwei oder mehr Quantenzahlen charakterisiert, von denen eine, m, dem Drehmomente entspricht (äquivalent zu n' in §§ 42, 51). Wir wollen die übrig bleibende Quantenzahl oder Zahlen mit n bezeichnen. Die Bande als Ganzes entsteht bei einem Übergange zwischen zwei Zuständen n_1 und n_2, und die einzelnen Linien entsprechen den verschiedenen Werten von m. In Übereinstimmung mit dem Auswahlprinzip von BOHR sind die einzigen möglichen Übergänge diejenigen, bei denen sich m um $+1$ oder -1 ändert; bei der Emission ergibt eine Änderung $+1$ den positiven Ast und -1 den negativen Ast. Die Numerierung der Linien kann am besten durch den Hinweis auf die entsprechenden Absorptionsvorgänge erklärt werden; eine Absorption, die mit einer Änderung von m auf $m-1$ Einheiten des Drehmomentes verbunden ist, ergibt die als $+m$ numerierte Linie; und bei einer Änderung von m auf $m+1$ Einheiten entsteht die Linie $-m$. Es muß hervorgehoben werden, daß die Energieänderung im wesentlichen durch den Übergang von n_1 zu n_2 bestimmt wird, der mit dem Drehmomente nichts zu tun hat, und als eine Änderung der Starrheit der Bindung beider Atome gedacht werden kann; da aber nach dem Auswahlprinzipe eine solche Änderung nicht ohne einen begleitenden Sprung von m erfolgen kann, findet noch ein kleiner zusätzlicher Energiegewinn oder Verlust statt, der mit dem Ausgangswerte von m variiert und zur Entstehung der Linienstruktur der Bande führt. Es erweist sich, daß beide Äste ähnliche Intensitätskurven haben; dies zeigt, daß die beiden möglichen Übergänge $\Delta m = \pm 1$ gleich wahrscheinlich sind.

Es darf wahrscheinlich angenommen werden, daß der molekulare Absorptionskoeffizient unabhängig von m ist; das bedeutet, daß die Rotation der Molekel die für sie bestehende Wahrscheinlichkeit, ein Quant aus der umgebenden Strahlung zu absorbieren, nicht merklich beeinflußt. Die ganze Bande nimmt nur ein kleines Gebiet im Spektrum ein, und wäre nicht der Umstand, daß sich die Frequenz mit außerordentlich hoher Genauigkeit beobachten läßt, so hätten wir vermutlich nie daran gedacht, Molekeln mit verschiedenen Rotationsgeschwindigkeiten zu unterscheiden. In diesem Falle wird aber die Absorption in den Linien $\pm m$ einfach proportional zu der Anzahl der Molekeln sein, die sich im Zustande (m, n_1) befinden. Bei thermischem Gleichgewichte hängt diese Anzahl von der Temperatur ab, da sie nach der BOLTZMANNschen Formel proportional zu exp. $(-\chi_{m,n_1}/RT)$ ist. Die Messung von relativen Intensitäten in einer Bande — insbesondere die Bestimmung des Wertes von m, für den die Intensität ein Maximum hat — scheint uns eine außerordentlich günstige Methode zur Ermittelung der Temperatur darzustellen. Die isolierten atomaren Linien können nur von Stern zu Stern miteinander verglichen werden, und ihre Intensität hängt außer von der Temperatur auch noch von der Dichte ab. In den Bandenspektren dagegen wird die Aussage über die Temperatur aus differentiellen Vergleichen der aufeinanderfolgenden Linien in der Bande erhalten; die Dichte beeinflußt zwar die absolute Intensität (durch Dissoziation von Molekeln), jedoch nicht die relative Intensität.

245. Nach der gebräuchlichen Quantenbedingung

$$\int p\,dq = mh\,,$$

haben wir für die Quantelung des Drehmomentes die Beziehung

$$J\omega\cdot 2\pi = mh\,, \tag{245.1}$$

wo J das Trägheitsmoment der Molekel bezeichnet. Die Rotationsenergie ist

$$\frac{1}{2}J\omega^2 = \frac{m^2h^2}{8\pi^2 J}\,. \tag{245.2}$$

Wenn wir daher mit J_1 und J_2 die Trägheitsmomente der Molekel in den Zuständen n_1 und n_2 bezeichnen, wird die Frequenz der Linie $+m$ durch

$$h\nu_{+m} = \text{const} + \frac{(m-1)^2h^2}{8\pi^2 J_2} - \frac{m^2h^2}{8\pi^2 J_1} \tag{245.31}$$

gegeben, und die der Linie $-m$ durch

$$h\nu_{-m} = \text{const} + \frac{(m+1)^2h^2}{8\pi^2 J_2} - \frac{m^2h^2}{8\pi^2 J_1}\,. \tag{245.32}$$

Diese Formeln ergeben eine parabolische Verteilung der Linien ($\nu = A + Bm + Cm^2$), die mit der Beobachtung gut übereinstimmt. J_1 können wir aus der Beobachtung bestimmen, da nach (245.31)

$$h\nu_0 - h\nu_{+2} = 4h^2/8\pi^2 J_1$$

ist, oder

$$\Delta\nu = h/4\pi^2 J_1\,, \tag{245.4}$$

wo $\Delta\nu$ den Abstand zwischen aufeinanderfolgenden Linien bei $m = +1$ bedeutet.

Betrachten wir die Molekeln in einem Zustande n_1 (d. h. Molekeln, die zur Absorption bereit sind); die Anzahl dieser Molekeln, bei denen das Drehmoment dem Werte m entspricht, wird proportional sein zu

$$q_m\, e^{-\chi_m/RT}\,, \tag{245.5}$$

wo nach (245.2) $\chi_m = m^2h^2/8\pi^2 J_1$ ist und q_m das Gewicht des dem Werte m entsprechenden Zustandes bezeichnet. Bei einer diatomaren Molekel ist der Vektor des Drehmomentes auf die zur Verbindungslinie der beiden Atome normale Ebene beschränkt, so daß für mäßig große Werte von m das Gewicht q_m proportional zu m ist[1]. (Vgl. § 42, wo jeder Wert n' die $n' + 1$ Bahnen vertritt, welche den möglichen Werten von n'' entsprechen.)

Da nun $q_m \propto m \propto \chi^{\frac{1}{2}}$ ist, wird die Anzahl der Molekeln im Zustande m proportional zu

$$\chi_m^{\frac{1}{2}} e^{-\chi_m/RT},$$

was ein Maximum ist, wenn

$$\chi_m/RT = \tfrac{1}{2}$$

oder

$$\frac{m^2 h^2}{8\pi^2 J_1} = \frac{1}{2} R T. \tag{245.6}$$

Wegen (245.4) erhalten wir hieraus

$$m_{\max} = \sqrt{\frac{RT}{h\Delta\nu}}. \tag{245.7}$$

Für die CN Bande, die am leichtesten zu beobachten ist, haben wir $\Delta\nu/c = 3{,}704$; daher

$$m_{\max} = 0{,}434 \sqrt{T}.$$

In der Mitte der Sonnenscheibe würden wir für die Temperatur der umkehrenden Schicht einen in der Nähe von 5200° (T_1 in (232.3)) liegenden Wert erwarten; jedenfalls dürfte er in keinem Falle kleiner als $T_0 = 4660°$ sein. Die entsprechenden Werte von m sind

$$m_{\max} = 31{,}2 \quad \text{und} \quad 29{,}6.$$

Birge war nicht in der Lage, die maximale Intensität im Sonnenspektrum direkt zu messen, er gelangte aber durch ein indirektes Verfahren (das er nicht ausführlich beschrieben hat) zu einer viel tieferen Temperatur, nämlich 4000°[2]. Diese Differenz erscheint uns unerklärlich; zugegeben sogar, daß das absorbierende Gebiet in der Sonne keine bestimmte Temperatur besitzt (da die Strahlung in ihm der Qualität nach der Temperatur 5740° und der Dichte nach 4660° entspricht), bleibt es doch schwer verständlich, wie aus irgendeinem Krite-

[1] Wenn wir das Drehmoment durch einen Punkt in der Ebene darstellen, ist das klassische Gewicht eines Bereiches von Werten proportional zu der Fläche desselben (da die Komponenten des Momentes Hamiltonsche Koordinaten sind, § 48). In der Quantentheorie wird das Gewicht des zwischen $(m \pm \frac{1}{2})\, h/2\pi$ eingeschlossenen Ringes dem gequantelten Kreise $mh/2\pi$ zugeschrieben, und seine Fläche ist beinahe proportional zu m.

[2] Birge stützte sich auf die Wahrnehmung, daß in einem gewissen Teile der Bande die relativen Intensitäten der Linien denjenigen in einem 4-Ampere-Bogen entsprachen und jedenfalls eine intermediäre Lage einnahmen, zwischen denen im Ofenspektrum und in dem 13-Ampere-Bogen. Die Temperaturen dieser terrestrischen Vergleichsquellen wurden aus Beobachtungen von $m_{\max}$ abgeleitet.

rium eine Temperatur erhalten werden kann, die unterhalb dieser beiden Temperaturen liegt. Weitere Untersuchungen scheinen hier unerläßlich zu sein.

Breite der Absorptionslinien.

246. Während einige Linien in den Spektren der Sterne äußerst scharf erscheinen, können andere eine beträchtliche Breite erlangen. In einigen Sternen erstrecken sich die Linien der Balmerserie des Wasserstoffes über mehr als 30 Ångström zu beiden Seiten der Linienmitte. Im Sonnenspektrum sind die Linien *H* und *K* des Ca_+ um 10 Å nach beiden Seiten verbreitert[1].

Eine Verbreiterung der Linien kann durch störende Einflusse auf das absorbierende Atom seitens benachbarter Atome hervorgerufen werden; diese heben die Vollkommenheit seiner Periodizität teilweise auf, so daß seine Quantenzustände nicht mehr ganz scharf definiert sind. Die aus dieser Ursache entstehende Linienverbreiterung wird gewöhnlich als *Druckverbreiterung* bezeichnet, trotzdem dieser Name gegenwärtig kaum noch als zutreffend gelten kann. Die Verbreiterung steht in enger Beziehung zu dem Starkeffekte in elektrischen Feldern, da die störenden Ursachen elektrischen Ursprunges sind.

Weitere mögliche Ursachen für Linienverbreiterungen sind: a) der Dopplereffekt der atomaren Geschwindigkeiten wegen der Temperaturbewegung, b) Dopplereffekt von aufsteigenden und absteigenden Strömungen, c) Dopplereffekte wegen der Rotation des Sternes, d) Starkeffekte in regulären elektrischen Feldern, e) Comptoneffekte bei der Lichtstreuung durch Elektronen verschiedener Geschwindigkeiten, f) RAYLEIGHsche Streuung durch Atome und Ionen, g) große Tiefe der absorbierenden Schicht, durch die der Einfluß der von anderen Ursachen herrührenden Verbreiterungen verstärkt wird. Die meisten dieser Ursachen sind zu einer oder der anderen Zeit als die Hauptursache für die Linienverbreiterung in den Sternspektren ins Feld geführt worden, doch glauben wir nicht, daß die zu ihrer Begründung angeführten Argumente einer kritischen Betrachtung standhalten. Es erscheint sogar zweifelhaft, ob alle diese Erklärungen überhaupt jemals vorgeschlagen worden wären, wenn man die Wirkung der „Druckverbreiterung" unter stellaren Verhältnissen nicht für unzulänglich gehalten hätte.

Es ist zuweilen gegen die Druckverbreiterung der Einwand erhoben worden, daß wir in einer Vakuumröhre nicht annähernd dieselbe Verbreiterung wie in den Sternen erhalten, wenn der Druck gleich dem ist, den wir gegenwärtig für die umkehrende Schicht eines Sternes annehmen müssen. Z. B. ist die Balmerserie in einer Vakuumröhre bei einem Drucke von 10^{-4} Atm. noch vollkommen scharf. Dieser Ver-

[1] PAYNE, C. H.: Stellar Atmospheres. S. 51.

gleich übersieht aber den großen Unterschied, der durch die Ionisation des Sternmaterials bedingt wird. Das Ion oder das Elektron ist der Mittelpunkt eines viel ausgedehnteren störenden Feldes als das neutrale Atom, dessen Feld wohl nur bei Zusammenstößen in Wirksamkeit tritt, und der Verbreiterungseffekt ist dementsprechend von einer viel höheren Größenordnung. Trotzdem auch in einer Vakuumröhre Ionen und freie Elektronen erzeugt werden, ist ihre Häufigkeit ganz minimal im Vergleiche zu ihren Anzahlen unter photosphärischen Bedingungen.

Als Beispiel wollen wir die Linie H_β des Wasserstoffes betrachten, die einem Übergange zwischen einer 4quantigen und einer 2quantigen Bahn entspricht. In der 4quantigen Bahn beträgt die Periode $0{,}97 \cdot 10^{-14}$ sec. Die mittlere Verweilszeit im 4quantigen Zustande ist etwa 10^{-8} sec oder 10^6 Perioden. Wir könnten daher erwarten, daß die Quantelung in diesem Zustande bis auf ein Millionstel scharf sein muß. Grob ausgedrückt müßte die Reinheit der von ungestörten Atomen emittierten oder absorbierten H_β Linie der Reinheit eines Spektrums entsprechen, das von einem Beugungsgitter mit einer Million Strichen gegeben wird. Diese kann aber durch die Störungen seitens anderer Atome oder Elektronen in zwei verschiedenen Weisen vermindert werden: 1. die mittlere Verweilszeit im angeregten Zustande kann durch häufige Zusammenstöße verkürzt werden, 2. allgemein unregelmäßige Störungen können die Zeitintervalle verkürzen, während deren die Phase der Periodizität genähert erhalten bleibt, genau so wie das Auflösungsvermögen eines Gitters 1. durch Verminderung der Strichzahl oder 2. durch Unregelmäßigkeiten beim Aufritzen herabgesetzt wird. Die numerischen Berechnungen scheinen darauf zu deuten, daß unter photosphärischen Bedingungen der Prozeß 2 der wichtigere ist. Das Problem ist von Russell und Stewart[1] diskutiert worden.

Es sei σ die Gesamtzahl der Elektronen und (einfach geladenen) Ionen pro cm^3, und r_0 eine durch die Beziehung $\frac{4}{3}\pi\sigma r_0^3 = 1$ definierte Länge. Wenn wir um ein gegebenes Atom eine Kugel mit dem Radius r_0 beschreiben, wird diese Kugel im allgemeinen nur eine störende Ladung enthalten. Die entfernteren Ladungen werden wegen der unvollkommenen Symmetrie ihrer Verteilung zwar auch gewisse störende Felder erzeugen, doch wird das resultierende Feld seiner Größenordnung nach von dem durch die nächstbenachbarte Ladung erzeugten nicht sehr verschieden sein.

Für einfach ionisiertes Material haben wir bei 10000^0 und 10^{-4} Atmosphären Druck

$$\sigma = 7{,}4 \cdot 10^{13}, \qquad r_0 = 1{,}48 \cdot 10^{-5} \text{ cm.}$$

[1] Astrophys. Journ. Bd. 59, S. 197 (1924).

Das Feld, welches von einer Ladung e in einer Entfernung r_0 herrührt, beträgt also

2,18 elektrostatische Einheiten.

Da die nächstbenachbarte Ladung innerhalb von r_0 liegt, wird das durchschnittliche störende Feld etwas größer sein. RUSSELL und STEWART erhalten aus ihren Rechnungen für das durchschnittliche Feld einen 2,7mal größeren Wert oder etwa sechs elektrostatische Einheiten. Der Starkeffekt eines statischen Feldes von sechs elektrostatischen Einheiten löst H_β in Komponenten auf, die über einen Bereich von 0,7 A zerstreut liegen. Die beobachtete Breite der Linie dürfte noch größer sein — etwa 2 bis 3 Å — da die STARKschen Komponenten wegen der unregelmäßigen Schwankungen des Feldes über einen weiteren Bereich hin und her wandern werden. Die wirkliche Breite von H_β in den Sternen, welche den angenommenen Bedingungen entsprechen, beträgt etwa 15 Å.

Ich glaube nicht, daß der fluktuierende Starkeffekt an sich allein schon genügen würde, um die oft beobachteten großen Breiten der Linien zu erklären. Es ist vielmehr wahrscheinlich, daß hierbei noch ein weiterer Umstand mitwirkt. Unter den oben betrachteten Bedingungen ist die durchschnittliche Geschwindigkeit der Elektronen gleich $6{,}2 \cdot 10^7$ cm/sec, so daß ein Elektron eine Strecke r_0 in $2{,}4 \cdot 10^{-13}$ sec oder 24 Perioden der 4quantigen Bahn zurücklegt. Einige Elektronen werden an das Atom viel näher herankommen, und einige werden größere Geschwindigkeiten haben, so daß ziemlich beträchtliche Störungen stattfinden werden, deren Charakter sich im Laufe von 3 oder 4 Perioden vollständig ändern wird. Nun stellt aber der Starkeffekt die Störung durch ein statisches Feld dar, welches während einer Hälfte des Umlaufes die von ihm während der anderen Hälfte des Umlaufes hervorgerufene Phasenänderung in weitgehendem Maße wieder rückgängig macht; die Theorie dieses Effektes gründet sich auf die „adiabatische" Hypothese, daß die Erzeugung des Feldes im Vergleiche zu der Umdrehungszeit langsam erfolgt. Das schnell schwankende Feld würde wahrscheinlich viel größere Effekte hervorrufen, und es erscheint nicht unmöglich, daß die große Breite der Linien in dieser Weise zustande kommt.

Kontinuierliche Absorption.

247. Obwohl der allgemeine Wärmefluß in der Photosphäre schon durch die Linienabsorption und Emission bis zu einem gewissen Grade zurückgedämmt wird, ist es wahrscheinlich, daß das Haupthindernis für seine Ausbreitung, genau so wie im tiefen Inneren des Sternes, in der kontinuierlichen Absorption und Emission besteht.

Unsere Formel für den Koeffizienten der kontinuierlichen Absorption bei Temperaturen von einigen Millionen Grad war (158.2)

$$\frac{\mu k T^{\frac{7}{2}}(1+f)}{\varrho} = 0{,}668 \frac{R b^2 c}{H^2 a u_0} \frac{Z^2}{A}. \qquad (247.1)$$

Die Theorie der kontinuierlichen optischen Absorption bei photosphärischen Temperaturen muß grundsätzlich dieselbe sein wie die Theorie der kontinuierlichen Röntgenstrahlenabsorption bei den hohen inneren Temperaturen; wir würden aber kaum erwartet haben, daß die Formel, welche wir unter Einführung verschiedener bei hohen Temperaturen zulässiger Vereinfachungen abgeleitet haben, auch auf die Photosphäre anwendbar sein würde. Indessen glaubt MILNE[1] gewisse Gründe für die Ansicht gefunden zu haben, daß dieser extreme extrapolatorische Gebrauch der Formel (247.1), sei es durch Zufall oder wegen seiner wirklichen inneren Berechtigung, zu Resultaten führt, die von der Wahrheit nur wenig abweichen.

Wir wenden (247.1) auf ein typisches photosphärisches Gebiet an, für das

$$T = 6000^0 \qquad p_G = 200\,\mathrm{dyn/cm^2}$$

ist. Wir nehmen an, daß das Material aus Kalzium besteht, welches, wie es sich erweist, unter diesen Bedingungen einfach ionisiert sein wird, so daß wir

$$Z = 20\,, \quad A = 40\,, \quad \mu = 20\,, \quad f = 1$$

zu setzen haben. Das Resultat ist

$$k = 2{,}00 \cdot 10^3\,. \qquad (247{,}15)$$

MILNE erhält $k = 7{,}8 \cdot 10^3$, wobei der Unterschied darauf zurückzuführen ist, daß er die ROSSELANDsche Korrektion vernachlässigt. Wir wären geneigt gewesen, einen 10mal größeren Wert als (247.15) anzusetzen, denn dieses theoretische Resultat stellt nur etwa $\frac{1}{10}$ des für das tiefe Innere beobachteten Wertes dar. Da der Wert von MILNE einem bequemen Kompromisse entspricht, wollen wir ihn in diesem Abschnitte verwenden, also

$$k_0 = 7800 \qquad (247.16)$$

setzen, wobei wir mit k_0 den Wert von k für die oben definierten normalen Werte der Temperatur und des Druckes bezeichnen. Da

$$\frac{p_G}{p_R} = \frac{3\,\Re}{a} \frac{\varrho}{\mu\, T^3} \qquad (247.2)$$

ist, kann das Gesetz $k \propto \varrho/\mu\, T^{\frac{7}{2}}$ in der Form geschrieben werden:

$$k \propto \frac{p_G}{p_R} \cdot T^{-\frac{1}{2}}\,. \qquad (247.3)$$

[1] Monthly Notices Bd. 85, S. 768.

Bei 6000° ist $p_R = 3{,}30$ dyn/cm²; wir erhalten daher, indem wir die Konstante mit Hilfe von (247.16) bestimmen:

$$k = 129\,\frac{p_G}{p_R}\left(\frac{T}{6000}\right)^{-\frac{1}{2}}. \tag{247.4}$$

248. Um den Wert von k im äußeren Teile der Sonne zu bestimmen, bedient sich MILNE eines Verfahrens, welches mit dem nachfolgenden äquivalent ist. Die Fundamentalgleichung (233.1) liefert

$$d p_G = \left(\frac{c g}{k H} - 1\right) d p_R. \tag{248.1}$$

Indem wir dies unter der Annahme integrieren, daß k als eine Konstante behandelt werden kann, erhalten wir unter Vernachlässigung der Integrationskonstanten

$$p_G = \left(\frac{c g}{k H} - 1\right) p_R \tag{248.15}$$

und wegen (247.4)

$$\frac{k}{129}\left(\frac{T}{6000}\right)^{\frac{1}{2}} = \frac{c g}{k H} - 1. \tag{248.2}$$

Indem wir für die Sonne $T = 6000°$, $cg/H = 1{,}319 \cdot 10^4$ einsetzen, erhalten wir

$$\frac{k}{129} = \frac{13190}{k} - 1$$

und hieraus

$$k = 1241.$$

Bei genäherter Rechnung ist der Term -1 in (248.2) unwesentlich, so daß

$$k^2 = \frac{129\, c g}{H}\left(\frac{T}{6000}\right)^{-\frac{1}{2}} \tag{248.3}$$

wird und $k \propto T^{-\frac{1}{4}}$. Das Resultat ist also mit der gemachten Annahme verträglich, daß k in einem ziemlich ausgedehnten Temperaturbereiche als konstant betrachtet werden darf. Das Verhältnis der Kraft des Strahlungsdruckes zu der Gesamtkraft wird durch

$$1 - \beta' = \frac{k H}{c g} = \frac{1241}{13190} = 0{,}094$$

gegeben. Dies ist der Ursprung des in § 233 benutzten Wertes 0,1; und die Tatsache, daß die dort gefundenen Resultate im allgemeinen als durchaus vernünftig gelten dürfen, kann als ein Beleg dafür betrachtet werden, daß unsere Extrapolation des Gesetzes für k zu einem Werte von der richtigen Größenordnung geführt hat.

Der Wert von $1 - \beta$ im tiefen Inneren der Sonne ist 0,05, so daß der Strahlungsdruck an der Photosphäre scheinbar eine größere Bedeutung gewinnt. Doch legt dieser Schluß vielleicht zuviel Gewicht auf die Genauigkeit des extrapolierten Wertes von k und der einzige wirklich berechtigte Schluß ist wahrscheinlich nur, daß $1-\beta$ und $1-\beta'$ von derselben Größenordnung sind.

249. Wir können der Ursache für die Langsamkeit der Änderung von k etwas weiter nachgehen. Das Absorptionsgesetz (247.3) kann in der Form geschrieben werden

$$k = C\, p_G / p_R^{\frac{9}{8}}, \tag{249.1}$$

wo C eine Konstante ist. Stellen wir uns vor, daß wir Gleichung (248.1) integrieren, indem wir von außen anfangen. Nachdem wir einen gewissen Punkt erreicht haben, wollen wir die Lösung fortsetzen unter der Annahme, daß k konstant bleibt. Diese Lösung nennen wir A. Nun entnehmen wir p_G und p_R der Lösung A, bestimmen k aus (249.1) und führen eine neue Lösung B aus mit Hilfe von (248.1) und diesem Werte von k. Wenn k *abnimmt* (was gewöhnlich der Fall ist), wird dp_G/dp_R vergrößert, so daß p_G/p_R allmählich größer wird als bei der Lösung A. Der neue Wert von k, der durch Einsetzen der Werte der Lösung B in (249.1) erhalten wird, ist demnach *vergrößert* und die nächste Lösung C wird sich daher wieder der Lösung A nähern usw. Wir haben z. B. in § 233 unter der Annahme eines konstanten k (Lösung A) für die Grenzen der Photosphäre gefunden

$$T_2/T_1 = 1{,}38\,, \qquad \varrho_2/\varrho_1 = 12{,}0\,,$$

woraus

$$k_2/k_1 = 3{,}9\,.$$

Bei der Lösung B müßten wir dementsprechend annehmen, daß k zwischen den beiden Niveaus im Verhältnisse 3,9 : 1 wächst; dies ergibt aber eine starke Überkorrektion, und die nächste Lösung rückt wieder in der Richtung nach Lösung A zurück. Wahrscheinlich würde schon eine ganz kleine Änderung von k in diesem Bereiche die richtige Korrektion ergeben.

Der Absorptionskoeffizient hat eine natürliche Tendenz, seinen eigenen Wert zu stabilisieren. Die physikalische Erklärung hierfür besteht darin, daß, wenn wir bei einer Bewegung nach innen ein besonders stark absorbierendes Material antreffen, die vergrößerte, nach außen gerichtete Kraft des Strahlungsdruckes einen größeren Teil seines Gewichtes trägt und auf diese Weise der natürlichen Zunahme der Dichte nach unten entgegenwirkt, so daß sich k (wegen seiner Abhängigkeit von ϱ) wieder seinem normalen Werte nähert. Der Effekt wird durch die MILNEsche Formel (248.3) sehr schön illustriert, nach der sich k proportional zu $T^{-\frac{1}{4}}$ oder eher noch langsamer ändert, anstatt das erwartete, zu $T^{-\frac{1}{2}}$ proportionale Variationsgesetz zu befolgen.

250. Wenn die in § 248 geschilderte Methode auf die umkehrende Schicht angewandt wird, kann durch die Vernachlässigung der Integrationskonstanten eine Ungenauigkeit bedingt werden, die ziemlich beträchtlich zu sein scheint. In der Nähe des Bodens der Photosphäre wird diese „Endkorrektion" praktisch verschwunden sein und k und $1-\beta$ werden endgültig die MILNEschen Werte angenommen haben; in dem uns hier interessierenden Gebiete, fangen sie aber wahrscheinlich erst an, sich von der Randstörung zu erholen.

Die nachfolgende Methode dürfte zu einer brauchbaren Näherung für die äußeren Schichten führen, bis zu dem Werte $\tau_1 = 0{,}25$ herab, den wir für den oberen Rand der Photosphäre im Mittelpunkte der Sonnenscheibe gewählt haben (§ 232)[1]. In diesem Gebiete liegt T zwischen $0{,}84\ T_e$ und $0{,}91\ T_e$, so daß wir es, bei der Untersuchung von k und p_G als isothermes Gebiet behandeln können.

Wir führen eine Größe v ein, definiert durch

$$\frac{kH}{cg} = \frac{p_G}{v}. \tag{250.1}$$

Da im isothermen Gebiete k und p_G beide proportional zu ϱ sind, ist v eine Konstante. Gleichung (248.1) nimmt nun die Form an

$$d\,p_G = \left(\frac{v}{p_G} - 1\right) d\,p_R$$

oder

$$\frac{p_G \cdot d\,p_G}{v - p_G} = d\,p_R. \tag{250.2}$$

Durch Integration erhalten wir

$$-v \log\left(1 - p_G/v\right) - p_G = \delta\,p_R = \tfrac{1}{3}\,a\,(T^4 - T_0^4) = H\tau/c \tag{250.3}$$

wegen (226.5). In den meisten Fällen ist p_G/v eine kleine Größe und die Gleichung kann in der Form geschrieben werden

$$\frac{1}{2}\,\frac{p_G^2}{v} + \frac{1}{3}\,\frac{p_G^3}{v^2} + \cdots = \frac{H\tau}{c}. \tag{250.4}$$

In Tabelle 46 gibt die erste Kolonne einen angenommenen Gasdruck an der verabredeten oberen Grenze der Photosphäre $\tau = 0{,}25$. Die zweite Kolonne gibt den zugehörigen, aus (250.3) berechneten Wert von v. Die dritte Kolonne gibt den Wert von k in diesem Punkt, der aus (250.1) erhalten wird. Die letzte Kolonne gibt den entsprechenden Wert von k_0, d. h. von k für die normalen Bedingungen $\tau = 6000^0$, $p_G = 200$, zwecks Vergleiches mit (247.16).

Tabelle 46.
Absorptionskoeffizient für die umkehrende Schicht der Sonne.

p_G	v	k	k_0
1	1,69	7820	840000
10	102,5	1286	13810
100	9700	135,9	146,0
1000	963000	13,7	1,47

[1] Eine andere Behandlung der Frage ist bei MILNE, a. a. O., § 9, gegeben.

Wie man sieht, würde schon die Kenntnis eines sehr rohen Wertes für k_0 genügen, um einen verhältnismäßig genauen Wert von p_G für das betrachtete Niveau zu ergeben; da aber alle Abschätzungen von k_0 von gewagten theoretischen Spekulationen abhängen, ziehen wir es vor, den entgegengesetzten Weg zu beschreiten. Die von FOWLER und MILNE (§ 242) ausgeführte Diskussion der Spektrallinien zeigt, daß sie gewöhnlich in Gebieten entstehen, in denen der Druck etwas mehr als 100 dyn pro cm^2 oder 10^{-4} Atmosphären beträgt. Ihr Entstehungsgebiet kann nicht beträchtlich unterhalb des Niveaus $\tau = 0{,}25$ liegen, weil sogar im Mittelpunkte der Scheibe noch $\frac{1}{10}$ der photosphärischen Strahlung aus oberhalb dieses Niveaus belegenen Gebieten kommt und für die Scheibe als Ganzes beinahe $\frac{1}{5}$ der Strahlung über diesem Niveau entsteht. Wir sind daher der Ansicht, daß die für $p_G = 100$ dyn/cm^2 berechneten Resultate verwendet werden müssen. Dies ergibt, abgerundet

$$k_0 = 150\,,$$

während MILNE mit 7800 rechnet und wir in (247.15) 2000 erhalten hatten.

Gegen diesen viel kleineren Wert ist theoretisch nichts einzuwenden. Die Extrapolation einer theoretischen Formel ist keineswegs gleichbedeutend mit der Extrapolation einer Theorie; und, soweit wir übersehen können, würde der Wert 150 in Wirklichkeit sogar besser mit der KRAMERSschen Theorie übereinstimmen.

Bei der Ableitung des Wertes 2000 hatten wir $Z = 20$ angenommen; wenn aber das Elektron beim Zusammenstoß nicht direkt in das Innere des Ions eindringt, wird die tatsächlich wirkende Ladung gleich $Z = 1$ oder 2 sein, da in der umkehrenden Schicht nur wenige Atome mehr als zweifach ionisiert sind. Wenn wir $Z = 2$ nehmen, wird der Wert von k_0 hierdurch 100mal verkleinert. Nach Anbringung verschiedener anderer kleinerer Korrektionen ergibt sich schließlich ein Wert k_0 von etwa 150 als die wahrscheinlichste Voraussage, die wir auf Grund der KRAMERSschen Theorie überhaupt machen können. Daß das Elektron nicht tief in das Ion eindringt, kontrollieren wir in der folgenden Weise. Indem wir $\lambda = 5000$ Å, $T = 5740^0$, $Z = 2$[1] in (155.2) einsetzen, erhalten wir $\gamma = 1{,}5$ für $\sigma = 1{,}00 \cdot 10^{-7}$ cm. Nun rührt der größte Teil der Emission von Elektronen her, für die γ in der Nachbarschaft von 1,5 liegt und dies sind Elektronen, welche so abgeschossen sind, daß sie in dem oben angegebenen Abstande σ vom Mittelpunkte vorbeifliegen würden. Aus (153.7) finden wir, daß die Exzentrizität dieser Bahnen 1,09 beträgt, und die größte Annäherung an den Mittelpunkt berechnet sich

[1] Dieser Wert soll sich sowohl auf einfach als auf zweifach ionisiertes Kalzium beziehen, weil im ersten Falle das herannahende Elektron bis in das Innere der Bahn des Valenzelektrons eindringt.

hieraus zu $2{,}1 \cdot 10^{-8}$ cm. Das Elektron geht also nicht ganz glatt an dem Ion vorbei, da letzteres einen Radius von $2{,}3 \cdot 10^{-8}$ cm hat, aber das Eindringen ist ein zu unbeträchtliches, um einen starken Effekt hervorzurufen.

251. Unter Benutzung der Werte der dritten Zeile von Tabelle 46 haben wir für $\tau = 0{,}25$

$$k_0 = 146{,}0\,, \qquad p_G = 100\,, \qquad v = 9700\,, \qquad k = 135{,}9\,.$$

Wenn wir Gleichung (250.3) mit diesem Werte von v und mit $\tau = 3{,}4$ auflösten, um die Bedingungen am Boden der Photosphäre zu bestimmen, würden wir die Werte $p_G = 365$, $k = 497$ erhalten. Es ist aber klar, daß unsere Annäherung hier schon gänzlich versagt haben würde, denn die Zunahme von k im Verhältnisse $1:3{,}65$ wird durch seine Abnahme im Verhältnisse $1:5{,}38$, die von dem bei unserer Näherung vernachlässigten Temperaturfaktor $T^{-\frac{9}{2}}$ herrührt, mehr als kompensiert. Es ist daher viel zweckmäßiger für das Intervall $\tau = 0{,}25$ bis $3{,}4$ zu der MILNEschen Annäherung $k =$ const überzugehen. Indem wir k nach der Methode des § 248 mit dem nunmehr angenommenen Werte $k_0 = 146$ neu berechnen, finden wir für 6000^0

$$k = 177\,. \tag{251.1}$$

Man sieht, daß $\tau = 0{,}25$ einen sehr passenden Ort darstellt, um beide Annäherungen aneinander anzuschließen, denn beide ergeben in diesem Knotenpunkte genähert denselben Wert von k.

Wir wollen nun die in § 233 für die Sonnenphotosphäre gegebenen Berechnungen nachprüfen[1]. Unter Verwendung des Wertes $k = 177$ haben wir

$$1 - \beta' = kH/cg = 0{,}0134\,, \tag{251.2}$$

so daß (im Gegensatz zu dem Schlusse von MILNE) der Strahlungsdruck in der Photosphäre eine verhältnismäßig kleinere Bedeutung haben würde als im tiefen Inneren des Sternes ($1 - \beta = 0{,}05$). Es muß aber betont werden, daß die Genauigkeit unserer Bestimmung von k keineswegs ausreicht, um diese Abänderung als gesichert erscheinen zu lassen. Wie schon früher erklärt, ist der Strahlungsdruck in der Nähe der Begrenzung des Sternes dem absoluten Betrage nach zwar größer als der Gasdruck, hat aber als tragende Kraft eine kleinere Bedeutung als dieser. Wenn irgendein Material vom Strahlungsdrucke wirklich getragen wird, so geschieht das vermutlich nur durch selektive Linienabsorption und nicht durch kontinuierliche Absorption.

[1] Die Berechnungen dieser Abschnitte beziehen sich auf die Photosphäre in der Mitte der Sonnenscheibe, während sich die Berechnungen des § 233 auf die integrierte Scheibe bezogen; sie sind daher miteinander nicht streng vergleichbar. Ich habe hier aus dem Grunde die zentrale Photosphäre gewählt, weil sie ganz in das von der einen Näherung überdeckte Intervall fällt.

Durch Integration von (248.1) zwischen den Grenzen $\tau = 0{,}25$ bis 3,4 erhalten wir

$$(p_G)_2 - (p_G)_1 = \frac{\beta'}{1-\beta}\{(p_R)_2 - (p_R)_1\} = \frac{\beta'}{1-\beta'}\frac{H}{c}(\tau_2 - \tau_1) = 483\,, \qquad (251.3)$$

so daß an den beiden Grenzen der Photosphäre

$$(p_G)_1 = 100\,, \qquad (p_G)_2 = 583 \qquad (251.41)$$

ist. Nach (232.3) ist

$$T_2 = 1{,}45\, T_1 \qquad (251.42)$$

Nach (251.41) und (251.42):

$$\varrho_2 = 4{,}02\, \varrho_1\,. \qquad (251.43)$$

Hieraus folgt, nach dem Absorptionsgesetze,

$$k_2 = 1{,}10\, k_1\,, \qquad (251.44)$$

woraus zu ersehen ist, daß die Annahme der Konstanz von k in diesem Bereiche eine gute Annäherung darstellt.

Gleichung (251.3) kann in der Form geschrieben werden

$$p_G = \frac{\beta'}{1-\beta'}\frac{H}{c}(\tau + 0{,}403)\,, \qquad (251\ 5)$$

wobei die Konstante mit Hilfe des Wertes $(p_G)_1$ bestimmt wird. (Wenn wir die Abnahme des Wertes von k zwischen $\tau = 0{,}25$ und 0 nicht berücksichtigt hätten, wäre die Konstante gleich Null gewesen.) Nach (226.5) ist

$$\frac{1}{3}\, a T^4 = \frac{H}{c}\left(\tau + \frac{2}{3}\right).$$

Daher

$$p_G = \frac{a\,\beta'}{3(1-\beta')}\,(T^4 - T_0'^4)\,, \qquad (251.6)$$

wo $T_0'^4 = 0{,}396\, T_0^4$ ist.

Da Formel (251.6) mit (233.4) bis auf den Umstand identisch ist, daß in ihr T_0' an Stelle von T_0 auftritt, leiten wir in Analogie zu (233.9) den Ausdruck ab

$$\text{const} - x = \frac{\Re\, T_0'}{\mu\, g\, \beta'}\left\{4\frac{T}{T_0'} + \log_e \frac{T - T_0'}{T + T_0'} - 2 \operatorname{arctg} \frac{T}{T_0'}\right\}. \qquad (251.7)$$

Hieraus ergibt sich für die Dicke der Sonnenphotosphäre

$$x_1 - x_2 = 17{,}0\ \text{km}$$

oder etwa die Hälfte der aus der früheren Rechnung erhaltenen Dicke.

Die wirkliche Photosphäre wird wegen ihrer nichthomogenen Zusammensetzung ohne Zweifel eine größere Ausdehnung haben. Bis zu einem gewissen Grade werden sich die verschiedenen Elemente, je nach ihrem Atomgewichte und dem auf sie wirkenden Strahlungsdruck, übereinander schichten.

Betrachten wir nun einen Riesenstern mit derselben effektiven Temperatur wie die Sonne, aber mit einem kleineren Werte von g. Wenn wir die entsprechenden Niveaus τ in beiden Sternen vergleichen, haben wir $k \propto p_G$, da die Temperaturen dieselben sind. Daher ist v nach (250.1) proportional zu g. Solange p_G im Vergleiche zu v klein ist, gibt (250.4)

$$p_G = \sqrt{(2 H \tau v/c)}\,, \tag{251.8}$$

so daß an der umkehrenden Schicht ($\tau = 0{,}25$)

$$p_G \propto \sqrt{v} \propto \sqrt{g}$$

ist.

Wenn z. B. der Wert von g gleich $\frac{1}{100}$ seines Wertes auf der Sonne ist, wird $v = 97$ und der Wert von p_G liegt nach Tabelle 46 etwas unter 10.

Das Resultat $p_G \propto \sqrt{g}$ ist zuerst von MILNE als Ergebnis der in § 248 mitgeteilten Theorie erhalten worden. Nach (248.3) gilt genähert auch $k \propto \sqrt{g}$, und für gleiche Temperatur $k \propto p_G$.

Wir können nun die effektiven Temperaturen von Riesen- und Zwergsternen desselben Spektraltypus miteinander vergleichen[1]. Das Resultat wird natürlich von den Kriterien abhängen, die tatsächlich zur Fixierung der Spektraltypen der Sterne verwandt werden. Indem wir hierin dem Beispiele von MILNE folgen, nehmen wir an, daß dieses Kriterium im Durchschnitte dem Ionisationszustande für Ionisationspotentiale von der Ordnung von 8 Volt oder $\psi = 1{,}27 \cdot 10^{-11}$ erg entspricht. Dann erscheinen nach (174.2) dieselben Spektren, wenn

$$\frac{T_1^{\frac{5}{2}}\, e^{-\psi/R T_1}}{(p_G)_1} = \frac{T_2^{\frac{5}{2}}\, e^{-\psi/R T_2}}{(p_G)_2} \tag{251.91}$$

ist, wo sich die Indizes 1 und 2 jetzt auf die umkehrenden Schichten zweier verschiedener Sterne beziehen.

Da $H \propto T^4$ und $k \propto p_G/T^{\frac{9}{2}}$ ist, haben wir nach (250.1)

$$v \propto g\, T^{\frac{1}{2}}\,.$$

An der umkehrenden Schicht ist daher nach (251.8)

$$p_G \propto g^{\frac{1}{2}}\, T^{\frac{9}{4}}\,,$$

so daß (251.91) die Form annimmt:

$$T_1^{\frac{1}{4}}\, e^{-\psi/R T_1}/g_1^{\frac{1}{2}} = T_2^{\frac{1}{4}}\, e^{-\psi/R T_2}/g_2^{\frac{1}{2}} \tag{251.92}$$

oder genähert

$$\left(\frac{1}{2} + \frac{2\psi}{R\,T}\right) \delta\,(\log T) = \delta\,(\log g)\,. \tag{251.93}$$

Unter Benutzung der Werte von g für die Sonne und Capella ergibt dies $T_1/T_2 = 1{,}105$. Die effektiven Temperaturen stehen in demselben

[1] MILNE, E. A.: Monthly Notices Bd. 85, S. 782.

Verhältnisse zueinander wie die Temperaturen der umkehrenden Schichten, daher sind sie bzw. für die Sonne: 5740°, für Capella: 5200°.

Der beobachtete Unterschied in den Temperaturen beider Sterne hat nach einer verbreiteten Ansicht tatsächlich ungefähr den oben angegebenen Betrag. Ja die in diesem Buche durchweg benutzte Temperatur von 5200° für Capella stellte zur Zeit ihrer Wahl nur eine auf Grund der Beobachtungen vorgenommene Schätzung dar, da es damals noch keine brauchbare Theorie gab, die ihre Berechnung ermöglicht hätte.

Die Chromosphäre.

252. Wir haben oben gesehen, daß die Dicke der Sonnenphotosphäre auf etwa 15 km geschätzt werden kann; oberhalb dieser fällt die Dichte weiter rasch ab, doch gibt es keine bestimmte obere Grenze für ihre Verteilung. In diesem Gebiete sind die Bedingungen praktisch isotherm, so daß die Dichte mit der Höhe exponentiell abnimmt, nach dem wohlbekannten Gesetze für eine isotherme Atmosphäre. Innerhalb der 15 Kilometer der Photosphäre nimmt die Dichte auf ein Viertel ihres Anfangsbetrages ab und fällt weiter ungefähr mit derselben Geschwindigkeit, so daß sie etwa 150 km höher ganz unmerklich geworden sein müßte. Nun zeigt aber das bei vielen Sonnenfinsternissen beobachtete „Flashspektrum", daß auch noch weit oberhalb dieser Grenze eine genügende Menge von Material vorhanden ist, um helle Linien zu erzeugen. Nach EVERSHED erstrecken sich die Linien H und K des Kalziums bis in eine Höhe von 8000 km und MITCHELL hat sie sogar bis zu einer Höhe von 14000 km verfolgt. Auch einige Wasserstofflinien erstrecken sich bis zu einem Abstande von 8500 km vom Sonnenrande. Wodurch wird nun dieses Material getragen?

Das Bestehen von statischen elektrischen Feldern, außer den in § 191 beschriebenen sehr schwachen Feldern, welche das Wegdiffundieren der Elektronen von ihren Ionen verhindern, scheint gänzlich ausgeschlossen zu sein. Außerdem könnte ja ein elektrisches Feld auch gar nicht das Gewicht eines Materials kompensieren, welches notwendig aus beinahe gleichen Anzahlen von positiven und negativen Ladungen besteht. Als einzige mögliche Erklärung scheint nur die Annahme zu bleiben, daß das Material durch den Strahlungsdruck getragen wird. Es besteht aus Atomen, die einen ungewöhnlich hohen Druck seitens der Strahlung erfahren und durch diesen aus der Photosphäre hinausgetrieben und in höheren Niveaus schwebend erhalten werden. Die Theorie, welche wir hier wiedergeben wollen, rührt von E. A. MILNE[1] her.

Warum werden bestimmte Elemente und nicht andere zur Bildung dieser Chromosphäre ausgewählt? Um einen intensiven Strahlungsdruck zu erfahren, muß das Atom oder das Ion eine *Hauptlinie* in dem-

[1] Monthly Notices Bd. 84, S. 354; Bd. 85, S. 111.

jenigen Spektralgebiete besitzen, in dem die Strahlung des Sternes stark ist; denn dann kann es die Strahlung auch stark absorbieren. Eine Nebenlinie ist in dieser Beziehung nutzlos, weil in jedem gegebenen Zeitpunkte nur sehr wenige Atome in der Lage sind, sie zu absorbieren. Ferner muß die Hauptlinie in einem großen Abstande von der Grenze ihrer Serie liegen; d. h. die Sternstrahlung muß nur imstande sein, das Atom anzuregen, aber nicht zu ionisieren. Denn es würde bei den im betrachteten Gebiete herrschenden geringen Dichten für ein Atom, das sein Elektron einmal verloren hätte, nur sehr wenig Aussicht bestehen, ein neues Elektron einzufangen; und da das Atom in der Zwischenzeit keine Möglichkeit haben würde, Strahlung zu absorbieren, müßte es notwendig in die Photosphäre zurückfallen. Diese Bedingungen werden durch die H- und K-Linien des Ca_+ gut erfüllt, da diese Linien einer Anregung des losen Elektrons aus seiner normalen 4_1-Bahn in zwei 4_2-Bahnen (die sich nur schwach voneinander unterscheiden und hier nicht getrennt behandelt zu werden brauchen) entsprechen.

253. In den höchsten Gebieten der Chromosphäre sind nur die H- und K-Linien beobachtet worden, so daß wir eine gute Annäherung an die Wirklichkeit erhalten, wenn wir annehmen, daß das Material dort ganz aus Ca_+ mit dem notwendigen Zusatze von freien Elektronen besteht; ferner wollen wir auch voraussetzen, daß die einzigen stattfindenden Prozesse in den Übergängen von 4_1- zu 4_2-Bahnen und wieder zurück bestehen[1]. Es sei n_1 die zu jeder Zeit vorhandene Anzahl der im normalen Zustande befindlichen Atome und n_2 die Anzahl der im angeregten Zustande befindlichen; dann wird das Verhältnis n_1/n_2 durch die EINSTEINsche Gleichung (36.3) gegeben

$$a_{12}\, n_1\, I\,(\nu_{12}) = b_{21}\, n_2 + a_{21}\, n_2\, I\,(\nu_{12})\,. \qquad (253.1)$$

Es besteht kein thermodynamisches Gleichgewicht und die Gleichsetzung der Anzahlen der direkten und inversen Übergänge ist nur wegen der besonderen oben aufgestellten Postulate zulässig, die alle anderen Übergänge ausschließen. Nun stellt $I\,(\nu_{12})$ keineswegs die Intensität der schwarzen Strahlung bei der Temperatur T_e dar, denn letztere wird hier in zwei verschiedenen Weisen abgeändert. Betrachten wir der Einfachheit halber die Atome, die sich im allerobersten Teile der Chromosphäre befinden. Hier gibt es keine Strahlung in den Richtungen, welche der nach innen gekehrten Hemisphäre entsprechen, und die Intensität der Strahlung ist daher auf $\frac{1}{2}$ ihrer vollen Intensität reduziert. Da ferner ν_{12} innerhalb einer Absorptionslinie liegt, müssen wir die Strahlungsintensität noch mit dem Verhältnisse r der Intensität in der Linie zu der Intensität in den außerhalb dieser liegenden nächstbenach-

[1] In Wirklichkeit müssen notwendig auch noch gewisse andere Übergänge stattfinden. Die hierdurch notwendig gemachte Abänderung der Theorie ist von MILNE in Monthly Notices Bd. 86, S. 8 diskutiert worden.

barten Spektralgebieten multiplizieren. Der Wert von r wird durch photometrische Messungen der Intensitäten in den H- und K-Linien im beobachteten Spektrum bestimmt werden können. Die Gleichung lautet dementsprechend

$$a_{12} n_1 \tfrac{1}{2} r I(\nu_{12}, T_e) = b_{21} n_2 + a_{21} n_2 \tfrac{1}{2} r I(\nu_{12}, T_e). \qquad (253.2)$$

Indem wir von den in (38.25) und (38.4) gefundenen Werten der atomaren Konstanten Gebrauch machen, erhalten wir

$$\frac{n_1}{n_2} = \frac{q_1}{q_2}\left(1 + \frac{C \nu_{12}^3}{\frac{1}{2} r I(\nu_{12}, T_e)}\right)$$
$$= \frac{q_1}{q_2}\left(1 + \frac{e^{h\nu_{12}/RT_e} - 1}{\frac{1}{2} r}\right). \qquad (253.3)$$

Wir setzen $q_1/q_2 = q$. Es gibt zwei 4_1-Bahnen und sechs 4_2-Bahnen (von denen vier der K-Linie und zwei der H-Linie entsprechen); daher ist $q = 3$.

Es erweist sich, daß $e^{h\nu_{12}/RT_e}$ groß ist, so daß wir mit genügender Annäherung schreiben können

$$n_2/n_1 = \tfrac{1}{2} q r e^{-h\nu_{12}/RT_e}.$$

In dieser Form haben wir, wie leicht einzusehen, die geeignete Abänderung der BOLTZMANNschen Formel für den betrachteten Fall. Wenn die n_2 Atome durch die volle Strahlung bei der Temperatur T_e angeregt würden, müßte $n_2/n_1 = q e^{-h\nu_{12}/RT_e}$ sein; n_2 wird aber einfach proportional zu der geschwächten Strahlungsintensität verkleinert, so lange n_2 klein im Vergleiche zu n_1 bleibt.

Es sei t_1 die mittlere Verweilszeit in einem normalen Zustande, t_2 — in einem angeregten Zustande. Dann ist

$$t_2/t_1 = n_2/n_1 = \tfrac{1}{2} q r e^{-h\nu_{12}/RT_e}. \qquad (253.4)$$

Das Atom wird $(t_1 + t_2)^{-1}$ mal pro Sekunde angeregt werden und $h\nu_{12}(t_1 + t_2)^{-1}$ erg pro sec absorbieren. Für jedes absorbierte Erg werden $1/c$ Impulseinheiten absorbiert; der Impuls ist auf alle Richtungen der nach außen gekehrten Hemisphäre verteilt und die durchschnittliche Komponente in radialer Richtung wird gleich $1/2c$ sein. (Unter Berücksichtigung des Verdunkelungsgesetzes würde das genauere Resultat $4/7c$ lauten.) Damit Gleichgewicht bestehen kann, muß dieser Impuls dem durch die Gravitationskraft mitgeteilten Impulse $A_H g$ das Gleichgewicht halten, wobei A das Atomgewicht des Kalziums bezeichnet.

Es muß daher die Gleichung bestehen

$$A_H g = \frac{h \nu_{12}}{2c(t_1 + t_2)}$$

oder

$$t_1 + t_2 = \frac{h \nu_{12}}{2c A_H g}. \qquad (253,5)$$

Aus (253.4) und (253.5) ergibt sich mit der Genauigkeit unserer Näherung

$$t_2 = \frac{q\, r\, h\, \nu_{12}}{4c\, A H\, g}\, e^{-h\nu_{12}/R\, T_e}\,. \qquad (253.6)$$

Indem wir die numerischen Werte für die Sonne in diese Ausdrücke einsetzen, erhalten wir die Resultate

$$t_2/t_1 = r\cdot 3{,}54\cdot 10^{-3}\,,$$

$$t_1 + t_2 = 4{,}6\cdot 10^{-5}$$

und somit

$$t_2 = r\cdot 16{,}2\cdot 10^{-8}\,.$$

Da r notwendig kleiner als 1 sein muß, stellt der Wert $16{,}2\cdot 10^{-8}$ Sekunden eine obere Grenze für die Verweilszeit im angeregten Zustande dar, der die Emission der H- und K-Linien ergibt. (Wenn diese Grenze überschritten würde, könnte es keine Kalziumchromosphäre auf der Sonne geben.) Durch genaue Ausmessung der in der Mitte der H- und K-Linien noch vorhandenen Intensitäten könnten wir diese physikalische Konstante des Kalziumatoms genau bestimmen. Provisorisch kann r etwa gleich 0,1 angenommen werden, so daß

$$t_2 = 1{,}6\cdot 10^{-8}\,\text{sec}\,.$$

Werte von t_2 sind auch in Laboratorien aus Experimenten mit Kanalstrahlen für einige Elemente (jedoch nicht für Ca_+) bestimmt worden und ergaben Resultate von der Größenordnung von 10^{-8} sec, so daß die astronomische Bestimmung vermutlich der Wahrheit schon sehr nahe kommt.

254. Wir wollen nun zusehen, was geschehen wird, wenn wir in der Chromosphäre allmählich herabsteigen, und zwar immer noch unter der Annahme, daß sie ausschließlich aus Ca_+ besteht. Die Untersuchung des § 226 ist unmittelbar anwendbar, und wir haben daher

$$\left.\begin{aligned} H' &= \text{const} \\ J' &= 2H'\,(1 + \tfrac{3}{2}\tau') \end{aligned}\right\}, \qquad (254.0)$$

wo sich H', J', τ' auf monochromatische Strahlung der Frequenz ν_{12} beziehen. Das Verdunkelungsgesetz gegen den Scheibenrand (für die Restintensität in der Mitte der Absorptionslinie) kann in derselben Weise wie früher abgeleitet werden und das Resultat ist dasselbe, (227.2), wie für die photosphärische Strahlung als Ganzes[1]. Man glaubt, daß dieses Gesetz durch die Beobachtung bestätigt wird.

Die nach außen gerichtete resultierende Kraft des Strahlungsdruckes ist proportional zu $H' n_1$ und das zu tragende Gewicht ist proportional

[1] Dies bezieht sich aber nicht auf das Verdunkelungsgesetz für die angrenzenden Teile des kontinuierlichen Spektrums, für die noch andere Erwägungen gelten (§ 229). Der Kontrast oder die „Schwärzung" der Absorptionslinie ist daher über die ganze Scheibe nicht streng konstant.

zu $n_1 + n_2$. Da H' konstant bleibt, ändert sich das Verhältnis der Strahlungskraft zur Schwerkraft mit der Tiefe proportional zu $n_1/(n_1+n_2)$. Es ist jedoch noch eine Korrektion wegen des Impulses der „angeregten Emission" erforderlich. Während nämlich die spontane Emission in allen Richtungen symmetrisch verteilt ist, erfolgt die angeregte Emission in der Richtung der anregenden Strahlung, und der Strahlungsdruck wird daher in dem entsprechenden Verhältnisse geschwächt. Aus (253.2) und (253.3) ist zu ersehen, daß sich die angeregte Emission zu der spontanen Emission wie $(e^{h\nu_{12}/RT_e} - 1)/\frac{1}{2}r : 1$ verhält oder genähert wie $n_2/q n_1$. Der Strahlungsdruck wird also genähert im Verhältnisse $n_1 - n_2/q : n_1$ verkleinert. Wir können daher schreiben

$$\frac{\text{Strahlungskraft}}{\text{Schwerkraft}} = (1+\sigma)\frac{n_1 - n_2/q}{n_1 + n_1} = (1+\sigma)\left(1 + \frac{q+1}{q}\frac{n_2}{n_1}\right) \text{(genähert)}, \qquad (254.1)$$

wo die Konstante σ durch die Bedingung bestimmt ist, daß dieses Verhältnis im obersten Teile der Chromosphäre, wo der Gasdruck verschwindet, gleich 1 werden muß. Da $q = 3$ ist und n_2/n_1 im obersten Teile der Chromosphäre den Wert $3{,}54 \cdot 10^{-3} r$ hat, ergibt sich

$$\sigma = 4{,}72 \cdot 10^{-3}\, r\,.$$

Nun ist n_2/n_1, so lange es klein bleibt, nicht zu H', sondern zu J' proportional und daher auch zu $1 + \frac{3}{2}\tau'$. Wir haben also

$$(q+1)\, n_2/q n_1 = \sigma\left(1 + \tfrac{3}{2}\tau'\right). \qquad (254.2)$$

Aus (254.1) und (254.2) folgt

$$\frac{\text{Strahlungskraft}}{\text{Schwerkraft}} = \frac{1+\sigma}{1+\sigma+\frac{3}{2}\tau'\sigma} = 1 - \frac{3}{2}\tau'\sigma \text{ (genähert)}.$$

Das Defizit $\frac{3}{2}\tau'\sigma$ muß durch den Gasdruck ergänzt werden; daher ist

$$-\frac{dp_G}{dx} = \frac{3}{2}\tau'\sigma g \varrho \qquad (254.3)$$

oder

$$\frac{dp_G}{d\tau'} = \frac{3}{2}\tau'\sigma g/k',$$

wo k' den monochromatischen Absorptionskoeffizienten bedeutet.

Bei der Integration dieser Gleichung können wir die geringe Änderung von k' wegen der Anwesenheit von trägen Ionen vernachlässigen und haben somit

$$p_G = \tfrac{3}{4}\sigma g \tau'^2/k',$$

$$\varrho = \frac{3\mu\sigma g \tau'^2}{4\Re k' T}, \qquad (254{,}4)$$

daher

$$d\tau' = -k'\varrho\, dx = -\frac{3\mu\sigma g\tau'^2}{4\Re T}\, dx.$$

Da T praktisch konstant ist[1], erhalten wir hieraus durch Integration

$$\tau' = \frac{4\,\mathfrak{R}\,T}{3\,\mu\,\sigma\,g\,(x+x_0)}, \qquad (254.51)$$

wo x_0 eine Integrationskonstante ist. Daher nach (254.4)

$$\varrho = \frac{4\,\mathfrak{R}\,T}{3\,\mu\,k'\,\sigma\,g\,(x+x_0)^2}. \qquad (254.52)$$

Der Wert von x_0 kann genähert bestimmt werden. Nach (226.2) ist

$$\tfrac{1}{2}(J_1'-J_2') = 2H', \quad \tfrac{1}{2}(J_1'+J_2') = J' = 2H'(1+\tfrac{3}{2}\tau'),$$

so daß

$$J_1' = 4H'(1+\tfrac{3}{4}\tau'). \qquad (254.61)$$

Für die an die H- und K-Linien angrenzende Strahlung ist die Absorption in der Chromosphäre verschwindend klein, so daß wir für sie den Grenzwert benutzen können, nämlich

$$J_1 = 4H. \qquad (254.62)$$

Nach der Definition von r ist $H' = rH$; daher wird J_1' gleich dem Werte von J_1 sein in einer Tiefe τ_0', welche durch

$$r(1+\tfrac{3}{4}\tau_0') = 1$$

gegeben wird oder für

$$\tau_0' = \tfrac{4}{3}(1-r)/r. \qquad (254.63)$$

Offenbar kann die Chromosphäre in keinem Falle eine größere Tiefe haben als diese, denn die in den Absorptionslinien ausströmende Strahlung kann nicht eine größere Intensität besitzen als das umgebende Spektrum. Daher muß τ_0' eine obere Grenze für die optische Dicke der Chromosphäre darstellen. Natürlich stellt diese Theorie bis zu einem gewissen Grade eine Extrapolation dar, weil in den tieferen Schichten der Chromosphäre außer Ca_+ noch andere Ionen vorhanden sein werden und die von uns vorausgesetzten einfachen Bedingungen ihre Gültigkeit verlieren. Wenn wir aber trotzdem τ_0' als den Wert betrachten, der dem Boden der Chromosphäre entspricht, und das x von diesem aus rechnen, dann haben wir nach (254.51) und (254.63)

$$x_0 = \frac{\mathfrak{R}\,T\,r}{\mu\,\sigma\,g\,(1-r)}. \qquad (254.7)$$

[1] Wenn der einzige Energieaustausch zwischen Molekulargeschwindigkeiten und Strahlung auf dem Wege der Streuung durch freie Elektronen erfolgt, ist die gesamte Strahlung der Sonne in gleichem Maße wirksam und die Atmosphäre nimmt die gleichmäßige Temperatur T_0 an. Es kann aber auch eine Verwandlung einer gewissen Menge der Strahlung ν_{12} in Molekulargeschwindigkeiten stattfinden; in diesem Falle werden die Geschwindigkeiten, der Intensität von ν_{12} entsprechend, nach unten zunehmen und die Chromosphäre wird in ihren unteren Teilen etwas heißer sein.

Indem wir hierin $\sigma/r = 0{,}00472$, $\mu = 20$, $1 - r = 0{,}9$, $T = 5740^0/1{,}23$, $g = 2{,}74 \cdot 10^4$ einsetzen, finden wir

$$x_0 = 1650\,\mathrm{km}\,.$$

Alle bei dieser Berechnung benutzten Konstanten sind sehr gut bestimmt und die einzige Unsicherheit bezieht sich wie oben erwähnt, nur auf die Bedingungen an der Stelle, wo die Chromosphäre in die Photosphäre übergeht. Nach (254.52) ist

$$\varrho \propto (x + x_0)^{-2}\,,$$

so daß die Dichte in einer Höhe von 8200 Kilometern $\frac{1}{36}$ der Dichte an der Base der Chromosphäre beträgt. Die Dichte der *emittierenden Atome* ($\varrho n_2/n_1$) ist proportional zu $\varrho\,(1 + \frac{3}{2}\tau')$, was bis zu 8000 km beinahe proportional zu $(x + x_0)^{-3}$ ist. Die Emission pro Volumeneinheit sinkt also in der Chromosphäre in demselben Intervalle auf $\frac{1}{150}$ ihres Anfangsbetrages herab. Die Frage, wie sich die scheinbare Helligkeit der Chromosphäre am Sonnenrande mit der Dichte ändert, stellt ein ziemlich verwickeltes Problem dar; es ist daher zur Zeit unmöglich, sich darüber ein Urteil zu bilden, wie genau die abgeleitete Dichteabnahme der beobachteten Helligkeitsabnahme entspricht[1].

Wie MILNE hervorgehoben hat, kann die verhältnismäßig langsame Dichteabnahme in der Chromosphäre als ein Beweis dafür betrachtet werden, daß beinahe die ganze Masse vom Strahlungsdrucke getragen wird. Wenn der Gasdruck eine größere Rolle spielte, als die sehr bescheidene, welche ihm in der vorhergehenden Diskussion zugeschrieben worden ist, würde das Gesetz des Dichteabfalles ein exponentielles sein, und ϱ würde schon in einer kleinen Höhe über der Photosphäre verschwindend klein werden. Es ist nicht schwer einzusehen, wie die Annäherung an den Gleichgewichtszustand vor sich geht. Im endgültigen Zustande der Chromosphäre können oben keine weiteren Atome ge-

[1] Dieses Problem, dessen Lösung eine Integration durch die Materie der Chromosphäre in Richtung des Visionsradius, unter Berücksichtigung der in ihrem Inneren stattfindenden Absorption verlangt, ist nunmehr von P. A. TAYLOR (Monthly Notices, Bd. 87, S. 605, 1927) erschöpfend behandelt worden. Bei der Finsternis von 1926 sind auch bereits photometrische Messungen des Chromosphärenlichtes ausgeführt worden, doch beziehen sich letztere zum größten Teile auf viel höherliegende Niveaus, als diejenigen, welche wir in unserer Diskussion betrachtet haben. TAYLOR zeigt, daß der beobachtete Helligkeitsabfall in großen Höhen beträchtlich schneller erfolgt, als nach der einfachen Theorie einer ausschließlich durch den Strahlungsdruck getragenen Chromosphäre zu erwarten wäre. Es erweist sich, daß ein „Koeffizient des partiellen Tragens" vom Betrage 10^{-4} die Beobachtungen am besten darstellt; dies bedeutet, daß in den oberen Schichten der Chromosphäre noch der 10. bis 4. Teil des Gewichtes vom Gasdrucke getragen wird. MILNE hatte bereits einen kleinen Koeffizienten dieser Art in Betracht gezogen (der in den tieferen Niveaus wenig Einfluß hat); wir besitzen aber gegenwärtig noch kein theoretisches Mittel, um seinen Wert zwecks Vergleiches mit dem beobachteten Werte, zu bestimmen.

tragen werden, weil der unterhalb befindliche Schirm von Kalziumatomen die H- und K-Strahlung auf eine Intensität herabgedrückt hat, die zum Tragen weiterer Atome nicht mehr ausreicht; es können aber auch keine Atome mehr am Boden der Chromosphäre hinzugefügt werden, da sie durch den Druck der von der Chromosphäre nach dem Inneren des Sternes gesandten Strahlung in diesen hineingedrückt werden. Solange aber dieser nach unten gerichtete Druck den Gleichgewichtswert noch nicht erreicht hat, werden durch den nach oben gerichteten Druck der photosphärischen Strahlung der Frequenzen H und K immer neue Atome aus der Photosphäre in die Chromosphäre hinausgetrieben.

Der monochromatische Absorptionskoeffizient für Ca_+ kann aus dem in (253.6) bestimmten Werte von t_2 (der Lebensdauer eines angeregten Ions) berechnet werden, jedoch ist hierzu eine Annahme über die Breite der Linien H und K erforderlich. Wir machen den rohen Ansatz, daß ihre kombinierte Breite $\Delta\lambda = 1$ Å ist. Es ist bemerkenswert, daß alle vorhergehenden Resultate von $\Delta\lambda$ unabhängig waren. Es seien n_1 und n_2 die Anzahlen der in den beiden Zuständen befindlichen Atome in einem Kubikzentimeter bei einer *niedrigen* Temperatur T[1]. Durch die Annahme einer niedrigen Temperatur erhalten wir die Möglichkeit $(e^{h\nu/RT} - 1)$ gleich $e^{h\nu/RT}$ zu setzen und die angeregte Emission zu vernachlässigen. Dann ist die Emission pro cm^3 pro sec gleich

$$\frac{n_2}{t_2} h\nu = \frac{q\, n_1 h\nu\, e^{-h\nu/RT}}{t_2} \tag{254.81}$$

und diese wird auch gleich der Absorption sein. Die Strahlung der Frequenzen H und K, die in einer Sekunde durch das Kubikzentimeter hindurchgeht, beträgt:

$$c\, I(\nu, T)\, \Delta\nu = 8\pi h \nu^3 \Delta\nu\, e^{-h\nu/RT}/c^2.$$

Durch Division ergibt sich daher für den Absorptionskoeffizienten pro cm^3

$$\frac{q\, n_1 c^2}{8\pi t_2 \nu^2 \Delta\nu} \tag{254.82}$$

und der Koeffizient pro Gramm ist

$$k' = \frac{q\lambda^2}{8\pi A H t_2 \Delta\nu}. \tag{254,83}$$

Für $\lambda = 3950$ Å, $\Delta\lambda = 1$ Å ist $\Delta\nu = 1.92 \cdot 10^{11}$ und daher

$$k' = 9{,}0 \cdot 10^8.$$

[1] Da k' und t_2 atomare Konstanten sind, finden wir die zwischen ihnen bestehende Beziehung (254.83) durch eine rein thermodynamische Überlegung, ohne jede Bezugnahme auf die chromosphärischen Bedingungen.

Die Masse einer Säule von 1 cm² Querschnitte, die sich vom Boden bis zu der obersten Grenze der Chromosphäre erstreckt, ist gleich

$$M = \int \varrho \, d x = \tau'/k'. \tag{254.9}$$

Nehmen wir an, daß der Boden der Chromosphäre durch (254.63) gegeben wird, dann haben wir

$$\tau_0' = 4\,(1 - r)/3\,r = 12$$

und daher

$$M = 1{,}33 \cdot 10^{-8}\,\mathrm{gr} \cdot \mathrm{cm}^{-2}.$$

Dasselbe Resultat kann auch (ohne vorherige Berechnung von k') in der Weise gefunden werden, daß man das Gewicht der Säule gleich der Differenz der Strahlungsdrucke an ihren beiden Enden setzt, die von der Strahlung im Intervalle $\Delta\lambda$ herrühren. Die Dichte ist von der Ordnung von 10^{-17} gr pro cm³ und die freie Weglänge muß daher sehr groß sein. MILNE findet für sie, indem er die Teilchen als elektrisch neutral behandelt, eine Länge von 6000 km; in diesem Falle kann kaum noch von einem „Tragen" der Materie der Chromosphäre durch den Gasdruck gesprochen werden; er ersetzt nur die herabfallenden Teilchen durch andere, die er in das chromosphärische Gebiet hineinschleudert. Es ist aber wahrscheinlich, daß, wenn die Ladungen der Teilchen berücksichtigt werden, die freie Weglänge nicht mehr so ungeheuer groß herauskommen wird.

Das Gleichgewicht eines Kalziumatoms im obersten Teile der Chromosphäre ist ein instabiles. Trotzdem sowohl g als auch die Intensität der Strahlung mit wachsender Entfernung nach dem invers quadratischen Gesetze abnehmen, fällt der Strahlungsdruck nicht so schnell ab wie die Schwerkraft. Dies hängt von dem Umstande ab, daß die Richtungen des Strahlungsflusses immer enger mit der äußeren Normalen zusammenfallen, wenn der von der Sonnenscheibe eingenommene räumliche Winkel von einer Halbkugel auf Null abnimmt; dabei wächst der radiale Impuls eines ergs von Strahlung von $1/2c$ auf $1/c$, so daß das Verhältnis des Strahlungsdruckes zur Schwerkraft schließlich verdoppelt wird. Wahrscheinlich entweicht eine gewisse Anzahl von Atomen aus den oberen Schichten der Chromosphäre in den Raum, doch erscheint es sehr fraglich, ob diese Atome sehr weit fortwandern können. Schließlich wird das Kalziumatom (wenn nicht durch das Sonnenlicht, so durch das Sternlicht) zweifach ionisiert und muß dann zurückfallen, da es außerhalb der Chromosphäre nur geringe Aussicht hat, ein neues Elektron aufzunehmen. MILNE hat darauf hingewiesen, daß ein Kalziumatom, welches sich unter dem Einflusse des Strahlungsdruckes von der Sonne entfernt, eine schnell zunehmende Beschleunigung erfährt. Wegen des Dopplereffektes seiner wachsenden Geschwindigkeit verschiebt sich nämlich seine individuelle Absorption immer weiter weg von der Mitte der Sonnenlinien *H* und *K*. Anfangs erscheint es sozusagen auf der Spitze der dunklen Linien ausbalanciert; doch bald rutscht es in ein durchsichtiges Gebiet hinüber und erfährt dann die volle Kraft der ungetrübten Sonnenstrahlung.

S. B. PIKE hat auf den Effekt hingewiesen, den die schwächere Ausstrahlung der Sonnenflecke auf das Gleichgewicht der über ihnen befindlichen Teile der Chromosphäre haben muß. Die effektive Temperatur der Umbra eines Sonnenflecks übersteigt wohl kaum 4500^0, so daß eine verhältnismäßig dünne Schicht von Kalzium ihre Ausstrahlung in den Wellenlängen *H* und *K* auf einen Wert reduzieren wird, bei dem sie keine weiteren Kalziumatome mehr tragen kann. Die dichtere Chromosphäre der Umgebung wird daher nach Innen strömen, um das verhältnismäßig leere Gebiet über dem Sonnenflecke auszufüllen, und der Fleck wirkt somit als Senke, welche die Atome aus den höheren Niveaus aufsaugt. Diese Betrachtungen führen zu einer Theorie der Bewegungen des chromosphärischen Materials in der Nähe von Sonnenflecken, die sich im allgemeinen mit den Beobachtungen in Übereinstimmung befindet.

Häufigkeit des Vorkommens der Elemente.

255. In den ersten Untersuchungen von SAHA erschienen die Spektraltypen, bei denen eine bestimmte Linie zuerst auftritt und endgültig verschwindet, mit den physikalischen Bedingungen verknüpft, unter denen der Prozentsatz der im geeigneten Ionisationszustande befindlichen Atome gerade merklich ist. Wegen der Schwierigkeit, die in der Zuweisung einer numerischen Bedeutung dem Worte „merklich" enthalten war, zogen es FOWLER und MILNE vor, mit maximalen Intensitäten anstatt mit Grenzintensitäten zu arbeiten. Doch gerade der Umstand, daß die Grenzerscheinungen die Berücksichtigung gewisser äußerer Faktoren verlangen, wodurch sie für das Hauptziel ungeeignet werden, gibt uns die Möglichkeit, aus ihnen über diese Faktoren interessante Aufschlüsse zu erhalten. Insbesondere stellt die Konzentration des betrachteten Elementes einen solchen äußeren Faktor dar, denn der erforderliche Prozentsatz der im geeigneten Zustande befindlichen Atome wird unter sonst gleichen Umständen bei einer zehnmal stärkeren Konzentration natürlich ein zehnmal kleinerer sein.

Trotzdem die Einschränkung „unter sonst gleichen Umständen" eine Fülle individueller Eigentümlichkeiten der einzelnen Elemente und ihrer Spektren umfaßt, kann eine erste Übersicht über die relative Häufigkeit der Elemente schon auf Grund der einfachen Annahme gewonnen werden, daß die Anzahl der zur Erzeugung eines an der Grenze des Sichtbaren liegenden Spektrums notwendigen Atome für alle Atomarten dieselbe ist.

Diese Annahme stellt keine so wilde Hypothese dar, wie es auf den ersten Blick erscheinen könnte. Unsere Beobachtungen sind auf ein verhältnismäßig enges Spektralgebiet beschränkt, so daß die Energiekonstanten für alle untersuchten Linien genähert denselben Wert haben. Der Absorptionskoeffizient wird im wesentlichen durch die für einen Rückfall aus einem angeregten Zustande erforderliche Zeit bestimmt; von dieser wird aber allgemein angenommen, daß sie mit der klassischen Strahlung in der angeregten Bahn in Verbindung steht und letztere kann für die verschiedenen Bahnen, welche die optischen Spektren erzeugen, nicht sehr verschieden sein. Die verschiedenen Linienserien in den Spektren eines und desselben Elementes haben sehr ungleiche Intensitäten, und es ist daher notwendig, bei der Bestimmung der relativen Häufigkeiten der Elemente nach dieser Methode, stets darauf zu achten, daß nur vergleichbare Linien von vergleichbarer Bedeutung als charakteristisch für die Spektren gewählt werden; wir könnten sonst, wenn z. B. ein Element im sichtbaren Gebiete nur durch schwache Linien vertreten ist, zu ganz verkehrten Schlüssen gelangen. Diese Methode der Berechnung der Konzentration der Elemente ist von C. H. PAYNE vorgeschlagen worden, und die in Tabelle 47 zusammengestellten Resultate sind aus ihrem Buche entnommen[1]. Sie entsprechen der einfachen theoretischen Vorstellung, daß, wenn $1/n$ den Bruchteil der Atome eines Elementes bedeutet, die sich in dem geeigneten Zustande befinden, wenn die Linie gerade sichtbar wird, die Konzentration des betreffenden Elementes proportional zu n ist.

Tabelle 47. Häufigkeit der Elemente in den Sternen.

Z	Element	Häufigkeit	Z	Element	Häufigkeit
14	Si	5,7	22	Ti	0,43
11	Na	5,7	25	Mn	0,36
12	Mg	4,2	24	Cr	0,29
13	Al	3,6	19	K	0,11
6	C	3,6	23	V	0,05
20	Ca	2,9	38	Sr	0,002
26	Fe	2,5	54	Ba	0,005
30	Zn	0,57	3	Li	0,0000

Andere wahrscheinlich in beträchtlichen Mengen vorkommende Elemente sind O, S, N, Ni, doch sind für sie quantitative Bestimmungen zur Zeit noch nicht möglich. Bezüglich P, Cl, F, Zr, die auf der Erde sehr verbreitet sind, verfügen wir noch über keine Beobachtungsdaten. Miss PAYNE ist der Ansicht, daß zwischen der Verbreitung der Elemente in den Sternen und auf der Erde ein ziemlich genauer Parallelismus besteht.

Die Betrachtung dieser Tabelle zeigt uns, daß wir keinen Grund haben, unsere in § 173 ausgesprochene Ansicht zu ändern, daß das

[1] Stellar Atmospheres. S. 187.

Molekulargewicht unter der Annahme eines Überwiegens von Elementen in der Umgebung des Fe mit einer gewissen Beimischung von leichteren Elementen zu berechnen ist. Die Aussage dieser Tabelle darf aber auch nicht überschätzt werden. Die hier bestimmte Konzentration hängt von der Fähigkeit des Elementes ab, bis zu dem oberen Teil der Photosphäre hinaufzusteigen und braucht nicht einmal für die Photosphäre selbst typisch zu sein. Die schweren Elemente sind wahrscheinlich in bezug auf die Möglichkeit ihre Anwesenheit bekannt zu machen stark benachteiligt.

Dreizehntes Kapitel.

Diffuse Materie im Raume.

256. Ganz abgesehen von allen hierauf bezüglichen astronomischen Beobachtungsergebnissen, erscheint es aus allgemeinen Erwägungen sehr unwahrscheinlich, daß der interstellare Raum ein absolutes Vakuum darstellen kann. Die Materie kann aus den Sternen durch radioaktive Emission, durch Strahlungsdruck und durch den gewöhnlichen Verlust von schnellbewegten Teilchen in den Raum entweichen. Die auf der Erde beobachteten magnetischen Stürme werden ja auch bekanntlich irgendeiner Art von korpuskularer Emission der Sonne zugeschrieben. Gleichzeitig wird aber der Raum von den durch ihn wandernden Sternen ständig aufgefegt, da diese die auf ihrer Bahn oder in deren Nähe liegenden Teilchen aufsammeln; dieses große Frühlingsreinemachen des Raumes würde jedoch vermutlich mindestens 10^{16} Jahre in Anspruch nehmen, so daß es nicht wahrscheinlich erscheint, daß schon jetzt ein statischer Ausgleich von Gewinnen und Verlusten erreicht sein könnte.

Unsere erste Aufgabe besteht in der Abschätzung der Dichte, der Temperatur und des Ionisationszustandes dieser interstellaren Materie. Da die hier mitzuteilendcn Ergebnisse durch eine Art sukzessiver Approximation erreicht worden sind, bei der die endgültigen Resultate auf gewissen Gebieten eine Bezugnahme auf die auf anderen Gebieten erreichten Resultate notwendig machen, wollen wir zunächst die Schlußergebnisse zusammenstellen.

1. Die Dichte in einem Punkte des interstellaren Raumes beträgt durchschnittlich etwa 10^{-24} gr/cm^3.

2. Die Temperatur (definiert durch die mittlere Molekulargeschwindigkeit) ist von der Größenordnung von 15000^0.

3. Die Atome sind bis zu einem Potentiale von 15—20 Volt herunter ionisiert, so daß die meisten Valenzelektronen fehlen, die inneren Gruppen aber unversehrt bleiben.

Wir werden weiter unten sehen, daß wir bereits über gewisse spektroskopische Belege für die Existenz von interstellarer Materie verfügen, nämlich die „ruhenden Linien" in den Spektren einiger Sterne. Unserer Diskussion kommt aber auf jeden Fall eine *negative* Bedeutung zu. Wir machen nämlich bei zahlreichen astronomischen Untersuchungen die Voraussetzung, daß keine merkliche Absorption oder Streuung des Sternlichts durch interstellare Wolken stattfindet, daß die Massen der Sterne durch Auffegen von Materie nicht merklich vergrößert werden, daß die Sterne bei ihrer Bewegung durch den Raum keinen merklichen Widerstand erfahren usw. Im Hinblicke auf diese Probleme stellt die Untersuchung der möglichen Äußerungsformen der interstellaren Materie durchaus keine nutzlose Spekulation dar, sondern eine notwendige Vorsichtsmaßnahme.

Dichte der interstellaren Materie.

257. Um die Gedanken zu fixieren, betrachten wir eine Dichte, welche etwa 10 Wasserstoffatomen pro cm^3 oder $1{,}6 \cdot 10^{-23}$ gr cm^{-3} äquivalent ist. Dann ist die in einer Kugel von 5 parsec Radius enthaltene Masse gleich $128 \times \odot$. Ein solches Volumen würde für gewöhnlich 30—40 leuchtende Sterne (die Doppelsterne als einfache Sterne gerechnet) enthalten, deren mittlere Masse gleich $\frac{1}{2}$ bis $1 \times \odot$ angenommen werden kann. Unter dieser Annahme würde also die Masse der im Weltraume zerstreuten Materie etwa das Vierfache der in den Sternen zusammengeballten Masse betragen.

Dies stellt vermutlich die maximale Dichte dar, die mit unseren Kenntnissen über die Geschwindigkeiten der Sterne noch vereinbar erscheint. Zwischen der mittleren Geschwindigkeit der Sterne und dem Gravitationspotentiale im System muß augenscheinlich irgendeine Beziehung bestehen. KAPTEYN[1] fand z. B. eine mittlere gravitierende Masse von $1{,}6 \times \odot$ pro leuchtenden Stern. Aus einer anderen Theorie der Verteilung der Sternbewegungen hat Verfasser[2] den Schluß gezogen, daß die Gesamtdichte in der Nähe der Sonne „nicht viel größer als" $10 \times \odot$ in einer Kugel von 5 parsec Radius sein kann. Zur Begründung dieser Schlüsse mag folgende rohe Betrachtung dienen. In jeder homogenen Kugel der Dichte $1{,}6 \cdot 10^{-23}$ ist die Periode der Bahnbewegung gleich 93 Millionen Jahre (isochron für alle Bahnen); ein Stern, der den verhältnismäßig kleinen Abstand von 500 parsec vom Mittelpunkte erreicht, müßte während dieser Periode mindestens 2000 parsec zurücklegen, was eine mittlere Geschwindigkeit von mindestens 21 km pro sec verlangen würde, die nur unbeträchtlich kleiner ist als die beobachtete mittlere Geschwindigkeit. Eine Dichte von 10^{-22} würde

[1] Astrophys. Journ. Bd. 55, S. 314.
[2] Monthly Notices Bd. 75, S. 375.

die erforderliche Geschwindigkeit entschieden zu groß machen, während eine Dichte von 10^{-21} schon zu Sterngeschwindigkeiten von der Größenordnung von einigen hunderten Kilometern pro Sekunde führen würde. Es würde wenig Zweck haben, diese Berechnung zu verfeinern, weil sie notwendig nur eine rohe Abschätzung der Größenordnung bleiben muß, doch verdient hier noch ein weiterer Punkt hervorgehoben zu werden. Die Sterne hoher Geschwindigkeit scheinen von den Sternen gewöhnlicher Geschwindigkeiten scharf differentiiert zu sein, da sich erstere beinahe ausnahmslos nach einer Hemisphäre des Himmels bewegen[1]. Offenbar kann es bei den Bewegungen der Sterne, welche unserem lokalen Sternhaufen dauernd angehören und in diesem geschlossene Bahnen mit der verhältnismäßig kurzen Periode von etwa 93 Millionen Jahren beschreiben, keine derartige Asymmetrie geben. Diese legt vielmehr den Gedanken nahe, daß die schnellbewegten Sterne Eindringlinge sind, die aus anderen Sternhaufen, welche ja alle auf einer Seite des Himmels liegen, in unser System hineingefallen sind. Der Trennungsstrich liegt nach Oort etwa bei 70 km pro sec, und dieser Wert müßte demnach der Grenzgeschwindigkeit für das Entweichen entsprechen. Wenn wir unsere Sternwolke als eine Kugel vom Radius 1000 parsec betrachten, ist bei einer Dichte von $1{,}6 \cdot 10^{-23}$ die Austrittsgeschwindigkeit gleich 115 km pro sec. Diese dynamische Methode der Berechnung der Dichte liefert allerdings nur eine obere Grenze. Wir können nicht mit Bestimmtheit behaupten, daß die Masse der leuchtenden Sterne nicht ausreicht, um das erforderliche Gravitationspotential zu erzeugen. Auch müßte zu dieser Masse noch ein unbekannter Betrag wegen der Massen der dunklen Sterne und der sichtbaren Nebel hinzuaddiert werden. In gewissen Beziehungen ist es besser, einen Fehler im Sinne einer Überschätzung der Dichte zu begehen, und wir betrachten aus diesem Grunde hier eine Normaldichte von 10 Wasserstoffatomen pro cm^3. Um uns einen Begriff von der Natur dieses Gases zu bilden, wollen wir zuerst die freie Weglänge in ihm berechnen.

Für ein mittleres Atomgewicht 20 und einen Atomradius von 10^{-8} cm ist die freie Weglänge gleich $1{,}1 \cdot 10^{10}$ km — also etwa gleich dem Durchmesser der Neptunbahn. Wenn wir die Temperatur auf 10000^0 schätzen, ist die atomare Geschwindigkeit gleich $3{,}2\ \mathrm{km} \cdot \mathrm{sec}^{-1}$ und die Zeit des Durchlaufens des freien Weges 110 Jahre.

In Wirklichkeit wird aber das Material ionisiert sein und die elektrischen Kräfte werden die freie Weglänge verkürzen. Wir werden die typischen Bedingungen wahrscheinlich am besten treffen, wenn wir die Atome (vom Gewichte 20) als zweifach ionisiert annehmen, so daß ein freies Elektron auf ein cm^3 kommt. Wir nehmen ferner an, daß ein Zusammenstoß einer Ablenkung von 90^0 entspricht. Die Resultate sind dann:

[1] Oort, T. H.: Bull. Astr. Inst. Netherlands Nr. 23.

Freier Weg für Ionen: Länge 10^8 km. Dauer 1 Jahr,

Freier Weg für Elektronen: Länge $5{,}2 \cdot 10^8$ km. Dauer 10 Tage.

Ein Ion trifft ein Elektron, das es ablenkt, etwa einmal in 5 Tagen, wird aber selbst nicht merklich abgelenkt, außer wenn es mit einem anderen Ion zusammentrifft.

Die Zusammenstöße sind häufig genug, um dem Medium die Eigenschaften eines echten Gases mit einer MAXWELLschen Geschwindigkeitsverteilung zu verleihen, so daß es nicht als eine Ansammlung von Teilchen betrachtet werden darf, die astronomische Bahnen beschreiben. Der Begriff der Temperatur kann also in seiner gewöhnlichen Bedeutung eines Maßes für die Energie der ungeordneten Bewegungen angewandt werden[1].

258. Eine andere Methode zur Abschätzung der Dichte leiten wir aus der Betrachtung der diffusen Nebel ab, die vermutlich als lokale Verdichtungen im allgemeinen interstellaren Medium angesehen werden dürfen. Die Überlegung, mit deren Hilfe wir später eine Temperatur von 10000° für dieses Medium erhalten werden, ist gleichfalls auf die Nebel — wenigstens auf die leuchtenden Nebel — anwendbar. Diese Verdichtungen müssen sich mehr oder weniger in einem Gleichgewichtszustande befinden, und da die Temperatur durchweg gleich 10000° ist, können wir die Theorie der isothermen Gaskugeln (§ 63) auf sie anwenden.

Es sei ϱ_0 die Dichte im Mittelpunkte des Nebels. Nach (63.1) und (63.4) haben wir

$$r = \left(\frac{\Re T}{4\pi G \mu \varrho_0}\right)^{\frac{1}{2}} z\,. \tag{258.1}$$

Indem wir $T = 10000^0$, $\mu = 10$ setzen und r aus Zentimetern in Parsec verwandeln, erhalten wir hieraus

$$r = (10^{20}\,\varrho_0)^{-\frac{1}{2}} z \text{ parsec}\,. \tag{258.2}$$

Um den Wert der Dichte in irgendeiner Anzahl von Parsec vom Mittelpunkte des Nebels zu berechnen, müssen wir also zuerst den Wert von z aus (258.2) bestimmen und dann aus Tabelle 7 den entsprechenden Wert von e^u ($= \varrho/\varrho_0$) entnehmen. Um die Dichte in einem durchschnittlichen, durch außergewöhnliche Nähe an eine nebulare Verdichtung nicht gestörten Punkt des interstellaren Raumes zu erhalten, müssen wir uns die Frage vorlegen, von welcher Größenordnung der Abstand bis zu dem nächsten Nebel im allgemeinen sein wird. Es wird gewöhnlich angenommen, daß innerhalb einer Entfernung von 200 parsec von der Sonne mehrere diffuse Nebel liegen, und ich bin der Ansicht, daß kein Raumpunkt gefunden werden kann, der sich nicht in einem Abstande von höchstens 150 parsec von irgendeinem

[1] Wir ziehen es vor, den Ausdruck „Temperatur der Materie“ in keinem anderen Sinne als diesem zu gebrauchen. (Vgl. Fußnote auf S. 39.)

Nebel befände. (Dies bezieht sich natürlich nur auf Punkte in nicht allzu großer Entfernung von der Mitte des Galaktischen Systems; nach den Grenzen des Systems zu fällt die Dichte der interstellaren Materie vermutlich bis zur Unmerklichkeit herab.)

Tabelle 48 enthält die Resultate der Berechnungen von ϱ für Entfernungen von 100 und 200 parsec und für eine Reihe verschiedener angenommener Werte der Mittelpunktsdichten ϱ_0.

Tabelle 48.

r	ϱ_0	r/z	z	$e^u = \varrho/\varrho_0$	ϱ
100 parsec.	10^{-24}	100	1	0,853	$0,9 \cdot 10^{-24}$
	10^{-22}	10	10	0,0238	$2,4 \cdot 10^{-24}$
	10^{-20}	1	100	0,000175	$1,7 \cdot 10^{-24}$
	10^{-18}	0,1	1000	0,0000020	$2,0 \cdot 10^{-24}$
200 parsec.	10^{-24}	100	2	0,571	$5,7 \cdot 10^{-25}$
	10^{-22}	10	20	0,0045	$4,5 \cdot 10^{-25}$
	10^{-20}	1	200	0,000051	$5,1 \cdot 10^{-25}$
	10^{-18}	0,1	2000	0,00000049	$4,9 \cdot 10^{-25}$

Das Interessante an diesen Resultaten ist, daß die Werte von ϱ von den angenommenen Werten ϱ_0 beinahe gänzlich unabhängig sind. Durch Interpolation erhalten wir für die Dichte in einer Entfernung von 150 parsec vom nächsten Nebel den Wert 10^{-24}, unabhängig (innerhalb vernünftiger Grenzen) von der Größe oder der Dichte des Nebels[1]. Dies stellt wahrscheinlich schon eine ziemlich genaue Abschätzung der durchschnittlichen Dichte des interstellaren Mediums dar.

Nach Tabelle 7 fällt die Dichte bei $z = 5$ auf $\frac{1}{8}\,\varrho_0$ und bei $z = 10$ auf $\frac{1}{40}\,\varrho_0$ ab, so daß die beobachteten Grenzen eines leuchtenden Nebels wahrscheinlich einem zwischen 5 und 10 liegenden Werte von z entsprechen werden. Die Halbmesser der typischen diffusen Nebel sind auf 5 bis 10 parsec geschätzt worden. Hieraus würde sich für die Einheit von z ein Wert von etwa 1 parsec ergeben und daher nach (258.2)

$$\varrho_0 = 10^{-20}$$

im Mittelpunkte eines typischen Nebels.

Mit Hilfe der letzten Kolonne der Tabelle 7 können wir auch die Masse des Nebels berechnen. Wenn $\varrho_0 = 10^{-20}$ ist, beträgt die innerhalb eines Radius von 5 parsec enthaltene Masse $21000 \times \odot$ und die innerhalb 10 parsec liegende Masse $48000 \times \odot$. Die Masse des

[1] Jeans hat darauf hingewiesen, daß die Dichte in einem großen Abstande vom Mittelpunkt einer isothermen Gaskugel genähert das asymptotische Gesetz

$$\varrho = \mathfrak{R}\,T/2\,\pi\,G\mu\,r^2$$

befolgt (Observatory Bd. 49, S. 247). Bei zunehmendem r oszilliert ϱ über und unter diesem Werte; die Oszillationswelle ist für die merkwürdige Unregelmäßigkeit der Zahlen in der letzten Kolonne der Tabelle 48 verantwortlich.

Nebels ist also sehr viel größer als die Massen der in ihm enthaltenen leuchtenden Sterne und die Vernachlässigung der Anziehung dieser Sterne bei unserer Berechnung erscheint somit als gerechtfertigt. Für große Entfernungen bildet die Masse der Sterne einen größeren Bruchteil der Nebelmasse und würde für 150 parsec ungefähr gleich letzterer sein, doch würde die hierdurch bedingte Korrektion unsere Bestimmung von ϱ nur wenig beeinflussen.

Für große Werte von z nähert sich das Produkt der Zahlen der dritten und fünften Kolonnen von Tabelle 7 dem Werte 3. Dies bedeutet, daß die durchschnittliche Dichte einer Verdichtung dreimal größer als die Grenzdichte ist; wenn also für die Dichte in den gewöhnlichen Punkten des interstellaren Mediums der Wert 10^{-24} angenommen wird, muß die mittlere Dichte mit Einschluß der Verdichtungen etwa gleich $3 \cdot 10^{-24}$ sein.

Aus (258.1) folgt, daß die Massen der diffusen Nebel proportional zu ihren linearen Dimensionen sind und daß das Gravitationspotential daher in allen Nebeln für homologe Punkte denselben Wert hat. Die Nebel haben oft sehr unregelmäßige Gestalten, so daß die Abweichungen von den idealen Gleichgewichtsbedingungen in ihnen mitunter recht beträchtlich sein können; wir dürfen aber wohl annehmen, daß die Werte des Druckes und des Gravitationspotentials wenigstens der Größenordnung nach von den für symmetrische Verteilungen geltenden nicht sehr stark abweichen werden.

Die Temperatur des Raumes.

259. Das gesamte von uns empfangene Sternlicht ist nach einer üblichen Schätzung dem Lichte von etwa 1000 Sternen erster Größe äquivalent. Indem wir an diesen Wert eine mittlere Korrektion anbringen, um die visuelle Helligkeit der Sterne, welche anderen als dem F- oder G-Typus angehören, auf bolometrische Größenklassen zu reduzieren, können wir die von den Sternen empfangene Wärme als äquivalent derjenigen von 2000 Sternen der scheinbaren bolometrischen Größenklasse 1,0 setzen. Wir wollen zuerst die Energiedichte dieser Strahlung berechnen.

Ein Stern der absoluten bolometrischen Größenklasse 1,0 strahlt 36,3 mal mehr Energie aus als die Sonne oder $1{,}37 \cdot 10^{35}$ erg pro sec. Hieraus folgt für die Oberfläche einer Kugel von 10 parsec ($3{,}08 \cdot 10^{19}$ cm) ein Strahlungsstrom von $1{,}15 \cdot 10^{-5}$ erg pro cm^2 pro sec. Die entsprechende Energiedichte wird durch Division mit der Fortpflanzungsgeschwindigkeit erhalten und beträgt $3{,}83 \cdot 10^{-16}$ erg pro cm^3. In einem Abstande von 10 parsec ist die scheinbare Helligkeit identisch mit der absoluten Helligkeit; die Energiedichte $3{,}83 \cdot 10^{-16}$ entspricht daher der scheinbaren bolometrischen Größenklasse 1,0.

Demnach hat die Gesamtstrahlung der Sterne die Energiedichte

$$2000 \cdot 3{,}83 \cdot 10^{-16} = 7{,}67 \cdot 10^{-13}\,\mathrm{erg\,cm^{-3}}.$$

Nach der Formel $E = a\,T^4$ entspricht dieser Energiedichte eine effektive Temperatur von

$$3^0{,}18 \text{ absolut}.$$

In einem Raumgebiete, welches weitab von jedem Sterne liegt, stellt dies das ganze vorhandene Strahlungsfeld dar, und ein schwarzer Körper (z. B. die geschwärzte Kugel eines Thermometers) würde dort eine Temperatur von $3^0{,}18$ annehmen müssen, um der auf ihn einfallenden und von ihm absorbierten Strahlung durch seine Emission das Gleichgewicht zu halten. Diese Temperatur wird zuweilen die „Temperatur des interstellaren Raumes" genannt.

Indessen ist es für Materie, welche starke selektive Absorption besitzt, durchaus nicht unmöglich, auch eine sehr viel höhere Temperatur zu erreichen. Auf die möglicherweise große astrophysikalische Bedeutung dieses Effektes hat zuerst C. FABRY[1] hingewiesen. Die Strahlung im interstellaren Raume weicht vom thermodynamischen Gleichgewichte so stark wie überhaupt nur denkbar ab, und trotzdem ihre Dichte einer Temperatur von $3^0{,}18$ entspricht, ist sie an hochfrequenten Bestandteilen viel reicher als die Gleichgewichtsstrahlung dieser Temperatur. Dies kann am besten in der Weise veranschaulicht werden, daß man für jede Wellenlänge λ eine äquivalente Temperatur T_λ angibt, die so bestimmt ist, daß die tatsächliche Energiedichte bei der Wellenlänge λ mit derjenigen der Gleichgewichtsstrahlung für die Temperatur T_λ übereinstimmt. Es ergeben sich dann die nachfolgenden Resultate.

Tabelle 49. Äquivalente Temperaturen für die Strahlung im Weltraume.

λ	T_λ
600 Å	4707°
2000	1750
4000	967
6000	690

Für die Quelle der Strahlung ist hierbei die folgende Zusammensetzung angenommen worden: 5% von Sternen der Temperatur 18000°, 10% von 12000°, 20% von 9000°, 40% von 6000°, 25% von 3000°. Die Gesamtdichte ist gleich der runden Zahl 10^{-12} erg pro cm^3 angesetzt worden.

Nehmen wir nun z. B. an, wir hätten es mit einem Material zu tun, welches ausschließlich die Wellenlänge 600 zu absorbieren und zu emittieren imstande wäre. Dann hat die Anwesenheit oder Abwesenheit von

[1] Astrophys. Journ. Bd. 45, S. 269.

Strahlungen anderer Wellenlängen für dieses Material überhaupt keine Bedeutung. Es verhält sich daher so, als ob es sich in einem Felde von Gleichgewichtsstrahlung der Temperatur $T_\lambda = 4707^0$ befände und nimmt die entsprechende Temperatur an. Dies stellt einen idealisierten Fall dar, und es könnte bei der wirklichen Materie natürlich kein einzelner Prozeß der Energieübertragung so vollständig von allen anderen isoliert werden; ja der Begriff der Temperatur selbst ist kaum noch anwendbar, wenn kein allgemeinerer Energieaustausch erfolgen kann. Bei natürlicher Materie wird eine ganze Reihe von Prozessen stattfinden, von denen jeder bestrebt sein wird, die Temperatur auf das T_λ derjenigen Wellenlänge zu bringen, die bei ihm im Spiele ist; und das Resultat dieses Konfliktes läßt sich ohne eine sorgfältige Berücksichtigung aller Einzelheiten nicht voraussagen.

260. Die Übertragung der Energie aus der Sternstrahlung auf die diffuse Materie erfolgt in vier verschiedenen Weisen:

a) Ionisation von Atomen (photoelektrischer Effekt);

b) Kontinuierliche Absorption während der Zusammenstöße von Elektronen mit Atomen (plötzliche Bahnänderungen).

c) Anregung von Atomen (Linienabsorption).

d) Streuung durch freie Elektronen.

Durch die vier inversen Prozesse wird Energie von der Materie auf die Strahlung übertragen.

Wir wollen zuerst zeigen, daß die Prozesse c) und d) im Vergleiche zu a) vernachlässigt werden können.

Beim Prozesse c) absorbiert ein Atom ein Energiequant, behält es während einer Zeitdauer von etwa 10^{-8} sec und reemittiert es dann wieder in einem oder mehreren Schritten. Eine Verwandlung in Translationsenergie der Atome findet hierbei nicht statt und der Prozeß übt daher auf die Temperatur des Materials keinen Einfluß aus. In dichteren Gasen kann er allerdings eine gewisse Temperaturerhöhung bedingen, und zwar auf folgende Weise: in einigen Fällen trifft das angeregte Atom noch vor Ablauf der 10^{-8} sec mit einem Elektron zusammen und es erfolgt ein explosiver Zusammenstoß, bei dem die Anregungsenergie in die Energie des Rückpralls geworfen wird. Bei den im interstellaren Raume bestehenden Dichten trifft aber das Atom nur alle 5 Tage ein Elektron, so daß nur eine Anregung in 10^{13} zu einer solchen Verwandlung führen kann; in den übrigen Fällen wird mit der Energie überhaupt nichts unternommen und sie wird einfach dem Strahlungsfelde zurückerstattet. Offenbar kann dieser Prozeß mit a) nicht konkurrieren, denn bei der Ionisation geht ein beträchtlicher Bruchteil jedes absorbierten Strahlungsquantes unmittelbar in Bewegungsenergie von Elektronen über, d. h. in Temperaturenergie.

Ein fortwährend angeregtes und zurückfallendes Atom empfängt von seiten des Strahlungsdruckes eine Serie von Impulsen, die mit zufälligen

Fußtritten vergleichbar sind. Es kann leicht gezeigt werden, daß nur etwa der 10^{-10}-te Teil der absorbierten Energie in dieser Weise in Temperaturenergie übergeht, so daß dieser Prozeß im Vergleiche zur Ionisation unwirksam ist. Der Prozeß d) ist interessant, weil er bei Abwesenheit aller anderen Prozesse die niedrige schwarze Temperatur von $3^0,2$ herbeiführen würde. Er ist aber in Wirklichkeit außerordentlich schwach. Ein Elektron stellt einen streuenden Schirm dar, der dem Sechsfachen seines Querschnittes entspricht (53.4), also $6,7 \cdot 10^{-25}$ cm^2. Da die Energiedichte des Sternlichts 10^{-12} erg pro cm^3 beträgt, ist der von einem Elektron gestreute Betrag gleich $6 \cdot 10^{-19}$ erg pro Jahr oder gleich $2 \cdot 10^{-29}$ Impulseinheiten. Wenn dieser ganze Impuls der Bewegung des Elektrons entgegenwirkte, würde er sogar in diesem günstigsten Falle dessen Bewegung höchstens um ein Millimeter pro sec pro Jahr verlangsamen können. Eine Häufung der Effekte findet nicht statt, weil das Elektron im Laufe des Jahres eingefangen und durch ein frisches aus einem Atome durch Ionisation ausgestoßenes Elektron ersetzt wird.

Wir brauchen uns also nur mit den Prozessen a) und b) zu beschäftigen, die unvergleichlich viel größere Effekte bedingen.

261. Durch Ionisation werden Elektronen aus den Atomen nach allen Richtungen mit beträchtlichen Geschwindigkeiten herausgeschleudert. Wenn ihnen zwischen ihrer Befreiung und ihrem Wiedereinfangen nichts Besonderes zustößt, werden diese Elektronen ein „Elektronengas" bilden, dessen Temperatur der mittleren Geschwindigkeit beim Ausstoßen entsprechen wird. Nun ist es eine wohlbekannte Tatsache, daß die Geschwindigkeit des ausgestoßenen Elektrons nur von der *Qualität* aber nicht von der *Intensität* der Strahlung abhängt; für eine gegebene Lichtquelle ist diese Geschwindigkeit dieselbe in jeder beliebigen Entfernung von der Lichtquelle. Die Temperatur des Elektronengases wird also in den Tiefen des Weltraumes dieselbe sein wie in der unmittelbaren Nähe eines Sternes; die Entfernung verringert nur die Geschwindigkeit seiner Erzeugung, aber nicht seine Temperatur. In der unmittelbaren Nähe eines Sternes, wo sich die Bedingungen dem thermodynamischen Gleichgewichte nähern, muß die Temperatur des Elektronengases gleich der Oberflächentemperatur des Sternes selbst sein, da nach dem Prinzipe der Ausbalancierung der Elementarprozesse jeder beliebige Prozeß für sich allein schon zu einem Temperaturgleichgewichte führt. Die Temperatur des Elektronengases, welches irgendwo in den Tiefen des Weltraumes erzeugt wird, muß daher auch ungefähr dieselbe sein, wie die Oberflächentemperatur der Sterne. Wir haben also einen ständig erneuerten Vorrat an Elektronengas vor uns mit einer Temperatur von einigen tausenden Grad. Dieses Gas wird sich mit den im interstellaren Raume befindlichen Atomen vermischen und diese durch Zusammenstöße auf seine eigene durchschnittliche Temperatur zu bringen versuchen. Das Elektron erleidet aber während seiner Lebenszeit einen gewissen Energieverlust, und es ist daher wichtig zu ermitteln, ob die durchschnittliche Temperatur des Elektronengases mit der Anfangstemperatur, bei der es erzeugt wird, einigermaßen vergleichbar ist. Gerade in dieser Beziehung ist der Prozeß b), wie wir gleich sehen werden, von besonderer Bedeutung. Die Atome werden letzten Endes die durchschnittliche Temperatur der Elektronen und nicht ihre Anfangstemperatur annehmen. Innerhalb vernünftiger Grenzen ist es sogar gleichgültig, daß diese Energieübertragung von den Elektronen auf die Atome sehr langsam erfolgt, weil uns kein anderer Prozeß bekannt ist, durch den die Atome die ihnen anvertraute Energie verschwenden könnten. Es ist beachtenswert, daß bei dieser gegenseitigen Anpassung die führende Rolle den Elektronen zufällt, weil das Elektron ständig hin und her geht, um frische Energie zu holen, während sich das Atom passiv verhält. Je kürzer die Lebensdauer des Elektrons ist, um so günstiger liegen die Verhältnisse für das Zustandekommen einer hohen Temperatur, weil sich dann weniger Gelegenheit zum Verluste der anfänglichen Energie bietet, und alle stattgefundenen Verluste beim Anfange eines neuen Lebens ausgelöscht werden.

Die nachfolgende analytische Berechnung der „Anfangstemperatur" der ausgestoßenen Elektronen wird vielleicht das Verständnis der obigen allgemeinen Überlegungen erleichtern. Um die Bedingungen möglichst einfach zu gestalten, nehmen wir an, daß alle Sterne schwarze Körper sind von derselben Temperatur T, so daß die Energiedichte der Sternstrahlung zwischen den Frequenzen ν und $\nu + d\nu$ proportional ist zu

$$\frac{\nu^3\, d\nu}{e^{h\nu/RT} - 1}\,. \qquad (261.1)$$

Wir haben es also mit einer *gleichmäßig verdünnten* Gleichgewichtsstrahlung zu tun. Ferner nehmen wir an, daß alle Atome dasselbe Ionisationspotential ν_0 (in Frequenzeinheiten) besitzen. Der Absorptionskoeffizient möge das Gesetz befolgen

$$k \propto \nu^{-3-s} \quad (\nu > \nu_0)\,. \qquad (261.2)$$

Nach der KRAMERSschen Theorie ist zwar $s = 0$, wir wollen aber trotzdem das s aus Vorsicht beibehalten. Nach (261.1) und (261.2) kann der Betrag der zwischen ν und $\nu + d\nu$ absorbierten Strahlung gleich

$$\frac{C\, d\nu}{\nu^s\,(e^{h\nu/RT} - 1)}$$

gesetzt werden und die Anzahl der absorbierten Quanten ist somit

$$\frac{C\, d\nu}{h\,\nu^{s+1}\,(e^{h\nu/RT} - 1)}\,.$$

Das mittlere absorbierte Quant ist daher gleich

$$h\bar{\nu} = \int_{\nu_0}^{\infty} \frac{d\nu}{\nu^s (e^{h\nu/RT} - 1)} \div \int_{\nu_0}^{\infty} \frac{d\nu}{\nu^{s+1} (e^{h\nu/RT} - 1)}. \qquad (261.3)$$

Bei den von uns bezweckten Anwendungen wird $h\nu_0/RT$ groß sein, so daß wir $(e^{h\nu/RT} - 1)$ durch $e^{h\nu/RT}$ ersetzen können. Dann wird (261.3)

$$\frac{h\bar{\nu}}{RT} = \int_{x_0}^{\infty} x^{-s} e^{-x} dx \div \int_{x_0}^{\infty} x^{-s-1} e^{-x} dx, \qquad (261.4)$$

wo $x_0 = h\nu_0/RT$. Wenn E die durchschnittliche Anfangsenergie eines Elektrons nach dem Ausstoßen und T_0 die entsprechende Anfangstemperatur bezeichnet, haben wir

$$\tfrac{3}{2} R T_0 = E = h\bar{\nu} - h\nu_0.$$

Wir finden daher nach (261.4)

$$T_0 = \frac{2}{3} T \frac{1 - 2(s+1) x_0^{-1} + 3(s+1)(s+2) x_0^{-2} \cdots}{1 - (s+1) x_0^{-1} + (s+1)(s+2) x_0^{-2} \cdots}. \qquad (261.5)$$

Für große Werte von x_0 nähert sich die Anfangstemperatur dem Werte $\frac{2}{3}T$ und die nächste Annäherung ergibt

$$T_0 = \frac{2}{3} T \left(1 - \frac{s+1}{x_0}\right).$$

Für $T = 15000^0$ ist $RT = 0{,}86$ Volt. Es gibt keine Ionisationspotentiale von Bedeutung unterhalb von 5 Volt, so daß x_0 mindestens gleich 6 ist und die in der Ersetzung von $(e^x - 1)$ durch e^x bestehende Näherung vollauf gerechtfertigt erscheint. Später zeigt die mittlere Temperatur das Bestreben, über diesen Anfangswert hinaus zu wachsen, weil die langsamsten Elektronen durch Einfangen am schnellsten ausgejätet werden. Wenn diese Ursache allein wirksam wäre, würde die durchschnittliche Temperatur mit der Zeit gleich T werden. Wir werden aber gleich sehen, daß ein gewisser Bruchteil der Anfangsenergie (etwa $\frac{1}{4}$) durch den Prozeß b) allmählich verloren geht. Unser Resultat lautet also, daß die Temperatur der interstellaren Materie zwischen $\frac{2}{3}T$ und T liegen wird.

Durch den Prozeß b) oder vielmehr durch den zu ihm inversen Prozeß verlieren die Elektronen während ihrer Freiheitsperiode etwas Energie. Die plötzlichen Bahnänderungen, die wir in § 159 betrachtet haben, können sowohl Energiegewinne als auch Energieverluste zur Folge haben; aber Bahnänderungen, die mit Energieverlusten verbunden sind, müssen auf jeden Fall vorkommen, während Bahnänderungen mit Energiegewinnen nur dann vorkommen können, wenn Strahlung vorhanden ist, die absorbiert werden kann. Die interstellare Strahlung ist (im Vergleiche zur Gleichgewichtsstrahlung), viel ärmer an Strahlungen niedriger Frequenzen, welche die plötzlichen Bahnänderungen bedingen, als an hochfrequenten Strahlungen, welche die Elektronen ausstoßen und ihnen ihre Anfangstemperatur verleihen. Die Energiegewinne werden also viel kleiner sein als die Energieverluste. In § 159 hatten wir das von den Elektronen emittierte Spektrum in zwei Teile zerlegt: α) das von den plötzlichen Bahnänderungen herrührende und β) das durch Einfangen von Elektronen erzeugte. Ersteres stellt den von den Elektronen während ihrer freien Lebensdauer erlittenen Energieverlust dar; aus dem zweiten können wir den von ihnen beibehaltenen und beim Einfangen abgegebenen Betrag berechnen. Wir setzen wie gewöhnlich $h\nu_0 = \frac{1}{2}mV^2$ und betrachten das Spektrum β', welches wir dadurch erhalten, daß wir die Intensitäten des Spektrums β mit ν_0/ν multiplizieren. Da das Spektrum β die gesamte beim Einfangen emittierte Energie darstellt, stellt das Spektrum β' die beim Einfangen abgegebene kinetische Energie dar; denn das Elektron besitzt an kinetischer Energie, die es verlieren kann, nur den Betrag $h\nu_0$, auch wenn es $h\nu$ emittiert, indem es in eine Bahn mit negativer Energie herabfällt. Nach der KRAMERSschen Theorie ist die Intensität Q bis zu der Guillotinegrenze konstant; daher sind die Gesamtintensitäten beider Spektren

$$\alpha)\quad Q\nu_0\,,$$

$$\beta')\quad Q\int_{\nu_0}^{\nu_1}\frac{\nu_0}{\nu}\,d\nu = Q\nu_0\log\frac{\nu_1}{\nu_0}\,,$$

wo ν_1 die Guillotinegrenze ist. Wir haben somit

$$\frac{\text{von den Elektronen verlorene kinetische Energie}}{\text{bis zum Einfangen beibehaltene kinetische Energie}} = \frac{1}{\log(\nu_1/\nu_0)}\,.$$

Wir können $\log \nu_1/\nu_0$ etwa gleich 3 ansetzen, weil ν_0 für Temperaturen um 10000° etwa gleich 1 Volt ist und ν_1 dem tiefsten Einfangniveau entsprechend etwa gleich 10—20 Volt sein wird. Da das Verhältnis ν_1/ν_0 nur logarithmisch eingeht, macht sogar eine beträchtliche Unsicherheit in diesen Zahlen nur sehr wenig Unterschied. Ein Elektron behält also im Durchschnitte $\frac{3}{4}$ seiner Anfangsenergie bis zum Eingefangenwerden bei, und seine durchschnittliche Energie während seiner Lebenszeit ist daher um etwa 12% kleiner als seine Anfangsenergie. Wir legen hier auf die Genauigkeit der Zahlen keinen Wert. Unser Hauptschluß besteht darin, daß, wenn der Prozeß b) auch eine merkliche Abkühlung bewirkt, die Größenordnung der Temperatur durch ihn doch nicht verändert werden kann.

Bei der Bestimmung der Anfangstemperatur der Elektronen muß der Strahlung der heißesten Quellen ein sehr viel größeres Gewicht erteilt werden, da diese im Verhältnisse zu ihrer Intensität viel mehr

Elektronen befreit. Es läßt sich leicht zeigen, daß die theoretischen Gewichte proportional zu

$$x_0^3\, e^{-x_0} (1 - x_0^{-1} + 2 x_0^{-2} - \cdots)$$

sind. Tabelle 50 gibt die Gewichte, welche gleichen Strahlungsmengen verschiedener Quellen erteilt werden müssen, deren Temperaturen in der ersten Kolonne enthalten sind, je nachdem das wirksame Ionisationspotential 5, 10 oder 15 Volt beträgt. Die Zahlen der letzten Kolonne kommen den wirklichen Verhältnissen vermutlich am nächsten.

Tabelle 50. Gewichte für die effektiven Temperaturen.

Temp.	5,2 Volt	10,3 Volt	15,5 Volt
3000°	10^{-5}	10^{-11}	—
6000	0,05	0,003	10^{-6}
9000	0,4	0,08	0,016
12000	1	1	1
18000	1,5	8	45
24000	1,3	20	190

Die bei der Ionisation absorbierte Energie ist von hoher Frequenz und liegt jenseits der Grenzen der beobachtbaren Sternspektren. Es könnte daher gegen die Annahme, daß ihre Intensität der aus dem sichtbaren Spektralgebiete abgeleiteten effektiven Temperatur entspricht, der Einwand erhoben werden, daß dies eine viel zu weitgehende Extrapolation darstellt. Der begangene Fehler kann aber in keinem Falle sehr groß sein, auch wenn im Ultravioletten (außer der Linienabsorption) eine sehr starke Absorption stattfinden sollte. Nach (229.4) wird die effektive Temperatur, die der Frequenz ν entspricht, durch

$$T_\nu^4 = \tfrac{1}{2}(1 + k/k_\nu)\, T_e^4$$

gegeben, so daß T_ν sogar bei unendlich großem k_ν nur um 19% kleiner als T_e wäre. Dieser Schluß müßte natürlich abgeändert werden, wenn die Absorptionslinien so breit und zahlreich wären, daß sie einen beträchtlichen Teil des Spektrums überdeckten; doch können Absorptionslinien im Ultravioletten die Temperatur des Elektronengases ebensowohl erhöhen als verkleinern. Ich sehe keinen thermodynamischen Grund, warum die interstellare Materie nicht auf eine viel höhere Temperatur als die Oberflächentemperatur der Sterne steigen könnte, wenn die Strahlung derjenigen Frequenzen, welche langsam bewegte Elektronen befreien, durch eine zufällige Häufung von Absorptionslinien abgeschnitten werden sollte[1].

[1] Wenn das interstellare Gas z. B. aus Wasserstoff bestünde (Ionisationspotential 13,5 Volt) und die Sterne Absorptionslinien enthielten, die alle Frequenzen von 13,5 bis 18,5 Volt abschnitten, würden keine Elektronen befreit werden, deren Geschwindigkeiten kleiner als 5 Volt wären und die entsprechende Temperatur würde über 38000° liegen.

Wenn wir die oben erwähnte Reduktion von 19% sowie die durch Prozeß b) bedingte Reduktion in Betracht ziehen, andererseits aber den heißesten Sternen das ihnen zukommende Gewicht erteilen, erscheint es wahrscheinlich, daß die Temperatur des interstellaren Mediums zwischen 10000° und 15000° liegen muß. Ein Stern von der Art der Sonne wird das ihn unmittelbar umgebende Medium abkühlen, indem er es mit verhältnismäßig langsam bewegten Elektronen überflutet.

262. In der vorhergehenden Untersuchung bildete die Annahme, daß der Energieverlust durch den Prozeß b) nicht kumulativ ist, eine wesentliche Voraussetzung; das Elektron sollte jedes neue Leben immer mit der durch die Wellenlänge des Sternlichtes bedingten Energie anfangen, so daß alle in der vorangegangenen Freiheitsperiode erlittenen Verluste der Vergessenheit anheimfallen sollten. Wir müssen aber auch die Möglichkeit eines kumulativen Verlustes ins Auge fassen, der allerdings nicht auf dasselbe Elektron von einem freien Leben in das nächste übertragen wird, sondern auf das, was man in gewissem Sinne als seine Nachkommenschaft bezeichnen kann. Wenn ein freies Elektronenleben durch Einfangen seinen Abschluß findet, wird eine Strahlung emittiert, die imstande ist, ein anderes Atom zu ionisieren und ein Elektron auszustoßen, welches wir den „Sohn" des ersten Elektrons nennen können. Offenbar wird der Energieverlust durch den Prozeß b) auf den Sohn übertragen; dieser wird dann einen weiteren Energieverlust erleiden, der unter Umständen auf den Enkel übertragen werden kann. Wenn jedes durch Sternstrahlung befreite Elektron der Stammvater einer langen Reihe von Nachkommen ist, wird die durchschnittliche Temperatur des Elektronengases eine viel tiefere sein als diejenige, welche sich aus unserer ersten Abschätzung ergeben hat. In § 261 hatten wir angenommen, daß die gesamte im Raume vorhandene Strahlung unmittelbares Sternlicht ist und die möglichen sekundären Quellen, wie etwa die eigene diffuse Strahlung der interstellaren Materie, unberücksichtigt bleiben dürfen. Der hier erwähnte Effekt wird nicht stattfinden, wenn die interstellare Materie im großen und ganzen als durchsichtig betrachtet werden kann. Wenn z. B. die ionisierende Strahlung beim Durchgange durch das galaktische System nur $\frac{1}{5}$ ihres Betrages durch Absorption verliert, wird nur $\frac{1}{5}$ der befreiten Elektronen Söhne haben, $\frac{1}{25}$ Enkel usw. Der kumulative Verlust wird in diesem Falle ein ganz unbedeutender sein. Die Frage der Durchsichtigkeit der interstellaren Materie kann aber durch die Beobachtung nicht entschieden werden, weil wir es hierbei ausschließlich mit Wellenlängen zu tun haben, die außerhalb des beobachtbaren Spektralgebietes liegen. Ich habe dieses Problem auf Grund der KRAMERSschen Theorie behandelt mit dem Ergebnisse, daß die Durchsichtigkeit eine genügend hohe ist, um das in § 261 angewandte Verfahren zu rechtfertigen; doch ist diese Berechnung eine etwas unsichere und läßt nur einen geringen Spielraum frei für das Unerwartete[1]. Eine zuverlässigere Prüfung der Frage gestatten uns die hellen Nebel. Diese müssen für Energie von 12 Volt, welche zur Anregung der Balmerserie erforderlich ist, ziemlich durchsichtig sein, da dieses Spektrum sonst nicht erscheinen würde. Die Dichte ist in ihnen 10^3—10^4mal größer als in nichtkondensierten Gebieten, so daß die Bedingungen hier 10^6—10^8mal ungünstiger sind. Dagegen ist der Lichtweg im interstellaren Raume ein sehr viel größerer, sagen wir etwa 5000 parsec anstatt 5 parsec. Ferner ist die ionisierende Strahlung in den Nebeln intensiver wegen der in ihnen enthaltenen B-Sterne[2]. Wenn wir die günstigen und ungünstigen Faktoren gegeneinander abwägen, können wir aus der Tatsache der Durchsichtigkeit der leuchtenden Nebel den Schluß ziehen, daß auch das gesamte interstellare Medium durchsichtig sein wird.

Es ist wahrscheinlich, daß die Bedingungen sowohl in den Nebeln als auch in der interstellaren Wolke nicht weit von der Grenze entfernt sind, an der die Durchsichtigkeit aufhört und eine tiefere Temperatur überwiegen müßte. Insbesondere werden die leuchtenden Nebel nur durch die außerordentliche Anhäufung von heißen Sternen in ihrem Inneren durchsichtig erhalten. Ähnliche Verdichtungen von Materie, jedoch ohne Sterne vom B-Typus, erscheinen als dunkle Nebel oder absorbierende Wolken am Himmel. Ihre Opazität für sichtbares Licht ist natürlich noch kein direkter Beweis dafür, daß sie auch für die ionisierende Strahlung undurchsichtig sind; wir dürfen in ihr aber vermutlich ein Anzeichen dafür erblicken, daß in diesen Gebilden eine hohe Temperatur nicht mehr aufrechterhalten werden kann.

Ich komme also zu dem Schlusse, daß bei einer Dichte von 10^{-24} oder weniger, die interstellare Materie eine hohe Temperatur besitzen muß, die sich der Oberflächentemperatur der heißesten Sterne nähert; daß aber bei einer etwas größeren Dichte, vielleicht schon bei 10^{-22}, die Temperatur eine sehr viel niedrigere sein würde wegen der kumulativen Wirkung des Prozesses b), welche in Erscheinung tritt, sobald die ionisierende Strahlung zahlreiche Absorptionen und Reemissionen erleidet, bevor sie aus dem Systeme entweichen kann. In den leuchtenden Nebeln wird die Temperaturerniedrigung nur durch den Umstand verzögert, daß in ihnen heiße Sterne vorhanden sind, welche das Material in einem gut ionisierten und daher weniger absorbierenden Zustande erhalten.

[1] Proc. Roy. Soc. Bd. 111 A, S. 440 (1926).

[2] Die gesamte Emission oder Absorption pro Volumeneinheit ist proportional zu ns (§ 156), d. h. zu ϱ^2. *Der Absorptionskoeffizient* ist umgekehrt proportional zu der Intensität der Strahlung.

Ionisationszustand.

263. Die Gleichung, welche den Ionisationsgrad bei thermodynamischem Gleichgewichte bestimmt, ist auf das interstellare Medium unanwendbar. Die in ihm vorhandene Strahlung weicht von der Gleichgewichtsstrahlung in zweifacher Beziehung ab: 1. sie ist ungeheuer verdünnt, 2. sie kommt von einer Anzahl verschieden temperierter Quellen. Wir wollen den zweiten Punkt zunächst außer acht lassen und werden zeigen, wie der erstere berücksichtigt werden kann.

Wir nehmen also an, daß alle Sterne dieselbe effektive Temperatur T besitzen, so daß die Dichte der Strahlung zwischen ν und $\nu + d\nu$ im interstellaren Raume gleich

$$I(\nu, T)\, d\nu/\delta$$

ist, wo δ als „Verdünnungsfaktor" bezeichnet werden kann. Die (den Molekulargeschwindigkeiten entsprechende) Temperatur der diffusen Materie wird dann genähert gleich T sein.

Der Ionisationsgrad wird erhalten, indem man die Anzahl der stattfindenden Prozesse des Einfangens der Anzahl der Ausstoßungen gleichsetzt. Für eine gegebene Masse von Material ist erstere proportional zu der Elektronendichte und daher zu ϱ; letztere ist zu der Dichte der Strahlung proportional, also zu $1/\delta$. Multiplizieren wir also beide Seiten der Gleichung mit δ, so erhalten wir die Ionisationsgleichung für ein Material der Dichte $\varrho\delta$ in Gegenwart einer Gleichgewichtsstrahlung der Temperatur T. Wir haben somit die folgende Regel:

Der Ionisationsgrad des interstellaren Gases ist derselbe wie derjenige eines Gases der Dichte $\varrho\delta$ im thermodynamischen Gleichgewichte.

Die Gleichgewichtsstrahlung hat bei 15000^0 eine Dichte von 387 erg cm^3, während wir für die Dichte der Strahlung im interstellaren Raume in § 259 den Wert $7{,}7 \cdot 10^{-13}$ gefunden hatten. Hieraus ergibt sich $\delta = 5 \cdot 10^{14}$. Da wir uns aber hier ausschließlich mit Strahlung hoher Frequenzen befassen, dürfen wir dem durch die zahlreichen F, G, K, M-Sterne beigesteuerten Teile nur ein geringes Gewicht erteilen und setzen dementsprechend an:

$$\delta = 10^{16}, \qquad \varrho\delta = 10^{-8}.$$

Die Ionisation im interstellaren Medium wird daher von ähnlicher Intensität sein wie in den umkehrenden Schichten der B-Sterne, in denen die Dichte von der Größenordnung 10^{-8} ist.

Um das Ionisationsniveau ψ_1 zu finden, setzen wir $\varrho\delta$ für ϱ in (174.2) ein. Für $\mu = 10$ ergibt dies

$$\psi_1 = 20{,}5 \text{ Volt}.$$

Hieraus folgt $\psi_1/RT = 15{,}8$ und da dieser Wert groß ist, sind auch hier die in (174.2) gemachten Vereinfachungen zulässig. Die Elektronen des Energieniveaus ψ_1 sind zur Hälfte durch Ionisation entfernt und zur Hälfte nicht. Für ein anderes Niveau ψ wird der Bruchteil (x) der ionisierten Elektronen durch

$$\frac{x}{1-x} = e^{(\psi-\psi_1)/RT}$$

gegeben.

Beispiele:

1. Natrium. Die beiden ersten Ionisationspotentiale sind 5,1, 30—35 Volt. Daher:

$$x/(1-x) = 3{,}3 \cdot 10^5 \text{ für die erste Ionisation,}$$
$$= 10^{-4} \text{ für die zweite Ionisation.}$$

Beinahe das ganze Natrium erscheint also als Na_+, welches keine beobachtbaren Linien ergibt, doch ist noch etwa 1 : 300000 Teil von Na vorhanden, der die wohlbekannten *D*-Linien zeigen könnte.

2. Kalzium. Die beiden ersten Ionisationspotentiale sind 6,1 Volt, 11,8 Volt. Daher

$$x/(1-x) = 6{,}7 \cdot 10^4 \text{ für die erste Ionisation,}$$
$$= 830 \text{ für die zweite Ionisation.}$$

Das Kalzium ist also zum größten Teile Ca_{++}, das unbeobachtbar st; es ist aber noch 1 : 830 von Ca_+ und 1 : 50000000 von Ca vorhanden.

Wir bemerken, daß viel mehr neutrales Natrium vorhanden ist als neutrales Kalzium, trotzdem das Ionisationspotential für Natrium niedriger ist. Dies ist von Wichtigkeit, weil das beobachtete Spektrum der interstellaren Materie, wie wir gleich sehen werden, tatsächlich neutrales Natrium, aber kein neutrales Kalzium zeigt. Die für diese Tatsache hier gegebene Erklärung ist im wesentlichen dieselbe, welche R. H. Fowler und andere vorgeschlagen haben. Unter den astronomischen Bedingungen (geringe Dichte) sind die lose gebundenen Valenzelektronen allerdings entfernt; aber der Atomrest fängt fortwährend ein neues Elektron ein, das er dann immer wieder verliert, so daß das Spektrum des einvalentigen Ions erscheinen kann. Das Einfangen von zwei Elektronen wird nur äußerst selten vorkommen, weshalb die Spektren von zweivalentigen Ionen oder Atomen nicht beobachtet werden.

264. Die relative Menge des Kalziums auf der Erde beträgt etwas über 1%. Wenn wir diesen Wert auf die interstellare Materie übertragen, erhalten wir 10^{-26} gr Ca_{++} und 10^{-29} gr Ca_+ pro cm^3. Eine Säule von 1 cm^2 Querschnitt und 100 parsec Länge enthält dann $3{,}10^{-9}$ gr Ca_+. In § 254 hatten wir für den monochromatischen Absorptionskoeffizienten den Wert $9 \cdot 10^8$ gefunden, wobei die größte Unsicherheit in dieser Bestimmung von der über die Breite der *H*- und *K*-Linien unter chromosphärischen Bedingungen gemachten Annahme herrührte. Auf Grund der hier angegebenen Zahlen wären in dem Lichte, welches 100 parsec im interstellaren Medium zurückgelegt hat, starke *H*- und *K*-Linien durchaus zu erwarten.

Auf der Erde kommen Natriumatome etwa dreimal häufiger vor als Kalziumatome; wegen des ungünstigeren Ionisationszustandes wäre aber nur ein neutrales Na-Atom auf je 100 Atome von Ca_+ zu erwarten. Auf Grund der Untersuchungen von R. H. Fowler erscheint es unwahrscheinlich, daß der Absorptionskoeffizient für die *D*-Linien größer als für *H* und *K* sein kann, so daß die *D*-Linien des Sternmaterials sehr viel schwächer sein müßten. Die Beobachtung zeigt aber keinen großen Intensitätsunterschied. Für diesen scheinbaren Widerspruch lassen sich verschiedene Erklärungen finden. Er könnte z. B. durch unsere Annahme einer gleichen effektiven Temperatur für alle Sterne bedingt sein.

Außer Ca_+ und Na sind keine anderen Ionen vorhanden, welche Linien von einigermaßen vergleichbarer Intensität ergeben könnten. Es würden jedenfalls nur Hauptlinien erscheinen können, weil Anregungen äußerst selten sein werden. Aus den bereits angeführten Gründen brauchen nur einvalentige Ionen betrachtet zu werden (die den Atomresten entsprechenden Hauptserien liegen außerhalb des beobachtbaren Spektrums). Man hat auch an ionisiertes Strontium gedacht; seine Verbreitung auf der Erde ist aber sehr gering, so daß es in dieser Beziehung schwer benachteiligt erscheint.

Ruhende Kalziumlinien.

265. In einigen spektroskopischen Doppelsternen nehmen die Linien *H* und *K* des Kalziums an der durch die anderen Spektrallinien angezeigten Bahnbewegung nicht teil. Offenbar entstehen diese Linien nicht in den Atmosphären der beiden Komponenten; sie werden entweder in einer das ganze System umgebenden Hülle erzeugt oder auf dem Wege, den das zu dem Beobachter gelangende Licht im interstellaren Raume zurücklegt. In einer beträchtlichen Entfernung von beiden Komponenten muß das absorbierende Material eine sehr geringe Dichte haben und die außerordentliche Schärfe der „ruhenden Kalziumlinien" stimmt hiermit gut überein. Die Entdeckung von ruhenden Kalziumlinien in den Doppelsternen kann mit der Entdeckung von tellurischen Linien im Sonnenspektrum verglichen werden; es zeigt sich, daß gewisse Linien an der Rotation der Sonne nicht teilnehmen, und hieraus wird geschlossen, daß diese Linien dem Lichte auf seinem Wege zu uns, nämlich in unserer eigenen Atmosphäre aufgeprägt werden.

Das Phänomen wird nur von den allerheißesten Sternen „früher Typen", nämlich der Typen *O* bis *B* 3 gezeigt. Es könnte jedoch auch bei kühleren Sternen unbemerkt vorhanden sein, weil in diesen die ruhenden Linien durch stärkere und breitere Absorptionslinien in den Atmosphären der Komponenten verdeckt werden.

Die Frage, ob die Kalziumwolke, welche diese Absorption hervorruft, mit dem Sterne verbunden ist oder frei im Raume schwebt, kann durch Messung der Radialgeschwindigkeiten entschieden werden. Diese Prüfung ist keineswegs leicht auszuführen, weil die Sterne der frühen Typen meistens nur kleine individuelle Geschwindigkeiten besitzen, jedoch scheint eine Untersuchung von J. S. PLASKETT in dieser Beziehung entscheidend zu sein[1]. Es wurden die „Kalziumgeschwindigkeiten" und die gewöhnlichen (aus den Linien normalen Verhaltens bestimmten) Sterngeschwindigkeiten von 40 Sternen, deren Spektraltypus früher als *B* 3 ist, gemessen, wobei sich die Untersuchung nicht auf spektroskopische Doppelsterne beschränkte. In einer Reihe von Fällen wurden beträchtliche Abweichungen bis zu 50 km pro sec gefunden, welche zeigen, daß die Kalziumwolken mit den Sternen nicht in Verbindung stehen können. Ferner ergab sich, daß nach Verbesserung der Kalziumgeschwindigkeiten wegen der Bewegung der Sonne die Wolken eine sehr kleine oder gar keine Bewegung gegen das fundamentale Bezugssystem der Sterngeschwindigkeiten — das sog. „Mittel aller Sterne" — behalten. Diese Gleichmäßigkeit des Bewegungs- (oder Ruhe-) Zustandes der Kalziumwolke zeigt, daß es sich hier um eine kontinuierliche Wolke handelt, die sich über alle bei der Untersuchung erforschten Gebiete der Sternwelt erstreckt.

266. Wenn wir die Existenz einer sich durch den interstellaren Raum erstreckenden Kalziumwolke zugeben, entsteht für uns die weitere Frage, ob die ruhenden Linien durch diese Wolke gleichmäßig auf dem ganzen Wege des Lichts vom Sterne bis zur Erde erzeugt werden, oder nur in der näheren Nachbarschaft des Sternes. Der Grund für unseren Wunsch, die Erzeugung der Linien auf die Nachbarschaft des Sternes zu beschränken, liegt in der Erwägung, daß, wenn wir den Stern von jeder Beteiligung am Phänomene freisprechen, letzteres für Sterne aller Spektraltypen das gleiche sein muß, da in diesem Falle die Intensität der ruhenden Linien nur von der Länge des vom Lichte zurückgelegten Weges abhängt. Da das Phänomen nur bei den heißesten Sternen der Typen *O* bis *B* 3 beobachtet wird, ist die Vermutung ausgesprochen worden, daß die Anwesenheit eines sehr heißen Sternes den in seiner Nachbarschaft gelegenen Teil der Wolke anregen könnte, die Absorption auszuführen. Dies würde die ruhenden Kalziumlinien in der Tat vorzüglich erklären, denn das Kalzium würde durch die hochfrequente Strahlung ionisiert und somit in einen Zustand versetzt werden, in dem es die *H*- und *K*-Linien absorbieren könnte. Aber die ruhenden Natriumlinien lassen sich auf diese Weise nicht erklären, weil sie von normalen

[1] Publ. Dom. Obs. Vict. Bd. 2, S. 287.

nicht angeregten Atomen absorbiert werden, die keiner derartigen Vorbereitung bedürfen. Dies bildet einen vernichtenden Einwand gegen die Theorie. Außerdem scheint auch kein Grund angebbar zu sein, warum die Linien des nicht ionisierten Kalziums dem Lichte während seines Durchganges durch die Gebiete, in denen die Atome als nicht vorbereitet vorausgesetzt werden, nicht gleichfalls aufgeprägt werden sollten.

Eine andere Erklärungsmöglichkeit würde in der Annahme bestehen, daß weder Kalzium- noch Natriumatome in der allgemeinen Wolke in großen Mengen vorkommen und daß sie nur in der Nähe der heißesten Sterne stärker vertreten sind, aus denen sie durch selektiven Strahlungsdruck oder in einer anderen Weise herausgeschleudert werden. Nach der Ejektion werden die Atome von der Wolke aufgefangen, so daß sie die Bewegung der Wolke und nicht die Bewegung des Sternes teilen. Diese Annahme führt bei einem Versuche ihrer quantitativen Prüfung zu großen Schwierigkeiten. Da sich der Stern durch die Wolke hindurch bewegt, kann er nicht gut einen Schirm vor sich erzeugen. Jedenfalls müßten die ruhenden Linien bei den Sternen, die sich von uns entfernen, stärker sein als bei den Sternen, die sich uns nähern und es müßte, wenn mit dieser Annahme Ernst gemacht werden soll, nach einer solchen Korrelation gesucht werden. Wahrscheinlicher ist es aber, daß wir uns der zweiten theoretischen Alternative zuwenden müssen, welche behauptet, daß die ruhenden Linien durch gleichmäßige Absorption im interstellaren Raume erzeugt werden. Dann müssen sie in den Spektren aller Typen vorhanden sein, wenn nur die Sterne genügend weit von uns entfernt sind, obwohl ihre Feststellung unter Umständen auch unmöglich sein kann. Für das Nichterscheinen dieser Linien lassen sich recht plausible Gründe anführen. Unterhalb von $B\,3$ fangen vermutlich die Linien H und K schon an, auch im eigenen Spektrum des Sternes eine hervorragende Rolle zu spielen, so daß die ruhenden Linien nur dann bemerkt werden können, wenn der Stern eine große Geschwindigkeit besitzt. Von $B\,3$ bis $B\,8$ sind aber die Geschwindigkeiten meistenteils sehr klein. Sterne späterer Typen sind im allgemeinen nicht weit genug entfernt, um der allgemeinen Raumabsorption Gelegenheit zu geben, in Erscheinung zu treten, und in den spätesten Typen wird die Feststellung der ruhenden Linien durch das Auftreten immer größerer Anzahlen von Spektrallinien erschwert. Es ließen sich vielleicht doch einige Sterne finden, die den erforderlichen Bedingungen sehr großer Entfernung und beträchtlicher Geschwindigkeit entsprechen, und diese könnten dann entscheidende Aussagen für oder wider die Theorie liefern; bis jetzt ist uns aber von einer solchen Prüfung noch nichts bekannt[1]. Es scheint

[1] [Der Stern 66 Eridani, Spektraltypus B 9, Helligkeit $5^m,2$, ist für die Theorie entschieden ungünstig. Er stellt einen spektroskopischen Doppelstern dar, bei dem beide Spektren sichtbar sind und die Kalziumlinien der Bahnbewegung folgen. Die relative Geschwindigkeit beider Komponenten erreicht 220 km pro Sekunde,

uns, daß eine wertvolle Prüfungsmethode in dem Versuche bestehen könnte, zwischen den Intensitäten der ruhenden Linien und den Entfernungen der Sterne der Spektraltypen *O*—*B* 3 eine Korrelation zu finden. Wenn diese Sterne nach ihren geschätzten Entfernungen gruppiert werden, kann sich eine ausgeprägte Korrelation zeigen, und wenn sich dieses Prüfungsverfahren als befriedigend erweisen sollte, könnte es möglicherweise sogar zu einer Methode ausgebildet werden, um sehr große Sternentfernungen zu bestimmen. Allerdings müßte man auch auf das Auftreten von Ausnahmsfällen gefaßt sein, denn das Licht eines Sternes könnte in einigen Fällen auch einen diffusen Nebel (mit etwa 10000mal größerer Dichte als die interstellare Wolke) durchsetzen, wodurch die Berechnung vollständig umgestoßen werden würde.

Bei einigen Doppelsternen zeigen die Kalziumlinien eine veränderliche Radialgeschwindigkeit von derselben Periode wie die anderen Linien, jedoch von kleinerer Amplitude. Es scheint klar zu sein, daß wir es hier mit dem Resultate einer Überlagerung der ruhenden Kalziumlinien und der eigenen Kalziumlinien des Sternes zu tun haben. Einige Autoren schreiben aber dieses Phänomen einer Bewegung der hypothetischen Kalziumhülle zu, welche der Annäherungs- und Entfernungsbewegung der größeren Komponente mit verkleinerter Amplitude folgt. Diese Ansicht mißachtet völlig die Dynamik des Problems; offenbar kann die Bewegung des Hauptsternes eine Lagenänderung in einem entfernten verdünnten Medium nur mit einer großen Phasenverzögerung hervorrufen.

Es können noch ein paar Worte über die Methode der Erzeugung der Linien hinzugefügt werden. Wir sahen schon früher, daß die Atome, welche eine Linienabsorption ausgeführt haben, ihre Energie nur durch Ausstrahlung wieder loswerden können. Die absorbierte Strahlung wird aber aus dem vom Sterne nach der Erde fortschreitenden Strahle entnommen, während die emittierte Strahlung unterschiedslos in allen Richtungen ausgesandt wird; wenn ein Teil von dieser das Auge des Beobachters trifft, so kommt er nicht aus der Richtung des Sternes, sondern bildet einen Bestandteil des allgemeinen Himmelslichtes. Da kein thermodynamisches Gleichgewicht besteht, ist die Emission nicht notwendig qualitativ das genaue Gegenstück der Absorption, d. h. das Atom kann in einem Schritte angeregt werden und in mehreren auf-

---

so daß *zwischen* den Sternlinien ein reichlicher Raum vorhanden ist, in dem die ruhenden Linien erscheinen könnten, doch werden keine solche beobachtet (FROST und STRUVE: Astrophys. Journ. Bd. 60, S. 313). Ich kann höchstens einwenden, daß die Entfernung, die auf 150 parsec geschätzt wird, ungenügend ist, um die interstellare Absorption zu zeigen, doch erscheint auch mir diese Entschuldigung nicht sehr befriedigend.]

einanderfolgenden Schritten in seinen normalen Zustand zurückkehren. Tatsächlich wird die Emission gewöhnlich in tieferen Frequenzen als die Absorption erfolgen, wegen der verhältnismäßigen Armut des Strahlungsfeldes an niedrigen Frequenzen.

Lichtabsorption im Raume.

267. Entfernungen von Himmelsobjekten können bis zu etwa 50 parsec nach der trigonometrischen Methode bestimmt werden. Durch den Gebrauch von mittleren parallaktischen Bewegungen und mittleren transversalen Bewegungen kann die Bestimmung von *durchschnittlichen* Entfernungen für Gruppen von Objekten bis auf etwa 400 parsec ausgedehnt werden. Jenseits dieser Grenze sind unsere Entfernungsbestimmungen beinahe ausschließlich von optischen Methoden abhängig; wenn die absolute Helligkeit eines Sternes als bekannt vorausgesetzt werden kann, dann zeigt uns eine leichte Berechnung, in welcher Entfernung sich der Stern befinden muß, um die beobachtete scheinbare Helligkeit zu ergeben.

Die optische Methode der Entfernungsbestimmung setzt voraus, daß das Licht während seines Durchganges durch den Raum keinen Verlust durch Absorption oder Streuung erleidet. Die unmittelbaren Beobachtungsdaten auf die sich diese Annahme stützt, sind außerordentlich spärlich. Eine gewisse Kontrolle ergibt die allgemeine Übereinstimmung zwischen spektroskopischen und trigonometrischen Parallaxen, doch ist die hieraus ableitbare obere Grenze für die Absorption zu hoch, um uns viel nützen zu können. Die Tatsache, welche gewöhnlich als ein Anzeichen für die beinahe völlige Durchsichtigkeit des interstellaren Raumes angeführt wird, ist die von H. Shapley gemachte Feststellung, daß das Licht der Sterne in den Kugelhaufen (in Entfernungen von der Größenordnung von 10000 parsec) noch kein merkliches Röterwerden zeigt; hierbei wird angenommen, daß eine Absorption ohne Röterwerden unwahrscheinlich ist.

Nach den modernen Anschauungen bringt uns aber das Resultat von Shapley in Wirklichkeit nicht viel weiter. Wir werden bald zeigen, daß das Röterwerden des Lichtes beim Durchgang durch diffuse Materie klein ist im Vergleiche zu der Absorption, so daß das Fehlen eines feststellbaren Röterwerdens der Sterne kein Beweis für die Abwesenheit einer Lichtschwächung ist.

Die Schwäche des Argumentes springt in die Augen, wenn wir die möglichen Ursachen für die Schwächung des Lichtes eines entfernten Objektes durchmustern. Diese sind:

1. Verfinsterung durch Teilchen, die groß sind im Vergleiche zu der Wellenlänge des Lichtes (meteorische Materie).
2. „Rayleighsche Streuung" durch Atome, Ionen und andere Teil-

chen, die ihren Dimensionen nach mit den Wellenlängen des Lichtes vergleichbar sind.

3. Streuung durch freie Elektronen.

4. Kontinuierliche Absorption durch gasförmiges Material.

Die in §§ 265, 266 besprochene Linienabsorption hat nur einen unbedeutenden Einfluß auf die allgemeine Helligkeit eines Sternes und kann nicht vorkommen, ohne sich im Spektrum zu verraten.

Von allen diesen Ursachen bedingt nur die RAYLEIGHsche Streuung bestimmt ein Röterwerden des Lichtes. Sie ist zu der inversen vierten Potenz der Wellenlänge proportional, so daß blaues Licht aus dem durchgelassenen Strahle schneller eliminiert wird als rotes Licht. Wir hätten aber die RAYLEIGHsche Streuung beinahe ohne experimentelle Prüfung des Sternlichtes auf Röterwerden von vornherein beseitigen können, da zur Erzeugung eines merklichen Effektes eine viel größere Menge von interstellarer Materie erforderlich wäre, als sich mit einer dynamischen Deutung der Sterngeschwindigkeiten vereinbar erweist. Die Ursachen 1 und 3 sind in ihrer Wirkung unabhängig von der Wellenlänge und würden daher ein Röterwerden nicht hervorrufen können. Ursache 4 wirkt wahrscheinlich selektiv, doch läßt sich nicht voraussagen, ob sie das Licht röter oder blauer machen würde.

Wir haben bereits gewisse Gründe für die Annahme angeführt, daß die meisten Elemente ihre Valenzelektronen im interstellaren Raume verlieren; und die ruhenden Kalziumlinien weisen auf jeden Fall darauf hin, daß das Kalzium ionisiert ist. Das Material enthält daher freie Elektronen. Wir wollen zusehen, ob die Elektronenstreuung eine merkliche Schwächung des Sternes bewirken kann. Wenn 500 freie Elektronen in einem cm^3 enthalten wären, würde eine Säule von 1 cm^2 Querschnitt und 1000 parsec Länge $1{,}5 \cdot 10^{24}$ Elektronen enthalten — d. h. die in 5 gr Materie enthaltene Anzahl. Ein diese Säule durchsetzendes Lichtbündel würde im Verhältnisse e^{-1} oder genähert um eine Größenklasse geschwächt werden [vgl. (53.5)]. Eine Absorption von 1^m pro 1000 parsec ist gerade stark genug, um bei Untersuchungen über das galaktische System eine ernste Bedeutung zu gewinnen. Wir haben keinen Grund anzunehmen, daß die diffuse Wolke weit über die Grenzen des galaktischen Systems hinausreicht — ihre von PLASKETT bestimmte Bewegung zeigt vielmehr, daß sie mit unserem lokalen Systeme verbunden ist — so daß wir nicht voraussetzen dürfen, daß sich diese Absorption in gleicher Weise auf das von den Kugelhaufen kommende Licht erstreckt; aber alle außerhalb unseres Systems sichtbaren Objekte würden mindestens um eine Größenklasse geschwächt erscheinen, und dies würde wichtige Korrektionen für die abgeleiteten Entfernungen der Kugelhaufen und der Spiralnebel notwendig machen.

Eine Dichte von 500 freien Elektronen pro cm^3 ist indessen viel größer als wir annehmen dürfen. Bei einer Dichte von 10^{-24} kommt nur etwa $\frac{1}{10}$ eines Elektrons auf ein cm^3. Wir können also wohl zuversichtlich behaupten, daß die Elektronenstreuung im interstellaren Raume zu klein ist, um eine merkliche Schwächung auch der allerentferntesten Objekte hervorzurufen. Ihre Vernachlässigung bei der Bestimmung der Entfernung des Andromedanebels (300000 parsec) könnte allerdings vielleicht eine kleine Gefahr in sich schließen; aber die anzubringende Korrektion würde sogar in dem Falle, wenn sich die diffuse Materie mit unverminderter Dichte durch den ganzen intergalaktischen Raum erstreckte, die Größenordnung der für den Nebel erhaltenen Entfernung nicht ändern.

Wenn die Lichtschwächung durch Elektronenstreuung überhaupt eine kosmische Bedeutung beanspruchen darf, so kann ihr eine solche nur in lokal begrenzten Raumteilen des Himmels zukommen, in denen die interstellare Materie stärker verdichtet ist als in den normalen Gebieten. Wenn ein Gas ionisiert ist, hat die Elektronenstreuung (die kein Röterwerden hervorruft) einen viel größeren Wert als die RAYLEIGHsche Streuung (die ein Röterwerden zur Folge hat), so daß ihr kombiniertes Ergebnis eine Absorption ohne merkliches Röterwerden ist. Wir haben über uns eine Luftsäule, die etwa 1000 gr pro cm^2 enthält. Wenn diese vollständig ionisiert wäre, würde die Elektronenstreuung das Licht eines Sternes im Zenithe um $1000/5 = 200$ Größenklassen schwächen; bei einfacher Ionisation würde die Abschwächung 14 Größenklassen betragen. Die RAYLEIGHsche Streuung, die nicht merklich verschieden ist für ionisierte Luft und für die wirkliche Atmosphäre, ist im Vergleiche hierzu natürlich ganz unbedeutend.

Wir könnten den Versuch machen, die Beobachtungen über das Röterwerden der Sterne zur Entscheidung der Frage zu verwenden, ob die Nebelmaterie ionisiert ist oder nicht. Wenn eine mit Rötung verbundene Absorption stattfindet, ist die Anzahl der freien Elektronen verhältnismäßig gering; wenn kein merkliches Röterwerden beobachtet wird, muß das Material ziemlich stark ionisiert sein. Die einzige Schwierigkeit besteht nur darin, daß wir niemals sicher sein können, daß die Absorption nicht in irgendeiner ganz anderen Weise zustandekommt, z. B. durch Zwischenlagerung von meteorischer Materie. Messungen des durch dunkle Wolken und gasförmige Nebel bedingten Röterwerdens sind zwar schon versucht worden, jedoch wäre es noch verfrüht, irgendwelche bestimmten Schlüsse aus ihnen ziehen zu wollen.

268. Kontinuierliche Absorption wird (zum Unterschiede von der Streuung) durch die zwei Ursachen hervorgerufen, die wir gelegentlich unserer Untersuchungen über das Innere eines Sternes studiert haben:

a) Ionisation von Atomen.

b) Plötzliche Bahnänderungen von Elektronen bei Zusammenstößen mit Atomen.

Diesen Ursachen müssen wir vielleicht noch eine dritte im Sterninneren nicht wirksame Ursache hinzufügen, nämlich

c) Dissoziation von Molekeln in Atome.

a) Die Absorption durch Ionisation beeinflußt nur Strahlungen von solchen Frequenzen, die oberhalb der dem Ionisationspotentiale entsprechenden Frequenz liegen. Damit das gelbe Licht, welches am meisten zu der visuellen Helligkeit beiträgt, absorbiert werden könnte, müßte das Ionisationspotential den sehr niedrigen Wert von 2,2 Volt haben. Dieser Wert liegt unterhalb aller uns bekannten Ionisationspotentiale. Ein angeregtes Atom könnte zwar durch Licht kleinerer Frequenzen ionisiert werden, doch muß der Prozentsatz solcher Atome ein außerordentlich geringer sein.

b) Die Wirkung dieser Ursache muß wegen der Seltenheit der Zusammenstöße eine verschwindend schwache sein.

c) Es ist nicht wahrscheinlich, daß im interstellaren Raume Kombinationen von Atomen zu Molekeln vorkommen können, weil die Atome ionisiert sind und ihre positiven Ladungen bestrebt sein werden, sie bei Annäherungen auseinander zu halten; ihre chemische Anziehung erhält daher keine Gelegenheit in Erscheinung zu treten.

Was nun die Verfinsterung durch meteorische Materie betrifft, so läßt sich hierüber aus den Beobachtungen noch nichts Bestimmtes entnehmen. Der Ursprung der mit der Erde zusammentreffenden Meteore wird gegenwärtig allgemein im Sonnensystem gesucht und wir haben gar keinen Grund zu der Annahme, daß auch im interstellaren Raume etwas Derartiges vorhanden sein sollte. Wir haben den (vielleicht nicht sehr begründeten) Eindruck, daß der Urzustand der Materie vielmehr ein gasförmiger sein muß und daß Meteore oder meteorischer Staub, die Trümmer irgendwelcher früheren Aggregationen von Materie darstellen. Die Annahme einer Verfinsterung durch Meteorstaub ist in bezug auf Masse etwas ökonomischer als die anderen Formen der Absorption oder Streuung, eine Erwägung, die mitunter auch von Bedeutung sein kann; trotzdem wir uns zu der Hypothese einer durch diese Ursache bedingten Absorption keineswegs hingezogen fühlen, dürfen wir sie doch nicht ohne weiteres als beseitigt betrachten.

Indem wir zu der Frage zurückkehren, inwiefern die gewöhnliche Annahme einer vollkommenen Durchsichtigkeit des Raumes berechtigt erscheint, müssen wir also sagen, daß wir sie im allgemeinen für richtig halten; die einzige ernste Gefahr bei diesem Schlusse besteht in der Vernachlässigung des möglichen Einflusses der Absorption durch Meteorstaub.

Diffuse Nebel und dunkle Nebel.

269. Wir wollen nun die diffusen Nebel betrachten, die, wie z. B. der Orionnebel, aus hellen Emissionslinien bestehende Spektren zeigen, und ferner auch die „dunklen“ Nebel, die sich als dunkle, das Licht der hinter ihnen liegenden Sterne schwächende Flecke auf den Himmel projizieren. Trotzdem es vielleicht nicht immer möglich ist, einen dunklen Nebel von einer wirklichen Lücke in der Sternverteilung mit Sicherheit zu unterscheiden, kann die Anwesenheit dunkler Nebelwolken in vielen Fällen nicht bezweifelt werden. Die dunklen und diffusen Nebel stehen zueinander in enger Beziehung und gehen unmerklich ineinander über; manchmal setzt sich ein diffuser Nebel als dunkler Fleck am Himmel fort; zuweilen ist auch in einem Teile eines dunklen Nebels ein schwaches Leuchten bemerkbar, an den Stellen, wo die Nähe von hellen Sternen die nötige Anregung gibt. Gegenwärtig wird allgemein angenommen, daß das Leuchten eines diffusen Nebels durch die Strahlung der in ihm enthaltenen Sterne bedingt wird; dieses Phänomen wird oft als Fluoreszenz bezeichnet. Die Abhängigkeit des Nebellichtes von der Sternstrahlung wird sehr schön durch den Hubbleschen veränderlichen Nebel illustriert, in dem der anregende Stern ein veränderlicher ist und dementsprechend auch der Nebel einen Lichtwechsel zeigt. Den Prozeß stellt man sich gewöhnlich in der Weise vor, daß die Atome im Nebel durch Absorption der von dem Sterne oder den Sternen kommenden Strahlung angeregt werden, und beim Zurücksinken in den normalen Zustand das eigene charakteristische, aus hellen Linien bestehende Spektrum emittieren.

Betrachten wir z. B. die Linien der Balmerserie (H_α, H_β usw.), die in den diffusen Nebeln erscheinen. Die Wellenlänge der zur Hebung des normalen Wasserstoffatoms in den erforderlichen Zustand notwendigen Strahlung ist 1025,5 Å für H_α und erreicht für die höchsten Glieder der Serie 911,5 Å. Da diese Frequenzen weit im Ultravioletten liegen, werden die heißen Sterne an der erforderlichen Strahlung viel reicher sein als die kühleren Sterne. In Übereinstimmung hiermit befinden sich die leuchtenden Nebel, welche die Wasserstofflinien zeigen, gewöhnlich in der Umgebung von Gruppen von B-Sternen. Die dunklen Nebel können wir als mit den hellen Nebeln völlig wesensgleiche Objekte betrachten, in denen nur Sterne fehlen, die heiß genug wären, um sie zum Leuchten anzuregen. Es muß aber bemerkt werden, daß auch Opazität durch Strahlung angeregt werden kann, wenn z. B. die Strahlung sehr viele freie Elektronen erzeugt und auf diese Weise für neue Absorptionsmechanismen sorgt. Ich glaube nicht, daß bei gewöhnlichen dunklen Nebeln die Opazität eine angeregte ist; eine genaue Betrachtung der photographischen Aufnahmen des Hubbleschen veränderlichen Nebels legt aber den Gedanken sehr nahe, daß das Erscheinen und Verschwinden der in gewissen Teilen dieses Nebels beobachtbaren dunklen Verfinsterungsgebiete durch die veränderliche Anregung des mit ihm verbundenen Sternes regiert wird. Da der Zustand des Nebels vom thermodynamischen Gleichgewichte weit entfernt ist, erfolgt die Emission im allgemeinen nicht in denselben Wellenlängen wie die Absorption. Die Atome, welche die Balmerserie des Wasserstoffes emittieren, sind durch Absorption der (weit im Ultravioletten liegenden, der Beobachtung unzugänglichen[1]) Hauptserie in ihren Anregungszustand versetzt worden. Die Linien des Nebuliums sowie die anderen für die Nebel charakteristischen Emissionslinien müssen in ähnlicher Weise erzeugt werden, da sich eine Absorption dieser Wellenlängen durch den Nebel durch das Erscheinen der entsprechenden dunklen Linien in dem Spektrum des anregenden Sternes verraten würde.

Hieraus folgt, daß *die Nebel für das von ihnen emittierte Licht durchsichtig sind,* und daß daher die Helligkeit einer gegebenen Linie genau proportional zu der in ihr stattfindenden Gesamtemission ist — eine sehr ungewöhnliche Vereinfachung. (In der Kalzium-Chromosphäre z. B. findet eine starke innere Absorption statt, so daß das austretende Licht keineswegs der von den Atomen im Inneren emittierten Lichtmenge proportional ist.) Man sollte meinen, daß die Nebel besonders günstige Objekte für spektrophotometrische Untersuchungen darstellen müßten, jedoch sind mir keine derartigen Untersuchungen bekannt geworden.

Der Name „*Nebulium*" wird für ein Ion gebraucht, welches zwei sehr starke grüne Linien bei 5007 und 4959 Å emittiert, die (vermutlich) ein Dublett bilden. Dieses Ion ist bis jetzt noch nicht identifiziert worden, doch muß es vermutlich eines der wohlbekannten Elemente sein, in einem im Laboratorium noch nicht realisierten Ionisationszustande. Da dunkle Nebuliumlinien in den Spektren der Sterne nicht auftreten, kann dieses Dublett einer Hauptserie nicht angehören; eine genaue Messung der relativen Intensitäten der beiden Linien könnte für seine Klassifizierung von großer Bedeutung sein.

In einem isothermen Nebel ist die Dichte in großen Entfernungen vom Mittelpunkte zu r^{-2} proportional[2]. Wenn sich die anregenden Sterne in der Nähe des Mittelpunkts des Nebels befinden, ist die Intensität der Strahlung gleichfalls proportional zu r^{-2} und der Verdünnungsfaktor ist proportional zu r^2. Dementsprechend strebt $\varrho\delta$ einem konstanten Werte zu, und der Ionisationsgrad ist in den äußeren Teilen eines diffusen Nebels überall konstant. Die angeregten Atome, welche Emissionslinien ergeben, werden auf zwei verschiedene Weisen gebildet; 1. durch Anregung, welche (pro Volumeneinheit) proportional zu der Dichte und zu der Strahlungsintensität ist und 2. durch Einfangen von Elektronen in angeregte Bahnen, welches proportional zu

[1] Die oberen Schichten unserer Atmosphäre sind für Wellenlängen unter 2850 Å praktisch undurchsichtig und sogar das Sonnenspektrum kann jenseits dieser Grenze nicht mehr beobachtet werden.

[2] Vgl. Fußnote auf S. 467.

ϱ^2 ist. In beiden Fällen ist die Anzahl proportional zu r^{-4}; wenn wir also längs des Gesichtsradius integrieren, erhalten wir (da der Nebel für sein eigenes Licht durchsichtig ist) das Resultat, daß die Helligkeit des Nebels umgekehrt proportional zu der dritten Potenz des Winkelabstandes vom Mittelpunkte variieren muß. Dieses Ergebnis bezieht sich nur auf die äußeren Teile des Nebels, und es ist außerdem natürlich sehr unwahrscheinlich, daß die idealen Bedingungen in der Natur genau erfüllt sein werden. Die Gestalt eines diffusen Nebels ist oft eine sehr unregelmäßige.

270. Was nun die dunklen Nebel betrifft, so ist eine Erklärung für ihre hohe Opazität keineswegs leicht zu geben. Die meisten theoretischen Ansätze führen, wie A. PANNEKOEK gezeigt hat, zu einer ganz unvernünftig großen Masse. Wir können die von PANNEKOEK[1] untersuchte dunkle Wolke im Stiere als typisch betrachten. Er stellte ein Verfinsterungsgebiet von 140 Quadratparsec Ausdehnung fest, welches das Licht der hinter ihm liegenden Sterne im allgemeinen um 2 Größenklassen schwächt. Indem er die Verdunkelung als RAYLEIGHsche Streuung deutete, fand er eine Masse von mindestens $4 \cdot 10^9 \times \odot$. Wenn wir statt dessen Elektronenstreuung voraussetzten, ist die erforderliche Masse zwar kleiner, doch wird die Schwierigkeit nicht völlig behoben. Um eine Lichtschwächung von zwei Größenklassen zu erklären, brauchen wir 10 gr pro cm^2 völlig ionisierten Materials oder etwa 200 gr pro cm^2 einfach ionisierten Materials. Die Gesamtmasse ergibt sich dann zu $140 \times 200 \times (3 \cdot 10^{18})^2 = 2{,}5 \cdot 10^{41}$ gr $= 120$ Millionen Sonnen. Wenn die Tiefe (dem Querschnitte entsprechend) gleich 12 parsec angenommen wird, ist die Dichte gleich $5 \cdot 10^{-18}$ gr pro cm^3 oder 500mal größer als unsere Abschätzung von ϱ_0 in § 260. Ein sich diesem Nebel nähernder Stern würde an seiner Begrenzung eine Geschwindigkeit von 300 km pro sec und beim Erreichen des Mittelpunktes eine Geschwindigkeit von 350 km pro sec annehmen. Die Masse ist also augenscheinlich zu groß. Um abnorme Sterngeschwindigkeiten zu vermeiden, müßte die Masse mit 100 dividiert werden. Wenn wir den Reduktionsfaktor $\frac{1}{100}$ akzeptieren, wird die Dichte etwa 1000mal größer als die von uns für normale interstellare Materie angenommene und die Masse ist gleich 2 gr pro cm^2. Es erscheint zweifelhaft, ob 2 gr pro cm^2 die beobachtete Opazität in irgendeiner anderen Weise als durch die verfinsternde Wirkung von festen Körpern, etwa von der Art von Sandkörnern, ergeben können.

Wir haben schon oben (§ 262) gesehen, daß die Dichte der dunklen Nebel (10^{-21} bis 10^{-20}) bereits eine so große sein kann, daß die hohe Temperatur der diffusen Materie in ihnen nicht mehr erreicht wird. Dieses Versagen kann auch in der Weise beschrieben werden, daß die

[1] Proc. Akad. van Wetenschappen, Amsterdam Bd. 23, S. 720 (1920).

Menge des den Nebel durchsetzenden Sternlichts nicht mehr genügt, um die große Masse des Materials im ionisierten Zustande zu erhalten. Wenn sich aber die Atome nicht mehr gegenseitig abstoßen, wird die Bildung von Molekeln möglich. Die Molekeln können sich zu größeren Massen zusammenschließen oder die molekulare Absorption kann schon für sich allein ausreichen, um die verlangte Opazität zu ergeben. Die Energiedichte der interstellaren Strahlung ist etwa einem visuellen Quant in 3 cm^3 äquivalent. Die Dichte 10^{-20} würde etwa 50 Molekeln in 3 cm^3 ergeben, so daß die Molekeln imstande wären, durch ihre kombinierte Wirkung das ganze vorhandene Sternlicht 50mal hintereinander auszulöschen. Es würde schon genügen, wenn jedes Molekül alle 500 Jahre nur einmal in Tätigkeit träte, denn jedes Quant könnte dann vor der Absorption durchschnittlich 10 Lichtjahre oder 3 parsec durchlaufen — was genähert den verlangten Grad von Opazität ergeben würde. Die hier betrachtete Absorption müßte der Dissoziation von Molekeln und nicht ihrer Anregung entsprechen, da eine Bandenabsorption des sichtbaren Lichtes vermutlich spektroskopisch festgestellt worden wäre. Die Forderung, daß die Molekeln alle 500 Jahre einmal gesprengt und wieder gebildet werden sollen, ist kaum als übertrieben zu bezeichnen.

Planetarische Nebel.

271. Die planetarischen Nebel zeigen in vielen Beziehungen große Ähnlichkeit mit den diffusen Nebeln, besitzen aber im allgemeinen eine regelmäßigere Gestalt, umschließen einen einzigen Stern und sind wahrscheinlich von kleinerer absoluter Ausdehnung. Sie geben helle Linienspektren, die von einem schwachen kontinuierlichen Spektrum begleitet sind. Zwischen den Linienspektren der diffusen und der planetarischen Nebel besteht kein großer Unterschied und letztere zeigen untereinander ebenso starke Abweichungen wie von den diffusen Nebeln.

Der Zentralstern ist immer lichtschwach. Sein Spektrum ist außerordentlich reich an ultraviolettem Lichte, und es ist wahrscheinlich, daß die Sterne, welche imstande sind, dieses nebulare Anhängsel aufrechtzuerhalten, alle dem *O*-Typus angehören.

Die *Ringnebel* bilden einen interessanten und charakteristischen Typus von planetarischen Nebeln.

Durch spektroskopische Messungen von Radialgeschwindigkeiten ist die Rotation mehrerer planetarischer Nebel, einschließlich des Ringnebels in der Leier, erwiesen worden. Die Rotation erfolgt nicht wie die eines starren Körpers, sondern mit nach außen abnehmender Geschwindigkeit, wie dies bei Bahnbewegungen der Fall sein müßte. Es ist nicht leicht zu verstehen, auf welche Weise diese Rotation aufrechterhalten wird. Die Ansicht, daß der Nebel aus der bei der Verdichtung des Sternes übriggebliebenen Materie besteht, scheint unhaltbar zu sein, weil eine so dünne Struktur durch die interstellare Wolke nicht mit einer Geschwindigkeit, die zuweilen 100 km pro sec erreicht, hindurchgetrieben werden könnte, ohne schnelle Formänderungen und Zerstreuung zu erleiden. Es erscheint vielmehr unvermeidlich, eine ständige Nachfüllung durch Emission aus dem Zentralsterne anzunehmen. Wie kann aber in diesem Falle das ausgestoßene Material das notwendige Drehmoment erlangen? Dieselbe Schwierigkeit tritt uns auch bei den Neuen Sternen entgegen, bei denen wir Materie beobachten, die bestimmt aus dem Sterne herausgeschleudert zu sein scheint, und die eine Rotationsbewegung oder jedenfalls große transversale Geschwindigkeiten erhält. In Ermangelung jeder anderen Erklärung könnten wir uns vielleicht auf das magnetische Feld des Sternes berufen; wenn ionisiertes Material in der Äquatorialebene herausströmt, werden die Ionen ein Drehmoment von bestimmtem Vorzeichen und die Elektronen ein Drehmoment von entgegengesetztem Vorzeichen um die magnetische Achse des Sternes erhalten. Die durch das Spektrum angezeigte Rotation wird diejenige der Ionen sein. Schon ein äußerst schwaches magnetisches Feld würde genügen, um die erforderliche Ablenkung zu erzeugen; ein Feld von der Stärke des in der Sonnenphotosphäre beobachteten bewirkt schon eine so scharfe Krümmung der Bahnen der Ionen und Elektronen, daß ihr Versuch zu entkommen vollständig vereitelt wird[1]. Es ist jedoch sehr schwer, auf dieser Grundlage eine ausführliche Erklärung aufzubauen, und die Annahme bleibt zunächst noch eine vage Vermutung. Die Rotation der Himmelskörper ist für uns überhaupt völlig geheimnisvoll, und es ist uns tatsächlich noch keine adäquate Ursache für das beinahe universelle Auftreten von schnellen Rotationen bekannt.

Die schwache Leuchtkraft des Zentralsternes hat auch noch keine befriedigende Erklärung gefunden. Die Größenklasse des Sternes im Ringnebel der Leier wird zu $15^m,4$ visuell und 13^m photographisch angegeben. Wenn er ein gewöhnlicher *O*-Stern ist mit der absoluten Helligkeit -4, dann muß er entweder 1. in einer Entfernung von 100000 parsec liegen, oder 2. sehr stark durch Absorption geschwächt sein. Wir haben keine direkte Kenntnis der Entfernung solcher Nebel, die sich alle außerhalb der Grenzen zuverlässiger Parallaxenmessungen befinden, doch ist für uns die erste Alternative kaum annehmbar. Andererseits erscheint aber die bläuliche Färbung des Sternlichtes mit der Hypothese einer starken Absorption unvereinbar. Ferner hat HUBBLE darauf aufmerksam gemacht, daß mehrere kleine nichtgalaktische Nebel durch den großen planetarischen Nebel im Aquarius

[1] Die in dieser Weise festgehaltenen Teilchen rufen außerhalb der Sonne ein magnetisches Feld hervor, welches bestrebt ist, das Feld der Sonne zu neutralisieren. Daher sind die aus höheren Niveaus ausbrechenden Teilchen in einer günstigeren Lage, um entweichen zu können.

hindurch gesehen werden können. D. H. MENZEL[1] hat die Ansicht geäußert, daß die Zentralsterne weiße Zwerge sein könnten.

Welche absolute Helligkeit wir dem Zentralsterne auch zuschreiben, es scheint jedenfalls zwischen dem von ihm zu uns unmittelbar gelangenden Lichte und dem angeblich von ihm angeregten Lichte des Nebels ein bedenkliches Mißverhältnis zu bestehen. In typischen Fällen ist der Nebel etwa 100mal heller als der Stern; und dabei stellt das gesamte Nebellicht nach der Fluoreszenzhypothese nur die in sichtbare Wellenlängen verwandelte ultraviolette Strahlung des Zentralsternes dar, die aus dem jenseits von 2850 Å liegenden Teile seines Spektrums kommt. Keine vernünftige Hypothese über die Temperatur des Sternes vermag zu erklären, wie er eine so große Menge von hochfrequenter Strahlung emittieren kann, ohne gleichzeitig auch eine intensive visuelle Helligkeit zu zeigen.

Wegen dieser Schwierigkeit ist zuweilen angenommen worden, daß das Licht des Nebels durch korpuskulare Emission des Zentralsternes anstatt durch Strahlung angeregt wird. Wenn wir aber die Masse berechnen, die emittiert werden muß, um die Strahlungsenergie des Nebels zu ergeben, erweist sich ihr Betrag als ganz unzulässig groß (vgl. § 275). Der Radius des Nebels in der Leier ist etwa 40″; von der Begrenzung des Nebels aus gesehen erscheint daher der Zentralstern 18,5 Größenklassen heller als von der Erde aus, was ihm die visuelle Größenklasse -3^m gibt. Dies ist weniger als das normale Himmelslicht. Dieser Vergleich legt den Gedanken nahe, daß es vielleicht vernünftiger ist, das Leuchten des Nebels durch eine von außen her kommende Anregung zu erklären. Als wahrscheinliche Ursache würde wohl in erster Linie die durchdringende Strahlung von KOHLHÖRSTER und MILLIKAN in Betracht kommen. Eine äußere Quelle würde außerdem auch die ringförmige Gestalt verständlicher erscheinen lassen. Quantitativ scheint diese Hypothese wohl möglich zu sein; es ist mir nicht gelungen, irgendwelche ernste Einwände gegen sie zu finden.

272. Wenn wir zu der weniger ungewöhnlichen Annahme zurückkehren, daß die anregende Strahlung von dem Zentralsterne ausgeht, bieten sich uns zwei mögliche Wege zur Erklärung der bei vielen Nebeln dieser Klasse vorkommenden ringförmigen Gestalt. Erstens könnten die Grenzen des Ringes die Stellen bezeichnen, an denen die Bedingungen für die Emission des in Betracht kommenden Lichtes aufhören; zweitens könnte der Ring eine tatsächliche Verdichtung des in Betracht kommenden Elementes darstellen. In beiden Fällen stellt die verschiedene Größe des Ringes bei seiner Untersuchung in verschiedenen monochromatischen Lichtarten ein Beobachtungsergebnis von sehr großem

[1] Publ. Astr. Soc. Pac. Bd. 38, S. 295 (1926). Es wird dort eine allgemeine Übersicht über das Problem gegeben, die in diesem Abschnitte benutzt worden ist.

Interesse dar. Durch ein Prisma gesehen, erscheint ein Nebel in eine Reihe monochromatischer Bilder aufgelöst, deren jedes einer der Hauptemissionslinien des Spektrums entspricht. Diese Bilder stellen Ringe verschiedener Größe dar, wobei die Nebuliumringe besonders groß und der He_+-Ring besonders klein sind.

Es ist sehr wohl möglich, daß die Ionisation mit wachsender Entfernung vom Sterne zunächst bis zu einem Maximum anwächst, um dann wieder abzunehmen. Bei kleinen Entfernungen ist die Dichte vermutlich noch zu groß und bei sehr großen Entfernungen ist die hochfrequente Strahlung durch Absorption im Nebel schon stark geschwächt. Es ist aber schwer, den Wasserstoffring in dieser Weise zu erklären, da die Ionisation des Wasserstoffs auf die Helligkeit doch nur ungünstig wirken könnte. Was die zweite Erklärungsweise betrifft, so hat die Untersuchung von MILNE allerdings gezeigt, daß eine Chromosphäre notwendig auf einer Grundlage stehen muß und nicht über einem Sterne frei schweben kann (§ 254). Der Nebel unterscheidet sich aber von der Chromosphäre in zwei wesentlichen Beziehungen: er besitzt erstens eine starke Stütze in seiner Rotation; und er ist zweitens für den größten Teil seiner eigenen Strahlung durchsichtig.

In der Kalziumchromosphäre spielte der nach unten gerichtete Strahlungsdruck, der von den oberen Teilen auf die Atome der unteren Schichten ausgeübt wird, eine wichtige Rolle; der *Netto*fluß von Strahlung nach außen war in allen Höhen derselbe, so daß die vom Strahlungsdruck herrührende Kraft praktisch überall konstant war. Im Nebel wird die absorbierte Energie meistenteils in solchen Wellenlängen reemittiert, für die der Nebel durchsichtig ist, und der nach unten gerichtete Druck ist entsprechend kleiner. Die Kraft des Strahlungsdruckes nimmt daher längs dem Radius nach dem gewöhnlichen Absorptionsgesetze ab. Hierdurch scheint eine stabile ringförmige Verteilung möglich gemacht zu werden; ein aus dem Inneren des Nebels fallendes Teilchen würde durch den wachsenden Strahlungsdruck wieder in den Nebel zurückgeworfen werden; ein nach außen fliegendes Teilchen würde wegen des abnehmenden Strahlungsdruckes wieder zurückfallen. Trotzdem bezweifle ich sehr, daß diesen Überlegungen über das Verhalten des Strahlungsdruckes eine ernste Bedeutung beizumessen sei, weil der in planetarischen Nebeln stark vertretene Wasserstoff durch diese Umstände wahrscheinlich wenig beeinflußt wird.

Zunahme der Sternmassen.

273. Ein Stern, der sich durch diffuse Materie bewegt, muß eine gewisse Anzahl von Atomen auffangen, die auf seiner Bahn oder in deren Nähe liegen, und dadurch an Masse gewinnen.

Es scheint notwendig zu sein, zwei Fälle zu unterscheiden, je nachdem die Geschwindigkeit des Sternes größer oder kleiner als die Schallgeschwindigkeit im Medium ist, also hier etwa 4 km pro sec. Wenn die Geschwindigkeit V des Sternes in bezug auf das Medium größer ist als die Schallgeschwindigkeit, kann sich vor dem Sterne keine Kompressionswelle befinden und die einzige Kraft, welche auf die den Stern treffenden Atome wirkt, ist dann die von letzterem ausgehende Gravitationskraft. Die Zusammenstöße der Atome untereinander spielen in diesem Falle keine nennenswerte Rolle und wir werden sie daher im folgenden vernachlässigen dürfen[1].

Das Problem ist dem früher betrachteten Probleme des Einfangens von Elektronen durch Zusammenstoß mit dem Atomkern ganz analog. Es sei V die relative Geschwindigkeit des Sternes in bezug auf die Wolke und R der Radius des Sternes; wir müssen zuerst den Radius σ der scheinbaren Zielscheibe bestimmen, welche der wahren Zielscheibe R entspricht. Die Sätze der Erhaltung des Drehimpulses und der Energie ergeben die Gleichungen

$$\sigma V = R V'$$
$$V'^2 - V^2 = 2GM/R ,$$

wo V' die Geschwindigkeit des Atoms bezeichnet in dem Augenblicke, in dem es die Oberfläche des Sternes streift. Durch Elimination von V' folgt

$$\frac{\sigma^2}{R^2} = 1 + \frac{2GM}{RV^2} . \qquad (273.1)$$

In den praktisch vorkommenden Fällen wird $2GM/RV^2$ groß sein, so daß wir mit hinreichender Genauigkeit setzen können

$$\frac{\sigma^2}{R^2} = 2GM/RV^2 .$$

Die Menge der in einer Sekunde aufgenommenen Materie ist daher

$$\frac{dM}{dt} = \pi\sigma^2 V \varrho = 2\pi G M R \varrho / V , \qquad (273.2)$$

wobei ϱ die Dichte der diffusen Wolke bezeichnet.

Wie in § 257 nehmen wir für die Dichte den Wert $1{,}66 \cdot 10^{-23}$ an, der beim Atomgewichte 10 einem Atome pro cm³ entspricht. Für die Sonne haben wir $V = 2 \cdot 10^6$, so daß

$$dM/dt = 4{,}8 \cdot 10^8 \text{ gr pro sec}$$

---

[1] Diese Zusammenstöße finden dann nur zwischen solchen Teilchen statt, welche dieselbe allgemeine Geschwindigkeit in bezug auf den Stern haben, bis auf kleine individuelle Geschwindigkeiten von durchschnittlich 3 km/sec. Wenn aber eine Kompressionswelle dem Sterne vorangeht, treffen die sich nach dem Sterne zu bewegenden Teilchen auf andere Teilchen, die sich in der entgegengesetzten Richtung bewegen, so daß erstere in zahlreichen Fällen in ihrer Bewegung aufgehalten werden und in den Stern fallen.

wird. Der Massenverlust durch Strahlung ist

$$L/c^2 = 4{,}2 \cdot 10^{12}\,\text{gr pro sec}\,.$$

Zum Vergleiche führen wir noch die entsprechenden Resultate für V Puppis und Krueger 60 an, unter Annahme der Geschwindigkeiten $V = 8$ bzw. $V = 50$ km pro sec, welche etwa den durchschnittlichen Geschwindigkeiten für Sterne ihrer Spektralklassen entsprechen.

Sterne	dM/dt	L/c^2	Verhältnis
V Puppis.	$1{,}8 \cdot 10^{11}$	$2{,}9 \cdot 10^{16}$	165000
Sonne	$4{,}8 \cdot 10^{8}$	$4{,}2 \cdot 10^{12}$	8800
Krueger 60.	$1{,}9 \cdot 10^{7}$	$4{,}7 \cdot 10^{10}$	2500

Wir hätten das R wahrscheinlich etwas größer wählen sollen als der photosphärische Radius des Sternes ist. Ich glaube, daß ein aus dem Raume kommendes Atom, welches die Sonnenkorona trifft, sich in dieser genügend verstricken wird, um durch die Sonne eingefangen zu werden. Aber auch nach Berücksichtigung aller den angeführten Resultaten anhaftenden Unsicherheiten scheint die Tatsache gesichert zu sein, daß der durch Strahlung verursachte Massenverlust durch den hier betrachteten Massengewinn bei Sternen gewöhnlicher Typen in keiner Weise aufgewogen werden kann.

Es darf noch bemerkt werden, daß die vollständige Säuberung des Raumes durch diesen Prozeß niemals erreicht werden kann. Die aufzufegende Masse ist ungefähr die gleiche wie die Gesamtmasse der Sterne, und der obige Vergleich lehrt daher, daß die Sterne, noch bevor sie ihre Arbeit geleistet haben könnten, vollständig in Strahlung aufgelöst sein würden.

274. Im dichtesten Teile eines diffusen Nebels ist ϱ etwa 10000 mal größer, als im interstellaren Raume; der Massenzuwachs ist hier entsprechend größer und könnte daher vielleicht die Massenausstrahlung kompensieren. Die vorübergehende Verzögerung in der Evolution eines Sternes, bei seinem Durchgange durch einen Nebel, bietet für uns kein besonderes Interesse; für die Sterne aber, welche sich ständig im Nebel befinden, könnten sich hieraus wichtige Folgen ergeben. Diese Sterne müssen notwendig kleine Geschwindigkeiten haben, da ihre einzige Bewegung in einer Bahnbewegung unter dem Einflusse der Anziehung des Nebels besteht. Nach (273.2) nimmt der Massenzuwachs bei abnehmender Geschwindigkeit zu; und er erfährt eine weitere (und vielleicht diskontinuierliche) Steigerung, wenn die Geschwindigkeit unter den Wert der Schallgeschwindigkeit herabsinkt.

Wenn V_0 die Geschwindigkeit in einer Kreisbahn bezeichnet, ist nach (63.4)

$$V_0^2 = -r\frac{d\varphi}{dr} = \varkappa\left(-z\frac{du}{dz}\right). \tag{274.1}$$

Wenn v die Schallgeschwindigkeit bezeichnet, haben wir

$$v^2 = \frac{5}{3} \cdot \frac{P}{\varrho} = \frac{5}{3} \varkappa. \tag{274.2}$$

Hieraus folgt

$$V_0^2 / v^2 = \frac{3}{5} \left(- z \frac{du}{dz} \right). \tag{274.3}$$

Wir erhalten damit mit Hilfe von Tabelle 7 die Werte

$z =$	1	2	3	4	5
$V_0/v =$	0,43	0,75	0,97	1,08	1,16

Hieraus ergibt sich, daß die Sterne, welche dem Nebel dauernd angehören, in seinem helleren Teile durchweg Geschwindigkeiten haben werden, die kleiner als die Schallgeschwindigkeit sind.

Der Entwicklungsgang der in den zentralen Gebieten des Nebels befindlichen Sterne wird also vermutlich ein anderer sein als derjenige der äußeren Sterne. Erstere können sogar unter Umständen eine Massenzunahme erfahren. Zum mindesten werden sie aber bei einer bestimmten Masse stehenbleiben, bei der ihre Strahlungsintensität dem Massenzuwachse das Gleichgewicht hält. Nach den Beobachtungsdaten zu urteilen, scheint die auf diese Weise zu erreichende Masse diejenige eines Sternes vom B-Typus zu sein.

Die Bedingungen für die Erzeugung von B-Sternen scheinen in den dunklen Nebeln, wegen ihrer niedrigereren Temperatur, weniger günstig zu sein. Wenn sie aber einmal angefangen hat, dann ist dieser Prozeß regenerativ, weil die Anwesenheit von B-Sternen den dunklen Nebel allmählich in einen hellen Nebel verwandeln wird.

275. Der durch Entweichen von Atomen verursachte Massenverlust ist von zahlreichen Autoren behandelt worden. Nach MILNE[1] ist der Massenverlust eines Sternes wegen thermischer Geschwindigkeiten für alle Elemente ein ganz unbedeutender. Die Möglichkeit des Entweichens von chromosphärischen Atomen, wegen des auf sie wirkenden intensiven Strahlungsdruckes scheint nicht ganz ausgeschlossen zu sein, doch führen die angestellten Berechnungen zunächst noch zu keinem ganz bestimmten Ergebnisse[2].

Aber wie dem auch sein mag, erscheint es schwer glaublich, daß der durch das Entweichen von Atomen verursachte Massenverlust jemals eine mit dem Massenverluste durch Strahlung auch nur entfernt vergleichbare Bedeutung erlangen könnte. Die Sonne verliert z. B. durch ihre Ausstrahlung eine Masse von $6 \cdot 11^{-11}$ gr pro cm^2 pro sec. In § 254

[1] Trans. Camb. Phil. Soc. Bd. 26, S. 483 (1923).

[2] Dieses Problem ist von M. C. JOHNSON, Monthly Notices, Bd. 85, S. 813 (1925), behandelt worden.

hatten wir gefunden, daß die mittlere Dichte der Kalziumchromosphäre von der Größenordnung von 10^{-17} gr pro cm^3 ist, so daß sich die ganze Chromosphäre ständig mit einer Geschwindigkit von 60 km/sec. nach außen bewegen müßte, um der Sonne ebensoviel Masse wie ihre Strahlung zu entführen!

Die Massenausstrahlung der Sonne entspricht einem Entweichen von einer Billion Kalziumatomen pro Sekunde durch jedes Quadratzentimeter ihrer Oberfläche.

Die durch die Strahlung bedingte Massenänderung eines Sternes scheint somit alle materiellen Gewinne oder Verluste weit zu überwiegen. Wenn dies der Fall ist, müssen die in Tabelle **41** zusammengestellten Rechnungsergebnisse über die Zeitdauer der verschiedenen Evolutionsstadien (außer für die in den Nebeln befindlichen Sterne) als endgültig akzeptiert werden. In diesem Falle stößt aber die Erklärung des gleichzeitigen Vorkommens von Riesen- und Zwergsternen in einem und demselben Sternhaufen (wie bereits erwähnt) auf sehr beträchtliche Schwierigkeiten. Der Gedanke, daß ein merklicher Forstschritt in der Evolution der Haufensterne während der Lebensdauer des Haufens stattgefunden hat, scheint beinahe unvermeidlich geopfert werden zu müssen, und es fragt sich in diesem Falle, ob die Beibehaltung dieses Gedankens für die Sterne im allgemeinen dann überhaupt noch einen Sinn hat.

In dem Gewirre, welches gegenwärtig noch bezüglich der Fragen der Sternentwicklung und der Energiequellen herrscht, habe ich mich an irgend einer Stelle irreführen lassen, und ich muß meine Führung des Lesers mit dem Eingeständnisse beschließen, das ich meinen Weg verloren habe.

Um einen klassischen Ausspruch Lord Kelvins zu gebrauchen, sind es zwei Wolken, welche die Theorie des inneren Aufbaues und des Triebwerkes eines Sternes beschatten. Die eine Wolke ist die immer noch nicht beseitigte Unstimmigkeit zwischen den absoluten Beträgen der astronomisch belegten Opazität und ihres auf Grund von theoretischen oder experimentellen physikalischen Ergebnissen berechneten Wertes. Die zweite Wolke ist der völlige Mißerfolg aller unserer bisherigen Bemühungen, das Verhalten der subatomaren Energie auf ein einigermaßen folgerichtiges Schema zu bringen. Ob es uns gelingen wird, diese Wolken ohne tiefgehende Änderung einiger hier als gesichert betrachteter Schlüsse und Anschauungen zu beseitigen, kann heutzutage noch nicht vorausgesehen werden. Die Geschichte des wissenschaftlichen Fortschrittes lehrt uns, einen offenen Blick zu bewahren. Ich glaube nicht, daß wir uns darüber besonders zu beunruhigen brauchen, ob unsere rohen Versuche, das Innere eines Sternes zu erforschen, uns dem näher gebracht haben, was wie endgültige Wahrheit aussieht. Wir haben jedenfalls etwas über die wichtigsten zusammenwirkenden Faktoren gelernt. Wir haben gesehen, wie eng das Verhalten der größten Körper des Weltalls mit demjenigen der allerkleinsten verknüpft ist. Der teilweise Erfolg, den wir bereits erzielt haben, bestärkt uns in dem Glauben, daß wir uns nicht weitab von der richtigen Fährte befinden. Wir haben insbesondere gelernt, die außerordentlich hohen Temperaturen des Sterninneren nicht nur als kein Hindernis zur Lösung unseres Problems zu betrachten, sondern vielmehr als einen Umstand, durch den zahlreiche Schwierigkeiten weggeräumt werden. Bei irdischen Temperaturen besitzt die Materie verwickelte Eigenschaften, deren Entwirrung sich wahrscheinlich als sehr schwierig erweisen wird; wir dürfen uns aber der Hoffnung hingeben, daß wir schon in einer nicht allzu fernen Zukunft in der Lage sein werden, ein so einfaches Ding wie einen Stern zu verstehen.

Anhang I.

Physikalische und astronomische Konstanten.

Physikalische Konstanten.

		Zahl	Logarithmus
H	Masse des Wasserstoffatoms	$1{,}662 \cdot 10^{-24}$	$\overline{24}{,}2206$
m	Masse des Elektrons $= H/1845$	$9{,}01 \cdot 10^{-28}$	$\overline{28}{,}9546$
e	Ladung des Elektrons in elektrostatischen Einheiten	$4{,}77 \cdot 10^{-10}$	$\overline{10}{,}6789$
b	$\frac{3}{2} \cdot$ Radius des Elektrons $= e^2/mc^2$	$2{,}81 \cdot 10^{-13}$	$\overline{13}{,}4494$
u_0	Mittlere arithmetische Geschwindigkeit der Elektronen bei 1^0 abs.	$6{,}23 \cdot 10^5$	$5{,}7944$
c	Lichtgeschwindigkeit	$3{,}00 \cdot 10^{10}$	$10{,}4769$
R	BOLTZMANNsche Konstante $= \frac{1}{8} \pi m u_0^2$	$1{,}372 \cdot 10^{-16}$	$\overline{16}{,}1374$
$\mathfrak{R}$	Gaskonstante $= R/H$	$8{,}26 \cdot 10^7$	$7{,}9168$
a	Koeffizient des STEFANschen Gesetzes $= \frac{8}{15} \pi^5 R^4 / c^3 h^3$	$7{,}64 \cdot 10^{-15}$	$\overline{15}{,}8832$
h	PLANCKsche Konstante	$6\ 55 \cdot 10^{-27}$	$\overline{27}{,}8161$
G	Gravitationskonstante	$6{,}66 \cdot 10^{-8}$	$\overline{8}{,}8235$
	LOSCHMIDTsche Zahl (Anzahl der Molekeln pro cm^3 bei $273^0{,}1$ und 10^6 dynen)	$2{,}67 \cdot 10^{19}$	$19{,}4263$
	RYDBERGsche Konstante $= 2\pi^2 e^4 m H / c h^3 (H + m)$	$109678{,}3$	$5{,}0401$

Astronomische Konstanten.

Die Sonne.	Masse (gr)	$1{,}985 \cdot 10^{33}$	$33{,}2978$
	Radius (cm)	$6{,}951 \cdot 10^{10}$	$10{,}8421$
	Mittlere Dichte (gr/cm^3)	$1{,}4109$	$0{,}1495$
	Schwerkraft an der Oberfläche (cm/sec^2)	$2{,}736 \cdot 10^4$	$4{,}4371$
	Gesamtstrahlung (erg/sec)	$3{,}780 \cdot 10^{33}$	$33{,}5775$
	H/c an der Oberfläche (erg/cm^3)	$2{,}08$	$0{,}3171$
	Effektive Temperatur (Grad abs.)	5741	$3{,}7590$
	Absolute bolometrische Größenklasse	$4{,}85$	—
Astronomische Längeneinheit (cm)		$1{,}494 \cdot 10^{13}$	$13{,}1744$
Parsec (cm)		$3{,}08 \cdot 10^{18}$	$18{,}4888$
Sternjahr (sec)		$3{,}156 \cdot 10^7$	$7{,}4991$
Verhältnis der Lichtintensitäten bei einem Helligkeitsunterschiede von 1 Größenklasse		$2{,}512$	$0{,}4000$

Verschiedene Faktoren.

hc/e^2	861	2,9352
hc/R	1,431	0,1556
$4\pi cG$	25100	4,3996
$\frac{4}{3}\pi$	4,189	0,6221
Base der natürlichen (NAPIERschen) Logarithmen	2,7183	0,4343

Wenn das elektrische Potential (X), die Wellenlänge (λ), die Temperatur (T) und die Elektronengeschwindigkeit (V) und Energie W durch die Gleichungen verbunden sind

$$eX = hc/\lambda = \tfrac{3}{2} RT = \tfrac{1}{2} mV^2 = W$$

haben wir die Beziehungen

5 Volt = 2468 Ångström = 38,650 Grad = $1{,}329 \cdot 10^8$ cm pro sec
= $7{,}95 \cdot 10^{-12}$ erg,

1293 Volt = 9,54 Ångström = 10000000 Grad = $2{,}138 \cdot 10^9$ cm pro sec.
= $2{,}058 \cdot 10^{-9}$ erg.

Anhang II.

Literaturverzeichnis.

Die beiden Forschungsrichtungen, welche zu der gegenwärtigen Theorie des Gleichgewichts der Sterne vereinigt worden sind, nehmen ihren Anfang in zwei klassischen Arbeiten:

1. LANE, J. HOMER: On the Theoretical Temperature of the Sun. Amer. Journ. of Sci. and Arts, Series 2, Bd. 4, S. 57. 1870.
2. SCHWARZSCHILD, K.: Über das Gleichgewicht der Sonnenatmosphäre. Göttinger Nachrichten 1906, S. 41.

In letzterer Arbeit wird die Theorie des Strahlungsgleichgewichtes in einer den äußeren Schichten eines Sternes angepaßten Form entwickelt. Die bis zum Jahre 1907 erschienenen Untersuchungen sind in

3. EMDEN, R.: Gaskugeln: Anwendungen der mechanischen Wärmetheorie Leipzig und Berlin: B. G. Teubner 1907

zusammengefaßt, das auch wichtige eigene Entwicklungen von EMDEN enthält. Die wichtigsten Teile sind hier in §§ 54—63 kurz wiedergegeben. Die damals vor kurzem erschienene Arbeit von SCHWARZSCHILD wird bei EMDEN auf S. 330 besprochen, jedoch stellt das Buch im wesentlichen eine Untersuchung über das konvektive Gleichgewicht dar.

Zwei weitere Zitate von historischem Interesse mögen noch hinzugefügt werden:

4. SAMPSON, R. A.: On the Rotation and Mechanical State of the Sun. Memoirs R. A. S. Bd. 51, S. 123. 1894.
5. BIALOBJESKY, J.: Sur l'Equilibre Thermodynamique d'une Sphère Gazeuse Libre. Bull. Acad. Sci. Cracovie, Mai 1913.

Erstere verlangt in bestimmter Form für das Innere der Sonne ein Strahlungsgleichgewicht anstatt eines konvektiven Gleichgewichtes. Letztere berücksichtigt den Strahlungsdruck und hebt seine Bedeutung bei Untersuchungen des inneren Gleichgewichtes der Sterne hervor.

Wegen anderer älterer Arbeiten s. die Literaturangaben in EMDENs Gaskugeln.

Meine eigenen Untersuchungen entstanden aus einem Versuche, das Problem der Veränderlichkeit der Cepheiden zu behandeln. Der Gedankengang ist in einem (ein Jahr später veröffentlichten) Artike' dargelegt.

6. EDDINGTON, A. S.: The Pulsation Theory of Cepheid Variables Observatory Bd. 40, S. 290. 1917.

Das Problem bestand darin, wenn möglich, eine Ursache zu finden, welche die mechanische Energie der Pulsation, trotz des Energieverlustes durch zerstreuende Kräfte, aufrechterhalten könnte — also in der Angabe einer Methode, nach der aus den reichen im Inneren des Sternes vorhandenen Wärmevorräten bei verschiedenen Temperaturen mechanische Energie automatisch gewonnen werden könnte ohne Verletzung des zweiten Hauptsatzes der Thermodynamik. Dies konnte geschehen, wenn das Material des Sternes wie das Arbeitsgas einer einfachen thermodynamischen Maschine wirkte (§ 137) oder wenn der Strahlungsdruck in der zur Leistung mechanischer Arbeit notwendigen Weise variierte.

In den zu diesem Zwecke aufgestellten Gleichungen spielten natürlich die Opazität (welche als Ventil für die Maschine dienen muß) die Übertragung von

Wärme durch Strahlung und der Strahlungsdruck wichtige Rollen. Keiner von diesen Faktoren war bei den damals bekannten Untersuchungen des Sterninneren berücksichtigt worden, so daß der Diskussion der kleinen Schwingungen eine neue Untersuchung der Bedingungen des stabilen Zustandes vorausgeschickt werden mußte. Das Cepheidenproblem wurde für eine Zeitlang beiseite gelassen und das Gleichgewichtsproblem einer eingehenden Betrachtung unterzogen. Die Reihe der auf diese Weise entstandenen Abhandlungen ist die folgende:

7. On the Radiative Equilibrium of the Stars. Monthly Notices Bd. 77, S. 16. 1916.
8. Further Notes on the Radiative Equilibrium of the Stars. Monthly Notices Bd. 77, S. 596. 1917.
9. On the Radiative Equilibrium of the Stars. A Correction. Monthly Notices Bd. 79, S. 22. 1918.
10. On the Conditions in the Interior of a Star. Astrophysical Journ. Bd. 48, S. 205. 1918.
11. On the Pulsations of a Gaseous Star and the Problem of the Cepheid Variables, Parts I and II. Monthly Notices Bd. 79, S. 2, 177. 1918—19.
12. Das Strahlungsgleichgewicht der Sterne. Zeitschr. f. Phys. Bd. 7, S. 351. 1921.
13. On the Absorption of Radiation inside a Star. Monthly Notices Bd. 83, S. 32. 1922.
14. Applications of the Theory of the Stellar Absorption-Coefficient. Monthly Notices Bd. 83, S. 98. 1922.
15. The Problem of Electron Capture in the Stars. Monthly Notices Bd. 83, S. 431. 1923.
16. The Absorption of Radiation inside a Star. Second Paper. Monthly Notices Bd. 84, S. 104. 1924.
17. On the Relation between the Masses and Luminosities of the Stars. Monthly Notices Bd. 84, S. 308. 1924.
18. A Limiting Case in the Theory of Radiative Equilibrium. Monthly Notices Bd. 85, S. 408. 1925.
19. Electrostatic Forces in a Star and the Deviations from a Perfect Gas. Monthly Notices Bd. 86, S. 2. 1925.

Antworten auf verschiedene Kritiken von J. H. Jeans enthalten: Monthly Notices Bd. 78, S. 113; Bd. 85, S. 403. Kleinere Mitteilungen sind: Scientia Bd. 23, S. 9. 1918; Brit. Assoc. Report 1920, S. 34; Proc. Royal Institution 1923, Febr. 23; Festschrift für H. von Seeliger 1924, S. 25. Nachfolgende Arbeiten beziehen sich auf Nebenprobleme:

20. Cepheid Variables and the Age of the Stars. Observatory Bd. 41, S. 379. 1918.
21. The Sources of Stellar Energy. Observatory Bd. 42, S. 371. 1919.
22. Circulating Currents in Rotating Stars. Observatory Bd. 48, S. 73. 1925.

Nachstehende Arbeiten sind nach der Drucklegung der englischen Ausgabe dieses Buches geschrieben worden:

a. Diffuse Mather in Interstellar Space (Bakerian Lecture) Proc. Roy. Soc. III a, S. 424 (1926).
b. The Reflexion Effect in Eclipsing Variables. Monthly Notices Bd. 86, S. 320. 1926.
c. Theory of the Outer Layers of a Pulsating Star. Monthly Notices Bd. 87, S. 539, 1927.

Zum Verständnisse der Arbeiten 7—19 muß erwähnt werden, daß der Absorptionskoeffizient bis zum Jahre 1921 als unabhängig von der Dichte vorausgesetzt wurde und nur in 12. die gegenwärtige Vorstellung vom Absorptionsprozesse angedeutet (aber nicht durchweg benutzt) wird. Dies stellt die wichtigste Abänderung dar, welche die Theorie seit der Einführung der Ionisation in 8 erfahren hat. 10 und 12 sollten eine Zusammenfassung der bis dahin erhaltenen Resultate geben, erstere in elementarer, letztere in ziemlich erschöpfender Form. 9 bringt ziemlich wichtige numerische Verbesserungen der in 7 und 8 enthaltenen Formeln, und der Fehler ist auch in allen nachfolgenden Abhandlungen verbessert. 13—15 machen von der Theorie des Einfangens durch den Atomkern Gebrauch, doch ist ein großer Teil der Arbeit auch auf die später angenommene KRAMERSsche Theorie des Einfangens anwendbar. Die ROSSELANDsche Korrektion der Opazität (§ 77) erschien nach der Veröffentlichung von 17, so daß ich erst in diesem Buche zum ersten Male die Gelegenheit habe, eine Darstellung der Theorie unter Berücksichtigung dieses wichtigen Punktes zu geben. Das Ergebnis, daß sich auch die Zwergsterne im Zustande idealer Gase befinden, erscheint zuerst in 17. Die Theorie der Cepheiden im achten Kapitel ist im wesentlichen in 11. enthalten, doch sind alle numerischen Resultate in Übereinstimmung mit der moderneren Theorie des Absorptionskoeffizienten gebracht worden. Die Hauptergänzungen sind in den §§ 131, 135—138 enthalten.

Bisher noch unveröffentlichte Untersuchungen enthalten die §§ 64—66, 90, 122, 157, 160, 192, 193, 196, 229, 230, 231, 234—238 und die größten Teile des elften und dreizehnten Kapitels.

Molekulargewicht.

Die numerischen Resultate sind gegenüber Änderungen im angenommenen Werte des Molekulargewichtes sehr empfindlich. In 7. wurde letzteres gleich 54 angenommen. Infolge von sehr überzeugenden Argumenten von JEANS zugunsten einer starken Ionisation wurde es in 8. auf 2 (oder unter Berücksichtigung der Verbesserung 9. auf 2,8) herabgesetzt. Anfangs sollten 7. und 8. nur die beiden Grenzen angeben, zwischen denen die Resultate enthalten sein müssen, doch gelangte ich allmählich zu der Ansicht, daß die letztere annähernd der Wahrheit entspricht. Die erste thermodynamische Untersuchung über die Ionisation im Sterninneren ist

23. EGGERT, JOHN: Über den Dissoziationszustand der Fixsterngase. Physikal. Zeitschr. Bd. 20, S. 570. 1919.

Aus ihr schien sich ein Molekulargewicht von 3,3 (oder vielleicht noch etwas höher) zu ergeben, und es sind in einigen der darauffolgenden Abhandlungen des Verfassers die Werte 3,5, 4, 4,5 versuchsweise gebraucht worden. In

24. MILNE, E. A.: Statistical Equilibrium in Relation to the Photoelectric Effect and its Application to the Determination of Absorption Coefficients. Phil. Mag. Bd. 47, S. 209. 1924.

wurde dann gezeigt, daß eine verfeinerte Rechnung eine viel stärkere Ionisation lieferte, ein Schluß, zu dem auch Verfasser einige Wochen später gelangte (16.). Dementsprechend trat eine Reaktion zugunsten niedrigerer Werte $\mu = 2{,}1$ oder 2,2 ein. Die allerneuesten Berechnungen sind gegeben in

25. FOWLER, R. H. and E. A. GUGGENHEIM: Applications of Statistical Mechanics to determine the Properties of Matter in Stellar Interiors. Monthly Notices Bd. 85, S. 939. 1925.

doch ist, soweit mir bekannt, Herr FOWLER mit den Resultaten noch nicht völlig zufrieden und glaubt, daß für kleinere Sterne das μ beträchtlich vergrößert werden muß.

Absorptionskoeffizient.

Nachfolgende Literaturangaben sind von fundamentaler Bedeutung:

26. KRAMERS, H. A.: On the Theory of X Ray Absorption and on the Continous X Ray Spektrum. Phil. Mag. Bd. 46, S. 836. 1923.

27. ROSSELAND, S.: Note on the Absorption of Radiation within a Star. Monthly Notices Bd. 84, S. 525.

Erstere Arbeit enthält die hier als befriedigendste akzeptierte physikalische Theorie der Absorption; letztere weist auf den Unterschied zwischen Absorption und Opazität hin, den wir die „ROSSELANDsche Korrektion" genannt haben. Weitere Abhandlungen sind

28. ROSSELAND, S.: The Theory of the Stellar Absorption Coefficient. Astrophys. Journ. Bd. 61, S. 424. 1925.

29. WOLTJER, J., Junior: Line Absorption and Absorption Coefficients inside a Star. Bull. Astr. Inst. Netherlands 1925. Nr. 82.

30. MILNE, E. A.: The Stellar Absorption Coefficient. Monthly Notices Bd. 85, S. 750.

Auf dieselbe Frage bezieht sich auch die Arbeit

31. FOWLER, R. H.: On Statistical Equilibrium and the Mechanism of Ionisation by Electronic Impacts. Phil. Mag. Bd. 47, S. 257. 1924.

Ich möchte hier Herrn Dr. C. D. ELLIS meine Verbundenheit aussprechen für die mir gewährte Hilfe bei der Aufsuchung der Literatur und der Erlangung der nötigen Kenntnisse über die Röntgenabsorption usw., als mich meine astronomischen Untersuchungen auf diese Gebiete führten.

Elektrische Kräfte und Diffusion im Sterninneren.

Diesen Gegenstand behandeln

32. CHAPMAN, S.: Convection and Diffusion within Giant Stars. Monthly Notices Bd. 77, S. 541. 1917.

33. —: Diffusion and Viscosity in Giant Stars. Monthly Notices Bd. 82, S. 292. 1922.

34. ROSSELAND, S.: Electrical State of a Star. Monthly Notices Bd. 84, S 720. 1924.

35. MILNE, E. A.: Dissociative Equilibrium in an External Field of Force. Proc. Camb. Phil. Soc. Bd. 22, S. 493. 1925.

36. ROSSELAND, S.: On the Distribution of Hydrogen in a Star. Monthly Notices Bd. 85, S. 541. 1925.

Der Abschnitt dieses Buches, der sich mit diesem Gegenstande befaßt, wurde vor dem Erscheinen der drei letzten Abhandlungen geschrieben; bei der endgültigen Revision standen sie mir zur Verfügung.

Zirkulierende Strömungen wurden in 22. vorgeschlagen und ferner in

37. VOGT, H.: Zum Strahlungsgleichgewicht der Sterne. Astronom. Nachr. 1925. Nr. 5342.

Das Theorem, welches zu diesen Schlußfolgerungen führte, ist enthalten in

38. ZEIPEL, H. VON: Zum Strahlungsgleichgewicht der Sterne. Festschrift für H. SEELIGER. S. 144. 1924.

Rotierende Sterne.

Ausführliche Untersuchungen sind

39. MILNE, E. A.: The Equilibrium of a Rotating Star. Monthly Notices Bd. 83, S. 118. 1923.

40. ZEIPEL, H. VON: The Radiative Equilibrium of a Rotating System of Gaseous Masses. Monthly Notices Bd. 84, S. 665, 684, 702. 1924.

Die äußeren Teile eines Sterns.

Die klassischen Abhandlungen sind (außer 2.):

41. SCHUSTER, A.: Radiation through a Foggy Atmosphere. Astrophys. Journ. Bd. 21, S. 1. 1905.

42. SAHA, M. N.: On a Physical Theory of Stellar Spectra. Proc. Roy. Soc. Bd. 99a, S. 135. 1921.

Das zwölfte Kapitel stützt sich in weitgehendem Maße auf die Untersuchungen von E. A. MILNE. Wir fassen unsere ausgewählten Literaturangaben unter den drei Überschriften zusammen: a) Photosphäre, b) Chromosphäre, c) Umkehrende Schicht.

a) Photosphäre.

43. SCHWARZSCHILD, K.: Über Diffusion und Absorption in der Sonnenatmosphäre. Berlin Sitzungsber. 1914. S. 1183.
44. JEANS, J. H.: The Equations of Radiative Transfer of Energy. Monthly Notices Bd. 78, S. 28. 1917.
45. MILNE, E. A.: Radiative Equilibrium in the Outer Layers of a Star. Monthly Notices Bd. 81, S. 361. 1921.
46. —: Radiative Equilibrium and Spectral Distribution. Monthly Notices Bd. 81, S. 375. 1921.
47. —: The Effect of a strong Absorption Line. Monthly Notices Bd. 81, S. 510. 1921.
48. —: The Relation between the Spectral Energy Curve and the Law of Darkening of the Disc towards the Limb. Royal Soc. Phil. Trans. Bd. 223a, S. 201. 1922.
49. LUNDBLAD, R.: The Radiation and Temperature of the External Photospheric Layers. Astrophys. Journ. Bd. 58, S. 113. 1923.
50. LINDBLAD, B.: Radiative Equilibrium and Solar Temperature. Nova Acta Upsaliensis, Ser. 4, Bd. 6, Nr. 1. 1923.
51. MILNE, E. A.: Absorption Coefficients and the Pressure of Radiation in the Photospheric Layers of a Star. Monthly Notices Bd. 85, S. 768. 1925.

b) Chromosphäre.

52. MILNE, E. A.: An Astrophysical Determination of the Average Life of an Excited Calcium Atom. Monthly Notices Bd. 84, S. 354. 1924.
53. —: The Equilibrium of the Calcium Chromosphere. Monthly Notices Bd. 85, S. 111. 1924; Bd. 86, S. 8. 1925.

c) Umkehrende Schicht.

54. PANNEKOEK, A.: Ionisation in Stellar Atmospheres. Bull. Ast. Inst. Netherlands, 1922. Nr. 19.
55. BIRGE, R. T.: The Quantum Theory of Band Spectra and its Application to the Determination of Temperature. Astrophys. Journ. Bd. 55, S. 273. 1922.
56. FOWLER, R. H. and E. A. MILNE: The Intensities of Absorption Lines in Stellar Spectra and the Temperatures and Pressures in the Reversing Layers of Stars. Monthly Notices Bd. 83, S. 403. 1923.
57. —, —: The Maxima of Absorption Lines in Stellar Spectra. Monthly Notices Bd. 84, S. 499. 1924.
58. RUSSELL, H. N. and J. Q. STEWART: Pressures at the Suns Surface. Astrophys. Journ. Bd. 59, S. 197. 1924.
59. DIRAC, P. A. M.: The Effect of Compton Scattering by Free Electrons in a Stellar Atmosphere. Monthly Notices Bd. 85, S. 825. 1925.
60. FOWLER, R. H.: Notes on the Theory of Absorption Lines in Stellar Spectra. Monthly Notices Bd. 85, S. 970. 1925.
61. PAYNE, C. H.: Stellar Atmospheres. Harvard Observatory Monographs, Nr. 1. 1925.
Die letztgenannte Monographie enthält außer den eigenen Untersuchungen von Miss PAYNE eine vollständige Übersicht und Diskussion unserer gegenwärtigen Kenntnisse die Probleme der umkehrenden Schichten. Wir haben es vermieden, auf diese Probleme näher einzugehen und begnügen uns mit den elementaren Prinzipien. Die ausführlichere Betrachtung setzt eine Kenntnis der Serienbeziehungen in optischen Spektren voraus, wegen der wir auf
62. FOWLER, A.: Report on Series in Line Spectra. Physical Society 1922.
verweisen.

Nebelmaterie.

Das dreizehnte Kapitel hält sich zum größten Teile an keine veröffentlichte Theorie. Die allgemeinen Gedanken sind aus Privatgesprächen mit S. ROSSELAND entstanden, dem ich zahlreiche Anregungen verdanke. Die Existenz der interstellaren Materie war damals noch hypothetisch, aber einen Monat später wurde die Beobachtung einer diffusen Wolke im Raume durch

63. PLASKETT, J. S.: The *H* and *K* Lines of Calcium in *O*-type Stars. Monthly Notices Bd. 84, S. 80. 1923.

mitgeteilt. Ich habe ferner benutzt

64. PANNEKOEK, A.: Further Remarks on the Dark Nebula in Taurus. Proc. Kon. Akad. Amsterdam Bd. 23, S. 720. 1920.

Theorien über planetarische Nebel werden besprochen in

65. JEANS, J. H.: The Mechanism and Structure of Planetary Nebulae. Monthly Notices Bd. 83, S. 482. 1923.

66. GERASIMOVIČ, B. P.: On the Radiative and Mechanical Equilibrium of Spherical Planetary Nebulae. Astr. Nachr. Nr. 5382. 1925.

Die Hauptquelle für die Beobachtungsergebnisse über die Nebel ist hier Observatory Publications, Bd. 13. 1918.

Subatomare Energie.

Für die astronomische Seite des Problems sind uns von großem Nutzen gewesen

67. RUSSELL, H. N.: On the Sources of Stellar Energy. Pub. Astr. Soc. Pac. Bd. 31, S. 205. 1919.

68. —: The Problem of Stellar Evolution. Nature Bd. 116, S. 209. 1925.

Verschiedenes.

Die lange Serie von Abhandlungen von J. H. JEANS, in den Monthly Notices seit 1917, kann hier nur allgemein erwähnt werden. Einige der von JEANS gegen die in diesem Buche entwickelte Theorie erhobenen Einwände würden, wenn sie sich als berechtigt erweisen sollten, von sehr schwerwiegendem Charakter sein und die Opposition setzt gleich am Anfange ein.

Wir wollen die Abhandlungen, die sich in erster Linie mit den Beobachtungen oder der statistischen Behandlung von Beobachtungsdaten beschäftigen, hier nicht aufzählen. Diese sowie auch andere mit der Theorie in Verbindung stehende Untersuchungen sind in den Fußnoten an den entsprechenden Stellen des Textes erwähnt. Einige im Texte nicht zitierte Arbeiten sollen hier angegeben werden.

69. SEARES, F. W.: The Masses and Densities of the Stars. Astrophys. Journ. Bd. 55 S. 510.

70. BRILL, A.: Der physikalische Zustand der Sterne. Zeitschr. f. Physik Bd. 31, S. 717. 1925.

71. RABE, W.: Die absolute Helligkeit der Zwergsterne als Funktion der Temperatur und Masse. Astr. Nachr. 1925. Nr. 5389—90.

Eine Monographie, die sich mit der Theorie im allgemeinen beschäftigt, aber die Fragen der Ionisation, der Opazität und des elektrischen Zustandes der Sterne besonders berücksichtigt, habe ich während des Druckes des Buches erhalten.

72. ROSSELAND, S.: On the Internal Constitution of the Stars. Norske Videnskaps-Akademi, Oslo, 1925, Nr. 1.

Ferner wären noch folgende wichtige Literaturangaben (über Arbeiten, die nach der Drucklegung der englischen Ausgabe dieses Buches erschienen sind) hinzuzufügen:

73. EMDEN, R.: Thermodynamik der Himmelskörper (in der Enzyklopädie der mathematischen Wissenschaften).

74. JEANS, J. H.: On Radiative Viscosity and the Rotation of Astronomical Masses. Monthly Notices Bd. 86, S. 328. 444.

75. MILNE, E. A.: On the Possibility of the Emission of High-speed Atoms from the Sun and Stars. Monthly Notices Bd. 86, S. 459.

76. MENZEL, D.: The Planetary Nebulae. Publ. Astr. Soc. Pac. Bd. 38, S. 295.

77. LÖNNQUIST, C.: The Evolution of the Stars with Mass Reduction. Arkiv för Mat. Astr. och Fysik Bd. 20 A, Nr. 21.

Namenverzeichnis.

Sachverzeichnis.

GPSR Compliance

The European Union's (EU) General Product Safety Regulation (GPSR) is a set of rules that requires consumer products to be safe and our obligations to ensure this.

If you have any concerns about our products, you can contact us on ProductSafety@springernature.com

In case Publisher is established outside the EU, the EU authorized representative is:

Springer Nature Customer Service Center GmbH
Europaplatz 3
69115 Heidelberg, Germany

Batch number: 10682323

Printed by Printforce, the Netherlands